金属冲压工艺与装备
实用案例宝典

张清林　丹野良一　◎编著

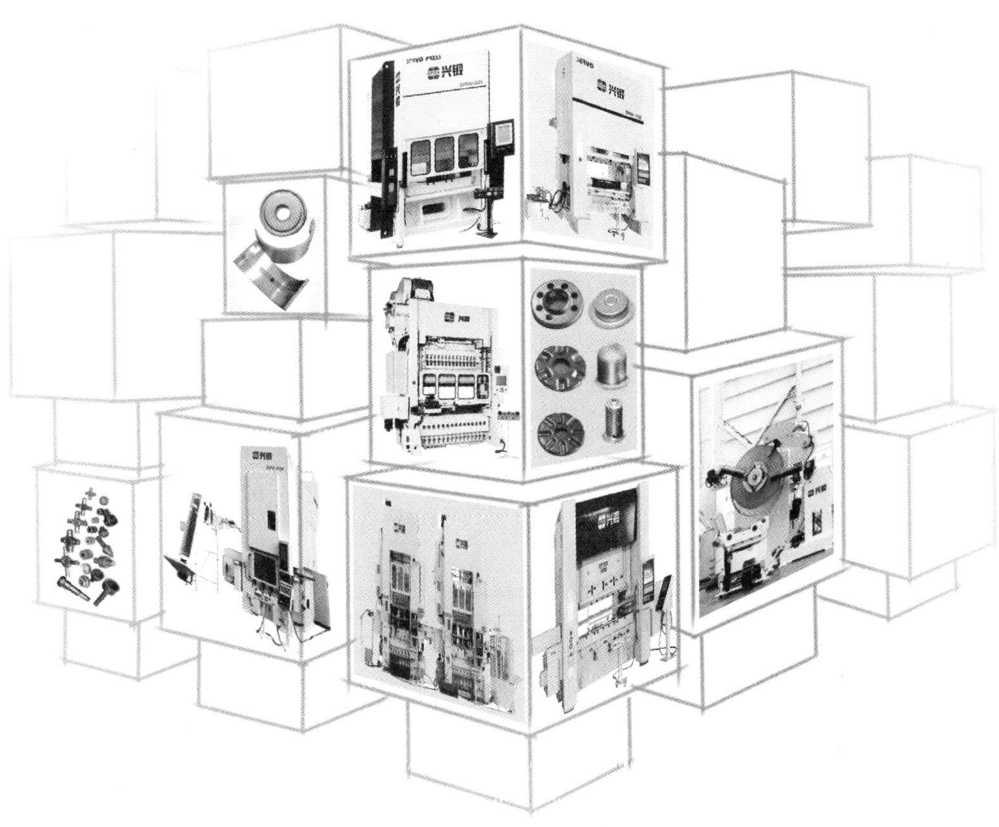

《金属冲压工艺与装备实用案例宝典》紧密联系生产实际，案例实用、系统、详尽，汇聚行业内丰富的设备生产制造、模具设计开发、工艺方案制订等现场实际经验。

全书共分6章。第1章系统介绍了冲压模具设计的基础知识。第2章和第3章是本书的重点，介绍了具体的金属冲压成形工序、冲压工艺加工件及冲压工艺设计实例。第4章介绍了冲压模具各零件的使用功能和设计、组装、调试及维修、保养要点。第5章主要介绍了目前国际最热技术——先进伺服技术及经典案例。第6章介绍了江苏中兴西田数控科技有限公司生产的伺服冲压设备和变频冲压设备。

本书是国际先进冲压技术的经典汇集，是科学、高效、完备的对冲压设备选型的实用指南，对指导冲压领域的科研和生产实践有重大意义。对从事冲压理论研究与技术开发的研究人员、企业技术人员、大专院校相关专业的研究生、本科生和专业教师等冲压领域的从业人员，以及对冲压技术感兴趣甚至已经有一定成就的专家学者，读后都会有所裨益和启发。

图书在版编目（CIP）数据

金属冲压工艺与装备实用案例宝典/张清林，丹野良一 编著.
—北京：机械工业出版社，2015.6

ISBN 978-7-111-50467-2

Ⅰ.①金… Ⅱ.①张… ②丹… Ⅲ.①冲压－工艺②冲压－设备 Ⅳ.①TG38

中国版本图书馆CIP数据核字（2015）第115566号

机械工业出版社（北京市百万庄大街22号 邮政编码 100037）
策划编辑：王建宏　　责任编辑：王建宏
版式设计：高长刚　　封面设计：周军
北京汇林印务有限公司印刷
2015年6月第1版第1次印刷
185mm×260mm　29.5印张 · 662千字
0001 — 4000册
定价：138.00元

凡购本书，如有缺页、倒页、脱页，由本社发行部调换
销售服务中心电话：（010）88361066
购书热线电话：（010）88379203
封面无防伪标均为盗版

振興中國稼壓事業
創新智能製造裝備

為CPTEK共勉題

二〇一四年元月

何光遠

祝贺 江苏中兴西田数控科技有限公司

兴中国锻压事业

铸高端民族品牌

中国锻压协会名誉理事长

李社钊

2012年4月

编写委员会

张清林　丹野良一　　编著

编写委员会

主任　张忠良

主编　张清林

主审　王克平　仇时雨

编委

江苏中兴西田数控科技有限公司编写组：

王克平　仇时雨　杨开峰

丹野金型设计事务所＆西田精机编写组：

谷田康弘　西田升　西田浩高

金属加工杂志社：

王建宏　于建刚　朱光明　周晟宇　于淑香

序

我是搞锻压出身的，虽然在机械工业中各个行业比较多，但我仍一直长期关注着我国的锻压事业发展，最近几年看到了锻压设备的后起之秀——江苏中兴西田数控科技有限公司的诞生和发展，我也曾欣然地为CPTEK-兴锻这个民族品牌题过“振兴中国锻压事业，创新智能制造装备”的期望之词，这次我又非常高兴地成为他们精心编辑的《金属冲压工艺与装备实用案例宝典》一书的热心推荐者。

这本书可以说是江苏中兴西田数控科技有限公司总经理张清林先生多年来在国内外从事金属冲压塑性成形工作的结晶之作。是他在与日本专家的长期工作中，对于金属冲压成形工艺和设备的理论与实践并存的宝贵经验之总结，他无私地贡献了自己多年来积累下的心血与广大读者分享。尤其是对汽车零部件的自动化多工位冲压工艺的详细介绍将会为我国零部件冲压界带来一个非常崭新的概念，必将对国内的零部件制造业起到很大的技术提升和推动作用。该书内容简明扼要、图文并茂，通俗易懂，知识性、系统性、指导性、可读性和实用性都很强。广大读者通过此书，可以更多地了解金属冲压成形的基本知识，学会和运用多种成熟的模具设计思路和工艺方法。希望此书起到抛砖引玉的效果，尤其是对于我们国内不同层次的技术人员在行业的转型发展过程中，可以参照这本宝贵的实例宝典，走捷径举一反三地做好适合自己的方案和良策，高效地解决好合理的冲压成形工艺，提高产品的质量和降低成本，等等这些都会对我国零部件制造业大有裨益。

在此书中，我也注意到了CPTEK-兴锻对独自开发的新设备和伺服压力机的详细介绍，可以看出他们的设备高端定位，已经与国际接轨和比翼，尤其是CPTEK-兴锻的伺服压力机也已经成功地实现了国产化，这都是非常值得可喜可庆的事情。大家都知道，当前我国已进入了经济增速换档期、结构调整阵痛期和前期刺激政策消化期为特征的三期叠加时期，经济发展走进新常态。面对内需乏力、产能过剩，结构性调整迫在眉睫。由此，看似牢不可破的行业格局也因时而变，中国制造业的光芒正悄然褪去，代替它的，是高端装备、“互联网+”的新时代。所以，我们的冲压行业要想尽办法提高企业自身的竞争力，力求企业的稳定持续健康发展，就必须对传统的制造理念、制造方式、制造工艺和制造设备进行快速的转型和及时的改造。就必须要走“强化工业基础能力，提高工艺水平和产品质量，推进智能制造、绿色制造”的必经之路。

因此，我认为《金属冲压工艺与装备实用案例宝典》一书的出版是恰得其时，适得其所，在众多的传统制造业图书和工具书百花苑里将会增加独树奇葩！我乐意为此书写序推荐，相信将会为广大读者所喜爱，相信对大家都会是开卷有益，爱不忍释的。

是为序。

原机械工业部部长
中国锻压协会名誉会长

2015年5月15日于北京

前 言

江苏中兴西田数控科技有限公司已经成立3年多了，我们以振兴中国锻压事业为己任，以“CPTEK-兴锻”为品牌打造中国高端装备制造为事业使命感。正赶上中国制造产业的转型，在制造走向工业4.0智能化升级的互联网时代，“CPTEK-兴锻”的产生显得特别有意义。

我们的主要股东浙江中兴精密工业有限公司，很早就使用日本制造的设备，日本西田精机株式会社也是有技术实力的一家公司，我们积聚日本等全球化专家与中国一流的实力派团队，公司秉着“日本品质和技术，中国价格和服务”的理念，以客户可以接受的价格，将国际上先进的伺服、多工位和冷温挤压等新型锻压设备及周边自动化装置等推向市场，为国内汽车、家电、电子等行业提供最具性价比的先进金属冲压成形解决方案。

浙江中兴精密（集团）确立以“家文化打造幸福企业”的梦想，以“内求利他”作为家训，以“追求全体员工物质和精神两方面幸福，为人类社会和进步做出贡献”的经营理念，带领全体家人学习圣贤文化，以“致良知”作为事业经营的根本，并学习日本经营大师稻盛和夫老师的哲学思想等，以形成自己中兴人的哲学思想体系。这个哲学思想体系会影响“兴锻”事业的初发心，坚守诚信底线原则，以利他之心开展事业，引领锻压行业的共同成长，造福更多企业的转型升级，并注重社会环境的改善和承担企业的社会责任。

值此中兴精密（集团）成立25周年之际，我们拥有的“兴锻”事业，通过张清林总经理和专家团队的共同努力，把客户最关心和希望得到的知识印成《金属冲压工艺与装备实用案例宝典》一书，期望能成为用户和相关专业读者的智慧和工具书，以解决工作中问题并给予一定的帮助，也希望能够继续得到金属成形加工系统专家人士的进一步指导。

江苏中兴西田数控科技有限公司

董事长

2015年6月

引言

2015年中国（国际）冲压钣金技术与装备研讨会上，一位领导说："冲压行业处于制造业的基础地位，在工业生产中发挥着重要作用，更以其与电子、通信、电器、汽车、机械、国防等领域紧密相关的产业关系，决定了冲压行业在国民经济生产中的巨大作用，在'新常态'的形势下，'工业4.0''互联网+''智能制造'等新概念不断渗透到行业，给冲压行业带来新的发展契机，冲压行业新技术、新装备正在悄然给行业带来巨大变革，一场关乎行业、技术的交流势不可挡"。

国内关于冲压方面的书籍出版不少，许多出自高等院校，尽管作者不同，出版社不同，出版时间不同，但给我的印象不少书都有似曾相识之感，创新之处不多。他们在冲压理论、冲压工艺上的贡献，与冲压成形技术本身在国民经济中的地位很不相称。只有机械工业出版社20世纪80年代推出的重庆大学王孝培主编的《冲压手册》，至今近40年，前后两代人，先后三版，10多次印刷，印刷了100多万册。这是机械工业出版社为我国锻压行业做的一件大好事！功不可没！《冲压手册》成了国内冲压工作者案头不可或缺的一本工具书，国内外都不易找到发行量如此大的技术方面的书！

现在，在国内机械行业非常知名的品牌媒体金属加工杂志社的促进与打造下，机械工业出版社又出版这本由江苏中兴西田数控科技有限公司的中国和日本专家、管理精英们共同编写的《金属冲压工艺与装备实用案例宝典》。这本书的主要作者张清林，有常年在日本冲压行业工作的经验，他带领的中日专家团队都来自生产第一线，在行业内具有丰富的设备生产制造、模具设计开发、制订工艺方案等现场实际经验；这本书的最大长处是紧密联系生产实际，案例实用、系统、详尽，不愧为实用案例宝典。这本书的出版，必然也能获得令人满意和令人惊叹的效果！

《金属冲压工艺与装备实用案例宝典》全书共分6章，第1章和第5章是冲压模具设计人员必备的模具设计和使用冲压设备的基础知识。第1章介绍了冲压加工、冲压模具设计和冲压模具制作要素，冲压模具设计流程和冲裁模具、折弯模具、拉深模具、特殊成形模具及压印模具实例。

第5章和第6章主要介绍了目前国际最热技术——先进伺服技术及经

典案例。第5章介绍了伺服压力机在冲压行业的应用，伺服压力机的诞生、发展现状和未来展望，介绍了伺服压力机的机能、驱动方式，在深拉深加工中的应用和与传统压力机的对比，以及伺服压力机大型化、高扭矩化和高速化的发展方向与制约因素。

第6章介绍了江苏中兴西田数控科技有限公司自己生产的伺服冲压设备和变频冲压设备。如多工位自动压力机、伺服闭式精密压力机、变频闭式精密压力机、变频开式通用压力机、伺服肘节式单点/双点精密压力机、冷温挤压肘节式和多连杆式压力机、闭式曲轴和偏心齿轮精密压力机、闭式双点和四点精密落料压力机；伺服控制式多工位自动化装置、机械式多工位自动化装置、多机自动化生产线装置及周边自动化装置等。

第2章和第3章是本书的重点，主要介绍了具体的金属冲压成形工序、冲压工艺加工件及冲压工艺设计实例，包括冲压产品形态、成形的力计算，还专门介绍了多工位自动成形加工设备的科学选型和模具设计及多工位拉深件的设计实例，包括级进加工、折弯、成形和冷锻等。

第4章介绍了冲压模具各零件的使用功能和设计、组装、调试及维修、保养要点，特别介绍了多工位自动加工模、级进模的组装调试和使用时的注意事项，以及模具工作部分在使用过程中发生磨损后的再研磨修复等。

总之，这本书是国际先进经典的技术汇集，是科学、高效、完备的对冲压设备选型的实用指南，对于指导冲压领域的科研和生产实践有着重大意义。对于从事冲压理论研究与技术开发的研究人员、企业技术人员、大专院校相关专业的研究生、本科生和专业教师等冲压领域的从业人员，以及对冲压技术感兴趣甚至已经有了一定成就的专家学者，读后都会有所裨益和启发。

重庆理工大学 胡亚民

2015年5月8日

目 录

第1章 冲压模具设计基础

进入21世纪，在全球市场激烈竞争的环境下，对冲压模具的设计与制造提出了更高的精度、质量、更低成本，以及更短交货期的要求，模具使用现场会面临着各种各样的课题。因此，模具工作者只有掌握好原理、原则等基础事项和要点，才能制订出比较适合的对应解决方案。

模具的好坏首先取决于模具的设计，其原因涉及多方面，资深设计者根据生产经验与技术，能够做出有独创性的最佳设计方案和简单实用的结构。

本章以模具设计的主要项目和要点为中心，浅显易懂地介绍冲裁、折弯、成形及拉深等冲压模具的设计步骤与基础内容。

希望对于从事冲压模具设计和制造的工作者，以及从事冲压模具新产品开发等有关人员能有所帮助。

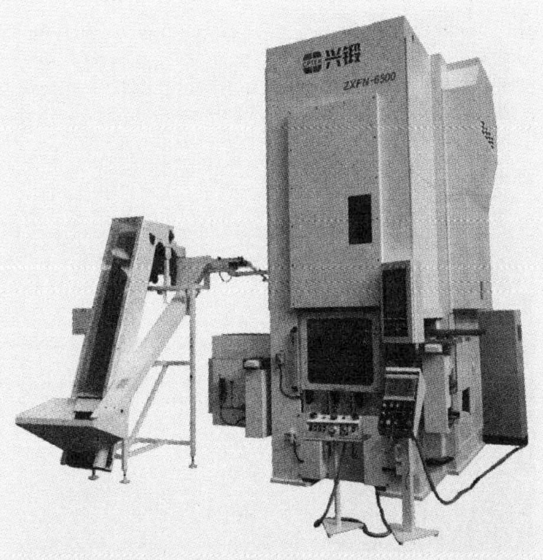

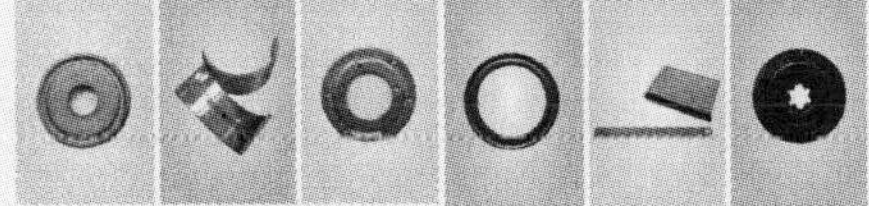

1.1 冲压加工种类

将材料加工成形并使其具有所需特性的加工方法中，大致可以分为铸造、塑性加工、切削、焊接、表面处理及热处理6大类。

塑性加工，即是不破坏材料特性，使产品产生永久性变形的加工。与其他加工方法比较，适合用于大量生产。

冲压加工，广义上讲包括塑性加工的大部分范围。在这里我们将之解释为使用冲压机械进行的加工。

冲压加工的种类十分繁多，其加工方法和加工内容也相当复杂。

本文根据加工或成形的原理对下列代表性的冲压加工种类分别进行介绍：

（1）冲裁（剪断）加工。

（2）折弯（成形）加工。

（3）拉深（成形）加工。

（4）压缩加工。

（5）特殊成形加工。

1.1.1 冲裁（剪断）加工

广义的冲裁加工，是根据加工目的采用相应形状的工具使材料产生塑性变形，并将之切断、分离的加工总称。这里的冲裁（剪断）加工，是使用冲压机械加压于凸模与凹模之间的材料，使之在具有一定间隙的刃口处产生剪切变形而分离的冲压工序。利用冲裁（剪断）加工可以直接加工制作零件，或者为弯曲、拉深及成形等加工提供坯料。

冲裁（剪断）加工，按照加工目的有如下类型：

（1）切断加工（Cutting，Shearing） 如图1-1所示，用间隙接近于零的冲模、凹模（模具设计参见图1-79）（或上下刀刃）使平板坯料沿不封闭的轮廓线断裂分离的冲裁工序。其断裂分离的轮廓线为直线或曲线。

（2）分离加工（Separating，Parting） 如图1-2所示，用凸模、凹模（模具设计参见图1-75）（或上下刀刃）使半成品或成形部件切断分离成为两个或两个以上的部分。

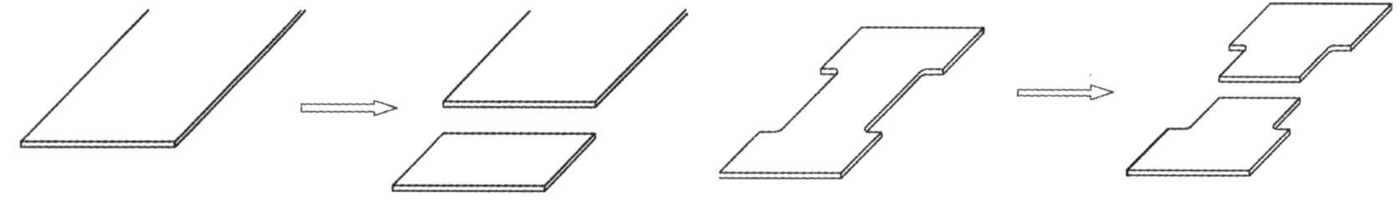

图1-1 切断加工

图1-2 分离加工

（3）切口加工（Notching） 如图1-3所示，将坯料或制件沿不封闭的轮廓线断开，完全分离成两部分的冲切加工（模具设计参见图1-81）。

平板的外形冲裁切口及凸部的加工极限参考值如图1-3b所示。

（4）落料冲裁加工（Blanking） 如图1-4所示，通过模具的凸模与凹模加压于其间的平板坯料，使之在上下刀刃口处产生剪切变形，沿内部的封闭轮廓线断裂分离（落下部分为工件）的冲裁加工（模具设计参见图1-73）。

相邻孔（工件）之间的距离不得小于板厚的1.5倍，如图1-4b所示。

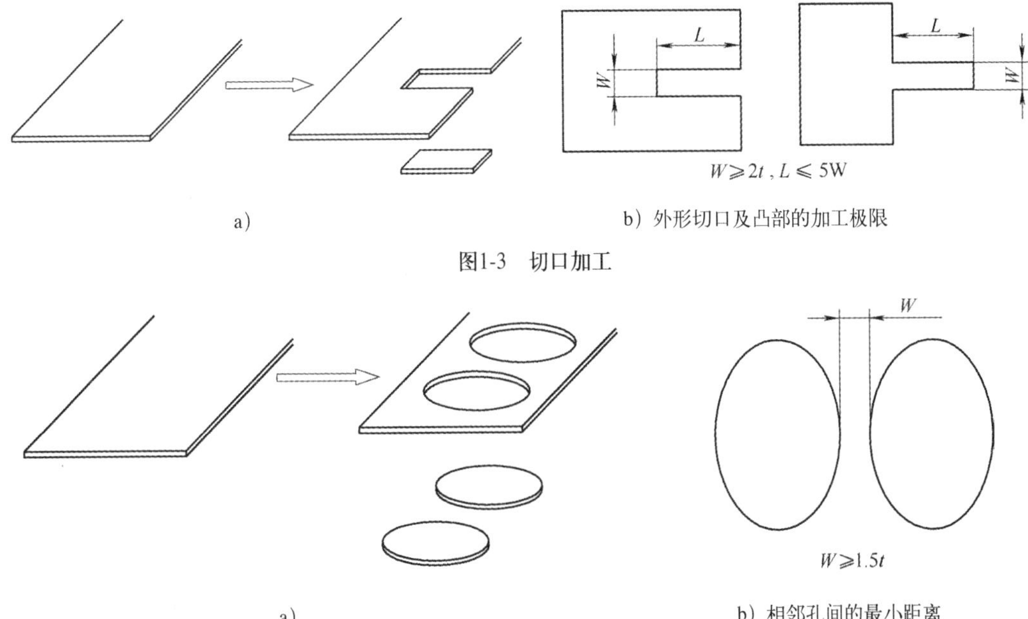

a)　　b）外形切口及凸部的加工极限

图1-3　切口加工

a)　　b）相邻孔间的最小距离

图1-4　落料冲裁加工

（5）冲孔加工（Piercing）　如图1-5所示，使平板坯料沿封闭的轮廓线（圆、方形或其他）断裂分离（冲下去的部分为废料）的冲裁加工（模具设计参见图1-74）。孔边距和孔间距≥2t，冲切孔的最小值如表1-1所示。

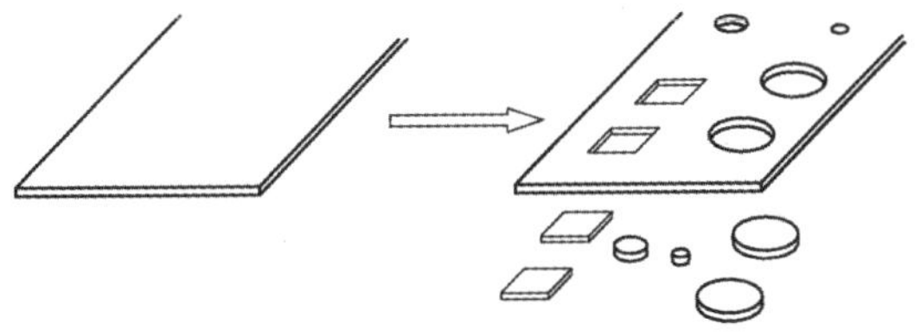

图1-5　冲孔加工

表1-1 冲切孔的最小值（一般）

材质	软钢	硬钢	铝	黄铜
D	1.0 t	1.3 t	0.8 t	1.0 t
A	0.7 t	1.0 t	0.5 t	0.7 t

注：D为圆形直径，A为方形边长，t为板厚。

（6）切边加工（Trimming）　如图1-6所示，将半成品坯料件不规整或多余的边缘部分切离掉使之成为具有所需法兰尺寸的工件的冲裁加工（模具设计参见图1-77a）。

（7）斜楔模耳孔加工（Cam piercing）　如图1-7所示，利用模具的斜楔模机构，将凸凹模上下方向的冲切改变为水平方向的冲切，完成产品侧壁上的冲孔加工。

（8）切口折弯加工（Cut bending）　如图1-8所示，坯料沿不封闭的轮廓线部分断开，而不完全分离成两部分，并将坯料上被分开的局部进行折弯加工，与坯料形成所需角度。图1-8为内形折弯，也可实现外形折弯。

（9）复合（内外）冲裁加工（Compound blanking）　如图1-9所示，用具有2组凸模、凹模的

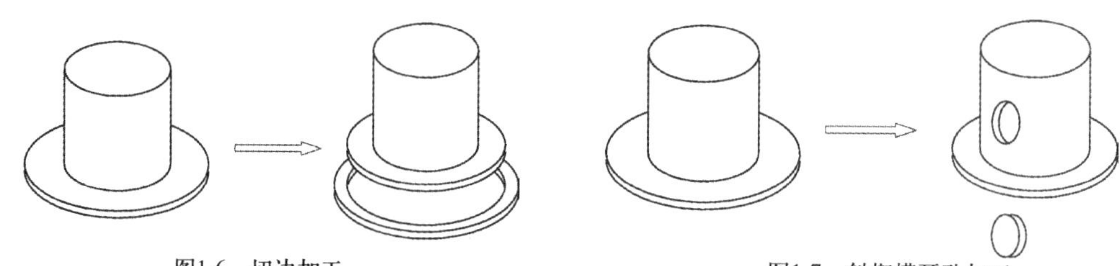

图1-6　切边加工　　图1-7　斜楔模耳孔加工

模具，在一个冲压行程内进行外形和内孔冲切加工。上模中央的凸模和下模内的凹模进行内孔冲切，同时，下模的凹模外围作为凸模，与上模凸模外周的凹模完成产品外形的冲切（模具设计参见图1-76a）。

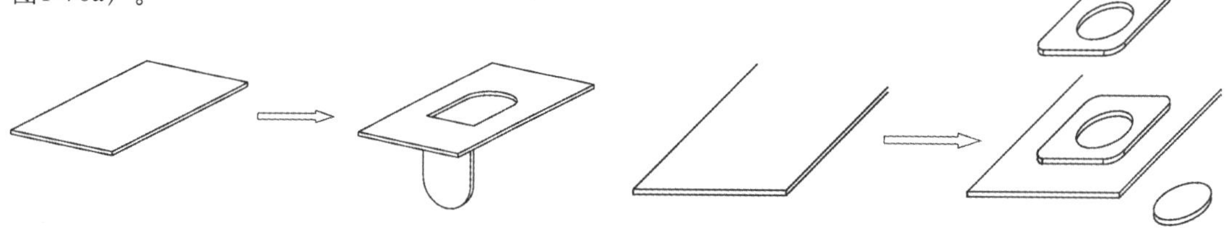

图1-8　切口折弯加工　　图1-9　复合（内外）冲裁加工

（10）修边加工（Shaving）　如图1-10所示，将普通冲裁后的毛坯置于整修模内，对冲裁件的断面部分进行一次或多次整修加工，去掉粗糙不平的断面与锥度，得到光滑平整断面。整修加工后的工件，其尺寸精度和断面质量比普通冲裁件更好（模具设计参见图1-78）。图1-10a为外缘整修，图1-10b为内孔边缘整修。

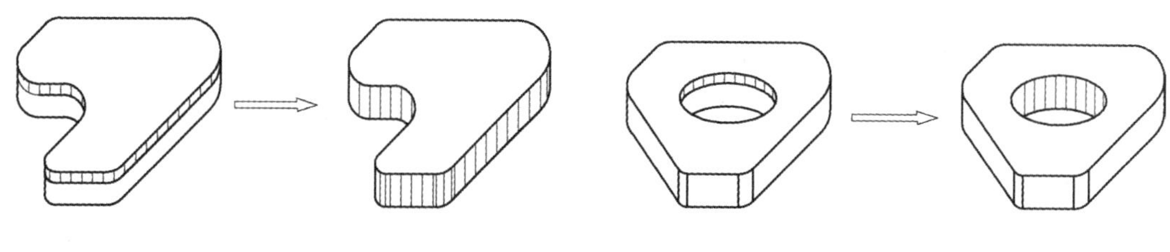

a）外缘整修　　b）内孔边缘整修

图1-10　修边加工

（11）冲拉加工（Blanking drawing）　如图1-11所示，坯料外形冲裁与浅拉深工艺的复合模，在压力机的一个冲压行程内先后进行落料，浅拉深加工。落料凹模在下模布置的，称为正装式复合模；落料凹模在上模布置的，称为倒装式复合模（模具设计参见图1-94）。

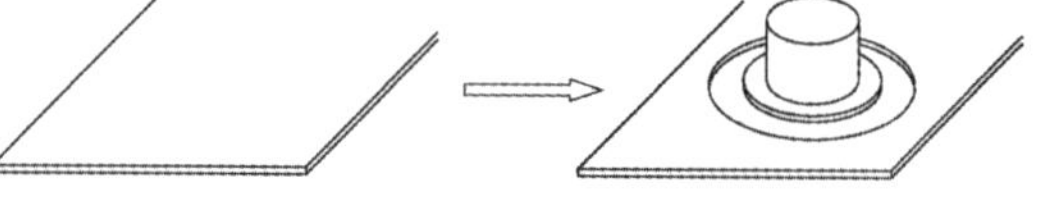

图1-11　冲拉加工

（12）摆振切割加工（Shimmy cutting）　如图1-12所示，利用斜楔模机构（包括摆振凸模和带辊子的摆振凹模）使压力机的上下运动变换为在模具内的模拟圆周运动或前后左右移动，将成形产品在一次冲压行程内完成底部的切断加工。

（13）管材剪切加工（Pipe cutting）　如图1-13所示，由于管件需求的多样化，采用芯棒切断

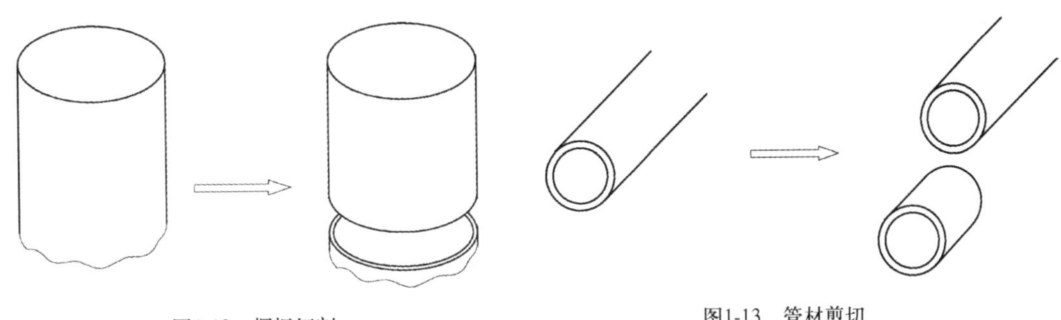

图1-12　摆振切割　　图1-13　管材剪切

比较困难，故无芯切断应用较多。为提高剪切断面质量，减小管件变形，应合理设计切刀形状及尺寸，尽量使凸模切刃在冲切时对管壁作用的剪切力指向外侧。

（14）切边加工（Trim & Scrap cutting）　如图1-14所示，将具有复杂形状的拉深加工半成品坯料件的不规整或多余边缘部分切离，使之成为所需尺寸和形状的工件。

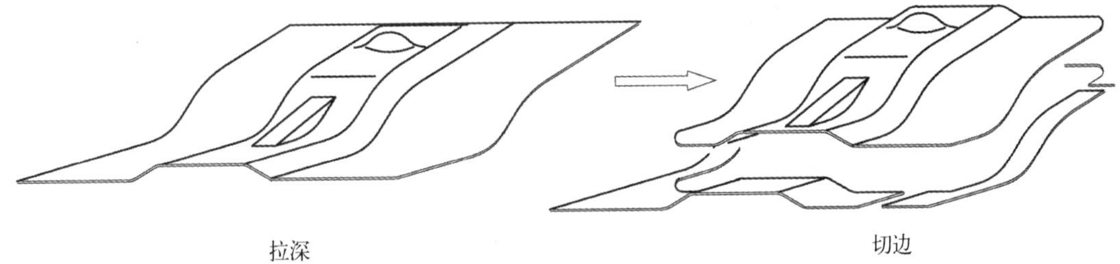

拉深　　切边

图1-14　切边加工

（15）拉削冲切加工（Broaching）　如图1-15所示，在一个冲压行程内，利用图1-15b的拉削加工冲头（Punch）对制品的内孔上分段拉削，完成键槽的加工。

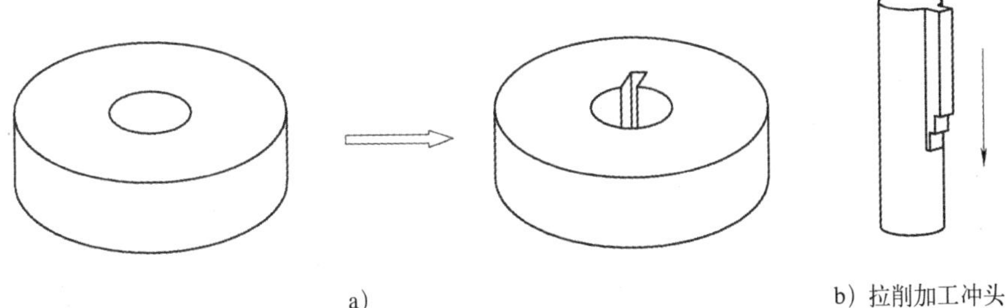

a)　　b）拉削加工冲头

图1-15　拉削冲切加工

（16）上下对冲加工（Up-down blanking）　如图1-16所示，在普通冲裁的一组凸凹模之外，增设第二组凸凹模。第二凸模设置在第一凹模孔内，第二凹模设置在第一凸模的周围。冲压加工分两步进行：第一组模具进行半冲压后中断加工；第二组模具将已经半冲切的部分反方向冲压，由此获得无毛刺切口面。

（17）光洁冲裁加工（Finish blanking）　如图1-17所示，采用接近于零的极小间隙（0.002～0.005mm），所以也称为小间隙圆角刃口冲裁。通常，冲切孔内侧面时，在凸模角部加工微小圆角

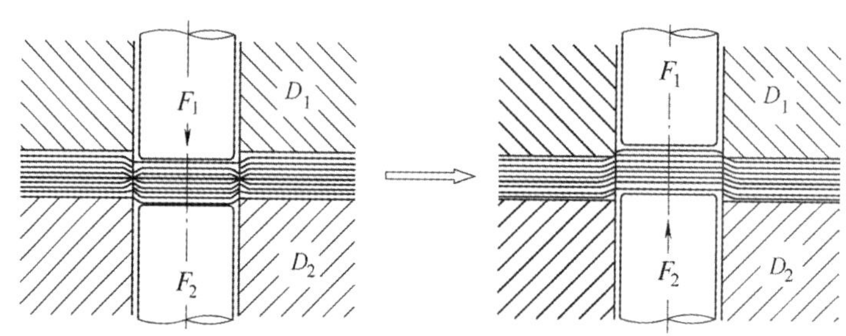

图1-16　上下对冲

或倒角；冲切外形侧面时，在凹模角部加工微小圆角或倒角，以获得具有光滑剪断面和高精度的产品。

（18）精密冲裁加工（Fine blanking）　如图1-18所示，在冲裁的基础上采用形如可动卸料板的压料板（V形压边圈）强力压紧被加工材料，并采用反向压料板施加强力反顶力，采用近乎零的小间隙及小圆角刃口等工艺措施，实现板料塑性分离的冲压分离加工方法。工件的断面及质量在分离加工中为最好，用于精密冲裁落料和精密冲孔，具有优质、高效、低耗及使用面广等特点。

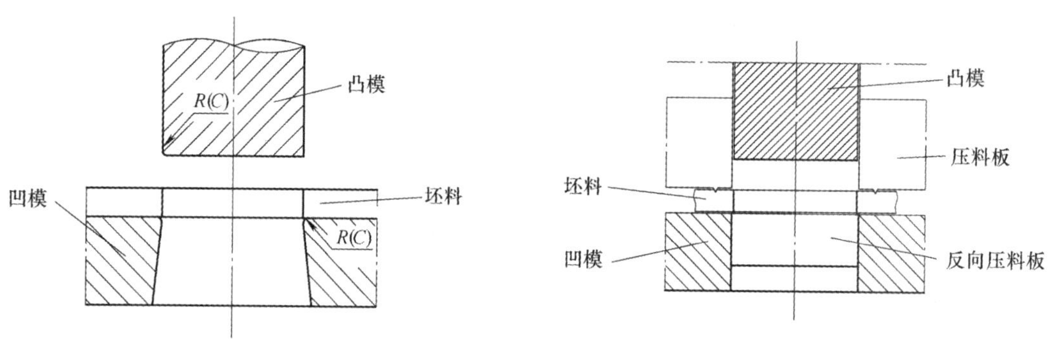

图1-17　光洁冲裁加工

图1-18　精密冲裁加工

（19）对向凹模冲裁加工（Moving die blanking）　如图1-19所示，用平刃凹模与带凸起凹模的对向运动冲切板料，待板料临近断离时由顶料凸模（Knockout punch）使之完全断离。带凸起凹模相当于精密冲裁的V形环压边圈，顶料凸模也可配置在带凸起凹模侧。与精密冲裁相比，对向凹模精冲扩大了可精冲的厚度范围，降低了对材料的塑性要求。

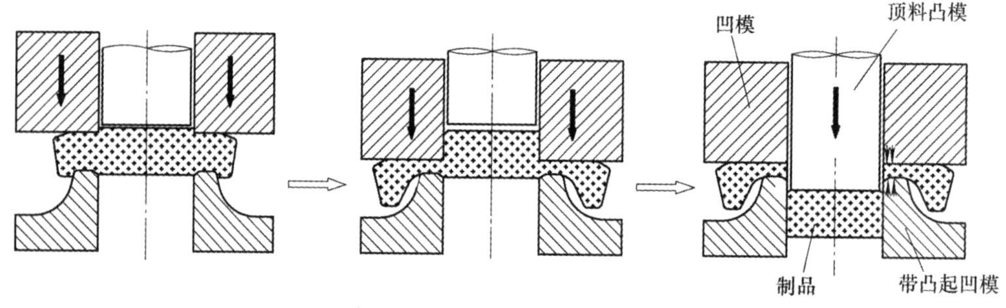

图1-19　对向凹模冲裁加工

1.1.2 折弯（成形）加工

折弯（成形）加工，作为冲压加工的基本工序之一，是利用金属的塑性变形特性，对材料施加折弯变形，以获得具有所要求的折弯半径、折弯角度或所需形状的冲压工艺。其中包括板、棒、管材等的折弯加工及狭义上的一般成形加工。

将金属板材从平面板材加工获得立体产品的方法，在各种板材成形法中，折弯（成形）加工可以说是最简单的立体化成形法。

根据折弯产品的不同要求和生产批量的大小，有各种折弯加工方法。最常用的是采用折弯模具在通用冲压设备上进行折弯加工。使用冲压设备的折弯加工，一般是指利用模具的直线运动进行加工（折弯和卷边）。而这里所说的狭义上的一般成形加工，是指在板厚不变的情况下，使金属材料产生各种变形的加工。除此之外，还有各种各样形状的折弯加工产品。

折弯（成形）加工包括有如下类型：

（1）V形折弯加工（V bending）　如图1-20所示，V形折弯是折弯加工的基本类型之一，板材与冲头顶端及凹模的左右肩部成三点接触状态进行。金属板材折弯后，其断面形状呈V字形。模具冲头和凹模成V字形，故称为V形折弯。

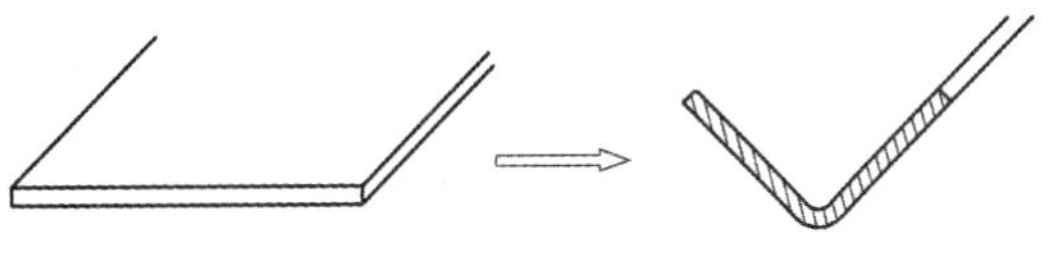

图1-20　V形折弯加工

多数折弯产品要经过反复多次V形折弯而成。通常V形折弯加工模具在冲模的设计上必须考虑回弹对策（模具设计参见图1-82）。

（2）U形折弯加工（U bending）　如图1-21所示，平板部在一个冲压行程内折弯加工，断面成U字形。U形折弯的难点在于确保左右侧壁部与底部的直角度，以及底部的平坦度（模具设计参见图1-84）。要得到折弯后形状稳定的U形折弯产品，通常采用设置于凹模内的顶料装置（Knockout）使得过折力和反弹力互相抵消。U形折弯的最小折弯高度的参考值如图1-21b所示。

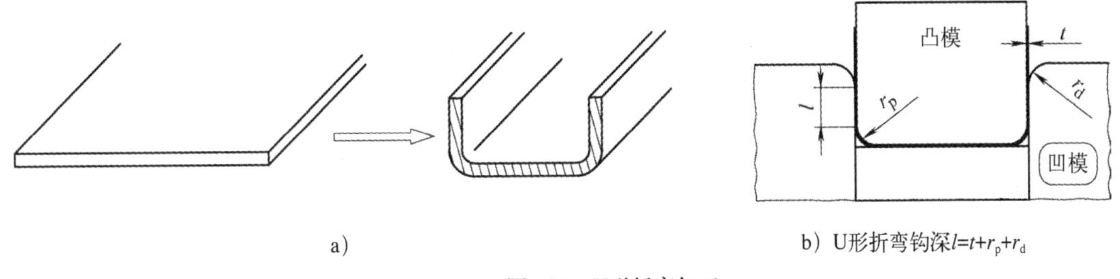

a)　　　b）U形折弯钩深$l=t+r_p+r_d$

图1-21　U形折弯加工

（3）L形折弯加工（L bending）　如图1-22所示，L形折弯分为向上折弯和向下折弯。一次冲压行程要完成90° L形折弯的场合，可以采用角度88° 标准冲头的尖端顶住材料，使之成 90° 以下的锐角折弯，模具离开时调整下死点和压力，成为90° 的L形折弯（模具设计参见图1-83）。L形折弯加工的最小折弯高度如图1-22b所示。

（4）阶段折弯加工（Step bending）　如图1-23所示，与Z形折弯属同一类型。将板材或半成品进行2处L（V）形折弯加工。如果一个冲压行程要同时完成图示的阶段折弯，需要在上模和下模都设置顶料装置（Knockout），以获得上下底面的平坦度和折弯角度。

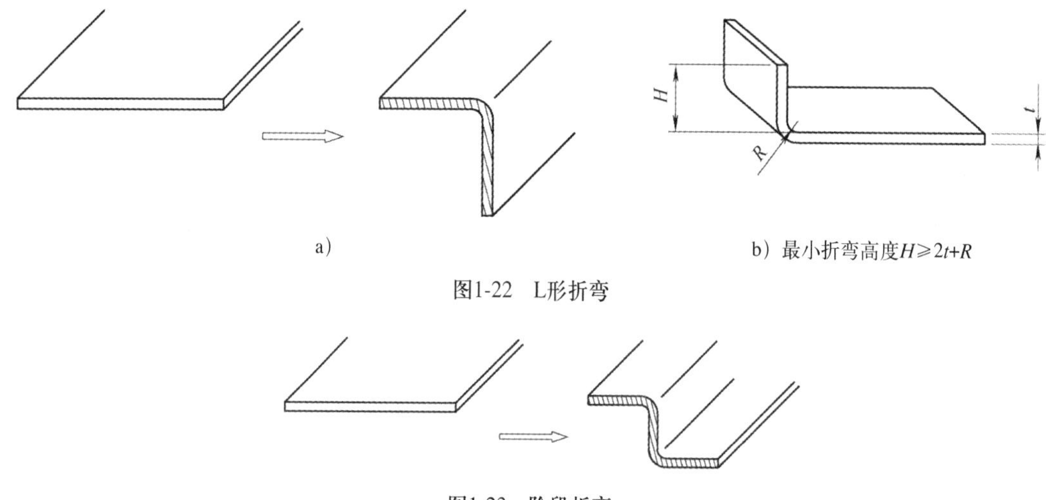

a）　　b）最小折弯高度$H \geq 2t+R$

图1-22　L形折弯

图1-23　阶段折弯

（5）帽形折弯加工（Hat bending）　如图1-24所示，折弯后的产品，形状与平顶带边草帽或刀剑的护手类似。压力机一次冲压行程完成此折弯加工的场合，可采用组合模具，在前半行程先进行两端部U形折弯，后半行程进行中央部U形折弯。也可采用图1-24b所示的利用回转运动机构的折弯模。一次冲压行程完成的场合，限制帽边根部内侧折弯半径R为板厚以上，段差在板厚的3倍以内。

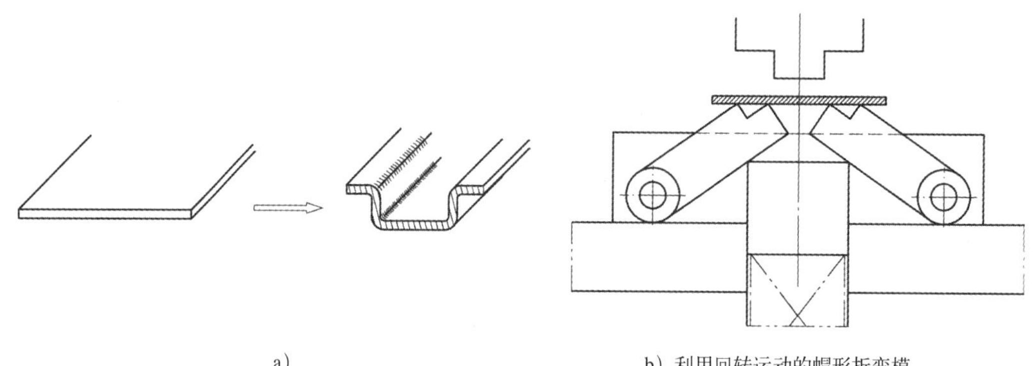

a）　　b）利用回转运动的帽形折弯模

图1-24　帽形折弯加工

（6）斜楔模折弯加工（Cam die bending）　如图1-25所示，利用模具上的斜楔模机构将冲头与凹模的上、下运动进行转换成水平方向运动完成折弯。

（7）卷边折弯加工（Curl bending）　如图1-26所示，卷边折弯，亦称卷圆或卷缘折弯。将板料边缘或半成品制件的端部卷曲成接近圆筒状部分的成形加工（模具设计参见图1-87）。

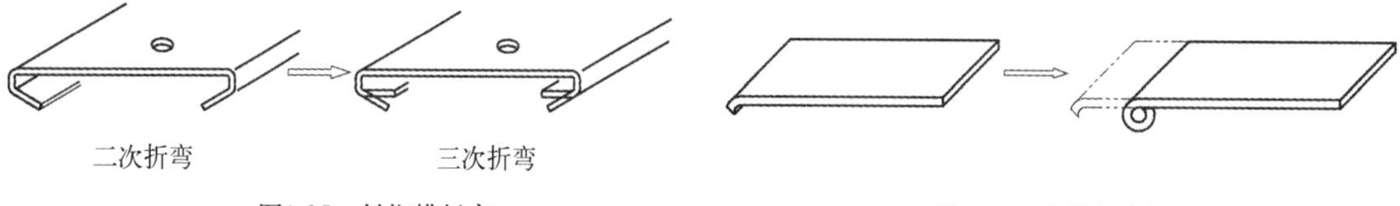

图1-25　斜楔模折弯

图1-26　卷边折弯加工

（8）折弯成形加工（Forming）　如图1-27所示，这里的成形加工是指狭义上的成形加工，即在有意识地维持板厚不变的情况下，使金属材料产生各种变形的加工。

（9）管材折弯加工（Pipe bending）　如图1-28所示，管材折弯时，变形区的外侧材料受切向拉深而伸长，内侧材料受到切向压缩而缩短。由于切向应力和切向应变沿管材断面的分布是连续的，与板材折弯相似。外侧拉深区到内侧压缩区在交界处必然存在中性层。内侧的极限弯曲半径作为管材折弯的成形极限。钢管和铝管的最小弯曲半径通常采用管材外径的2~3倍。

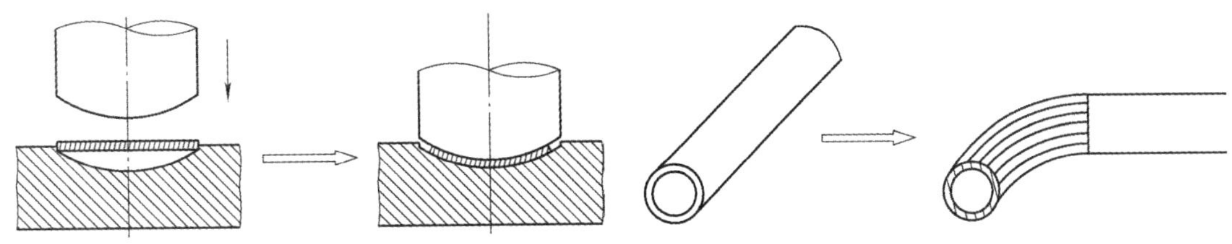

图1-27　成形加工　　　　1-28　管材折弯加工

（10）折叠弯曲加工（Hemming）　如图1-29所示，为了安全或增加强度的目的，常用来对容器的入口部和端部的边缘部进行折叠加工。折叠弯曲与卷边折弯一样，需要在之前的工序进行预折弯（模具设计参见图1-88）。

（11）正反折弯加工（Positive and negative bending）　如图1-30所示，先在坯料的中间部位进行正折弯（U形折弯），继而在其两边进行反折弯（U形折弯）。

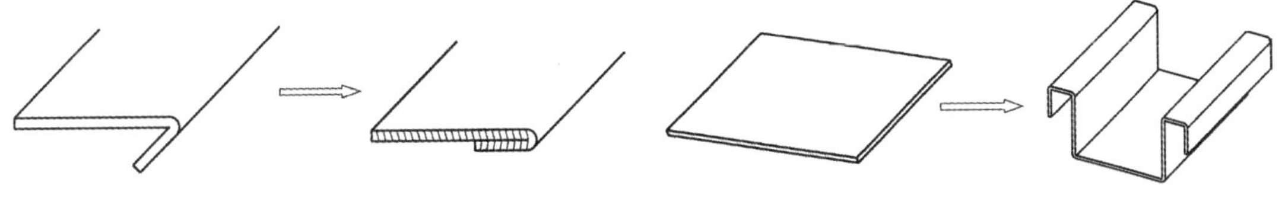

图1-29　折叠弯曲加工　　　　图 1-30　正反折弯

（12）管材成形加工（Pipe forming）　如图1-31所示，在前工序的端部折弯及U形折弯后进行的成形折弯（模具设计参见图1-89）。较小口径圆环状产品的折弯成形，采用组合模具构造可以在一个冲压行程内完成通常需用三工序（端折弯、U形折弯、O形折弯）完成的折弯成形加工。

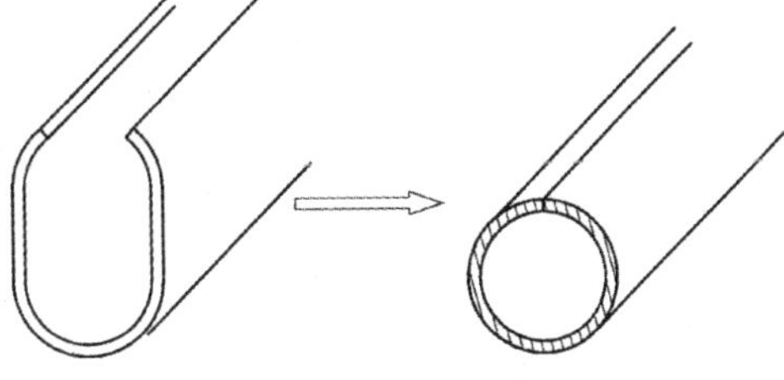

图1-31　管材成形

（13）法兰折弯加工（Flange bending）　如图1-32所示，用模具将加工件上外凸的边缘部向上、向下在同一工位翻成直角竖边的折弯加工（模具设计参见图1-83）。

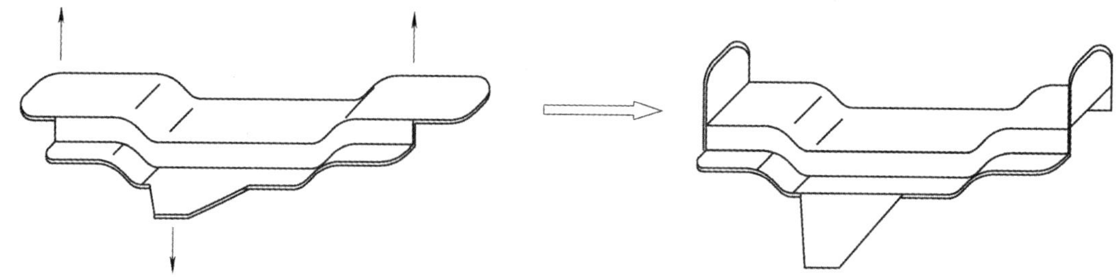

图1-32　法兰折弯加工

（14）拉深翻边加工（Drawing and burring）　如图1-33所示，在坯料的外法兰部位拉深，内法兰部位翻边，拉深和翻边在一次冲压行程中完成。预加工小孔的翻边，将坯料沿内孔边缘伸长，同时向上折弯形成与板面成直角的竖边。

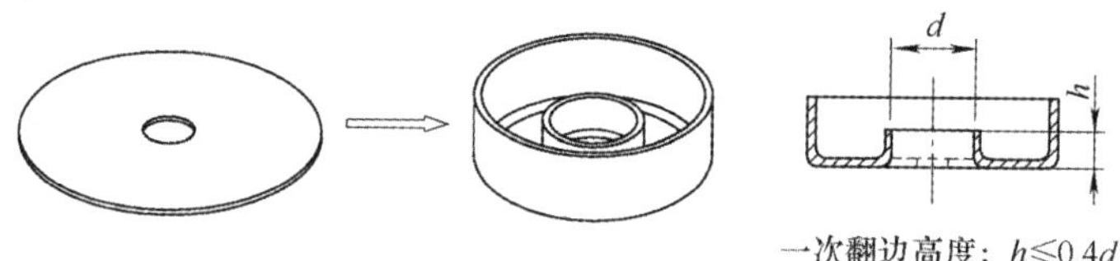

图1-33　拉深翻边加工

（15）落料拉深冲孔翻边加工（Blanking drawing and piercing burring）　如图1-34所示，在一次冲压行程里完成坯件外法兰部分的落料、拉深及内法兰部分的冲孔翻边。冲孔翻边加工，将坯料沿内孔边缘扩大并向下折弯形成与板面成直角的竖边。

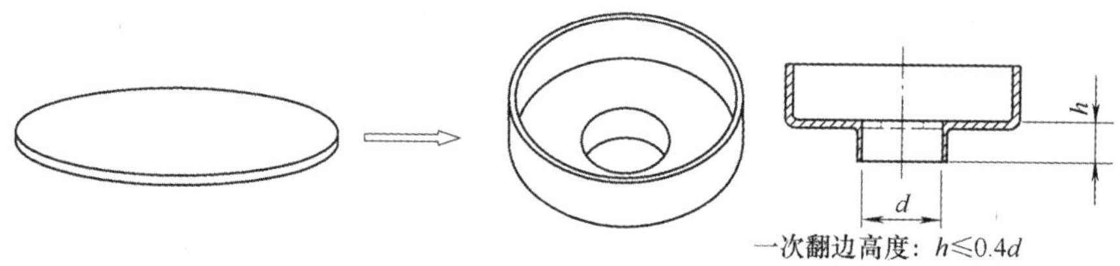

图1-34　落料拉深冲孔翻边

（16）O形折弯加工（O bending）　如图1-35所示，利用凹模的回转运动在一次冲压行程内完

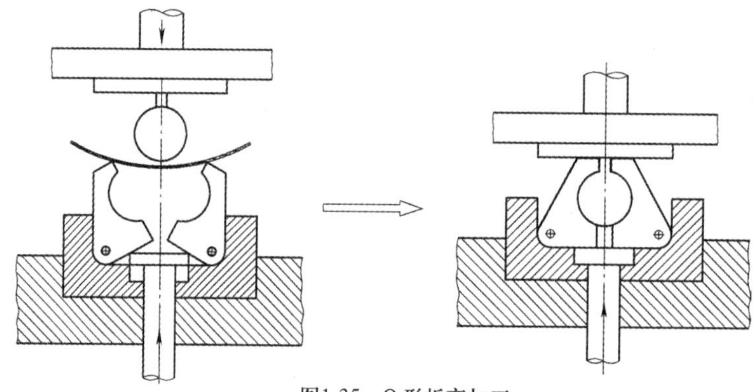

图1-35　O形折弯加工

成圆环状产品的折弯成形。加工时，随着冲头向下的运动，凹模回转，板材逐步顺着冲头头部被折弯成形。此种模具的优点是可避免由凹模肩部引起的划痕。

1.1.3 拉深（成形）加工

拉深（成形）加工是利用模具将平板毛坯成形为开口空心零件的冲压加工方法。拉深作为主要的冲压工序之一，应用广泛。用拉深工艺可以制成圆筒形、矩形、阶梯形、球形、锥形、抛物线形及其他不规则形状的薄壁零件，如果与其他冲压成形工艺配合，还可制造形状更为复杂的零件。

使用冲压设备进行产品的拉深（成形）加工，包括：拉深加工、再拉深加工、逆向拉深、曲面成形及变薄拉深加工等。

拉深加工（Drawing），使用压板装置，利用凸模的冲压力，将平板材的一部分或者全部拉入凹模型腔内，使之成形为带底的容器。容器的侧壁与拉深方向平行的加工，是单纯的拉深加工，而对圆锥（或角锥）形容器、半球形容器及抛物线面容器等的拉深加工，其中还包含扩形加工。

再拉深加工，即对一次拉深加工无法完成的深拉深产品，需要将拉深加工的成形产品进行再次拉深，以增加成形容器的深度。

逆向拉深加工，将前工序的拉深工件进行反向拉深，工件内侧变成外侧，并使其外径变小的加工。

变薄拉深加工，用凸模将已成形容器挤入比容器外径稍小的凹模型腔内，使带底的容器外径变小，同时壁厚变薄，既消除壁厚偏差，又使容器表面光滑。

使用冲压设备的拉深加工，包括以下类型：

（1）圆筒拉深加工（Round drawing） 如图1-36所示，带凸缘（法兰）圆筒产品的拉深。法兰与底部均为平面形状，圆筒侧壁为轴对称，在同一圆周上变形均匀分布，法兰上毛坯产生拉深变形（模具设计参见图1-91）。

圆筒拉深加工极限参考值如图1-36b所示。

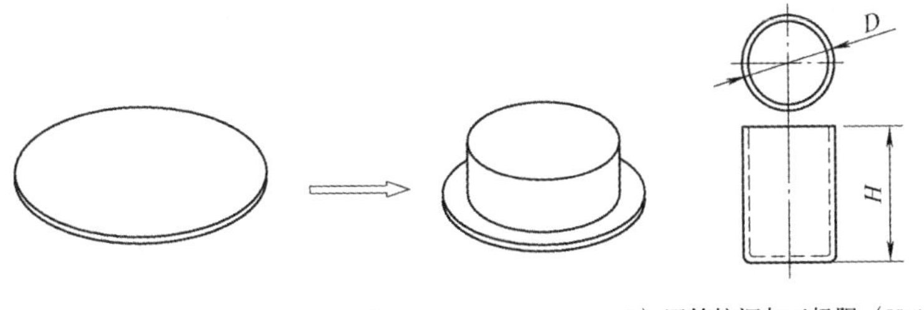

a) b）圆筒拉深加工极限（$H \leqslant 6D$）

图1-36 圆筒拉深加工

（2）椭圆拉深加工（Ellipse drawing） 如图1-37所示，法兰上毛坯的变形为拉深变形，但变形量与变形比沿轮廓形状相应变化。曲率越大的部分，毛坯的塑性变形量就越大；反之，曲率越小的部分，毛坯的塑性变形越小。

（3）矩形拉深加工（Rectangular drawing） 如图1-38所示，一次拉深成形的低矩形件。拉深时，凸缘变形区圆角处的拉深阻力大于直边处的拉深阻力，圆角处的变形程度大于直边处的变形程度。

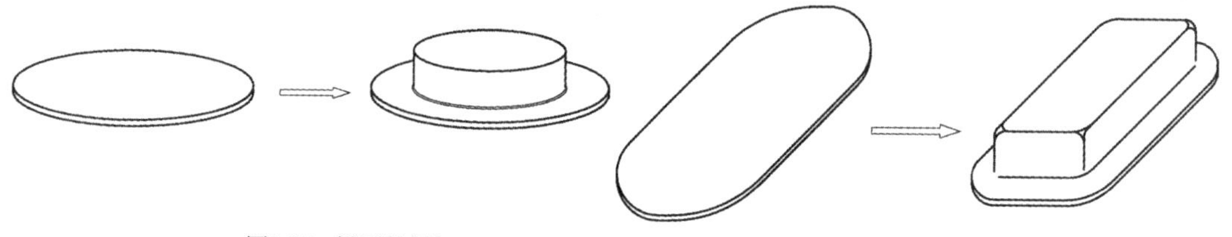

图1-37 椭圆拉深加工　　图1-38 矩形拉深加工

（4）山形拉深加工（Hill drawing） 如图1-39所示，冲压件的侧壁为斜面时，侧壁在冲压过程中是悬空的，不贴模，直到成形结束时才贴模。成形时侧壁的不同部位变形特点不完全相同。

（5）丘形拉深加工（Hill drawing） 如图1-40所示，丘形盖板件在成形过程中的坯件变形不是简单的拉深变形，而是拉深和胀形变形同时存在的复合成形。压料面上坯件的变形为拉深变形（径向为拉应力，切向为压应力），而轮廓内部（特别是中心区域）坯件的变形为胀形变形（径向和切向均为拉应力）。

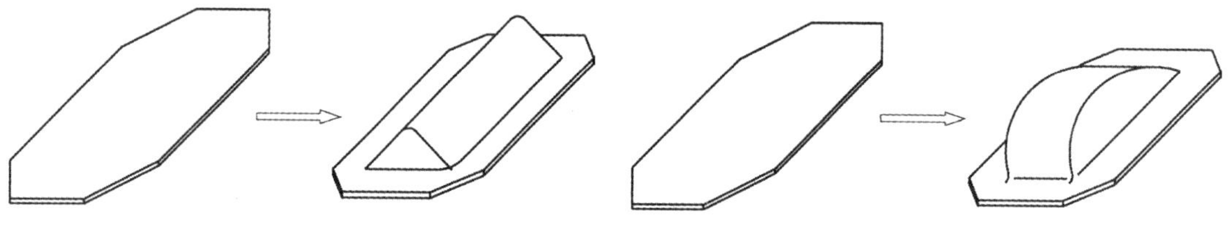

图1-39 山形拉深加工　　图1-40 丘形拉深加工

（6）带凸缘半球形拉深加工（With flange hemisphere drawing） 如图1-41所示，球形件拉深时，毛坯与凸模的球形顶部局部接触，其余大部分处于悬空的不受约束的自由状态。因此，此类球面零件拉深的主要工艺问题在于局部接触部分的严重变薄，或曲面部分的失稳起皱。

（7）法兰盘拉深加工（Flange drawing） 如图1-42所示，将拉深产品的法兰盘部分进行浅拉深的加工。其应力应变情况类似于压缩翻边。由于切向受压应力，容易起皱，故成形极限主要受压缩起皱的限制。

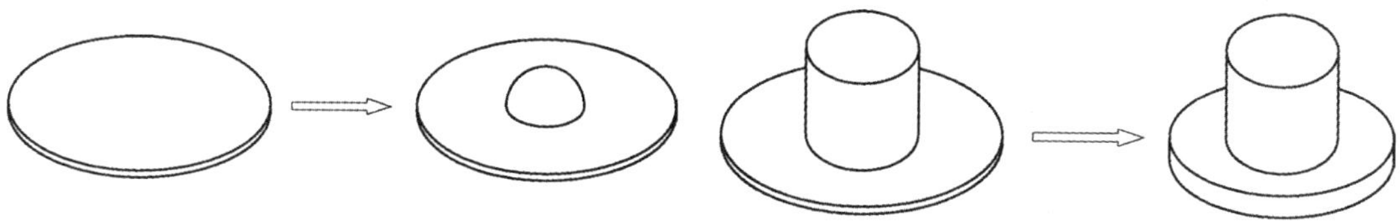

图1-41 带凸缘半球形拉深加工　　图1-42 法兰盘拉深加工

（8）边缘拉深加工（Flange drawing） 如图1-43所示，对前工序拉深产品的凸缘部进行角形再拉深加工，此种加工要求材料具有良好的塑性。

（9）深度拉深加工（Deep drawing） 如图1-44所示，超过拉深加工极限的拉深加工产品，需要经过两次以上的多次拉深方能完成。经过前工位深度方向拉深加工的产品，在深度方向进行再拉深加工。图1-44所示的宽凸缘拉深件，第一次拉深时就拉深成所要求的凸缘直径，在其后再拉深时，凸缘直径保持不变。

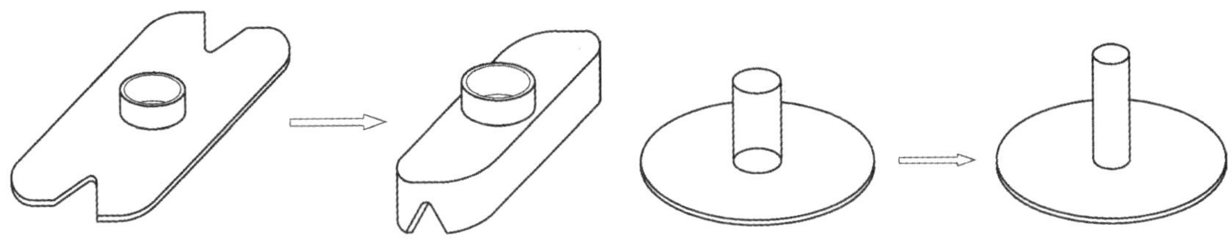

图1-43　边缘拉深加工　　图1-44　深度拉深加工

（10）锥形拉深加工（Taper drawing）　如图1-45所示，$h/d>0.8$、$\alpha=10°\sim30°$ 的深锥形件，由于深度较大，坯料的变形程度较大，仅靠坯料与凸模接触的局部面积传递成形力，极易引起坯料局部过度变薄乃至破裂，需要经过多次过渡逐渐成形。

图1-45所示的阶梯拉深法是首先将坯料拉深成阶梯形过渡件，其阶梯外形与锥形部的内形相切，最后胀形成锥形。阶梯过渡件的拉深次数、工艺等与阶梯圆筒件的拉深相同。

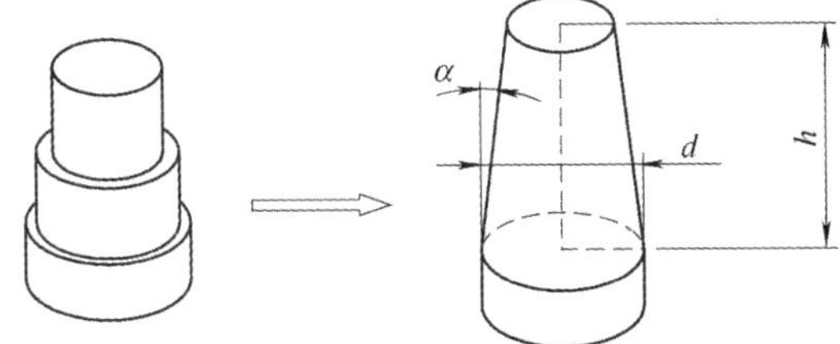

图1-45　锥形拉深加工

（11）矩形再拉深加工（Rectangular redrawing）　如图1-46所示，多次拉深成形的高矩形件，其变形不仅与深圆筒形件的拉深不同，与低盒形件的变形也有很大差别。图1-46为多工位自动搬送压力机进行高矩形盒件加工时，多次拉深过程中制件外形、尺寸伴随拉深高度的变化。

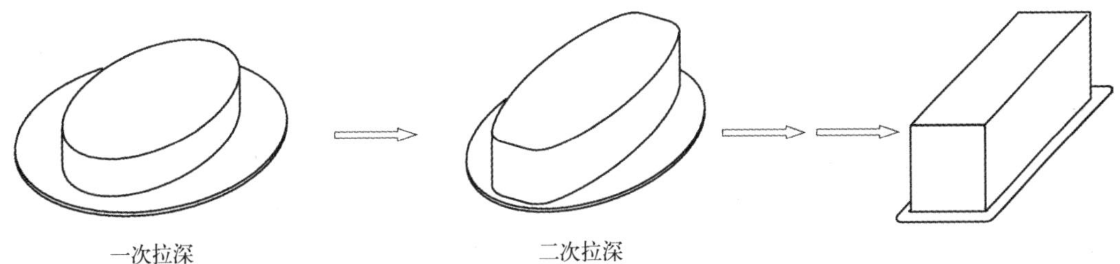

图1-46　矩形再拉深

（12）曲面成形加工（Surface forming）　如图1-47所示，曲面拉深成形，使金属平板坯料外法兰部分缩小，内法兰部分伸长，成为非直壁非平底的曲面形状的空心产品的冲压成形方法。

（13）台阶拉深加工（Stcp drawing）　如图1-48所示，将左侧初拉深产品进行再拉深加工，成形为右侧的台阶形底部。深度较深的部分在拉深成形的初期就产生变形，深度较浅的部分在拉深的

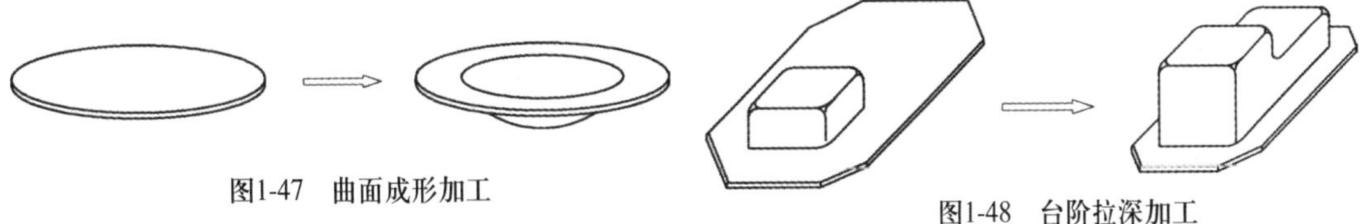

图1-47　曲面成形加工　　图1-48　台阶拉深加工

后期产生变形。在台阶变化部分的侧壁易诱发切应力产生变形。

（14）反向拉深加工（Reverse drawing） 如图1-49所示，将前工序拉深加工的工件，进行反向拉深，是再拉深的一种。反向拉深法可增加径向拉应力，对于防止起皱可收到较好效果。也有可能提高再拉深的拉深系数（模具设计参见图1-93）。

（15）变薄拉深加工（Ironing） 如图1-50所示，与普通拉深不同，变薄拉深主要是在拉深过程中改变拉深件筒壁的厚度。凸凹模之间的间隙小于毛坯厚度，毛坯直壁部分在通过间隙时，处于较大的均匀压应力之下，拉深过程中壁厚变薄的同时，消除容器壁厚偏差，增加容器表面的光滑度，提高精度和强度（模具设计参见图1-98）。

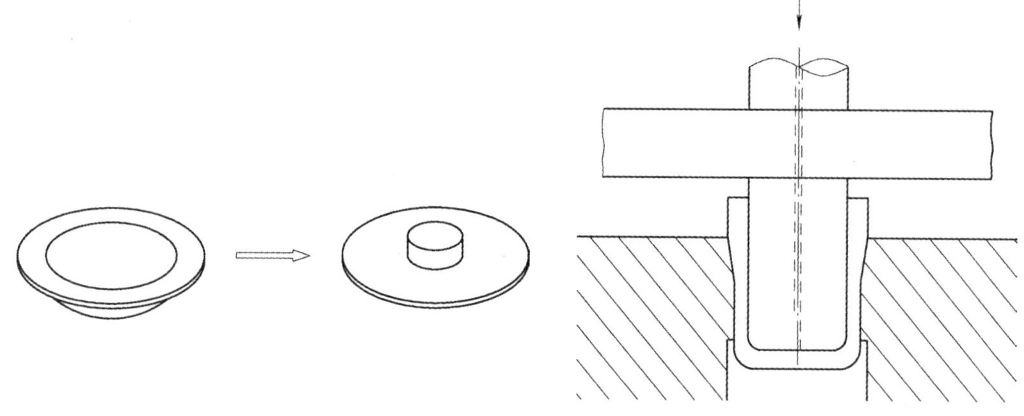

图1-49 反向拉深加工

图1-50 变薄拉深加工

（16）面板拉深加工（Panel drawing）

如图1-51所示，面板产品是板材冲压件，表面形状复杂。在拉深工序中，毛坯变形复杂，其成形性质已非简单的拉深成形，而是拉深与胀形同时存在的复合成形。

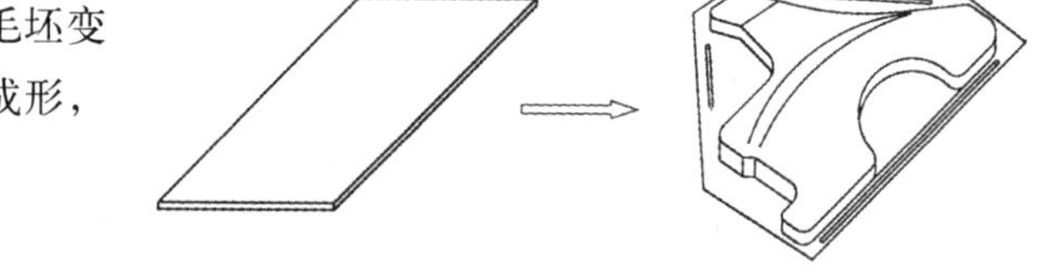

图1-51 面板拉深加工

1.1.4 压缩加工

使用冲压设备进行金属产品的压缩加工，通过模具将很高的压力施加在金属材料上，使金属材料内部产生很高的压缩应力，利用由此产生的塑性变形进行成形加工。

压缩加工中通常包括：压印加工（Coining）、精整加工（Sizing）、压花加工（Embossing）等加工，以及镦压加工（Upsetting）、冷挤压加工（Cold extrusion）、冷锻加工（Cold forging）等。

压印加工，在下死点附近施加很高的压力压缩材料表面，使之发生微小变形，在材料表面形成与模具同样的凸凹形状。

镦压加工，用冷锻或热锻均可加工。特别是常用螺栓、铆钉的头部成形使用的冷锻镦压加工，也称作头部加工（Heading），冲压加工时使用专用的模具。大型的螺栓、阀及其他的镦粗部件则较多使用热锻加工。

冷锻加工，也称为冷间成形（Cold forming），是对常温下的材料施加压缩力以获得所要变形的加工法的总称。冷锻加工不需要进行精切削加工而获得精度和表面精度较好的产品，节省能量，还可以提高材料的性能，获得了广泛的使用。除螺栓、螺母外，冷锻在轴承、家用电器及汽车等零件的大批量生产中也是不可或缺的生产方法。近年来，冷锻已开始应用于小批量的高强度材料、大型零件的加工，并逐渐进入热锻、切削及铸造等加工领域。

冷挤压加工，用凸模（冲头）对置于凹模内的金属材料施加强压，使材料向凹模开口部或凹凸模的间隙部流出成形。冷挤压加工分为：正挤压、反挤压及复合挤压三种。冷挤压加工的场合，需要大容量压力机，并且由于高应力，模具寿命较短，但随着方便、有效润滑剂的开发，其适用范围不断增加。随着钢的冷挤压技术的发展，其加工度较原先的压缩加工增大了很多，许多原先只能用热锻成形的产品，现在也能用冷挤压成形。

上述各种压缩加工，简述如下：

（1）压印加工（Coining） 如图1-52所示，利用带有凹凸的一对模具，对金属材料在压力机下死点附近施加高压，将模具的图案复制到加工面。图案部分与材料部分的板厚不同。压印加工的目的是得到高折弯精度和极小的内圆角。如硬币的加工（模具设计参见图1-102）。

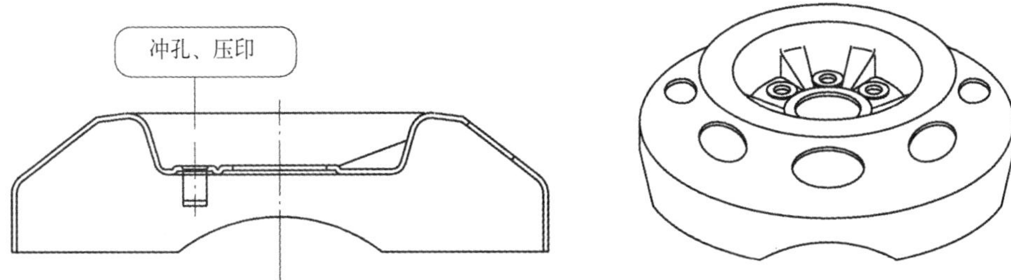

图1-52 压印加工

（2）精整加工（Sizing） 如图1-53所示，用模具对加工产品的全体或部分施加强压，使材料产生塑性流动从而提高加工产品的尺寸精度。

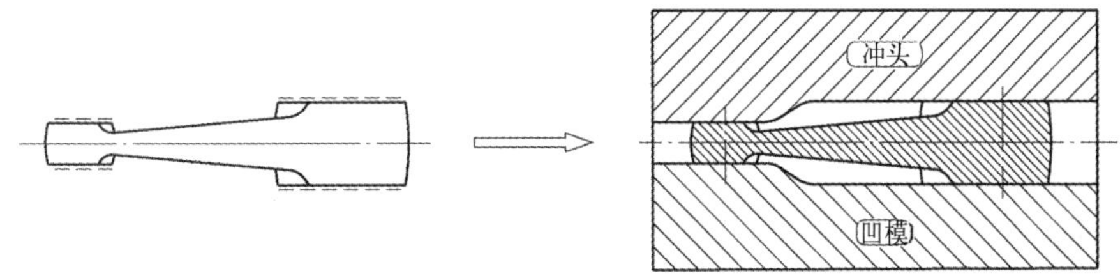

图1-53 精整加工

（3）压花加工（Embossing） 如图1-54所示，利用凸凹模上的凸凹形状对材料或产品表面局

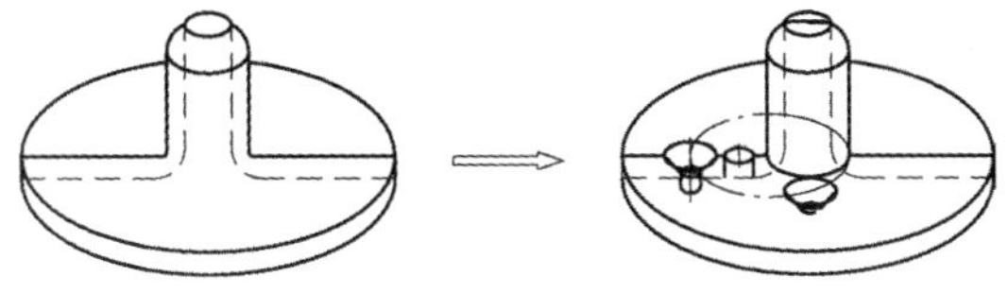

图1-54 压花加工

部进行推压加工，在加工部位形成所要的浮凸形状或图案，加压部分的板厚基本保持不变。如车牌的加工。

（4）镦压加工（Upsetting） 如图1-55所示，材料在长度方向受压，长度尺寸变短，向横方向扩展，增大面积。

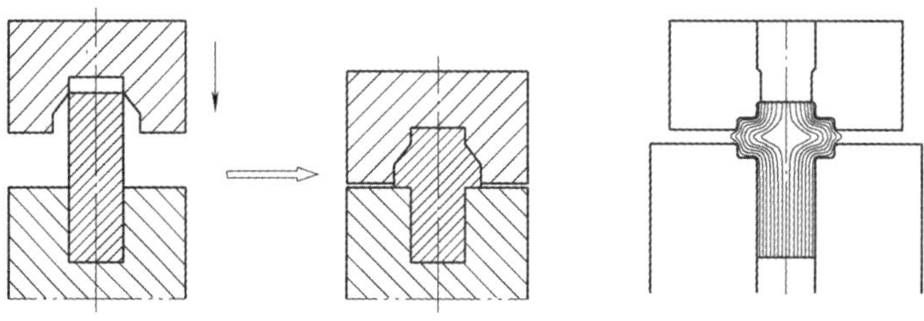

图1-55 镦压加工

（5）端部镦压加工（Heading） 如图1-56所示，用模具对棒状材料的端部进行镦压加工，使之成形为如螺栓、铆钉头部的压缩加工。

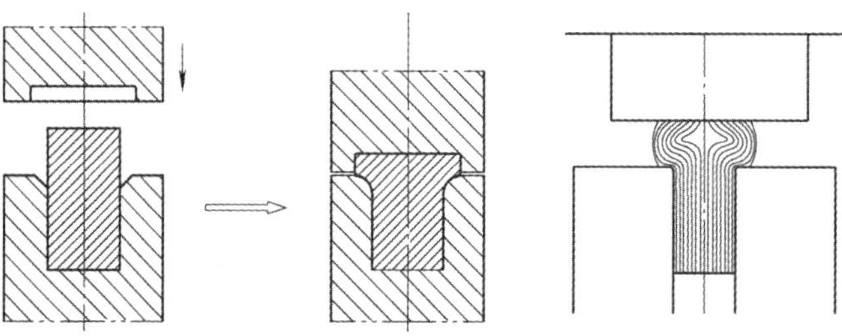

图1-56 端部镦压加工

（6）模锻加工（Swaging） 如图1-57所示，用模具使材料的一部分产生挤压塑性变形，使材料沿着模具的轮廓形状流动而成形的镦压加工。没有接受加工的部分不发生变形，保持原样。一般情况下，流动方向与加压方向成一定角度。

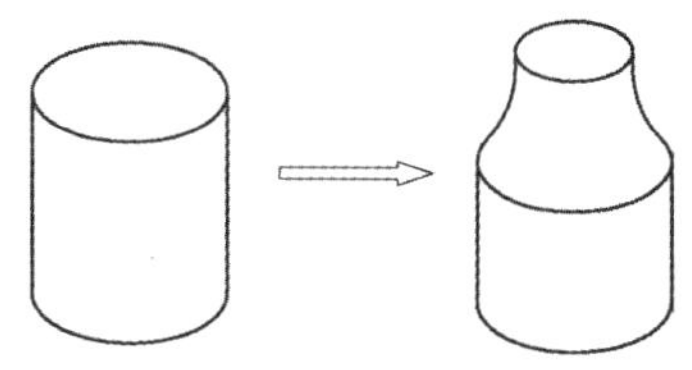

图1-57 模锻加工

（7）正挤压（Forward extrusion） 如图1-58所示，材料由于来自凸模的压力，从凹模的挤出口顺着凸模的运动方向被挤出成形。

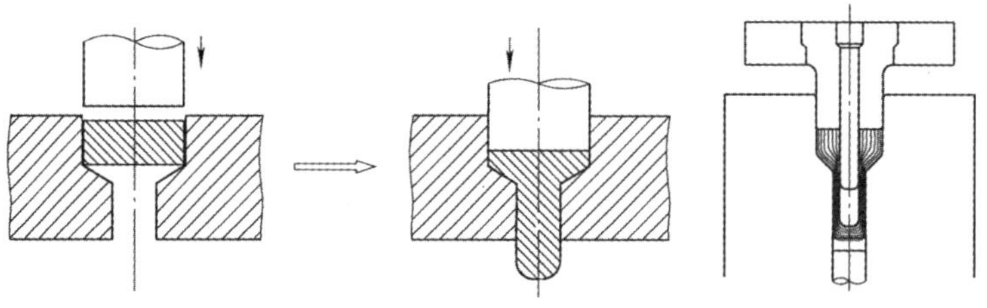

图1-58 正挤压

（8）反挤压（Backward extrusion） 如图1-59所示，材料由于来自凸模的压力被压缩，从凹凸模之间的空隙沿着凸模运动的相反方向被挤出成形。

（9）复合挤压（Forward and backward extrusion）　如图1-60所示，在一次冲压行程内完成包括正挤压和反挤压的挤压加工。

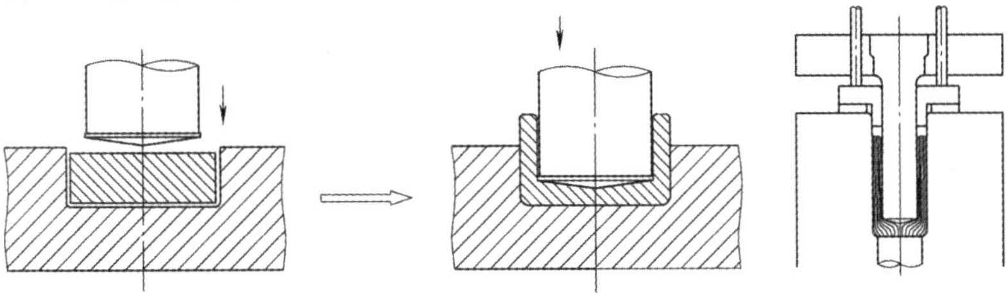

图1-59　反挤压

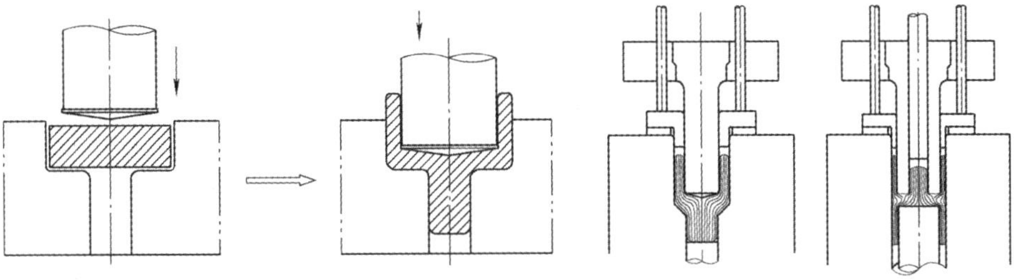

图1-60　复合挤压

（10）冷间锻造（Cold forging）　如图1-61所示，冷间锻造，也称作冷间成形，是对常温下的

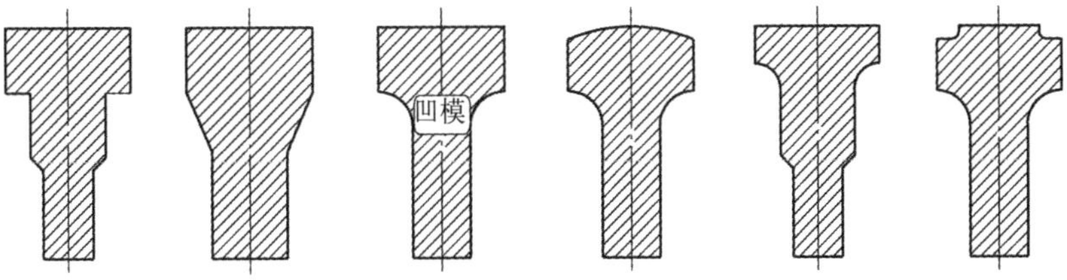

凹模

a) 实心制品

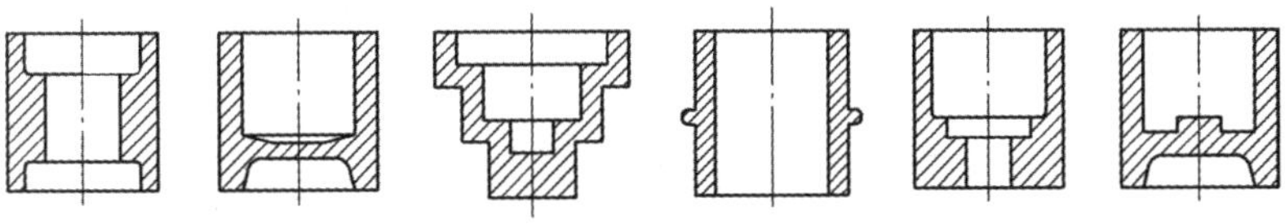

b) 中空或杯状制品

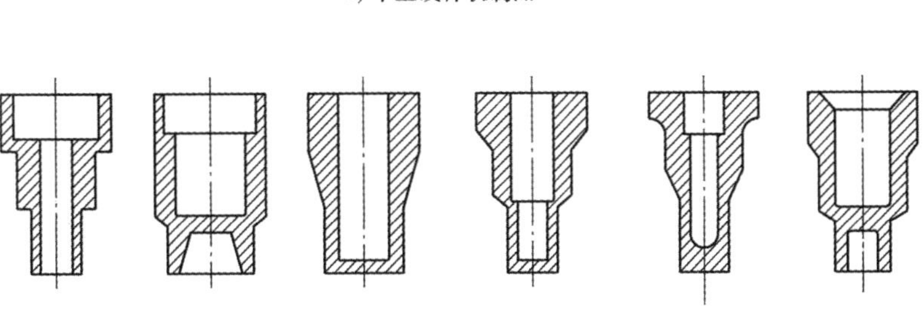

c) 侧壁台阶的中空或杯状制品

图1-61　冷间锻造制品断面形状

材料施加压缩力进行所需变形的加工方法的总称。一般是指挤出加工与其他压缩加工的复合加工，或者挤出加工为主并包括其他压缩加工的复合加工。冷间锻造的产品精度和表面粗糙度好，很多场合下可以省去精切削加工，因为不必要加热可以节省能量，还可以提高材料的性能，因此获得了广泛的应用。

1.1.5 特殊成形加工

在冲压加工中，除上述冲裁（剪断）加工、折弯（成形）加工、拉深成形加工及压缩加工之外，还有许多其他的加工方法，一般统称为特殊成形加工。常见的有如下类型：

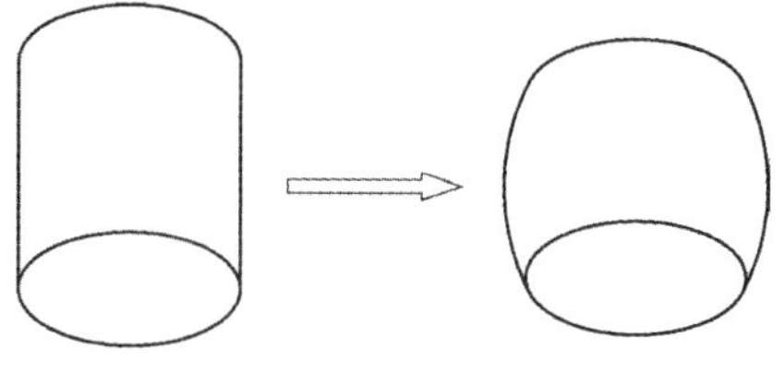

图1-62　鼓胀成形

（1）鼓胀成形（Bulging forming）　如图1-62所示，使用橡胶或分割成放射状的冲头、流体、钢球等，从圆筒容器等的内部加压使之鼓起的加工。

（2）卷边成形（Curling forming）　如图1-63所示，在前工序将工件的法兰盘向上翻边加工后，将其卷曲成形（参见3.3.1 多工位自动搬送加工编号816案例）。

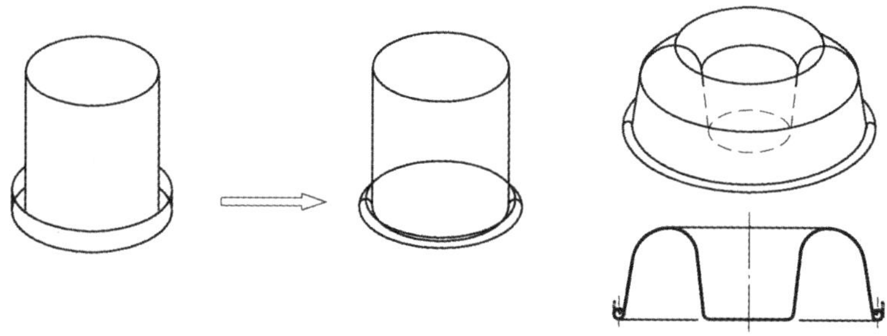

图1-63　卷边成形

（3）缩口成形（Nosing forming）　如图1-64所示，将空心件或管件的敞口处加压缩小的冲压加工。为防止端部材料因受压缩变形剧烈而起皱，如直径的缩小量较大，需进行多次缩口加工。

（4）球成形（Ball forming）　如图1-65所示，将缩口成形加工后的工件，成形为球形产品。

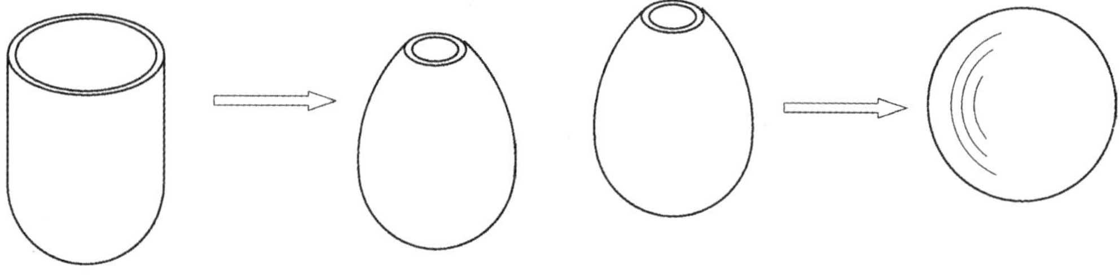

图1-64　缩口成形　　　　图1-65　球成形

（5）法兰成形（Flange forming）　如图1-66所示。

（6）扩口成形（Expanding forming）　如图1-67所示，扩口成形是将空心件或管子端部直径加以扩大的冲压工序。极限扩口系数的大小取决于材料种类、坯料厚度、扩口角度等多种因素（参见

3.3.1 多工位自动搬送加工编号814案例）。

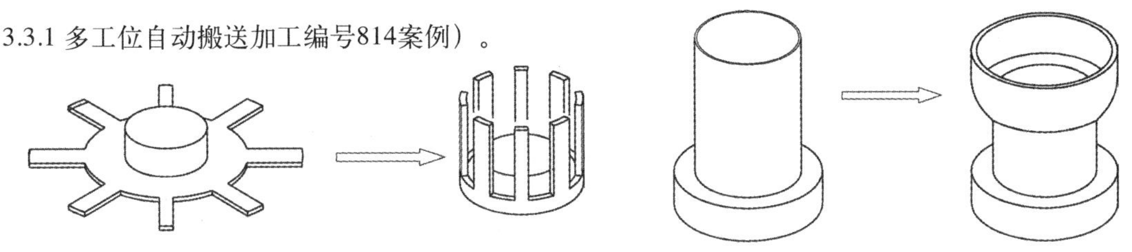

图1-66　法兰成形　　　　图1-67　扩口成形

（7）双圆筒拉深成形（Two hump drawing）　如图1-68所示，多工位自动搬送加工的双圆筒拉深工序。全部工序为：落料→拉深→整形→切边→法兰折弯→顶部冲切孔→分断。

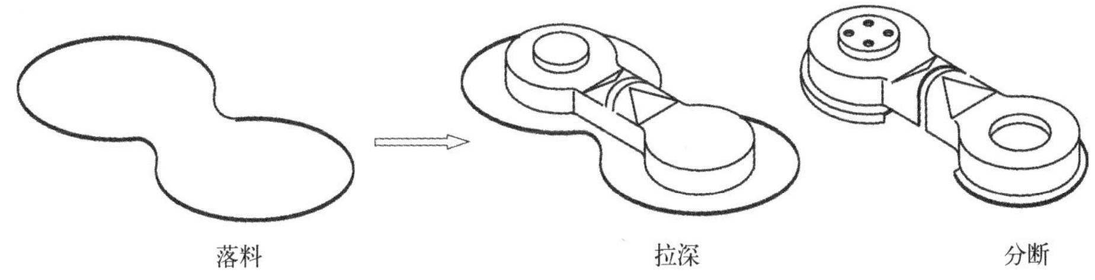

图1-68　双圆筒拉深成形

（8）管材缩口段成形（Section forming）　如图1-69所示，将管件前端部分与本体部分形成段差，同时外径缩小的成形（模具设计参见图1-99）。

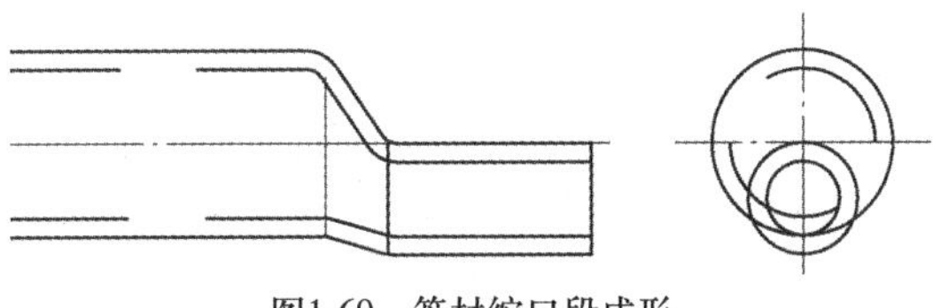

图1-69　管材缩口段成形

（9）张拉成形（Stretch draw forming）　如图1-70所示，将平板坯料两端夹紧，拉深至屈服强度以上的状态，对坯料进行弯曲并带有拉深变形，获得大曲率半径零件的冲压成形方法。

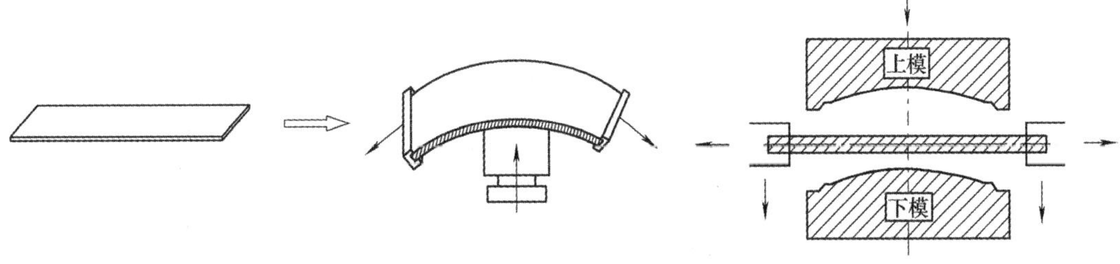

图1-70　张拉成形

（10）胀形加工（Bulging forming）　如图1-71所示，聚氨酯具有高强度、高弹性、高耐磨性及易于机械加工等特性，已成为最理想的软模材料。图1-71所示加工品在聚氨酯模具的作用下，迫使材料厚度减薄和表面积增大，以获取零件几何形状的冲压加工。作为胀形材料不锈钢SUS301的胀形成形性能好，相变诱发塑性现象容易发生，在胀形加工中，会不断引起相变发生，使伸长率变得很大（模具设计参见图1-101）。

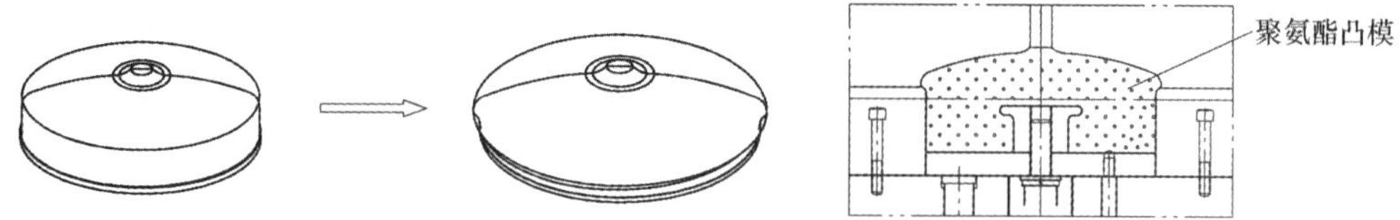

图1-71 胀形加工

1.2 冲压模具设计制作概要

1.2.1 冲压加工三要素

（1）冲压机械 产生加工力的装置。

（2）冲压模具 决定产品形状和尺寸的工具，分为上模和下模。

（3）加工材料 产品材料，主要是金属。

如图1-72所示，在冲压加工中，模具受到来自冲压机械施加的加工力，模具在此加工力的作用下，将产品形状和尺寸转录在被加工材料上，得到所需产品。

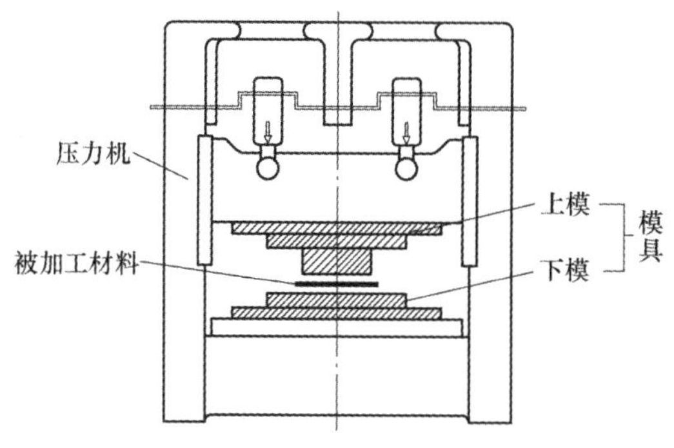

图1-72 冲压加工三要素

1.2.2 冲压模具设计概要

在冲压加工中起着重要作用的模具设计和制作，通常按照以下几个阶段进行：

（1）计划 根据作业目标和要求，制订计划，并考虑如何实现。

（2）实施 实施计划，并测定结果。

（3）评价 评价测定结果，将结果与目标进行比较，对实施中满足设计要求的部分及未能达到要求的部分进行分析。

（4）改善 明确改善、提高的变更点。

通过上述周期过程，从中不断积累经验和技术，提高模具设计与制造的技术、技能水平。

模具的设计与制作在计划阶段的目标是决定产品的模具规格。在综合考虑产品的加工方法（冲裁、折弯、拉深、压缩等）和生产方法（单发、复合、级进、多工位自动搬送等及加工材料搬入、产品搬出）的基础上决定模具规格。进一步考虑生产量及冲压机械、产品精度、交货期、成本等因素，决定能够满足生产需要（送料方法、模具构造、脱模装置等）的用于制作、加工的实际模具规格。

模具规格决定后，下一步工作就是进行具体的模具设计。按照从加工方法、生产方法（与设备的关系）等导出的模具构造、规格， 研讨模具的详细部分，为模具制作做好准备。因为模具是作为产品加工的手段，所以完全充分地了解冲压加工，是研讨选定加工方法的前提。

模具设计中，必须注意两点：①图样上产品要求完成的加工是机能（目的），设计的冲压模具则是能够满足此机能的机构之一。②产品图样未必能100%完全表现模具的形状，因此，根据产品图样制作的模具，必须将用于冲压加工时获得的信息反馈，以便用于考虑精度、生产量、成本及模具寿命的模具设计。

1.2.3 冲压模具制作概要

模具加工包括：切削加工、电加工、磨削加工等。

模具加工使用的机械，要根据加工物的形状和加工时的形态选定。加工形状有平板、块状、圆筒状、特殊形状等。所谓加工形态有圆孔、异型孔等。其他与加工有关的因素还有加工物的大小、材质、材料加工的水平（粗加工、精加工等），以及精加工面的加工精度、加工成本等。

表1-2列举了模具加工所使用的主要机械的种类及利用范围，表中的加工机械，也可以按照下述的特征分类：①适用于包括材料的粗加工的机械。②在形状加工方面发挥作用的机械。③高精度加工机械。④热处理完毕的部件加工所必须的机械。⑤高效、自动加工的数控机械。

模具的制作，必须在充分了解上述各类加工机械的特长和所加工模具部件的机能、精度的基础上，选择加工方法，才能满足生产效率、生产成本、加工精度的要求。

关于模具的组装、调整，必须注意以下两个问题：①现在已经有相当多的模具部件已经成为标准部件，在采用时，务必要仔细地加以确认。②将购入的标准部件和各种机械加工、手加工部件组装起来的模具，在完全组装的状态下发生不良时，很难找出其原因。因此，首先完全理解各个部件

表1-2 模具加工用主要机械种类

分类	机械种类	加工区分	模具加工应用
一般机床加工	铣床	铣床加工	形状加工
	平面磨床	磨削	形状加工
	车床	车削	圆筒加工
	钻床	钻孔	圆孔、攻螺纹加工
高精度精密加工	成形磨床	磨削	精密形状加工
	坐标镗床	切削	机密孔加工
	坐标磨床	磨削	精密孔加工
电加工	电火花加工机	放电加工	形状加工
	线切割加工机	放电加工	形状加工
NC数控机床加工	数控钻床	钻孔	圆孔、攻螺纹加工
	数控铣床	铣床加工	包括曲线、曲面的形状加工
	数控镗床	钻孔	精密孔加工
	数控磨床	磨削	精密孔加工
	加工中心	钻孔、螺纹孔、NC数控铣床加工	模具的全面加工

的机能再进行加工，并保证必要的精度。零件加工完成后，先进行部分组装，确认各部分的形状、机能无误后，最后完成模具总装。这对于缩短工期也是至关重要的。

关于模具精度，补充说明如下：①模具的试加工，设计、制作的模具，在投入试模初始，产品精度等即可完全满足规格，并立即投入量产加工，几乎是不可能的。实际上，模具修整是难免的。②量产加工时，在冲压作业现场，产品精度可能会受到模具设置状况的影响，所以每次模具交换时，必须检查产品精度及状态。③冲压作业现场，要根据各自实际作业所必要的加工条件（加工压力、模垫缓冲压力、模具使用、模具固定方法）指定各自的作业标准。

1.3 冲压模具实例

1.3.1 冲裁（剪断）加工模具

1.3.1.1 外形冲裁模具

（1）固定卸料板构造（下模） 模具构造简单，部件数量少，容易制造。多用于无需压料装置的级进加工的冲裁加工，不适合用于高精度加工和凸模较弱的场合。属于低成本、低精度、高生产量要求的有效模具。图1-73a为冲裁圆形坯料的简单外形冲裁模具（下模固定卸料板），为冲裁零件外形时广泛利用的模具。在单冲模中一般作为最初的加工工序。凸模固定板下模固定卸料板起着平板材幅宽的导向机能，不具有冲模的导向机能，凸模的垂直度只能依赖于冲模固定板（Punch plate），其与凸模外形之间的间隙设定为0.1～0.5mm。由于构造简单，成本低，无须压料板，用于精度要求不高的外形冲裁加工（注：凸模也称为冲头）。

（2）可动卸料板构造（上模） 作为级进模具的主流构造，理由在于：①加工中的被加工材料可见，被加工材料较易通过模具。②被加工材料处于被压紧的状态进行加工，产品的平坦度容易实现，有利于压紧折弯等加工。③利用卸料板可以设置保护凸模的导向装置。

需要冲模导向功能时（坯料尺寸较小等），可以在凸模固定板和卸料板之间设置内部导向装置，为保证冲模的导向，卸料板和冲模的间隙取冲裁间隙的30%以下或者0.005mm（取两者中较大的数值）。采用冲模导向装置的场合，卸料板需要进行热处理达到40HRC以上。

与固定卸料板形式相比，构造复杂，模具制作成本高，多用于中等批量生产，精度稍高的外形冲裁加工。

图1-73b为可动卸料板形式的简单外形冲裁模具，将平板材按照所定的形状冲落。凹模上设置有平板材幅宽的弹簧式导向装置。图1-73c为产品成形加工工序后的外缘切边的模具构造图，为多工位自动加工压力机（5000kN）的工序之一。

1.3.1.2 冲切孔模具

冲切孔模具，用于在产品上冲切圆孔、方孔、长圆形孔等。根据作业要求与条件的不同，可以选择采用上模可动卸料板形式或者下模固定卸料板形式。

如图1-74a所示，采用上模可动卸料板形式，冲模导向装置（内部导柱）贯通冲模固定板、卸料板和下模座。当然，为避免异物进入下模板上的孔及手工作业的安全，可将内部导柱设置成从卸料板向上通过冲模固定板上的导柱孔。

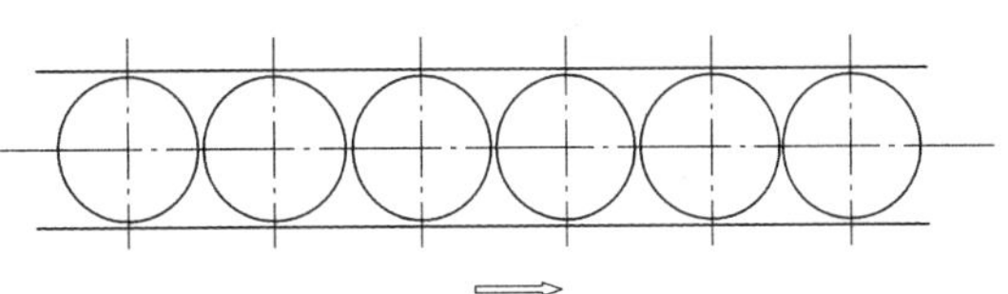

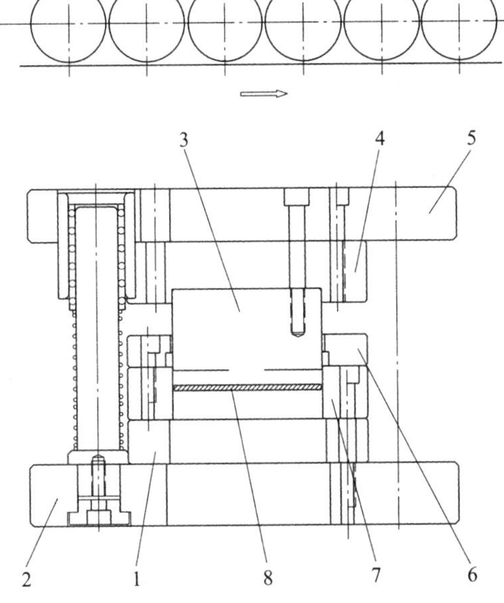

a）下模固定刚性卸料板

1.凹模固定板　2、5. 模架　3.凸模 4. 凸模固定板

6. 卸料板 7.凹模 8. 产品

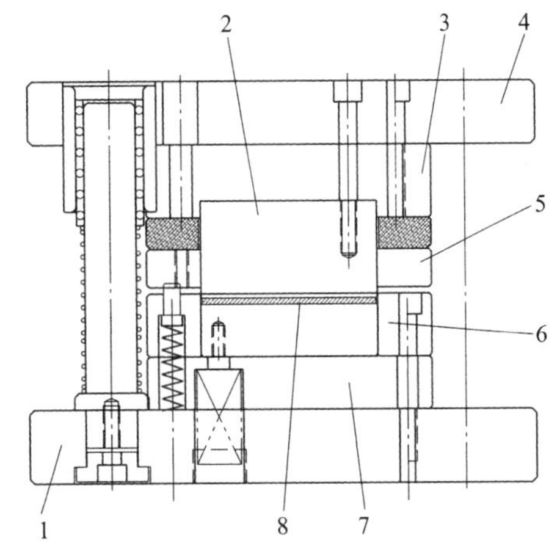

b）上模可动弹性卸料板

1、4. 模架 2. 凸模 3. 凸模固定板

5. 卸料板 6.凹模 7. 凹模固定板 8. 产品

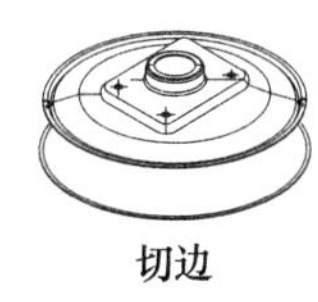

切边

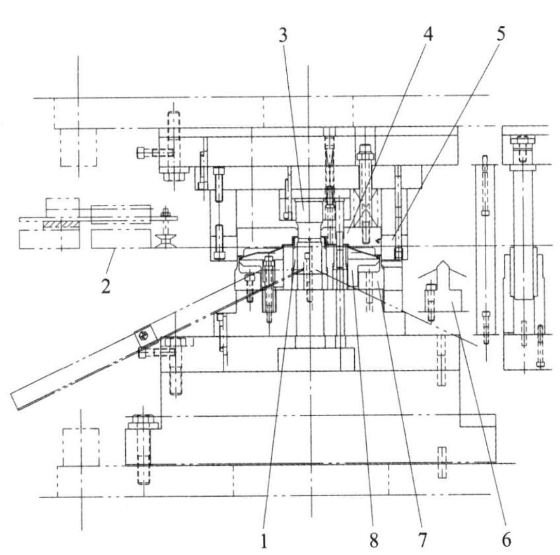

c）上模可动卸料板

1.凹模衬套 2. 搬运杆 3.冲孔凸模 4. 卸料板 5. 切边凹模 6. 废料切刃 7. 切边凸模 8. 升降装置

图1-73　外形冲切

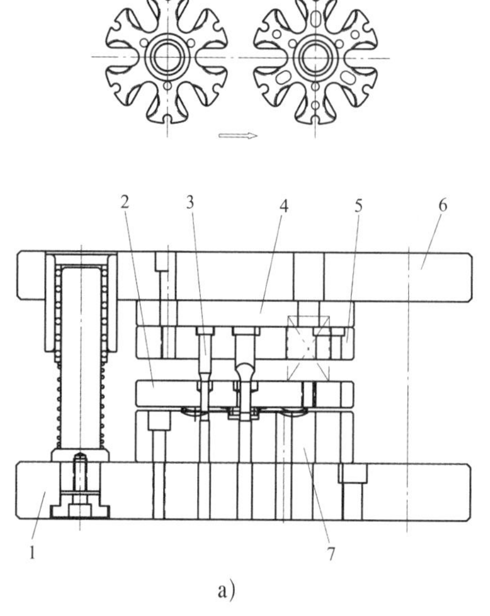

a)

1.模架（下模座） 2.卸料板 3.冲模 4. 凸模固定板
5.凹模固定板 6. 模架（上模座） 7. 凹模

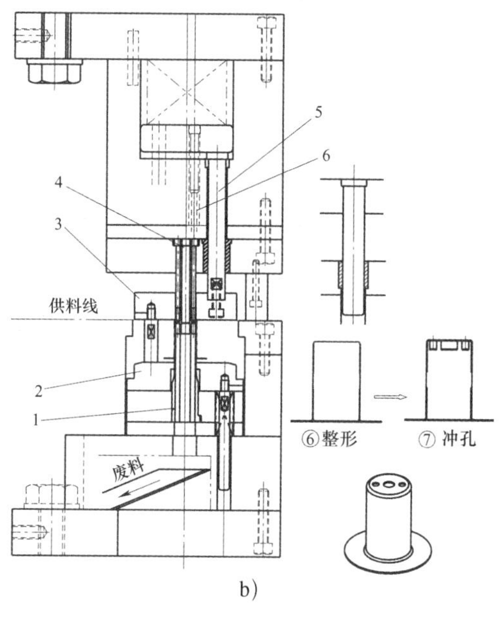

b)

1. 凹模 2. 升降装置 3. 卸料板 4. 凸模
5. 压料销 6. 推送销

图1-74 冲切孔模具

如图1-74b所示，采用下模固定卸料板形式，是使用多工位自动压力机加工带凸缘深圆筒产品的工序之一。在此工序，对经过多次拉深加工、整形后的产品进行顶部三个圆孔的冲切。

1.3.1.3 分离加工模具

用凸模、凹模使平板坯料沿不封闭的轮廓线断裂分离，或者将加工产品切割，分离成两个或数个。

多工位自动冲压加工盖板，全部工序包括：平板切料→拉深、顶部冲孔→切边→切边→整形→侧壁冲孔，中间切断分离为左右对称的两部分。图1-75为最终工序⑥侧壁冲孔，中间切段分离的模具构造图。

1.3.1.4 内外冲切模具

如图1-76a所示，在一个冲压行程内完成产品外圆和内孔的冲切加工。加工时，上模中央的凸模和下模内的凹模进行内孔冲切，

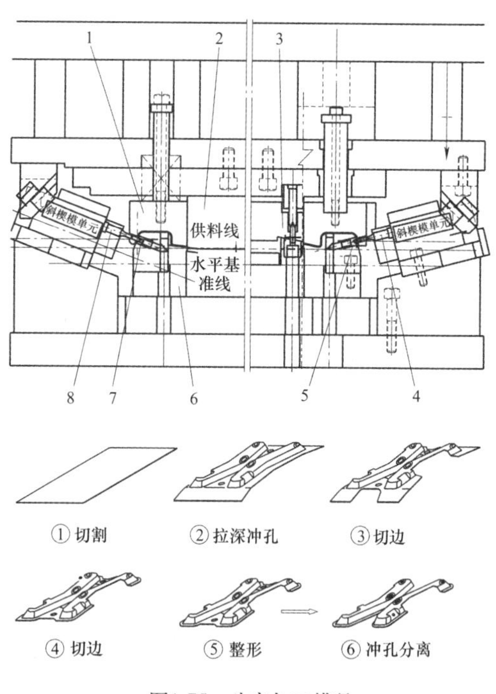

图1-75 分离加工模具

1、3. 垫板 2、4、8. 凸模 5、6、7. 凹模

下模的凹模作为凸模，与上模冲头外周的凹模完成产品外形的冲切。内外冲切的“毛刺方向”为同一方向，冲切的产品平坦度较好。

如图1-76b所示，产品外形和内孔在一次冲压行程内完成冲切。切边凸模和切边凹模为外形冲切用，凸模和凹模为冲切异形孔用，冲孔凸模和冲孔凹模为冲切小圆孔用。外形冲切加工的废料从左侧滑槽落下，内部小孔的废料从右侧滑槽落下。

1.3.1.5 切边（切口）模具

带小凸缘板材冲压深圆筒产品，多工位自动压力机经过4次拉深加工→整形→顶部冲孔→外缘切边（如图1-77a切边）→外缘翻边→筒壁冲方孔，完成产品的加工。作为外缘翻边的前置工序，切去制件边缘部不规整及多余部分，使其超出圆筒侧壁的边缘部宽度一致。

如图1-77b所示，多工位自动搬送加工，坯料依次经过拉深、内孔冲孔、内孔翻边、整形、修边及开孔、外缘翻边、底部切口等加工后成形的圆筒状制件，在本工序利用斜楔模机构将压力机上下运动变为模拟圆周运动，进行筒壁底部周边的切口修边。

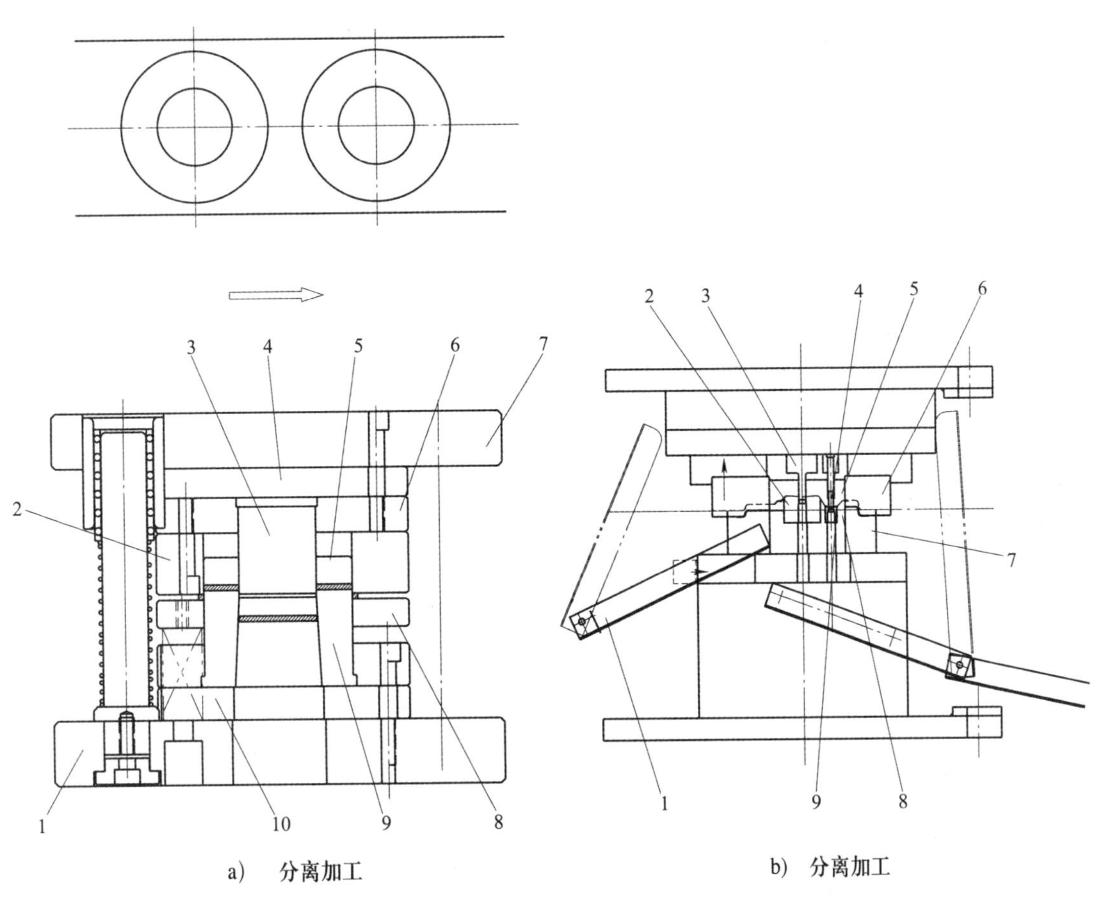

a)　分离加工

1. 模架（下模座）　2、9.凹模　3. 凸模　4. 凹模固定板　5、8. 卸料板　6. 垫板　7. 模架（上模座）10. 垫板

b)　分离加工

1. 废料管道　2. 凹模　3.冲模　4. 冲孔凸模　5.卸料板　6. 切边凹模　7. 废料切刃　8. 切边凸模　9. 冲孔凹模

图1-76　内外冲切模具

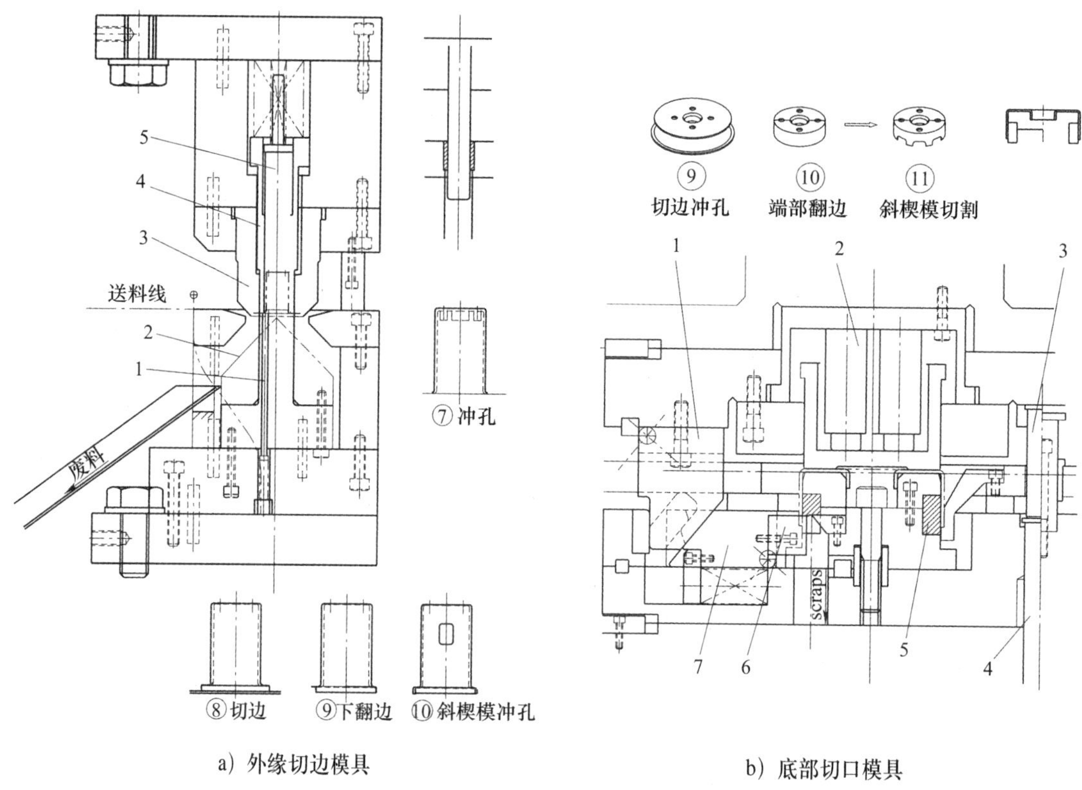

a）外缘切边模具

1. 升降销 2.废料切刃 3.切边凹模 4.卸料板 5. 推送销

b）底部切口模具

1. 斜楔模驱动部 2. 气体弹簧 3. 压力销 4.模垫缓冲销 5. 凹模 6. 凸模 7. 斜楔模滑动部

图1-77 切边（切口）模具

1.3.1.6 修边模具

如图1-78a所示，修边（Shaving）加工的目的是使前一工序（冲压及开孔）的切断面达到尺寸要求，或者使产品的外周或内孔边缘成为光滑的直角断面，而进行微量切断（或切削）加工。

一般冲裁加工，冲裁面包括断裂面和剪断面，两部分厚度比约为7：3～5：5。如果要求剪断面达到90%以上，就需要采用这里所说的修边加工。

如果被加工材料硬且脆的情况下，进行修边加工时，每次从孔或外周的侧面削去板厚的约10%较好，根据被加工材料的特性和对剪断面的要求，可能需要分成多次进行。

外周修边模具图1-78b中表示有外周修边冲切的范围。

1.3.1.7 精密冲裁模具

修边模具是对前一工序加工的预冲孔断面进行微量修正，增加剪断面的部分。如果使用精密冲裁模具加工，则不必要预开孔，但被加工材料必须是韧性材料，凸凹模间隙为0.002～0.005mm，刃口部加工成微小圆角或倒角。

图1-79级进加工中，产品外形精密冲裁，产品冲下后返回到生产线高度，送进到下一工位，落料、切除废料。产品和废料经由管道分别排出。

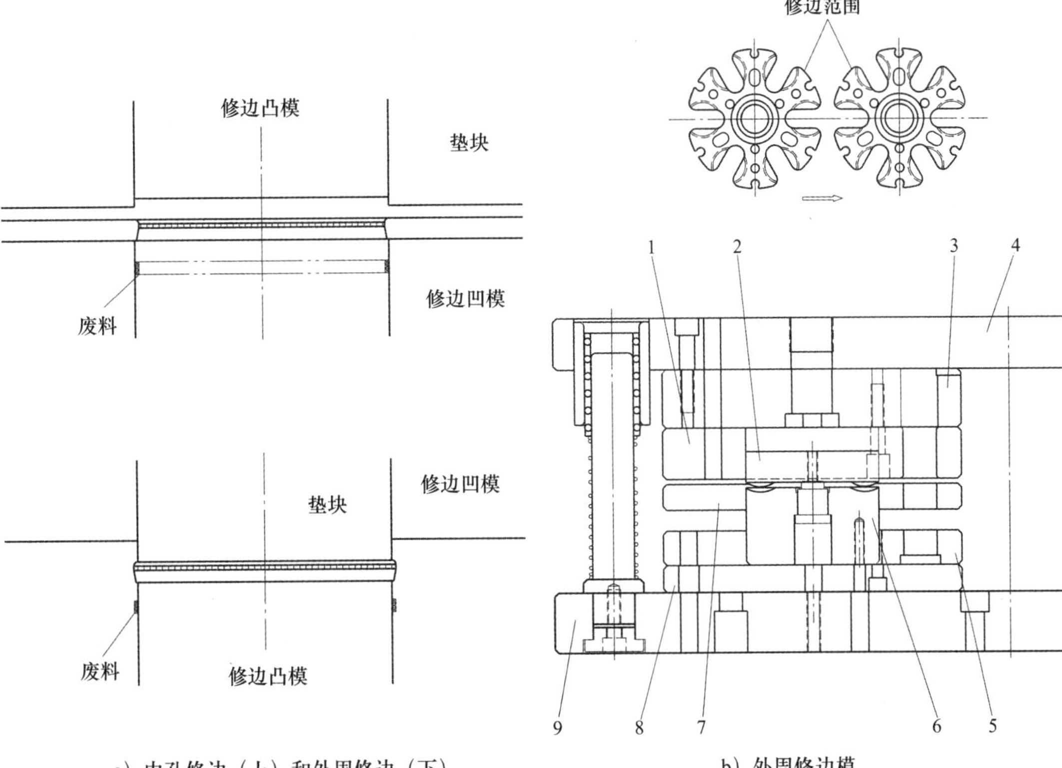

a）内孔修边（上）和外周修边（下）

b）外周修边模

1. 凹模 2. 上卸料板 3、5. 凹模固定板 4. 模架（上模座）

6. 凸模 7. 下卸料板 8. 垫块 9. 模架（下模座）

图1-78

1.3.1.8 精密落料冲裁模具

图1-80为厚板精密落料冲裁。使用专用的精密落料压力机，板材送到加工位置后，下模上升通过模具缓冲装置施加压紧力，与上压料板一起将板材压紧后，凸模压入进行冲裁，冲裁终了后，下模后退，压板力解放。之后上压板（可动卸料板）下降进行卸料。卸料完成后，下压料板上升，冲裁产品排出，板材被送回到原先位置，至此完成一次冲压行程。如果产品上有孔，开孔的废料进入凸模中，卸料时也同时被排出，与产品同时从凹模上面除去。

上述精密落料冲裁加工，如果使用普通单能压力机，则需要增加相当复杂的附属装置，并采用特殊的模具。

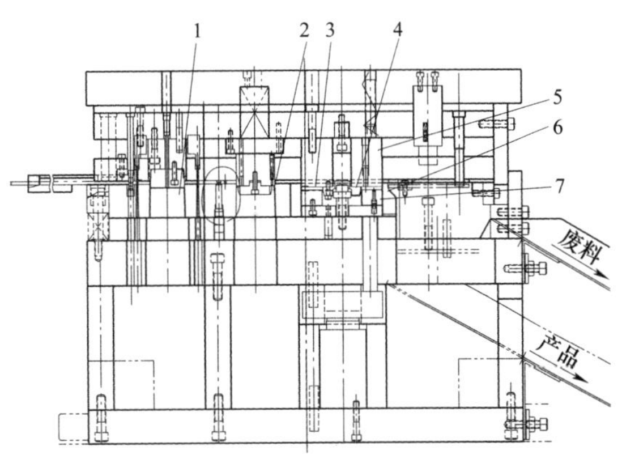

图1-79 精密冲裁模具

1. 预备孔 2. 修边 3. 产品 4. 导正销

5. 凸模 6. 凹模 7. 压板

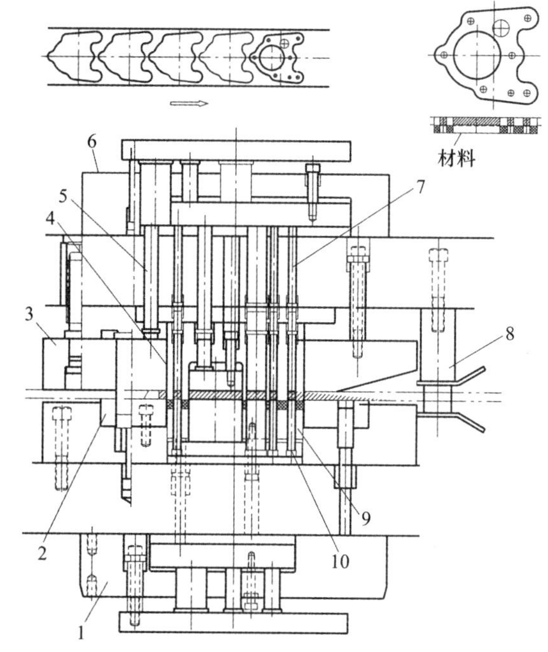

图1-80 精密落料冲裁模具

1. 下插入环 2. 凹模 3. 垫块 4、10. 冲头 5. 顶料销 6. 上插入环 7. 压力销 8. 导柱 9.升降装置

1.3.1.9 切口冲裁模具

如图1-81a所示，在锻造工件上剖切定长的条形切口。在一个冲压行程中，施压件（Suppress part）下降，驱动压板（Pad）在其作用下以左侧销为轴心顺时针转动，在压紧加工件的同时，在斜楔模机构（Cam driver、Cam slider）的作用下，冲头（Punch）向右运动，完成切口冲裁加工。

如图1-81b所示，模具在卷材产品上切开定长的条形缺口，同时在卷材产品的侧面冲小圆孔。

1.3.2 折弯（成形）加工模具

1.3.2.1 V形折弯模具

V形折弯模具，由于冲头（Punch）和凹模（Die）都具有V字形状，所以称

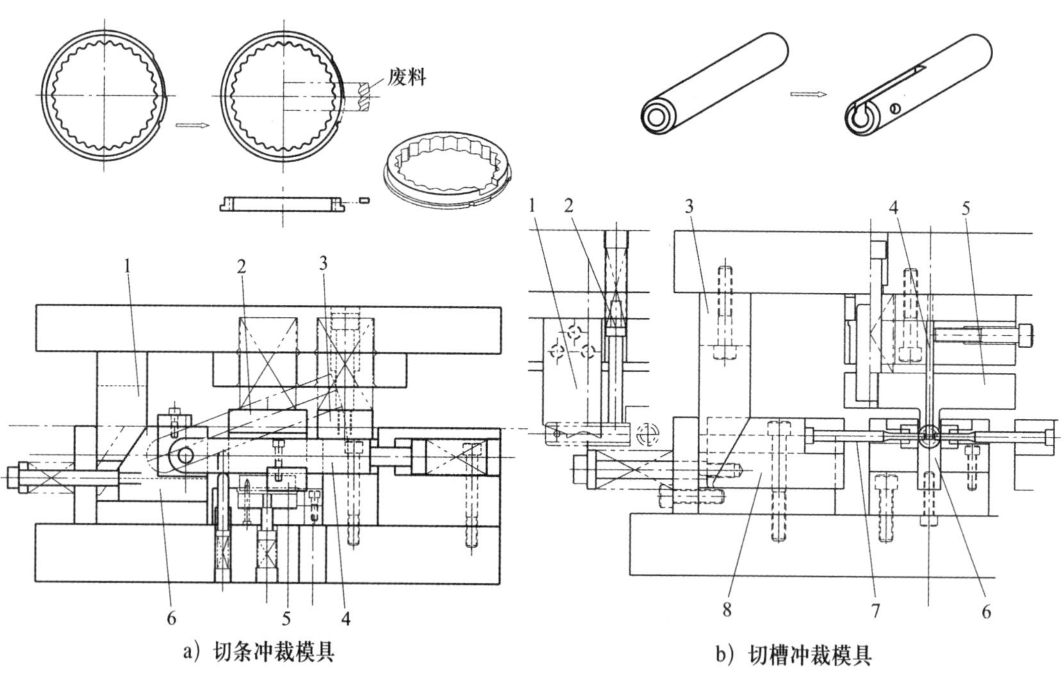

a）切条冲裁模具

1. 斜楔模驱动部 2. 垫块 3. 压板 4. 凸模固定板 5. 凸模 6. 斜楔模滑动部

b）切槽冲裁模具

1、4. 切口凸模 2. 推送销 3. 斜楔模驱动部 5. 卸料板 6. 定位装置 7. 凸模 8. 斜楔模滑动部

图1-81

为V形折弯。折弯角度可以大于也可以小于90°，用途广泛，常用于产品的试制加工。

如图1-82a所示，为图1-88中包边折弯加工的前置工序的模具构造图。

多工位自动加工折弯产品，共经过：①落料→②V形折弯→③、④U形折弯→⑤U形折弯→⑥斜楔模整形。图1-82b为其中第1折弯工序的模具构造。

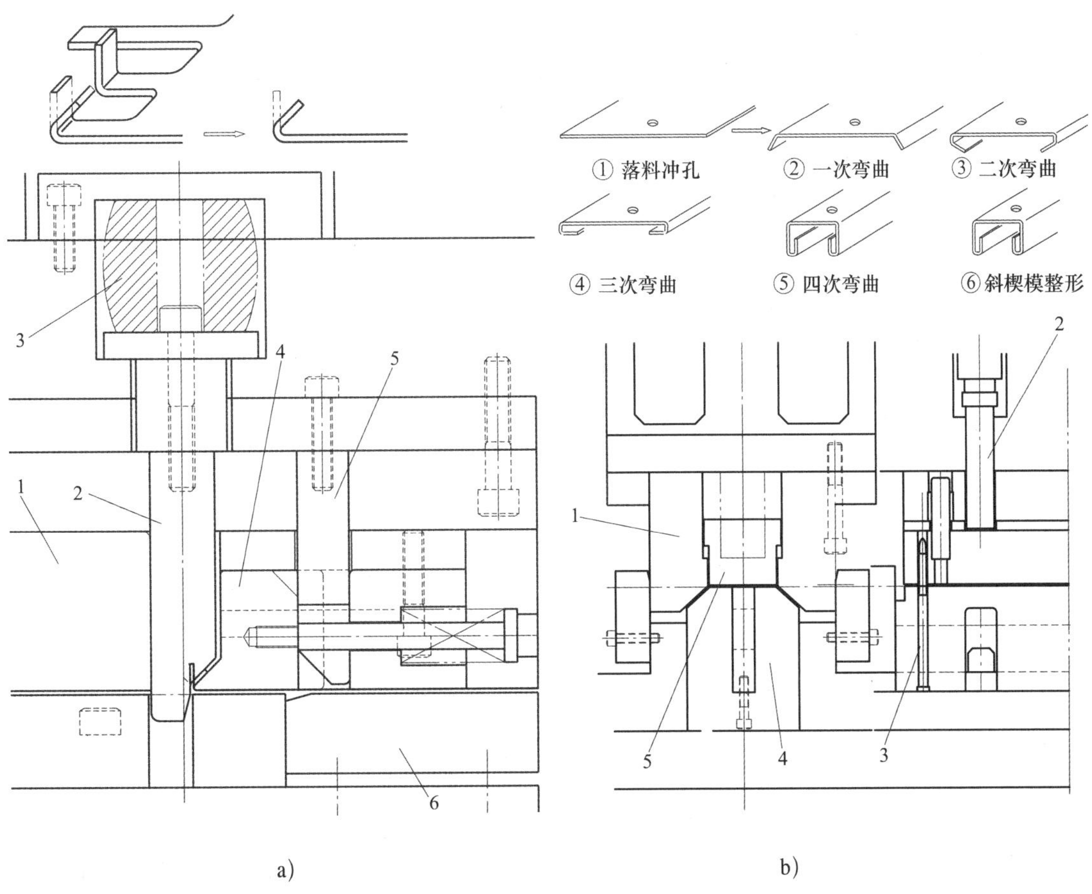

1. 垫板 2. 凸模 3.聚氨酯 4. 斜楔模滑动部 5. 保持斜楔模 6.升降装置

1. 凹模 2. 压力销 3. 导正销 4. 凸模 5. 压板

图1-82 V形折弯模具

1.3.2.2 L形折弯模具

L形折弯加工的产品，因为加工部位的形状呈L形，故称此种模具为L形折弯模具。L形折弯加工的产品与V形折弯加工的产品在形状上相类似，但是L形折弯模具无法用于90°以下的锐角折弯加工。

加工时，工件处于被冲模和模具缓冲装置强力夹紧固定的状态，折弯位置的精度比V形折弯高。L形折弯模具的构造与折弯方向有关。向上折弯对手工作业有利。如图1-83所示为工序③在一个冲压行程内同时进行上下方向的L形折弯模具。

1.3.2.3 U形折弯模具

如图1-84a所示，U形折弯加工应用于两端L形折弯的加工，所以其构造与特征和L形折弯相类似，但是折弯产品与凸模的侧面紧贴在一起，有必要在模具构造上考虑将产品强制剥离凸模的设置，同时也必须考虑到材料的回弹。如图1-84b所示为四工位冲压加工中利用斜楔模机构和气体弹簧的U形折弯加工模具构造图（第3、第4工位）。

1.3.2.4 Z形折弯模具

图1-85为在产品上一次性进行向上V形折弯和向下V形折弯加工的模具。模具构造较为简单，但要注意的是由于折弯线的位置不稳定，产品表面容易留下凸模或凹模引起的划痕。

另外，如果被加工材料较软，那么上下V顶点被夹住部分的材料很容易被拉深，所以V顶点处的倒角小于板厚时，必须要加以注意。

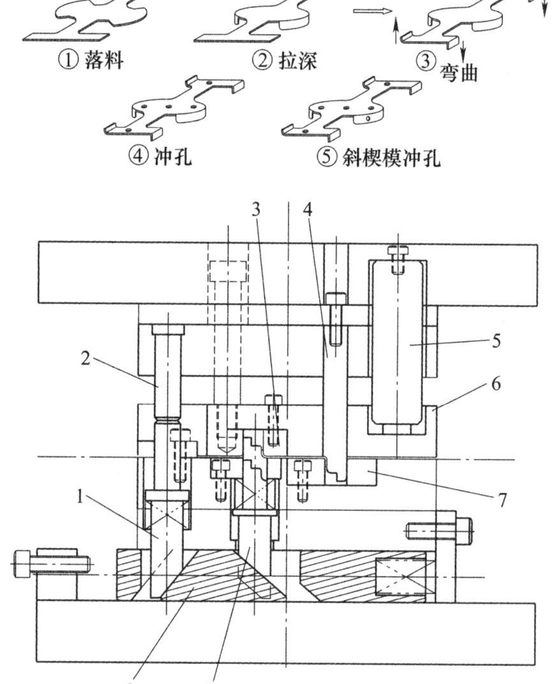

图1-83 L形折弯模具

1、9. 斜楔模驱动部 2. 压力销 3.插入模 4. 凸模 5. 气体弹簧 6. 压板 7.插入模 8. 斜楔模滑动凸模

1.3.2.5 段折弯模具

如图1-86所示，产品两端的边缘部加工成向上或向下呈Z字形状。段折弯的段差h一般为板厚t的2～3倍左右，折弯内侧的倒角R通常要求与板厚相同。段折弯设计要点：

需要压力$F=p_1+p_2$，p_1为加压力，p_2为顶料力，凸模圆角 $r_p=0.5r$（产品内侧r），凹模肩部圆角 $r_d\geqslant 1t$，边缘部压紧长度 $b\approx 10t$，凹凸模之间间隙$\leqslant t+0.15t$，

1.3.2.6 卷曲折弯模具

卷曲折弯是对产品的端部进行圆形卷边加工，最典型的加工实例就是铰链上插入回转轴的部分。图1-87中所示支架的加工，是级进加工中的卷曲加工的模具构造示意图。利用模具两侧设置的卷曲冲模同时进行。卷曲折弯的前一工位，必须先进行图中所示的端部加工。

在模具构造上，一般卷曲部内径不采用芯模，如对内径的尺寸精度和圆度有特别要求，则需要采用摇动式滑移芯模，以保证精度。

1.3.2.7 包边折弯模具

包边折弯是为了加强板边缘的强度或使边缘平滑，将材料或制件的边缘部反折压紧成双重厚边缘的加工。

包边折弯模具，制件从L形到包边折弯加工完成，其间需要进行V形折弯的预备折弯（参见图1-82a）。

图1-88为级进加工中产品的包边折弯加工模的构造图。

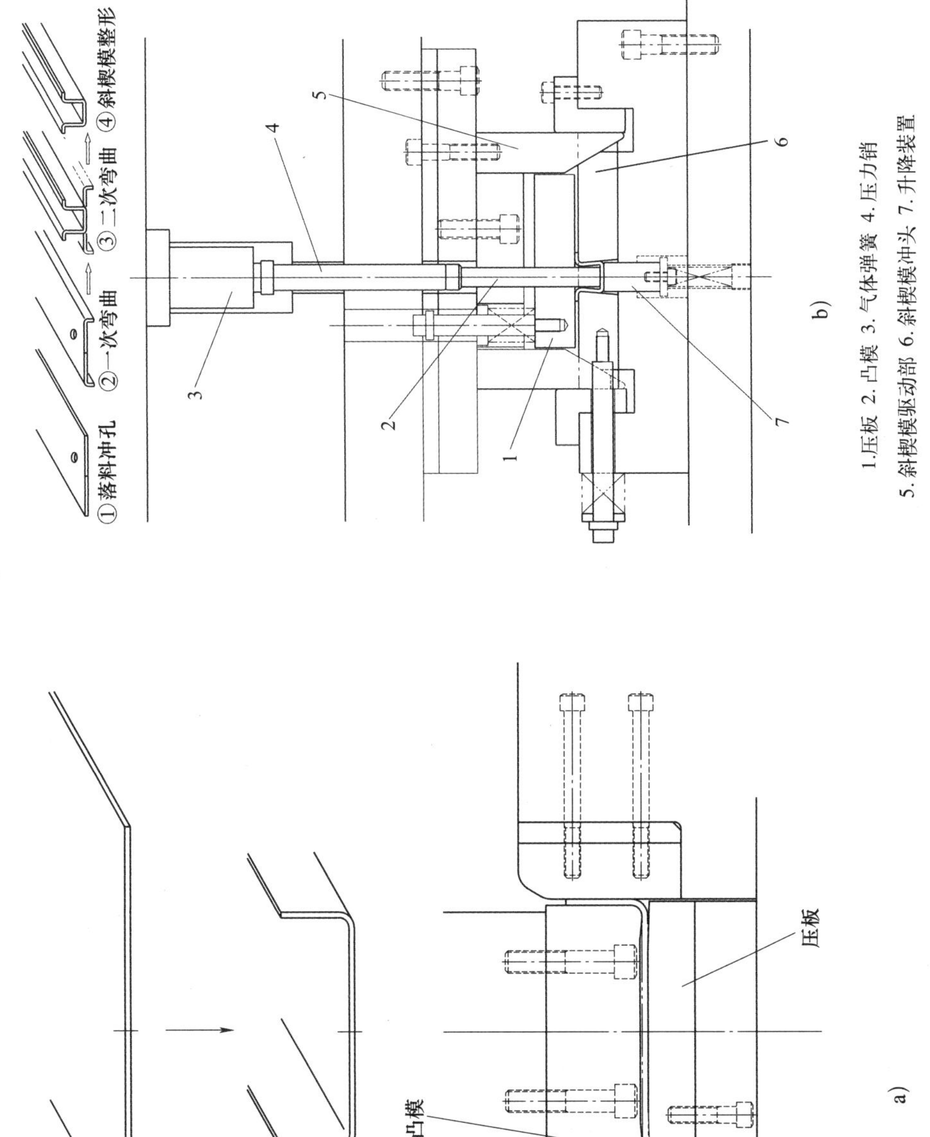

①落料冲孔
②一次弯曲
③二次弯曲
④斜楔模整形
1
2
3
4
5
6
7
b)
1.压板 2.凸模 3.气体弹簧 4.压力销
5.斜楔模驱动部 6.斜楔模冲头 7.升降装置
压板
凸模
组合模
a)

图1-84 U形折弯模具

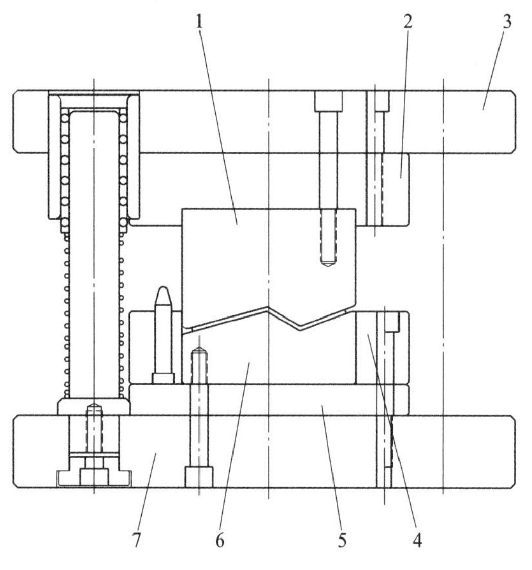

图1-85 Z形折弯模具

1. 冲模 2. 凸模固定板 3. 模架（上模座） 4. 垫块
5. 凹模固定板 6. 凹模 7. 模架（下模座）

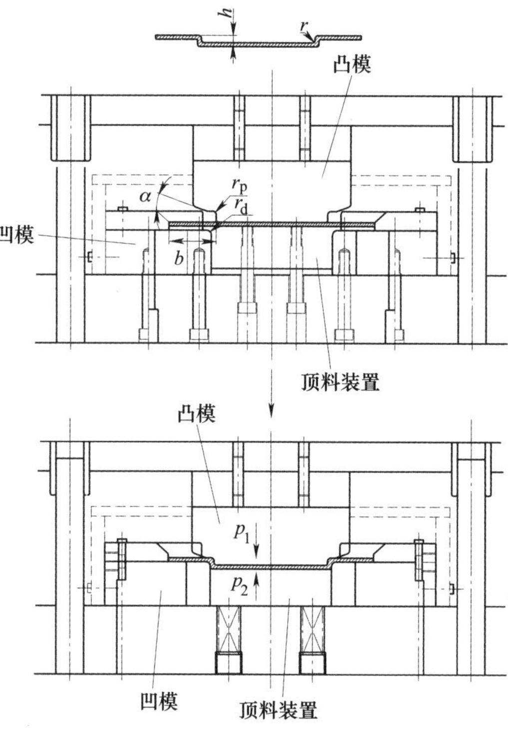

图1-86 段折弯模具

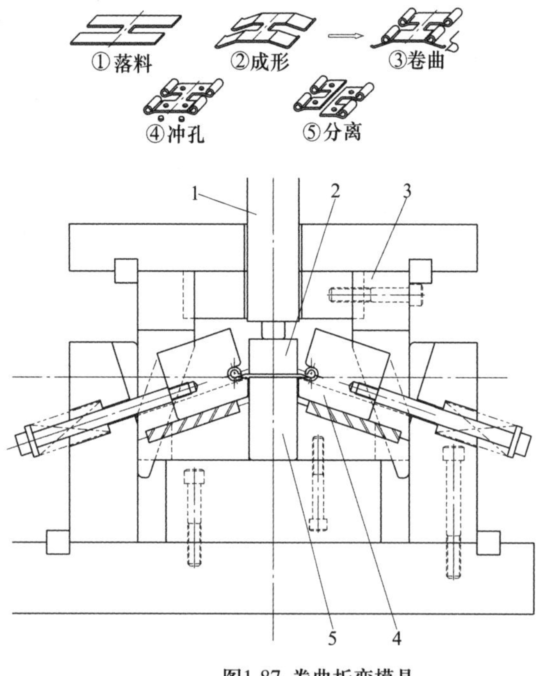

图1-87 卷曲折弯模具

1. 气体弹簧 2. 压板 3. 斜楔模驱动部
4. 卷曲凸模 5. 升降装置

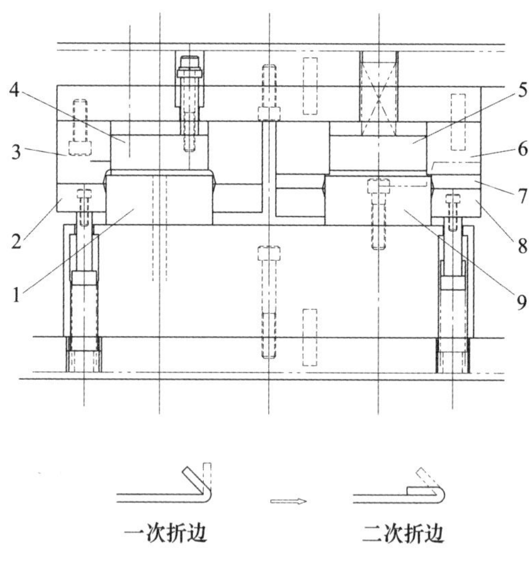

图1-88 包边折弯模具

1、9. 凸模 2、8. 升降装置 3、6. 凹模
4、5.压板 7. 定位装置

1.3.2.8 斜楔模折弯模具

图1-89为利用斜楔模机构的管材折弯成形模具构造。使用8000kN压力机，材料SPC(JIS)，板厚6mm，4工位：落料 →预成形→折弯→成形。

图1-90为级进加工的工序之一，通过从上方进入制件内部的插入凹模（Insert die），将制件压至下面的定位部件（Nest），斜楔模冲模（Cam punch）在左侧斜楔模驱动部的作用下进行折弯加工。加工完成后，插入凹模随其安装压板（Pad）上升至定位置后往轴向滑移退出，产品前送。

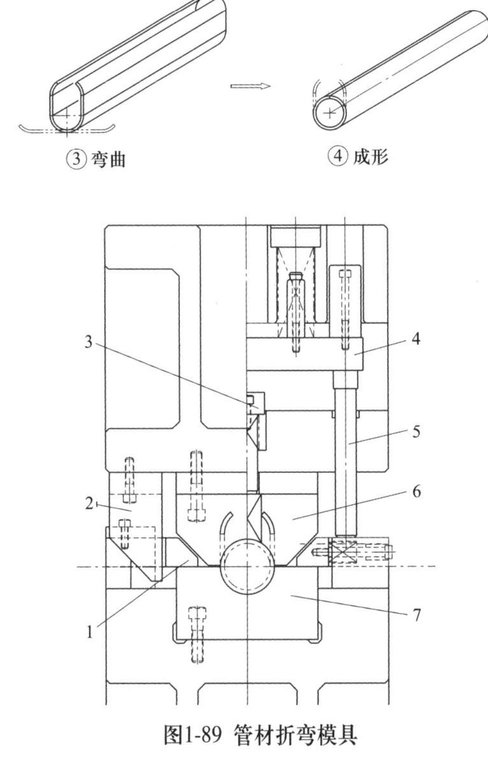

图1-89 管材折弯模具

1. 斜楔模定位 2. 斜楔模驱动部
3. 顶料销 4. 压板 5. 止动销 6. 凸模 7. 凹模

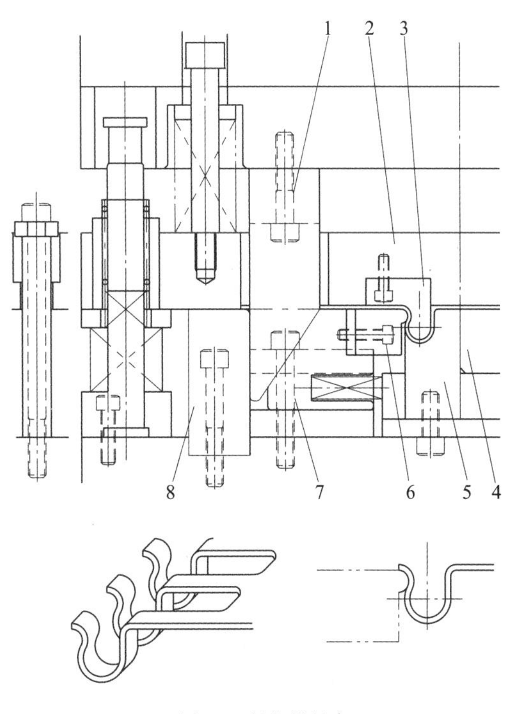

图1-90 斜楔模折弯

1. 斜楔模驱动部　2. 压板　3. 插入模
4. 升降装置　5. 定位部件　6. 斜楔模冲模
7. 斜楔模滑动部　8. 止动块

1.3.3 拉深（成形）加工模具

1.3.3.1 带凸缘圆筒拉深模具

图1-91为带凸缘圆筒多段拉深产品的初拉深加工模具构造图（带压皱，向上拉深），平板坯料经过4次拉深加工成形为带凸缘平底多段圆筒形产品。图1-91中的模具为第一拉深模具。

带凸缘圆筒的拉深加工，为防止立体化过程中平板部发生起皱导致后续的拉深加工无法进行，必须在凸模和凹模之外，设置压皱装置。压皱装置，常采用压力调整简单、方便的空压式缓冲装置。该压皱装置加工结束，滑块上升时还起到卸料作用。

1.3.3.2 无凸缘圆筒拉深模具

圆筒拉深加工的拉深系数，即指加工前后被加工材料的直径缩小比率的上限。拉深加工产品

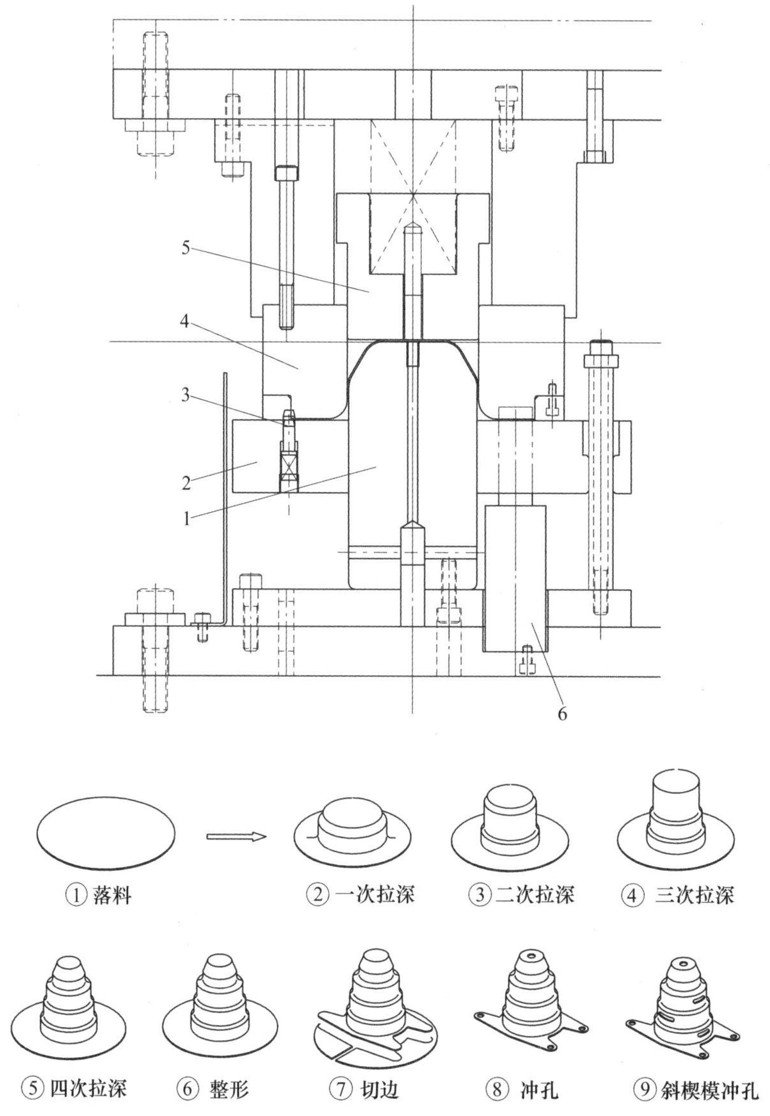

图1-91 带凸缘圆筒制品的初拉深加工

1. 凸模 2. 坯料支承板 3. 导料销 4. 凹模 5. 压板 6. 气体弹簧

超过拉深系数极限值的场合，由于被加工材料的变形抵抗增大的原因，需要将拉深加工分成两次或两次以上的工序完成。例如，ϕ100mm平面板材经过最初拉深加工，成为ϕ60mm圆筒，其拉深系数即为0.6。如果进一步要加工成ϕ60mm以下的圆筒，那么则要将ϕ60mm的圆筒进行再拉深加工。再拉深加工的拉深系数与初拉深加工相比不同，一般为0.8。换言之，初拉深加工的极限为ϕ60mm，再拉深加工的极限则是ϕ60mm的0.8倍，为ϕ48mm。因此需要得到小于ϕ48mm圆筒产品，则必须继续进行第三次再拉深加工。与初拉深加工相区别，初拉深加工后各拉深加工使用的模具统称为再拉深加工模具。

再拉深加工方法，分为以下两种：

（1）直接拉深加工法（见图1-92）

（2）反向拉深加工法（见图1-93）

拉深系数根据板厚t与坯料D的相对值（$\delta=t/D\times100\%$）选定。通常，第一拉深（初拉深）拉深系数为0.5～0.6；第二拉深的拉深系数为0.7～0.8；第三拉深的拉深系数为0.75～0.85。

图1-92为无凸缘圆筒产品再拉深模具结构（带压皱，向上拉深）。图中隔环为压皱装置，兼起卸料作用。

1.3.3.3 反向拉深加工模具

图1-93为反向拉深加工，属于再拉深加工。反向拉深加工前的坯件与反向拉深加工完成后的产品，其拉深方向上下反转。即将已拉深工件的内侧反卷拉深成外侧，并使其直径变小。

采用反向拉深可以增加径向拉应力，可有效防止皱纹产生。

1.3.3.4 落料拉深加工模具

图1-94为落料拉深加工模具，落料凹模在下模，属于正装式复合模具。加工时，先进行拉深用坯料外形的冲裁，接着进行坯料的拉深加工，即坯料冲裁＋初拉深加工在一次冲压行程中完成。采用此种构造的初拉深模具（坯料外形及尺寸确定的场合），可大幅提高生产效率。

在上模设置的拉深凹模的外周部分，是坯料外形的冲裁凸模，在下模设置有坯料外形冲裁的凹模（毛坯尺寸试妥后定毛坯刃口）。在外形冲裁的凹模内部，组装有"顶料兼压皱"部件及拉深凸模。

1.3.3.5 圆孔翻边加工模具

圆孔翻边加工，使用直径比孔径大且前端带有锥度的冲头，从孔的内侧向外扩孔并与孔所在平面成垂直方向翻边。

图1-95为圆孔翻边加工，利用斜楔模机构，对位于图示产品斜面上的预加工圆孔进行扩孔，向外翻边加工。图1-96为斜楔模冲孔内翻边模，多工位自动加工的最后一道工序。利用斜楔模机构，在一次冲压行程内同时完成图示产品侧面上冲孔＋从圆孔内侧扩孔并与圆孔所在平面垂直的翻边。

1.3.3.6 扩口加工模具

图1-97为斜楔模扩口加工，8工位自动加工的工序之一。利用斜楔模机构进行，斜楔模凹模及支架分为4部分，从前后左右夹住工件。扩口加工后，进行最后一道整形工序斜楔模整形（Cam Restriking），完成加工。

1.3.3.7 变薄拉深加工模具

变薄拉深模具的特点是凸凹模之间的间隙小于拉深件的厚度，拉深件的筒壁部分在通过间隙时处于较大均匀压应力之下，产生显著的变薄现象，而直径变化很小。

图1-98为多工位自动加工冲压机高精度三次变薄拉深加工中第一变薄拉深加工的模具构造图。

1.3.4 特殊成形加工模具

1.3.4.1 管端缩口段成形模具

在一次冲压行程中同时完成管材端部的缩口及段折弯加工。为避免端部材料因受压缩变形而起

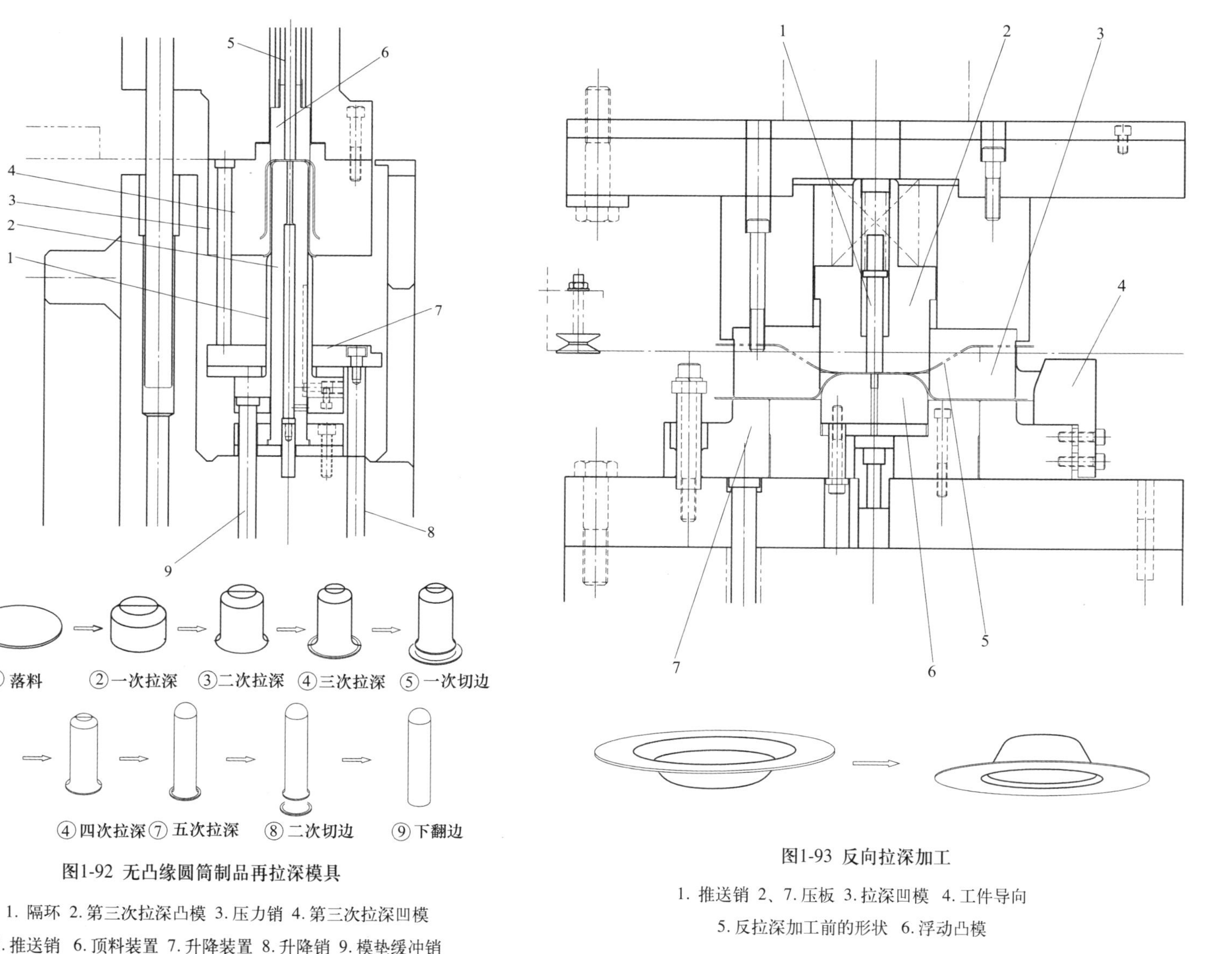

图1-92 无凸缘圆筒制品再拉深模具

1. 隔环 2. 第三次拉深凸模 3. 压力销 4. 第三次拉深凹模 5. 推送销 6. 顶料装置 7. 升降装置 8. 升降销 9. 模垫缓冲销

图1-93 反向拉深加工

1. 推送销 2、7. 压板 3. 拉深凹模 4. 工件导向 5. 反拉深加工前的形状 6. 浮动凸模

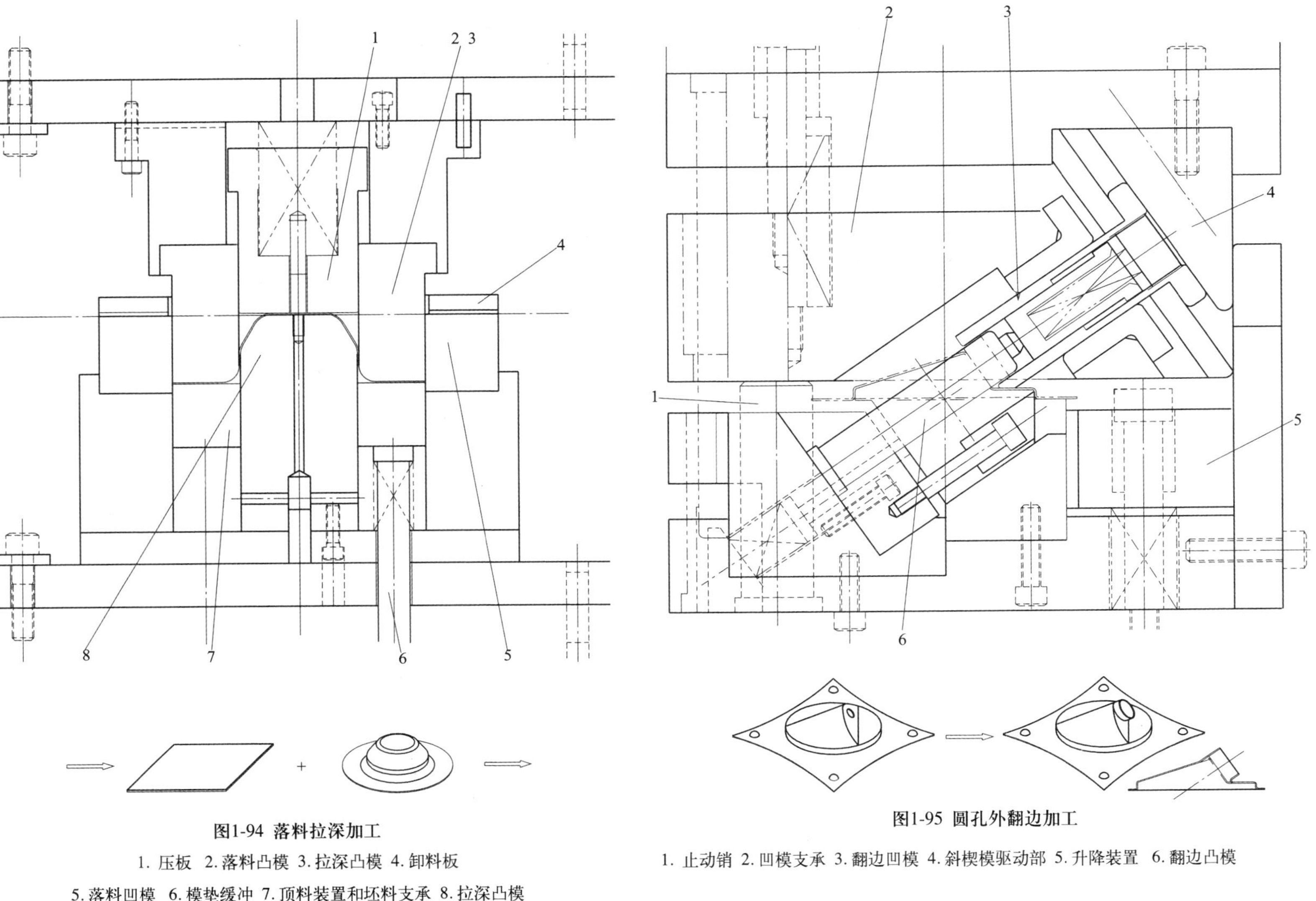

图1-94　落料拉深加工

1．压板　2．落料凸模　3．拉深凸模　4．卸料板
5．落料凹模　6．模垫缓冲　7．顶料装置和坯料支承　8．拉深凸模

图1-95　圆孔外翻边加工

1．止动销　2．凹模支承　3．翻边凹模　4．斜楔模驱动部　5．升降装置　6．翻边凸模

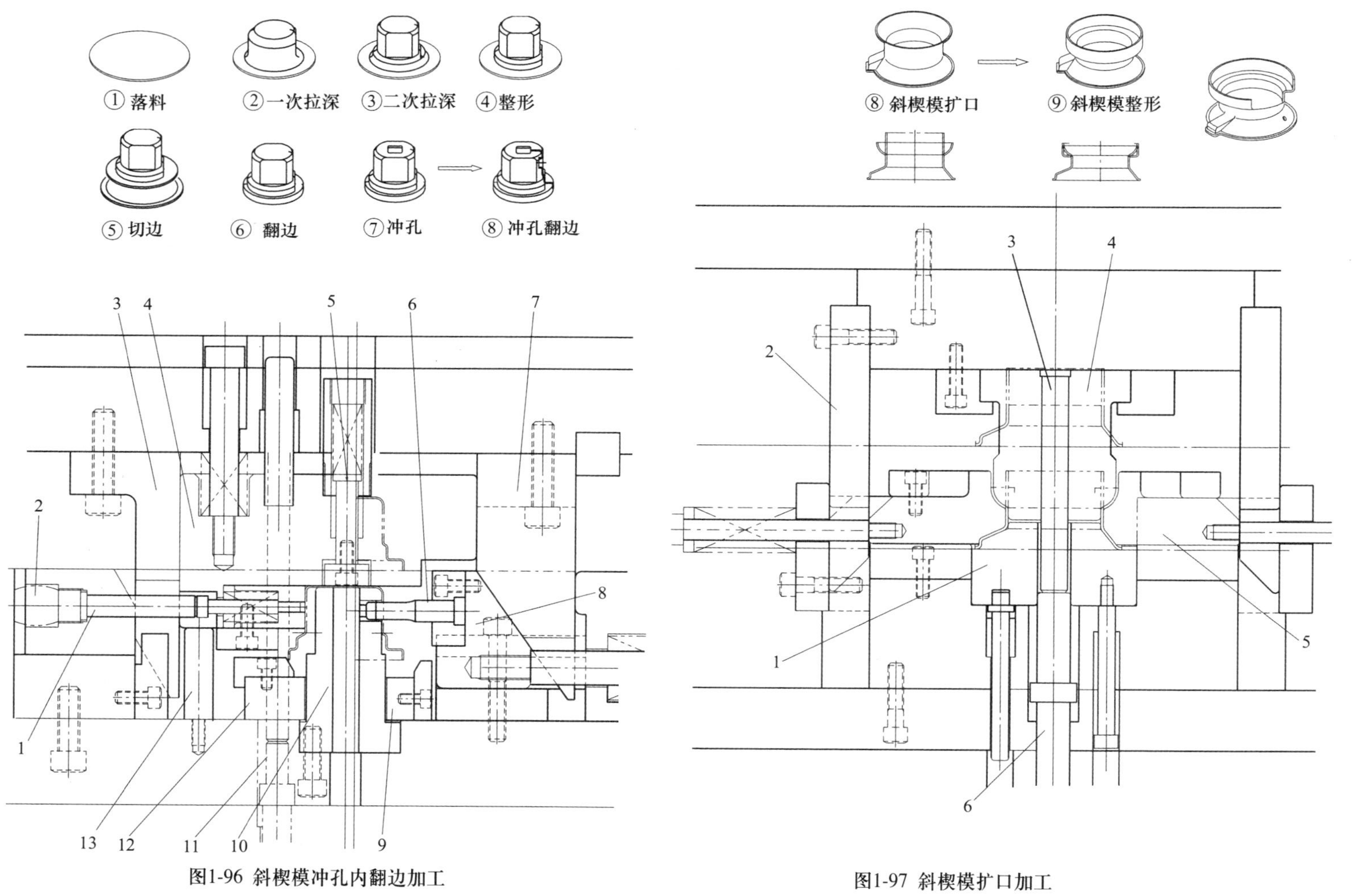

图1-96 斜楔模冲孔内翻边加工

1. 背销 2. 聚氨酯 3. 斜楔模固定 4. 压板 5. 推送销 6. 翻边凸模 7. 斜楔模驱动部 8. 斜楔模滑动部 9. 升降装置 10. 凹模 11. 升降销 12. 压力销 13. 止动销

图1-97 斜楔模扩口加工

1. 升降装置 2. 斜楔模固定（4处） 3. 压力销 4. 凸模 5. 斜楔模凹模（4道） 6. 升降销

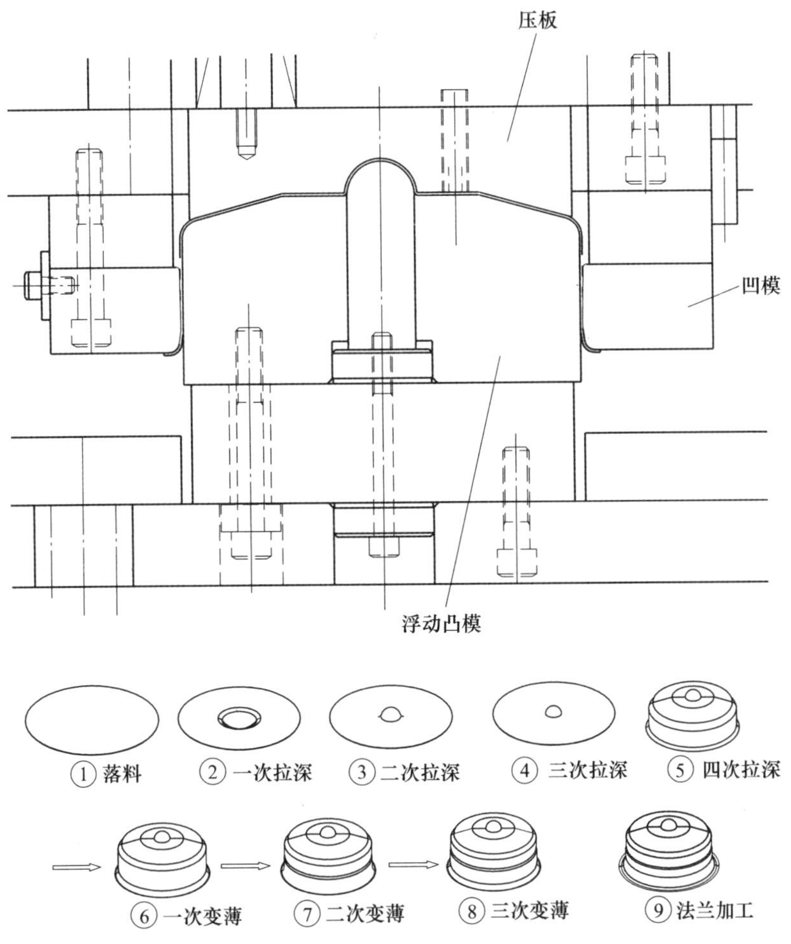

图1-98 变薄拉深加工

皱，缩口前后端部直径变化不宜过大。

图1-99为利用斜楔模机构，进行管形产品（管外径16.6mm，壁厚2.3mm）端部的阶段缩口成形加工模具构造图。

1.3.4.2 管端部锥度成形模具

图1-100为管端锥度成形属于缩口加工的一种。利用斜楔模机构，进行管形产品端部的锥度成形加工（管外径16.6mm、壁厚2.3mm）。材料太薄时应适当放大缩口系数（缩口前后直径的比值）。

1.3.4.3 胀形加工模具

胀形加工利用不锈钢具有的相变诱发塑性，在模具作用下，迫使坯件厚度减薄和表面积增大，以取得零件几何形状。

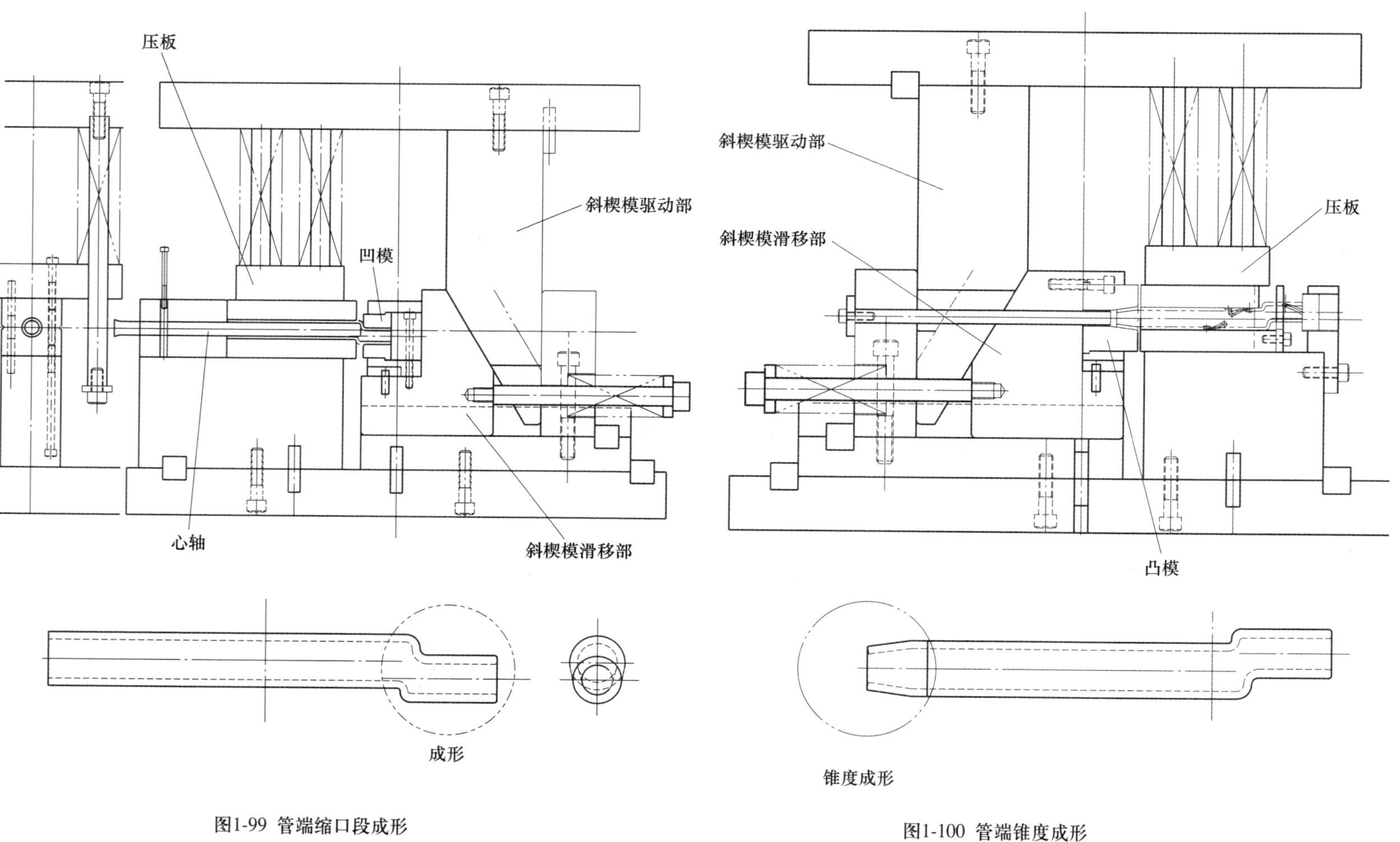

图1-99 管端缩口段成形

图1-100 管端锥度成形

图1-101为多工位自动加工压力机加工最后工序的模具构造。利用聚氨酯材料的凸模，从产品内部（材质SUS301）进行加压，使其向外凸出，与凹模形状达到一致。

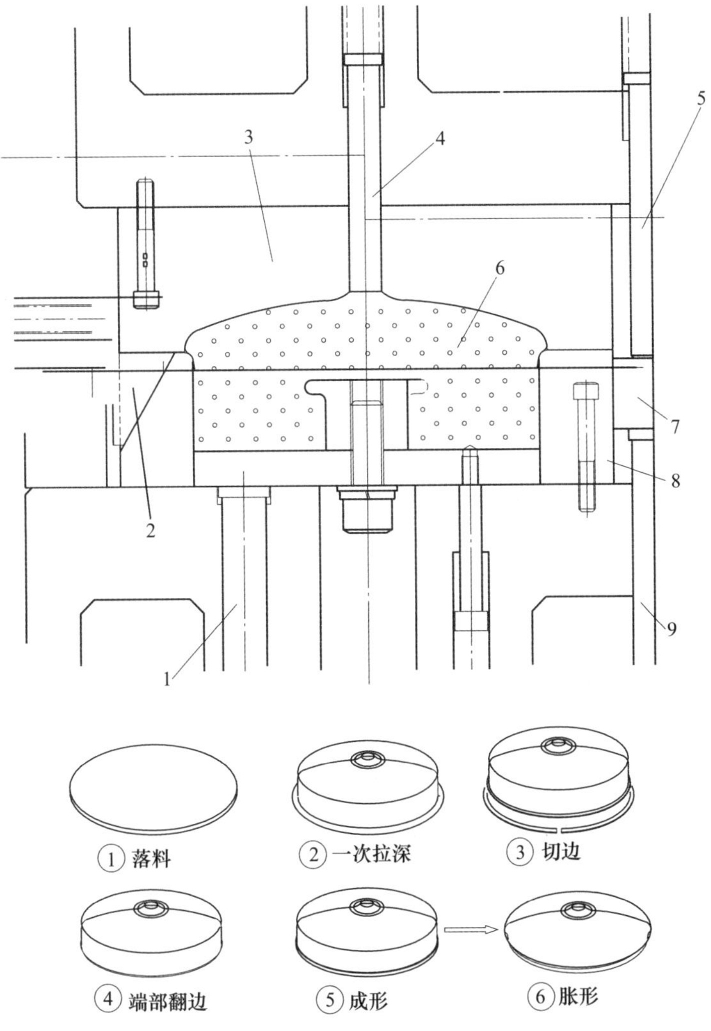

图1-101 胀形加工

1. 模垫缓冲销　2. 斜楔模升降部　3. 凹模　4. 推送销
5. 压力销　6. 聚氨酯凸模　7. 升降装置　8. 凹模环　9. 升降销

1.3.5 压缩加工模具

本节主要介绍压印加工模具。压印加工是在下死点附近施加高压于工件表面，在受压表面上形成图样、平面或使之产生微小变形等的加工方法。

图1-102为轮毂螺母成形的最终工序。开孔的同时，利用凸模前端的锥形部分对圆孔边缘加压，使周边部分形成平面。

图1-103为多工位自动冲压机加工箱形产品的工序之一。经过两次拉深、整形、边缘切除后的

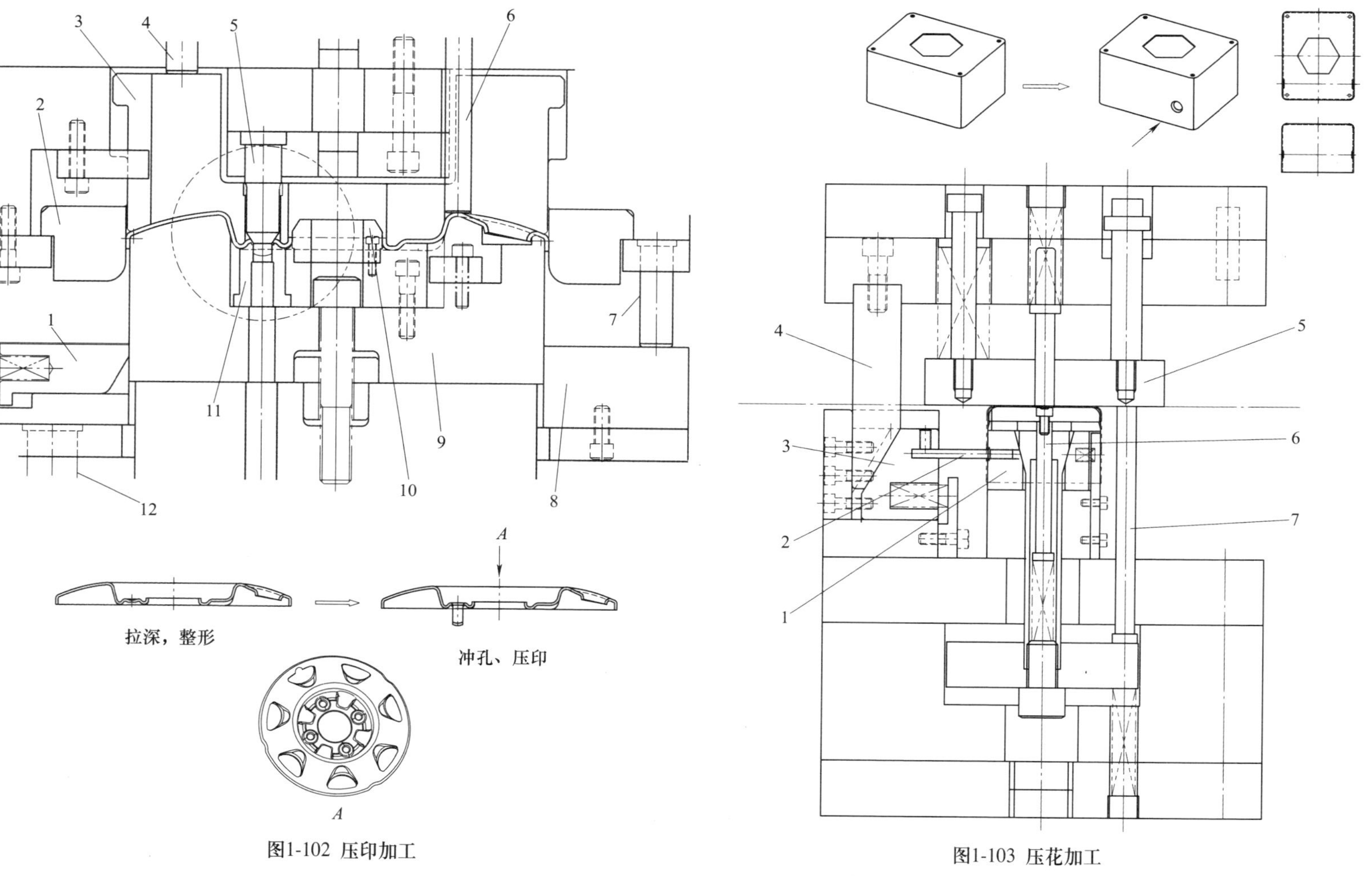

图1-102 压印加工

1. 斜楔模升降部 2. 凹模环 3. 压板 4. 压力销 5. 凸模 6. 推送销 7. 压力销 8. 升降装置 9. 定位凸模 10. 定位导向 11. 凹模 12. 模垫缓冲销

图1-103 压花加工

1. 凹模 2. 压花凸模 3. 斜楔模滑动部 4、6. 斜楔模驱动部 5. 压板 7. 止动销工件，在本工序利用斜楔模机构，对产品侧壁加压，通过冲模和凹模在产品两侧壁上进行压花加工，形成与凹凸模相同凹凸形状的加工。

1.4 冲压模具设计流程

1.4.1 产品图样

模具设计的首要工作是对所提供产品图样的确认。不论是印刷图样还是CAD图样，前提条件是正确地记入产品的形状和尺寸（包括公差），这是保证后续设计工作顺利进行的基础（见图1-104）。

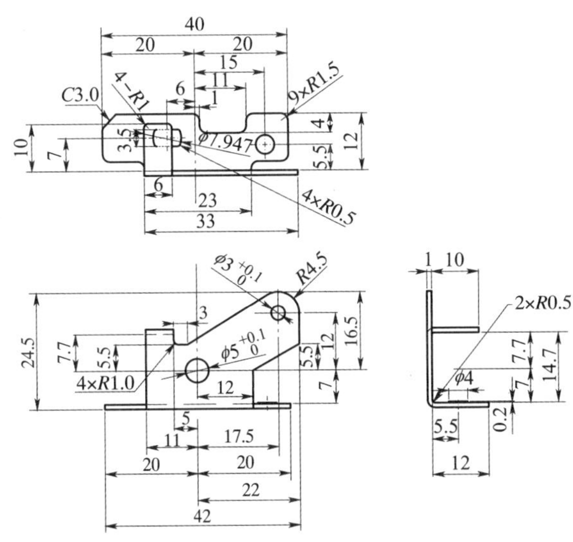

图1-104 产品图样

利用CAD设计时，必须确认以下内容：

（1）确认所表示的形状和尺寸数值是否完全一致。

（2）确认中间过程图样的数据，其文字和尺寸值是否由于图样形式的改变发生变化。

（3）比较角部的半径尺寸*R*，倒角*C*的注释与表示图形。

（4）确认压延方向和毛刺方向有无指定。

（5）有无冲裁加工的微调（Matching）的指定。

（6）一般公差的内容。

（7）行业要求、使用功能、表面处理、热处理等要求。

1.4.2 产品图样的工艺整理

确认后的产品图，还必须经过工艺上的整理，特别是指定公差部分的公差分配，模具制作方便，压力机生产的稳定性等条件，作成实际产品形状尺寸的图样。

产品图样的工艺整理，除形状修正之外，还必须考虑图1-105所示其他规格的要求。例如，产品精度和公差处理、剪断面性状、倒角*R*、平整度、加工能力、是否需做试片工作等。其中角部*R*值对模具加工和寿命有很大影响。此外，因为剪断面形状与模具间隙有关，也必须给予充分的考虑。关于平整度，根据要求的程度，有必要考虑设计对冲裁产品施加背压的构造。另外，还要根据加工能力，综合考虑对策和产品机能的整合性。

（1）形状修正　冲压部件形状的设计，体现的是该部件应具有的功能。但是，从压力机加工角度看未必合适。也就是说，为利于加工，综合考虑模具寿命和产品质量的前提下，对部件形状进行适当修正。

如图1-106所示级进加工，通过坯料外形的少量改变可以提高成品率。

如图1-107所示为防止折弯部位发生破裂，采取图中右侧改变产品局部形状的对策。

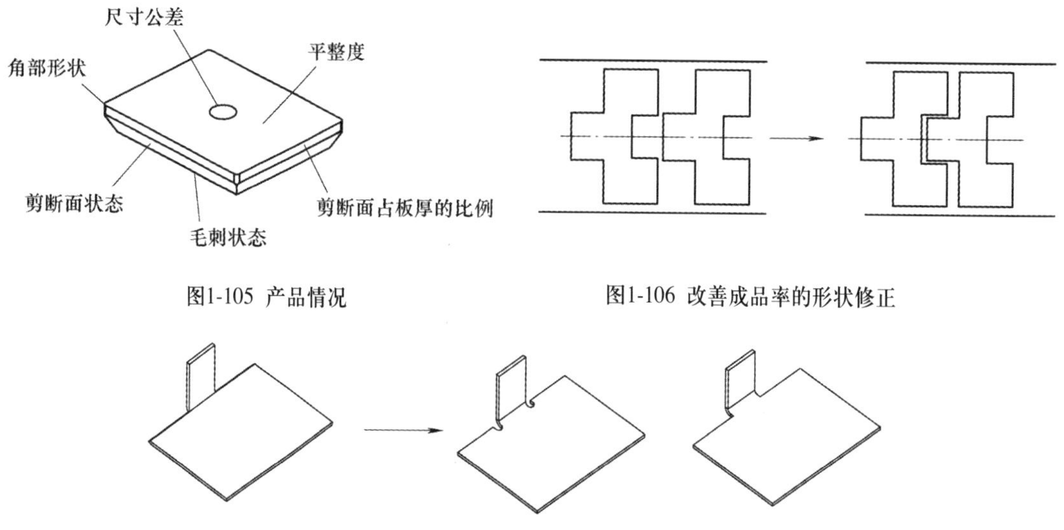

图1-105　产品情况

图1-106　改善成品率的形状修正

图1-107　防止折弯部破裂的形状修正

（2）尺寸公差处理　按照产品图样中表示的公差中心值设计模具，冲压加工就没有问题，实际上并非如此。例如，冲孔加工的场合，如果冲头尺寸与孔尺寸相同，冲头会因为磨损逐渐变细，结果冲出来的孔必然向小的方向变化。诸如此类，所以在决定尺寸时有必要将压力机加工的特性考虑进去。

表1-3介绍了两种孔径目标值的计算方法。

表1-3　孔径目标值计算方法　　（单位：mm）

公差案例	直径	直径
目标值计算方法1	下限值：7.9	下限值：5
	公差幅：0.2	公差幅：0.1
	系数*k*：0.7（0.8）	系数*k*：0.7（0.8）
	目标值：7.9+0.2*k*=8.04（8.06）	目标值：5+0.1*k*=5.07（5.08）
目标值计算方法2	中心值：8	中心值：5.05
	公差：±0.1	公差：±0.05
	上侧公差幅：0.1	上侧公差幅：0.05
	系数*k*：0.7（0.8）	系数*k*：0.7（0.8）
	目标值：8+0.1*k*=8.07（8.08）	目标值：5.05+0.05*k*=5.085（5.09）

计算方法1为利用公差幅计算目标值。

计算方法2为取公差的中心值，把公差改成+/-的形式，利用改变后的上侧公差幅计算。

表1-4两种计算方法中出现的系数表示：最终完成的模具，孔径尺寸在公差的80%以内作为合格，不可采用公差的极限值。两种计算方法，可任选其一，决定后不得中途变更。为节省计算时间，对于公差幅较大的一般公差，也可采用以中心值作为目标值处理。

表1-4　90°折弯k系数值

r/t	0.1	0.25	0.5	1.0	2.0	3.0	4.0
k	0.32	0.35	0.38	0.42	0.455	0.47	0.475

外形部位的尺寸公差处理，与孔径的公差处理相反。折弯位置的公差处理，最好采用小于中间值的目标值。折弯角度的公差处理，因为考虑与回弹的关系，目标值应取公差的下限值。拉深的尺寸公差，也同样要进行公差处理，决定目标值。

如图1-108所示，经过上述公差处理，修正后的尺寸都成为不带公差的绝对值，作为模具制作的基准尺寸，是非常重要的。

公差处理中的失误，往往模具制作完成后才被发现，所以认真充分地检图必不可缺。

1.4.3 坯料图样

坯料图样，即为进行实际加工工序设定使用的图样。

仅进行冲裁加工的模具，第1.3章节中作成的图样即可作为坯料图样使用。但是如图1-109所示的包括折弯加工的产品，就必须对折弯部分进行折弯展开计算，作出如图1-110所示的坯料图样。

图1-111在折弯部，内侧受到压缩，圆弧长度变短，外侧受到拉深，圆弧长度变长。在内侧与外侧之间必定存在既不伸长也不缩短的中性层。此中性层的位置，折弯半径r与板厚t之比k大的时候位于板厚的中央，k的值变小时，此中性层就会向折弯中心靠近。图中折弯产品展开长度L的计

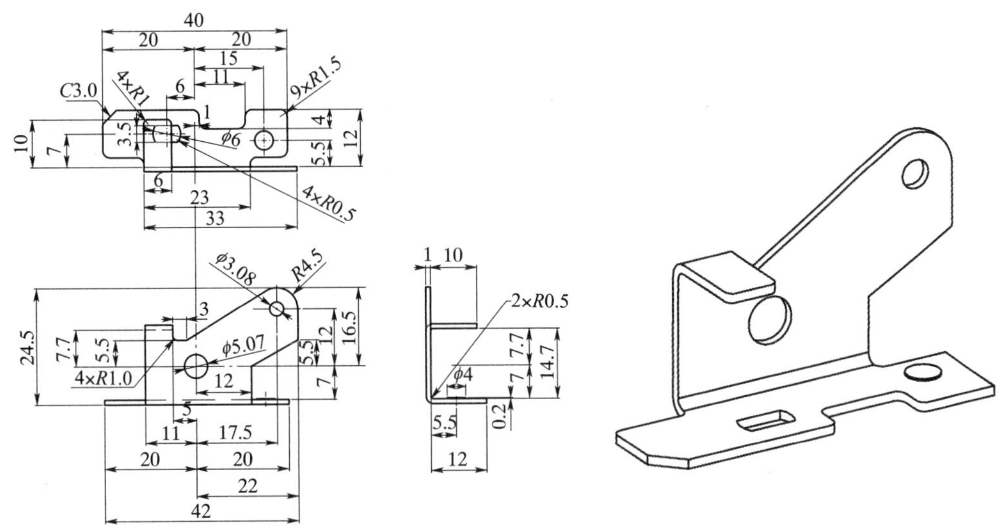

图1-108 孔径修正后的目标值　　　　图1-109 折弯加工产品

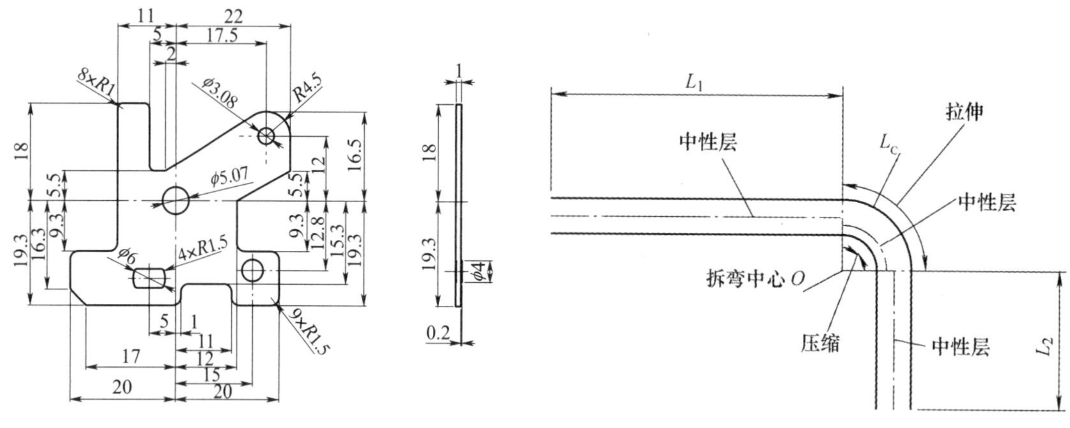

图1-110 折弯产品坯料图样　　图1-111 折弯展开长度

算为：$L=L_1+L_2+L_C$，式中L_C表示中性层圆弧长度，$L_C=(r+kt)\pi/2$。

表1-4为90° 折弯时系数k的推荐值，系数k会因不同材料物理性质和力学性能不同而不同，且与模具工件制作精度和表面粗糙度有关。

1.4.4 坯料排样

一般我们所说的冲压加工均为量产加工，将被加工材料以坯料图样的形状送进模具，压力机上下运动进行连续加工。因此，在安排坯料排样时就必须综合考虑成品率、毛刺方向、压延方向、送料性、相邻坯料连接部分位置，以及交叉冲切等条件判断，决定坯料排样图（排料图样）。

图1-112为折弯·冲切产品的坯料排样，图1-112a适用于级进模具和单能模具，图1-112b仅适用于单能模具。

图1-113为冲切加工的场合。

图1-113a为切断方式：A和B面毛刺、塌角方向相反。

图1-113b为冲切方式：产品全周毛刺、塌角方向同一。

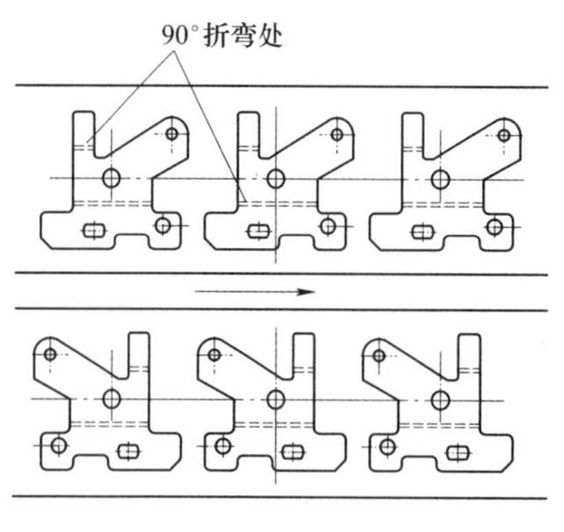

(a)级进模具，单能模具适用

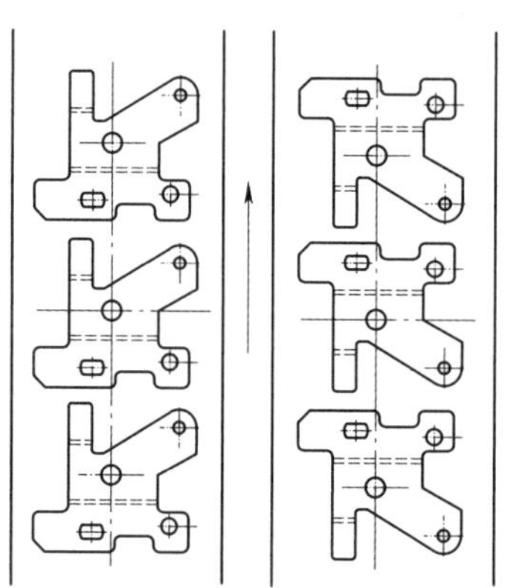

(b) 单能模具适用

图1-112 坯料排样

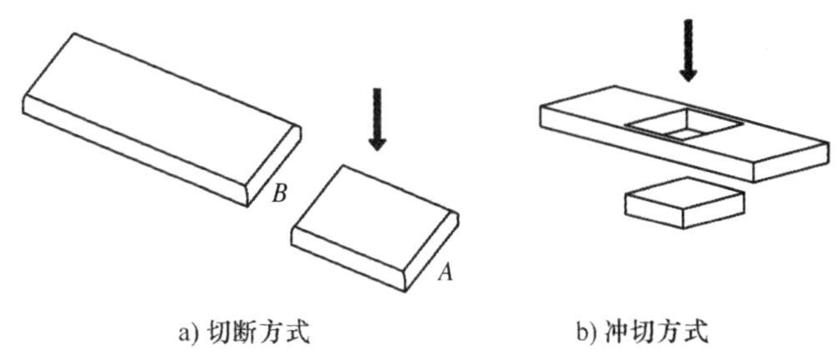

图1-113 切断方式与冲切方式

如果要求产品全周的性状同一，就应采用图1-113b的冲切方式。

1.4.5 冲压加工方式

被加工材料进行冲裁加工时，排料图样还必须满足加工时的定位、要求精度、送料方法等条件，同时还要尽可能提高材料利用率，降低成本，适当设定被加工材料的关联尺寸。例如，如图1-114所示，相邻坯料连接部宽度*A*和坯料边缘部宽度*B*，均与材料厚度*t*及相邻坯料平行部分的长度*L*有关。

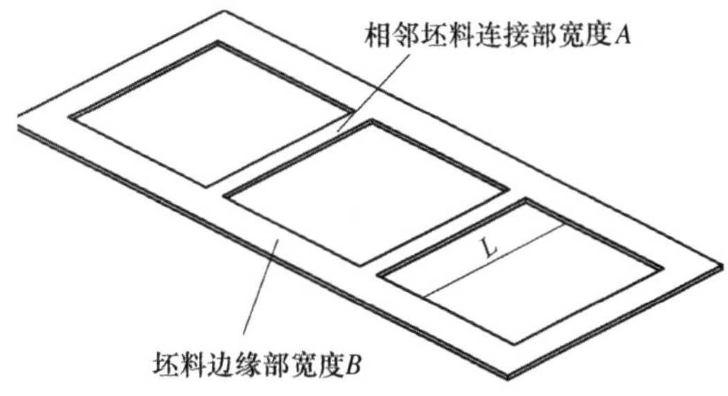

图1-114 相邻坯料连接部分和坯料边缘部分

表1-5为冲裁加工排料图样中相邻坯料连接部宽度尺寸和坯料边缘部宽度尺寸的推荐值。

表1-5 相邻坯料连接部*A*和坯料边缘部*B*的推荐值 （mm）

	$L<50$	$100>L\geqslant 50$	$L>100$
$t<0.5$	A=0.7	A=1.0	A=1.2
$t\geqslant 0.5$	$A=0.4+0.6t$	$A=0.65+0.7t$	$A=0.8+0.8t$
B=1.2A			

根据产品要求，以产品图、生产量、交货期等为基础，结合冲压设备，决定供料方式和模具类型。

（1）供（送）料方式 使用级进加工模具或者单加工模具（外形冲裁模具或内外冲裁模具）的加工方法，自动送料和手动供料有很大区别。自动送料根据被加工材料的条件还可以进一步分为卷材自动送料和短尺材料（条料）自动送料。

卷材自动送料：多用于长时间无人运转操作加工，高效，高生产率。但在模具的设计上必须有误送检知系统和废料堵塞等的安全装置，在加工布局上也必须给予相应考虑。

短尺材料（条料）自动送料：材料的购入和使用较为灵活，可以将定尺寸的原材料剪裁成所需宽度使用，适用于中小批量生产。压力机左右两侧设置有送料装置，短尺材料由专门的搬送机构送至入口侧的送料装置，以保证材料顺利进入加工位置。要注意的是材料加工开始端和终端废料的排出。

（2）模具分类　单加工模具为外形冲切、内外冲切、冲孔、折弯，以及拉深等加工用手工作业进行时使用的模具，也称为单能模具。图1-115为冲裁加工的落料单冲模。

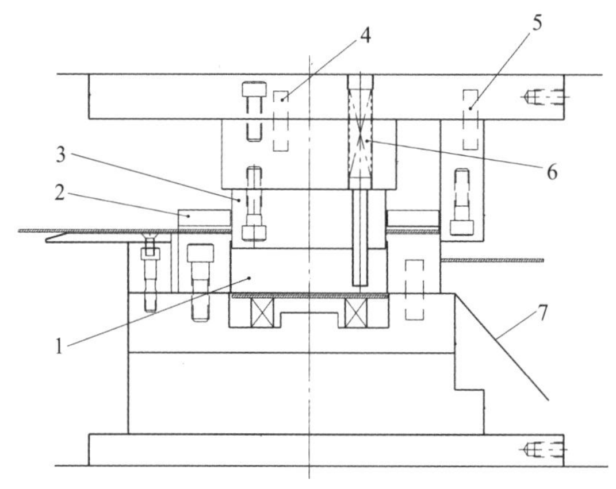

图1-115 拉深产品坯料单冲模

1. 凹模　2. 卸料板　3. 凸模　4、5. 定位销

6. 顶料销　7. 废料管道

级进加工模具广泛用于连续、大量生产的压力机加工模具。图1-116为折弯切断加工的管形产品的级进加工模。加工顺序为：落料→第一折弯→第二折弯→整形→切断。

多工位自动搬送加工模具：将单能模具按照所定的间距与加工工序进行排列，其间由二维或三维自动搬送装置将坯料逐个工位搬送，进行加工。图1-117为轴瓦产品刻印折弯加工的多工位自动

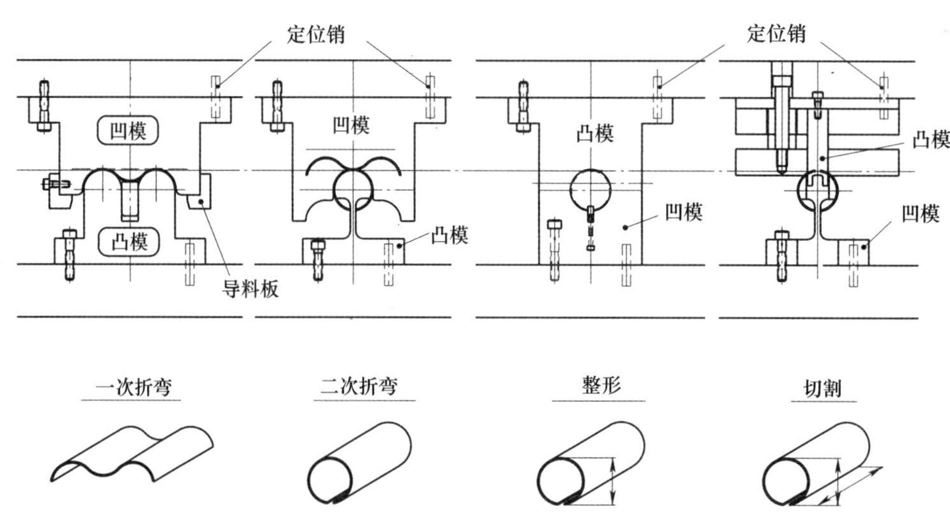

图1-116 管折弯产品级进加工模

加工模。工位顺序为：刻印→切断→折弯→整形。

复合加工模具：在冲压机的一次行程中，在同一模具上完成两个或两个以上的冲压加工。常见的有落料冲孔复合模、落料拉深复合模等。复合模结构紧凑，要求压力机工作台的面积较小。此外由于不受送料误差的影响，内外形相对位置及尺寸一致性好，制件精度高。缺点是由于制件内外形之间，以及内形相互之间的尺寸关系，凸凹模壁厚受到限制，尺寸不能太小，否则影响模具强度。

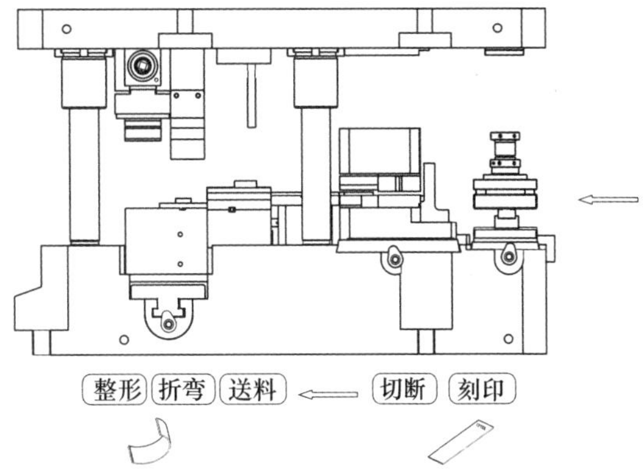

图1-117　轴瓦折弯产品多工位自动加工模

图1-118为圆筒形产品的多工位自动加工的第一工位，落料拉深复合加工的一体形模具。左侧为落料部，右侧为拉深部。

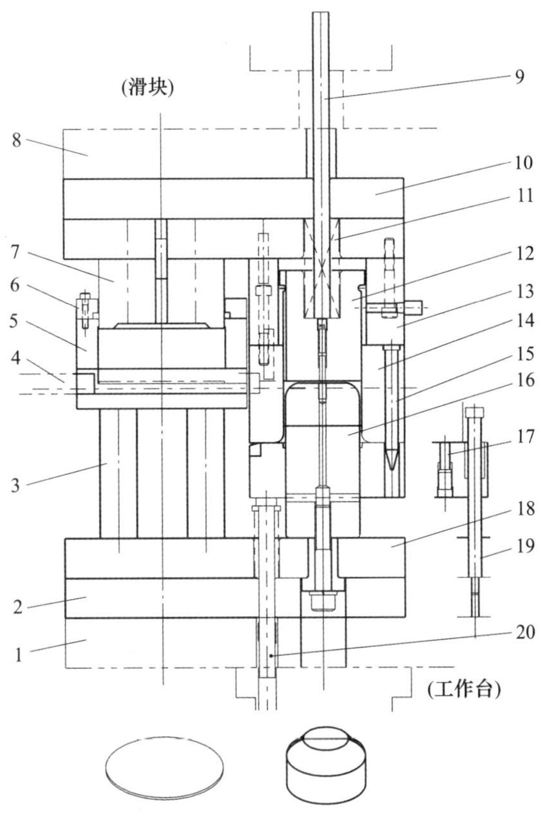

图1-118　多工位自动压力机的落料拉深复合加工模

1. 下模板　2. 下模架　3. 支承块　4. 搬运杆　5. 落料凹模　6. 卸料板　7. 落料凸模　8. 上模固定板　9. 推送销　10. 上模板　11. 弹簧　12. 顶料装置　13. 凹模固定板　14. 拉深凹模　15. 导正销　16. 拉深凸模　17. 升降销　18. 凸模固定板　19. 止动螺栓　20. 模垫缓冲销

1.4.6 加工工序图

如用单加工模具加工产品时，决定加工步骤后，要作出各工序的加工工序图。根据此加工工序图进行具体模具构造设计。

图1-119为按照（a）→（b）→（c）工序加工如图1-104所示的产品。

图1-119a根据作成的坯料图样决定材料宽度，送料方向和轧辊方向，可以选X方向，或者Y方向。考虑到成品率及后续工序图1-119c的折弯加工，按照轧辊方向Y方向较为有利。

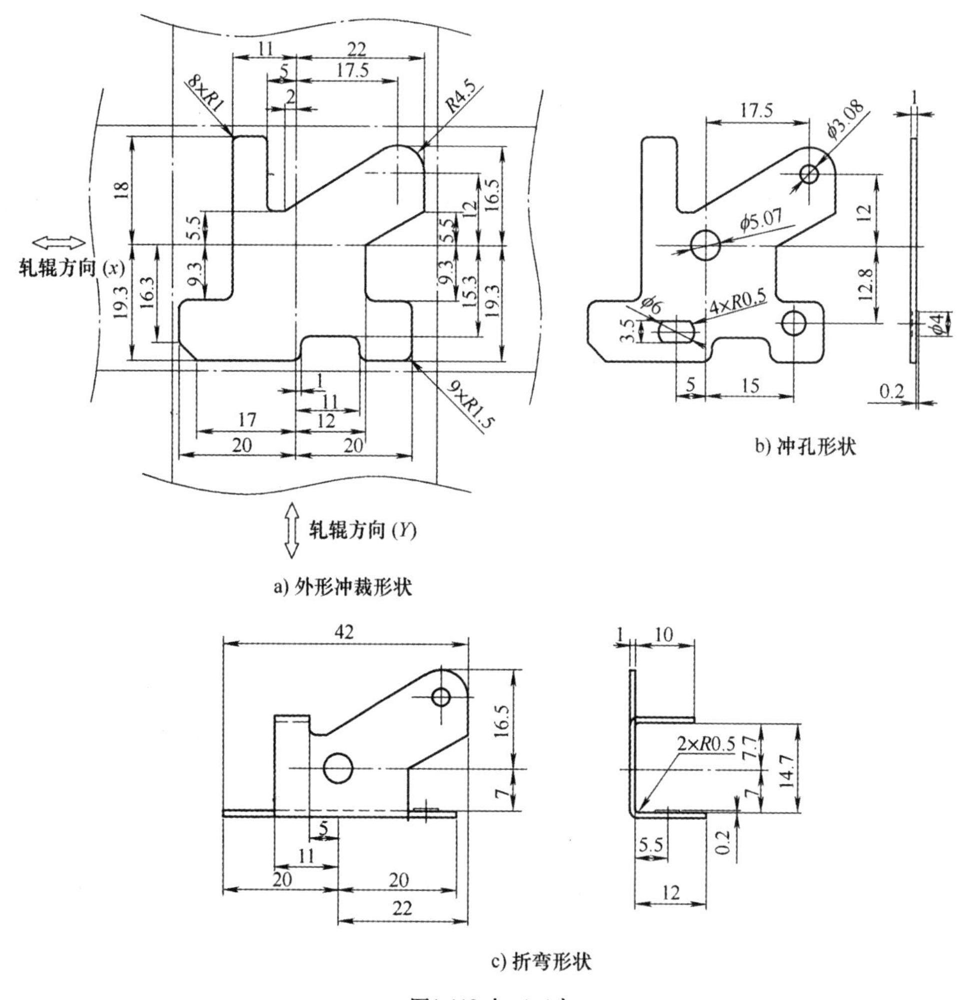

图1-119 加工工序

1.4.7 带料排样图

级进加工是冲压加工中生产效率最高的加工方法。在级进加工中将材料逐次进行加工获得产品，模具构造复杂，设计与制作难度较大。

级进模设计中最重要的工作是作成带料排样图样。此带料排样图样可以能够直接反映出所设计模具的水平。

根据已经作成的坯料图样决定材料宽幅和定位销位置。按照冲切形状由小到大的顺序进行冲裁加工，如果后接工序有规避必要的加工，尽量安排在后接工序。相邻产品连接部的位置和大小，要考虑到连接部自身的强度及折弯加工时不发生干涉，在最终的产品切离工序要考虑刃口部分的强度。

图1-120为外形冲裁加工，孔冲切加工和折弯加工的构成。其带料布局图样作成的步骤概述如下。

（1）将坯料按照图1-120b排列成图1-120d带料排样的形式，决定材料幅宽和送料间距。级进加工，坯料与坯料之间通过连接部*A*和连接部*B*连接成一体，从而保证带料的移动。坯料排列方式，以及坯料与连接部的连接方式不同，材料的幅宽和送料间距也会发生变化。图1-120d的带料排样，是通过两侧的连接部*A*和相邻坯件之间的连接部*B*连接成一体移动，在切离工位将折弯加工后的产品与带材分离。

图1-120b坯料图样，除图1-120d的带料排样（两侧连接）外，还可以采用其他的排样和坯料保持方式。连接部形状、送料稳定性、带料强度及材料利用率等也将随之改变。

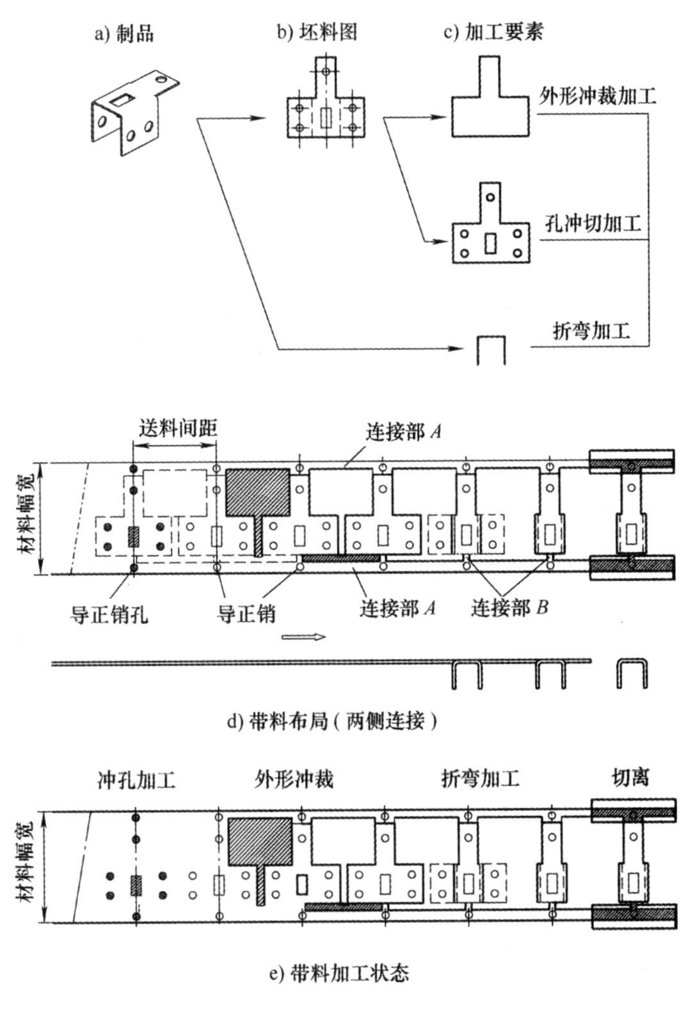

图1-120 带料排样图

（2）根据图1-120c加工内容决定排列顺序。首先，加工定位销孔，在其后各工位将定位销插入该孔，以修正送料装置的送进误差，确保正确的送料间距。在冲切定位销孔的同一工位，冲切产品上的其他圆孔和方形孔。然后，进行外形冲裁加工。坯料形状作成之后进行折弯加工。最后从连接部*B*处将加工完成的产品切离、回收。图1-120e表示全部加工顺序和状态。

（3）模具强度和闲置工位。如前所述，从加工定位销孔到产品切离的各加工工位按照送料间距排列。材料接近加工位置时，加工工位间的部分变弱，容易破损。在可能发生此情况的工位，将之设为闲置工位，不进行加工，以防止影响模具强度。设置闲置工位的另一目的，在于包括折弯加工的级进加工，需要将材料抬升移动，以免材料松垂，产生送料误差。

（4）加工工位数的决定，必须从几个方面考虑。就产品品质而言，带料布局长度越短越好。但如果在某一个工位加工点数过多，又易导致模具强度减弱，易于破损。冲切加工孔数量多时，如果占用工位过多，又会导致模具尺寸过大。另外，模具大小高度与所用压力机等诸多因素有关。所以一定要综合考虑加工内容与模具强度，决定加工工位的数量。

1.4.8 模具机能和基本结构

模具结构的确定，要根据产品规格，拥有的生产设备，以及模具加工的机械设备，按照下面的基本要点进行：①能够满足产品应有的机能（冲裁、折弯、拉深等）。②能够保证需要的生产数量。③模具的安装使用维修方便。④采用较少的模具完成加工。⑤降低模具的成本。

（1）模具机能　冲压加工，是通过压力机的上下运动来完成产品加工。压力机的加工方式可分为单加工、复合加工、级进加工三大类。此外还有多工位自动加工，实际上多工位自动加工就是单加工模具的连续加工，与单加工可归为同一类。这三大类加工模具有其各自的特征。

单加工模具：按照机能来说，可进行冲切、折弯、拉深、成形、压缩等加工。其具有模具费用低，制作期间短，制作技术要求较低等优点，但也有安全性低、生产性低、加工技能要求高等缺点。

复合加工模具：就其机能来说，可用于进行内外冲切、冲切拉深、冲切折弯等。但是复合加工必须对加工使用的冲压机械进行充分探讨，原因就在于冲压机械要在一个行程内完成两个以上的加工，即在行程中要进行加工。如果复合加工比较困难，或无法完成全部加工时，也可考虑采用复合+单加工的方式，或者全部加工改为采用单加工模具。

级进加工模具：在同一模具上进行连续加工。典型的级进加工有：将多数孔的冲切加工分开为少量孔的连续冲切加工，以及将冲裁（坯料）→拉深成形→冲切分离连续加工。因为级进加工可以减少不产生任何价值的时间，被广泛应用于冲压加工。

综上所述，在加工方式的选择上，首先要探讨级进加工的可能性。如果加工工序数较多，或者级进加工的流程难以满足加工需要时，也可以考虑采用级进加工+单加工来完成。

如果由于设备及产品规格等原因，级进加工无法完成时，那么就应该考虑采用复合加工，当然要根据压力机规格等综合考虑。如果采用复合加工难以完成，或者无法将全部工序包括，那么就不得不采用复合加工+单加工来完成加工，或者全部工序采用单加工模具。

（2）模具基本结构　冲压模具，结构上大体分为凹模和凸模两大部分，凸凹模之间的相互关系决定了产品形状。此外，为保证被加工材料的成形，根据加工分类，在结构上必须设置有相应定位、保持等机能的部件。例如，冲裁加工模具中的卸料板，折弯加工模具中的压料板，拉深加工模具中的防皱压板等。

图1-121为级进加工模具标准立式结构。根据实际加工中凸凹模的相对位置，可以分为顺配置和逆配置。

顺配置：凸模位于上部（上模），凹模位于下部（下模）。

逆配置：凹模位于上部（上模），凸模位于下部（下模）。

可动卸料板: 与凸模同侧，顺配置时属于上模，逆配置时属于下模。

固定卸料板：只能装在下模。

背衬板：图1-121中上下背衬板，根据凹模切刃嵌入块和卸料板嵌入块的有无，也可省去。

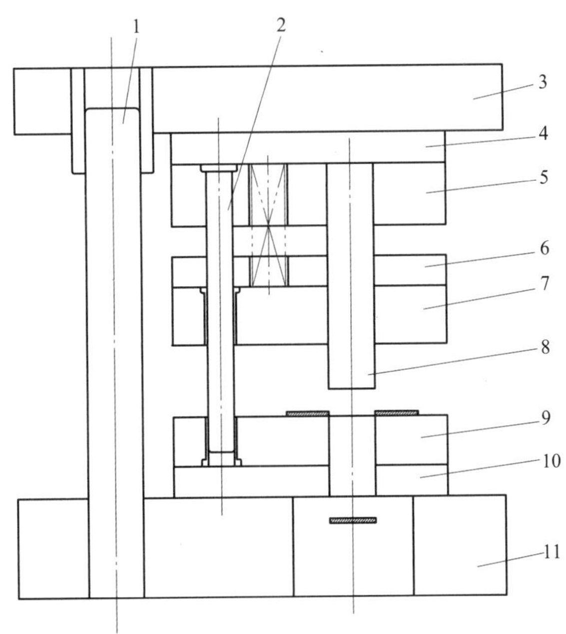

图1-121 级进加工模立式构造

1. 主导柱　2. 辅助导柱　3. 上模座　4、10. 背衬板　5. 凸模固定板
6. 卸料板背板　7. 卸料板　8. 凸模　9. 凹模固定板　11. 下模座

1.4.9 模架机能和种类

如图1-122a所示，模架由上模（凸模）座板、下模（凹模）座板、导柱（导套）构成，在冲裁模具及折弯模具的安装时，作为保持上下模与压力机之间相互位置的一种辅助夹具。通过模架正确地保持上下模的位置关系，可以实现：①缩短准备时间（缩短模具调整时间等）。②确保产品精度（上下刃口对合等）。

如图1-122b所示，模架位置保持机能通过下述装置实现：

（1）定位销（Dowel pin）　定位销的作用在于保持上模与座板，或下模与座板的相互位置（静态精度）。上下模都有定位销时，如果模具制作加工的精度不够就会与导向部干涉，粘连、精度降低。作为解决对策，可以取消单侧的定位销。

（2）内部导向（Inner guide） 内部导向具有保持凸模与凹模相互位置的机能，对模具精度有很大影响。冲头（凸模）径向尺寸极小时，还可以通过卸料板实现冲头（凸模）的导向机能，使之保持对直上下运动。

（3）外部导向（Outer guide） 外部导向（导柱导套）机能是缩短模具安装，调整准备时间。如图1-122c所示，按照模架上导柱（导套）的配置及数量，模架有多种形式可供选择。设计者

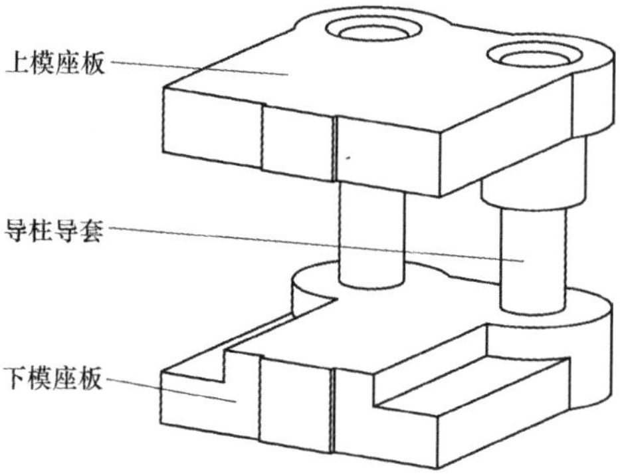

a）模架

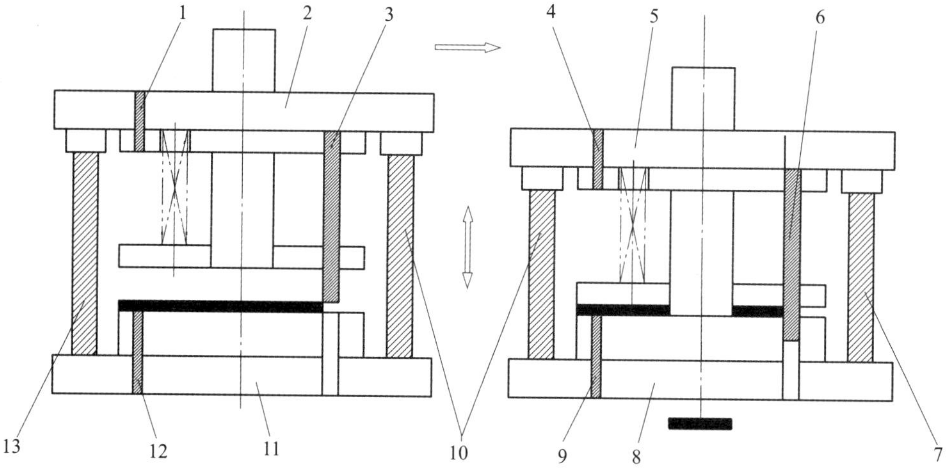

b）导料销

1、4. 上模定位销 2、5. 上模座 3、6. 内部导向

7、10、13. 外部导向（导柱导套） 8、11. 下模座 9、12. 下模定位销

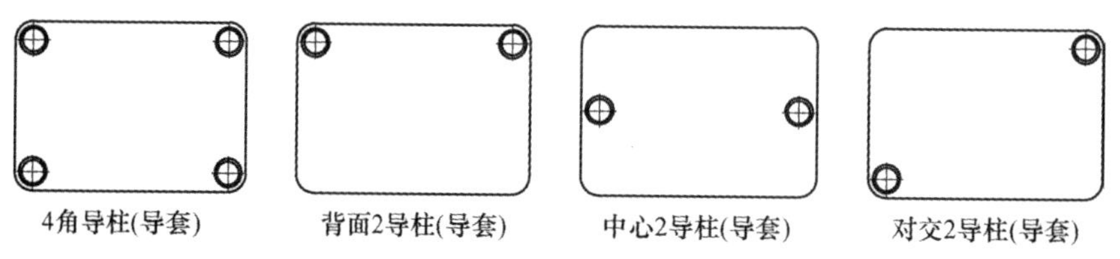

c）模架种类

图1-122

根据生产模式（如自动化冲压生产线的流向）与手工作业者的相互位置关系（安全考虑等），以及准备时间的短缩等因素从中选择。

1.4.10 材料的导向及定位

1.4.10.1 材料导向装置

级进加工卷材在送进时会发生横向弯曲，此横向弯曲与材料的宽度成反比，与送进间距成正比。大的横向弯曲可能造成模具内被加工材料严重擦伤导向装置，还可能发生被加工材料的纵向弯曲。

材料导向装置的目的就是防止材料送进时材料幅宽方向的摆动，维持材料处于导正销能够进行定位矫正的状态。

级进加工模中使用的材料导向装置与单加工模一样，分为导料板和导料销。其对带料送进起导向作用。

（1）导料销（Guide pin）　如图1-123所示，与导料板相比较，导料销的优点是冲压加工过程中被加工材料的状态容易观察，模具加工也比较容易，所以导料销可以说是好的导向装置。带料两侧的连接部确实可靠时，就可多使用导料销作导向装置，如带料仅单侧有连接部，或中心连接时，就难以采用导料销作导向。导料销以具有升降功能的升降导料销为主流，固定导料销作为辅助使用。

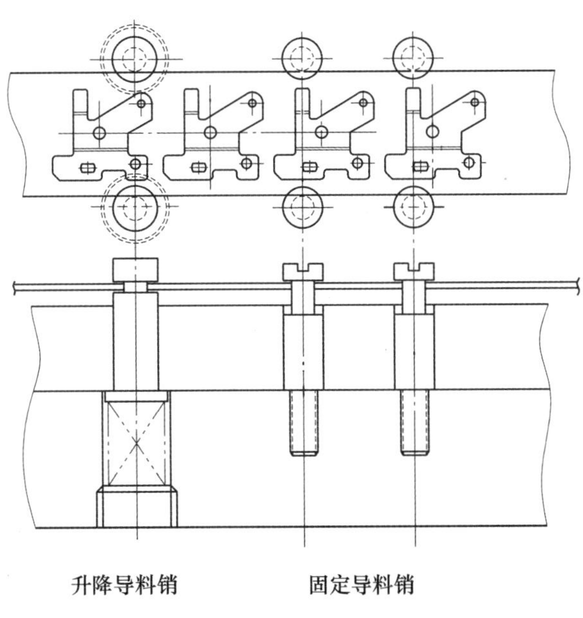

图1-123　导料销

（2）升降导料销的形状及配置　标准升降导料销的形状有圆形和矩形，圆形升降导料销价格较低，被广泛使用。如采用长边为10～20mm（与送料方向平行部分），短边（与送料方向垂直部分）6～8mm的标准矩形升降导料销，即使被加工材料的幅宽部有不连续部分，只要不连续部分长度在长边的1/3以下就可以。

图1-124为升降导料销的配置。X值设定为 2 ~ 3 mm较好，被加工材料能够顺利进入模具，如设定$X=0$，可以在被加工材料前端的单侧切去倒角$C3\sim C5$，也可以获得同样的好效果。关于配置间隔P，应选择幅宽W的1.5倍，或者30～50mm中的较小值。板厚在0.2mm以下的场合，则尽量将此间距设定小些为好。

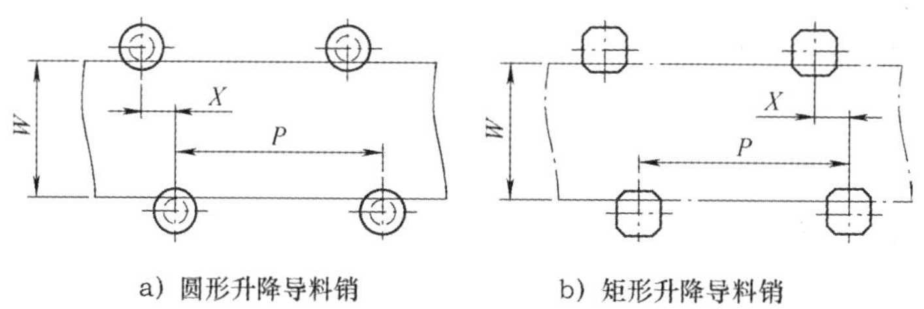

a）圆形升降导料销　　b）矩形升降导料销

图1-124 升降导料销的配置

（3）升降导料销的升降量　升降导料销用于冲裁加工的级进模中，将上升量设定为1～ 2 mm，可以减轻带料送进时的误差。

图1-125为折弯加工级进模，带料送进时上升量的设定。其中，图1-125a为送进方向与折弯线垂直，上升量$H=BH+G$。式中BH为折弯高度，G（1 ～ 2 mm）为工件下端至下模距离。

图1-125b为送进方向与折弯线平行，上升量可设定为$H=BH-LP=$ 2 ～ 5 mm。

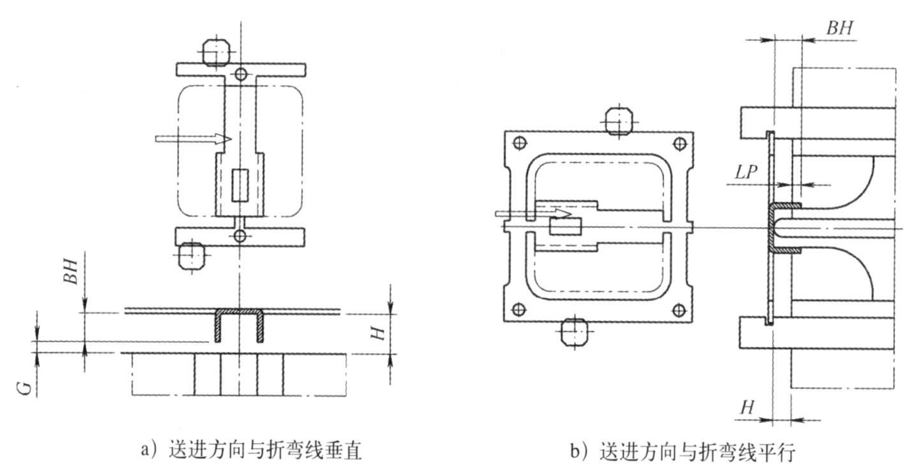

a）送进方向与折弯线垂直　　b）送进方向与折弯线平行

图1-125 升降导料销的升降量

（4）升降导料销的安装　图1-126为升降导料销的导料槽位置、幅宽及与卸料板的安装结构与尺寸。图中ST为卸料板嵌板高度。导料槽尺寸$(t+A+B)$可根据标准品规格选取。在压力机下死点位置，卸料板与下模将材料压紧，导料槽的上下面与材料板厚之间均不接触，分别留有A、B（约0.5mm）左右的间隙。此种结构对于上升高度的控制较为简单。维修时只需从下模座板(Die holder)下面松开塞头螺钉即可分解。

（5）导料板（Guide plate）图1-127a为固定卸料板构造的模具使用的导料板。其结构上有导料部分与卸料部分成一体构造，或导料部分和卸料部分成分割构造。一体构造用于较小模具，分割构造多用于较大模具。图1-127b为可动卸料板构造的模具使用的导料板。可以获得稳定的导向作用。但卸料板的厚度由于导料板的原因而减少，会导致卸料板刚性降低，特别是被加工材料的上升

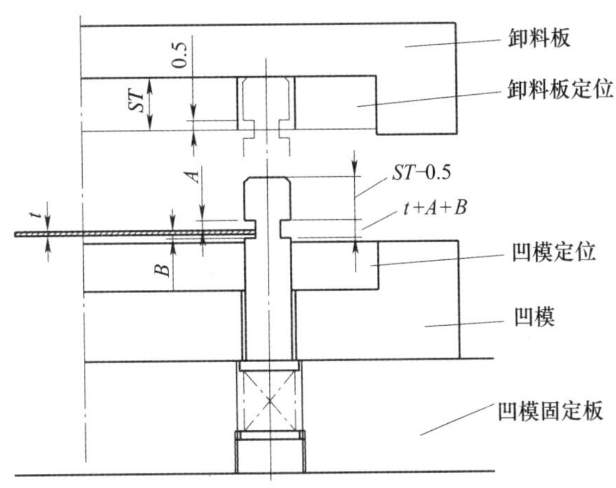

图1-126　升降导料销的安装结构

量较大时，将无法采用。此时可以采用升降导料销，但需要在带料两侧设计有连接部。

图1-127c为导料板厚度H与可动卸料板厚度减少量H+0.5mm。此外，如果带料宽度公差过大，则需要在单侧装侧压装置，以消除材料的宽度误差，保证材料紧靠另一侧正确送进。

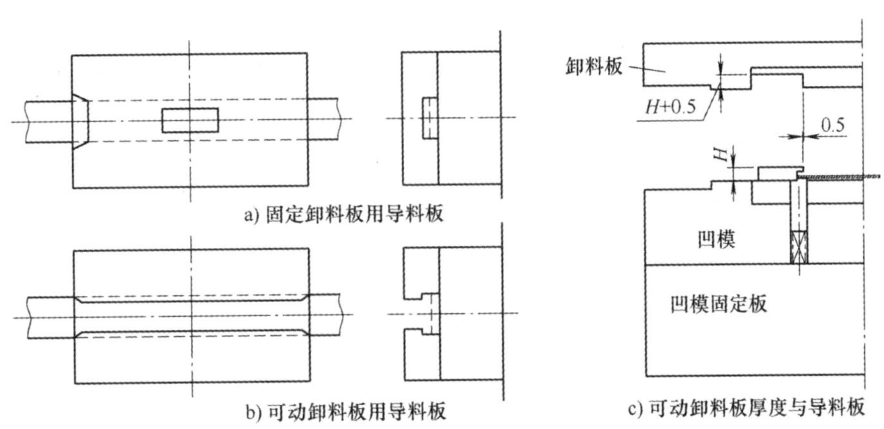

图1-127　导料板

（6）导料板与升降装置　图1-128为导料板与升降装置的参考设计尺寸。

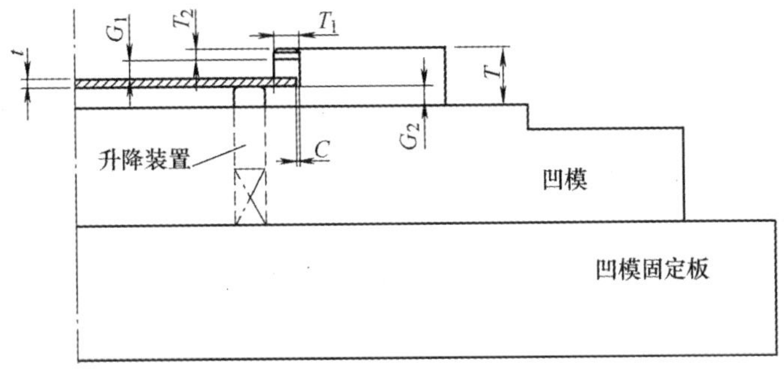

图1-128　导料板与升降装置的设计基准

图中t为被加工材料厚度，T为导料板厚度，T_1=2～3mm，为导料板凸缘长度，T_2=2～3mm，为导料板凸缘高度，$G_1=t+$（1～2 mm），为被加工材料上部间隙，以材料顺畅移动为准，G_2为升降量，C=0.2～0.5mm，根据材料板厚和材料横向弯曲量变化。

可动卸料板构造用的导向板，可以得到很好的导向效果。但是卸料板在厚度尺寸上为避免与导向板的干涉，导致卸料板刚性的降低，特别是被加工材料的升降量较大时，有可能无法使用导向板，而采用升降导向销，这样就必须将带料布局设计成两侧连接的形式。

材料的导向装置，既为防止被加工材料幅宽方向的偏摆而设，还要保证导正销的矫正作用，因此，必须考虑到被加工材料的状态。

级进加工使用的被加工材料多为卷材。因为卷材的横向弯曲与材料幅宽成反比，所以送料间距长，材料幅宽窄时受横向弯曲的影响，在模具内被加工材料与导向装置间容易发生强摩擦，会导致材料送进时产生屈曲（纵向弯曲）等，必须特别注意。

1.4.10.2 导正销

主要用于级进模加工中，矫正被加工材料的位置。目的是在材料导向装置的基础上，进一步提高定位精度，使凸模、凹模与被加工材料保持正确的位置关系。其导正方式有两种：一是直接利用工件上的孔导正，二是用预先冲出的工艺孔导正。

（1）导正销直径与导正销孔径　图1-129中导正销的直径公差带按$h9$，考虑到冲孔后因为弹性变形收缩，因此导正销直径的基本尺寸d为：$d=D-C$，式中D为冲孔凸模直径（mm），C为导正销与孔径的间隙，如表1-6所示。

表1- 6 导正销与孔径的间隙（D-d）

加工材料厚度t/mm		0.2～0.3	0.5～0.8	1.0～1.2	1.5	2	3
间隙C/mm	精密	0.01	0.02	0.02	0.03	0.04	0.05
	一般	0.02	0.03	0.04	0.05	0.06	0.07

（2）导正销用凹模孔 导正销用的凹模上插入孔，其直径应该设定为：导正销直径d+间隙（见表1-6）×5。目的是防止万一送料失误，导正销与材料碰撞，其结果导正销成为冲头，如凹模孔过大，材料形成翻边，与凹模成过盈状态，残留在模具内部，误送带料的排出将非常困难。

（3）导正销突出部长度（突出量）与导向部长度　导正销突出部长度必须适宜。如果过长，会导致导正销从孔内拔出时将带料吊起，太短则易失去矫正定位的效果，且引起导正销孔的变形。

如图1-130所示，要求突出量 h_1：$0.3t<h_1<1.5t$。导向部长度 $h_2=1.5\sim 2d$，t为加工材料厚度，

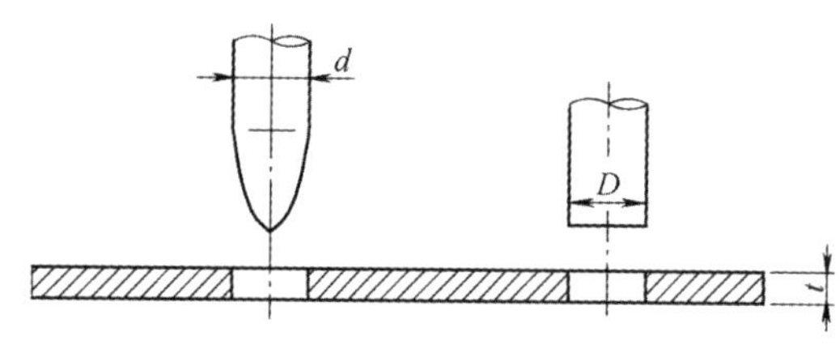

图1-129 导正销直径与孔径

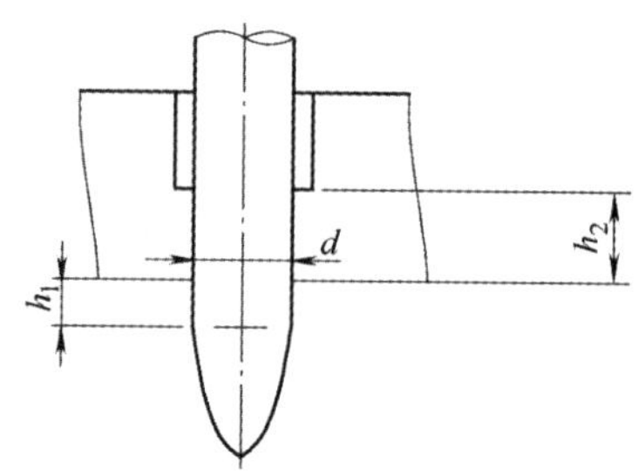

图1-130 导正销的突出量与导向部长度

d为导正销直径。

（4）导正销的头部形状　导正销的头部（前端）形状直接影响导正销的矫正效果。导正销的头部形状根据被加工材料的材质、板厚等决定。冲压薄板和软质材料时，导正销与被加工材料的接触角度要小，以便能圆滑地进行矫正。厚板和硬质材料则相反，要尽量获得大的矫正力。

导正销的头部形状的决定，参见图1-131，图1-132及表1-7。

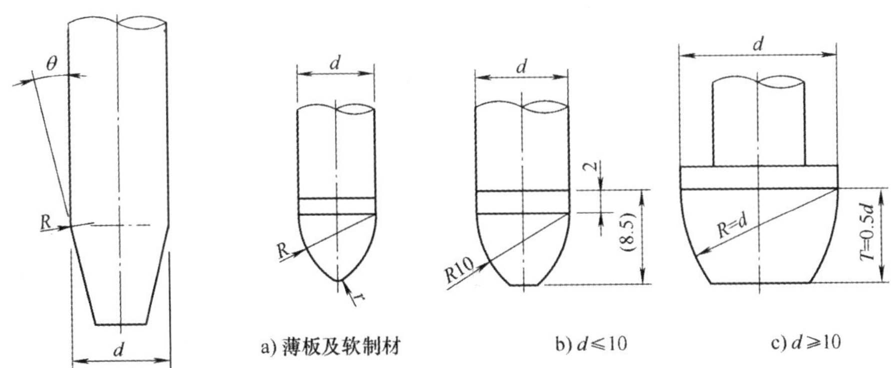

图1-131　锥形前端导正销

图1-132　圆弧形前端导正销

表1-7　导正销的锥形头部形状

θ（°）	导正销直径d	用途
10	中、小直径	薄板及软质材料用
20	中、小直径	一般高速精密加工用
30	中、大直径	低速加工用

（5）导正销种类和安装结构　导正销安装结构，可分为凸模固定板安装和卸料板安装两类。

图1-133为导正销的安装结构实例，左侧A～C为凸模固定板安装，右侧D～F则为卸料板安装实例。以下分别说明其特点及用途。

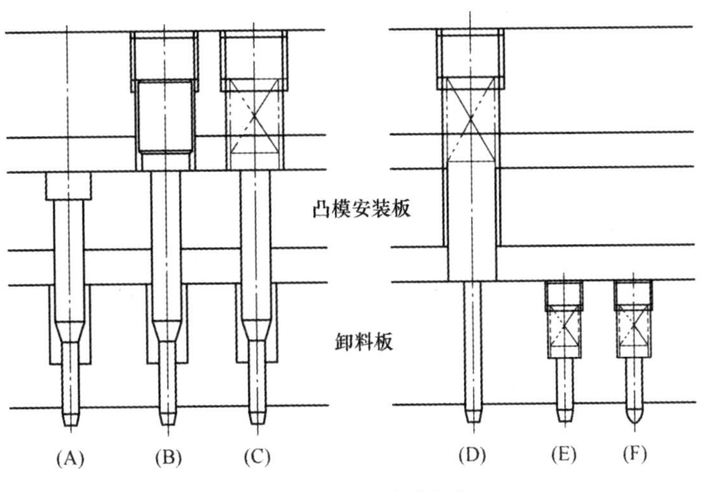

图1-133　导正销安装结构

A：拆卸导正销时，必须将上模全部分解，尽量避免用于级进模。另外，级进模上模全体再研磨时，导正销会有妨碍。

B：导正销通过上部的圆棒和螺钉固定，可单独拆卸。宜作为导正销孔冲孔后，最初导正销使用。

C：与B相比，弹簧代替导正销上部的圆棒，发生误送时导正销可向上方退避。

D：导正销安装在卸料板上，在卸料板的背面控制高度。此种结构当导正销的直径较小时，卸料板上的孔加工会比较困难。此外要注意的是，分解卸料板时，导正销和弹簧会脱落，容易丢失或对周围部件造成损伤。

E：通常使用的卸料板内藏方式。导正销直径在3mm以下时，不失为有效的结构。为避免误送时对卸料板造成损伤，务必内藏有弹簧。

F：与E不同的是，导正销前端为圆弧形（炮弹形）。

图1-134为定心·导正销与一般导正销不同，其结构特点：① 导正销的直径P_1大于导正销孔径P（P_1=P+（0.2～0.5）mm）。② 导正销前端为锥形。③ 导正销利用后部设置的弹簧，实现上下可动。④ 下模侧设置升降装置（Lifter），作为导正销朝着导正销孔下降进行带料位置修正的辅助。

定心·导正销的适用范围：导正销孔径ϕ3～ϕ8mm。定心·导正销和一般的导正销交互设置使用的话，还能起到防止带料被一般的导正销吊起来的效果。

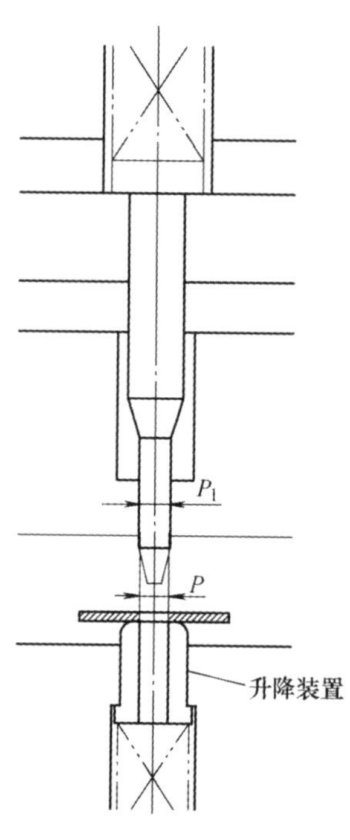

图1-134 定心·导正销

（6）防止导正销吊起加工材料的对策　如图1-135所示，级进模加工中，为防止导正销将被加工材料吊起，作为对策可以采用以下几种方式，利用弹簧部件在导正销附近将被加工材料压下：第一，利用导正销前端安装的弹簧和轴套；第二，利用导正销左右安装的顶料销；第三，在该工位单侧或双侧的下模加上刚性卸料。

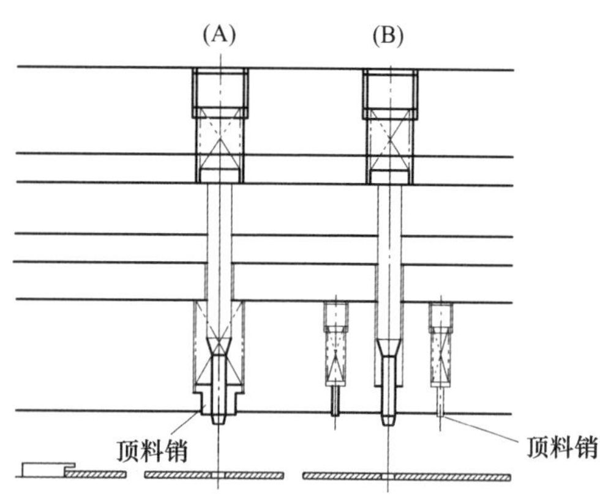

图1-135 防止导正销吊起加工材料对策

上述两种方法都是利用弹簧的作用力达到将被加工材料压下的目的，必须注意的是，如果弹簧压力过大会导致导正销孔变形，所以弹簧压力的设定务必要谨慎。

1.4.11 刃口关联部的确定

可以选择直接在凹模板上加工刃口（凹模孔），也可以选择与刃口嵌入（凹模嵌入）块组合而成的凹模板。

（1）一体形凹模板　如图1-136a所示，因为在凹模板上直接加工凹模孔（刃口），所以对刃口部的耐久性（耐磨性）要求较高。但如果必须采用高价材料，考虑到成本的因素，有时不得不转而局部采用鞍式结构及刃口嵌入块。

（2）插入形凹模板　如图1-136b所示，适用于包含冲裁、折弯、拉深及成形加工产品的级进加工模。在凹模板上加工数个方形孔（～100mm），作为刃口嵌入块的收纳空间。刃口嵌入块有一体式和分割式（见图1-137）。

安装刃口嵌入块时，一体形刃口嵌入块，采用先端部轻压入的方法，分割形的刃口嵌入块，侧面利用紧固用垫片（4～5mm）压入。

因为各刃口嵌入块的厚度必须与凹模板厚度保持一致，所以与鞍形凹模板的刃口嵌入块相比，线切割加工的时间较多，所以在刃口嵌入块的底部设置垫片或者隔块，以减少刃口嵌入块的厚度。

凹模板的长度，通常取（～600mm）较为恰当，作为刃口嵌入块收纳部的方形孔长度以100mm为限，各方形孔之间留有分隔部，分隔部宽度B以大于板厚70%为宜，另外，考虑到凹模板的刚性，方孔宽度A应设计为凹模板宽30%以下较好。

（3）鞍形凹模板　如图1-136c所示，适用于包含冲裁加工或者折弯·成形高度约 2～5mm产品为对象的级进模。在凹模板上（长度：～600mm）加工U形槽，利用基准分隔块将U形槽分隔为数

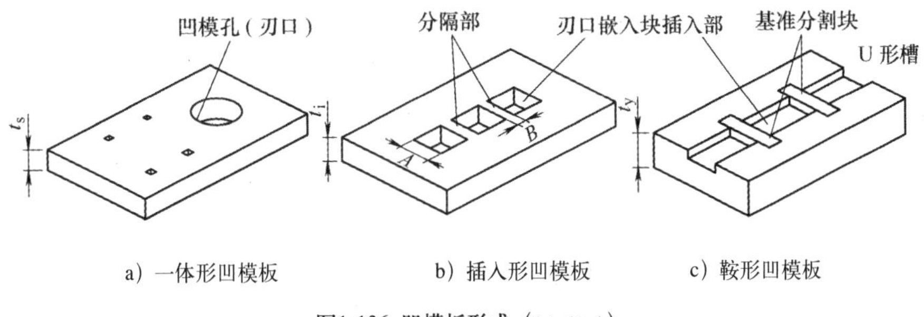

a）一体形凹模板　　b）插入形凹模板　　c）鞍形凹模板

图1-136 凹模板形式（$t_y > t_i > t_s$）

段（长度:～150mm），作为各刃口嵌入块的收纳空间。与插入形凹模板相同，刃口嵌入块分为一体式和分割式。安装时，一体式刃口嵌入块，采用先端部轻压入的方法，分割式的刃口嵌入块，侧面用楔形部件紧固。考虑到刃口嵌入块的补修及再研磨加工，在刃口嵌入块的底部装有调整用垫片（见图1-138）。

U形槽深度，要兼顾各冲头进入高度，多采用6～10mm左右。因为各刃口嵌入块的厚度与U形槽的深度相同，与插入形凹模板的刃口嵌入块相比，具有线切割加工时间较少的优点。

（4）刃口嵌入块　图1-137为插入形凹模板和刃口嵌入块的装配关系。

图1-137a为分割式刃口嵌入块。如果冲裁加工的废料进入凹模孔造成堵塞的话，产生的侧压可能导致分割面开口。为防止分割面张开，可在刃口嵌入块侧面压入紧固用垫片。此外刃口再磨削后，所减少的高度由增加嵌入块下部的调整垫片厚度补充，以保持凹模上面高度一定。

图1-137b为一体形刃口嵌入块，为缩短加工时间及提高加工精度，通常在嵌入块底部设置10～15mm的隔板。

图1-138为鞍形凹模板和刃口嵌入块的装配关系。其中，图1-138a为分割式刃口嵌入块。防止分割面开口的侧面压入紧固用垫片，以及刃口再磨削后，通过底部垫片的调整保持凹模上面高度，

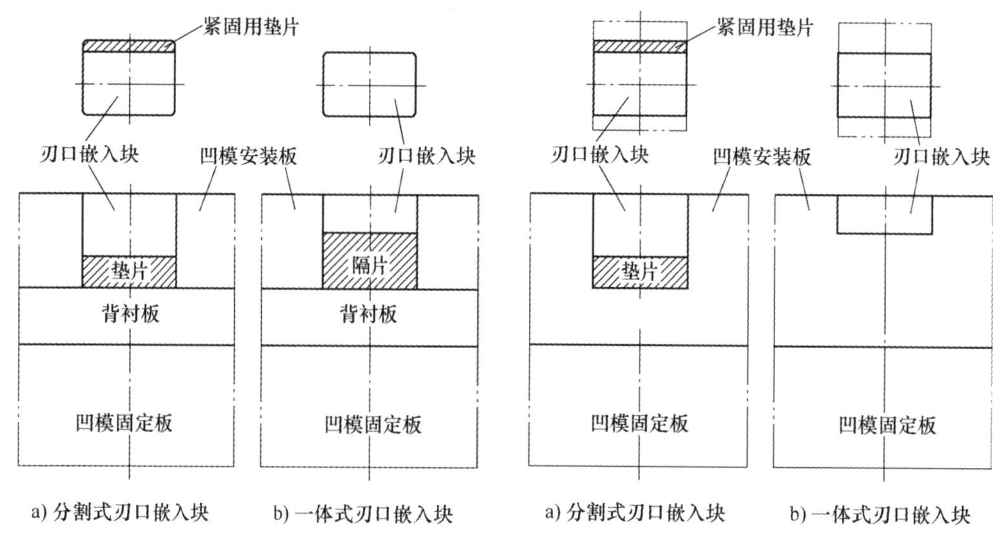

图1-137 插入形凹模板和刃口嵌入块　　图1-138 鞍形凹模板和刃口嵌入块

与插入式凹模板的分割式刃口嵌入块相同。此外刃口嵌入块的厚度必须15mm以上以保持稳定。

图1-138b为一体式刃口嵌入块，嵌入块的厚度通常为8mm。

1.4.12 斜楔模机构的应用

折弯加工、冲裁加工及拉深成形产品等的模具，许多情况下在结构上需要将上下方向的运动转换为其他方向的运动以完成所需加工。我们将这些机构统称为斜楔模机构。

图1-139为拉深产品的侧面角孔冲切模具构造图。图中斜楔模机构是最基本的斜楔模机构。斜楔模驱动部（Cam driver）的下降量决定滑动部（Cam slider）的行程。斜楔模驱动部与滑动部接触面积较大，可获得较大加工力。但此种结构，滑动部行程的微量调整较为困难，另外，驱动部的下降需要设置止动装置，以免损坏模具。

图1-140为利用插入凹模（Insert die）和斜楔模机构完成产品的折弯成形。斜楔模驱动部（Cam driver）左侧设置的止动块（Stopper block）和插入凹模的作用，使得斜楔模滑动部在驱动部下降时保持确定的左右移动量，而不必在意驱动部的下降量。常用于加工力不大的场合。

图1-141为使用多工位压力机加工拉深产品的最后工序，产品顶部侧面冲切圆形孔。利用斜楔模机构完成产品圆孔冲切。斜楔模驱动部（Cam driver）固定在下模上，斜楔模滑动部（Cam slider）固定在上模，斜楔模驱动部与滑动部之间的相对运动通过设置在接触面上的导块（Cam bottom block）实现。

图1-142为圆筒形的拉深产品，将侧壁上的孔向内侧翻边加工成形。图中左侧气体弹簧施压的保持斜楔模（Holding cam）使斜楔模单元（Cam unit）水平滑动，将工件保持在加工位置。另外，从工件下部进入的斜楔模机构的滑动部作为孔翻边加工装置的凹模，翻边加工由图中右侧斜楔模机构滑动部上安装的凸模（Punch）完成。

图1-143为多工位自动加工最终工序。利用架空斜楔模在产品斜面上同时进行三处孔的冲切加工。斜楔模机构主要组成部分有：斜楔模驱动部、凸模固定板、凸模、凹模、止动销等。

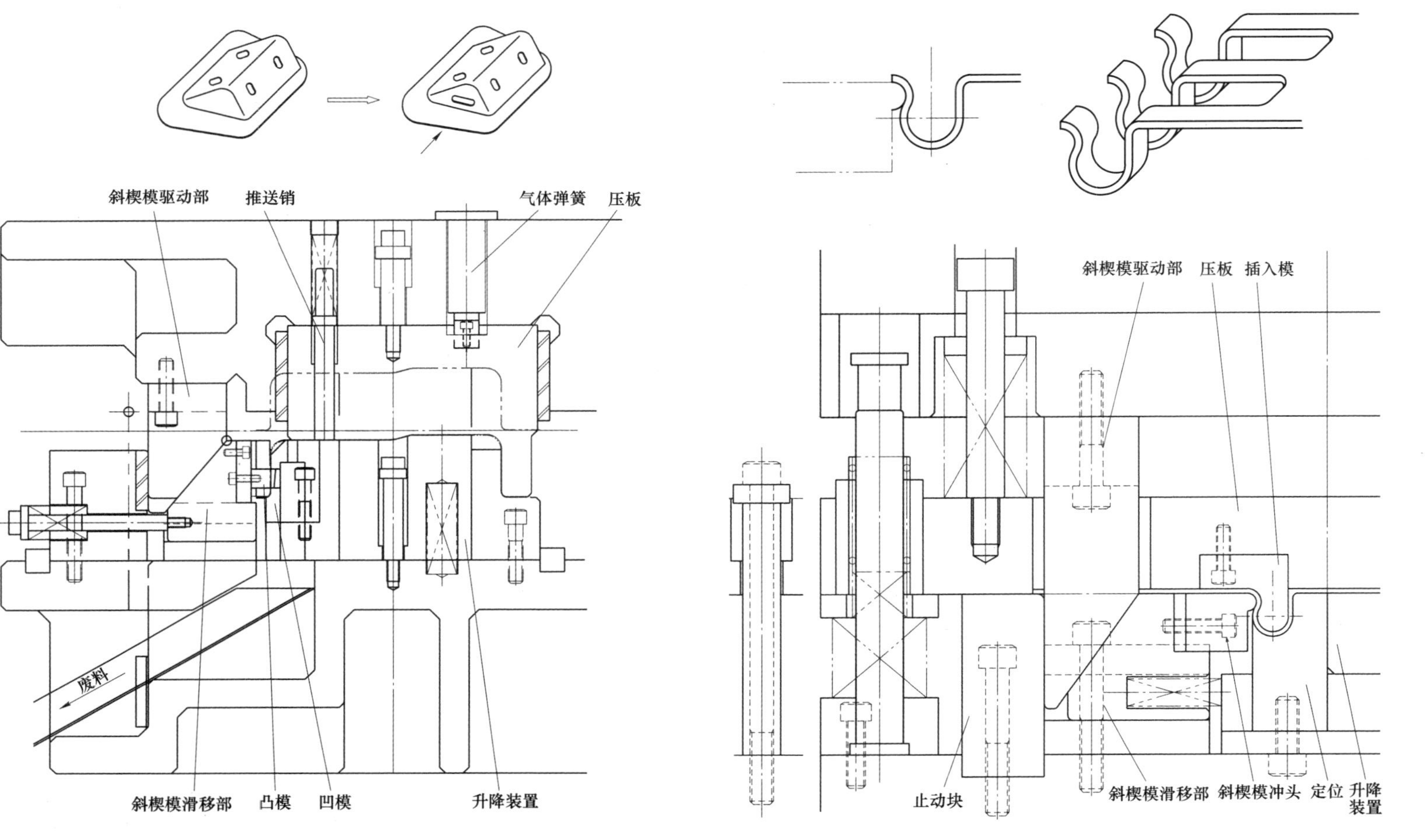

图1-139　斜楔模冲切角孔

图1-140　斜楔模·插入模折弯成形

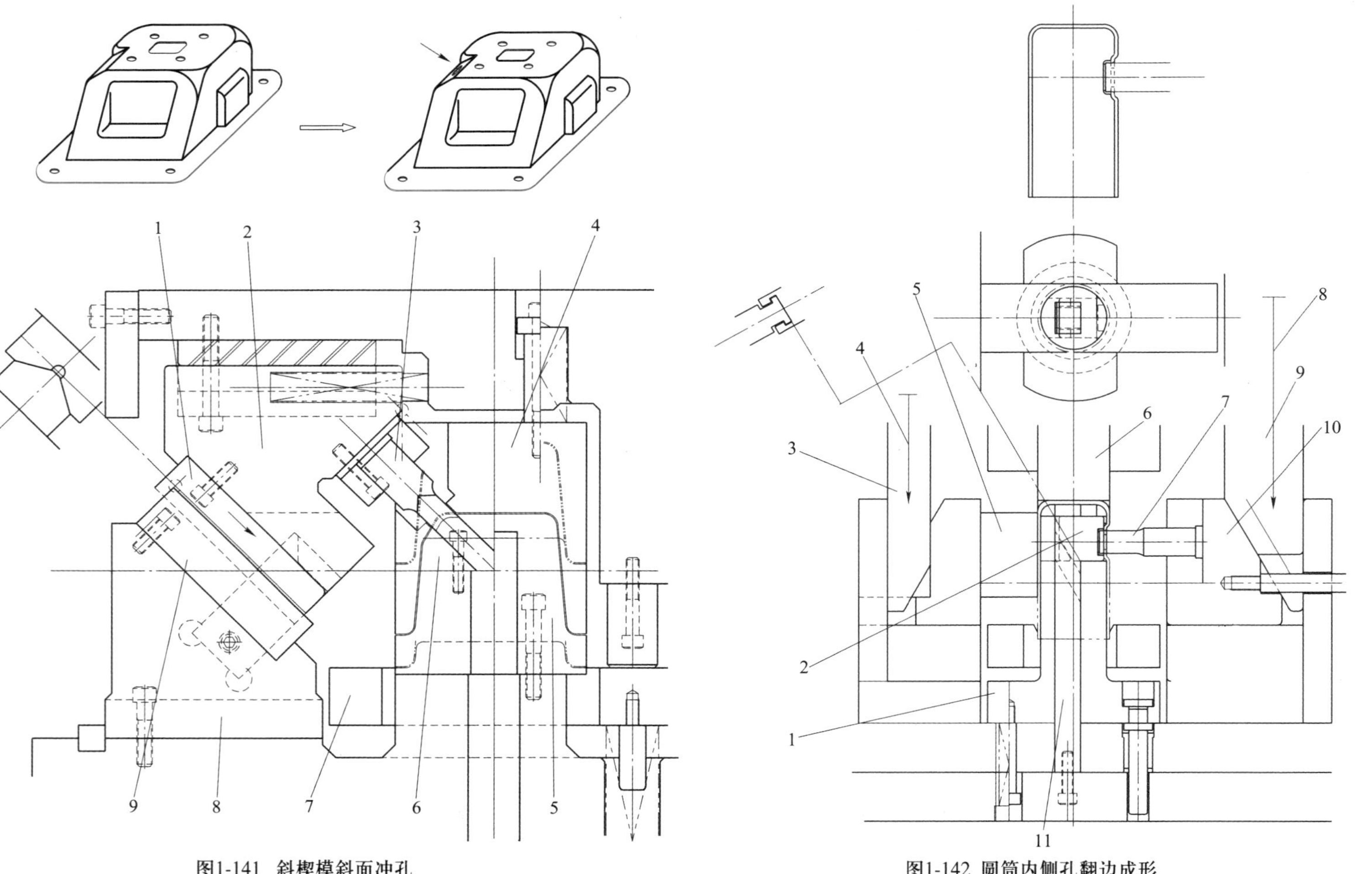

图1-141 斜楔模斜面冲孔

1、9. 斜楔模导块 2. 斜楔模滑动部 3. 凸模 4. 压板 5. 定位装置 6. 凹模 7. 升降装置 8. 斜楔模驱动部

图1-142 圆筒内侧孔翻边成形

1. 凹模固定板 2. 斜楔模滑移凹模 3. 保持斜楔模 4. 气体弹簧 5. 斜楔模单元 6. 压板 7. 凸模 8. 气体弹簧 9、11. 斜楔模驱动部 10. 斜楔模滑动部

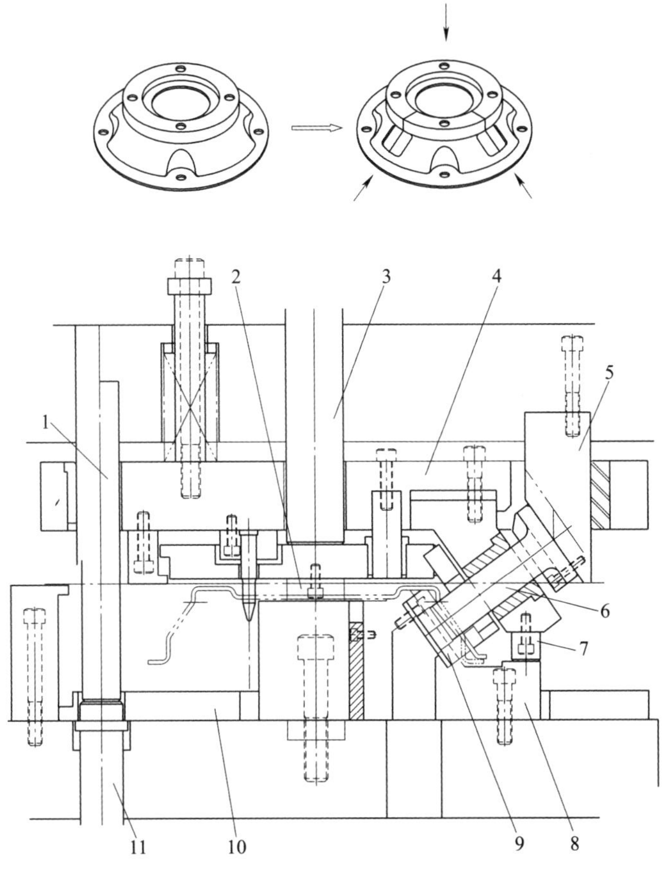

图1-143 斜楔模3处同时冲切孔

1、3. 压力销 2. 止动销 4. 凸模固定板 5. 斜楔模驱动部
6. 凸模 7. 止动销 8. 凹模固定板 9. 凹模 10. 升降板 11. 模垫缓冲销

图1-144为多工位自动冲压加工的重要工序。该产品由平板坯料开始，经过拉深、修边、U形折弯加工后，在本工序利用气体弹簧（Gas spring）加压于斜楔模驱动部（Cam driver），凸模在斜楔模滑动部（Cam slider punch）的作用下对产品侧壁进行阶段成形加工，壁厚保持不变，斜楔模滑动部行程的调节通过右侧顶杆长度的调节实现。此工序后，由斜楔模机构进行侧壁上的异型孔冲切及切口冲切，得到最终产品。

1.4.13 斜楔模调节机构

在进行刻印、压花及翘曲修正等的斜楔模机构中，有时候需要设置能够进行微量调节的机构。斜楔模调节机构，要求结构简单，部件容易加工，同时还必须考虑到模具空间的关系因素。这里介绍几种基本的调节机构。

如图1-145所示，转动调节螺栓（Adjusting screw）可进行斜楔模微量调整后，利用锁定螺母（Lock nut）锁紧，由于锁定螺母的间隙，调节量多少会有变化。

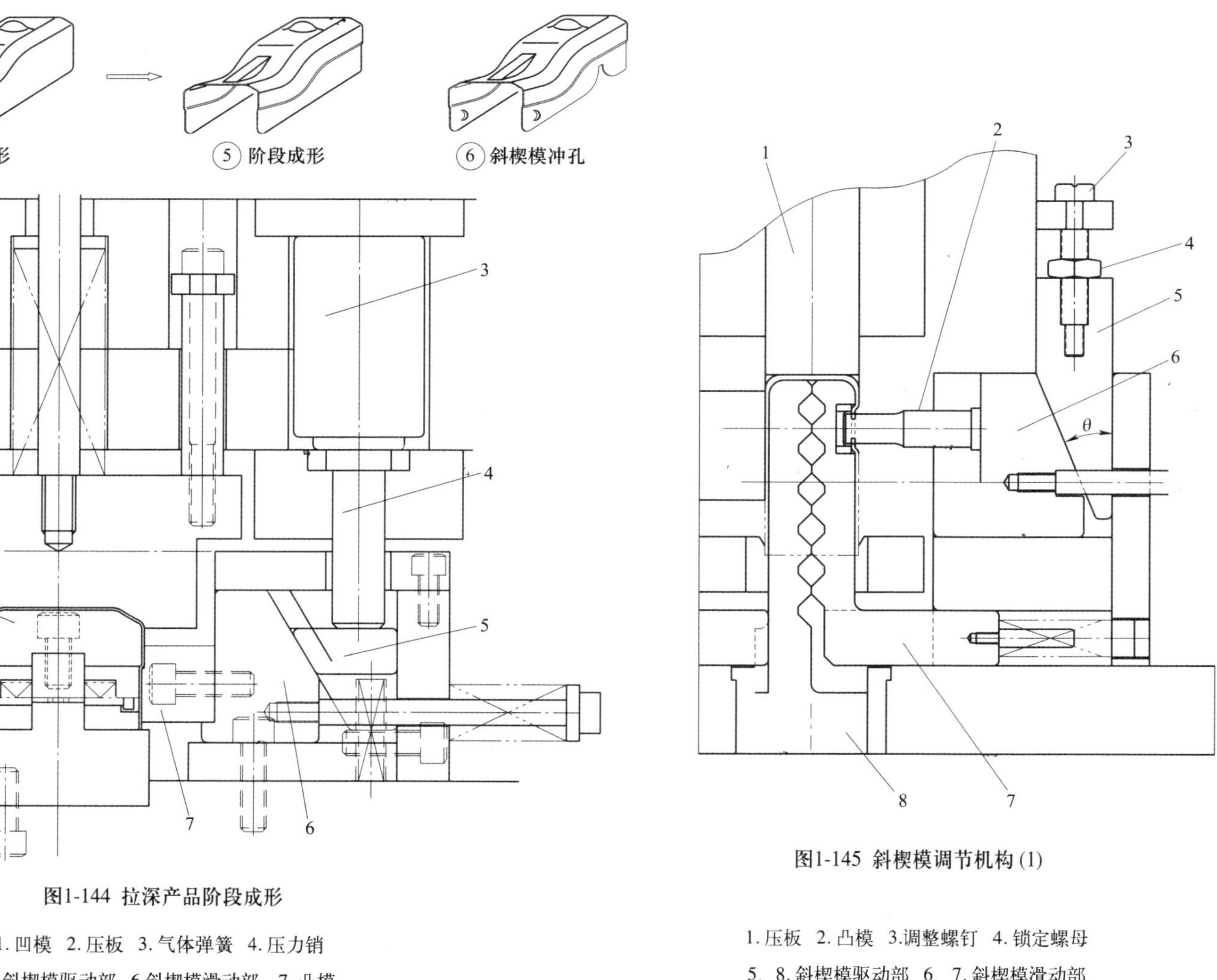

图1-144 拉深产品阶段成形

1. 凹模 2. 压板 3. 气体弹簧 4. 压力销
5. 斜楔模驱动部 6.斜楔模滑动部 7. 凸模

图1-145 斜楔模调节机构 (1)

1. 压板 2. 凸模 3.调整螺钉 4. 锁定螺母
5、8. 斜楔模驱动部 6、7. 斜楔模滑动部

如图1-146所示，转动调节螺栓进行斜楔模的微量调整后，利用锁定螺钉（Lock screw）锁紧，与图1-145相比，锁定后不易发生移动，调节量比较稳定。

关于调节机构中斜楔模斜面的梯度（参见图1-145中角度θ），考虑到斜楔模驱动部施加在斜

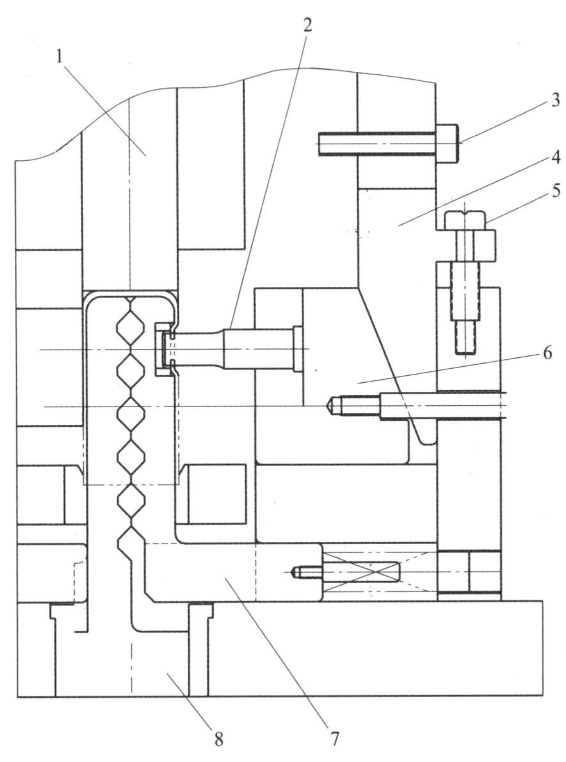

图1-146 斜楔模调节机构(2)

1. 压板 2. 凸模 3. 锁定螺钉 4、8. 斜楔模驱动部 5. 调整螺钉 6、7. 斜楔模滑动部

面上垂直载荷的横向分力，即斜楔模滑动部的推力，并且考虑调节螺栓旋转一周时上下方向的移动量，一般选择斜楔模斜面的梯度（θ为 5°～10°，例如，图1-145中调节螺钉M6，节距1mm）旋转一周时，斜楔模滑动部的横向移动量为：1×tan10°＝0.176mm。这样的移动量，用于微量调节有时仍嫌太大。调节量小于此数值时，考虑到将调节螺钉转几分之一周的操作并非易事。所以有必要选择较小的斜面梯度（角度θ），以降低调节螺钉（M6，节距1mm）旋转一周时，斜楔模滑动部的横向移动量。

如图1-147所示，作为解决上述困难的对策，图中采用差动螺钉的调节机构。转动螺钉A时，螺丝B反向移动。这样螺丝A转动一周时，斜楔模滑动部的横向移动量则为螺钉A和螺钉B的螺距之差。如螺钉A为M16（螺距1.5mm），螺钉B为M6（螺距1mm），当螺钉A转动一周前进1.5mm时，螺钉B后退1mm，因此，斜楔模滑动部仅前进0.5mm，另外因为斜楔模滑动部的前进速度相对于螺钉A的前进速度非常缓慢，适合微细调节的场合。

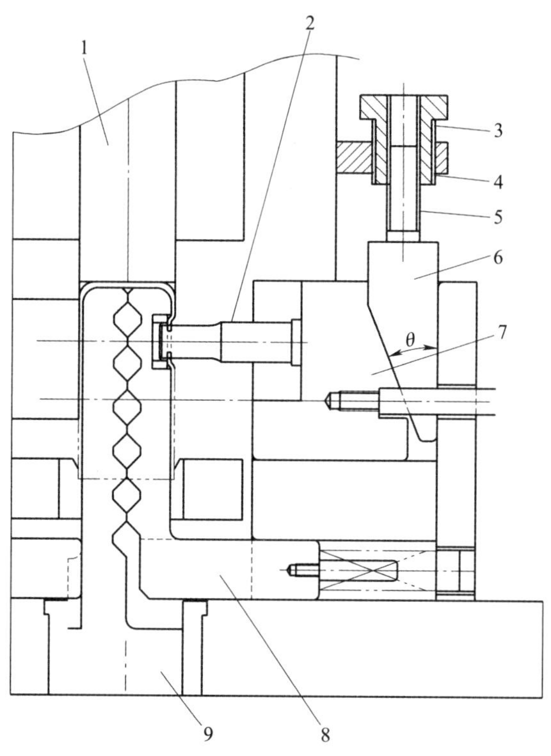

图1-147 斜楔模调节机构 (3)

1. 压板 2. 凸模 3. 锁定螺钉 4. 螺钉A(下降) 5. 螺钉B(上升)
6、9. 斜楔模驱动部 7、8. 斜楔模滑动部

第2章 金属冲压成形图例

冲压成形技术中，由于设计者的经验差异，以及使用的参考资料，采用的压力机、材质、加工技术等不同，模具构造一般不会得到同样的设计。在本章，笔者根据长年从事冲压成形设计及加工的经验，主要介绍面对冲压模具关联人员的诸多内容，其中包括级进模具的布局实例及多工位自动搬送模具构想图样的实例。图样中未附有解说文字，目的在于给读者解图留下预测和想象的空间，读者可以根据构想图样中所示的材质、板厚、产品形状等发挥各自的模具设计制作经验进行改良，不致受固定观念的局限。

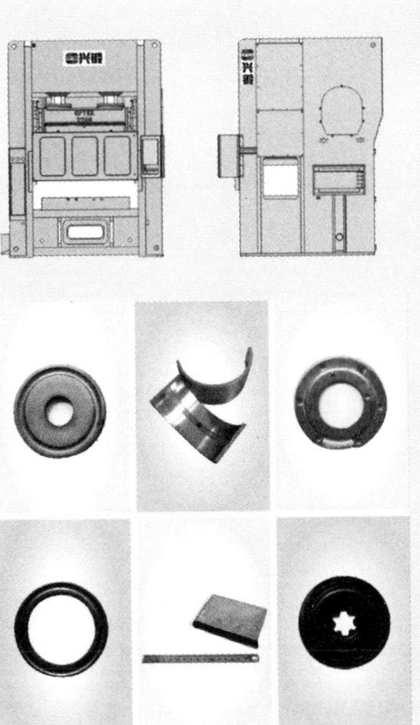

作为参考，希望对于从事下述工作的人员有所帮助：金属薄板加工的模具设计者；从事冲压加工有关工作的指导人员；努力提高冲压模具技术能力的工作者；从事冲压新产品开发的相关人员。

2.1 冲压产品形态

2.1.1 卷材落料

冲压产品形态 (Parts Pattern)			
卷材落料 (Coil Blanking)			
直线型 (Straight)	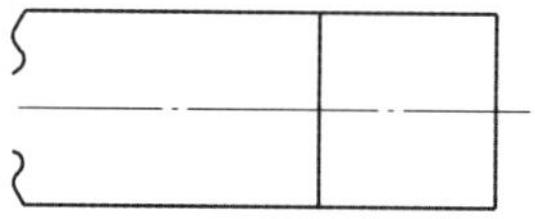	无废料 (Scrapless)	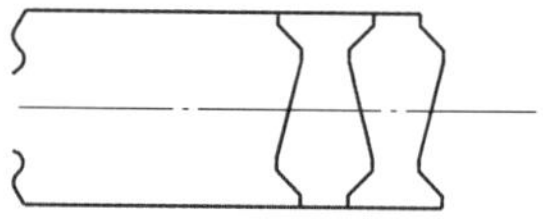
曲线型 (Curve)	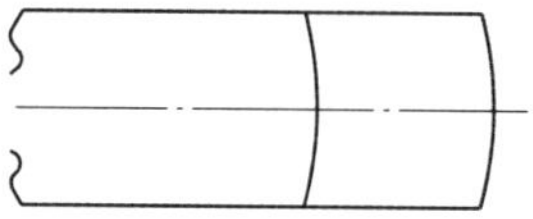	无废料 (Scrapless)	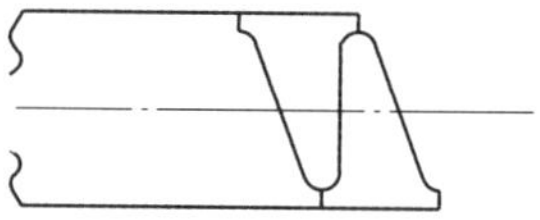
涡卷型 (Scroll)	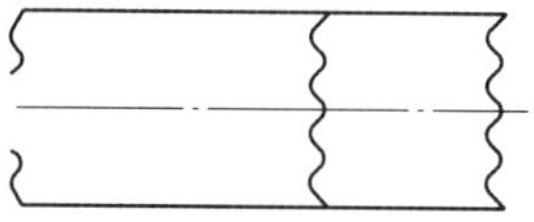	剪切型 (Notch & Shear)	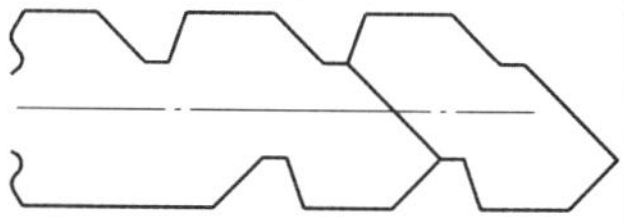
斜线型 (Askew)	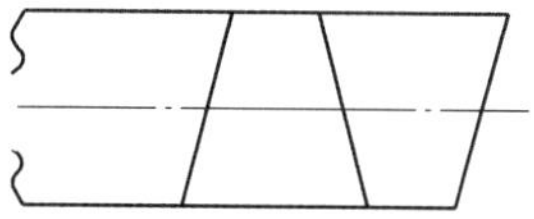	圆形坯料 (Blanking)	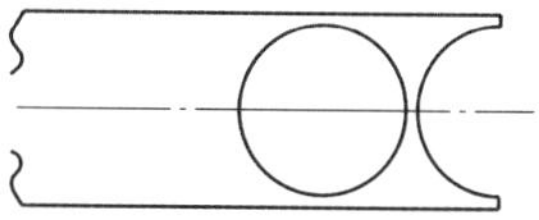
剪切型 (Notch & Shear)	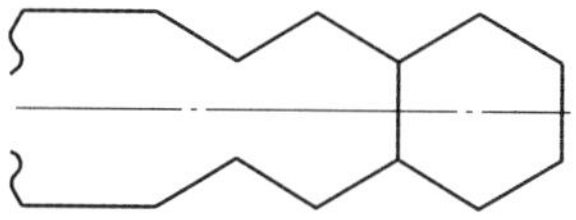	超大坯料 (Over Blanking)	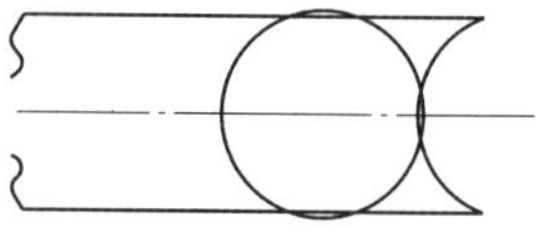
剪切型 (Notch & Shear)	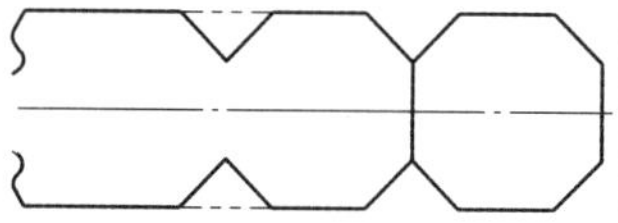	2列坯料 (2Line Blanking)	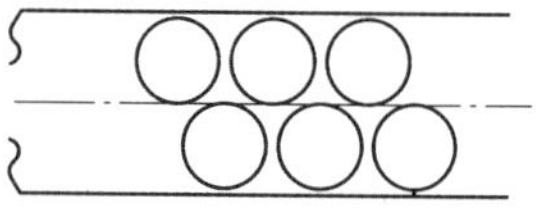
剪切型 (Notch & Shear)	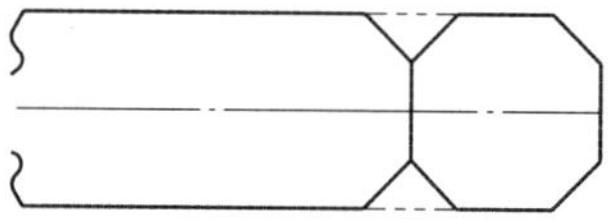	3列坯料 (3Line Blanking)	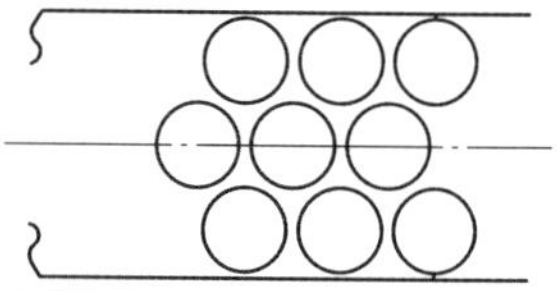
开槽，耳孔 (Notch, Pierc Shear)	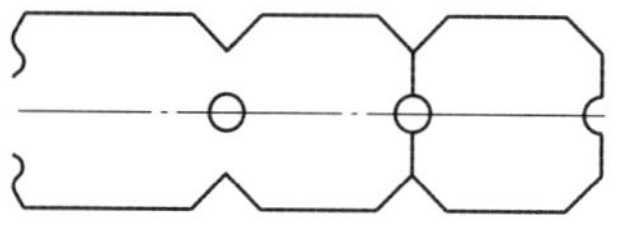	组合坯料 (Set Blanking)	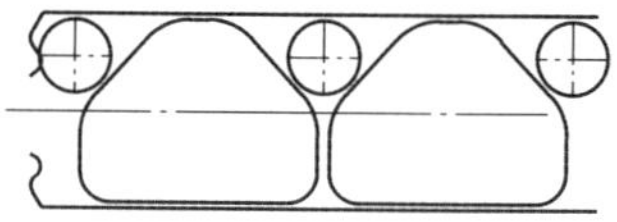

2.1.2 带料排样

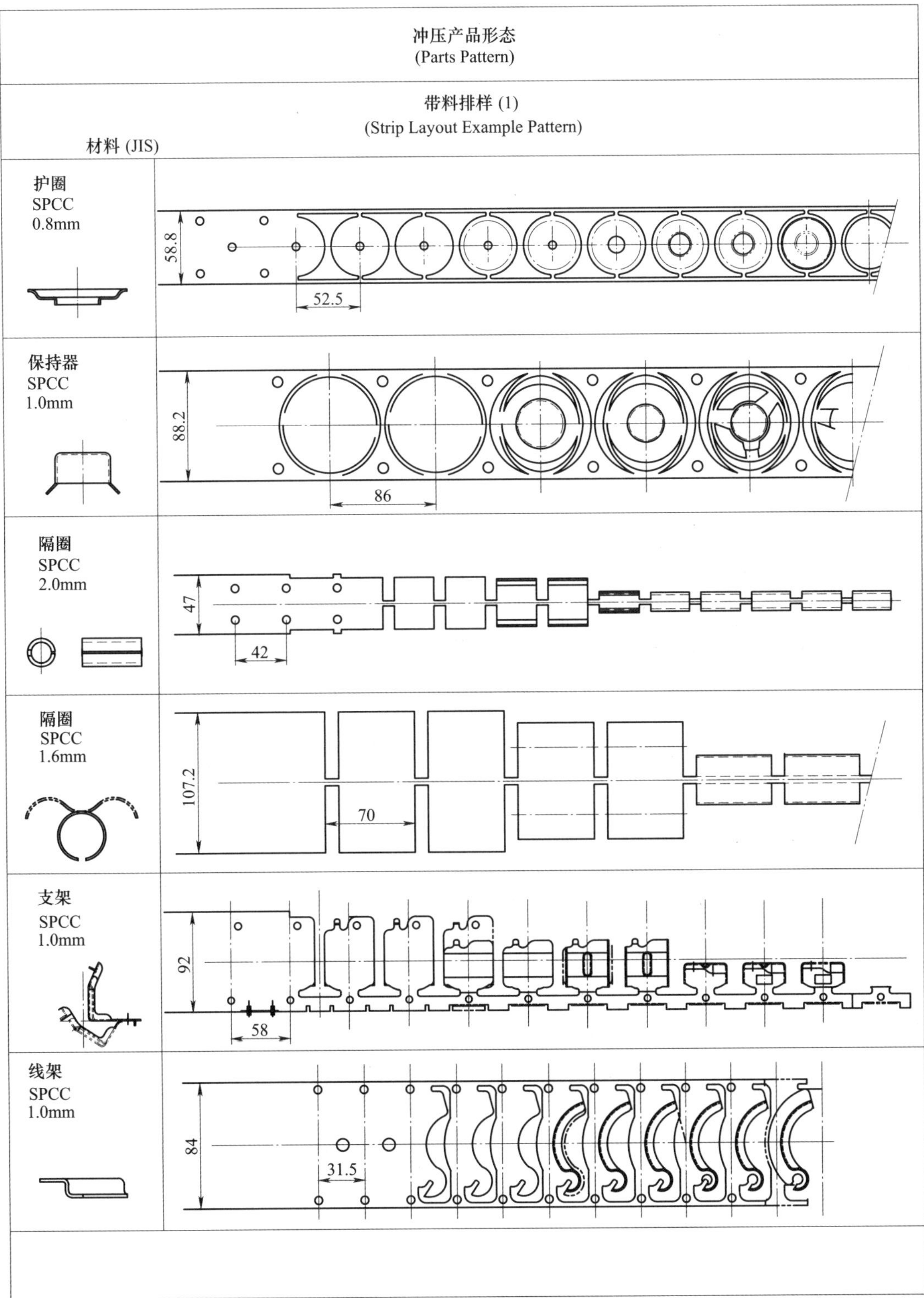
冲压产品形态
(Parts Pattern)
带料排样 (1)
(Strip Layout Example Pattern)
材料 (JIS)
护圈
SPCC
0.8mm
58.8
52.5
保持器
SPCC
1.0mm
88.2
86
隔圈
SPCC
2.0mm
47
42
隔圈
SPCC
1.6mm
107.2
70
支架
SPCC
1.0mm
92
58
线架
SPCC
1.0mm
84
31.5

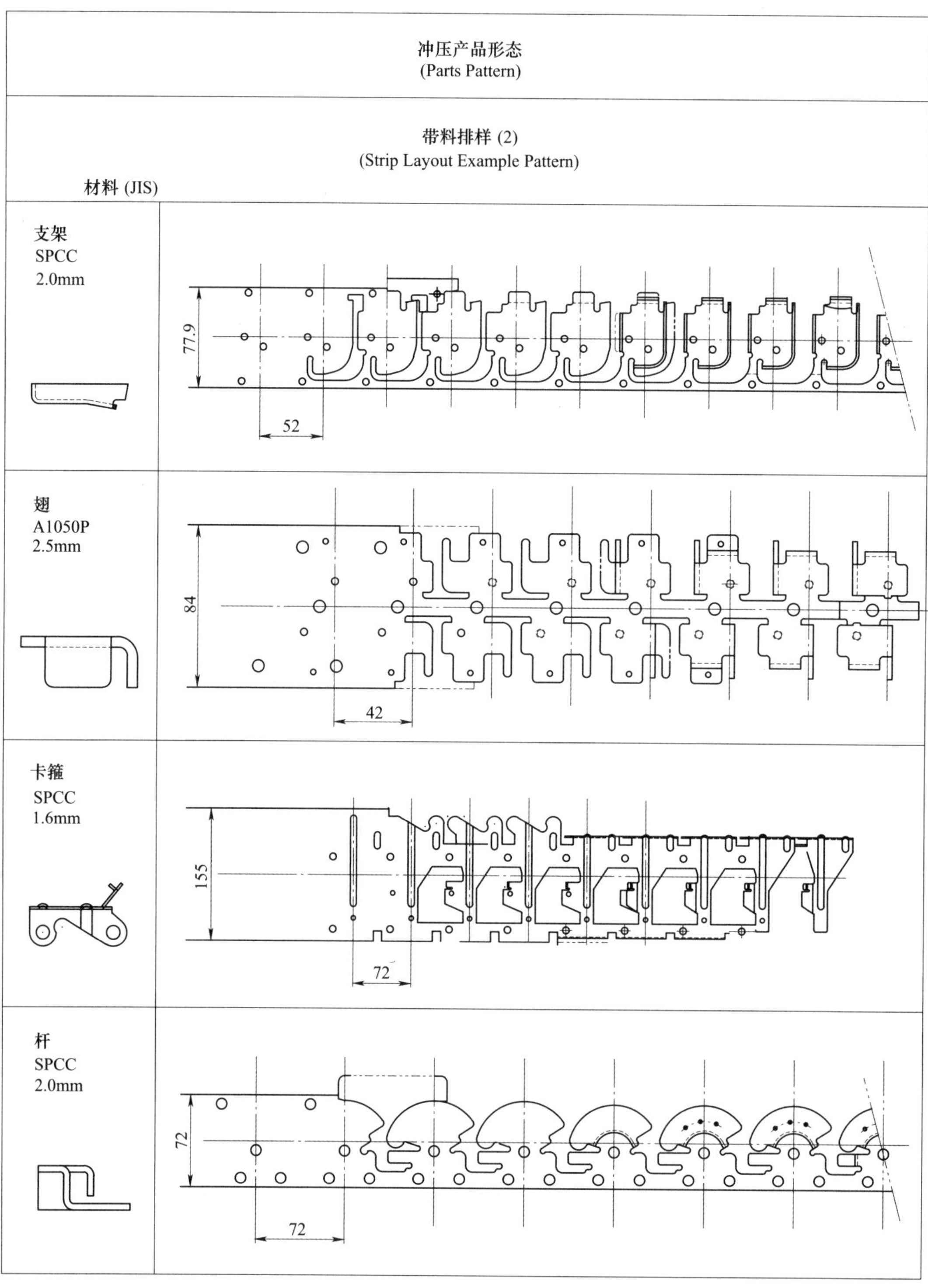

冲压产品形态
(Parts Pattern)
带料排样 (2)
(Strip Layout Example Pattern)
材料 (JIS)
支架
SPCC
2.0mm
77.9
52
翅
A1050P
2.5mm
84
42
卡箍
SPCC
1.6mm
155
72
杆
SPCC
2.0mm
72
72

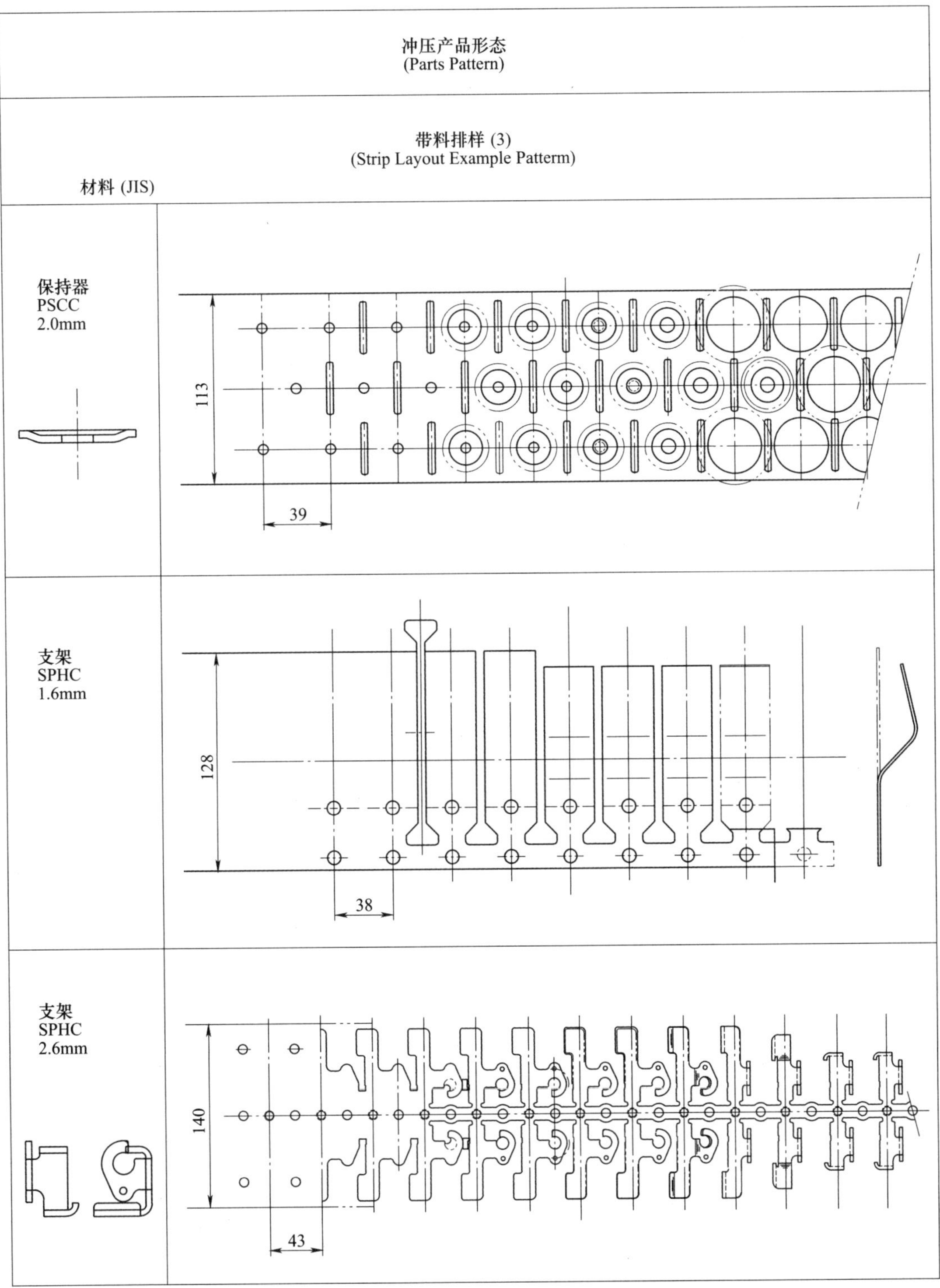
冲压产品形态
(Parts Pattern)
带料排样 (3)
(Strip Layout Example Patterm)
材料 (JIS)
保持器
PSCC
2.0mm
113
39
支架
SPHC
1.6mm
128
38
支架
SPHC
2.6mm
140
43

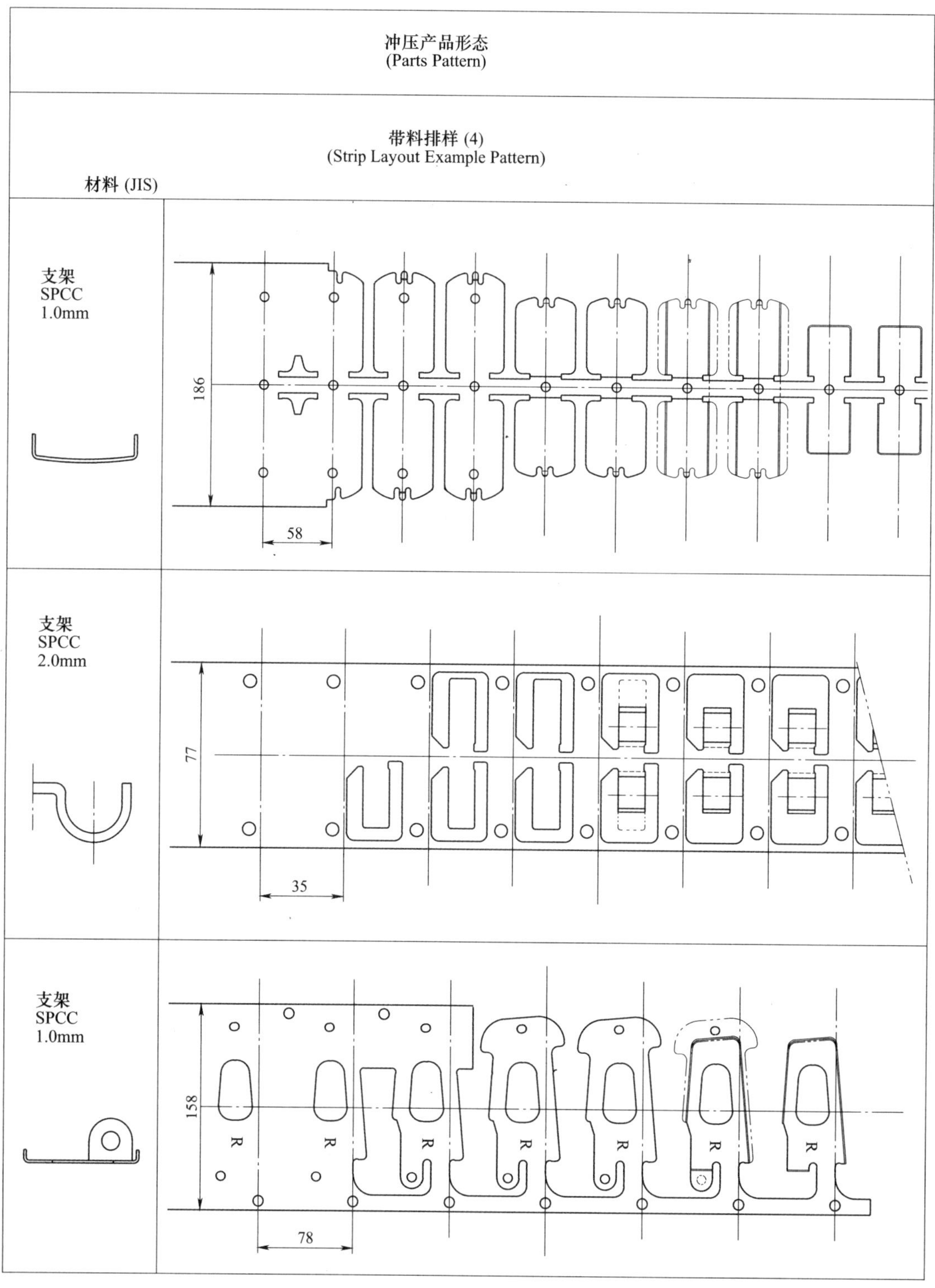
冲压产品形态
(Parts Pattern)
带料排样 (4)
(Strip Layout Example Pattern)
材料 (JIS)
支架
SPCC
1.0mm
186
58
支架
SPCC
2.0mm
77
35
支架
SPCC
1.0mm
158
R
78

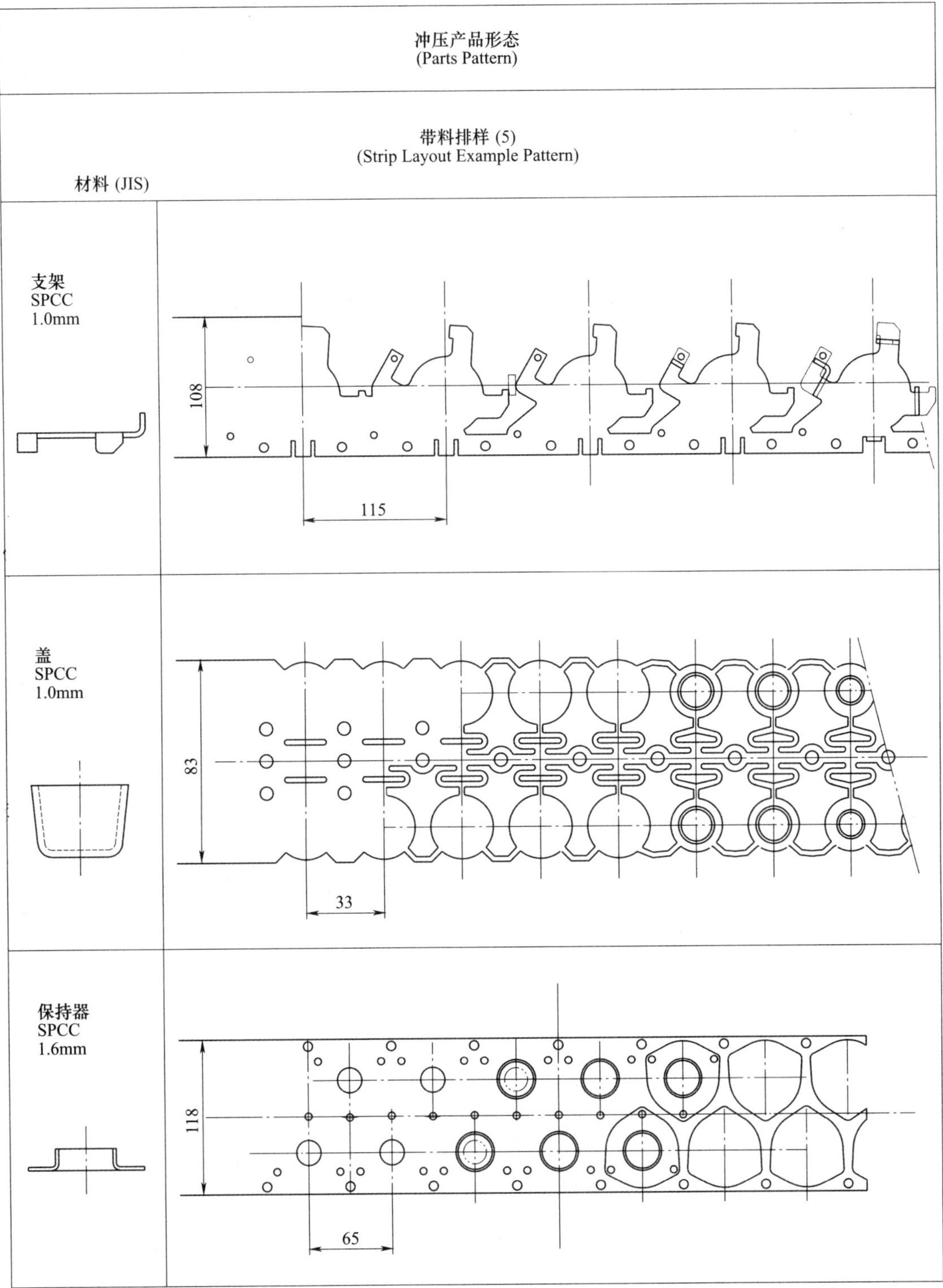
冲压产品形态
(Parts Pattern)
带料排样 (5)
(Strip Layout Example Pattern)
材料 (JIS)
支架
SPCC
1.0mm
108
115
盖
SPCC
1.0mm
83
33
保持器
SPCC
1.6mm
118
65

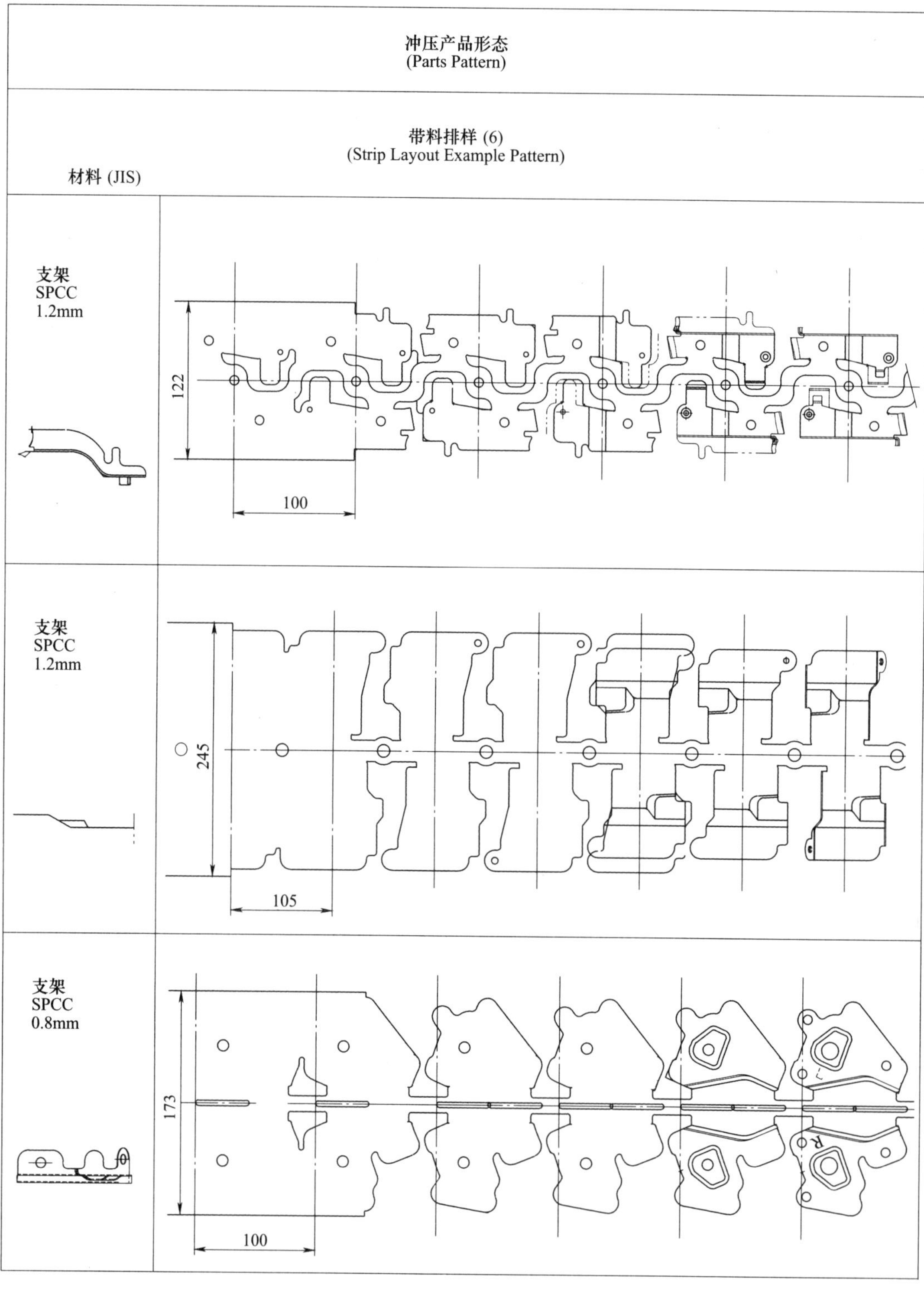
冲压产品形态
(Parts Pattern)
带料排样 (6)
(Strip Layout Example Pattern)
材料 (JIS)
支架
SPCC
1.2mm
122
100
支架
SPCC
1.2mm
245
105
支架
SPCC
0.8mm
173
100

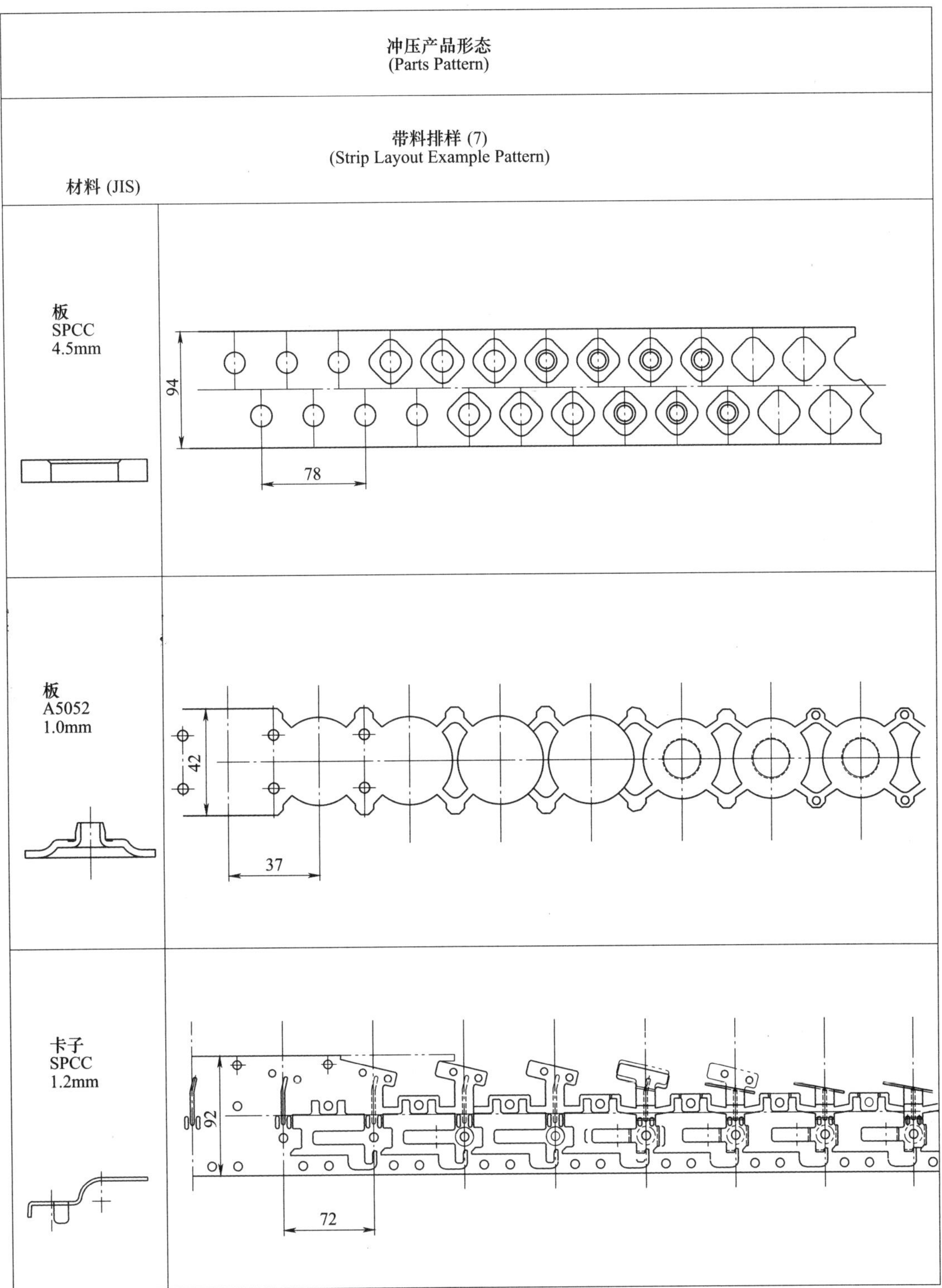

冲压产品形态
(Parts Pattern)
带料排样 (7)
(Strip Layout Example Pattern)
材料 (JIS)
板
SPCC
4.5mm
94
78
板
A5052
1.0mm
42
37
卡子
SPCC
1.2mm
92
72

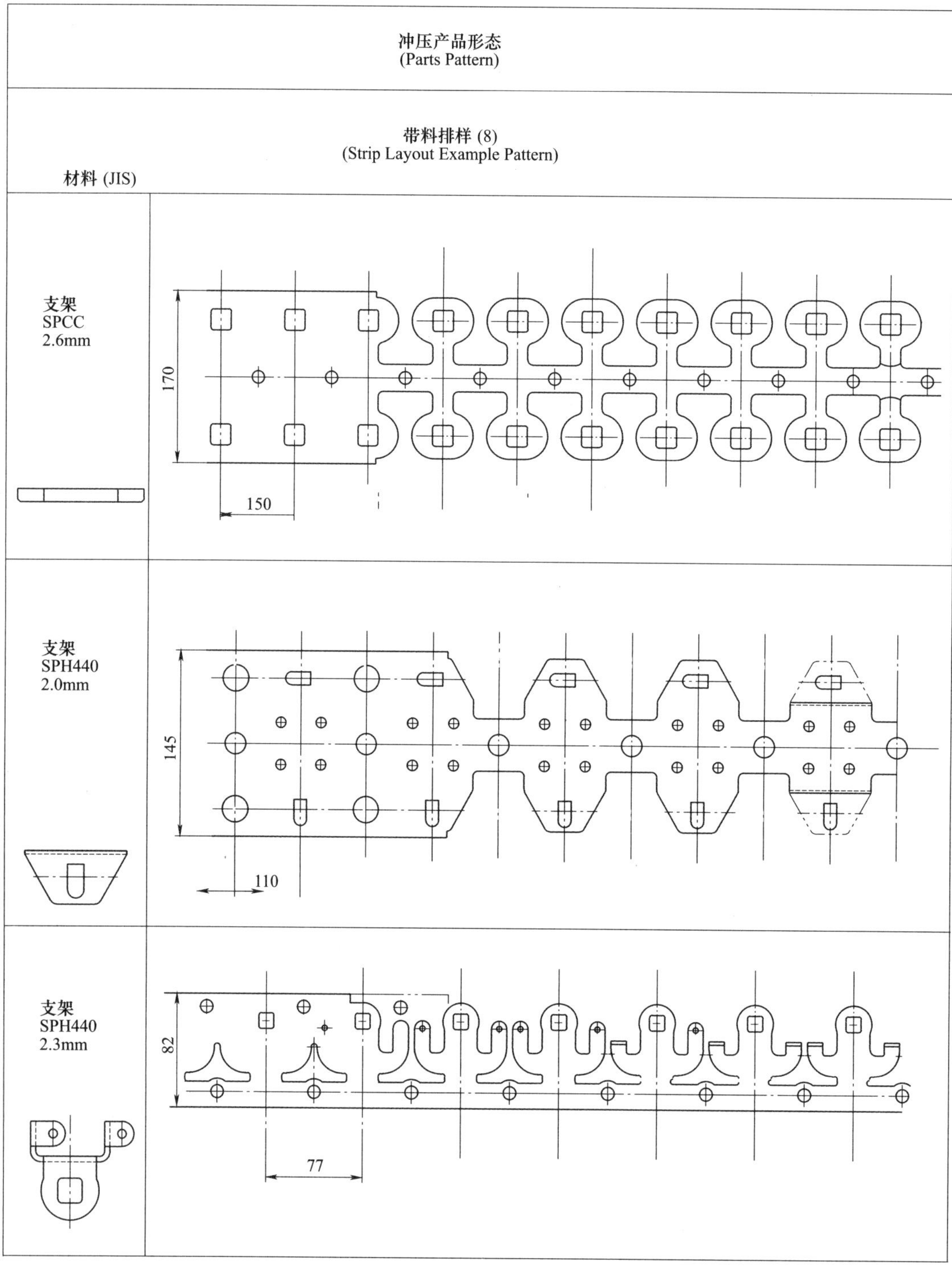
冲压产品形态
(Parts Pattern)
带料排样 (8)
(Strip Layout Example Pattern)
材料 (JIS)
支架
SPCC
2.6mm
170
150
支架
SPH440
2.0mm
145
110
支架
SPH440
2.3mm
82
77

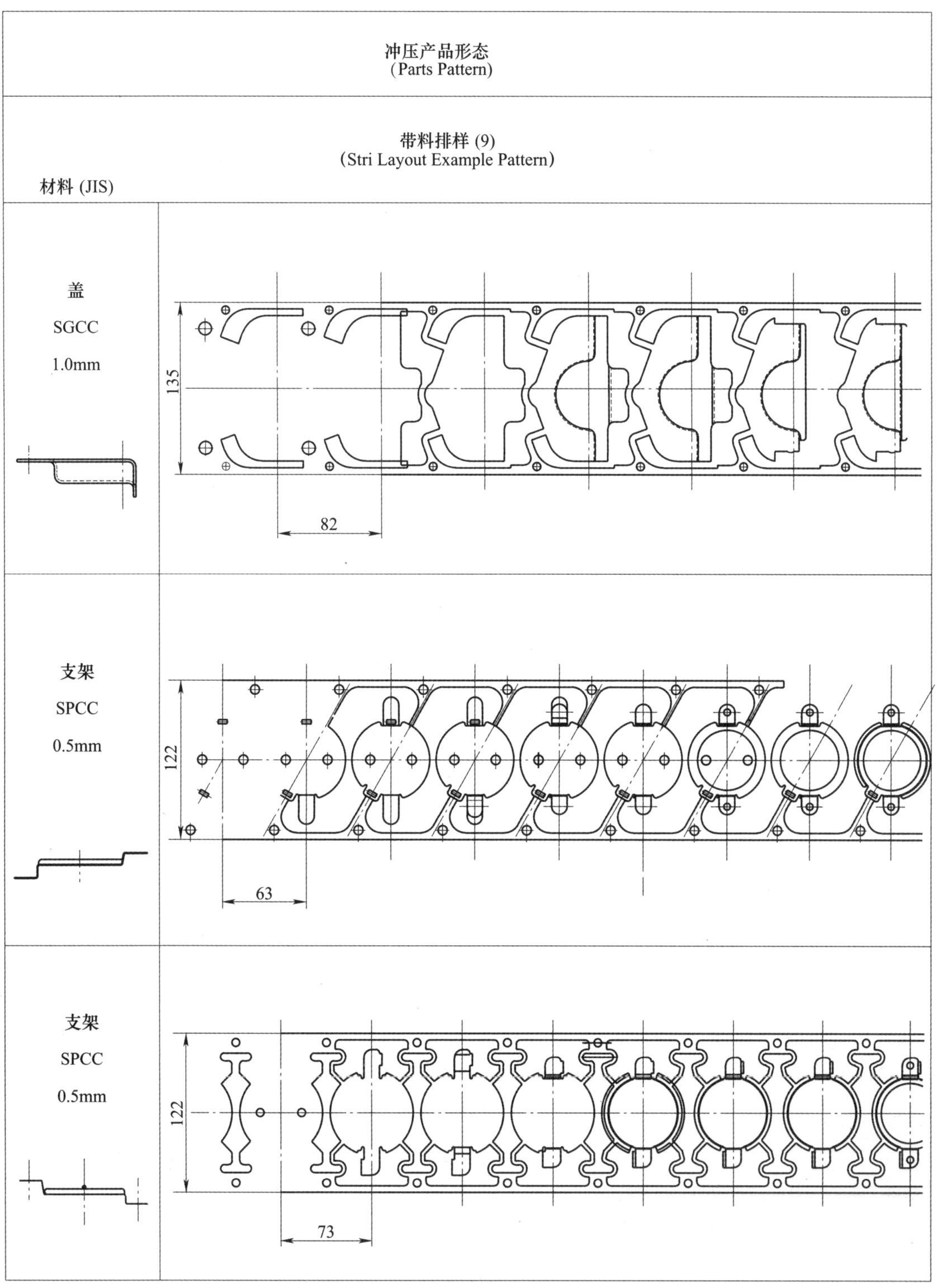
冲压产品形态
(Parts Pattern)
带料排样 (9)
(Stri Layout Example Pattern)
材料 (JIS)
盖
SGCC
1.0mm
135
82
支架
SPCC
0.5mm
122
63
支架
SPCC
0.5mm
122
73

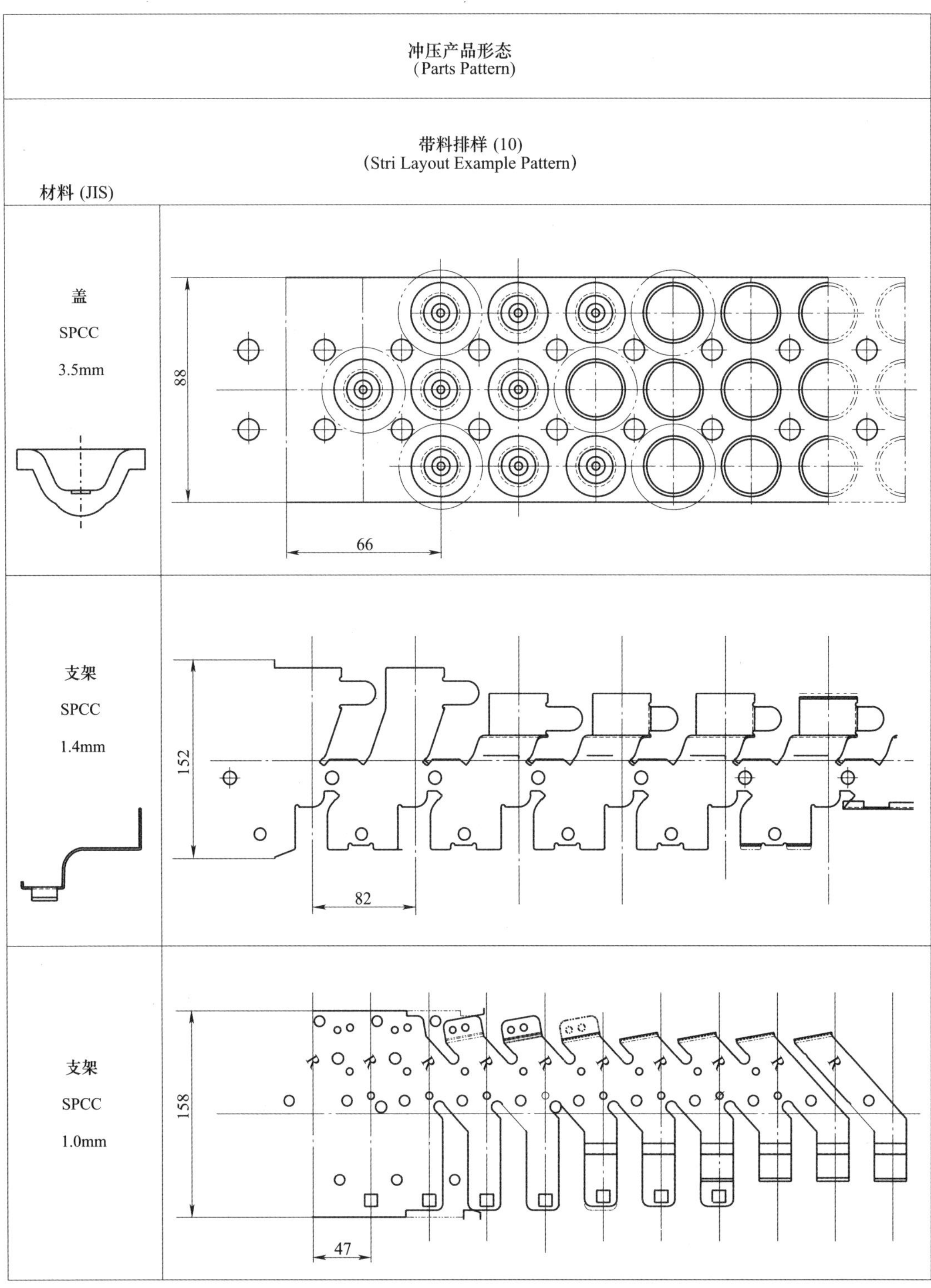
冲压产品形态
(Parts Pattern)
带料排样 (10)
(Stri Layout Example Pattern)
材料 (JIS)
盖
SPCC
3.5mm
88
66
支架
SPCC
1.4mm
152
82
支架
SPCC
1.0mm
158
47

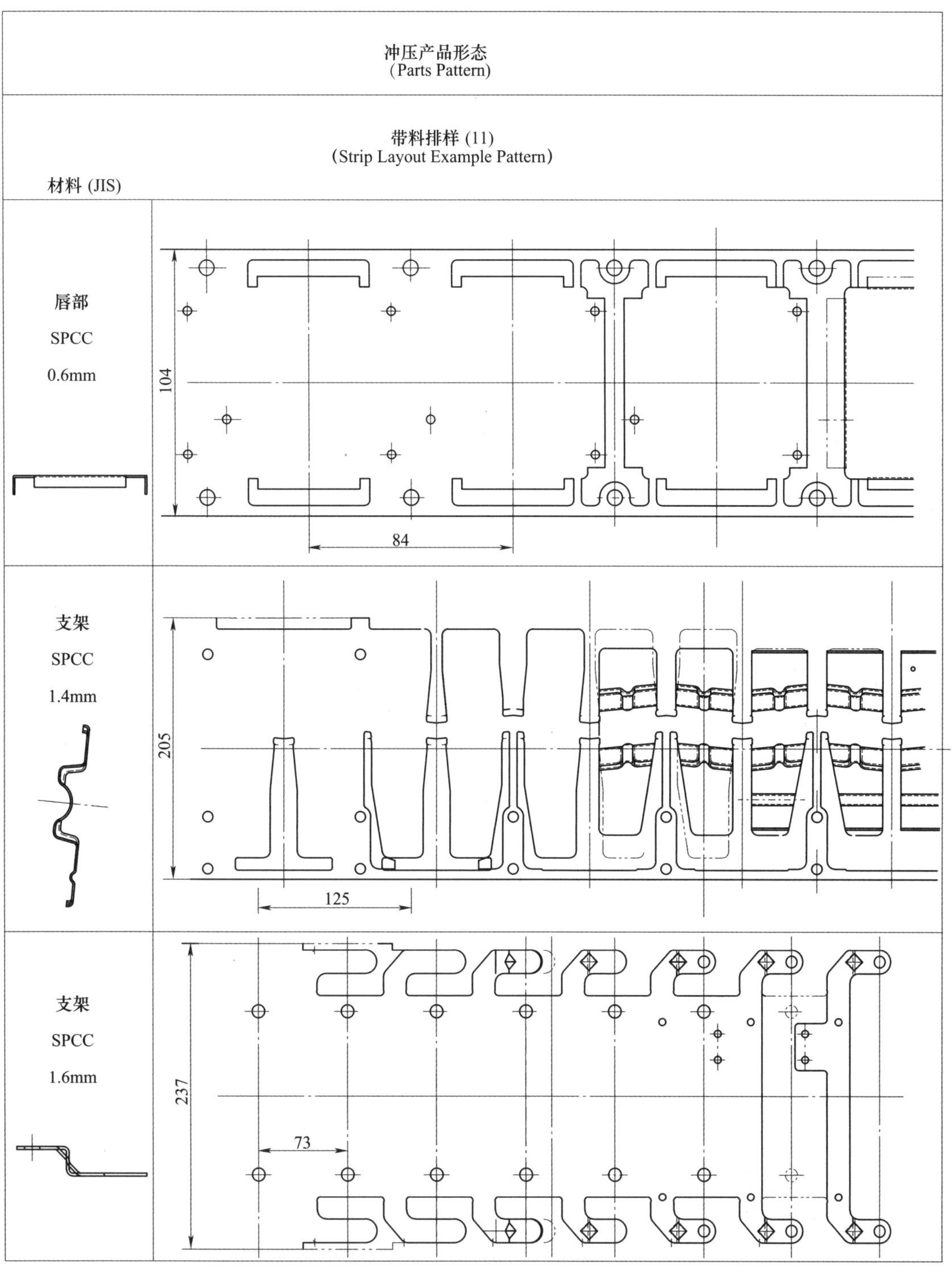
冲压产品形态
(Parts Pattern)
带料排样 (11)
(Strip Layout Example Pattern)
材料 (JIS)
唇部
SPCC
0.6mm
104
84
支架
SPCC
1.4mm
205
125
支架
SPCC
1.6mm
237
73

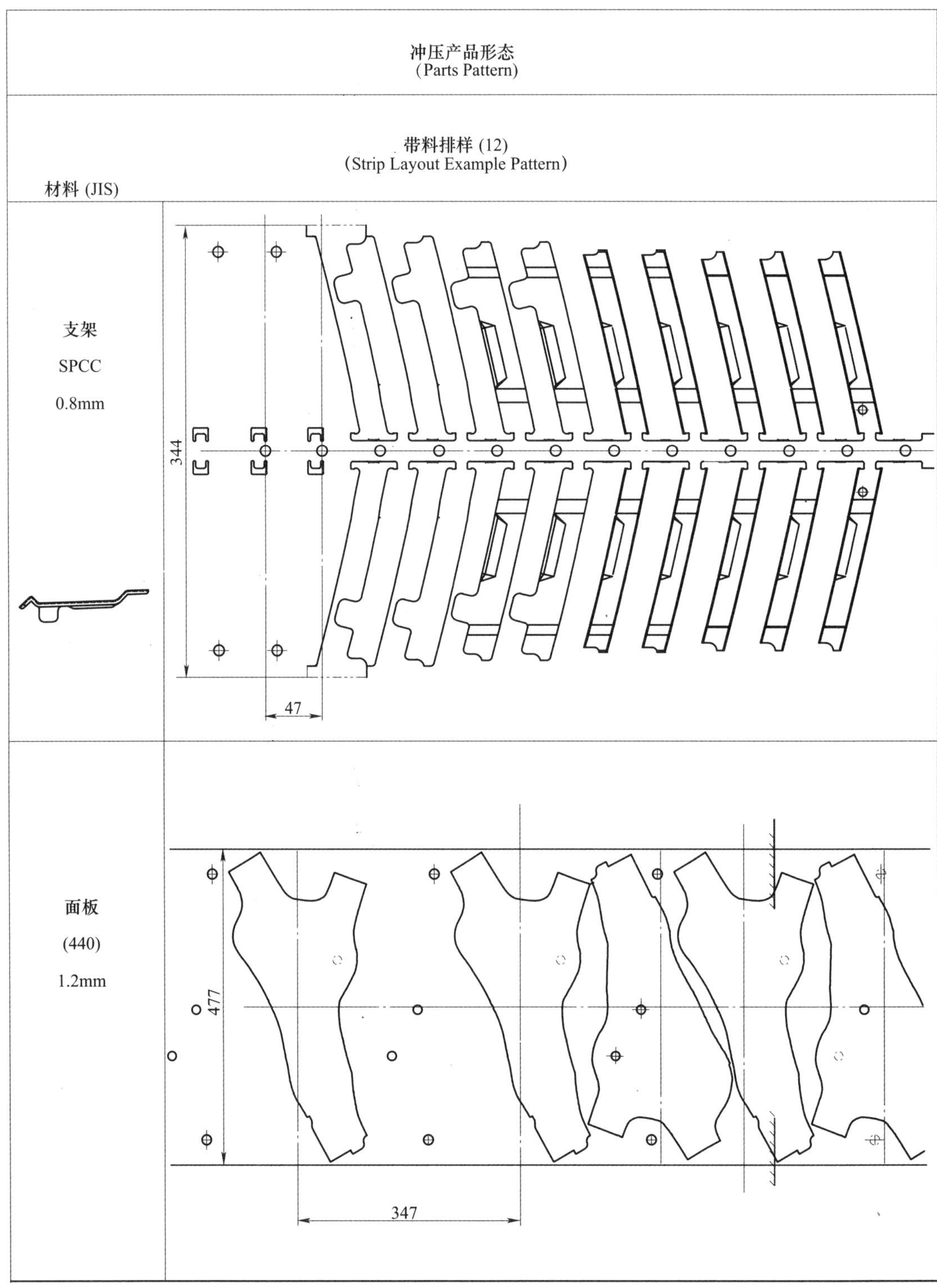

材料 (JIS)	冲压产品形态 (Parts Pattern) 带料排样 (12) (Strip Layout Example Pattern)
支架 SPCC 0.8mm	
面板 (440) 1.2mm	

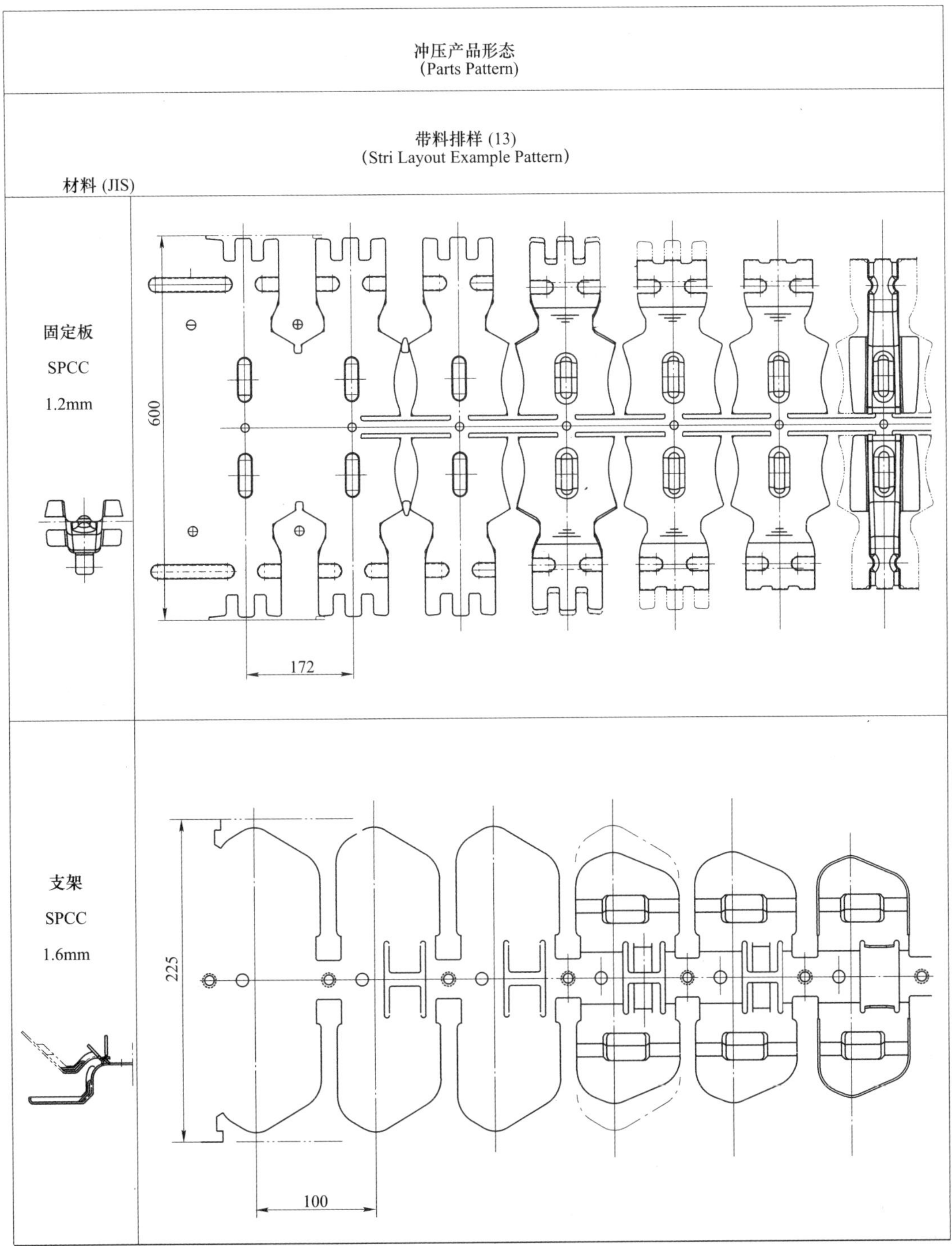
冲压产品形态
(Parts Pattern)
带料排样 (13)
(Stri Layout Example Pattern)
材料 (JIS)
固定板
SPCC
1.2mm
600
172
支架
SPCC
1.6mm
225
100

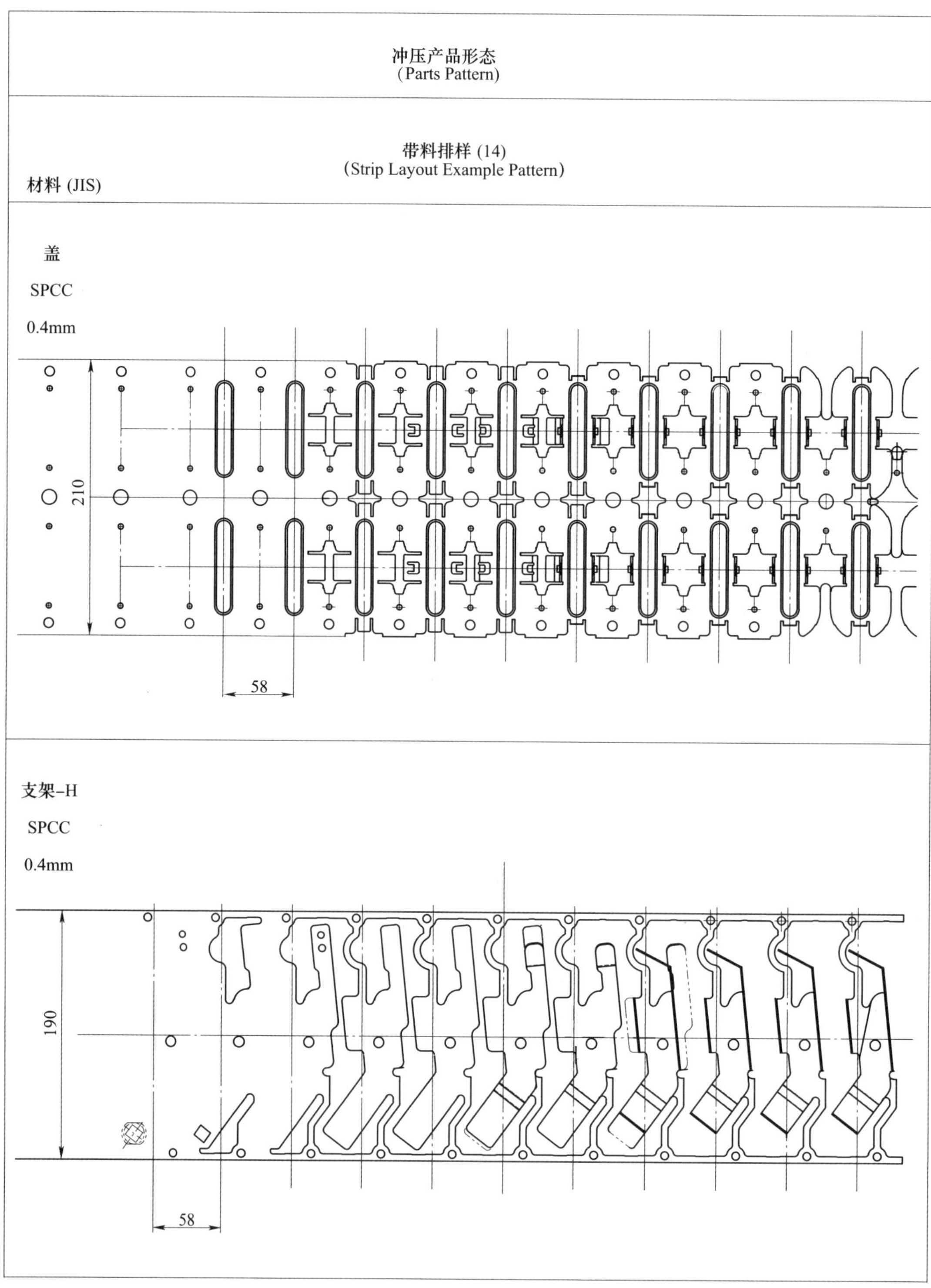
冲压产品形态
(Parts Pattern)
带料排样 (14)
(Strip Layout Example Pattern)
材料 (JIS)
盖
SPCC
0.4mm
210
58
支架-H
SPCC
0.4mm
190
58

冲压产品形态
(Parts Pattern)

带料排样 (15)
(Strip Layout Example Pattern)

材料 (JIS)

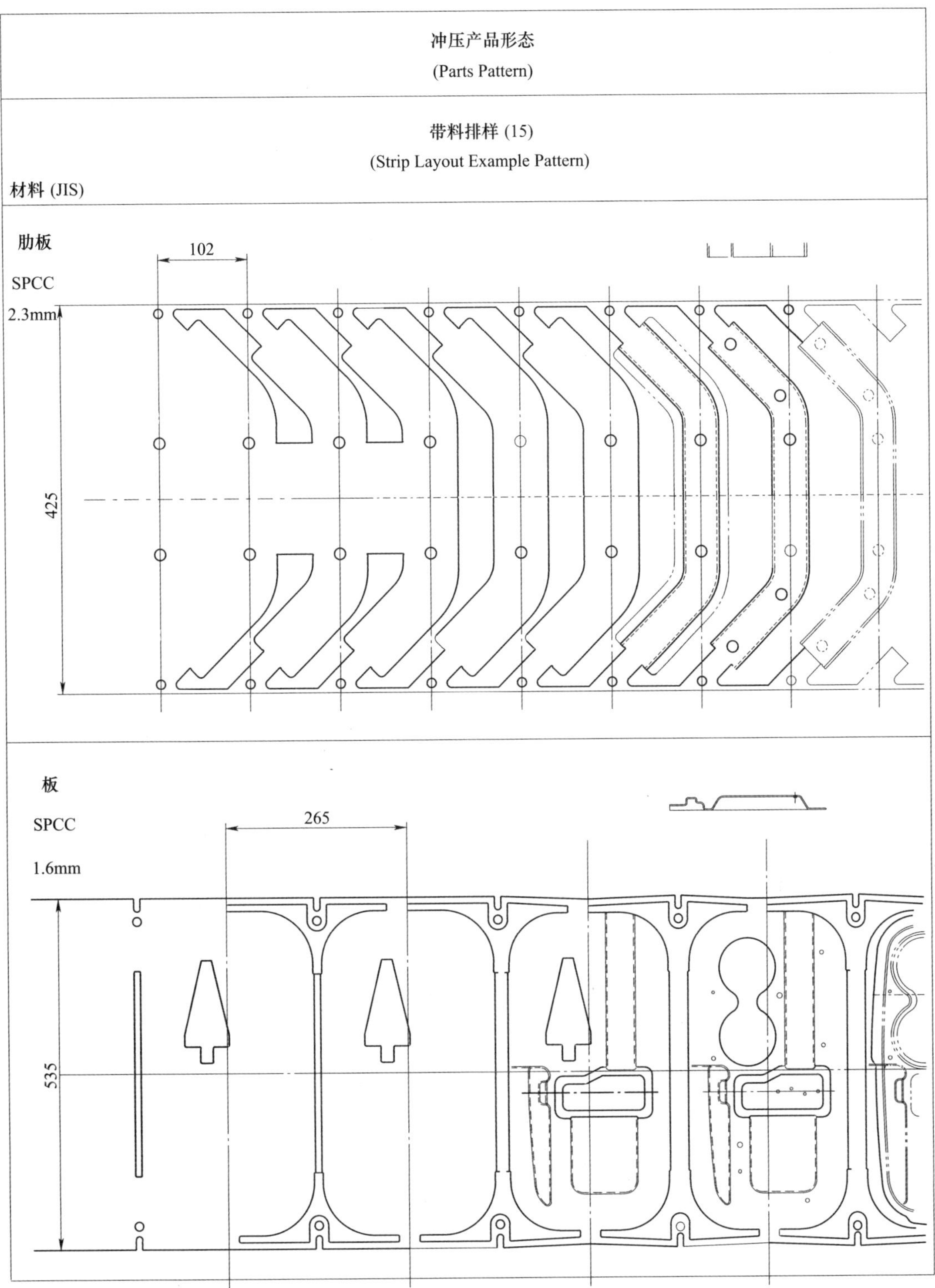

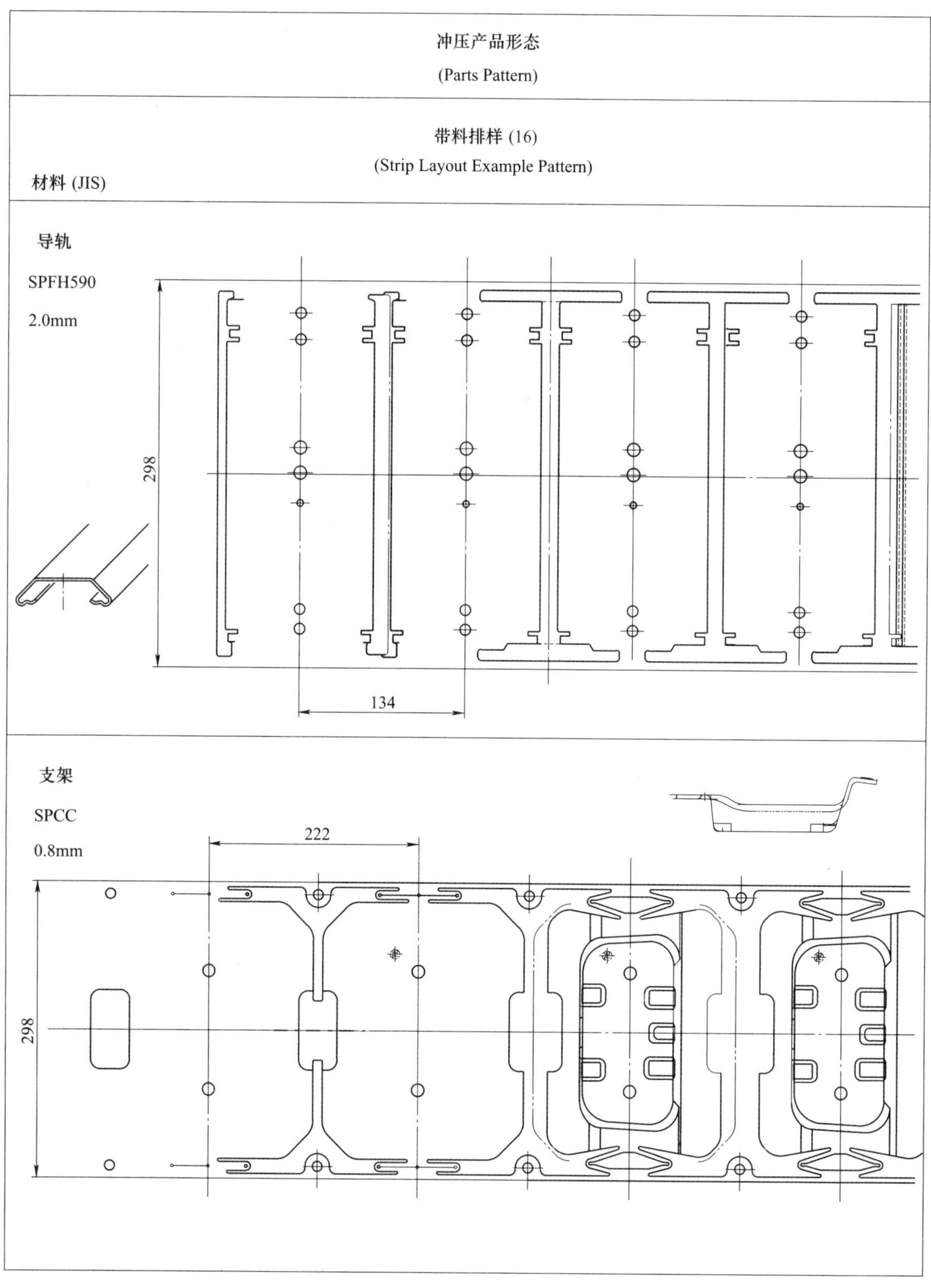
冲压产品形态
(Parts Pattern)
带料排样 (16)
(Strip Layout Example Pattern)
材料 (JIS)
导轨
SPFH590
2.0mm
298
134
支架
SPCC
0.8mm
222
298

冲压产品形态
(Parts Pattern)

带料排样 (17)
(Strip Layout Example Pattern)

材料 (JIS)

盖

SPCC

1.2mm

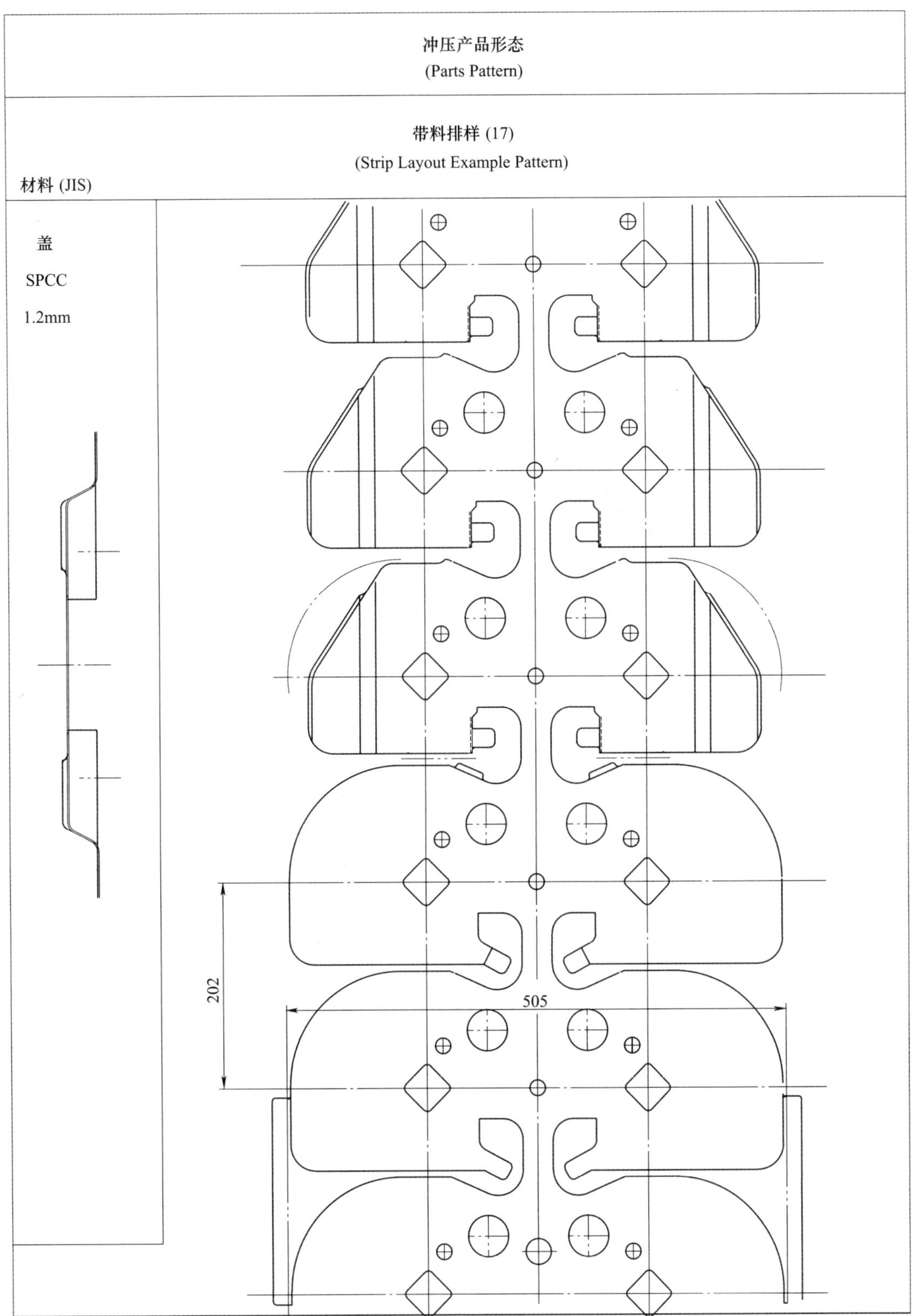

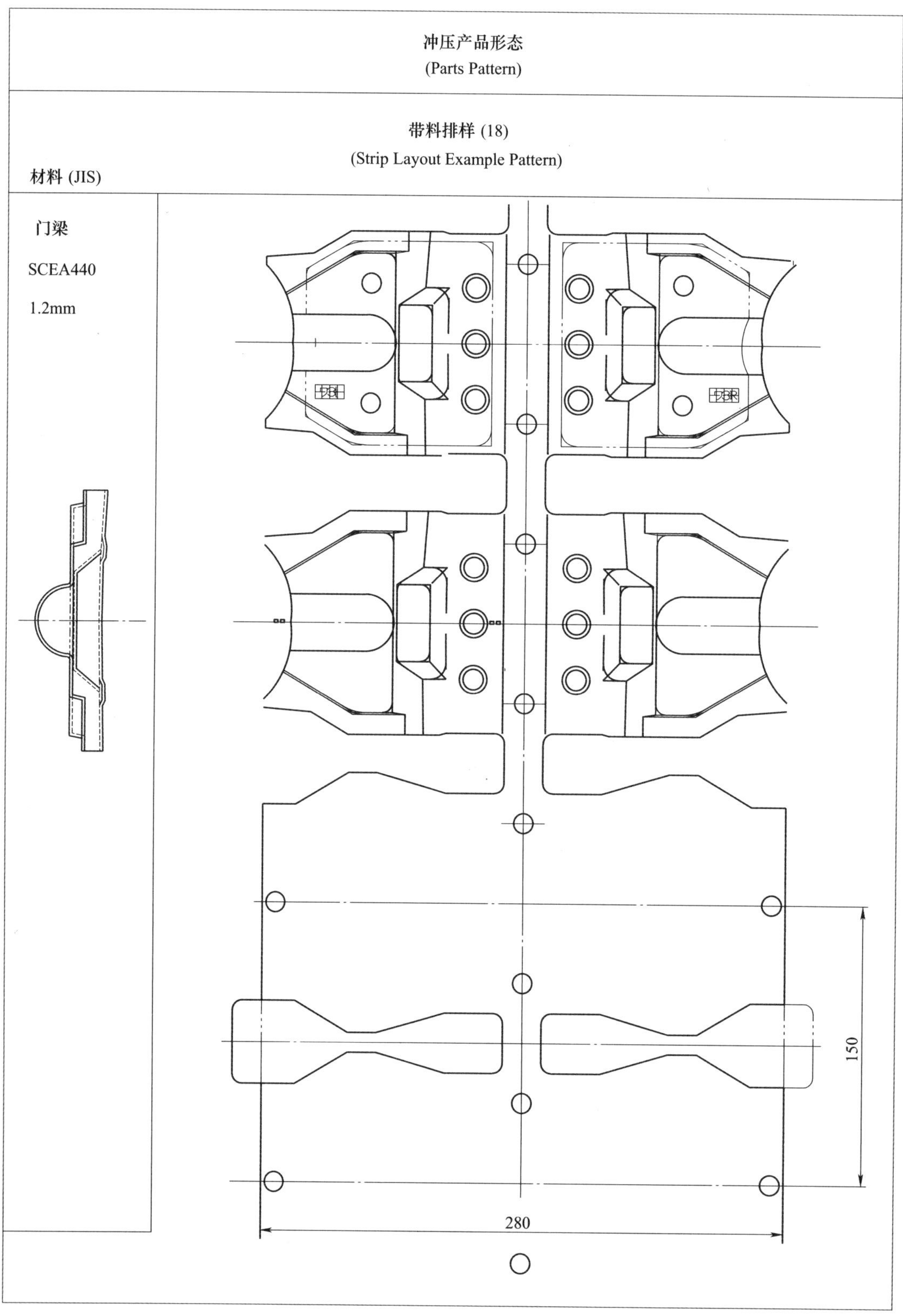
冲压产品形态
(Parts Pattern)
带料排样 (18)
(Strip Layout Example Pattern)
材料 (JIS)
门梁
SCEA440
1.2mm
150
280

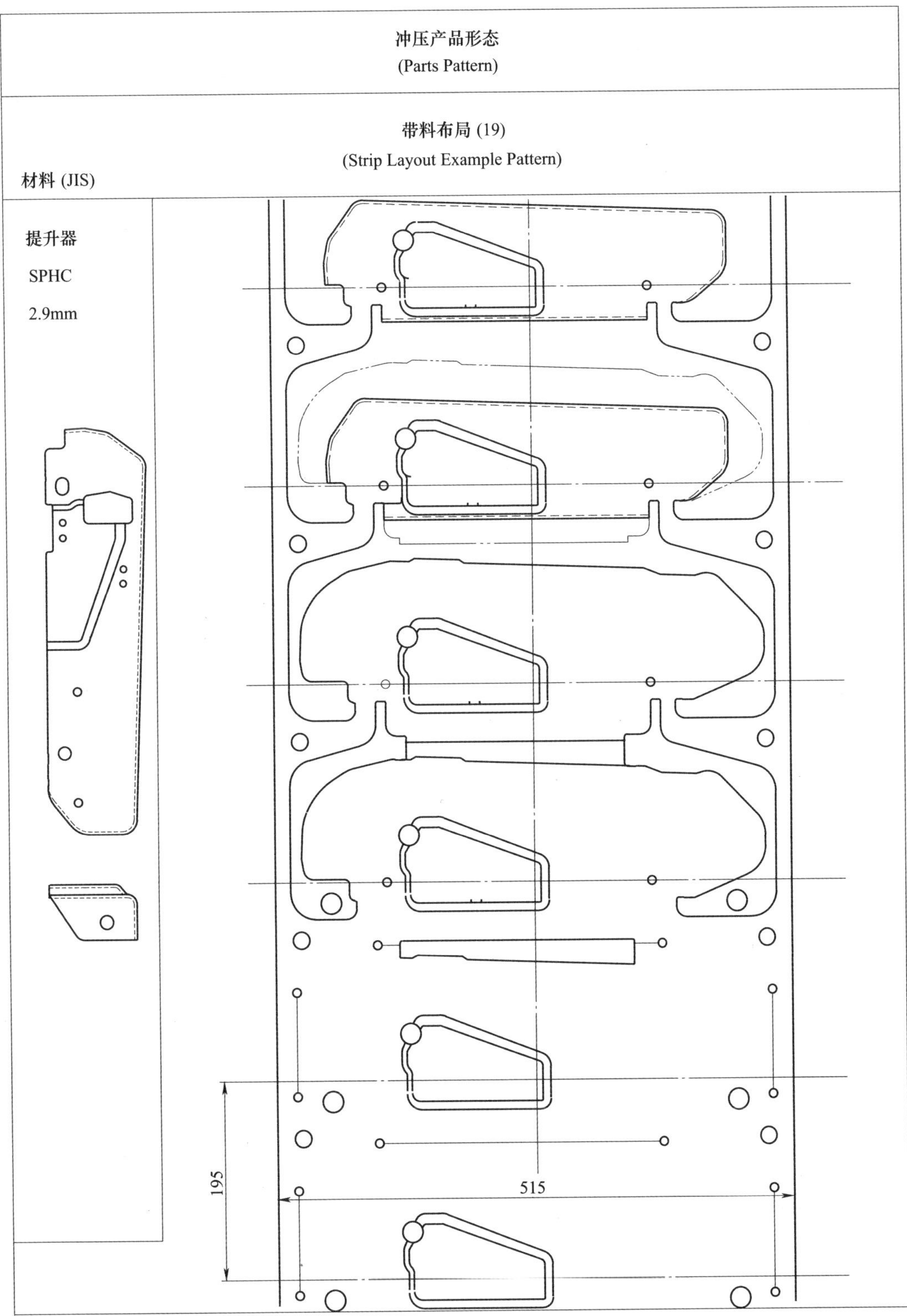
冲压产品形态
(Parts Pattern)
带料布局 (19)
(Strip Layout Example Pattern)
材料 (JIS)
提升器
SPHC
2.9mm
195
515

2.1.3 冲裁产品

冲压产品形态 (Parts Pattern)			
冲裁加工 (Shearing Work)			
切断 (Cutting)	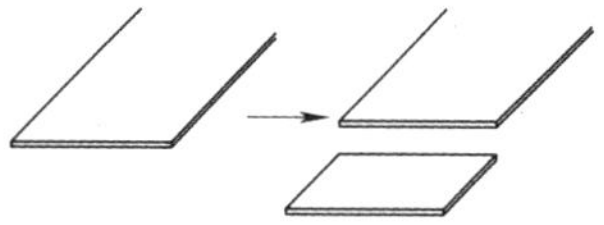	内外冲裁 (Compound Blanking)	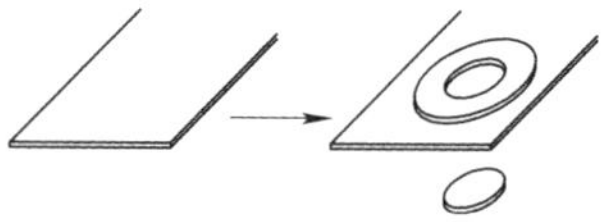
分离 (Separating)	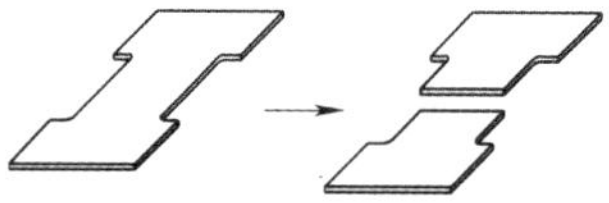	修边 (Shaving)	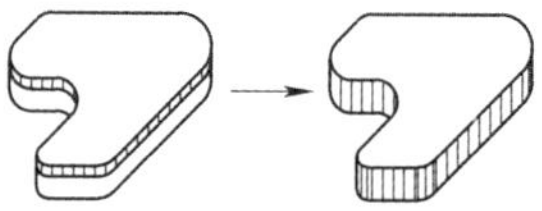
切口 (Notching)	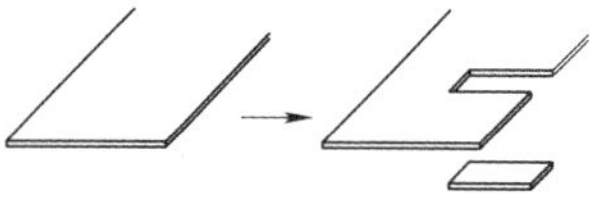	精密冲裁 (Fine Blanking)	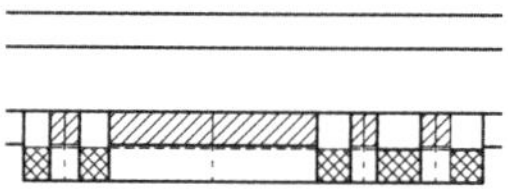
冲裁落料 (Blanking)	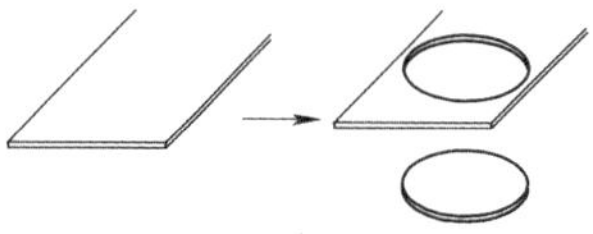	拉削加工 (Broaching)	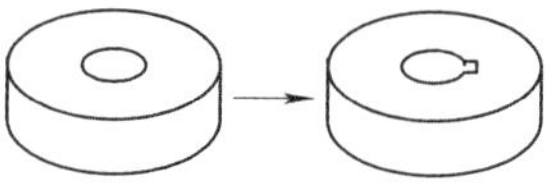
圆形小孔 (Piercing)	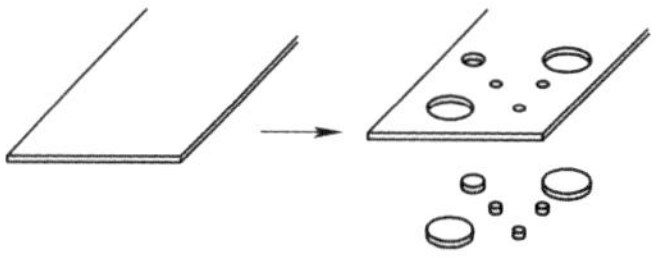	冲拉加工 (Blank Drawing)	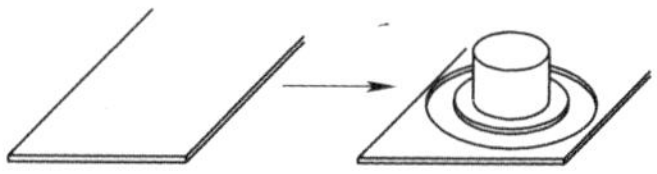
切边 (Trimming)	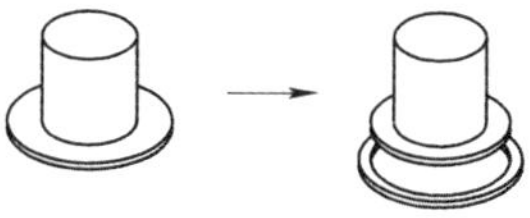	摆振切割 (Shimmy Cutting)	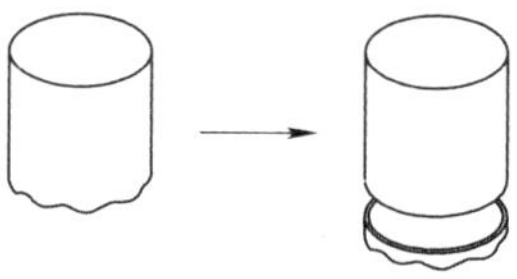
斜楔模耳孔 (Cam Piercing)	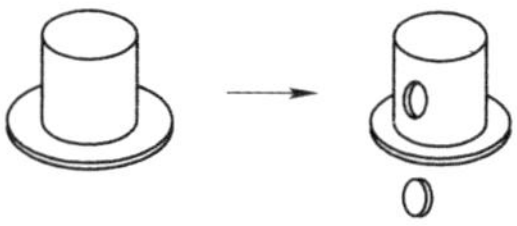	管材切断 (Pipe Cutting)	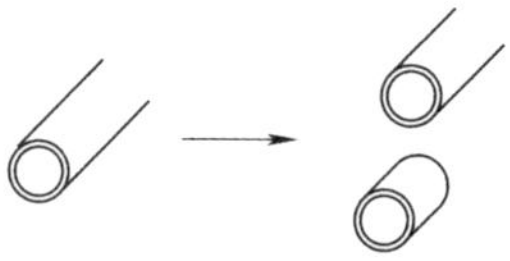
切口折弯 (Cut Bending)	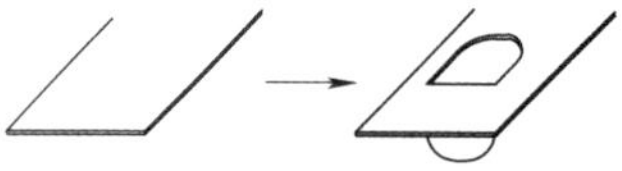	边角切割 废料切割 (Trim & Scrap Cutting)	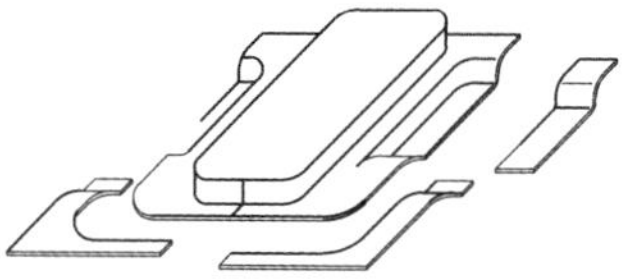

2.1.4 折弯产品

冲压产品形态 (Parts Pattern)			
折弯部件 (bending Parts)			
V形折弯 (V Bending)		管件折弯 (Pipe Bending)	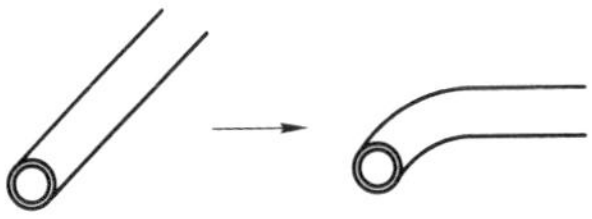
U形折弯 (U Bending)		折叠弯曲 (Hemming)	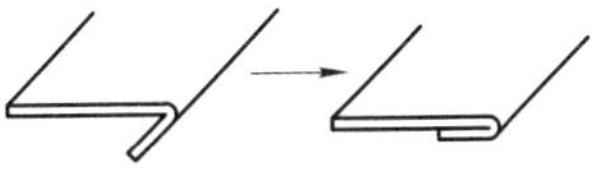
L形折弯 (L Bending)	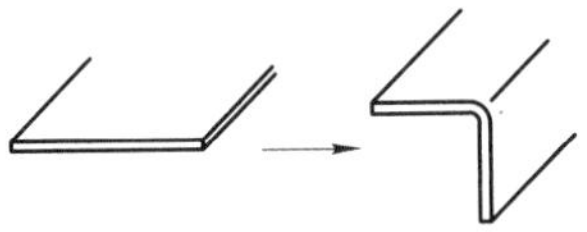	边翼成形 (Wing Bending)	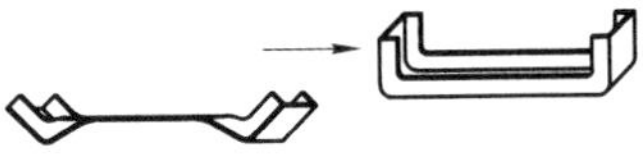
阶段折弯 (Step Bending)	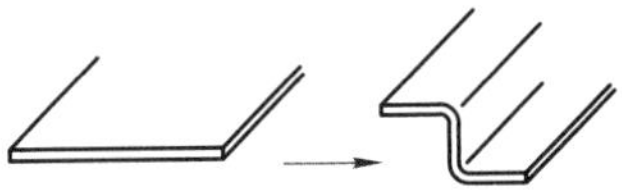	管成形 (Pipe Forming)	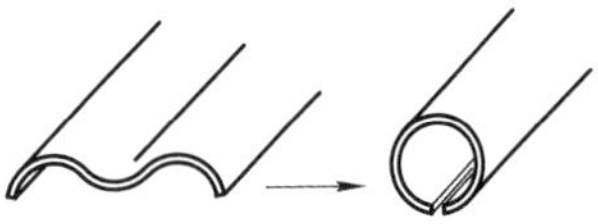
U形折弯 (U Bending)		管成形 (Pipe Forming)	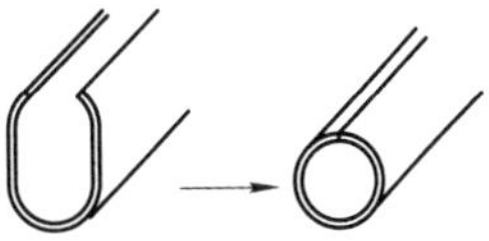
斜楔模折弯 (Cam Bending)		边缘折弯 (Flange Bending)	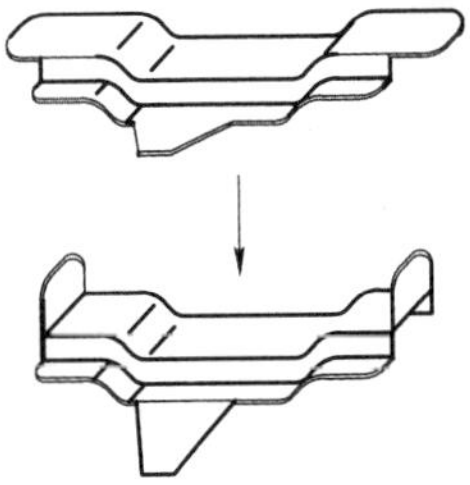
卷曲折弯 (Curl Bending)	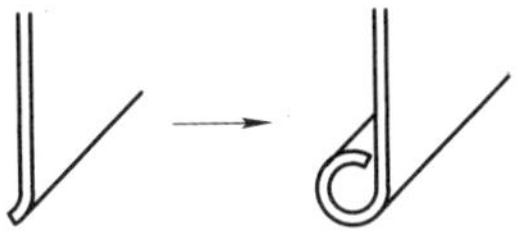		
扭曲折弯 (Twist Bending)	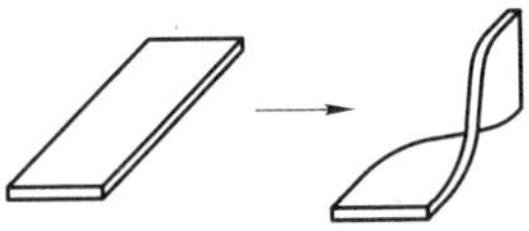		

2.1.5 拉深产品

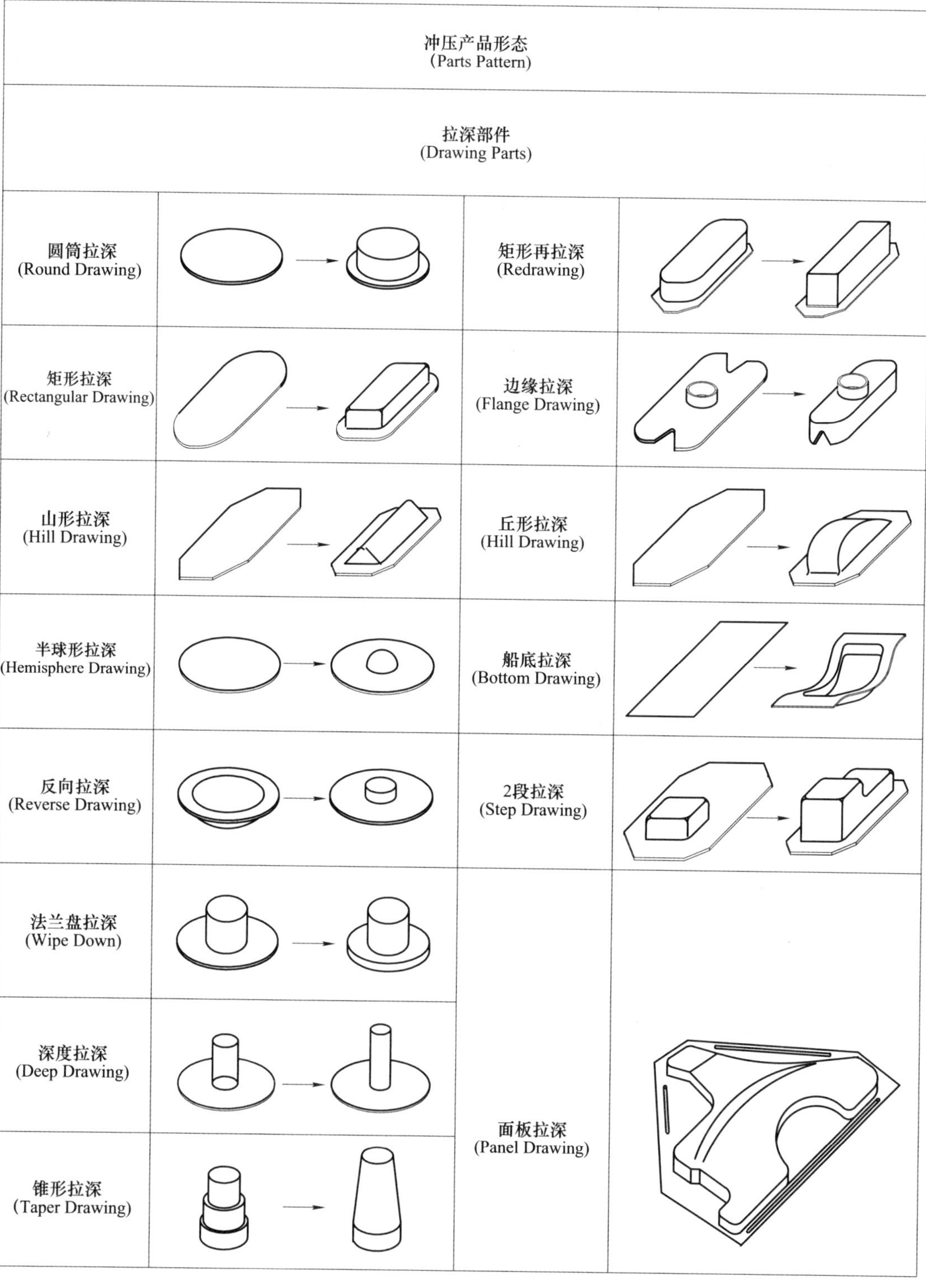
冲压产品形态
(Parts Pattern)
拉深部件
(Drawing Parts)
圆筒拉深
(Round Drawing)
矩形再拉深
(Redrawing)
矩形拉深
(Rectangular Drawing)
边缘拉深
(Flange Drawing)
山形拉深
(Hill Drawing)
丘形拉深
(Hill Drawing)
半球形拉深
(Hemisphere Drawing)
船底拉深
(Bottom Drawing)
反向拉深
(Reverse Drawing)
2段拉深
(Step Drawing)
法兰盘拉深
(Wipe Down)
深度拉深
(Deep Drawing)
锥形拉深
(Taper Drawing)
面板拉深
(Panel Drawing)

2.1.6 异形产品

<table>
<tr><td colspan="4">冲压产品形态
(Parts Pattern)</td></tr>
<tr><td colspan="4">异形部品
(Special Forming)</td></tr>
<tr><td>卷边加工
(Curling)</td><td> </td><td>法兰盘拉深
(Flange Drawing)</td><td> 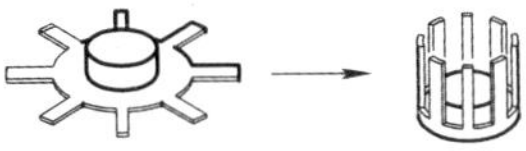</td></tr>
<tr><td>鼓胀成形
(Bulging)</td><td> 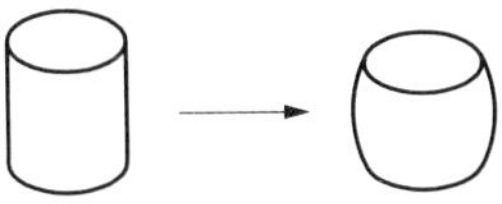</td><td>扩口成形
(Flaring)</td><td> 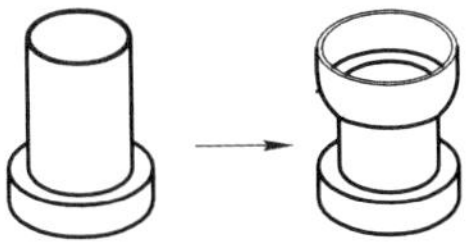</td></tr>
<tr><td>模锻加工
(Swaging)</td><td> 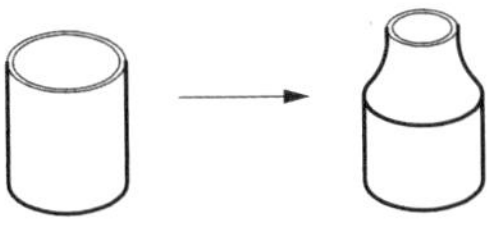</td><td>斜面再拉深
(Redrawing)</td><td> 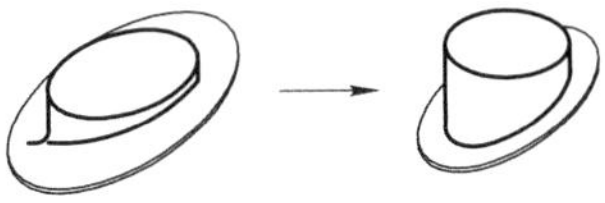</td></tr>
<tr><td>收口成形
(Nosing)</td><td> </td><td>片侧锥度拉深
(Drawing)</td><td> 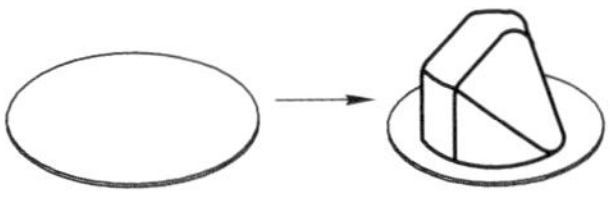</td></tr>
<tr><td>球成形
(Ball Forming)</td><td> </td><td>2圆筒拉深
(2Hump Drawing)</td><td> 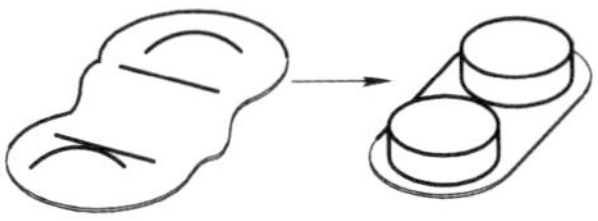</td></tr>
</table>

2.1.7 管端部加工

冲压产品形态 (Parts Pattern)			
管端部加工 (Pipe Forming)			
切断 (Cutting)	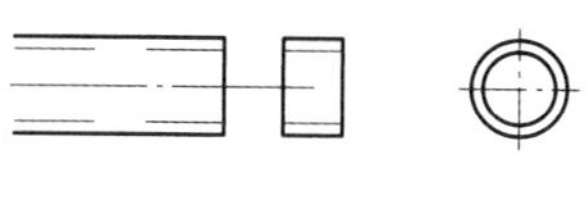	扩口 (Flaring)	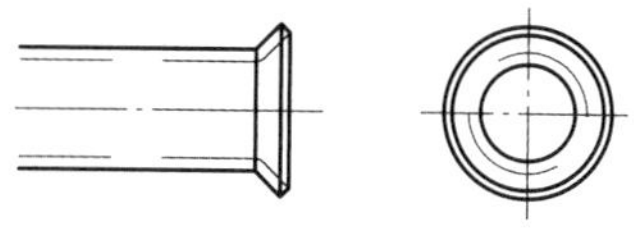
耳孔 (Piercing)	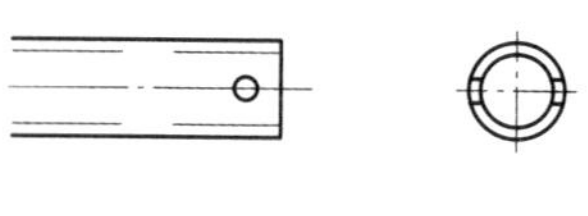	法兰盘加工 (Flanging)	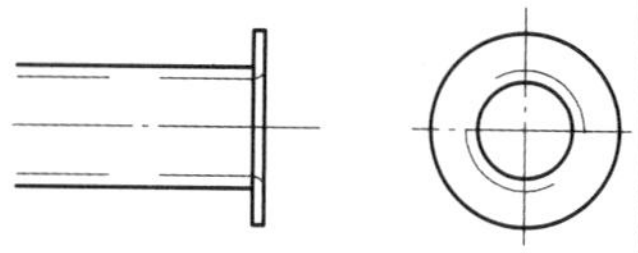
切口 (Notching)	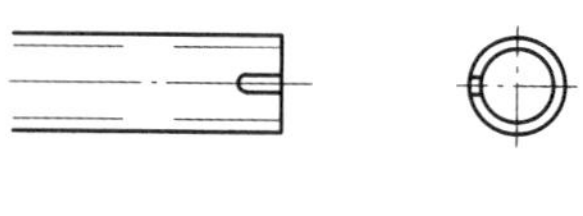	喇叭口成形 (Belling)	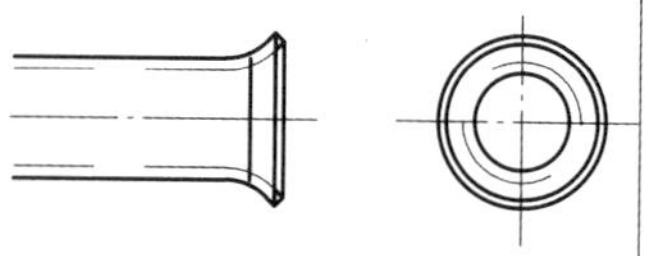
切口，折弯 (Cut,Bend)	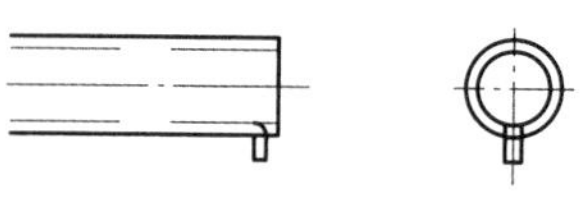	扩展加工 (Expanding)	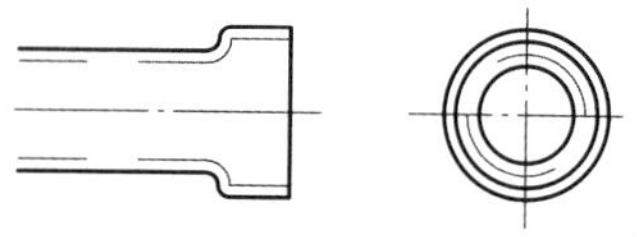
倒角 (Chamfering)	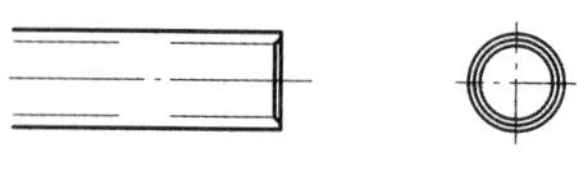	扩展成形 (Expanding)	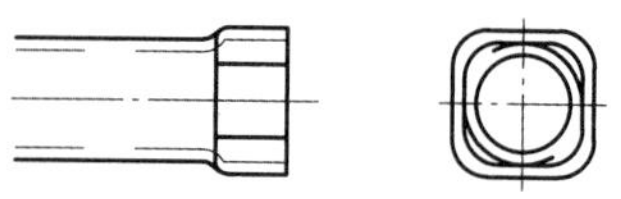
卷边 (Curling)	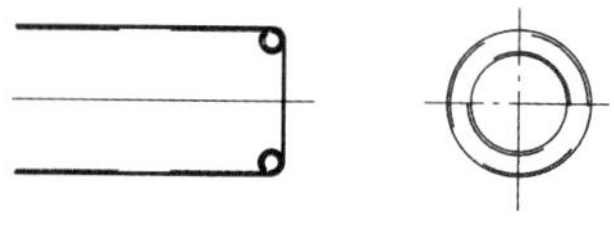	锥度加工 (Tapering)	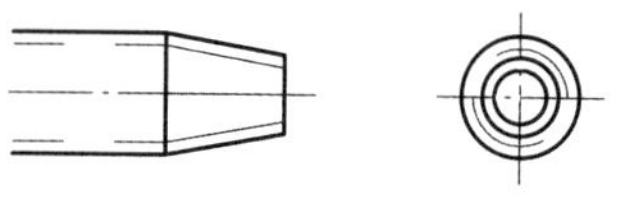
收口 (Nosing)	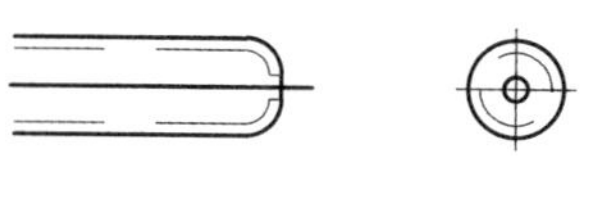	模锻加工 (Swaging)	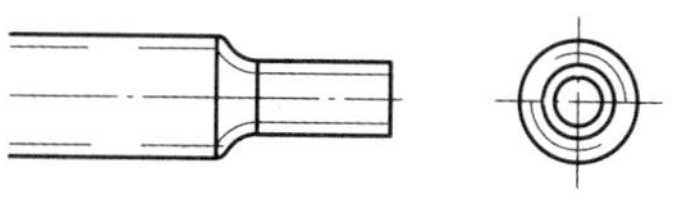
压印 (Beading)	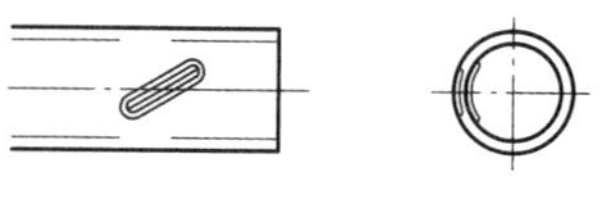	段缩口加工 (Dislocating)	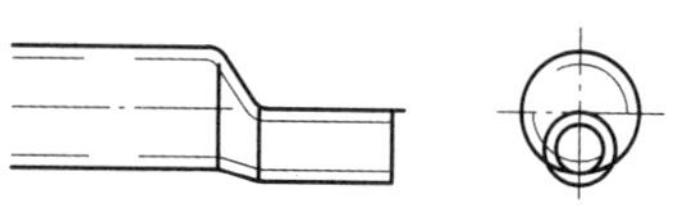

2.2 各种成形所需的力及数据

在进行冲压加工前，关于材料的研究和选择必须先行，冲压材料强度，各种材料的性能如表2-1所示，冲裁加工力的计算和间隙数据如表2-2所示，折弯加工的压力计算如表2-3所示，折弯加工的展开长度计算如表2-4所示，拉深加工的压力计算及拉深率数据如表2-5所示，级进加工带料的送进桥与边缘桥数据如表2-6所示。

表2-1 冲压材料强度 来源（Schler, Bliss）

材料		抗拉强度/MPa	
		软质	硬质
铅		25~40	—
锡		40~50	—
铝		80~120	170~220
硬铝		260	480
锌		150	250
铜		220~280	300~400
黄铜		280~350	400~600
青铜		400~500	500~750
白铜		350~450	550~700
银		260	—
热轧钢板		>280	
冷轧钢板		>280	
深拉深用钢板		300~350	—
构造用钢板（SS330）		330~440	
构造用钢板（SS400）		410~520	
钢（级）	0.1%C	320	400
	0.2%C	400	500
	0.3%C	450	600
	0.4%C	560	720
	0.6%C	720	900
	0.8%C	900	1100
	1.0%C	1000	1300
硅钢板		550	650
不锈钢钢板		650~700	—
镍		440~500	570~630
高强度钢板HSS 270MPa级 440MPa级 590MPa级 780MPa级		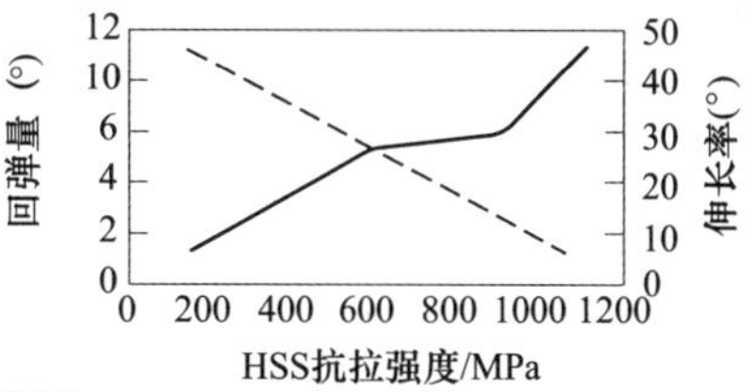 回弹量（°）：0, 2, 4, 6, 8, 10, 12 伸长率(°)：0, 10, 20, 30, 40, 50 0 200 400 600 800 1000 1200 HSS抗拉强度/MPa	

表2-2 冲裁加工力的计算及间隙数据

材料		剪切阻力/MPa		一般作业用拔出间隙（单侧）（%）
		软质	硬质	
铅		20~30	—	6~9
锡		30~40	—	—
铝		70~110	—	5~10
硬铝		220	380	6~10
锌		120	200	~
铜		180~220	250~300	6~10
黄铜		220~300	350~400	6~10
青铜		320~400	400~600	6~10
洋铜		280~360	450~560	6~10
银		190	—	—
热轧钢板		>260		6~9
冷轧钢板		>260		6~9
深拉深用钢板		300~350	—	6~9
构造用钢板（SS330）		270~360		6~9
构造用钢板（SS400）		330~420		6~9
钢	0.1%C	250	320	6~9
	0.2%C	320	400	6~9
	0.3%C	360	480	—
	0.4%C	450	560	（8~15）
	0.6%C	560	720	（8~15）
	0.8%C	720	900	（10~20）
	1.0%C	800	1050	（10~20）
硅钢板		450	560	7~11
不锈钢钢板		520	560	7~11
镍		250	—	—
高强度钢板HSS				（10~25）

剪切力：$P=LtS$，式中P为剪切力（N），L为剪切长度（mm），t为板厚（mm），S为剪切阻力（MPa）。

能量：$E=0.7Pt/1000$，E为能量（J），P为剪切力（N），t为板厚（mm）。

脱模压力：$SP=(0.3\sim20\%)P$，SP为脱模压力（N），P为剪切力（N）。

表2-3 折弯加工压力计算

折弯类型	压力计算
自由折弯	$P_v=CLt^2R_m/W$ 式中 P_v——折弯压力（N）； C——系数（8t时1.33）； L——折弯线长度（mm）； t——板厚（mm）； W——底模肩宽（mm）； R_m——材料的抗拉强度（MPa）。 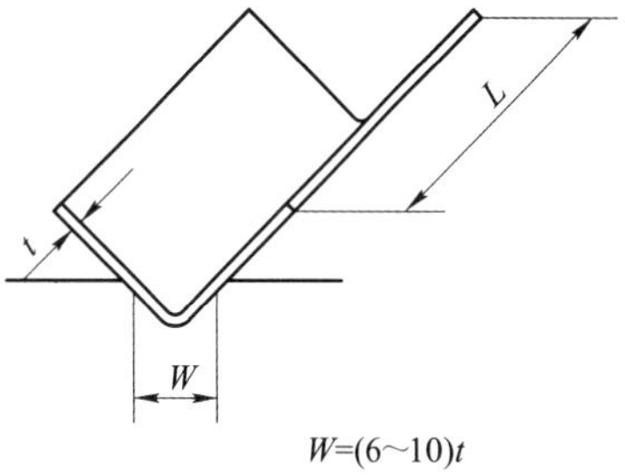 t L W $W=(6\sim10)t$
靠底折弯	$P_r=P_v$（5~10） P_v为自由折弯压力（N）。 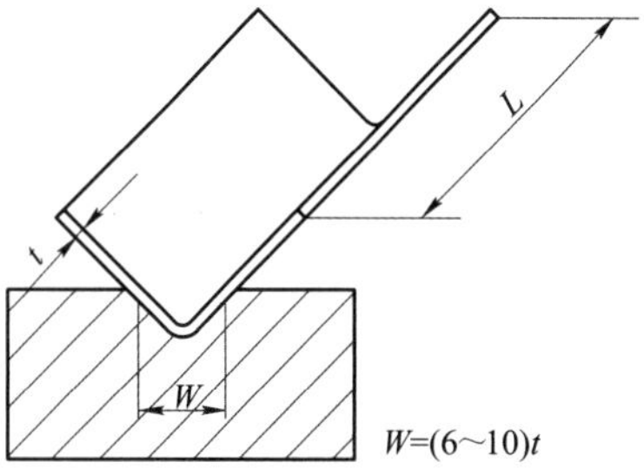 t L W $W=(6\sim10)t$
U形折弯	$P_a=P_u+P_p$，其中 $P_u=2CLtR_m/3$ $P_p=(1/4\sim1/3)P_a$ 式中 P_a—折弯总压力（N）； P_u—U型折弯压力（N）； P_p—模垫压力（N）； C—系数（8t时1.33）； L—折弯线长度（mm）； t—板厚（mm）； R_m—材料的抗拉强度（MPa）。 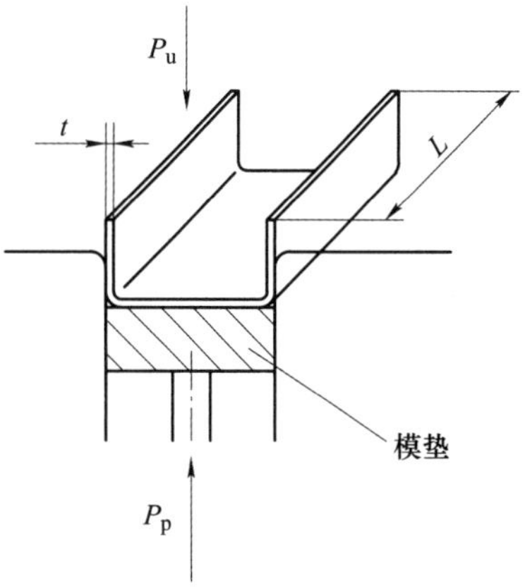 P_u t L 模垫 P_p

表2-4 折弯加工展开长度计算

折弯加工坯料长度的计算

$L=a+b+2\pi a^\circ(R+\lambda t)/360^\circ$

R/t	λ
<0.5	0.2
0.5~1.5	0.3
1.5~3.0	0.33
3~5	0.4
>5	0.5

$L=A+B+a$

L为折弯展开长度（mm），下表中数值表示不同板厚、不同折弯半径时a的长度。

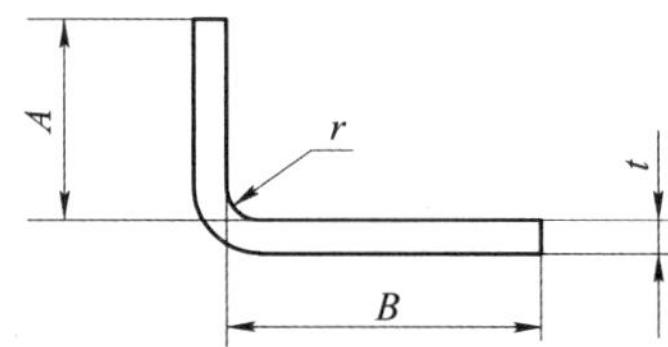

板厚 t/mm	折弯半径r															
	0.1	0.2	0.3	0.4	0.5	0.8	1.0	1.2	1.5	2.0	2.5	3.0	4.0	5.0	6.0	8.0	10
0.3	0.125	0.10	0.07	0.035	0	-0.125	-0.21	-0.30	-0.42	-0.64	-0.85	-1.05	-1.50	-1.90	-2.34	-3.20	-4.07
0.4	0.18	0.15	0.12	0.09	0.05	-0.06	-0.14	-0.22	-0.35	-0.56	-0.78	-1.00	-1.40	-1.84	-2.25	-3.10	-4.00
0.5	0.22	0.20	0.18	0.15	0.12	0	-0.07	-0.16	-0.28	-0.48	-0.70	-0.90	-1.34	-1.75	-2.25	-3.00	-3.90
0.8	0.37	0.35	0.33	0.31	0.28	0.18	0.11	0.04	-0.07	-0.30	-0.50	-0.70	-1.12	-1.57	-1.96	-2.80	-3.66
1.0	0.46	0.45	0.43	0.41	0.38	0.30	0.23	0.15	0.05	-0.14	-0.35	-0.57	-0.96	-1.38	-1.82	-2.65	-3.50
1.2	0.56	0.55	0.53	0.51	0.48	0.40	0.35	0.25	0.15	-0.01	-0.23	-0.45	-0.82	-1.25	-1.67	-2.49	-3.38
1.5	—	0.68	0.67	0.66	0.63	0.56	0.50	0.45	0.35	0.15	-0.02	-0.21	-0.62	-1.02	-1.47	-2.26	-3.12
2.0	—	0.92	0.91	0.89	0.88	0.81	0.76	0.70	0.63	0.46	0.28	0.09	-0.27	-0.68	-1.10	-1.93	-2.78
2.5	—	—	1.16	1.15	1.13	1.07	1.01	0.96	0.88	0.75	0.57	0.39	0.05	-0.35	-0.75	-1.60	-2.45
3.0	—	—	1.39	1.38	1.36	1.32	1.26	1.20	1.13	1.00	0.87	0.69	0.35	-0.02	-0.40	-1.25	-2.20
4.0	—	—	—	1.85	1.83	1.79	1.77	1.71	1.64	1.51	1.39	1.25	0.92	0.57	0.22	-0.54	-1.36
5.0	—	—	—	2.34	2.30	2.26	2.24	2.22	2.18	2.07	1.91	1.77	1.55	1.16	0.80	1.10	-0.70

表2-5 拉深加工的压力计算及拉深率数据

拉深加工相关计算

拉深载荷$P=LtR_m$

式中 L——容器周长（mm）；

t——板厚（mm）；

R_m——材料的抗拉强度（MPa）。

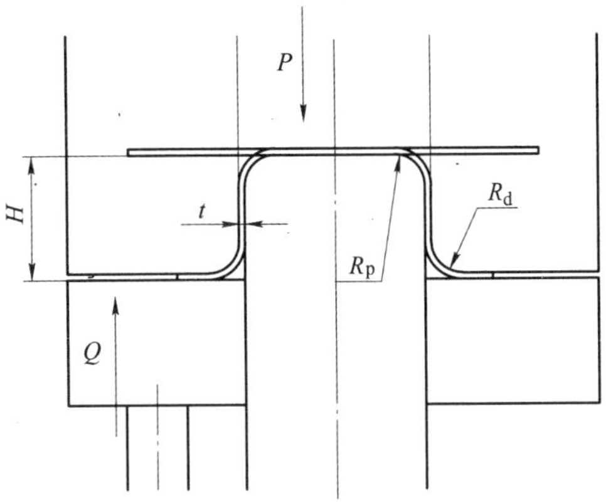

能量$E=PH/1000$

式中 H——拉深高度（mm）；

压板压力$Q=Aq$

式中 A——压紧面积（mm^2）；

q——压紧部单位面积压力（MPa）。

材料	q/MPa
软钢$t<0.5$	2.5~3.0
软钢$t>0.5$	2.0~2.5
黄铜	1.5~2.0
铜	1.0~1.5
铝	0.8~1.2

拉深系数（%）m_x

第1拉深$m_1=d_1/D$

第2拉深$m_2=d_2/d_1$

第3拉深$m_3=d_3/d_2$

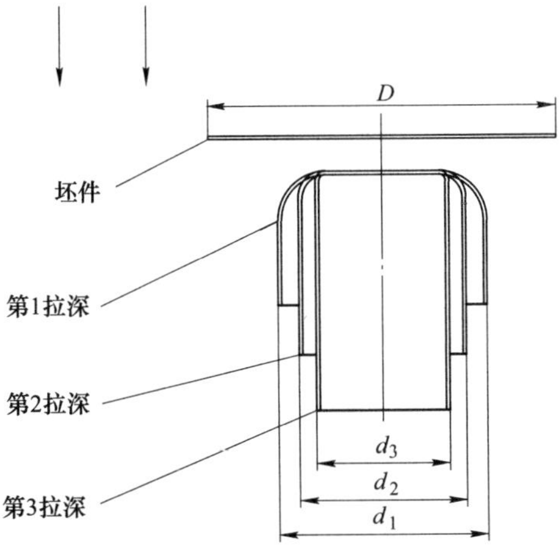

材料	第1拉深	再拉深率
拉深钢板	0.60~0.65	0.80
深拉深钢板	0.55~0.60	0.75~0.80
不锈钢板	0.50~0.55	0.80~0.85
镀锡铁板	0.58~0.65	0.88
铜	0.55~0.60	0.85
黄铜	0.50~0.55	0.75~0.80
亚铅	0.65~0.70	0.85~0.90
软铝	0.53~0.60	0.80
硬铝	0.55~0.60	0.90

表2-6 级进加工带料的送进桥与边缘桥数据

级进加工带料的送进桥和边缘桥

板厚/mm	送进桥/ mm		边缘桥/ mm	
	a	*c*	*b*	*d*
0.3	1.4	2.3	1.4	2.3
0.5	1.0	1.8	1.0	1.8
1.0	1.2	2.0	1.2	2.0
1.5	1.4	2.2	1.4	2.2
2.0	1.6	2.5	1.6	2.5
2.5	1.8	2.8	1.8	2.8
3.0	2.0	3.0	2.0	3.0
3.5	2.2	3.2	2.2	3.2
4.0	2.5	3.5	2.5	3.5
5.0	3.0	4.0	3.0	4.0

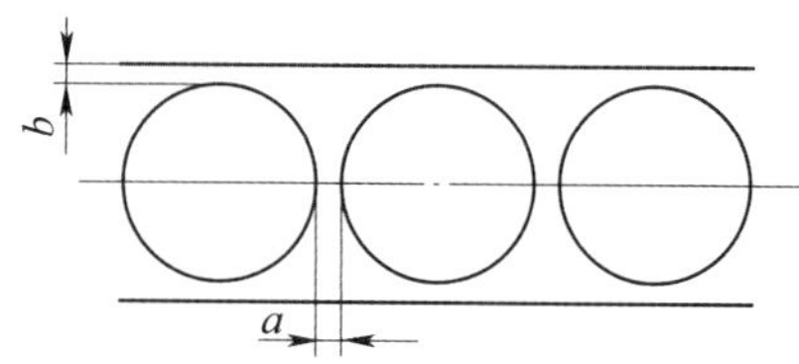

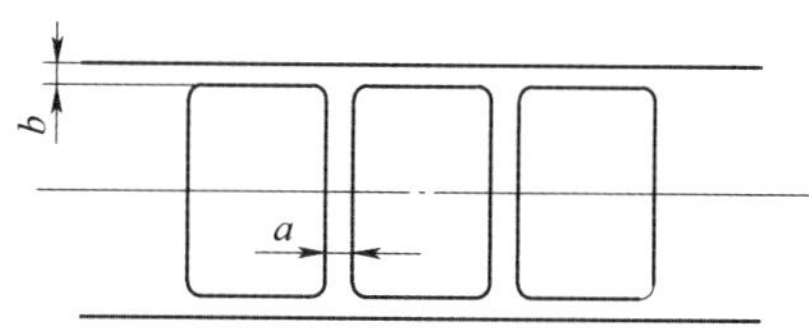

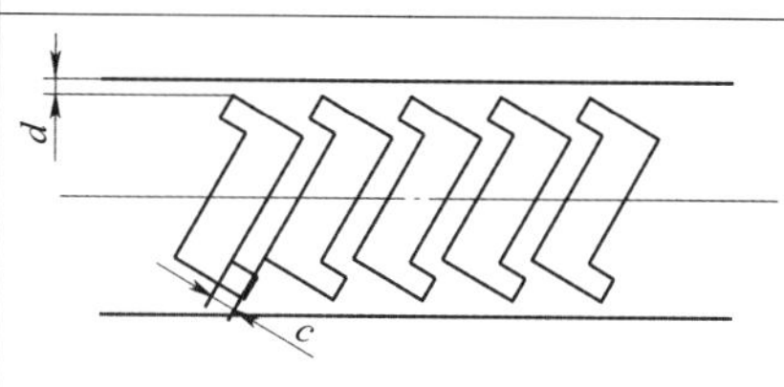

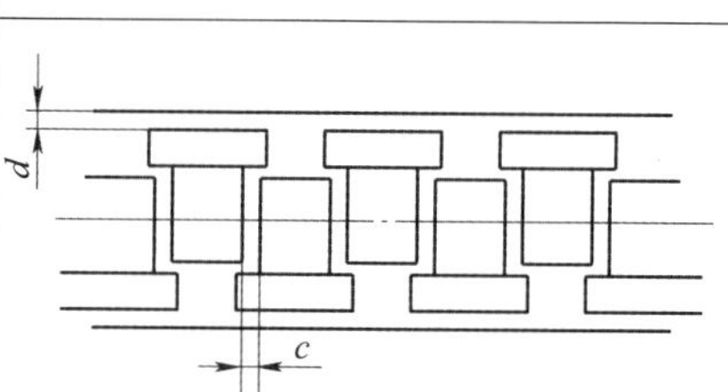

中央桥宽*A*	重量	板厚/mm			
		<1.2	1.4~2	2~3.2	3.2~6
	<100g	6	6	8	10
	>100g	8	10	12	12

冲裁间隙*B*

B/mm: 5.0, 4.0, 3.0, 2.0, 1.5

板厚/mm: 0.8, 1.2, 2.0, 3.0, 4.0, 5.0, 6.0

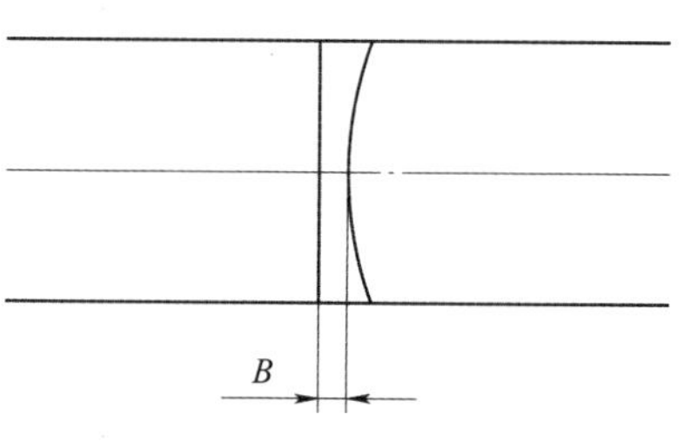

2.3 多工位自动冲压加工检查项目

一般地设定冲压加工工序，是进行模具设计所必要的条件，包括以下内容：把握产品图样（产品形状和公差、材质、板厚和公差、表面光洁度和美观、冲压方向和毛刺高度、其他等）；预定生产量；使用压力机及附属设备；作业性，稳定性，安全性；冲压加工后的处理；基本模具构想等。

本节主要阐述多工位自动冲压加工的检查相关内容，供读者在读解本书载入的模具构造图样及冲压工艺设计实例时作为参考。

2.3.1 产品图样检查项目

首先从产品设计开始，主要检查项目有：

（1）确认产品的材质、板厚、公差。

（2）是否把握产品的用途？

（3）产品形状是否具有稳定性？

（4）夹紧时产品形状是否具有稳定性？

（5）在搬送时产品形状是否具有稳定性？

（6）产品的防倒对策是否考虑？

（7）有无冲压加工后的二次加工（热处理、镀层、滚压、染黑等）？

（8）是否有必要考虑由二次加工引起的变形？

（9）是否有加工困难的形状、尺寸？

（10）可否变更产品图样的一部分？

2.3.2 工艺排样检查项目

其次工艺排样，主要检查项目有：

（1）工艺排样的设定是否充分考虑了工序的分配？

（2）各工序的加工压力是否在压力机该工位能力的80%以内？

（3）压力机工位数是否多于加工工序数？

（4）各工序模具的概略构造是否充分进行了研讨？

（5）所使用压力机的最大拉深（成形）高度？

（6）产品的翻转是否有必要？

2.3.3 压力机规格检查项目

关于压力机方面，主要检查项目有：

（1）确认使用压力机的型号。

（2）确认压力发生位置。

（3）确认压力机持有的加工能量。

（4）确认闭模高度、行程、连续行程数（SPM）。

（5）确认工作台及滑块底板的尺寸。

（6）确认工位中心与压力机中心的位置关系。

（7）确认模垫缓冲装置的位置、能力。
（8）确认顶料装置的能力和行程，滑块底板孔的尺寸。
（9）是否为移动式工作台？
（10）模具夹紧装置的位置、尺寸、能力。
（11）抬模器的位置、尺寸、能力。
（12）过载保护装置的设定压力。
（13）自动化用空气供给阀门、大小，设置数。
（14）模具冷却油装置及给油位置。
（15）误夹检出装置及数量。
（16）二维用时序图样。
（17）三维用时序图样。
（18）夹紧动作及滑块运动的时序图样。
（19）卷料、矫平送料机与压力机的相对位置？
（20）是否有落料工位？
（21）坯料的供给方式？
（22）整列送料装置及供给时机是否合适？
（23）拆垛机的形状是否良好？
（24）卷材是直列送进还是直角送进？
（25）是否为Z形落料方式？

2.3.4 夹钳关联检查项目

自动搬送装置的夹钳方面，主要检查项目有：
（1）确认搬运杆的内幅尺寸。
（2）确认夹紧行程。
（3）确认升降行程（3维）。
（4）确认搬运杆上面高度（自工作台）。
（5）确认搬运杆断面尺寸。
（6）确认产品误夹检出方式。
（7）确认限位开关（LS）的形式及设置位置。
（8）夹钳部板的安装关系是否合适？
（9）夹钳（产品检出销）与上模是否干涉？
（10）产品搬送时是否与上模干涉？
（11）夹钳与下模是否干涉？
（12）产品搬送时与下模是否干涉？
（13）搬运杆与下模是否干涉？
（14）搬运杆支承与下模是否干涉？
（15）斜楔模驱动部与夹钳是否干涉？
（16）夹钳与产品压紧销是否干涉？

（17）夹钳与模具导柱是否干涉？

注：产品自动搬送的冲压连续运转时，容易发生夹钳与上模的干涉，务必要给予特别的注意。

2.3.5 模具安装板关联检查项目

模具安装板方面，主要检查项目有：

（1）U形槽尺寸、位置与压力机规格是否一致？

（2）定位销的位置与直径是否合适？

（3）抬模器与模具承受面的位置关系是否合适？

（4）模具安装板是一体的还是分割的？

（5）包括模具安装板在内的搬运总重量？

（6）模垫缓冲装置缓冲销的退避孔是否合适？

（7）模垫缓冲装置缓冲垫板的退避是否有？

（8）闲置工位的位置、尺寸是否合适？

（9）搬运杆支承的安装位置、尺寸是否合适？

（10）吊钩的大小与位置是否合适？

2.3.6 落料模检查项目

落料模方面，主要检查项目有：

（1）坯料的供给方式？

（2）直角送料，卷材与搬运杆有无干涉？

（3）直角送料，卷材与上模有无干涉？

（4）坯料推送杆与下模的退避是否合适？

（5）冲裁落下的坯料，是否偏离压力机的工位中心？

（6）落料冲头剪切角是否必要？

（7）坯料推杆与拉深模具是否干涉？

（8）废料切除刀具是否必要？

注：参见2.4.4第一工序模具构造设计。

2.3.7 拉深模检查项目

主要成形工艺模具—拉深模，主要检查项目有：

（1）坯料送料线高度的设定是否合适？

（2）推送装置送来的坯料的定位是否准确？

（3）导正销或者上模定位导向的位置、精度有无问题？

（4）冲头与凹模的空气排出是否充分？

（5）拉深润滑油（兼模具冷却油）是否充分？

（6）防皱压力是否能够调整？

（7）拉深时确保板厚+a的间隙是否有必要？

（8）垫板是否有去除附着油的装置？

（9）产品压紧销的长度是否合适？

（10）斜楔模升降装置是否考虑？

（11）送料方向角部的倒角是否合适？

（12）模垫缓冲销的尺寸、根数、配量是否合适？

（13）模垫缓冲销是否为分割式？

（14）下模内用于缓冲销的中间垫板是否必要？

（15）拉深冲头的浮动是否考虑了？

（16）单试模用销的规避孔是否有（与多工位自动兼用）？

（17）特别要注意，夹钳与拉深凹模是否会干涉？

注：（7）拉深时确保板厚+a的间隙，目的是防止制品变形，利于材料流动。参见2.4.4模具设计图中的第一拉深模具构造设计。

2.3.8 切边模、耳孔模检查项目

主要工艺模具—切边模、耳孔模，主要检查项目有：

（1）加工前，产品定位是否确实？

（2）废料的处理方式是否合适？

（3）废料的排出是否确实？

（4）废料的排出方法是否合适？

（5）升降装置是否有必要安装磁铁？

（6）升降装置与夹钳有否干涉的可能？

（7）脱料板是否有去除附着油的装置？

（8）脱料板的初始压力是否大于升降装置的最大压力？

（9）有无加工屑堵塞或附着的对策？

2.3.9 斜楔模、冲孔模检查项目

主要工艺模具—斜楔模、冲孔模，主要检查项目有：

（1）特别注意，斜楔模驱动部与夹钳是否干涉？

（2）斜楔模驱动部，是否有强制返回功能？

（3）升降装置与斜楔模耳孔冲头是否干涉？

（4）先行压下推杆与夹钳是否干涉？

（5）顶料缓冲垫的压力是否充分？

（6）产品到位的时机与斜楔模动作的时机是否一致？

（7）废料去除装置是否进行了淬火处理？

注：（4）、（5）可参见2.4.4中第3、第7工序模具构造设计图样。第3章案例中有很多斜楔模的模具构造设计，可作为参考加以利用。

2.3.10 折弯模、整形模检查项目

主要成形工艺模具—折弯模、整形模，主要检查项目有：

（1）冲头和凹模周围部分的强度是否足够？

（2）支承部的强度是否足够？

（3）产品在设置，升降时是否产生变形？

（4）顶料装置的压力，行程是否合适？

（5）升降装置的压力和行程是否合适？

（6）冲模的浮动是否必要？

（7）折弯冲模是否采取了反弹对策？

（8）是否需要采用气体弹簧？

（9）给油是否必要？

（10）表面处理是否必要？

注：第3章多工位搬送加工案例807中的冲模，即为浮动式。

2.4 多工位自动加工模具设计实例

现在多工位自动加工压力机(T/P)，从数十吨乃至数千吨，日益广泛地应用于汽车、家电等零部件的生产。在进行多工位自动冲压模具的设计时，前提是必须熟知所使用压力机的时序线图，在此基础上进行设计。否则，工件的夹钳与上模的导柱及斜楔模驱动器等之间就有可能会发生干涉，必须给予充分注意。此外，二维的T/P，和三维的T/P，由于时序线图和模具构造上的必然差异，在模具设计上也有必要给予充分考虑。

在本部分，介绍1100kN，10工位，二维多工位自动加工压力机用的拉深产品的模具设计实例构想图样（平面图样及断面图样），其中有升降装置和斜楔模构造等技巧性结构。

本章及第3章冲压模具的断面图样，表示的是压力机加工时的下死点（180°）状态。即表示成形加工完成时的状态。换言之，压力机滑块的下降运动，冲头与凹模通过模具内构造体进行作动，完成成形作业，切换为上升运动的时点。

读者对上述模具构想图样进行图解时，首先要观察断面图样整体，理解各部件作用，然后，确认各部件的运动方向及行程。以此为依据，读者可以在头脑意识中进行模拟（预测运动）。也即是说，使压力机滑块（上模），在上死点与下死点间作往复运动时，上下模各构成部品互相接触，按照所定行程动作，其动作状态应该可以想象得见。请持续进行上述过程，直至完全理解。这样看图样时，头脑中自然而然地进行动作模拟，就像摸具构造体的部品无意识地运动起来，完成图解，进而提高设计水平与能力。

多工位自动搬送模具与级进加工模具等自动模具的特性之一，是在各工位搬送时工件高度必须是同一的。因此，模具构造上必须设定为，加工后利用升降装置将工件上升至送料高度（生产线）。

此外，在工件被夹在升降装置和顶料装置间的模具构造中，会有产品发生变形的情况。作为防止变形的对策，在升降装置中通过采用压力销（顶料装置中采用限位销）等防止工件变形。同时，模具导柱为避免与夹指的干涉，必须设置在上模。

希望读者借鉴上述内容，进行解图，并进一步将之展开，应用。

2.4.1 拉深产品

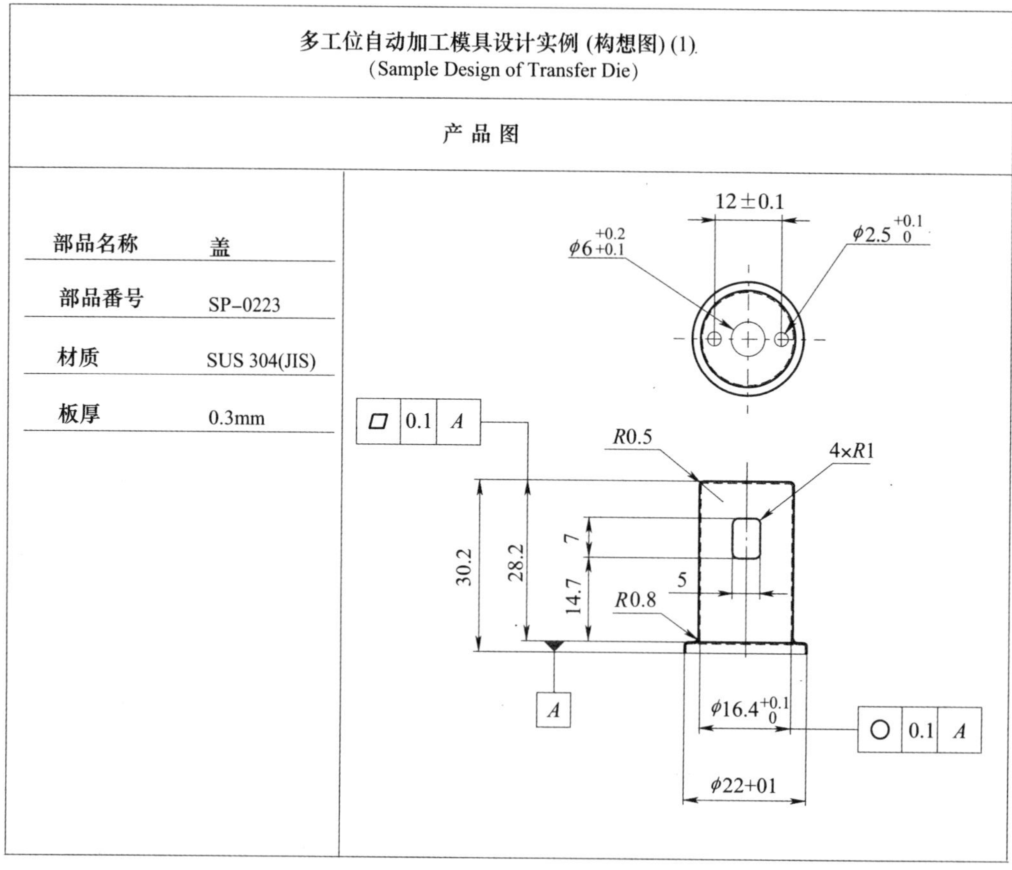

多工位自动加工模具设计实例 (构想图) (1)
(Sample Design of Transfer Die)

产 品 图

部品名称	盖
部品番号	SP-0223
材质	SUS 304(JIS)
板厚	0.3mm

2.4.2 拉深工艺布局

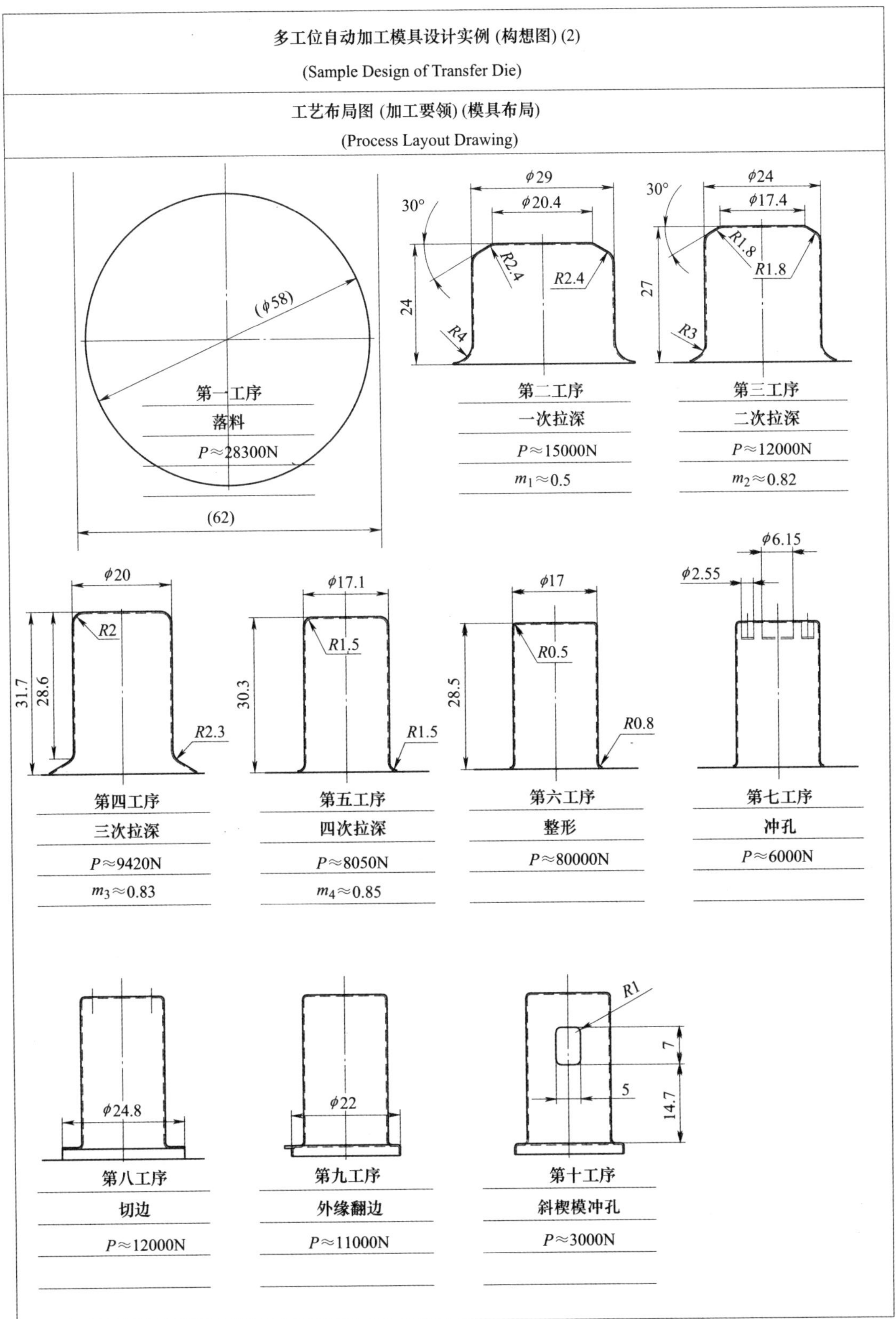
多工位自动加工模具设计实例 (构想图) (2)
(Sample Design of Transfer Die)
工艺布局图 (加工要领) (模具布局)
(Process Layout Drawing)
(φ58)
(62)
第一工序
落料
P≈28300N
φ29
φ20.4
30°
R2.4
R2.4
24
R4
第二工序
一次拉深
P≈15000N
m1≈0.5
φ24
φ17.4
30°
R1.8
R1.8
27
R3
第三工序
二次拉深
P≈12000N
m2≈0.82
φ20
R2
31.7
28.6
R2.3
第四工序
三次拉深
P≈9420N
m3≈0.83
φ17.1
R1.5
30.3
R1.5
第五工序
四次拉深
P≈8050N
m4≈0.85
φ17
R0.5
28.5
R0.8
第六工序
整形
P≈80000N
φ6.15
φ2.55
第七工序
冲孔
P≈6000N
φ24.8
第八工序
切边
P≈12000N
φ22
第九工序
外缘翻边
P≈11000N
R1
7
5
14.7
第十工序
斜楔模冲孔
P≈3000N

2.4.3 模具配置和时序线图

多工位自动加工模具设计实例（构想图）（3）
(Sample Design of Transfer Die)

模具配置和时序线图
(Die Arrangement & Diagram)

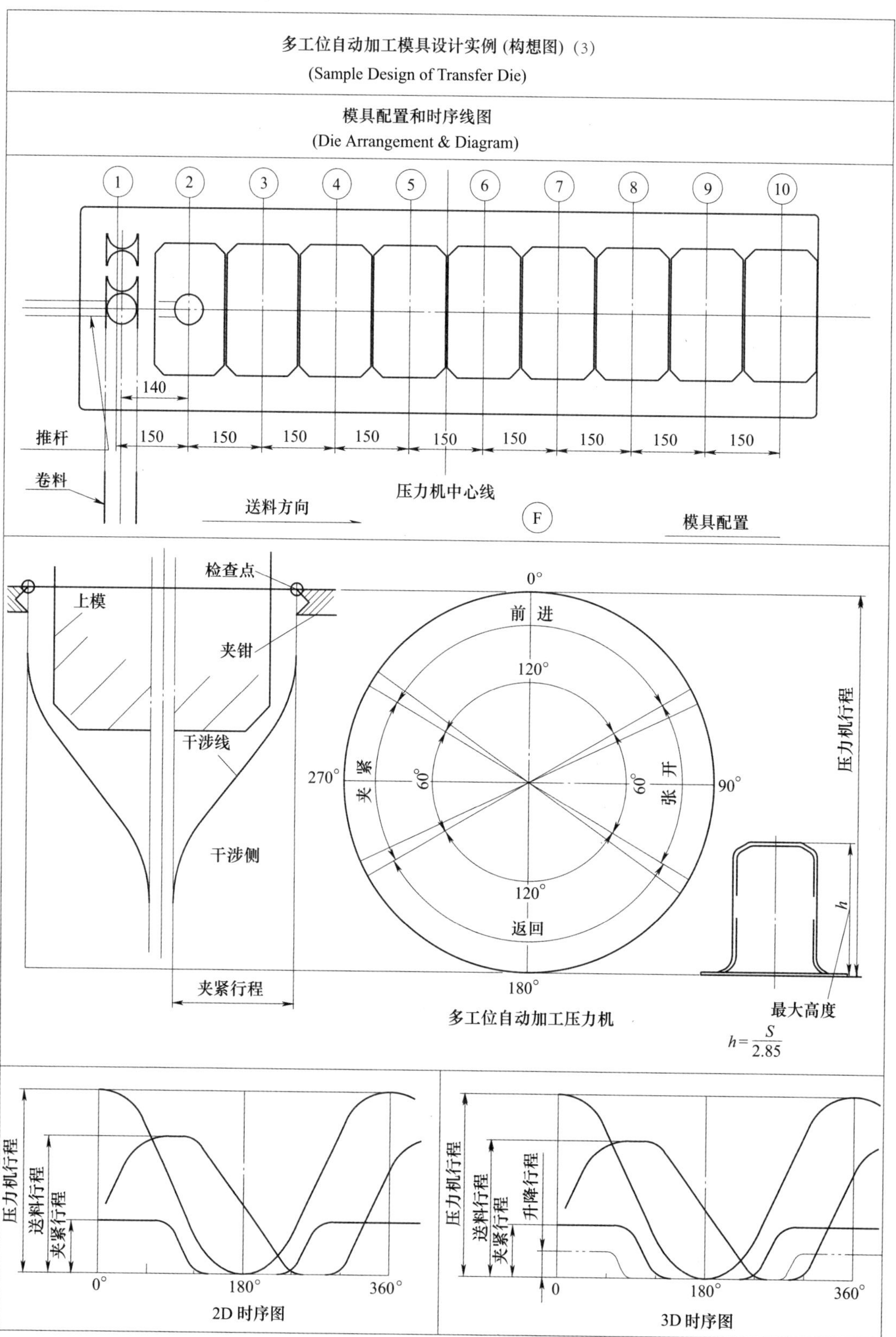

2.4.4 模具设计构想图

多工位自动加工模具设计实例 (构想图) (4)

(Sample Design of Transfer Die)

① 第1工序(lst Process) 落料模(Blanking Die) 上、下平面图(Upper and Lower Plane View)

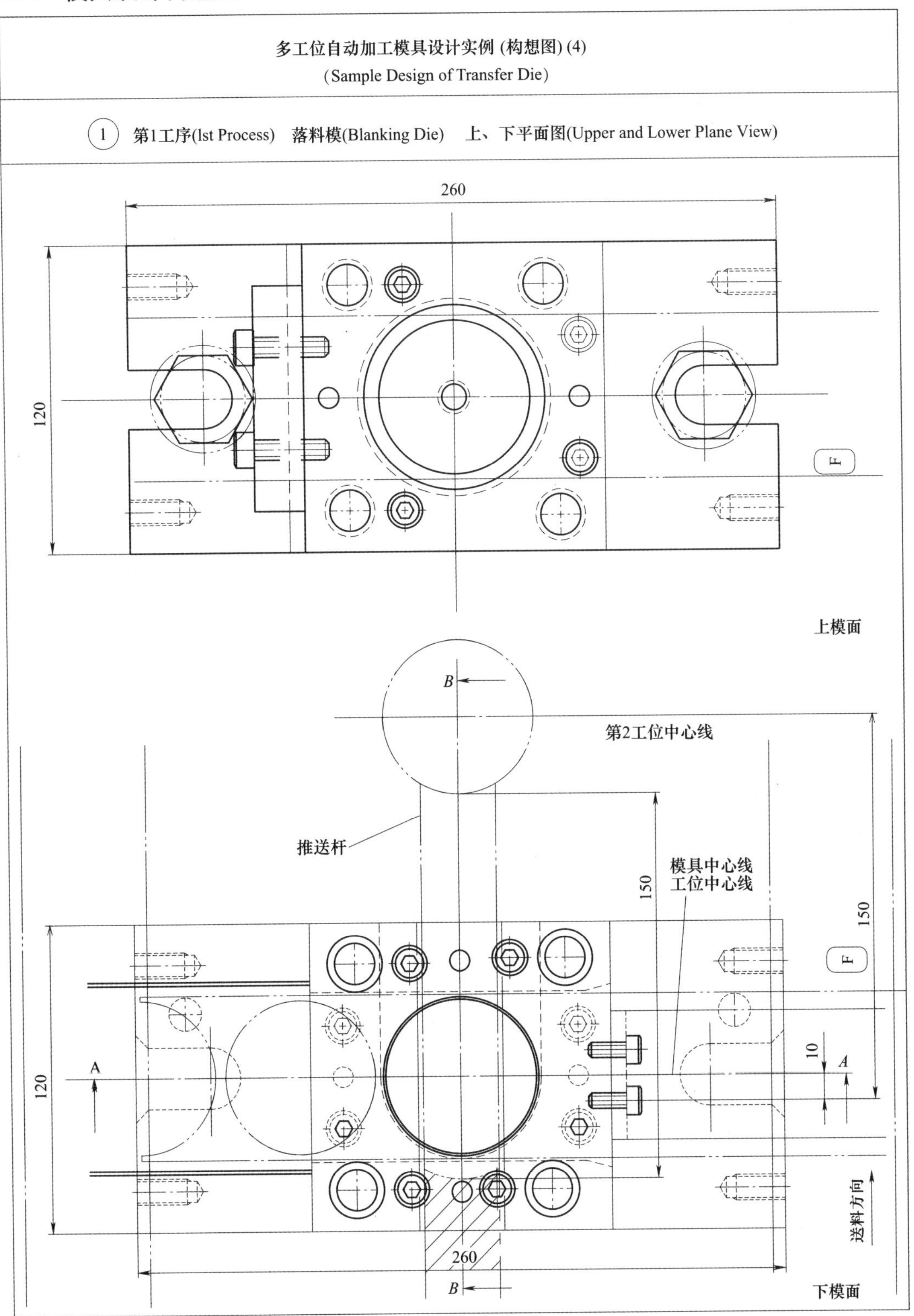

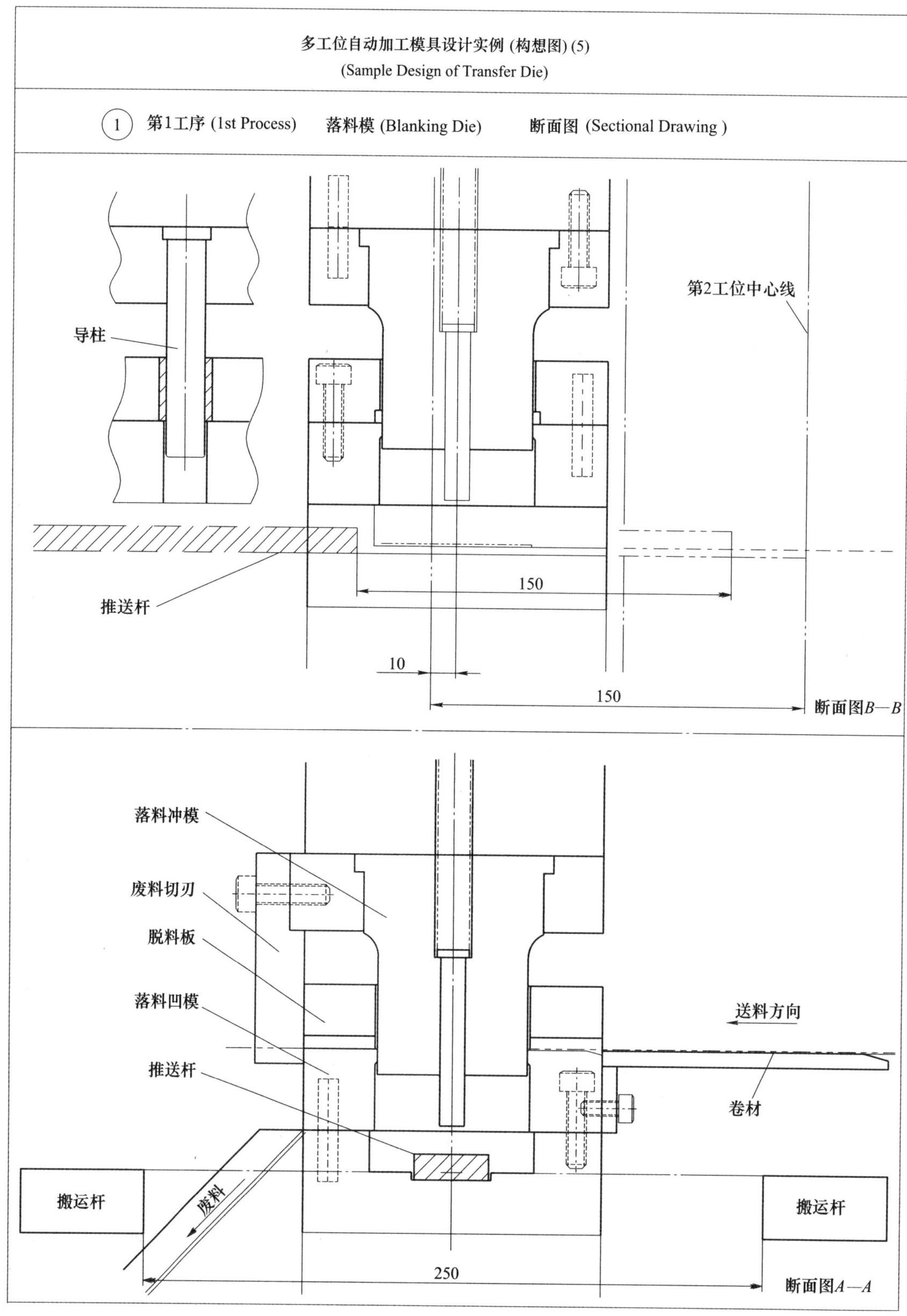
多工位自动加工模具设计实例 (构想图) (5)
(Sample Design of Transfer Die)
1 第1工序 (1st Process) 落料模 (Blanking Die) 断面图 (Sectional Drawing)
第2工位中心线
导柱
推送杆
150
10
150
断面图B—B
落料冲模
废料切刃
脱料板
落料凹模
推送杆
送料方向
卷材
搬运杆
废料
搬运杆
250
断面图A—A

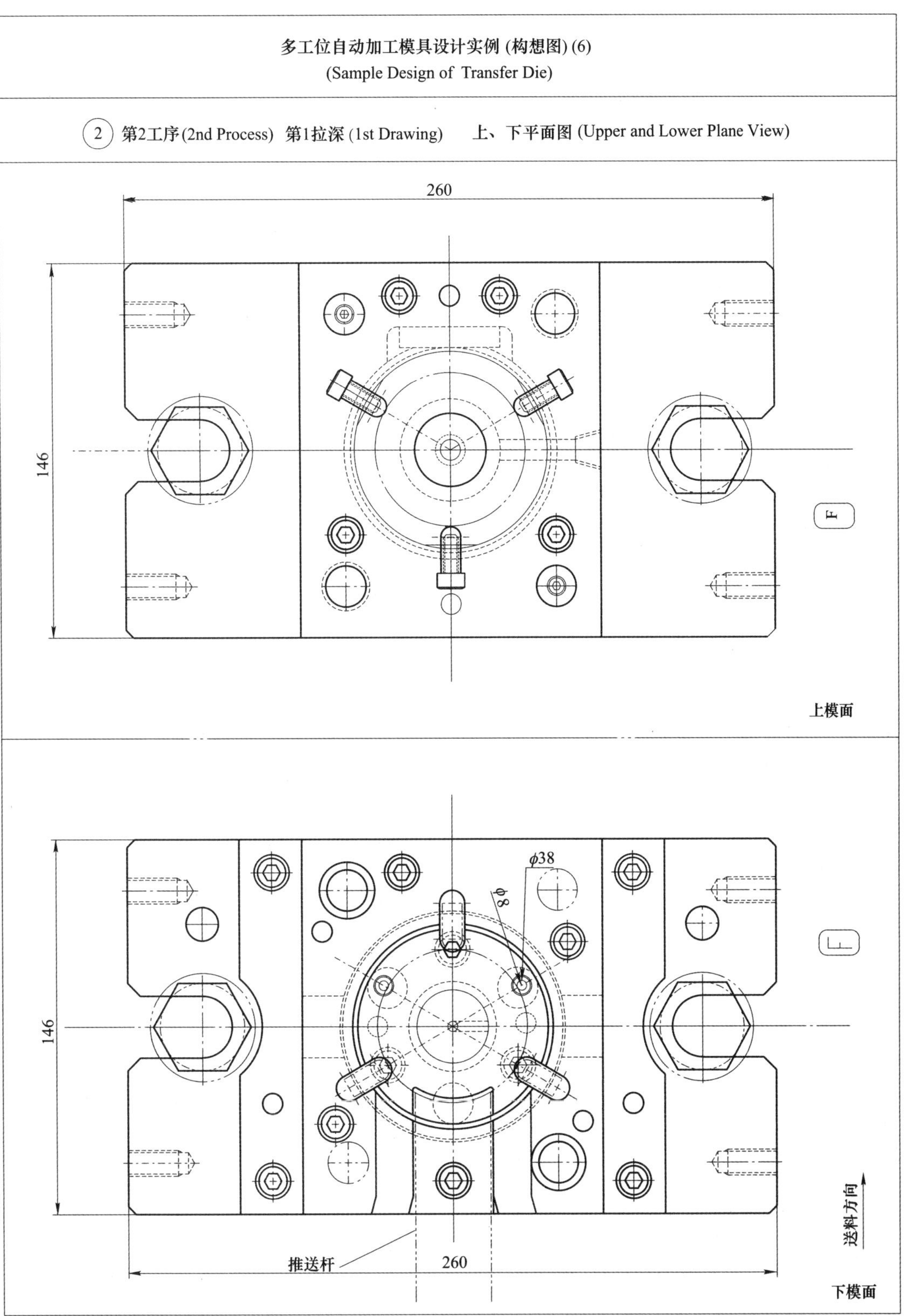
多工位自动加工模具设计实例 (构想图) (6)
(Sample Design of Transfer Die)
② 第2工序(2nd Process) 第1拉深 (1st Drawing) 上、下平面图 (Upper and Lower Plane View)
260
146
F
上模面
φ38
φ8
146
F
送料方向
推送杆
260
下模面

多工位自动加工模具设计实例 (构想图) (7)
(Sample Design of Transfer Die)

② 第2工序(2nd Process) 第1拉深 (1st Drawing) 断面图 (Sectional Drawing)

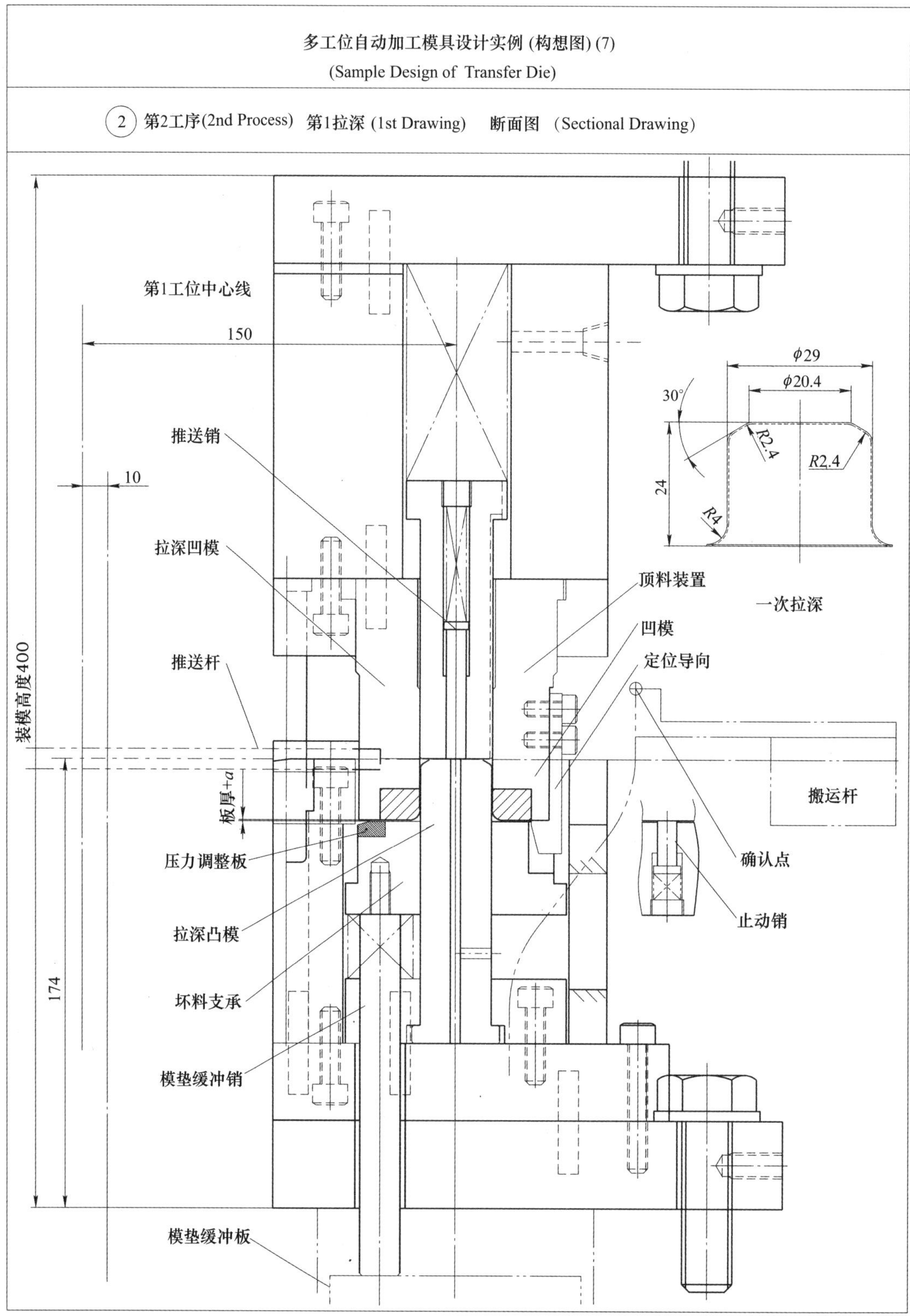

多工位自动加工模具设计实例 (构想图) (8)
(Sample Design of Transfer Die)

③ 第3工序 (3rd Process) 第2拉深 (2nd Drawing) 上、下平面图 (Upper and Lower Plane View)

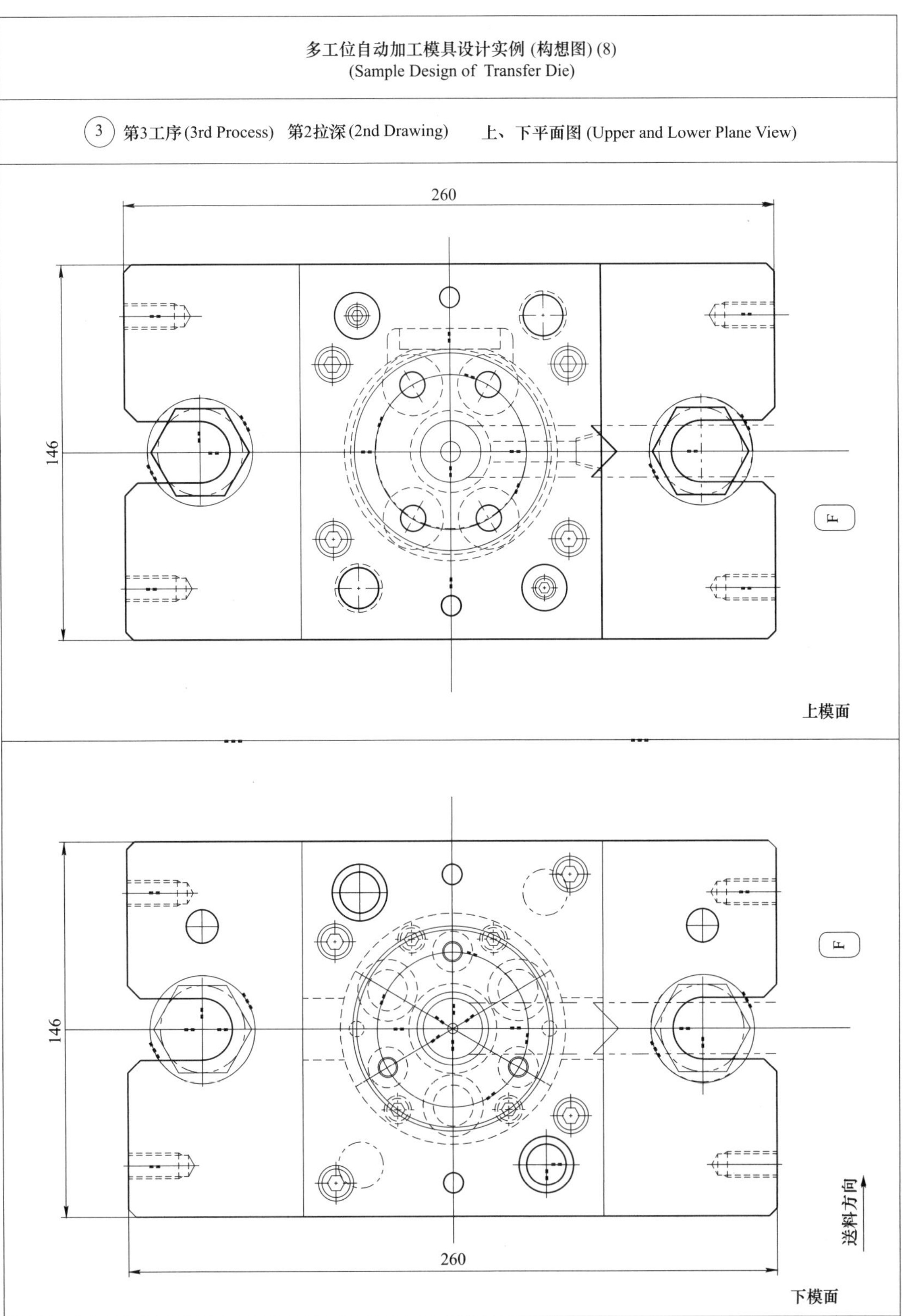

多工位自动加工模具设计实例（构想图）(9)
(Sample Design of Transfer Die)

③ 第3工序(3rd Process) 第2拉深(2nd Drawing) 断面图(Sectional Drawing)

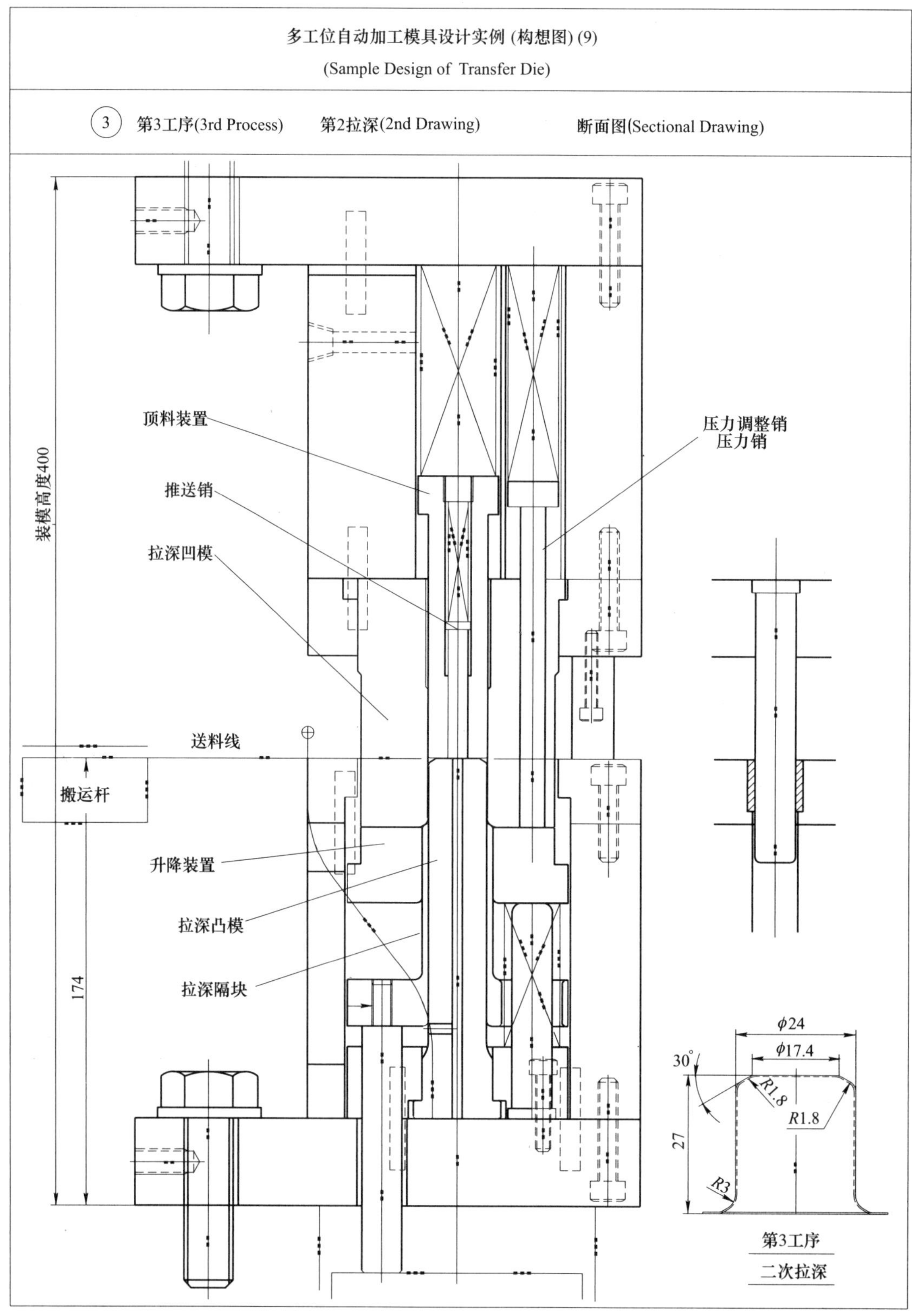

多工位自动加工模具设计示例（构想图）(10)
(Sample Design of Transfer Die)

④ 第4工序 (4th Process) 第3拉深 (3th Drawing) 上，下平面图 (Upper and Lower Plane View)

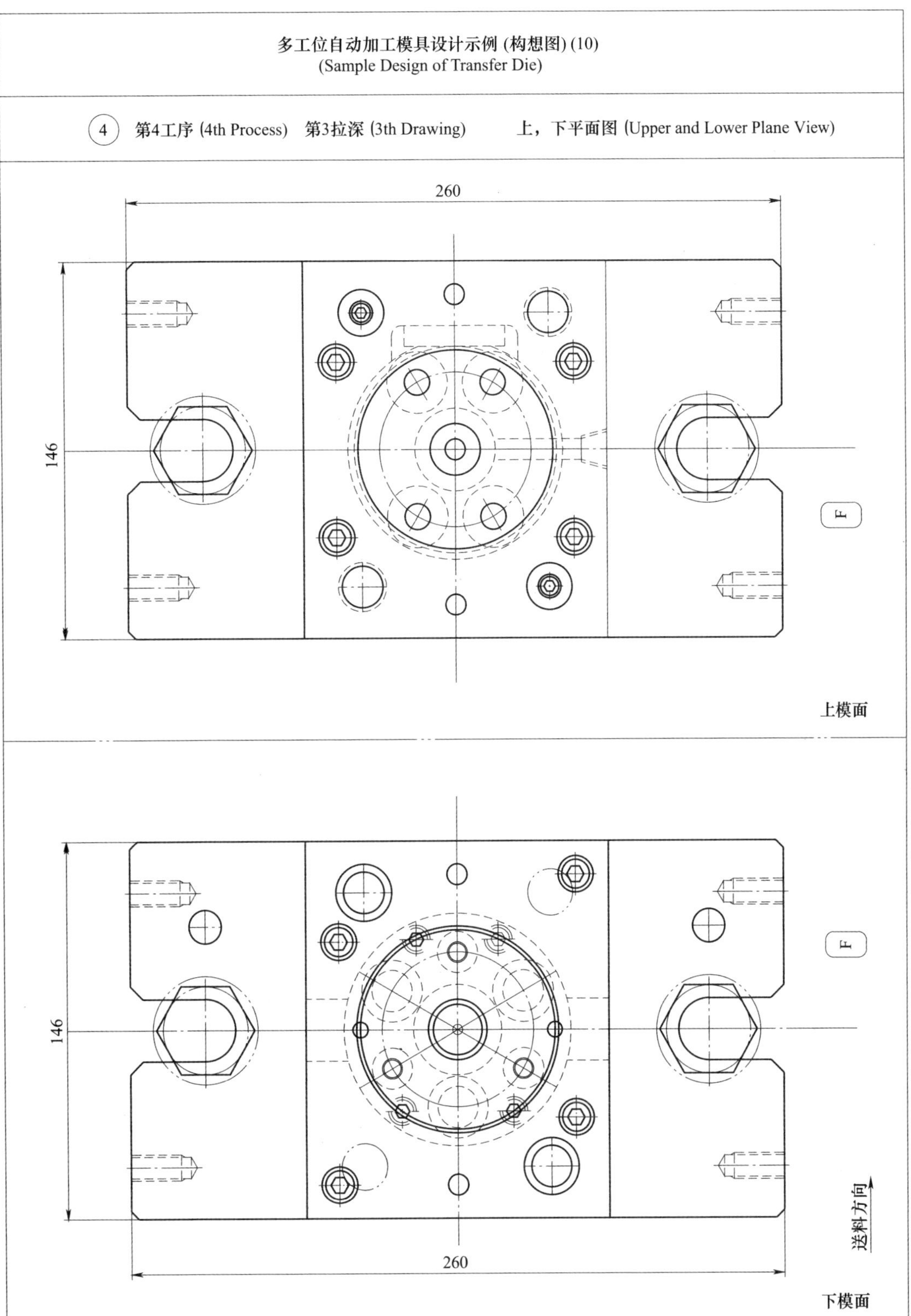

多工位自动加工模具设计实例（构想图）(11)
(Sample Design of Transfer Die)

④ 第4工序 (4th Process) 第3拉深 (3th Drawing) 断面图 (Sectional Drawing)

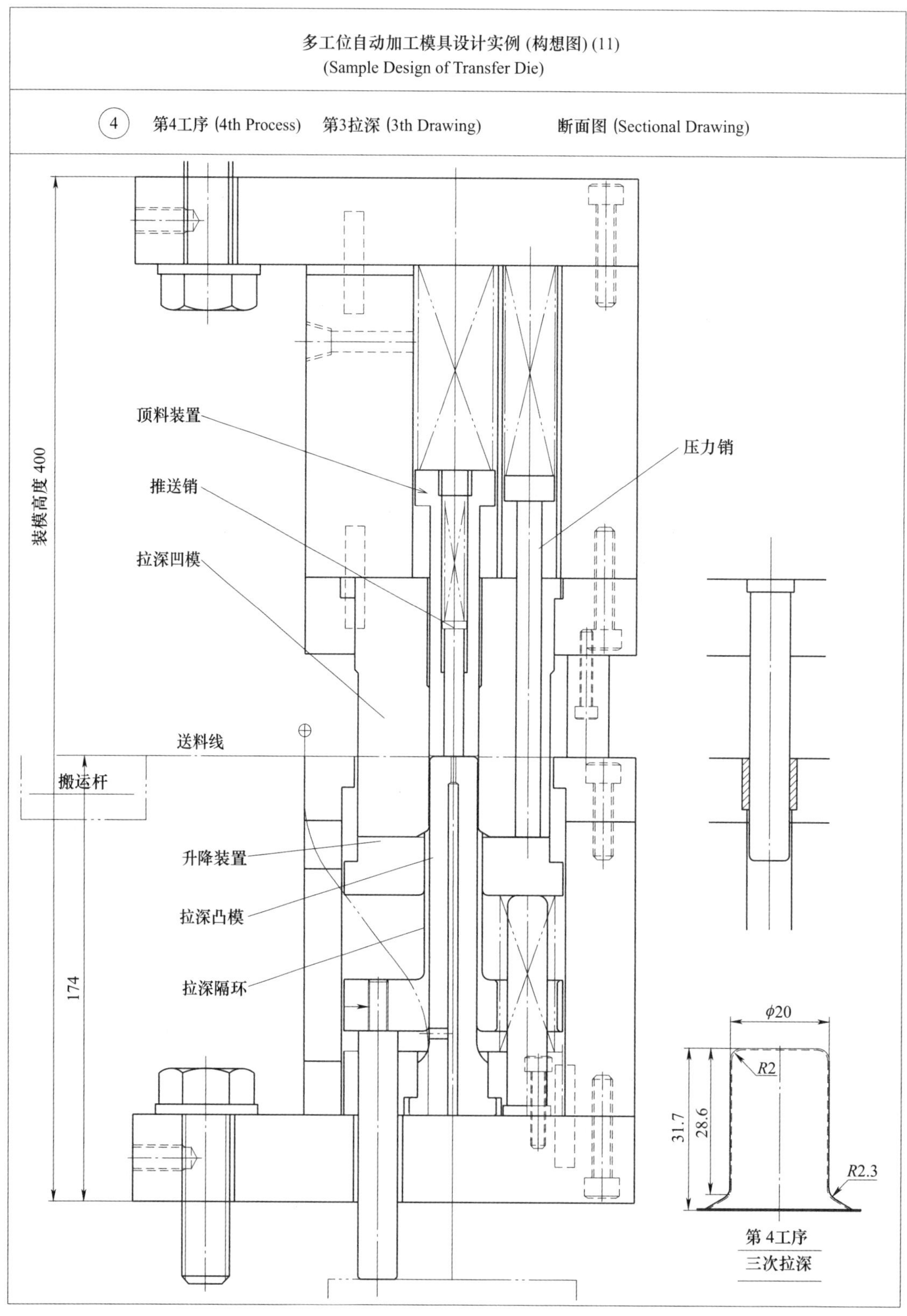

多工位自动搬送模具设计实例（构想图）(12)
(Sample Design of Transfer Die)

⑤ 第5工序 (5th Process) 第4拉深 (4th Drawing) 上、下平面图 (Upper and Lower Plane View)

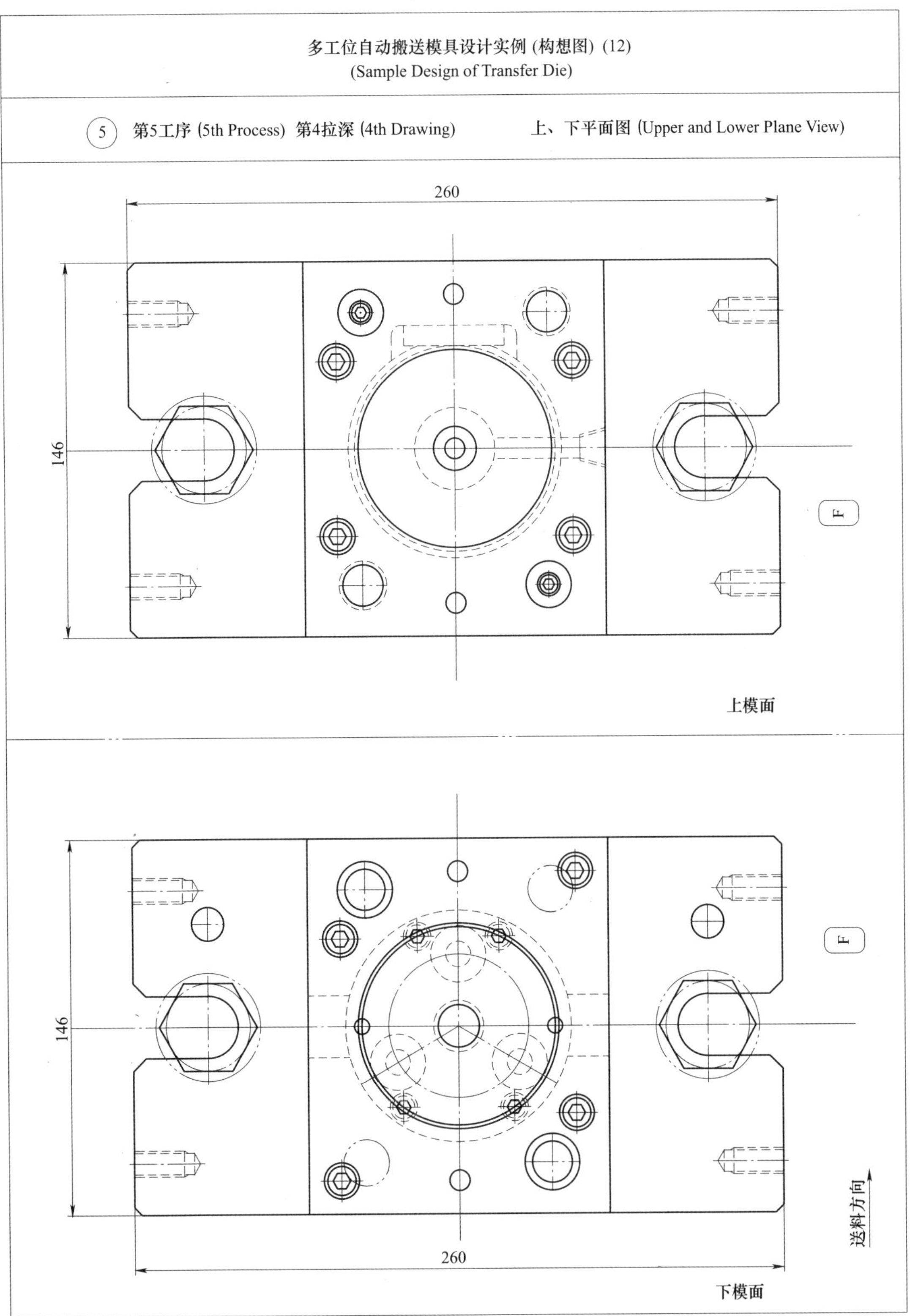

多工位自动搬送模具设计实例 (构想图) (13)
(Sample Design of Transfer Die)

⑤ 第5工序(5th Process) 第4拉深(4th Drawing) 断面图(Sectional Drawing)

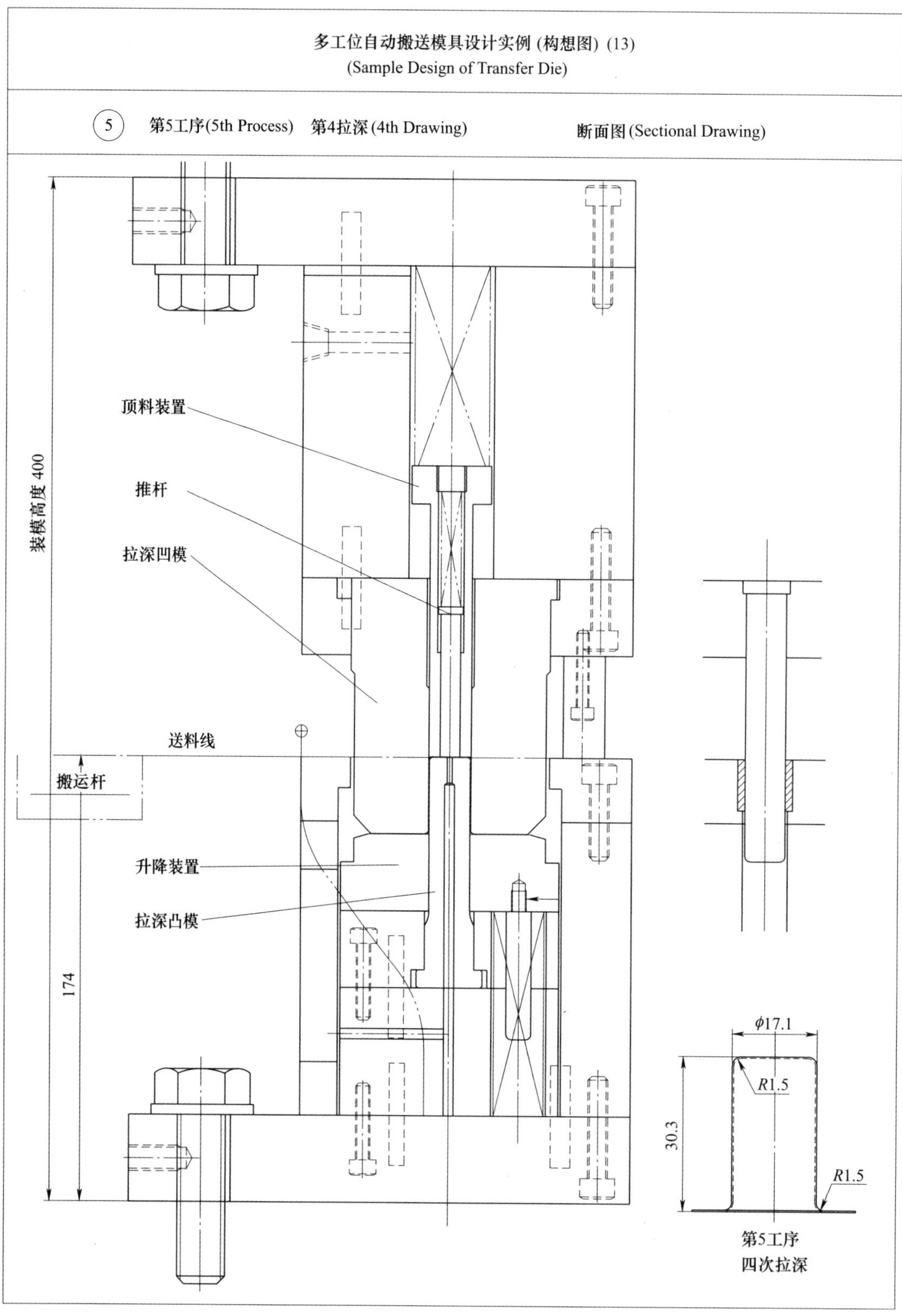

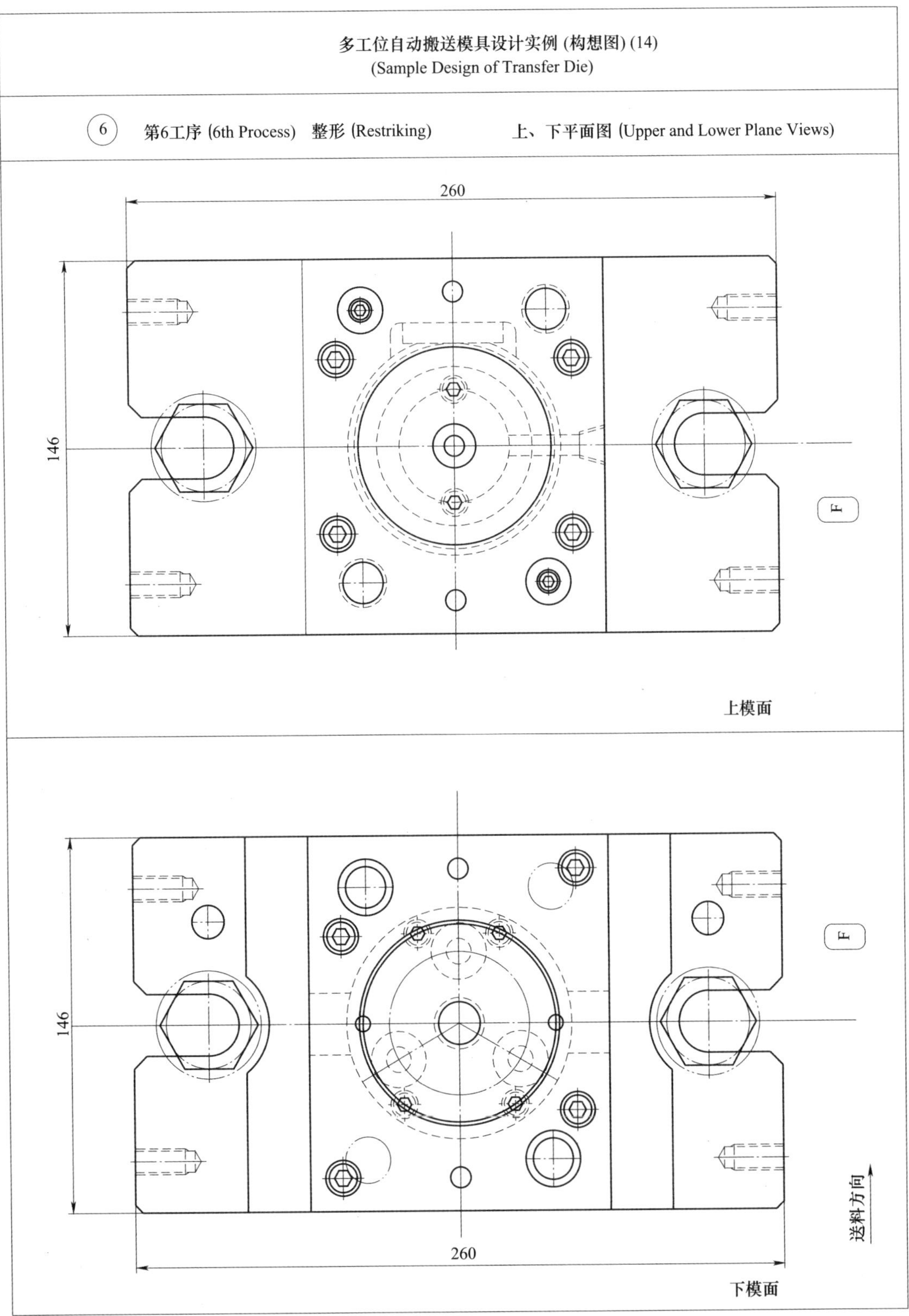
多工位自动搬送模具设计实例 (构想图) (14)
(Sample Design of Transfer Die)
⑥ 第6工序 (6th Process) 整形 (Restriking) 上、下平面图 (Upper and Lower Plane Views)
260
146
F
上模面
146
F
送料方向
260
下模面

多工位自动搬送模具设计实例 (构想图) (15)
(Sample Design of Transfer Die)

⑥ 第6工序(6th Process) 整形(Restriking) 断面图(Sectional Drawing)

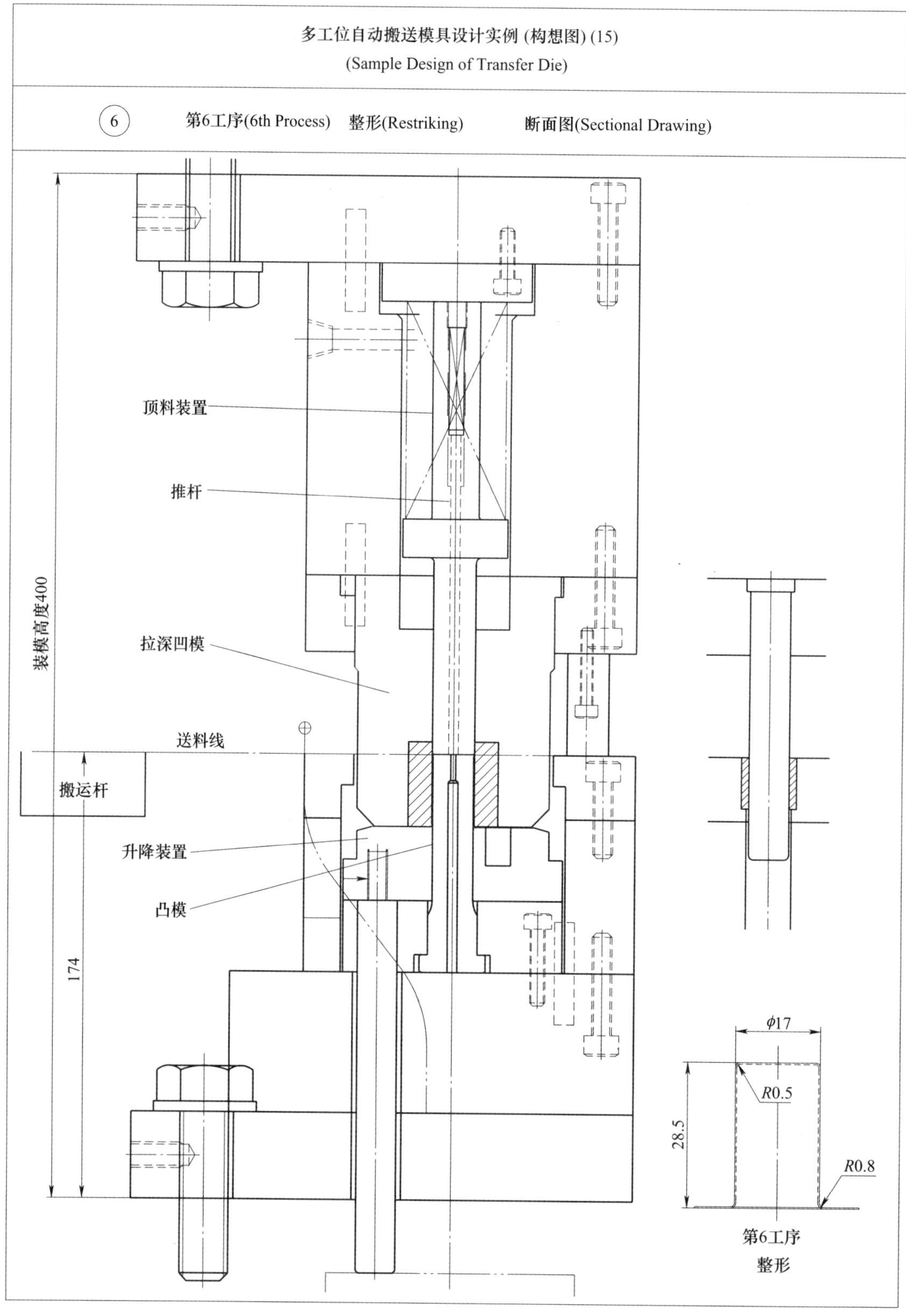

多工位自动搬送模具设计实例 (构想图) (16)

(Sample Design of Transfer Die)

⑦ 第7工序(7th Process) 耳孔(Piercing) 上、下平面图(Upper and Lower Plane View)

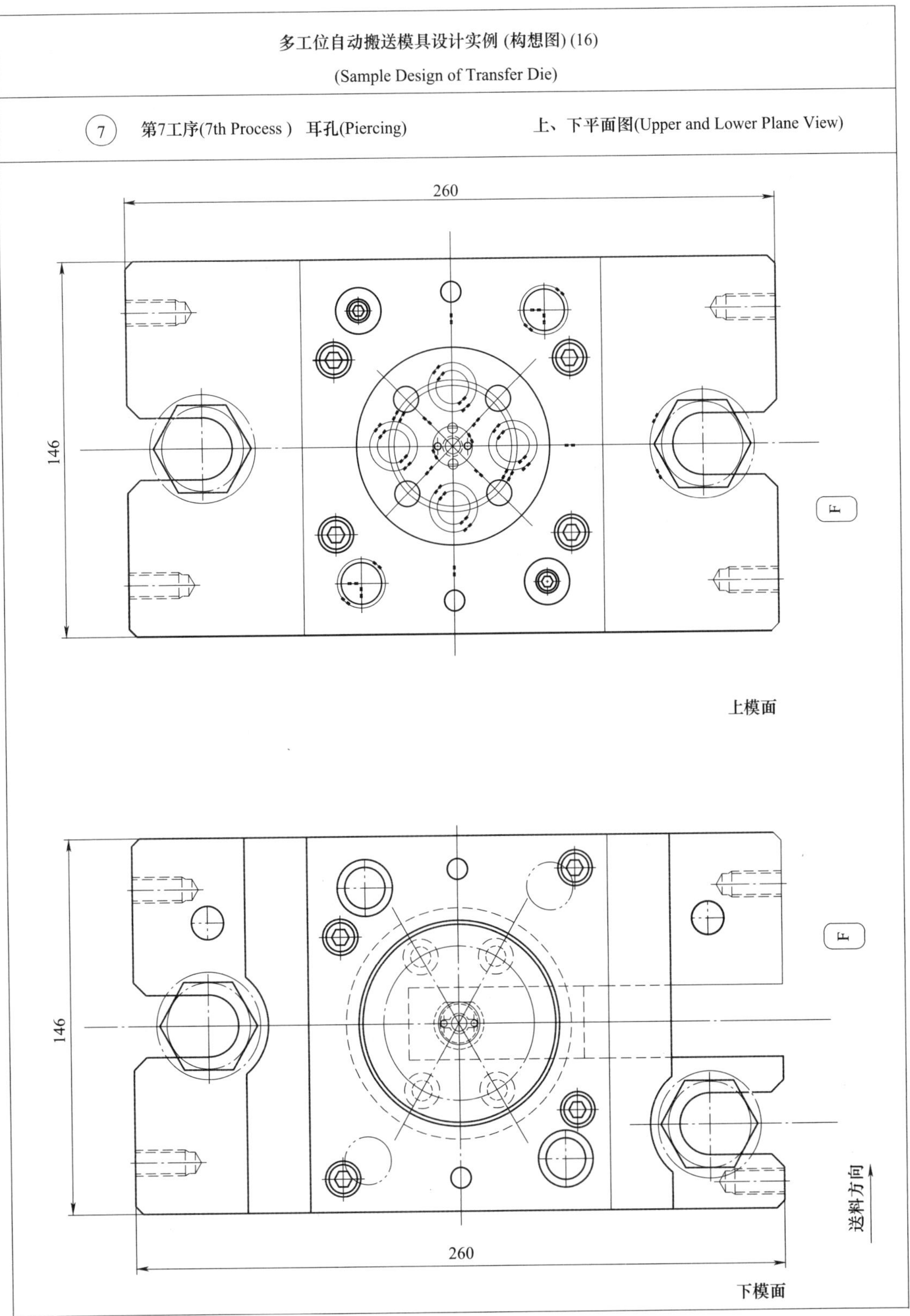

多工位自动搬送模具设计实例 (构想图) (17)
(Sample Design of Transfer Die)

⑦ 第7工序(7th Process) 耳孔(Piercing) 断面图(Sectional Drawing)

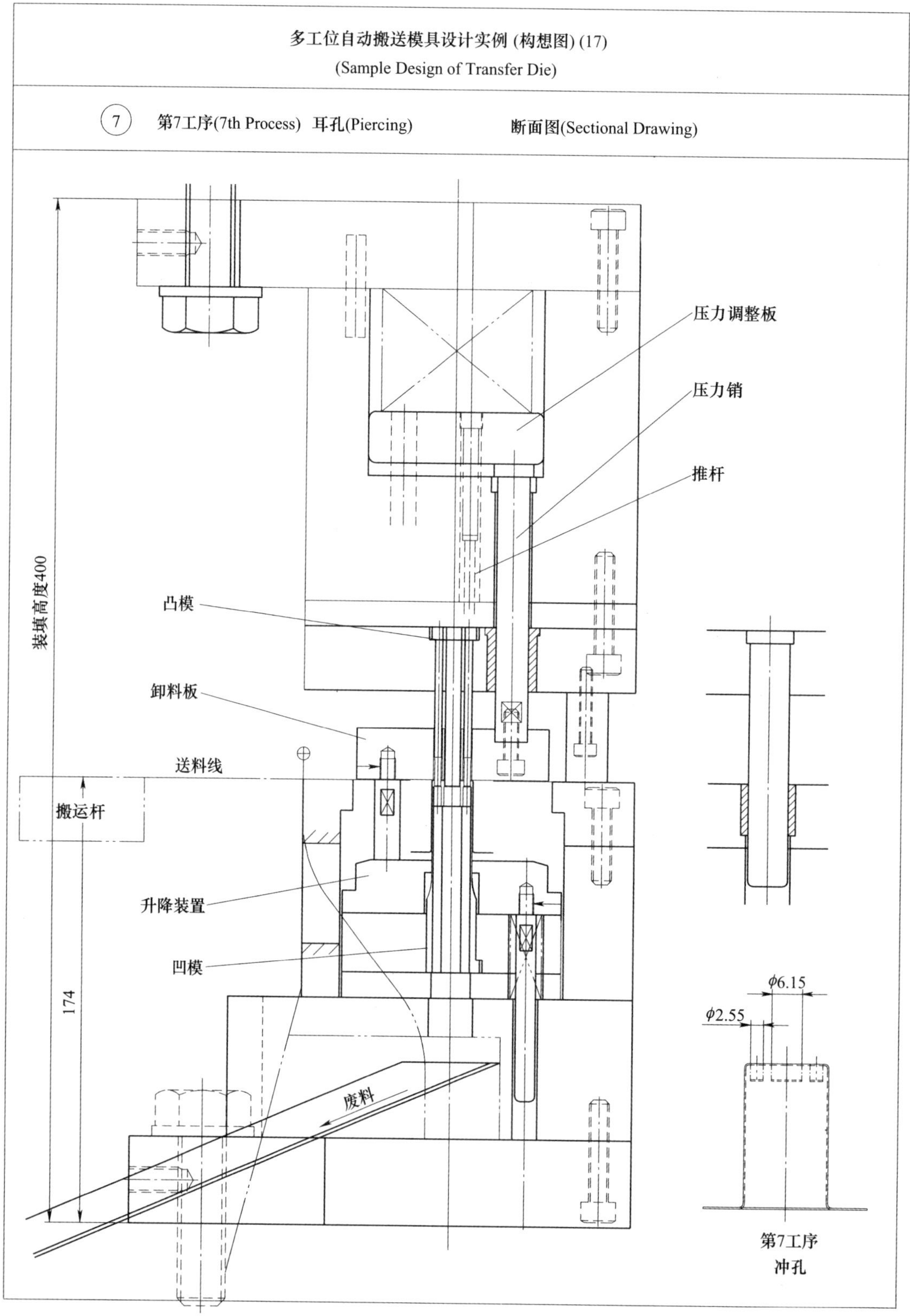

多工位自动搬送模具设计实例 (构想图) (18)

(Sample Design of Transfer Die)

⑧ 第8工序(8th Process) 切边(Trimming) 上、下平面图(Upper and Lower Plane View)

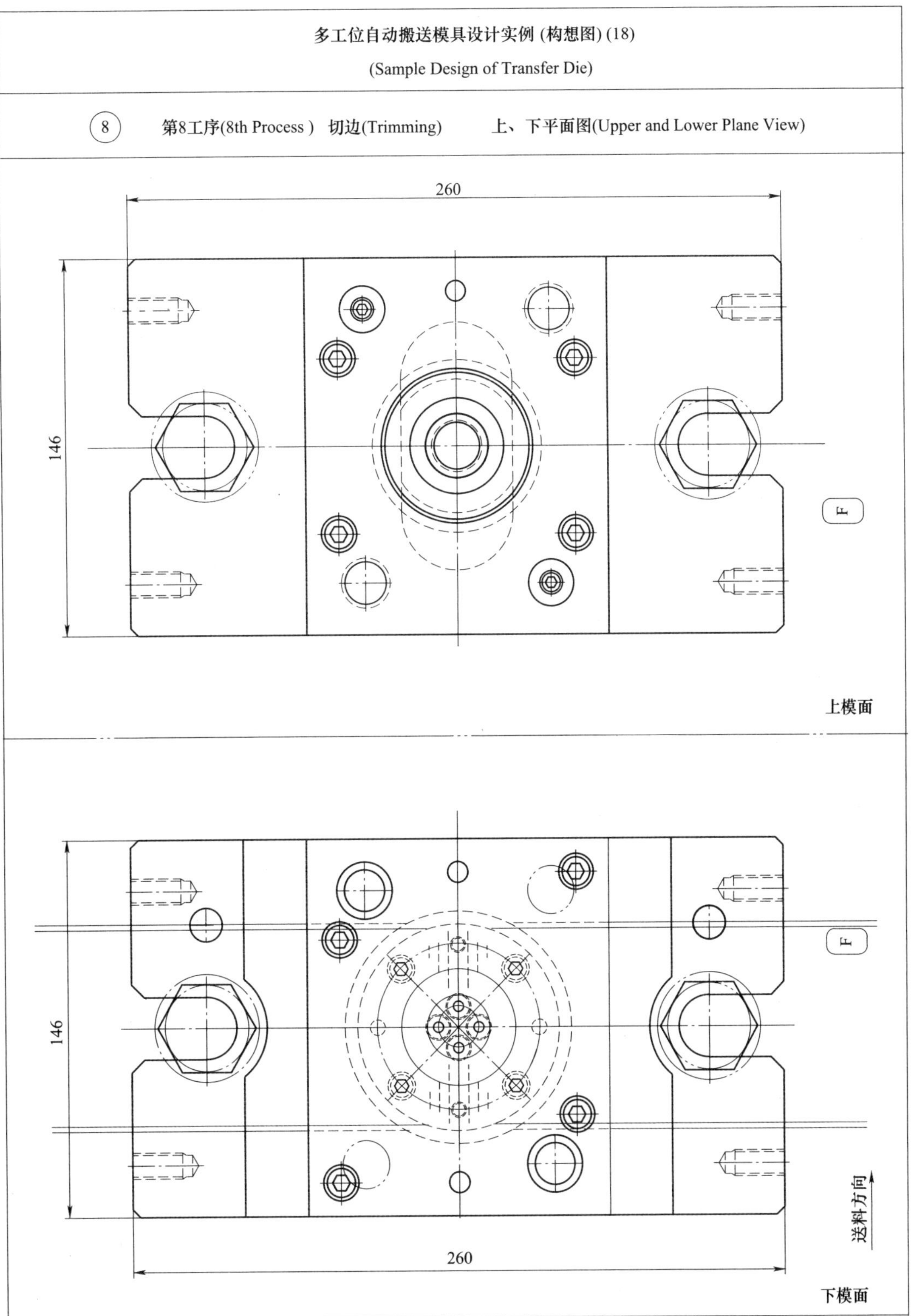

多工位自动搬送模具设计实例（构想图）(19)
(Sample Design of Transfer Die)

(8) 第8工序(8th Process)　切边(Trimming)　　断面图(Sectional Drawing)

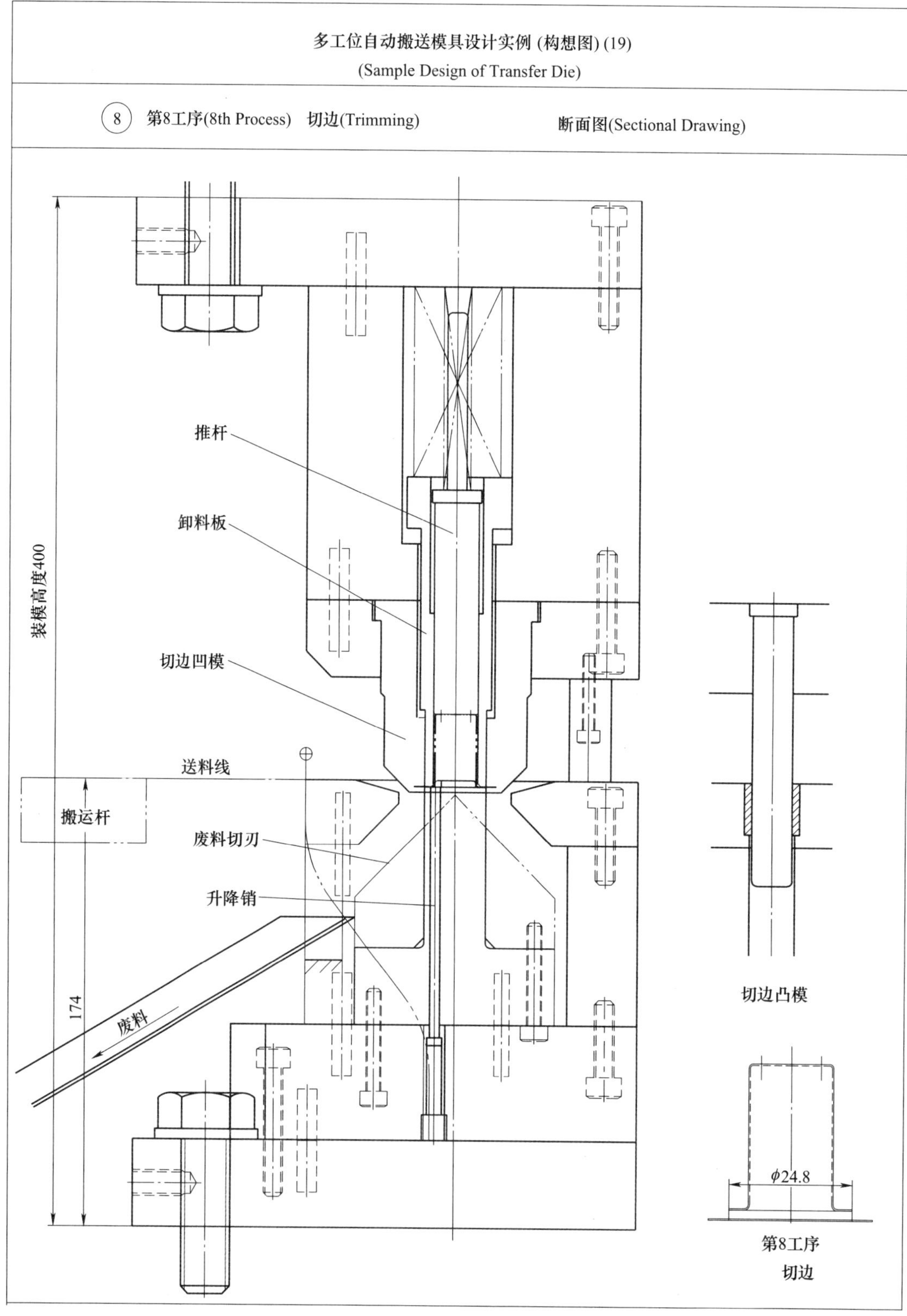

多工位自动搬送模具设计实例 (构想图) (20)

(Sample Design of Transfer Die)

⑨ 第9工序(9th Process) 外缘翻边(Wipe Down) 上、下平面图(Upper and Lower Plane View)

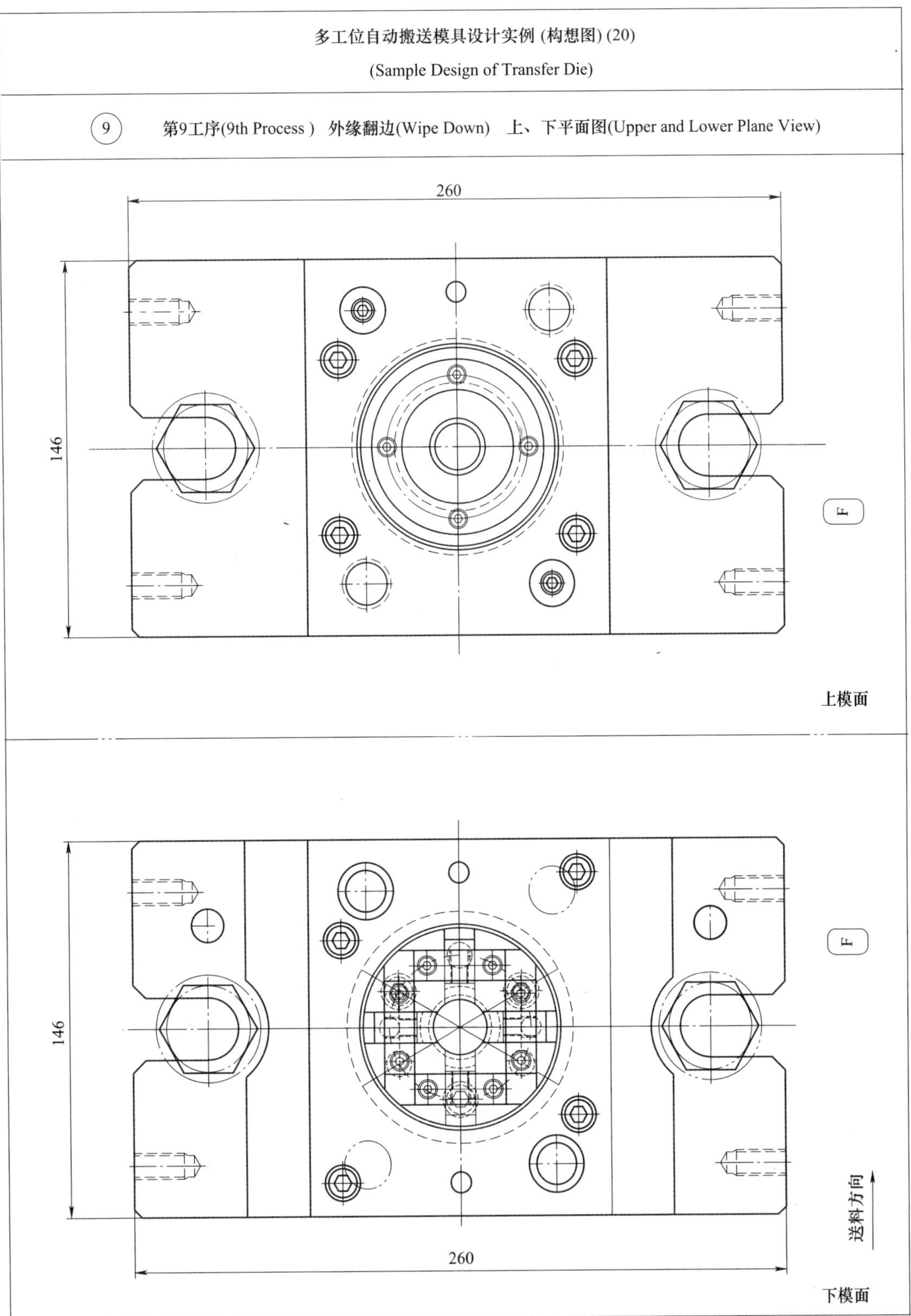

多工位自动搬送模具设计实例（构想图）(21)
(Sample Design of Transfer Die)

⑨	第9工序 (9th Process)	外缘翻边 (Wipe Down)	断面图 (Sectional Drawing)

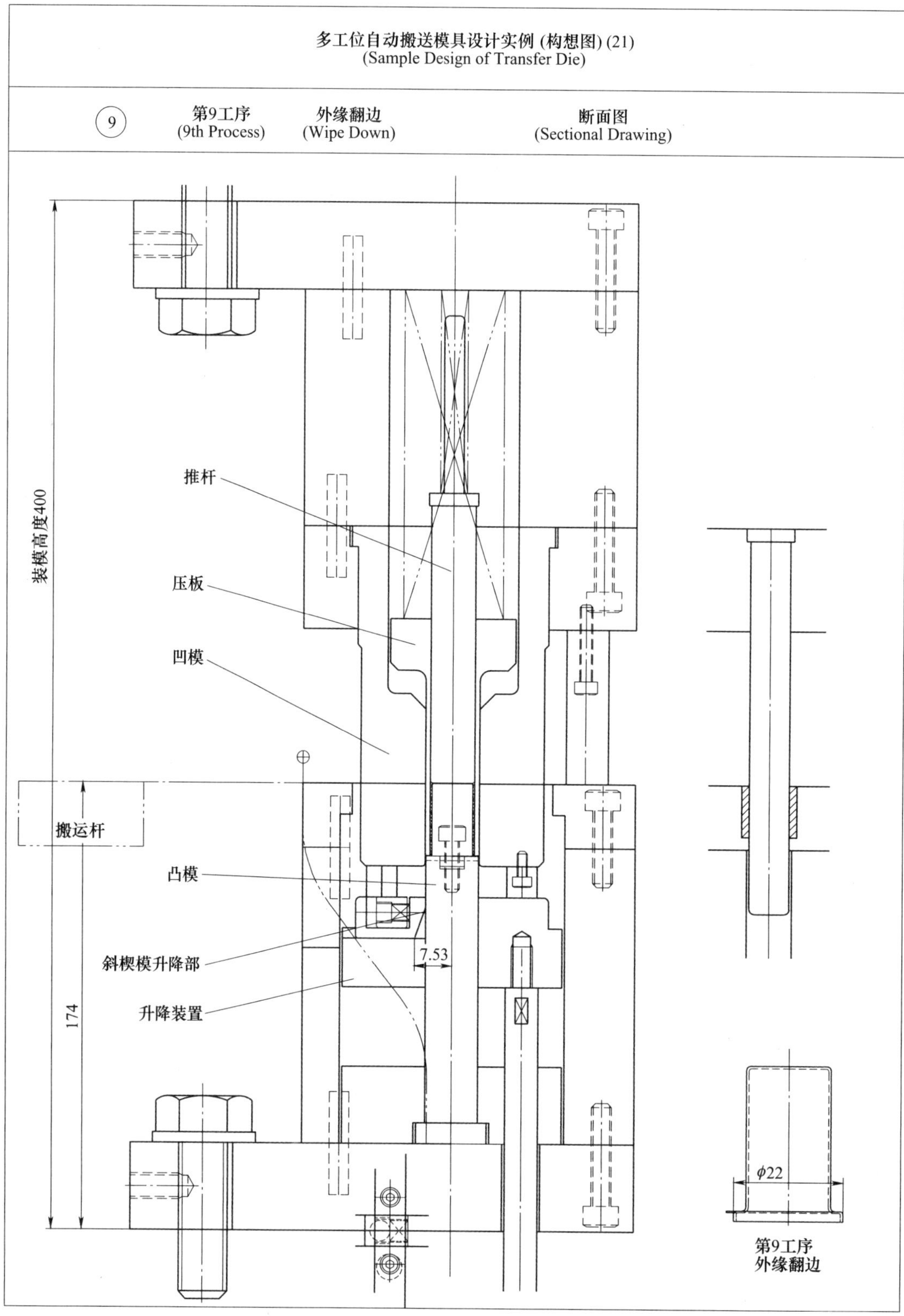

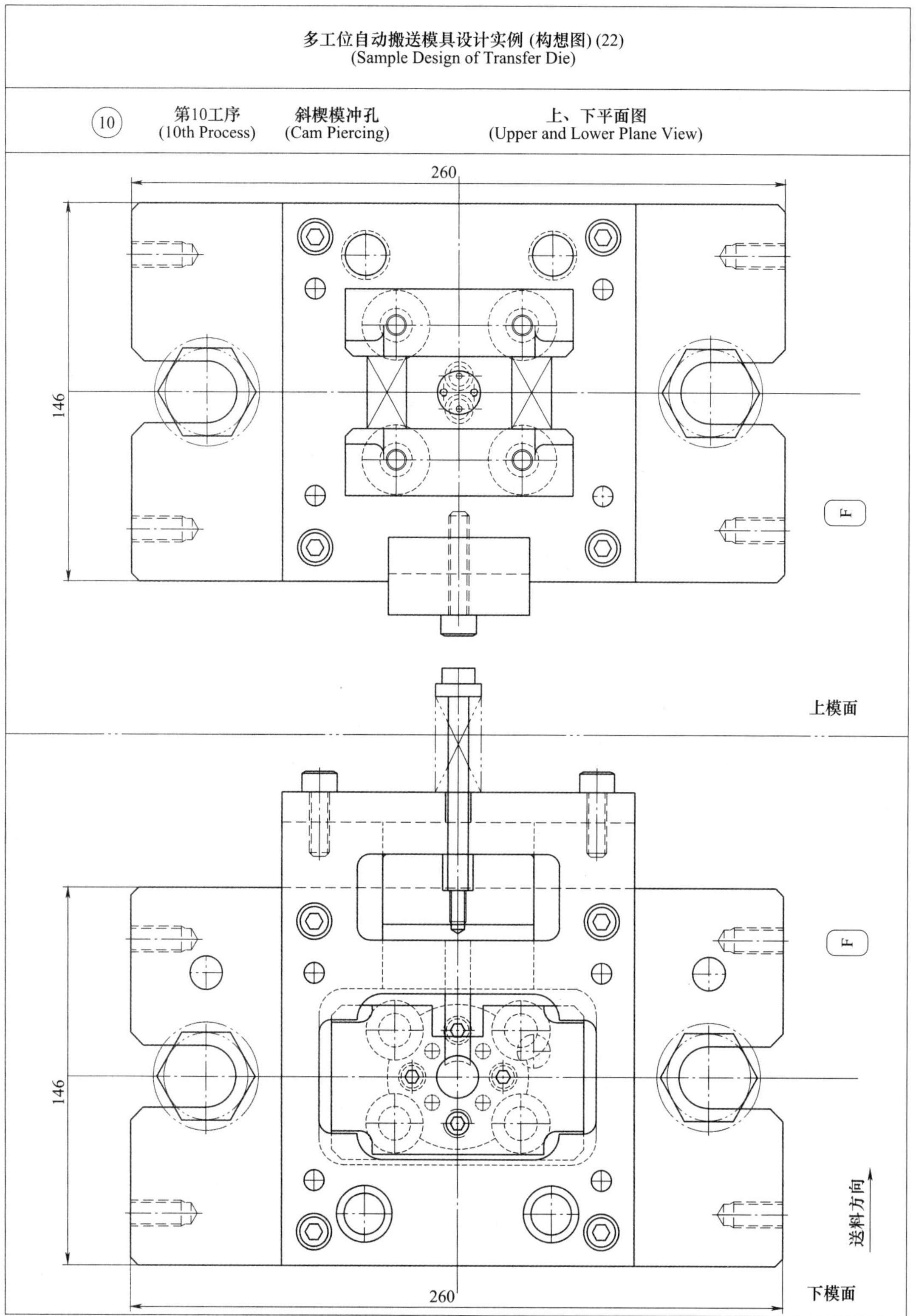
多工位自动搬送模具设计实例 (构想图) (22)
(Sample Design of Transfer Die)
10
第10工序
(10th Process)
斜楔模冲孔
(Cam Piercing)
上、下平面图
(Upper and Lower Plane View)
260
146
F
上模面
146
F
送料方向
260
下模面

多工位自动搬送模具设计实例 (构想图) (23)
(Sample Design of Transfer Die)

⑩ 第10工序 (10th Process) 斜楔模冲孔 (Cam Piercing) 断面图 (Sectional Drawing)

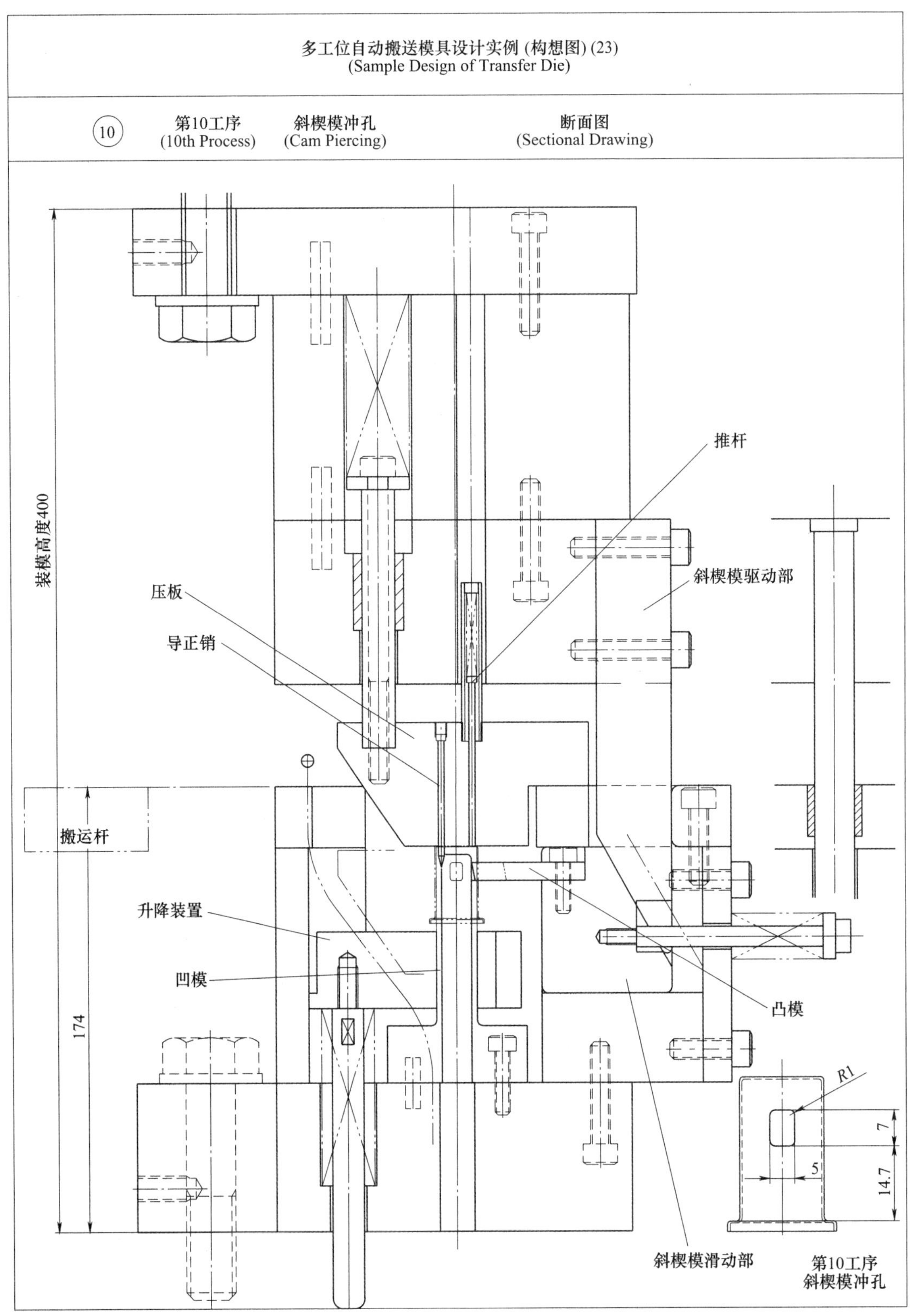

第3章 金属冲压工艺设计实例

冲压模具的工艺设计，对于诸如汽车部件、电器部品等的批量生产至关重要。冲压加工中，多工位自动搬送加工及级进加工对于降低成本、提高生产量做出了非常大的贡献，至今仍然是冲压自动生产的主流。冲压成形技术中，全新的创意和提示并非来自单纯的理论与计算。

本章基于多年的实测经验，介绍以多工位自动搬送加工，级进加工为主，以及折弯加工、各种成形、冷间锻造的诸多模具工艺设计实例，并附有部分模具构造图样。图中表示的部分仅限于凸模和凹模的构造。

读者可根据构想图样中所示的材质、板厚、产品形状尺寸、加工方法等发挥各自的模具设计经验进行图解及改良，不必受固定观念的局限。如能将本章案例作为参考活用，相信将有助于冲压模具的测试、调整，达到降低成本、缩短交货期的最佳效果。

3.1 图样构成说明

本章节属于全书重点章节，将呈现众多冲压加工案例供行业参考，产品成形图样构成具体说明如下。

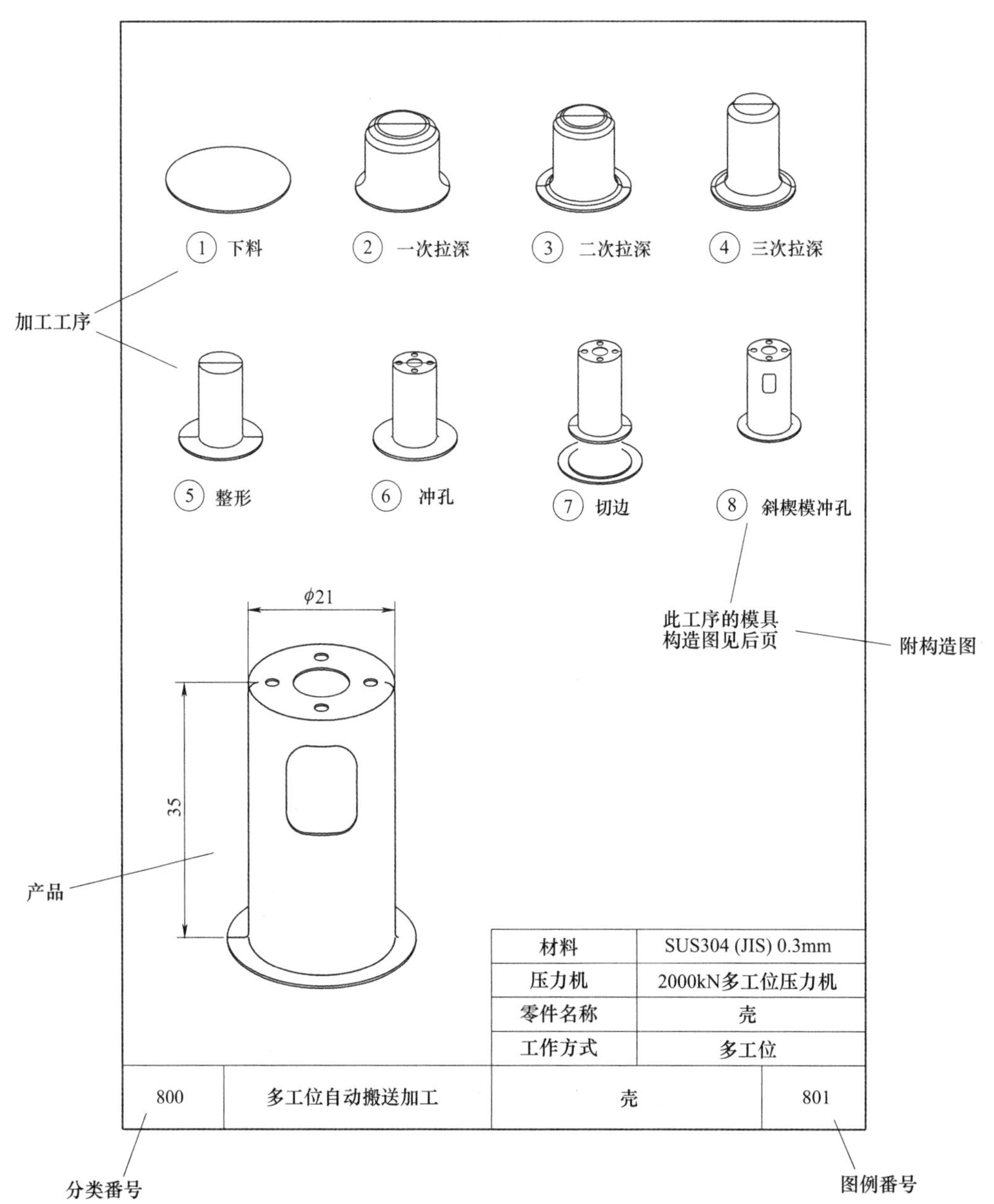

3.2 图例序号表

为便于查阅案例，本书将具体案例根据加工进行统计形成下表。

类别	冲压加工	图例序号						
800	多工位自动搬送加工	801	802	803	804	805	806	807
		808	809	810	811	812	813	814
		815	816	817	818	819	820	821
		822	823	824	825	826	827	828
		829	830	831	832	833	834	835
		836	837	838	839	840	841	842
		843	844	845	846	847	848	849
		850	851	852	853	854	855	856
		857	858	859	860	861	862	863
		864	865	866	867	868	869	870
		871	872	873	874	875	876	877
		878	879	880	881	882	883	884
		885	886	887	888	889	890	
900	级进加工	901	902	903	904	905	906	907
		908	909	910	911	912	913	914
		915	916	917	918	919	920	921
		922	923	924	925	926	927	928
		929	930	931	932	933	934	935
		936	937	938	939	940	941	942
		943	944	945	946	947	948	949
		950	951	952	953	954	955	956
		957	958	959	960	961	962	963
		964	965	966	967	968	969	970

类别	冲压加工	图例序号						
1000	折弯加工	1001	1002	1003	1004	1005	1006	1007
		1008	1009	1010	1011	1012	1013	1014
		1015	1016	1017	1018	1019	1020	1021
		1022						
1100	各种成形	1101	1102	1103	1104	1105	1106	1107
		1108	1109	1110	1111	1112	1113	1114
		1115						
1200	冷间锻造	1201	1202	1203	1204	1205	1206	1207
		1208	1209	1210	1211	1212	1213	1214
		1215						

3.3 产品一览表

3.3.1 多工位自动搬送加工

800	多工位自动搬送加工（Transfer system）	
801 壳体	802 壳体	803 盖
外壳		
804 壳体	805 壳体	806 板
807 外壳	808 盖	809 带轮
810 壳体	811 中段	812 支座
813 电动机外壳	814 支架体	815 外壳A

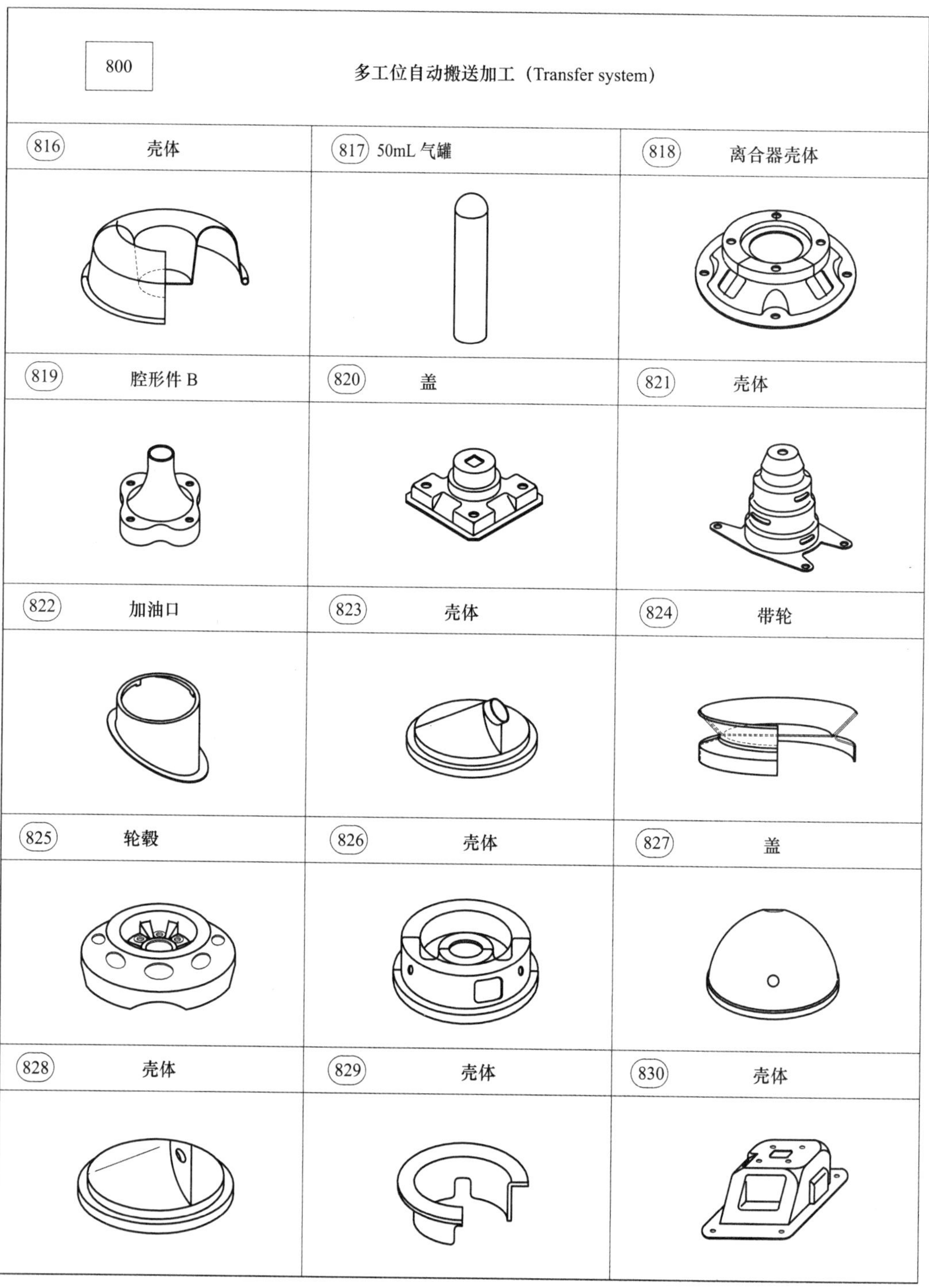
800
多工位自动搬送加工（Transfer system）
816 壳体
817 50mL 气罐
818 离合器壳体
819 腔形件 B
820 盖
821 壳体
822 加油口
823 壳体
824 带轮
825 轮毂
826 壳体
827 盖
828 壳体
829 壳体
830 壳体

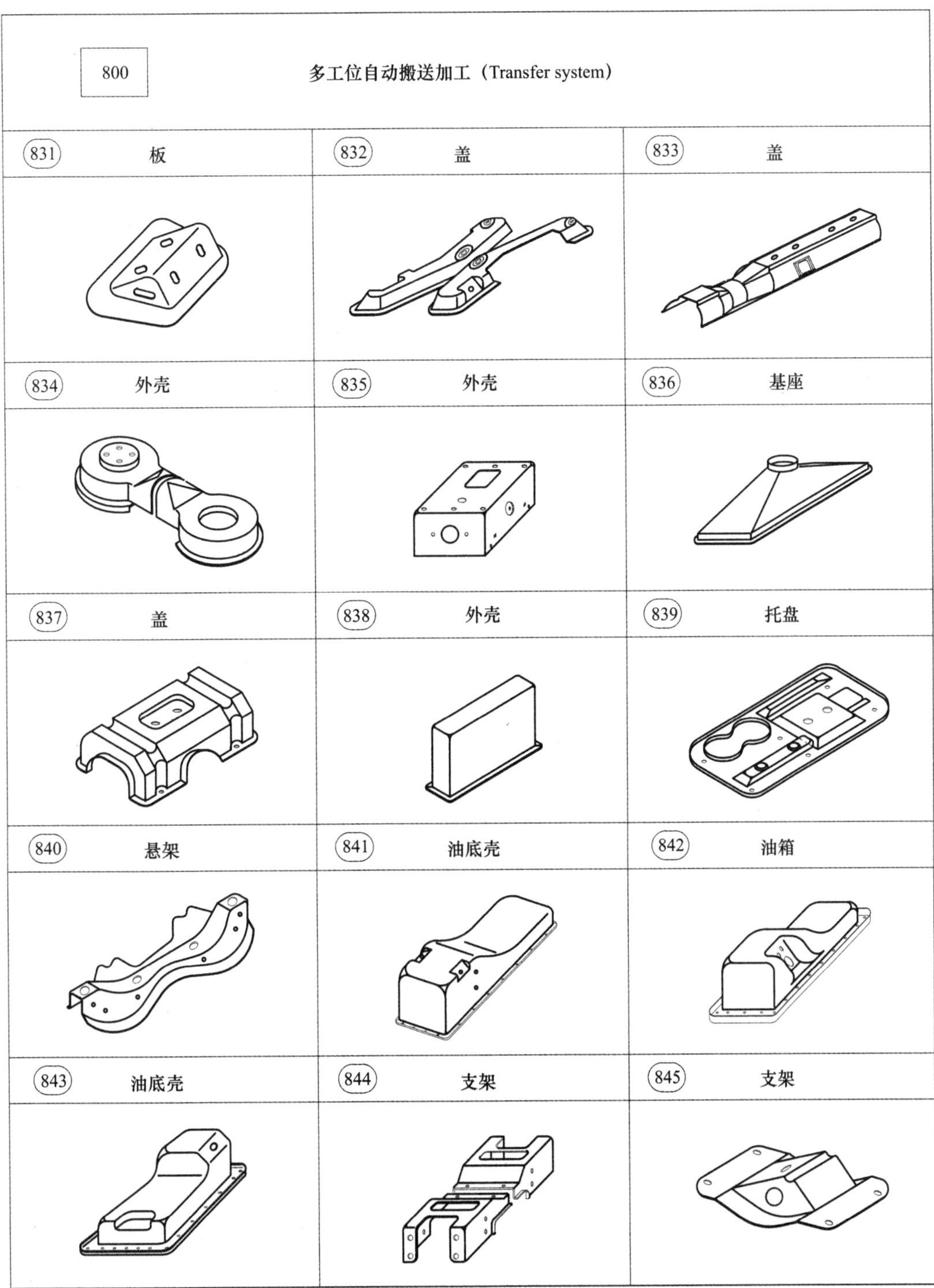
800
多工位自动搬送加工（Transfer system）
831 板
832 盖
833 盖
834 外壳
835 外壳
836 基座
837 盖
838 外壳
839 托盘
840 悬架
841 油底壳
842 油箱
843 油底壳
844 支架
845 支架

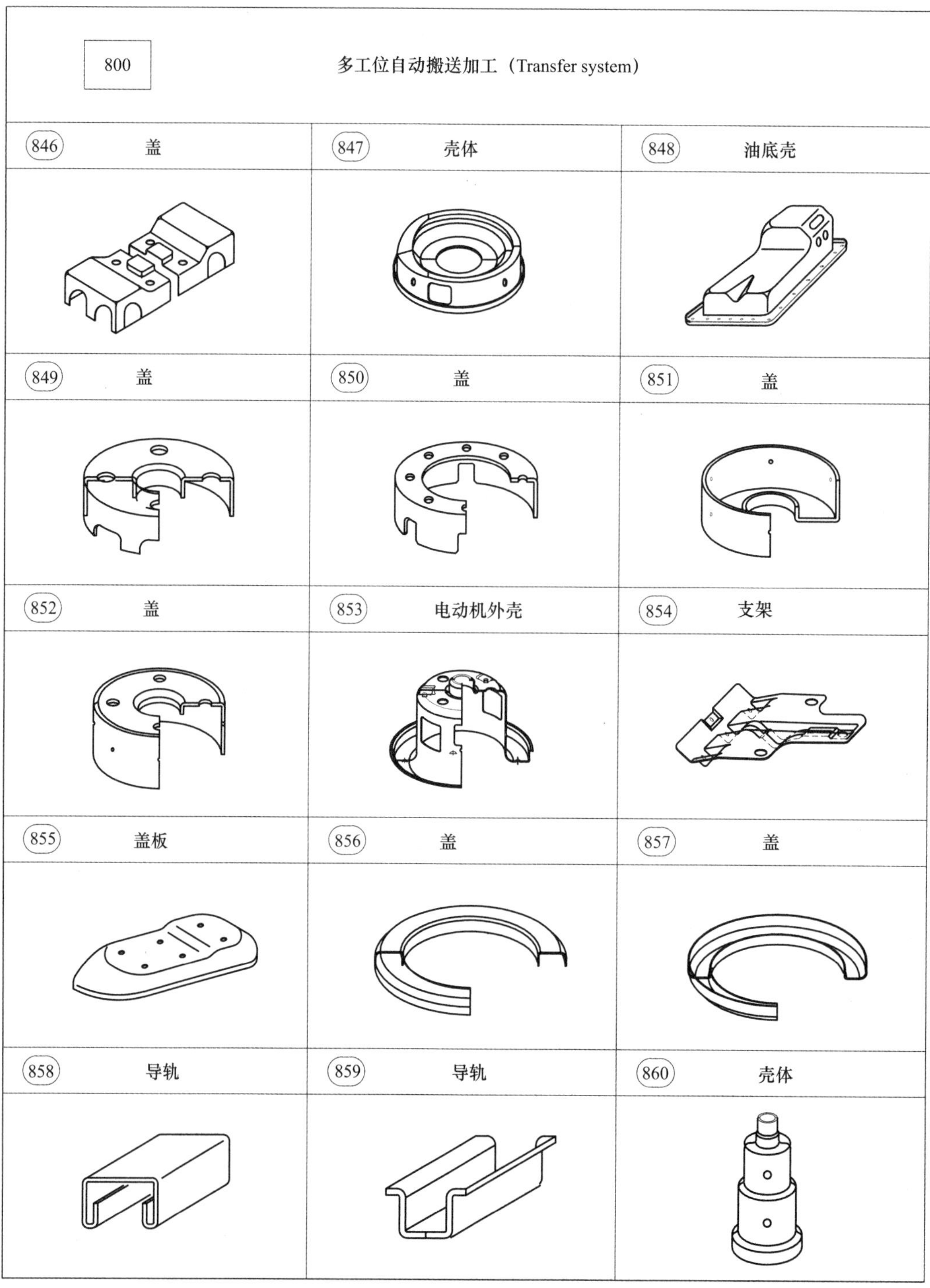
800
多工位自动搬送加工（Transfer system）
846 盖
847 壳体
848 油底壳
849 盖
850 盖
851 盖
852 盖
853 电动机外壳
854 支架
855 盖板
856 盖
857 盖
858 导轨
859 导轨
860 壳体

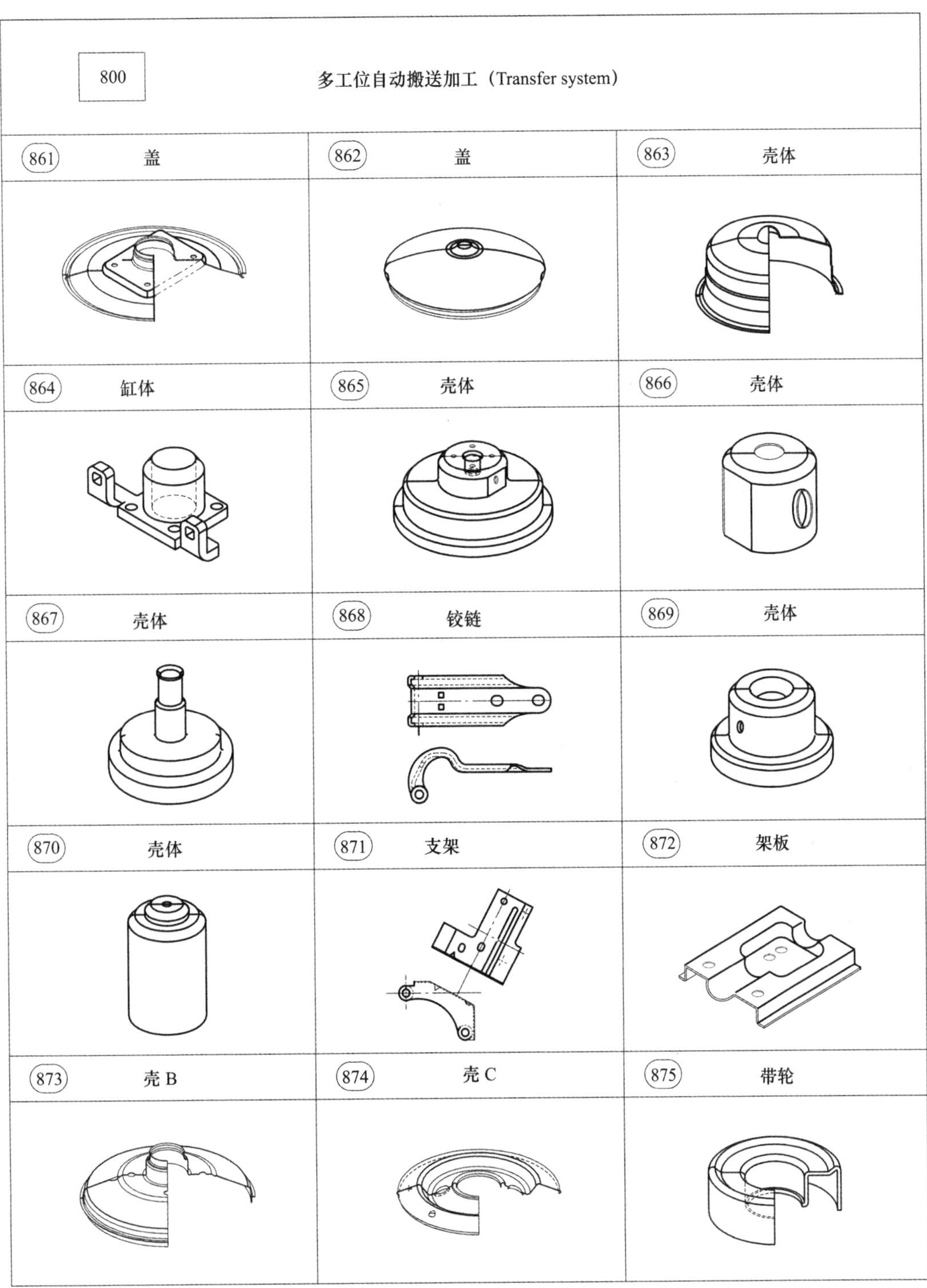
800
多工位自动搬送加工（Transfer system）
861 盖
862 盖
863 壳体
864 缸体
865 壳体
866 壳体
867 壳体
868 铰链
869 壳体
870 壳体
871 支架
872 架板
873 壳 B
874 壳 C
875 带轮

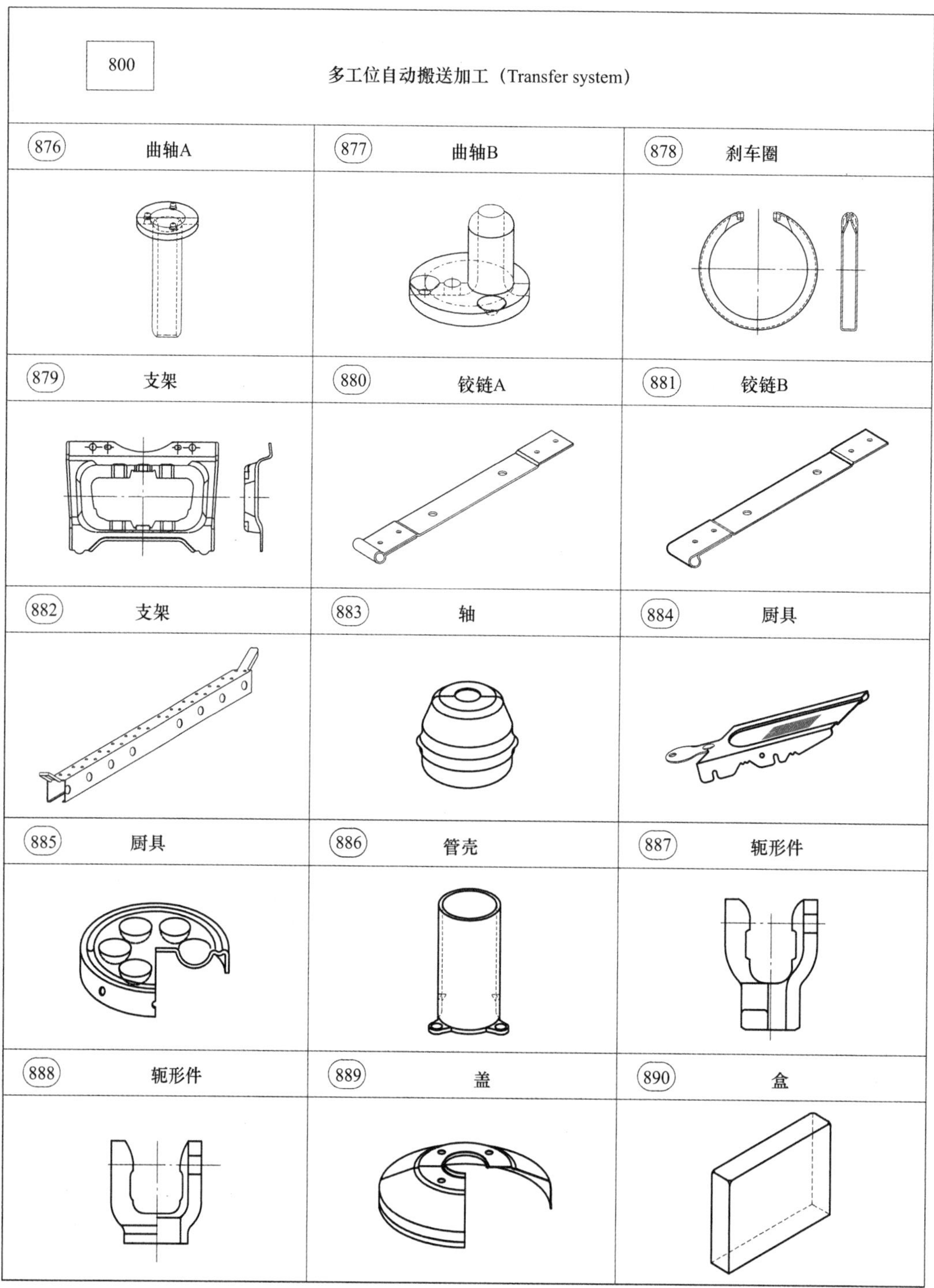
800
多工位自动搬送加工（Transfer system）
876 曲轴A
877 曲轴B
878 刹车圈
879 支架
880 铰链A
881 铰链B
882 支架
883 轴
884 厨具
885 厨具
886 管壳
887 轭形件
888 轭形件
889 盖
890 盒

3.3.2 级进加工

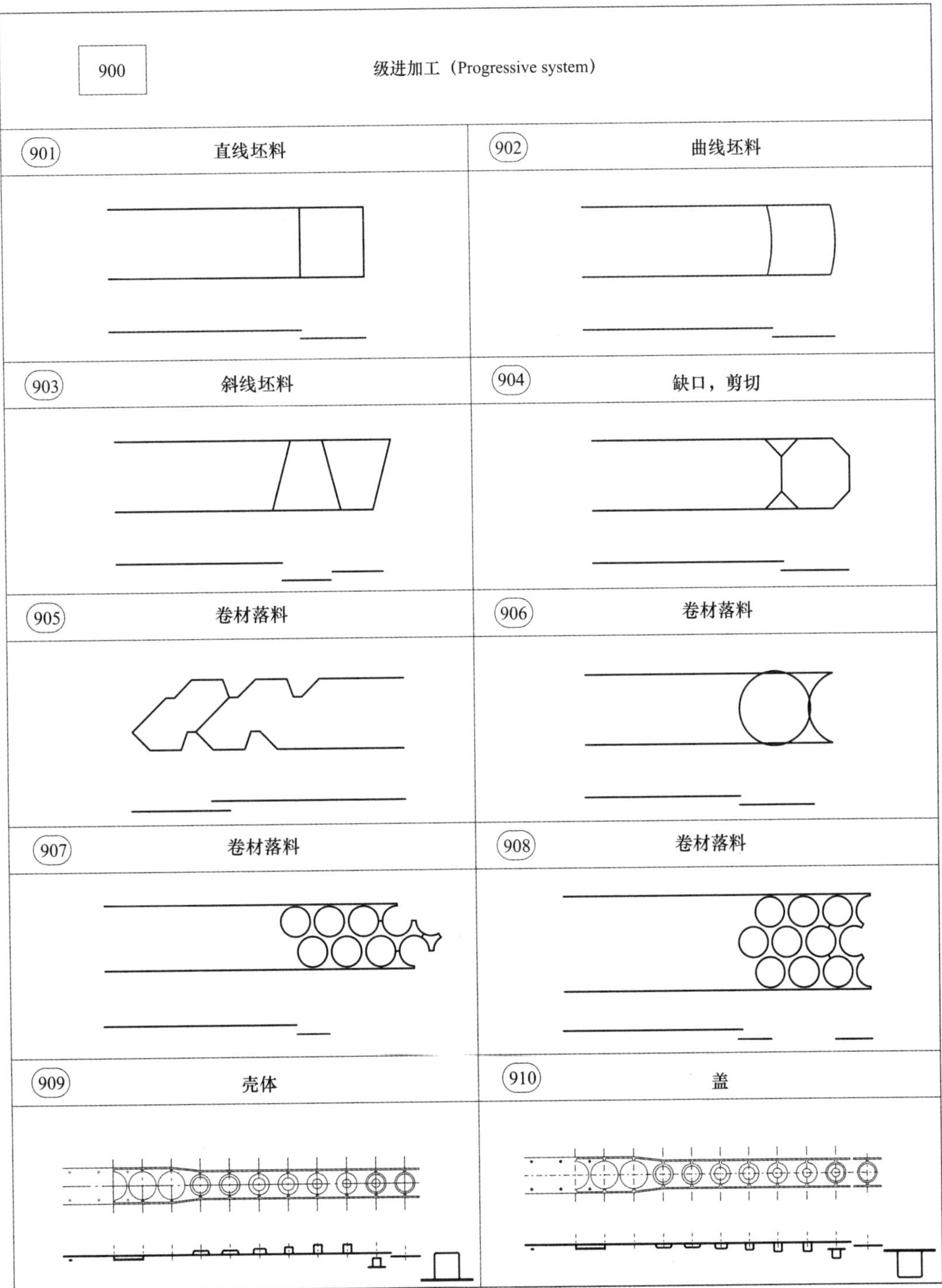
900
级进加工（Progressive system）
901
直线坯料
902
曲线坯料
903
斜线坯料
904
缺口，剪切
905
卷材落料
906
卷材落料
907
卷材落料
908
卷材落料
909
壳体
910
盖

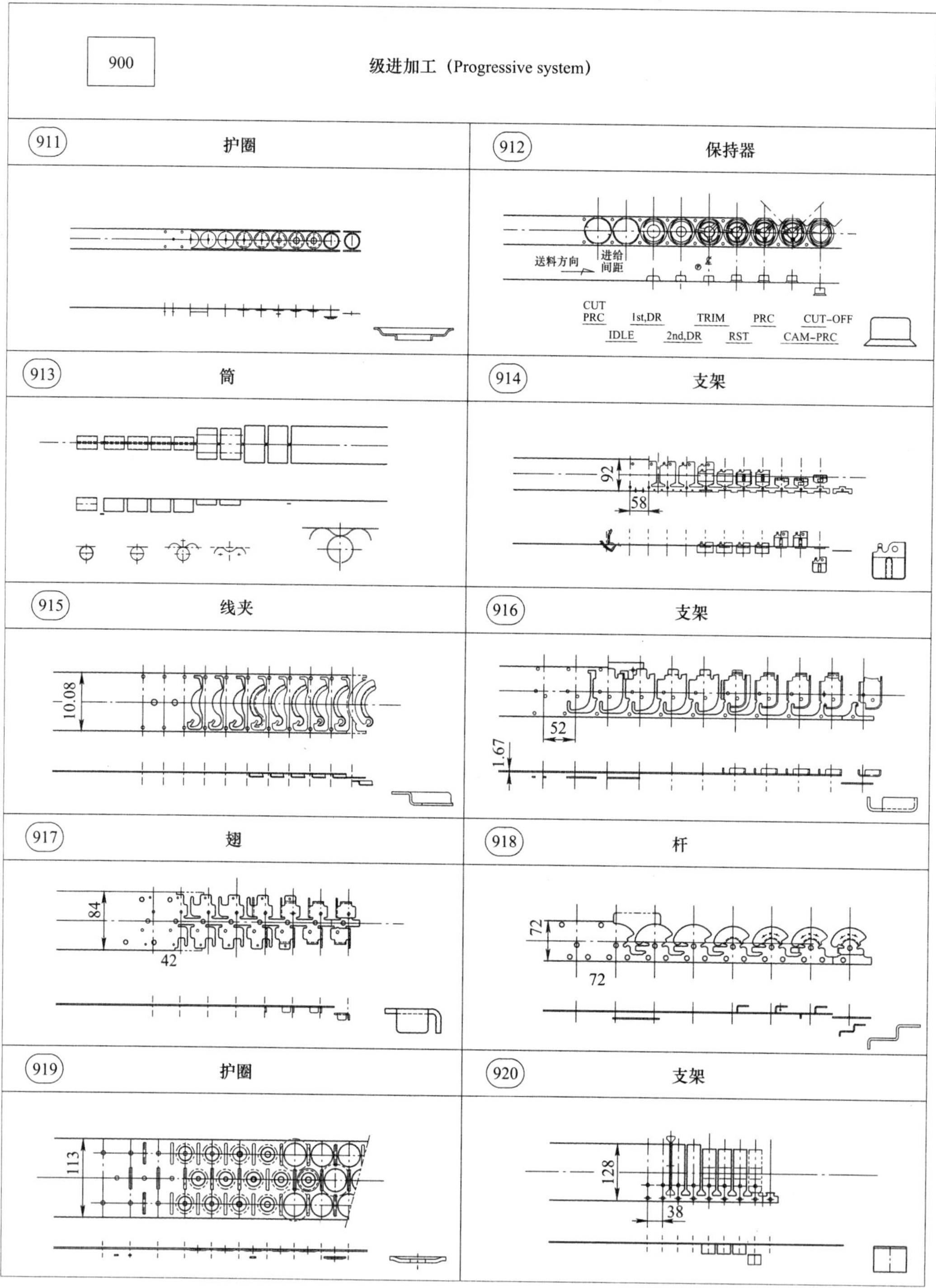
900
级进加工（Progressive system）
911
护圈
912
保持器
送料方向
进给间距
CUT
PRC
1st,DR
TRIM
PRC
CUT-OFF
IDLE
2nd,DR
RST
CAM-PRC
913
筒
914
支架
92
58
915
线夹
10.08
916
支架
52
1.67
917
翅
84
42
918
杆
72
72
919
护圈
113
920
支架
128
38

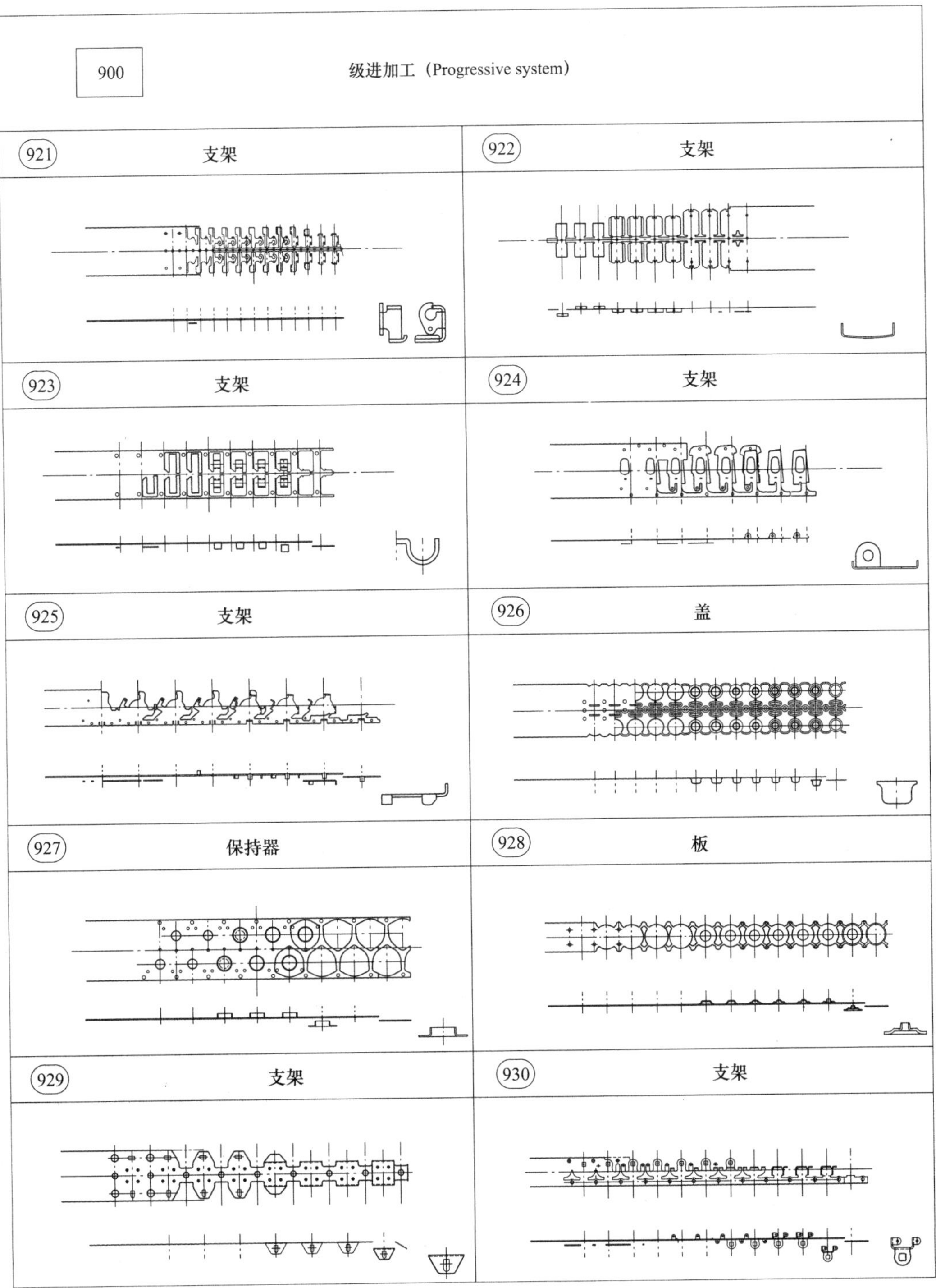

900
级进加工（Progressive system）
921 支架
922 支架
923 支架
924 支架
925 支架
926 盖
927 保持器
928 板
929 支架
930 支架

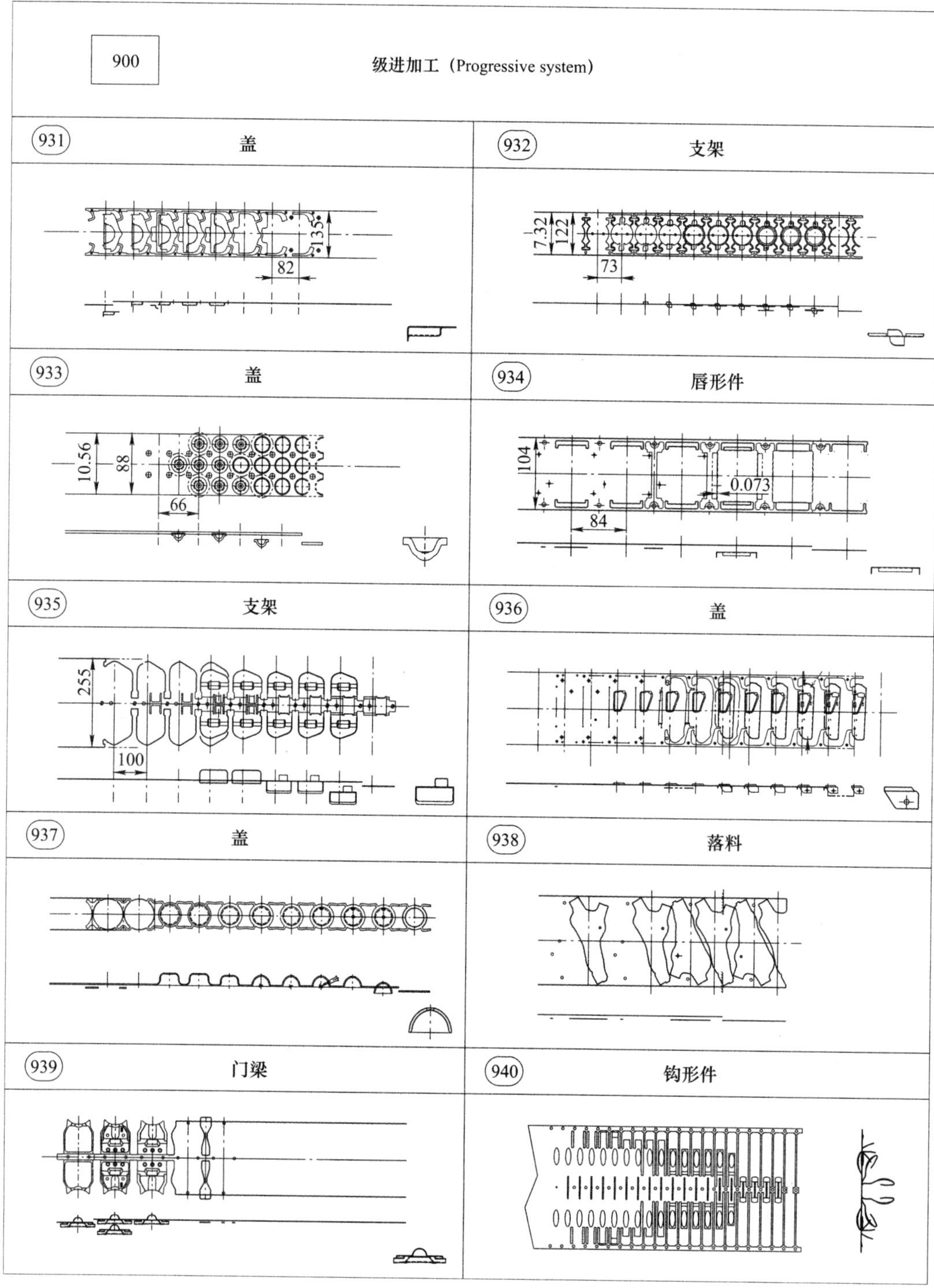
900
级进加工（Progressive system）
931
盖
82
135
932
支架
7.32
122
73
933
盖
10.56
88
66
934
唇形件
104
0.073
84
935
支架
255
100
936
盖
937
盖
938
落料
939
门梁
940
钩形件

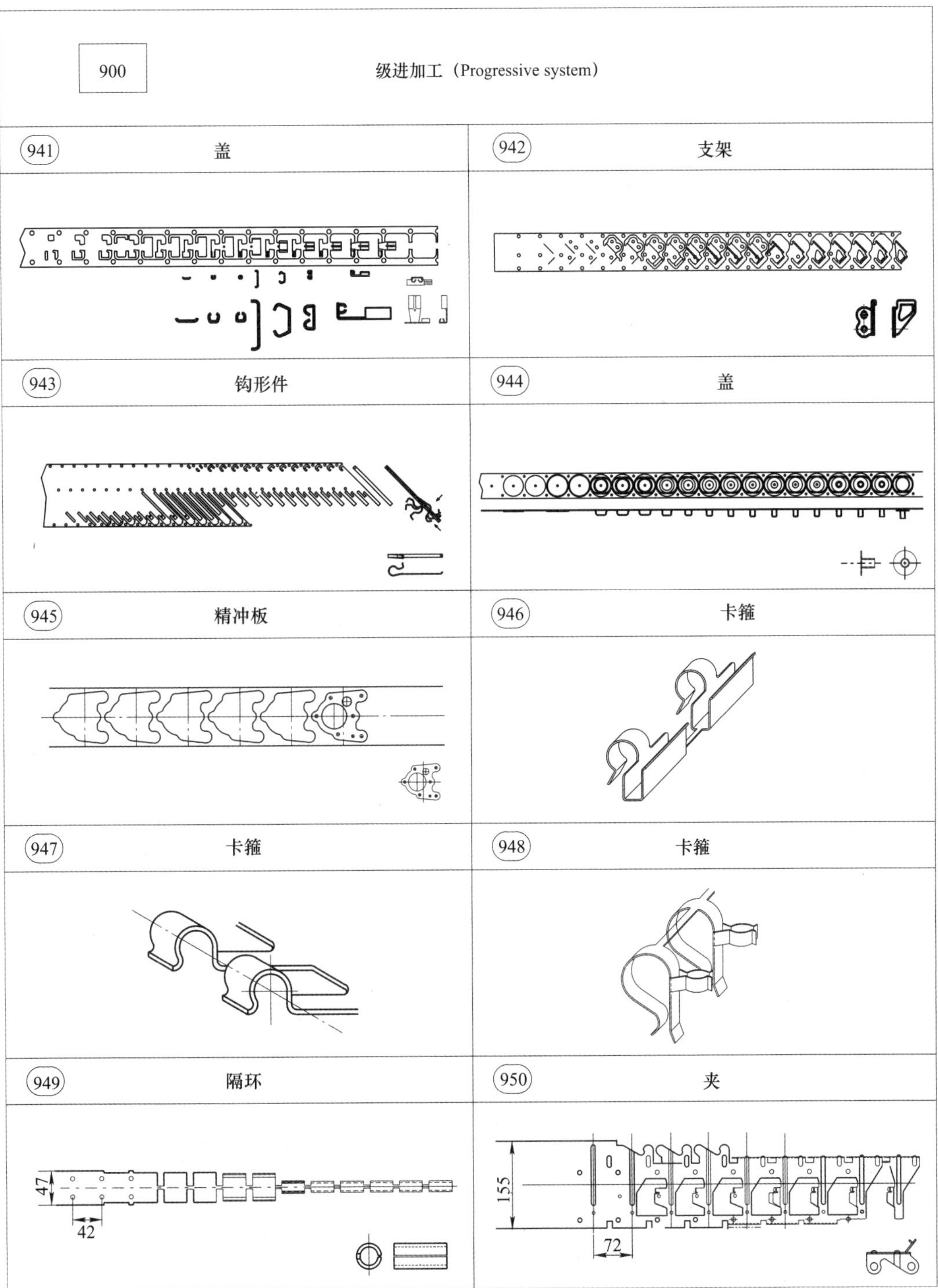
900
级进加工（Progressive system）
941
盖
942
支架
943
钩形件
944
盖
945
精冲板
946
卡箍
947
卡箍
948
卡箍
949
隔环
47
42
950
夹
155
72

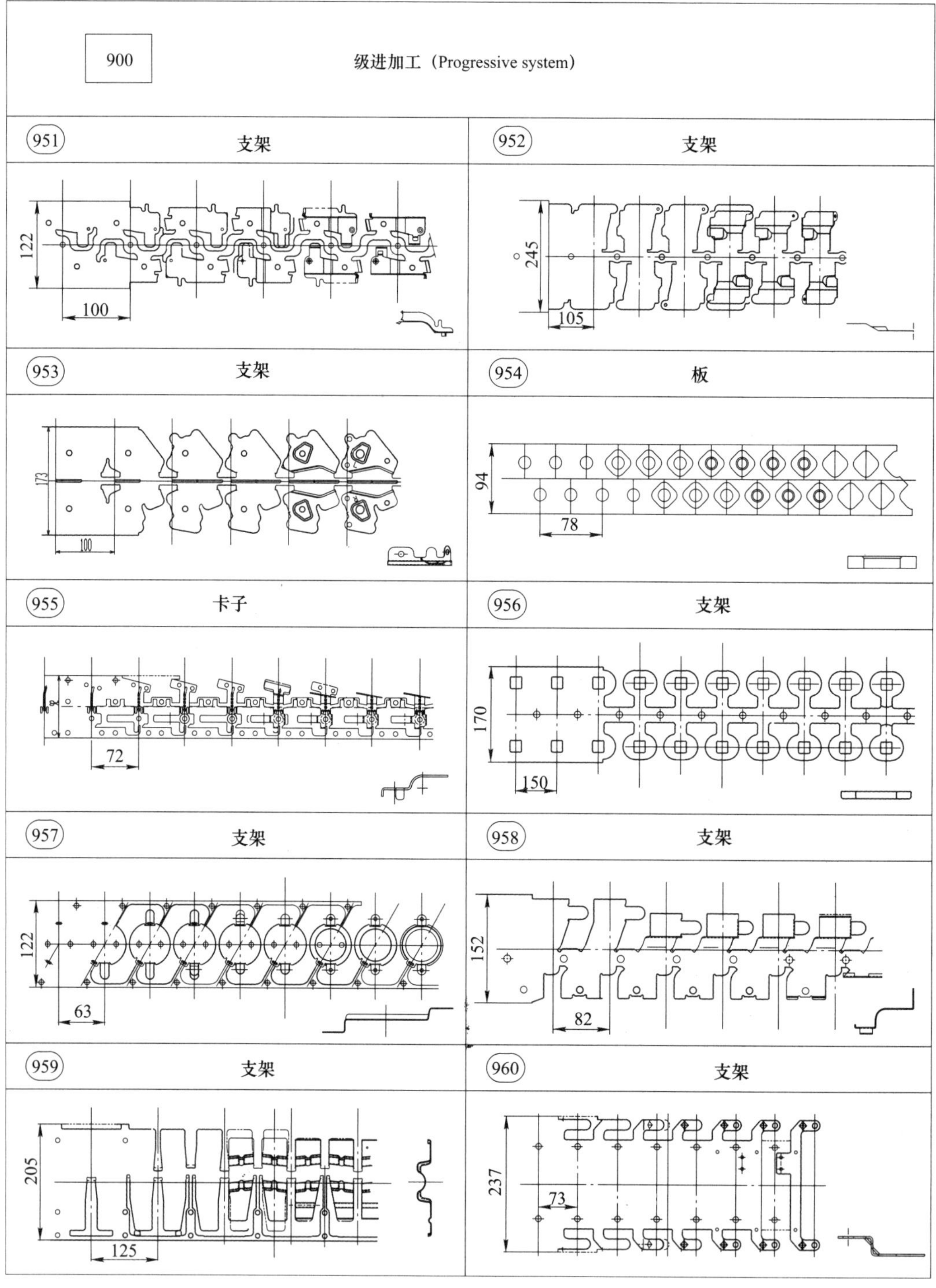
900
级进加工（Progressive system）
951 支架
122
100
952 支架
245
105
953 支架
173
100
954 板
94
78
955 卡子
72
956 支架
170
150
957 支架
122
63
958 支架
152
82
959 支架
205
125
960 支架
237
73

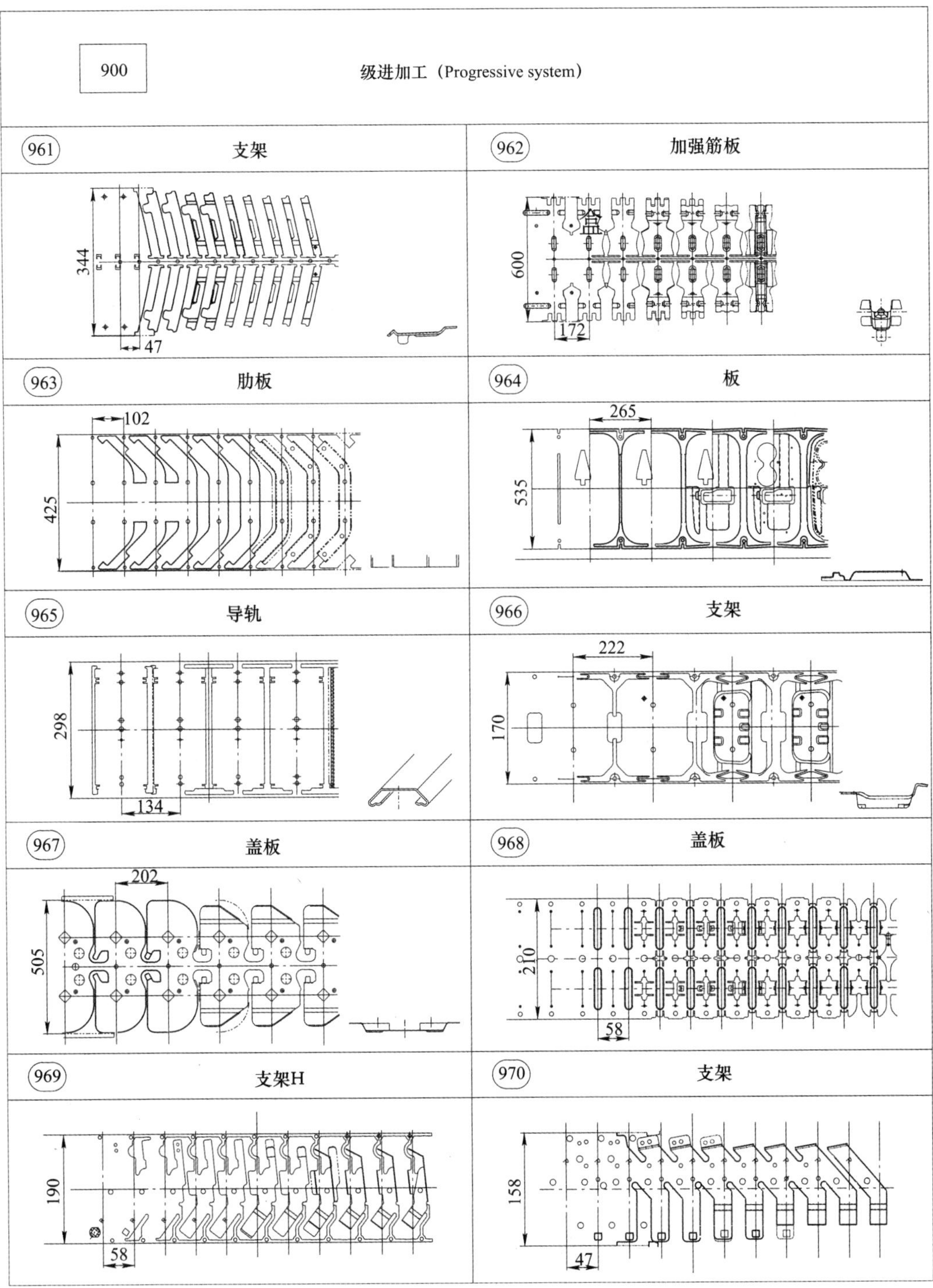

900
级进加工（Progressive system）
961 支架
344
47
962 加强筋板
600
172
963 肋板
102
425
964 板
265
535
965 导轨
298
134
966 支架
222
170
967 盖板
202
505
968 盖板
210
58
969 支架H
190
58
970 支架
158
47

3.3.3 折弯加工

1000	折弯加工（T/F）（Transfer）	
(1001) 支架	(1002) 连接板	(1003) 轨道
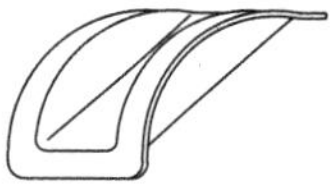	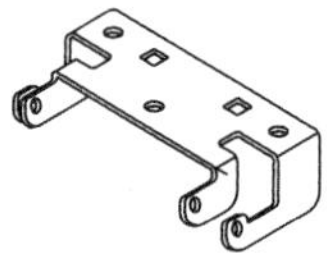	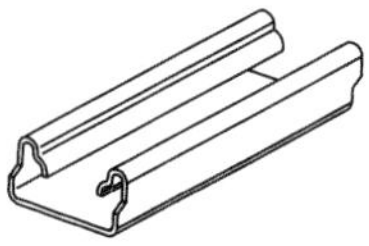
(1004) 铰链	(1005) 卡箍	(1006) 铰链
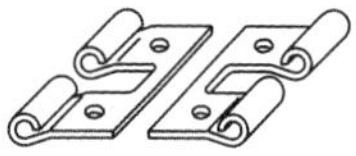	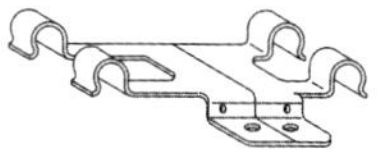	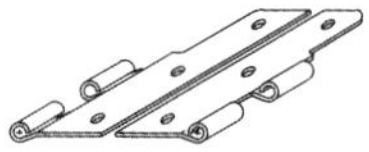
(1007) 支架	(1008) 摄入（上）	(1009) 支架
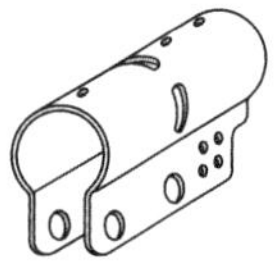	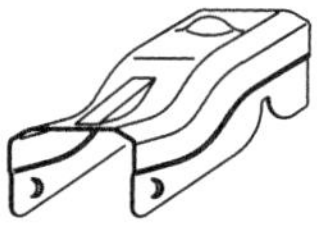	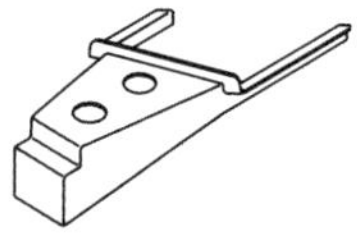
(1010) 盖	(1011) 导轨	(1012) 盖板
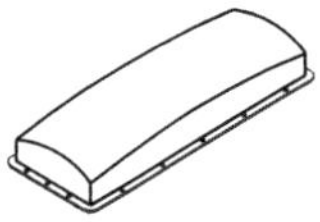	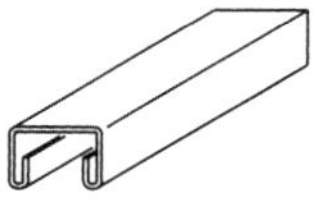	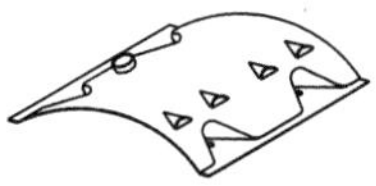
(1013) 轴卡	(1014) 支架	(1015) 管材
	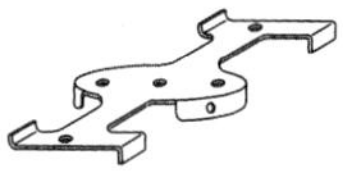	

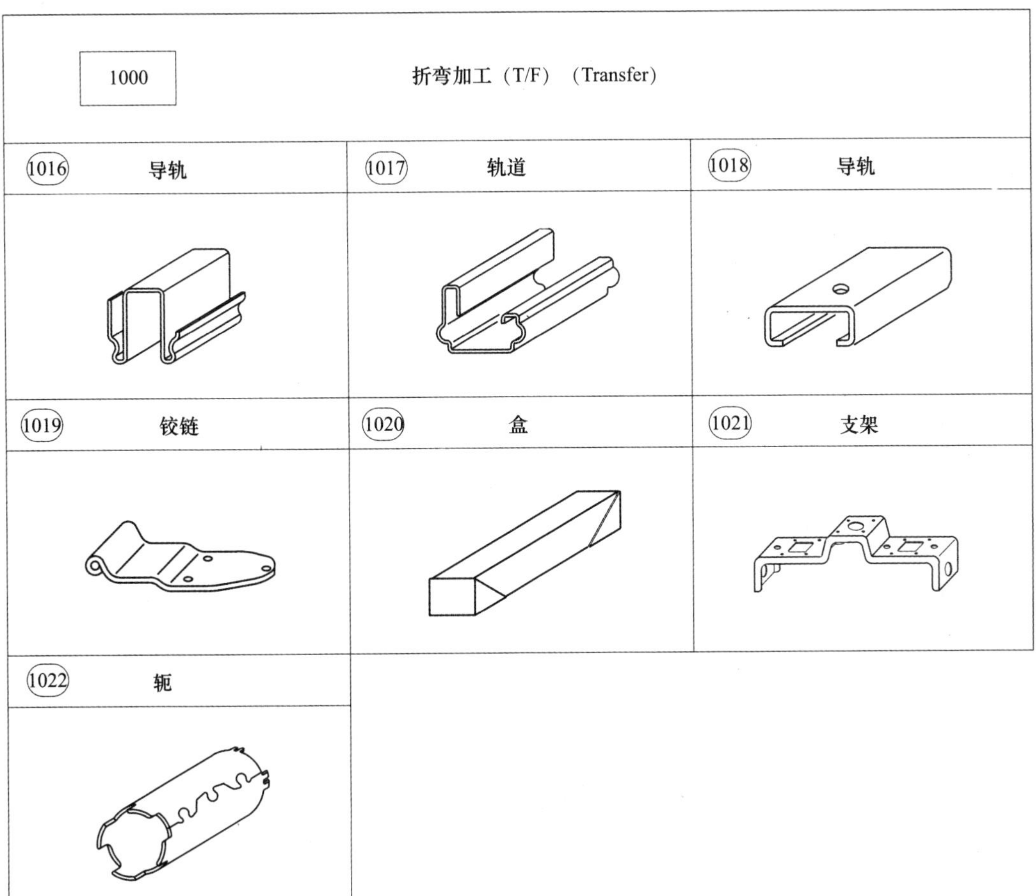
1000
折弯加工（T/F）（Transfer）
1016 导轨
1017 轨道
1018 导轨
1019 铰链
1020 盒
1021 支架
1022 轭

3.3.4 各种成形

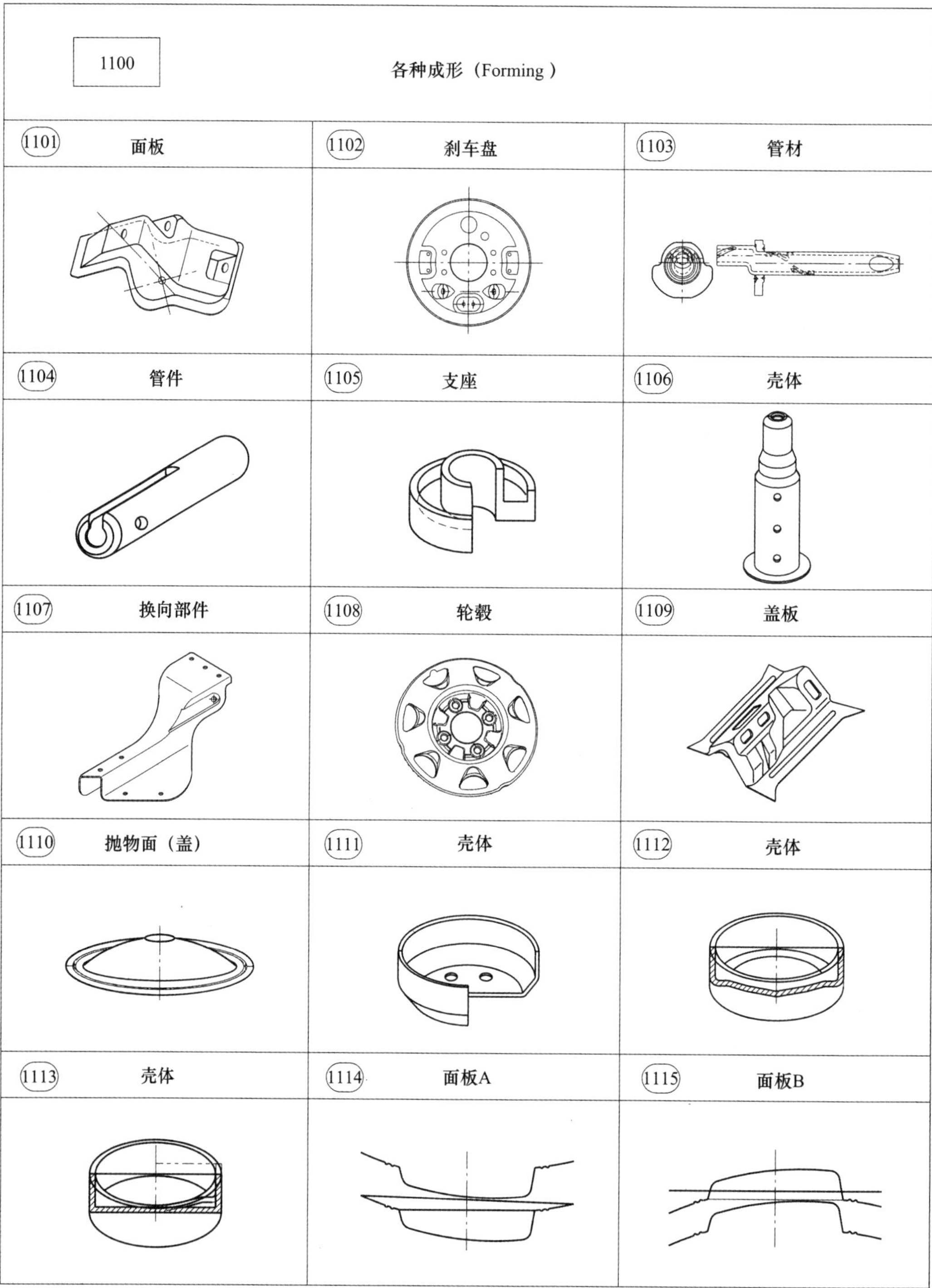
1100
各种成形（Forming）
1101 面板
1102 刹车盘
1103 管材
1104 管件
1105 支座
1106 壳体
1107 换向部件
1108 轮毂
1109 盖板
1110 抛物面（盖）
1111 壳体
1112 壳体
1113 壳体
1114 面板A
1115 面板B

3.3.5 冷间锻造

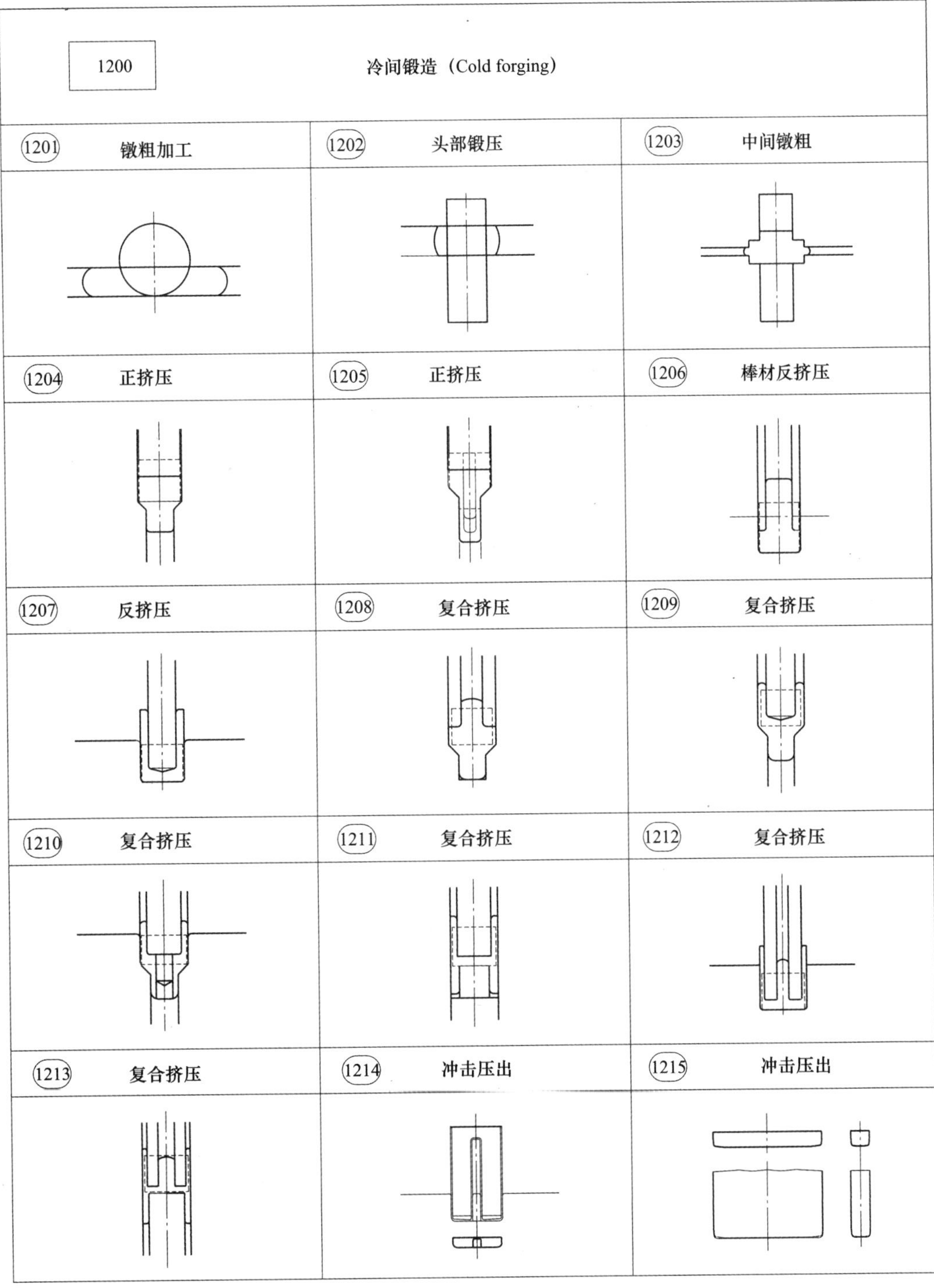
1200
冷间锻造（Cold forging）
1201 镦粗加工
1202 头部锻压
1203 中间镦粗
1204 正挤压
1205 正挤压
1206 棒材反挤压
1207 反挤压
1208 复合挤压
1209 复合挤压
1210 复合挤压
1211 复合挤压
1212 复合挤压
1213 复合挤压
1214 冲击压出
1215 冲击压出

3.4 金属冲压工艺图例

3.4.1 多工位自动搬送加工

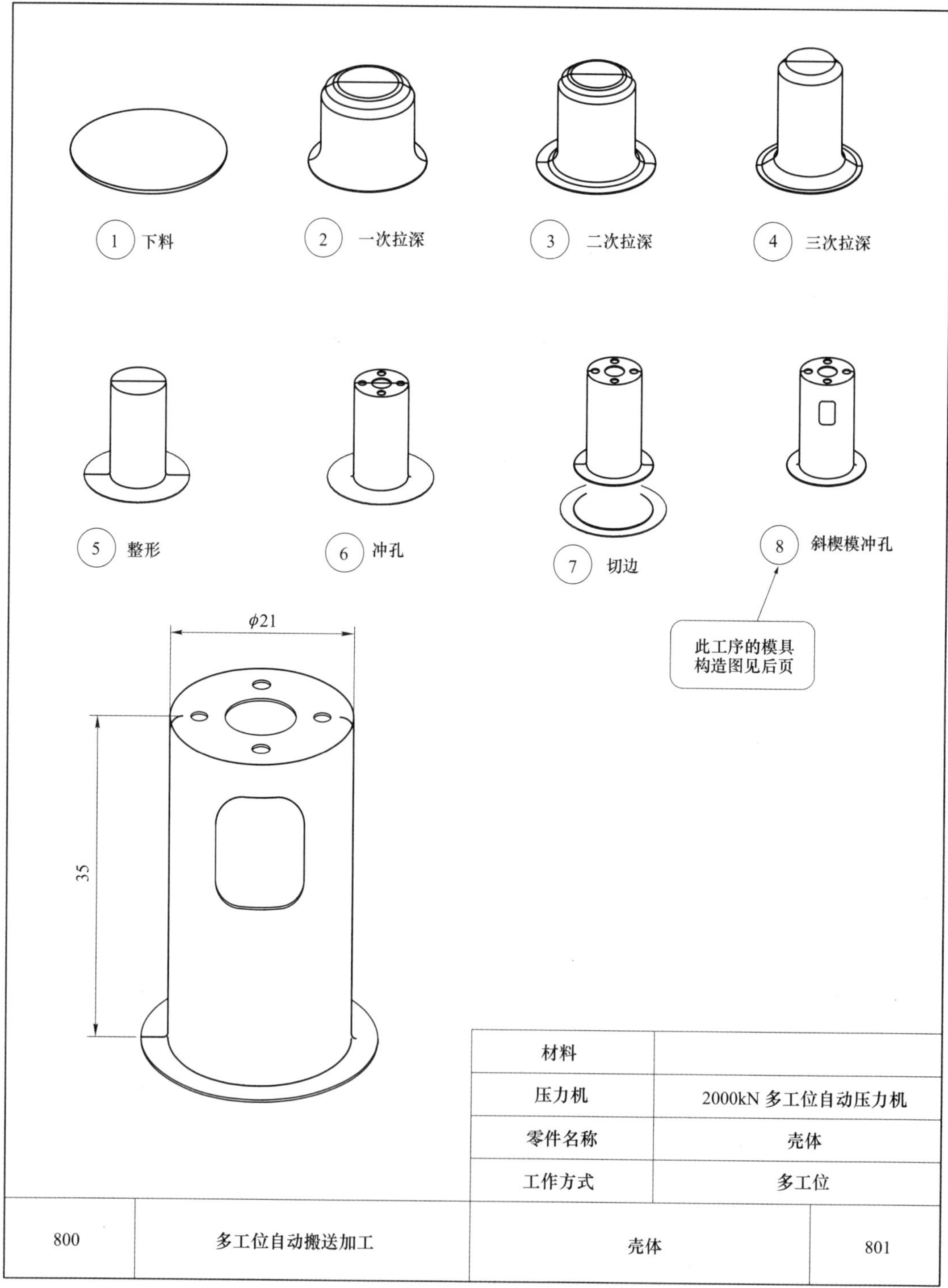

材料	
压力机	2000kN 多工位自动压力机
零件名称	壳体
工作方式	多工位

800	多工位自动搬送加工	壳体	801

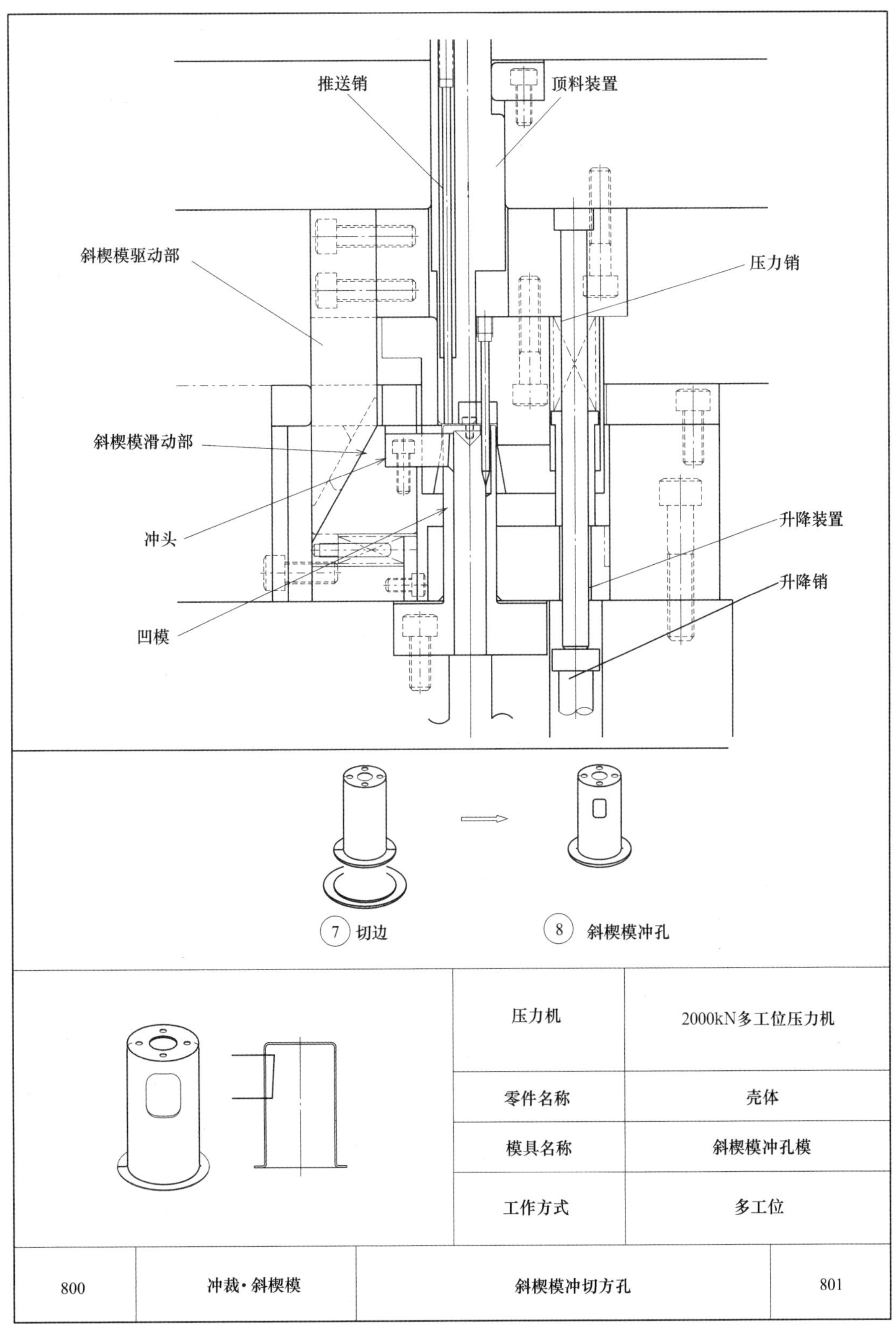

压力机	2000kN多工位压力机
零件名称	壳体
模具名称	斜楔模冲孔模
工作方式	多工位

800	冲裁·斜楔模	斜楔模冲切方孔	801

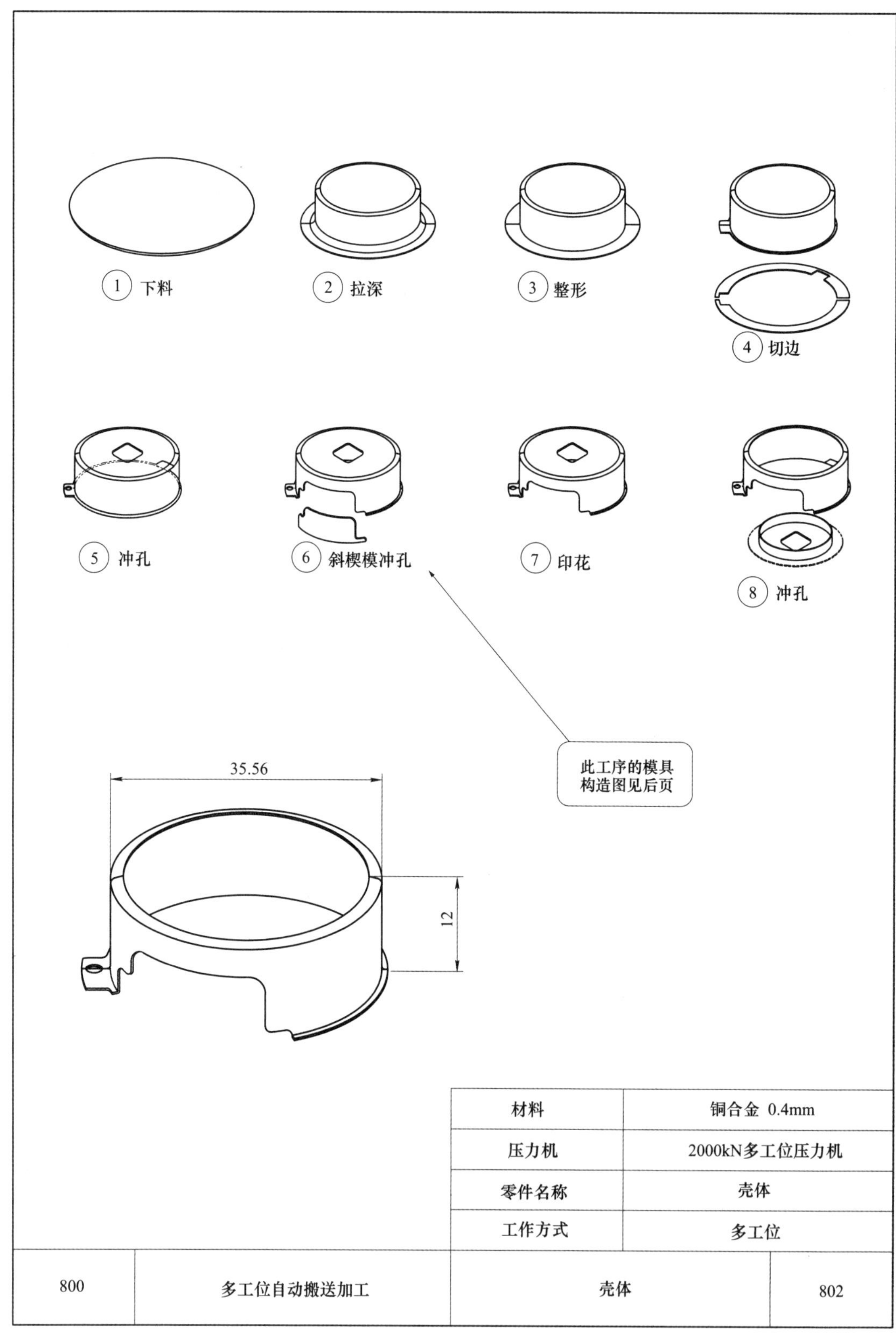

材料	铜合金 0.4mm
压力机	2000kN多工位压力机
零件名称	壳体
工作方式	多工位

800	多工位自动搬送加工	壳体	802

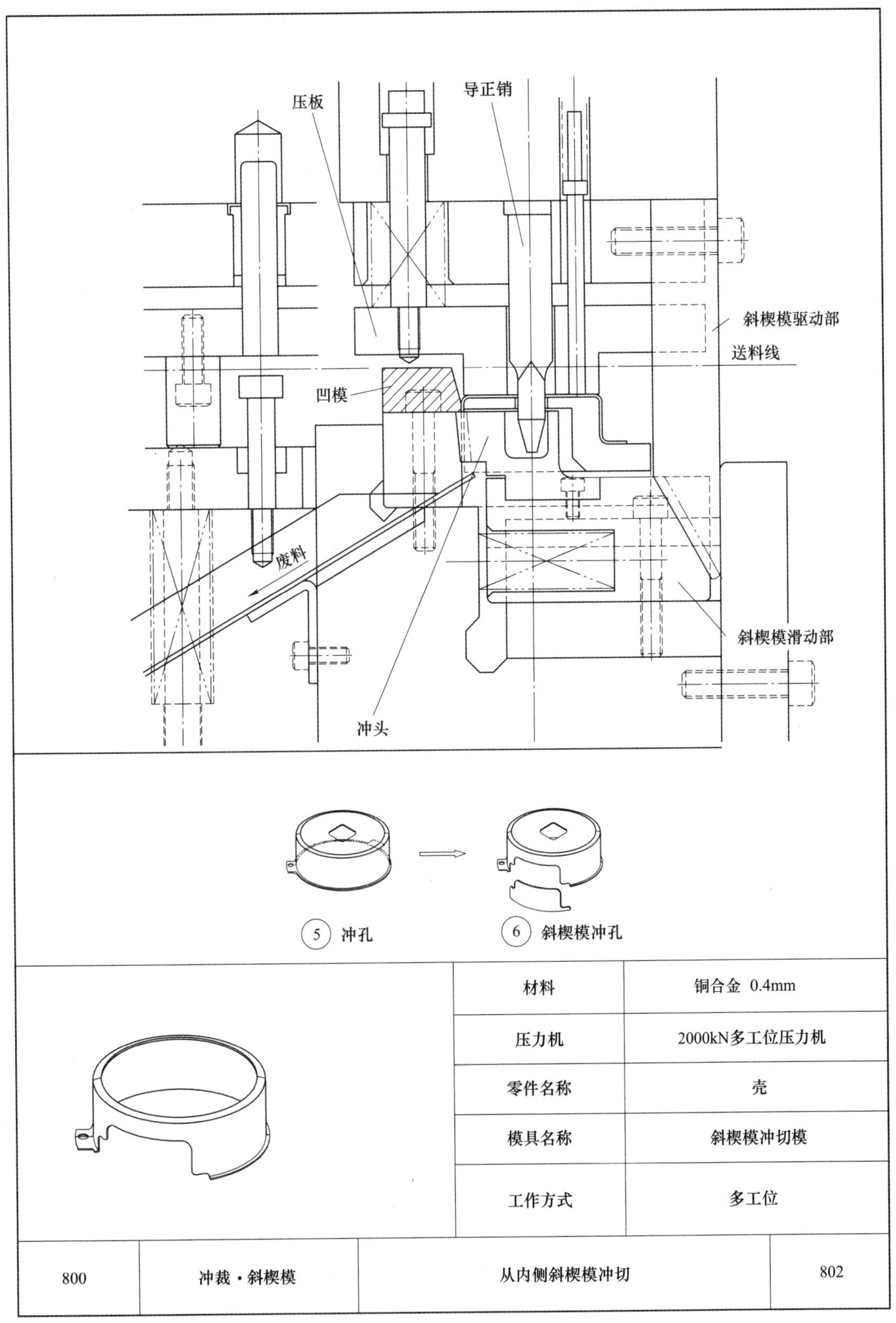

材料	铜合金 0.4mm
压力机	2000kN多工位压力机
零件名称	壳
模具名称	斜楔模冲切模
工作方式	多工位

800	冲裁·斜楔模	从内侧斜楔模冲切	802

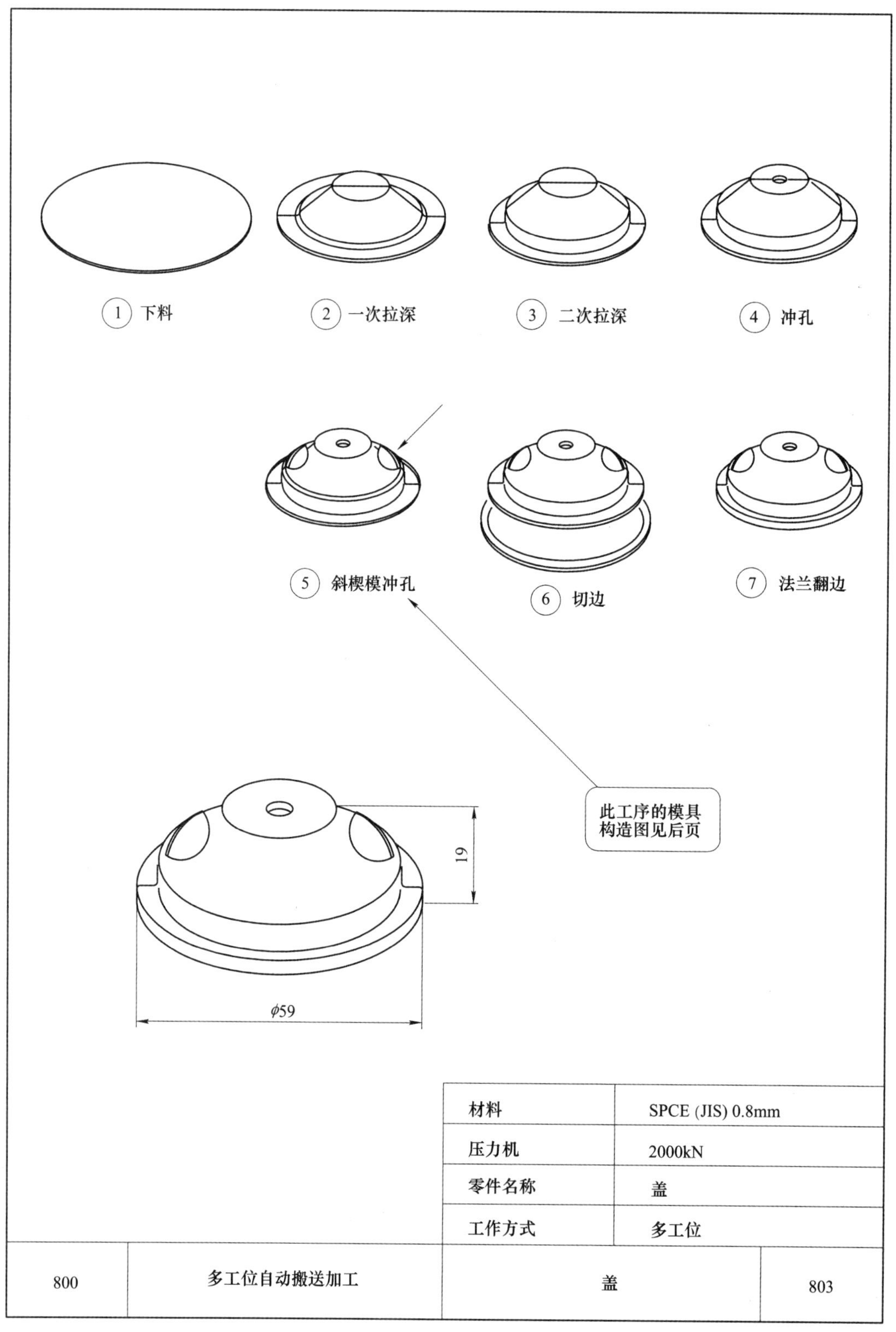

材料	SPCE (JIS) 0.8mm
压力机	2000kN
零件名称	盖
工作方式	多工位

800	多工位自动搬送加工	盖	803

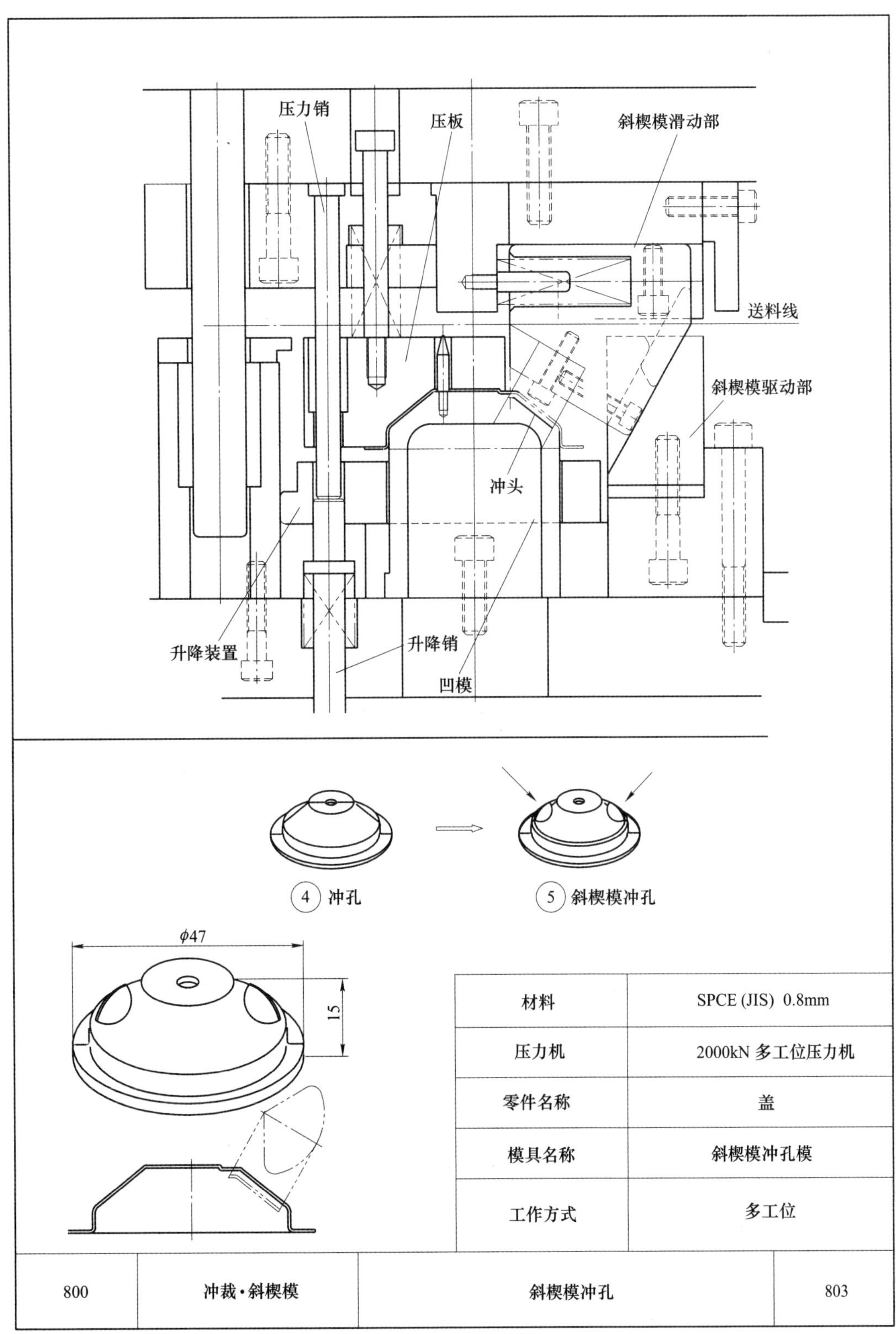

材料	SPCE (JIS) 0.8mm
压力机	2000kN 多工位压力机
零件名称	盖
模具名称	斜楔模冲孔模
工作方式	多工位

800	冲裁·斜楔模	斜楔模冲孔	803

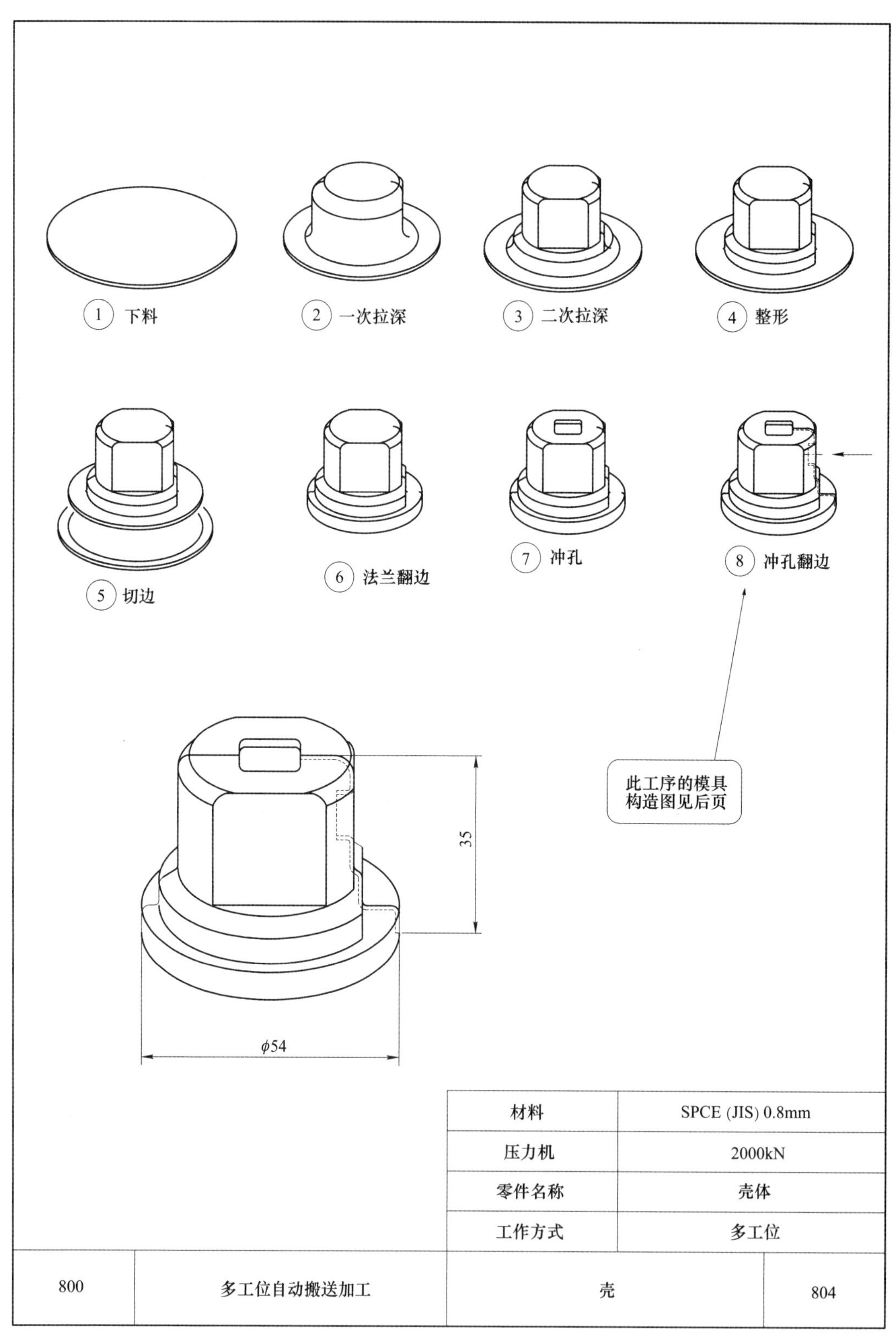

材料	SPCE (JIS) 0.8mm
压力机	2000kN
零件名称	壳体
工作方式	多工位

800	多工位自动搬送加工	壳	804

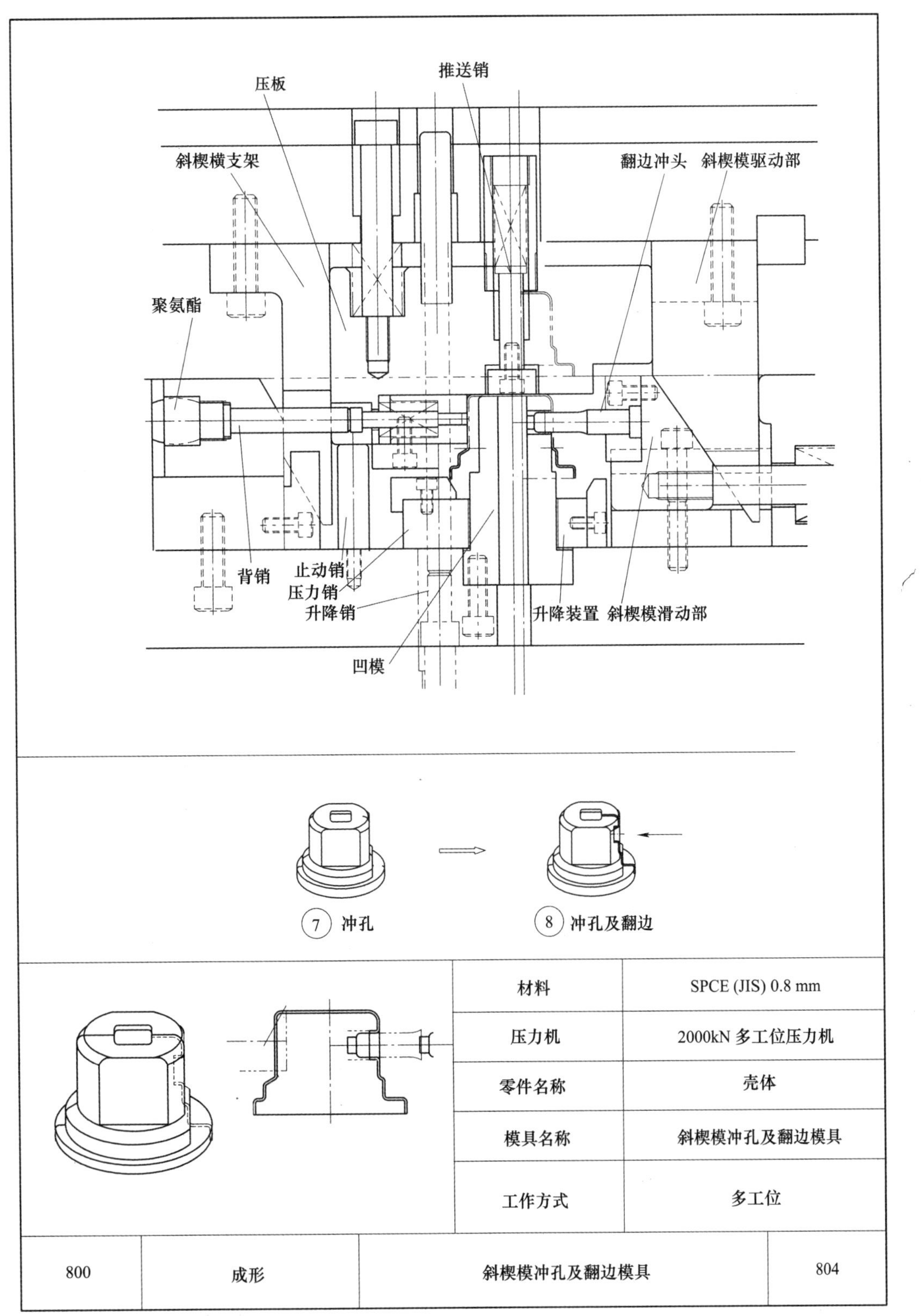

材料	SPCE (JIS) 0.8 mm
压力机	2000kN 多工位压力机
零件名称	壳体
模具名称	斜楔模冲孔及翻边模具
工作方式	多工位

800	成形	斜楔模冲孔及翻边模具	804

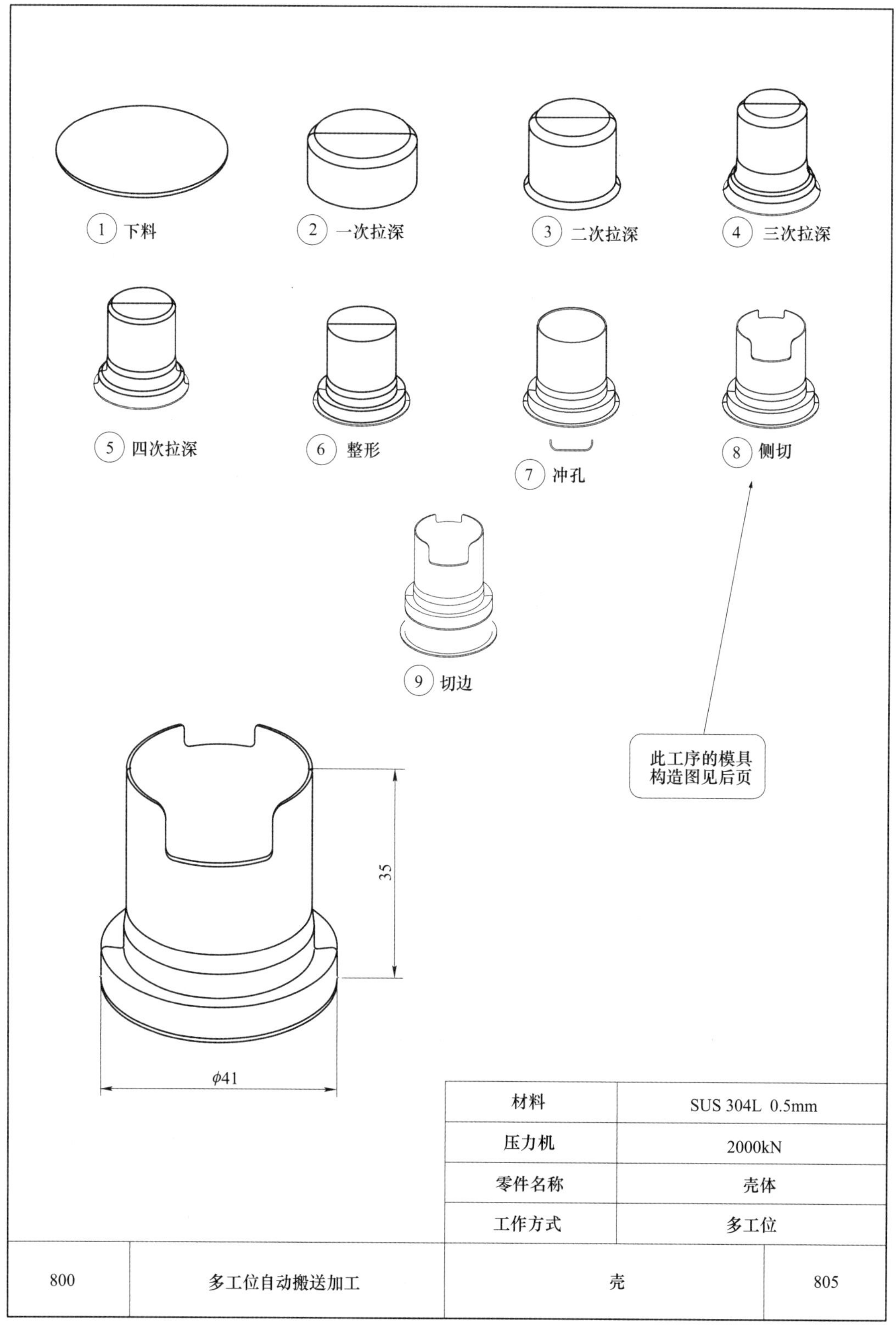

材料	SUS 304L 0.5mm
压力机	2000kN
零件名称	壳体
工作方式	多工位

800	多工位自动搬送加工	壳	805

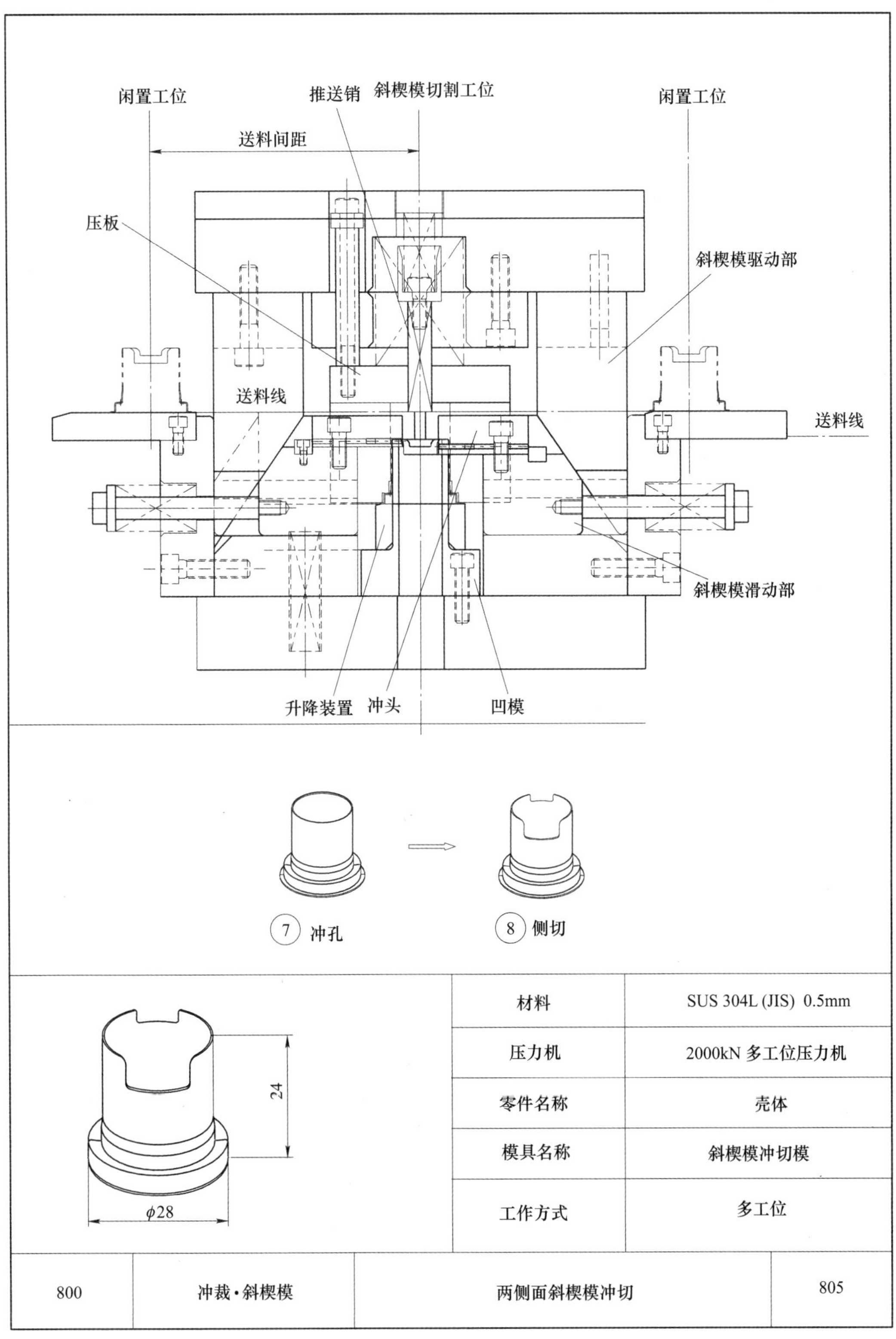

材料	SUS 304L (JIS) 0.5mm
压力机	2000kN 多工位压力机
零件名称	壳体
模具名称	斜楔模冲切模
工作方式	多工位

800	冲裁·斜楔模	两侧面斜楔模冲切	805

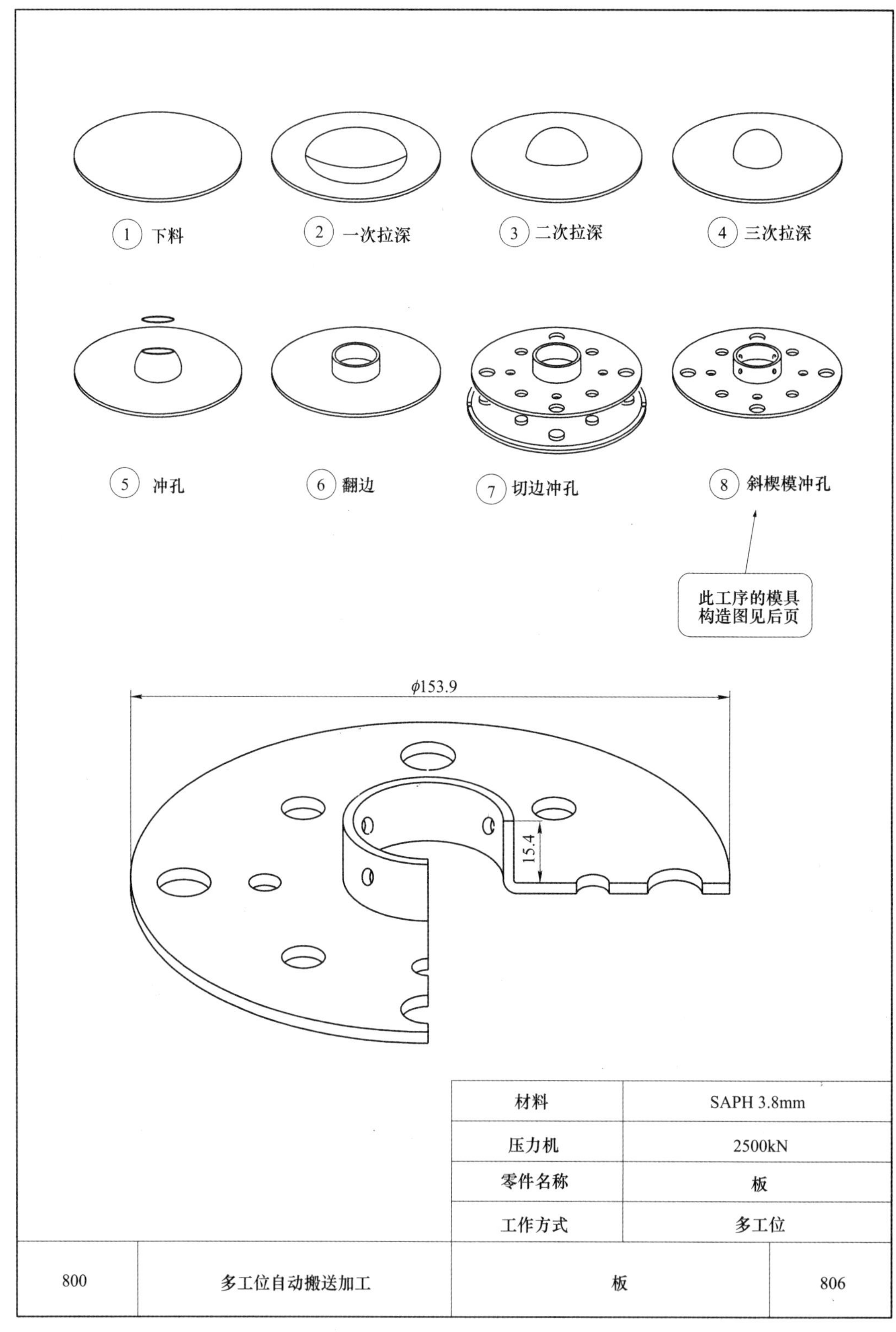

材料	SAPH 3.8mm
压力机	2500kN
零件名称	板
工作方式	多工位

800	多工位自动搬送加工	板	806

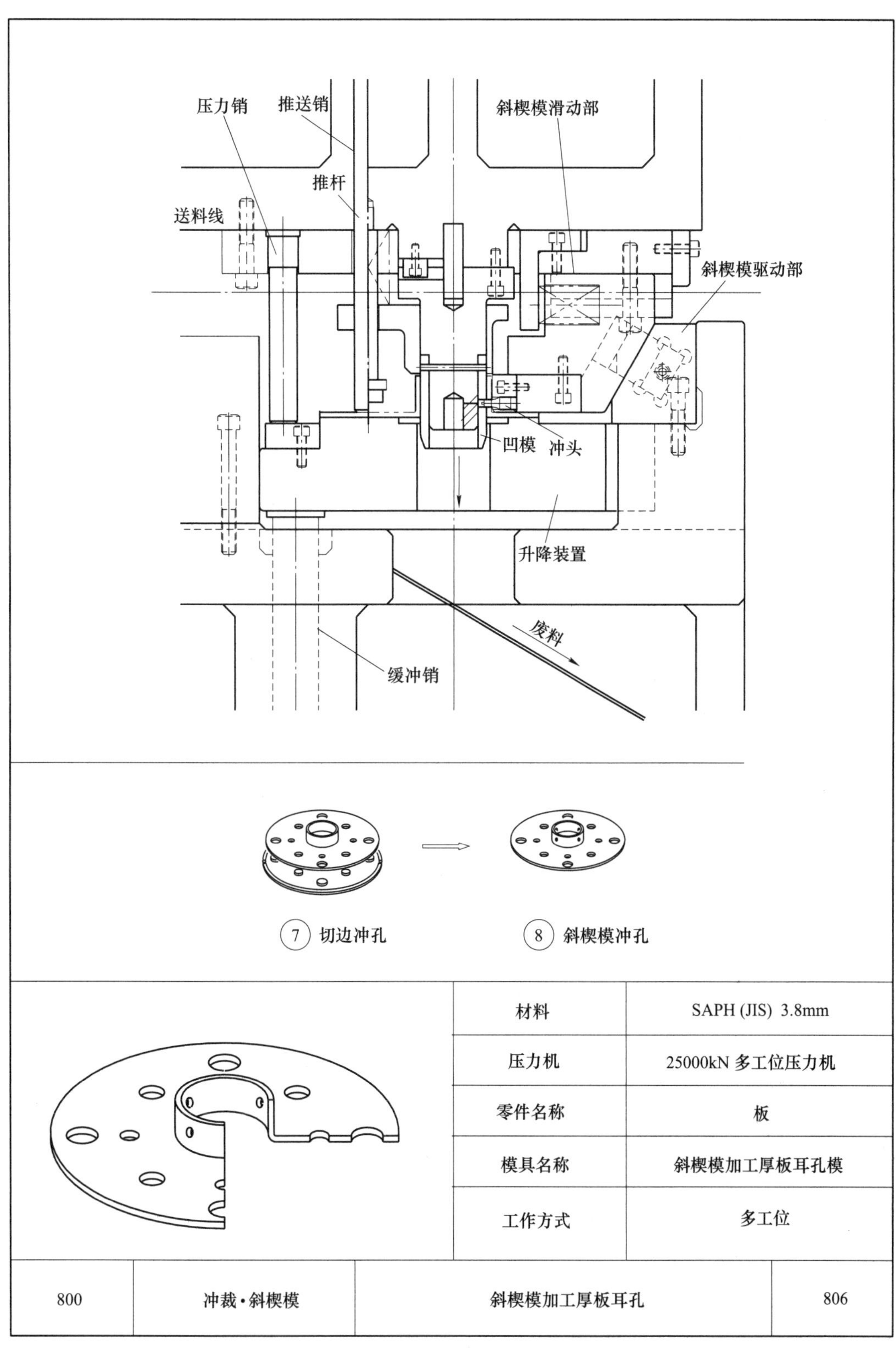

材料	SAPH (JIS) 3.8mm
压力机	25000kN 多工位压力机
零件名称	板
模具名称	斜楔模加工厚板耳孔模
工作方式	多工位

800	冲裁·斜楔模	斜楔模加工厚板耳孔	806

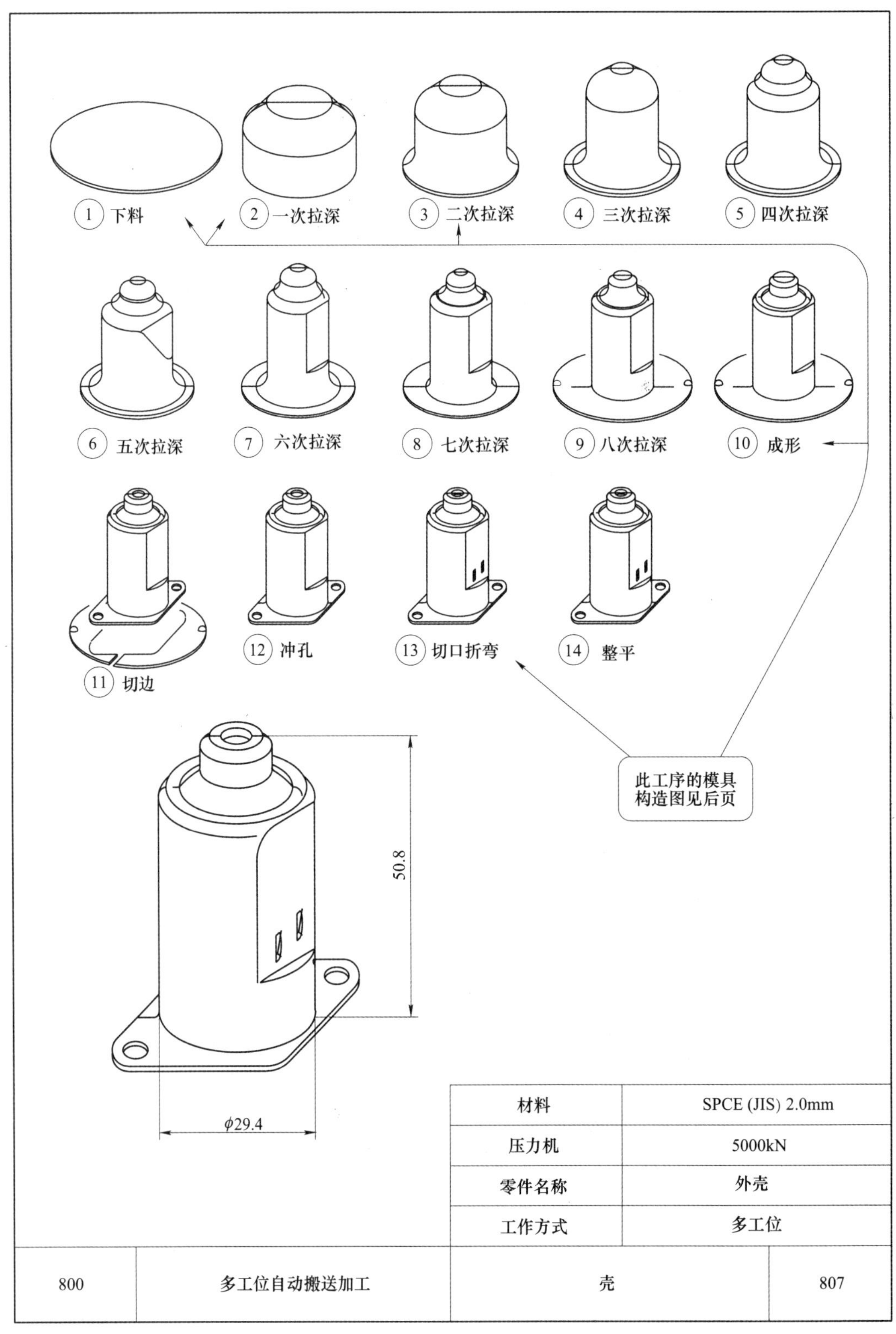

材料	SPCE (JIS) 2.0mm
压力机	5000kN
零件名称	外壳
工作方式	多工位

800	多工位自动搬送加工	壳	807

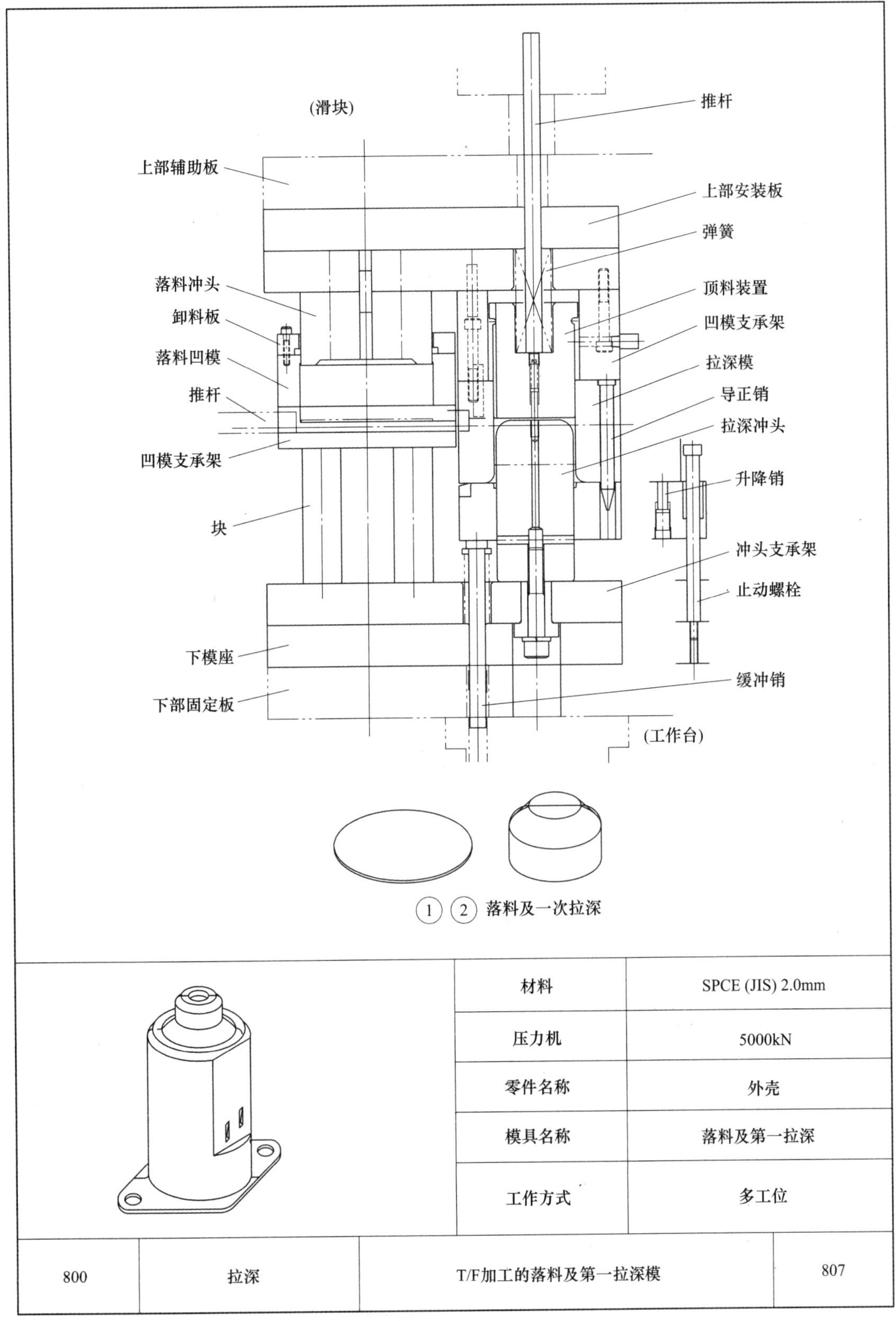

材料	SPCE (JIS) 2.0mm
压力机	5000kN
零件名称	外壳
模具名称	落料及第一拉深
工作方式	多工位

800	拉深	T/F加工的落料及第一拉深模	807

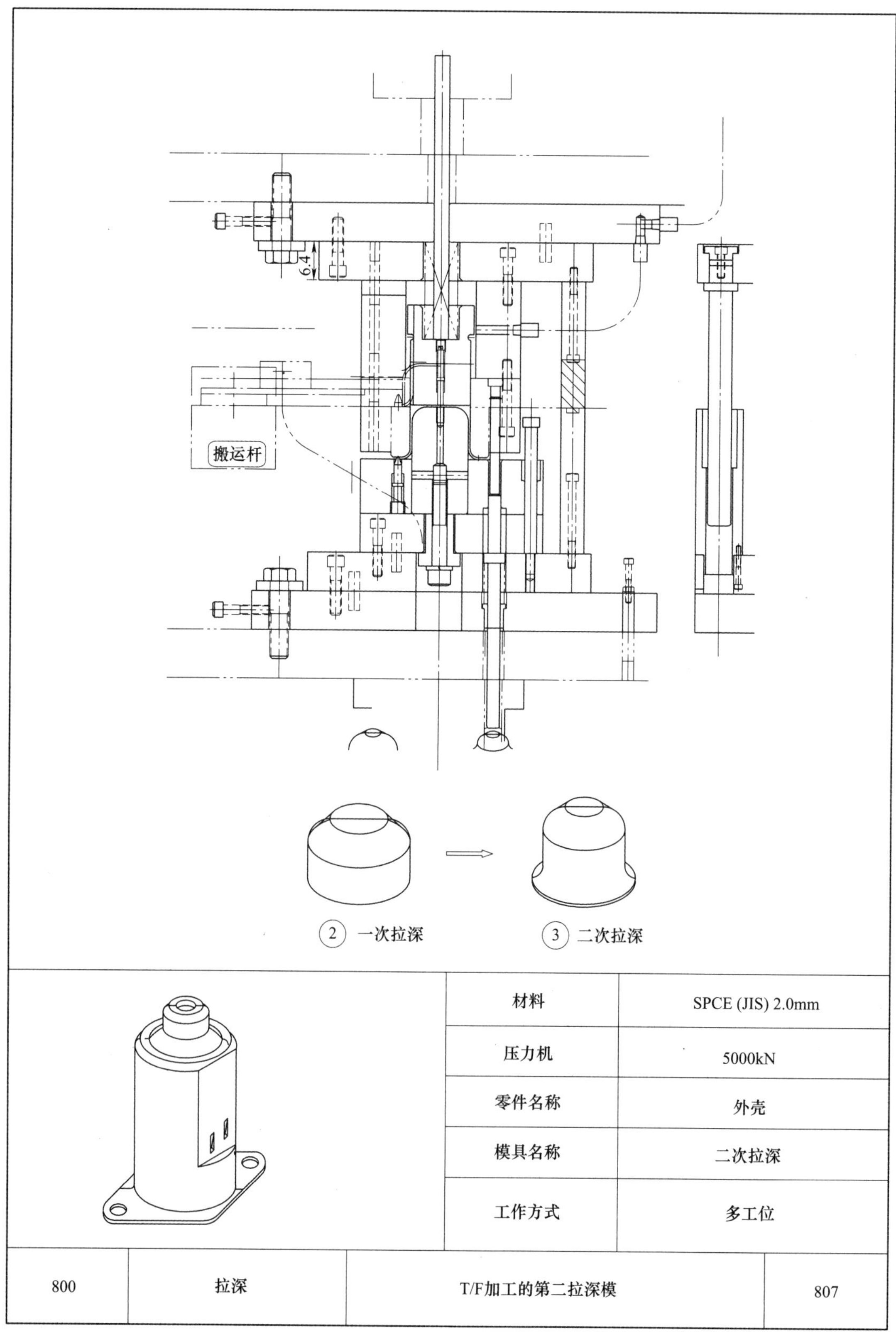

材料	SPCE (JIS) 2.0mm
压力机	5000kN
零件名称	外壳
模具名称	二次拉深
工作方式	多工位

800	拉深	T/F加工的第二拉深模	807

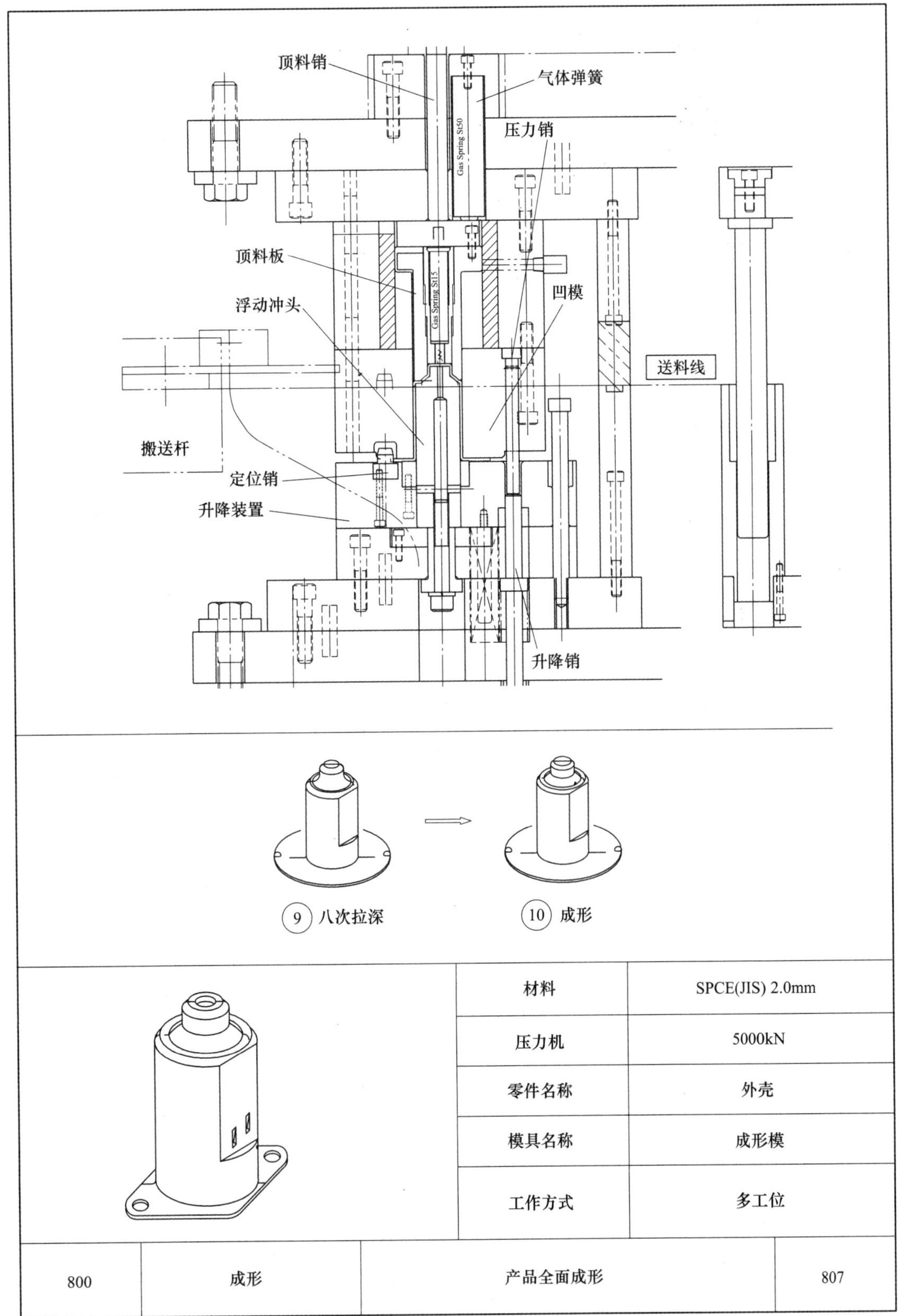

材料	SPCE(JIS) 2.0mm
压力机	5000kN
零件名称	外壳
模具名称	成形模
工作方式	多工位

800	成形	产品全面成形	807

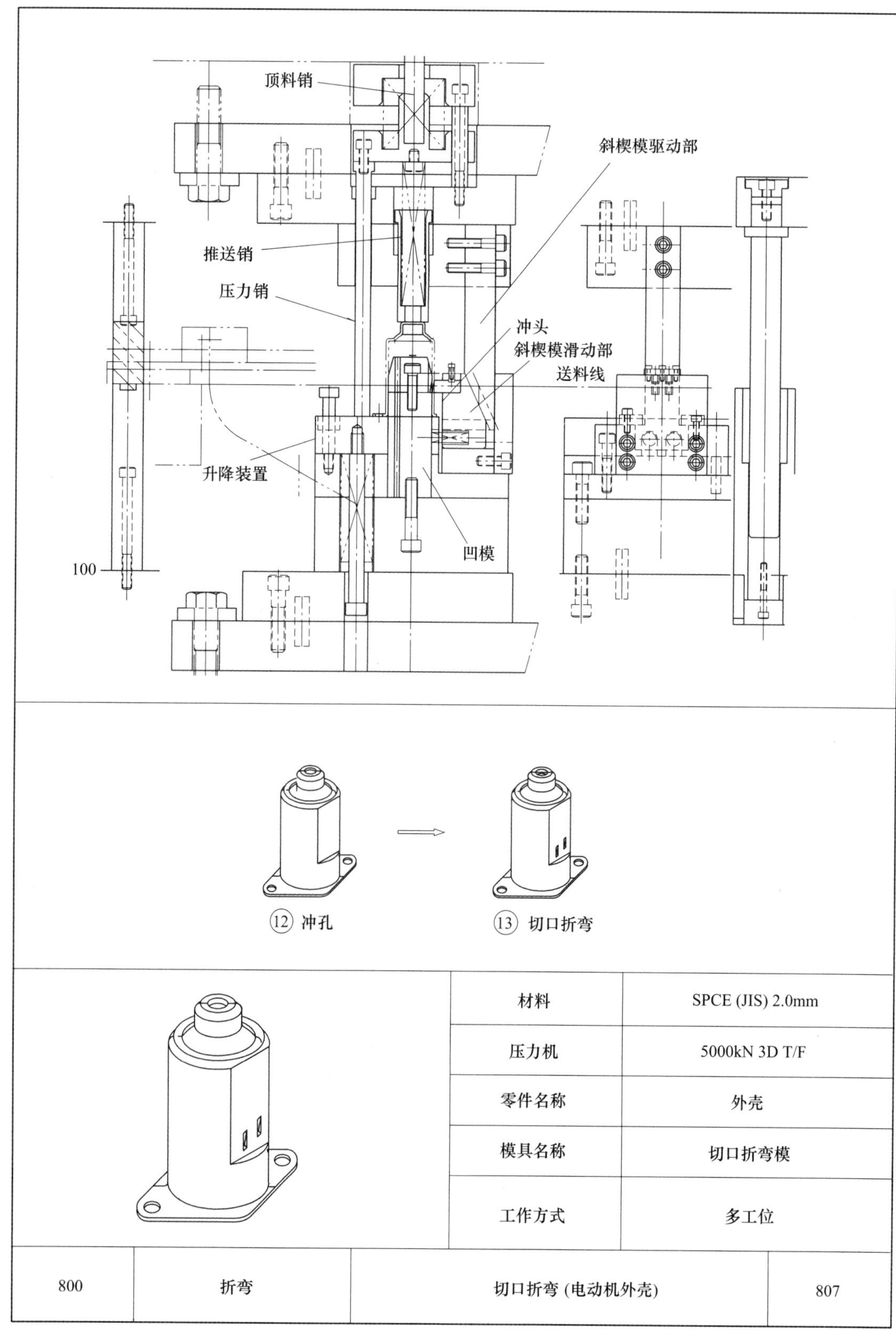

⑫ 冲孔 ⑬ 切口折弯

材料	SPCE (JIS) 2.0mm
压力机	5000kN 3D T/F
零件名称	外壳
模具名称	切口折弯模
工作方式	多工位

800	折弯	切口折弯 (电动机外壳)	807

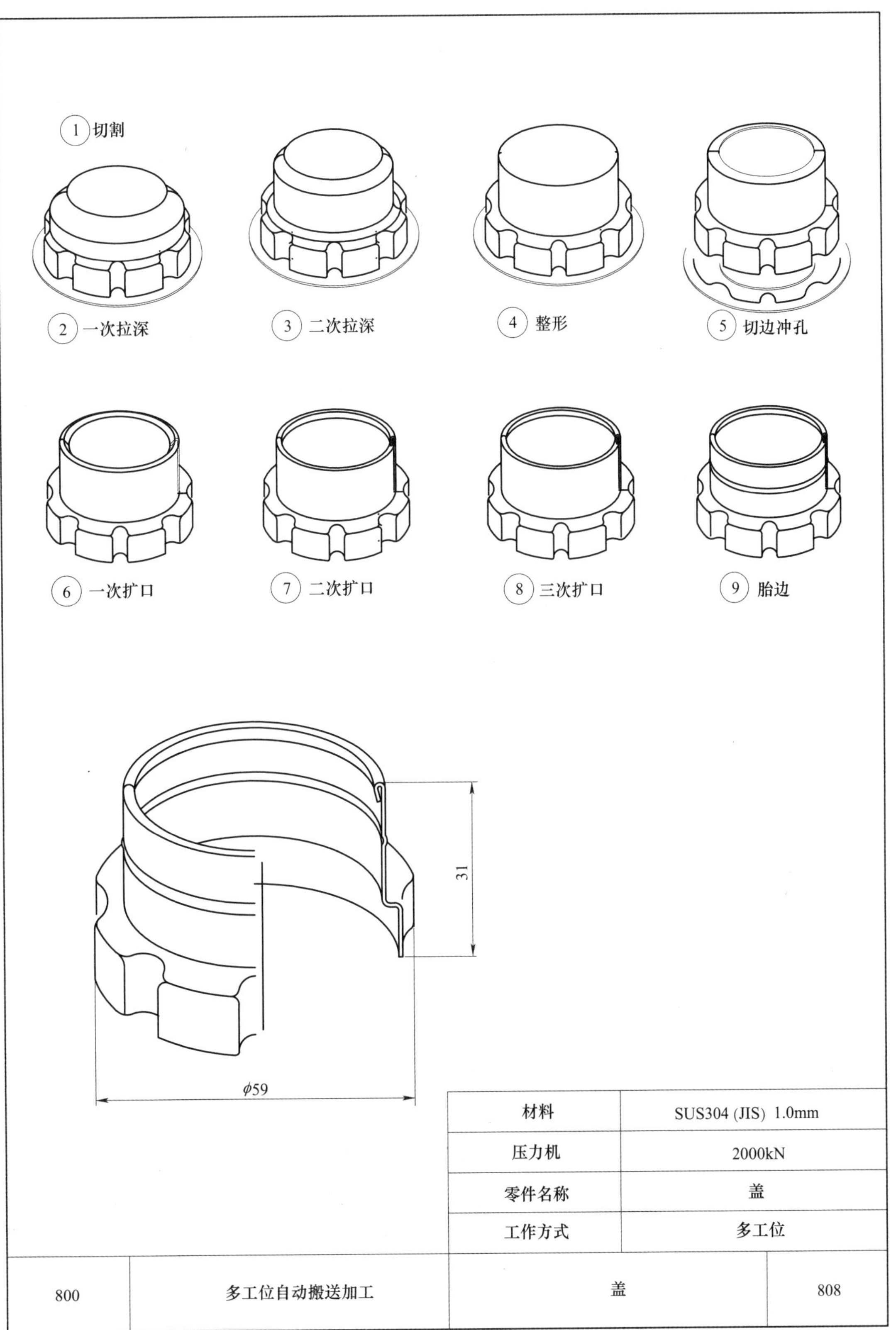

材料	SUS304 (JIS) 1.0mm
压力机	2000kN
零件名称	盖
工作方式	多工位

800	多工位自动搬送加工	盖	808

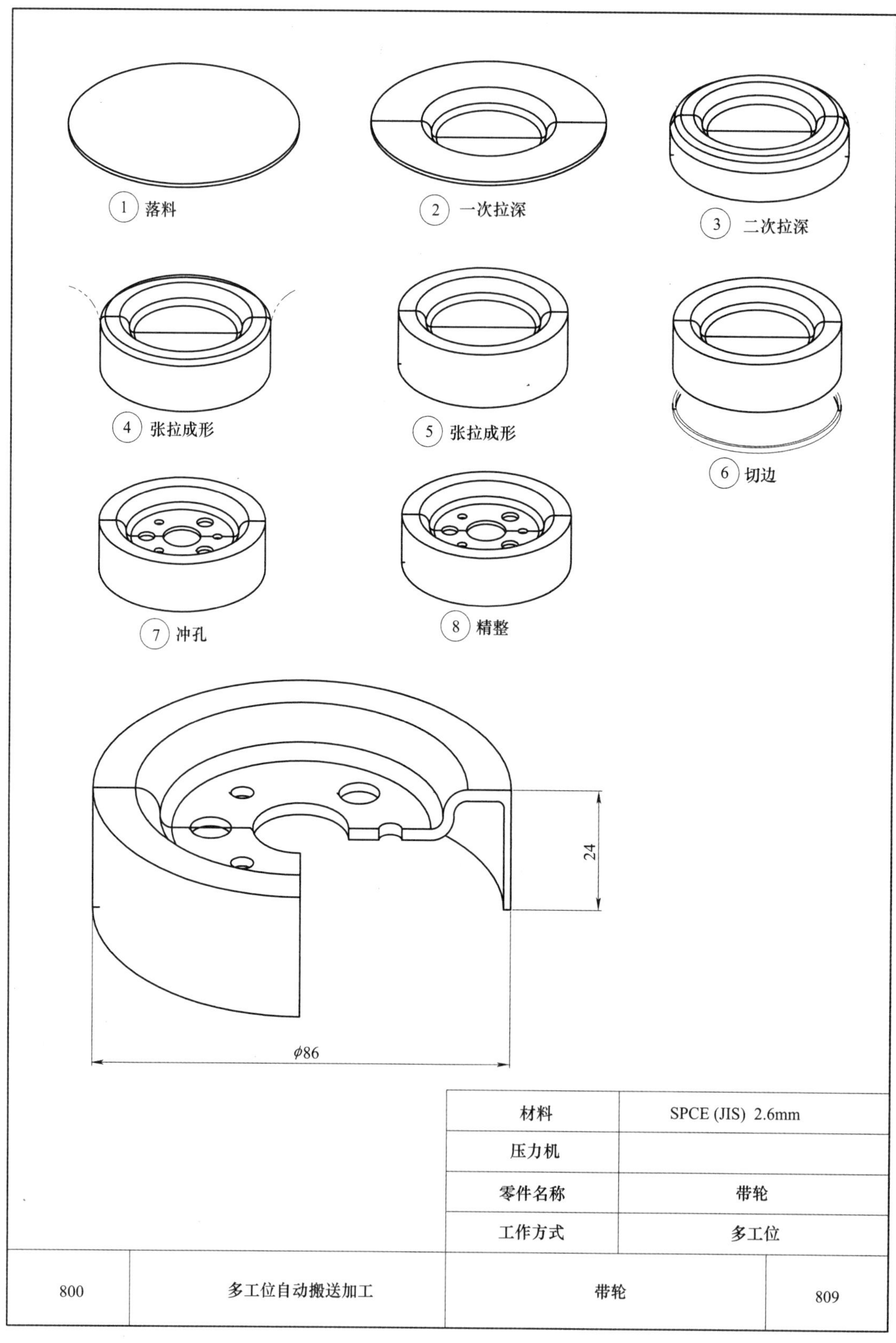

材料	SPCE (JIS) 2.6mm
压力机	
零件名称	带轮
工作方式	多工位

800	多工位自动搬送加工	带轮	809

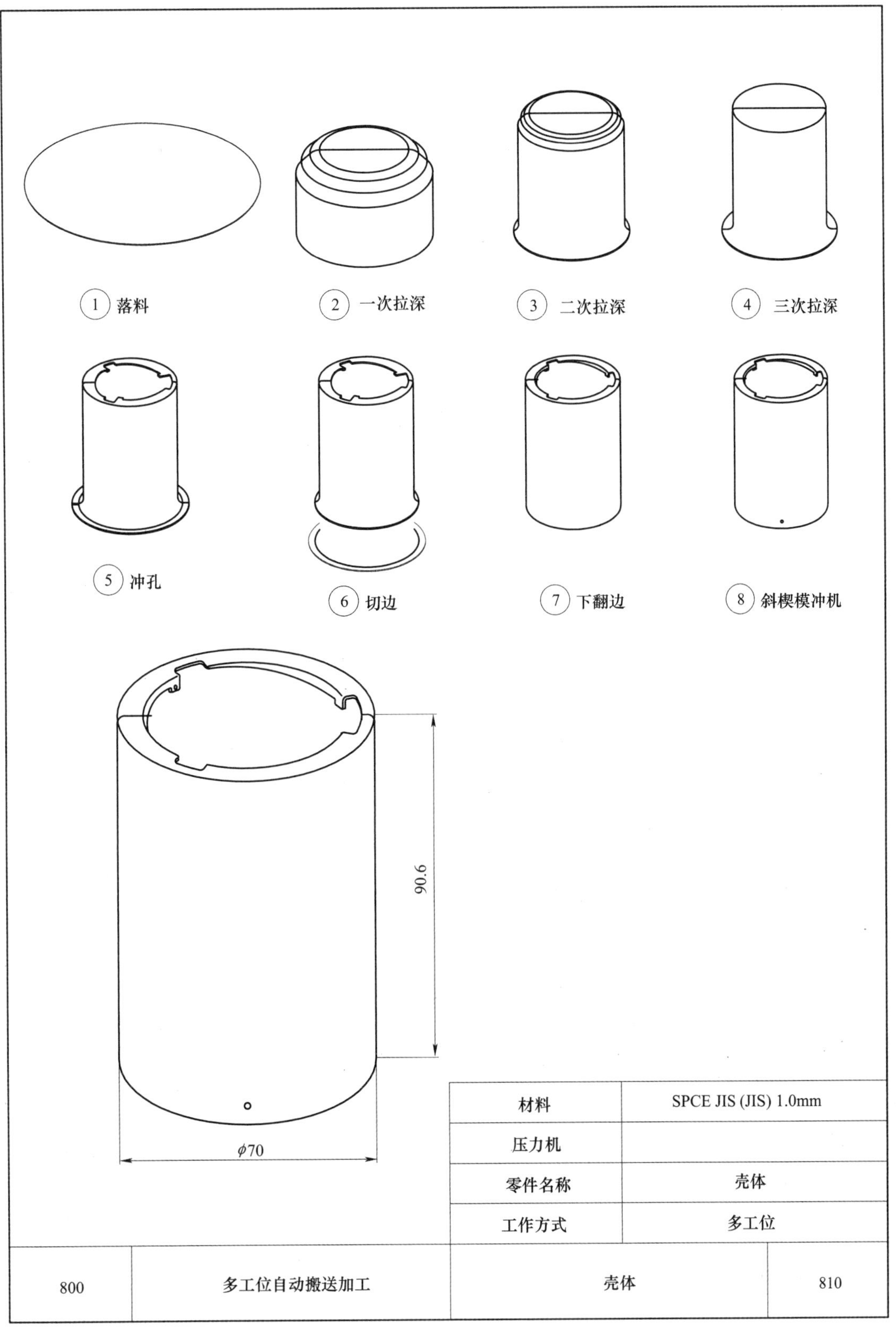

材料	SPCE JIS (JIS) 1.0mm
压力机	
零件名称	壳体
工作方式	多工位

800	多工位自动搬送加工	壳体	810

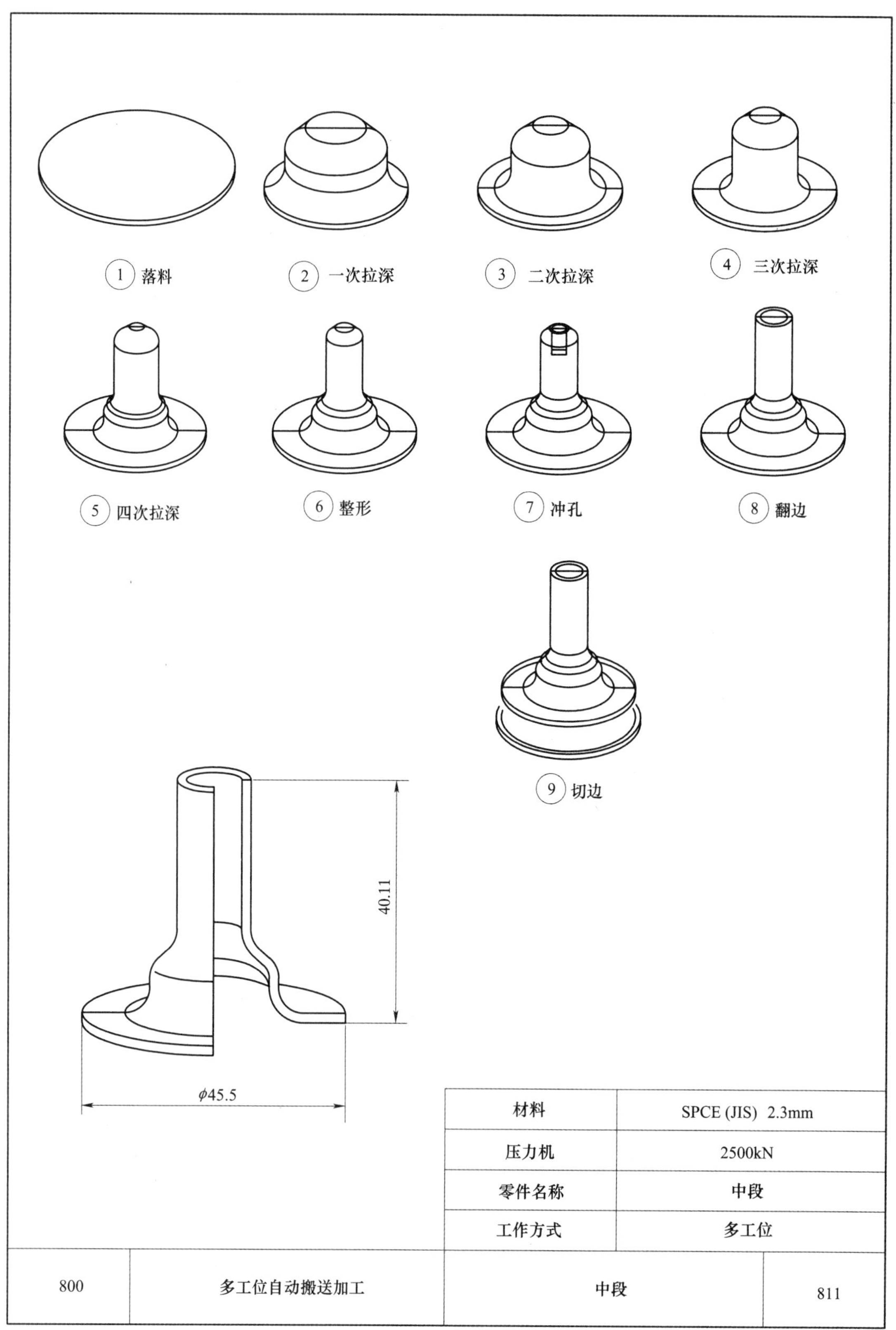

材料	SPCE (JIS) 2.3mm
压力机	2500kN
零件名称	中段
工作方式	多工位

800	多工位自动搬送加工	中段	811

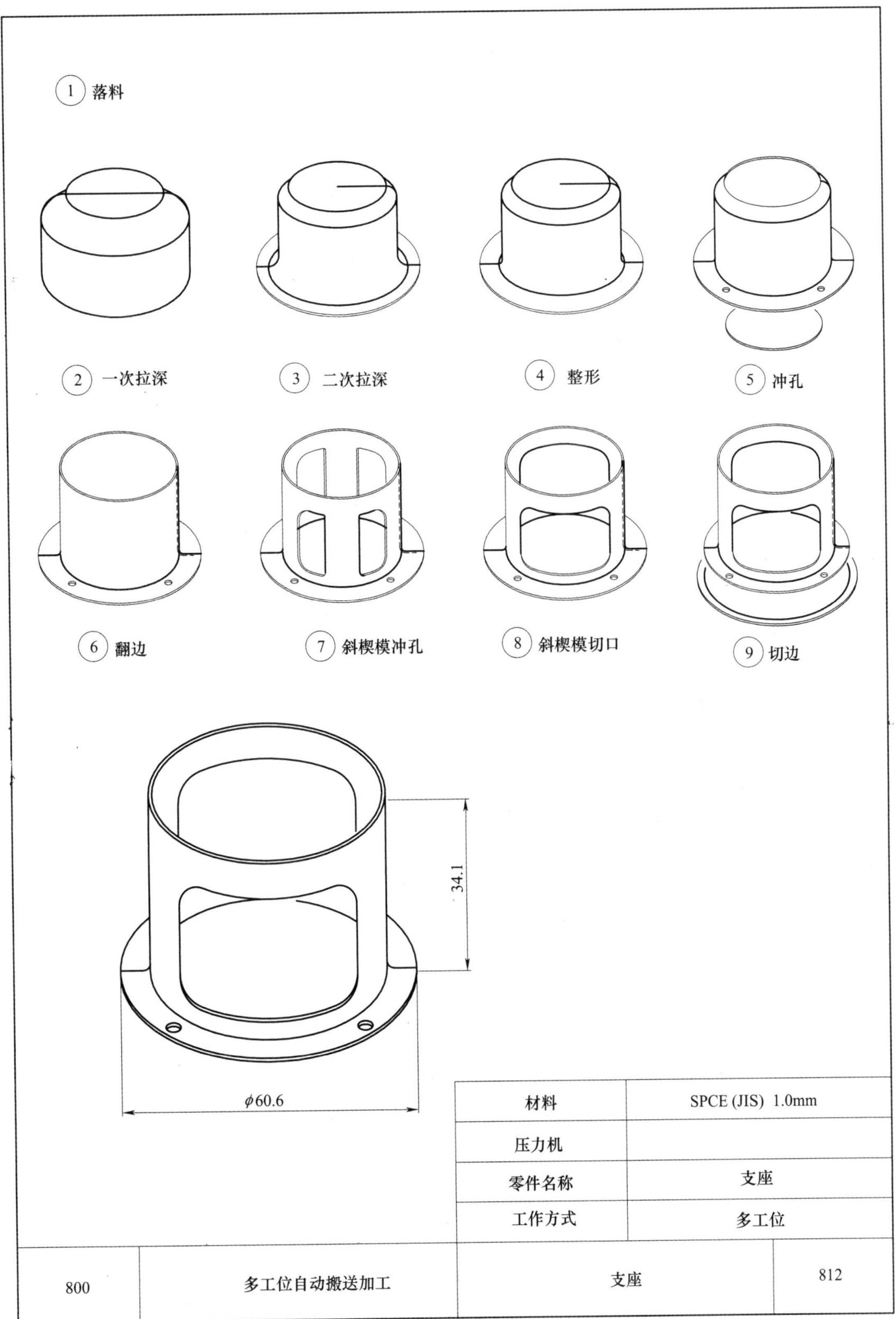

材料	SPCE (JIS) 1.0mm
压力机	
零件名称	支座
工作方式	多工位

800	多工位自动搬送加工	支座	812

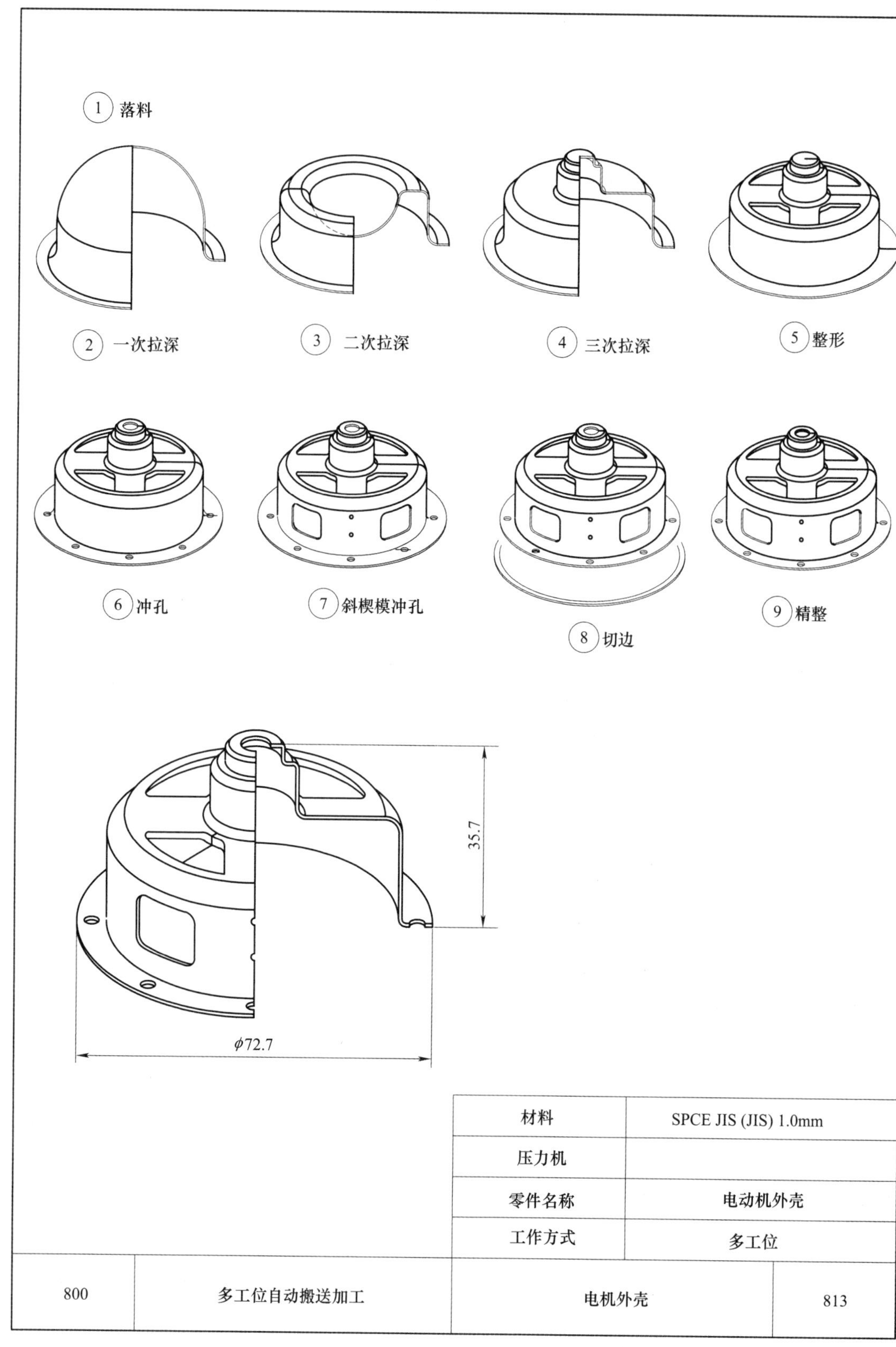

材料	SPCE JIS (JIS) 1.0mm
压力机	
零件名称	电动机外壳
工作方式	多工位

800	多工位自动搬送加工	电机外壳	813

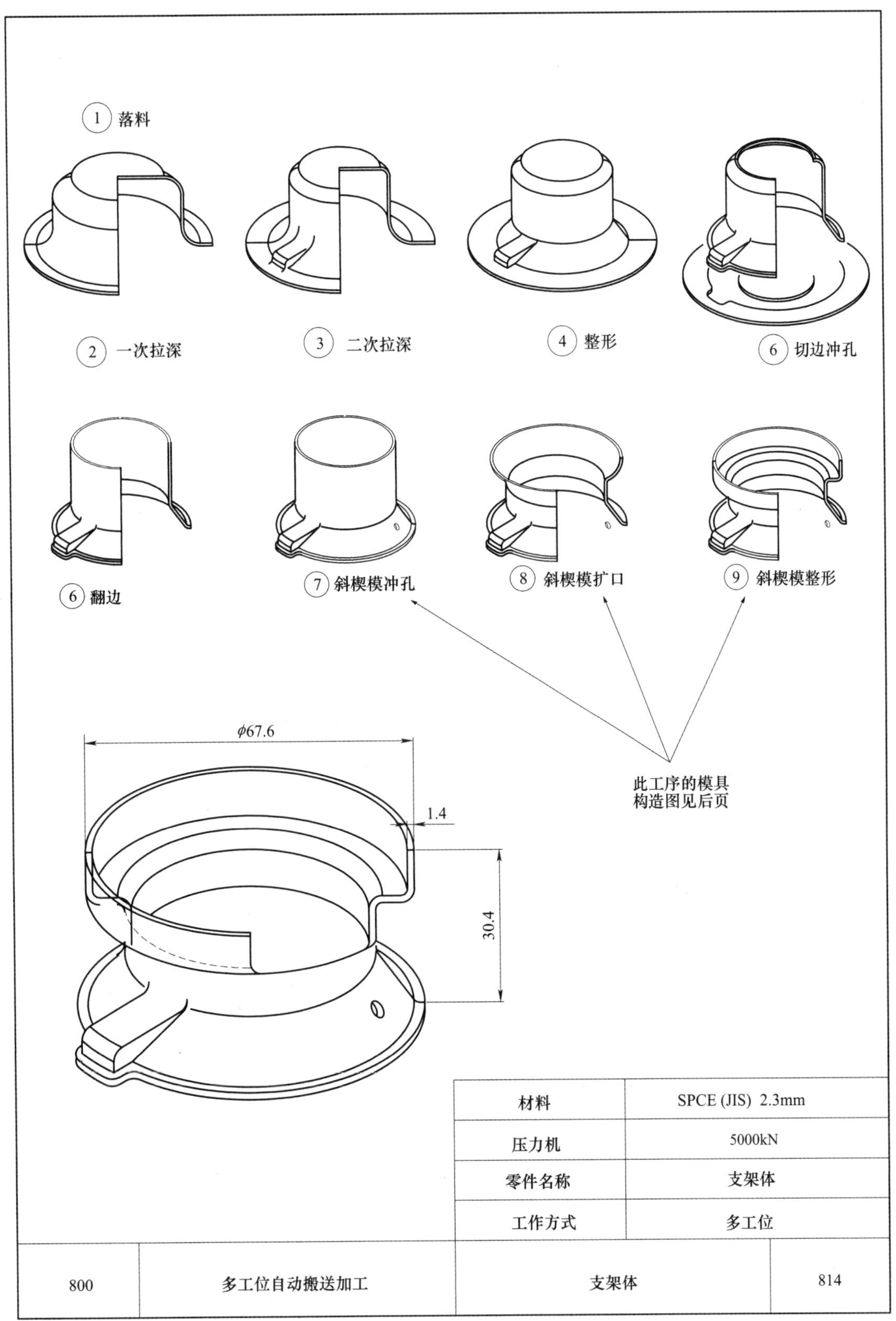

材料	SPCE (JIS) 2.3mm
压力机	5000kN
零件名称	支架体
工作方式	多工位

800	多工位自动搬送加工	支架体	814

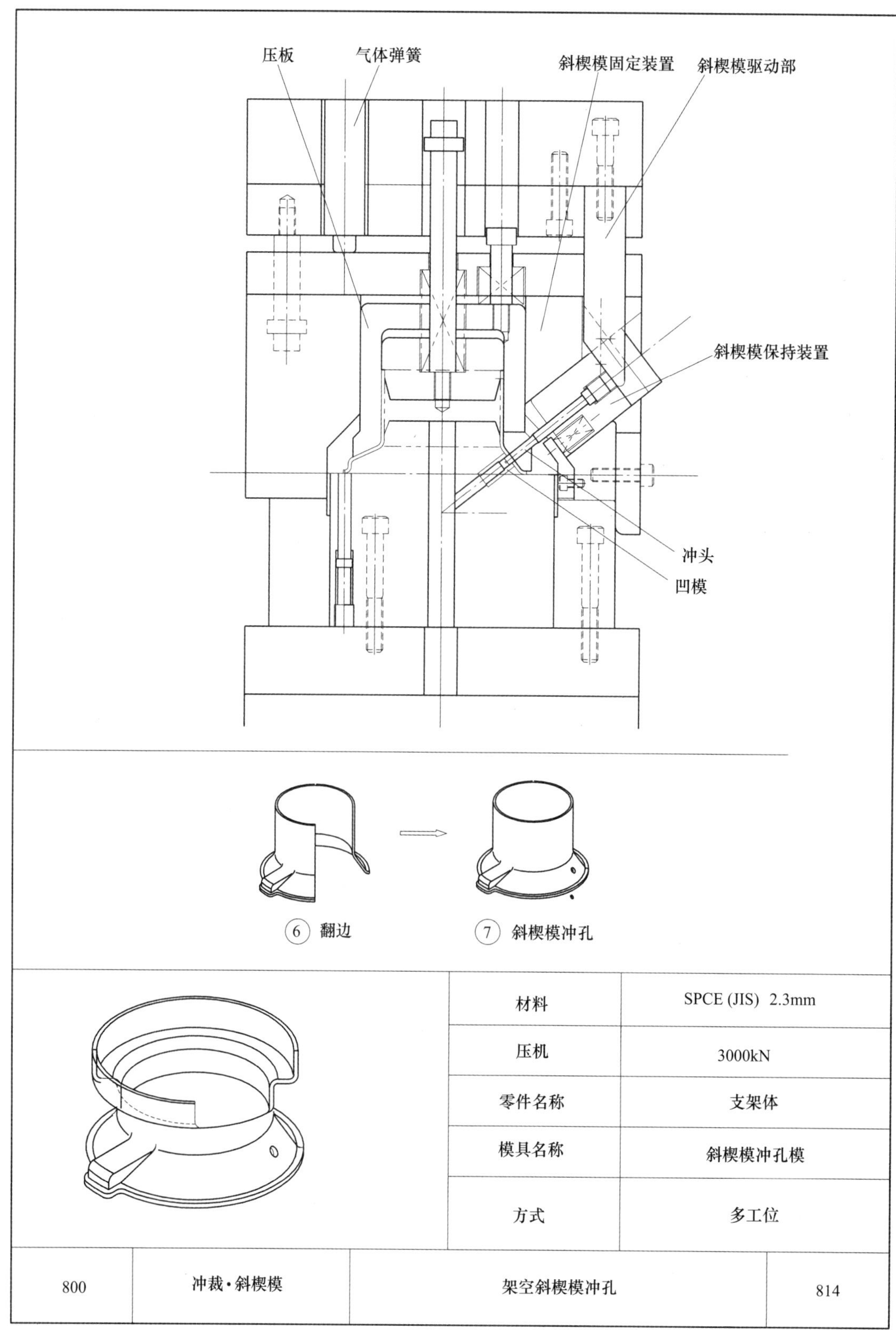

⑥ 翻边　⑦ 斜楔模冲孔

材料	SPCE (JIS) 2.3mm
压机	3000kN
零件名称	支架体
模具名称	斜楔模冲孔模
方式	多工位

800	冲裁·斜楔模	架空斜楔模冲孔	814

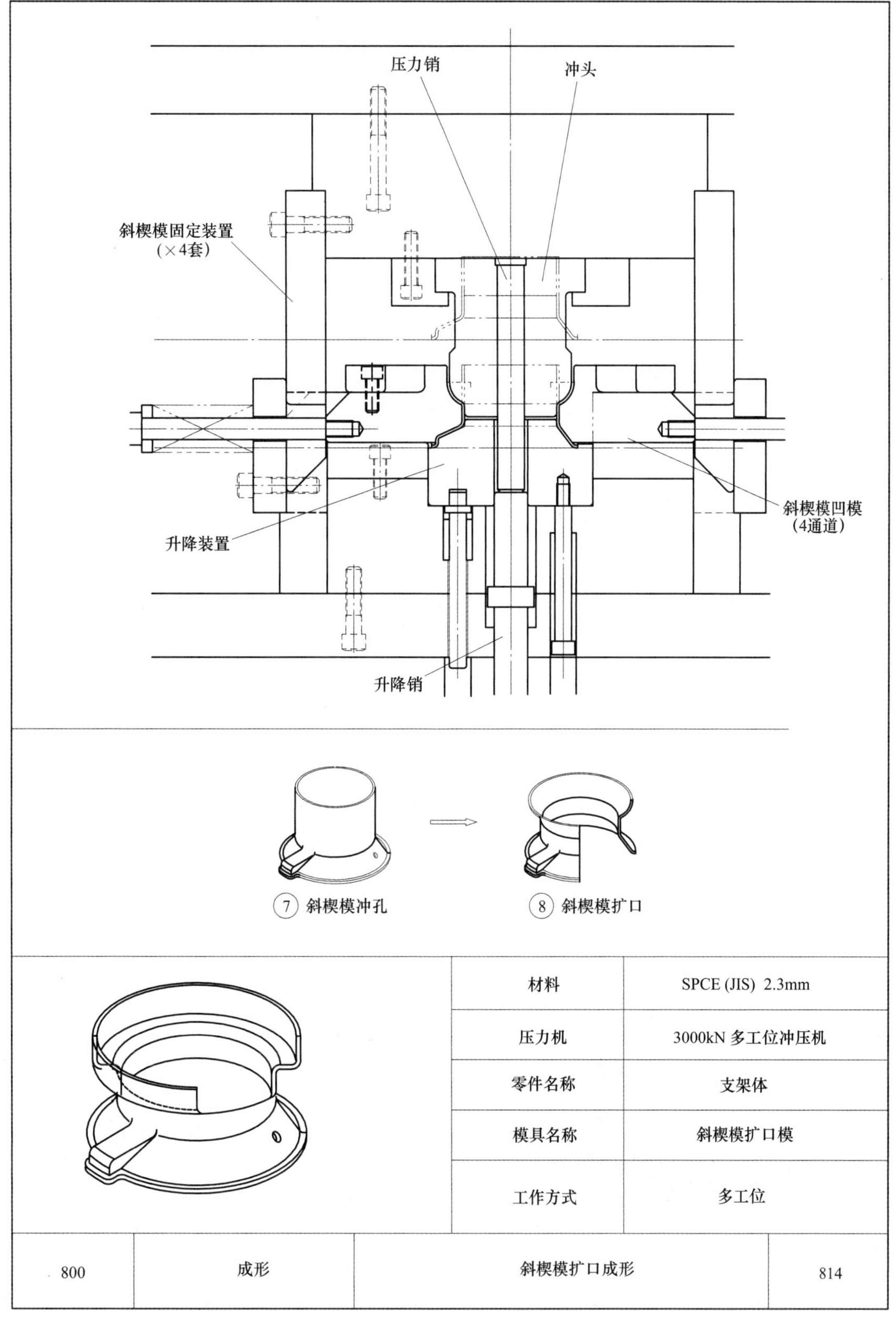

⑦ 斜楔模冲孔

⑧ 斜楔模扩口

材料	SPCE (JIS) 2.3mm
压力机	3000kN 多工位冲压机
零件名称	支架体
模具名称	斜楔模扩口模
工作方式	多工位

800	成形	斜楔模扩口成形	814

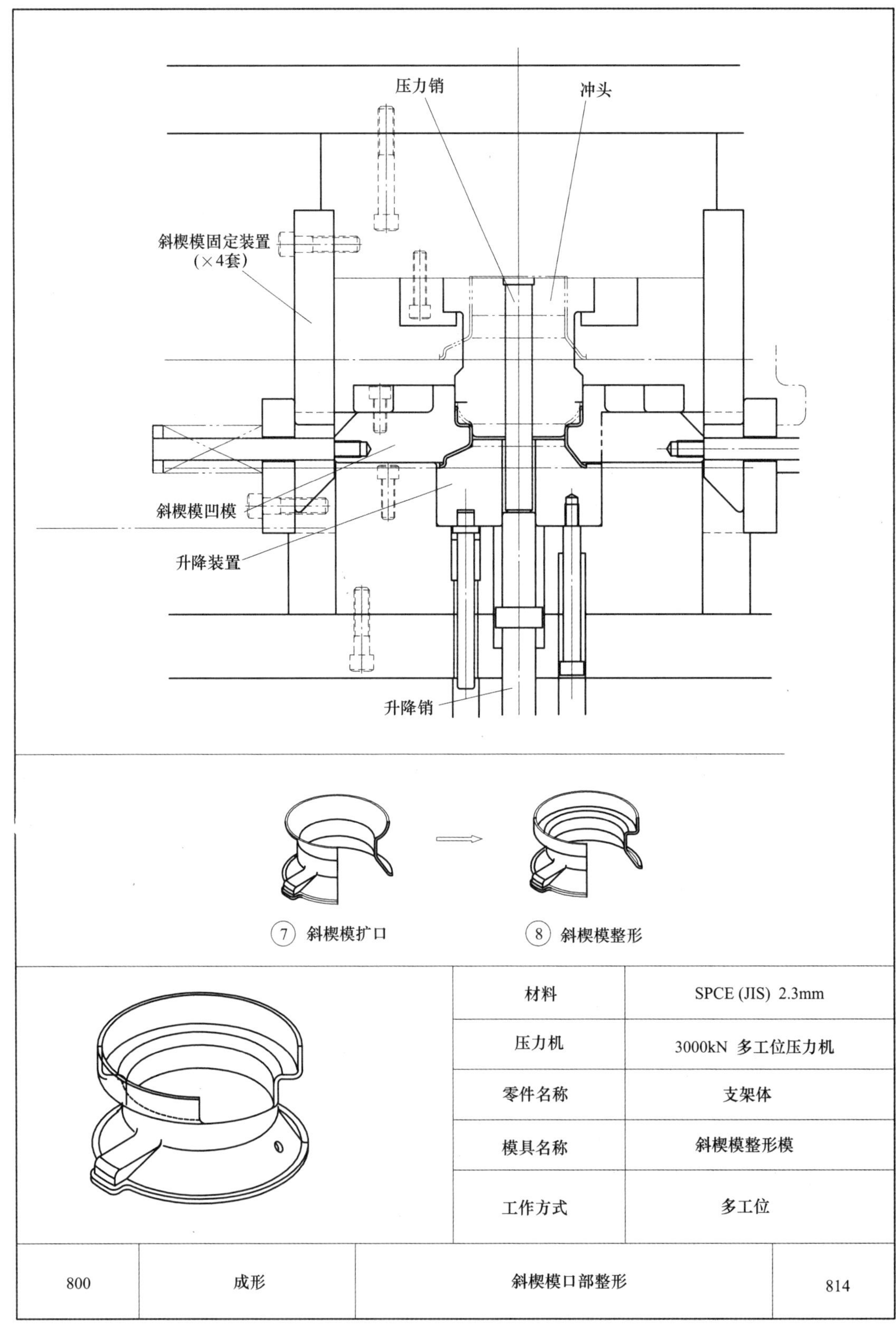

材料	SPCE (JIS) 2.3mm
压力机	3000kN 多工位压力机
零件名称	支架体
模具名称	斜楔模整形模
工作方式	多工位

800	成形	斜楔模口部整形	814

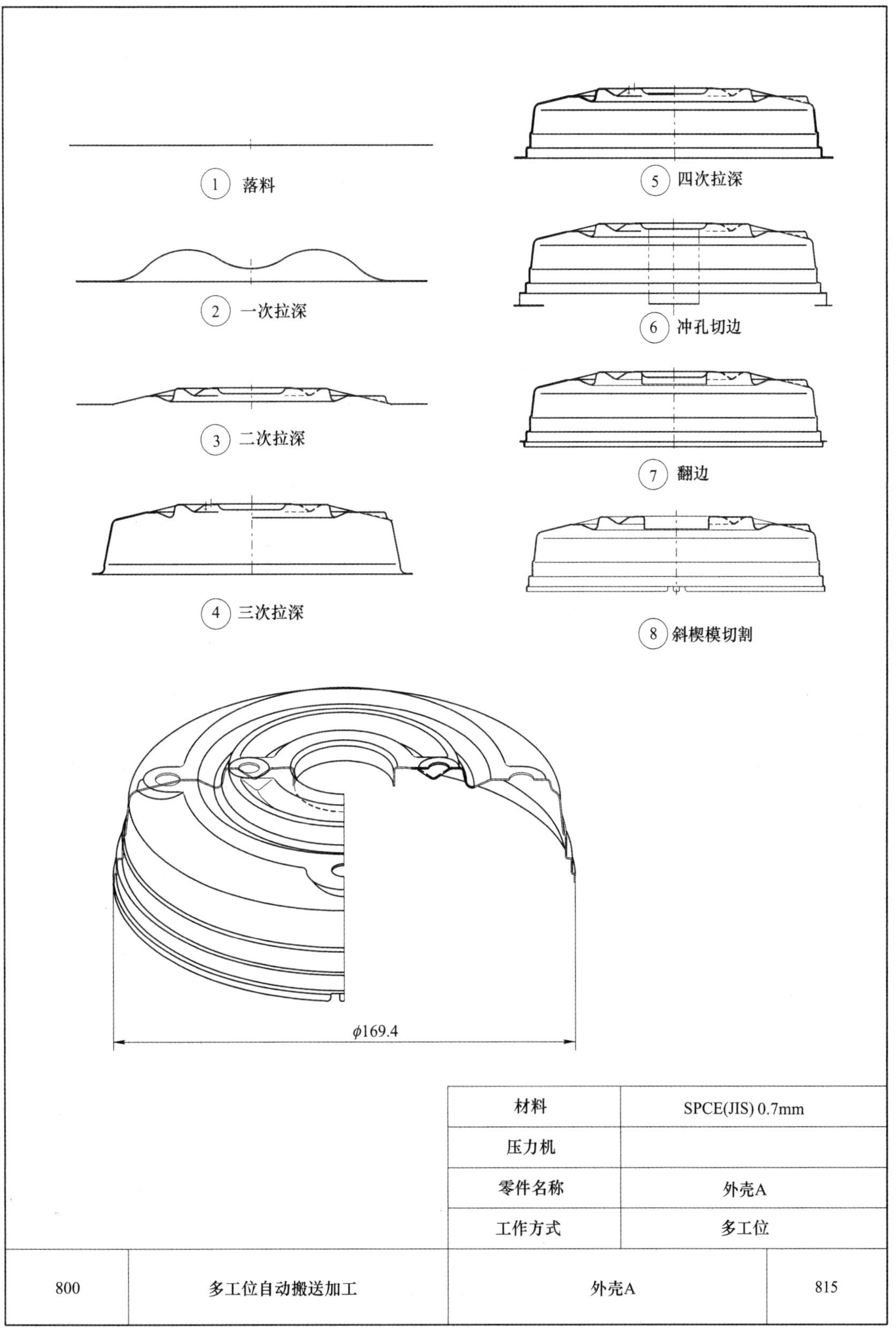

材料	SPCE(JIS) 0.7mm
压力机	
零件名称	外壳A
工作方式	多工位

800	多工位自动搬送加工	外壳A	815

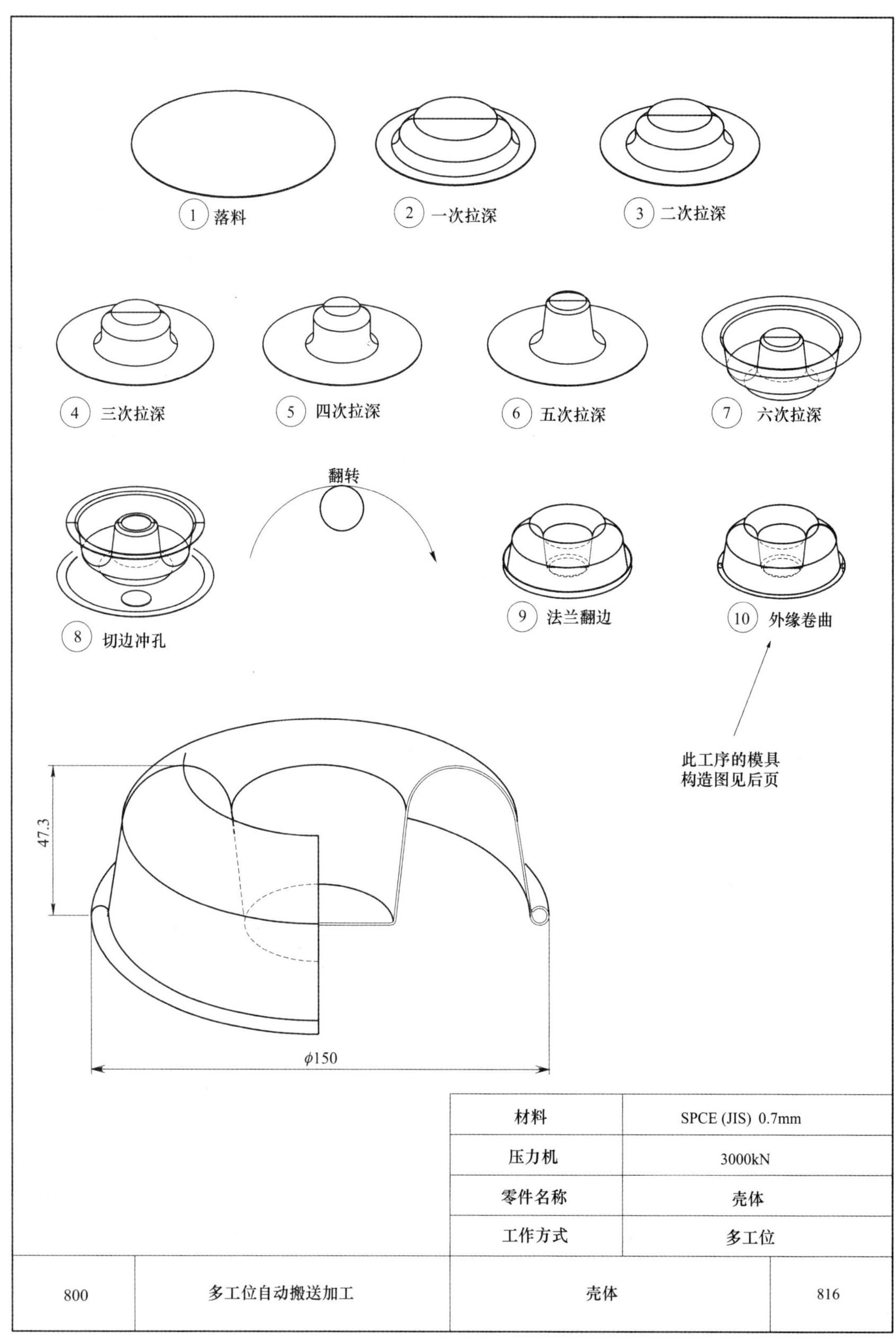

材料	SPCE (JIS) 0.7mm
压力机	3000kN
零件名称	壳体
工作方式	多工位

800	多工位自动搬送加工	壳体	816

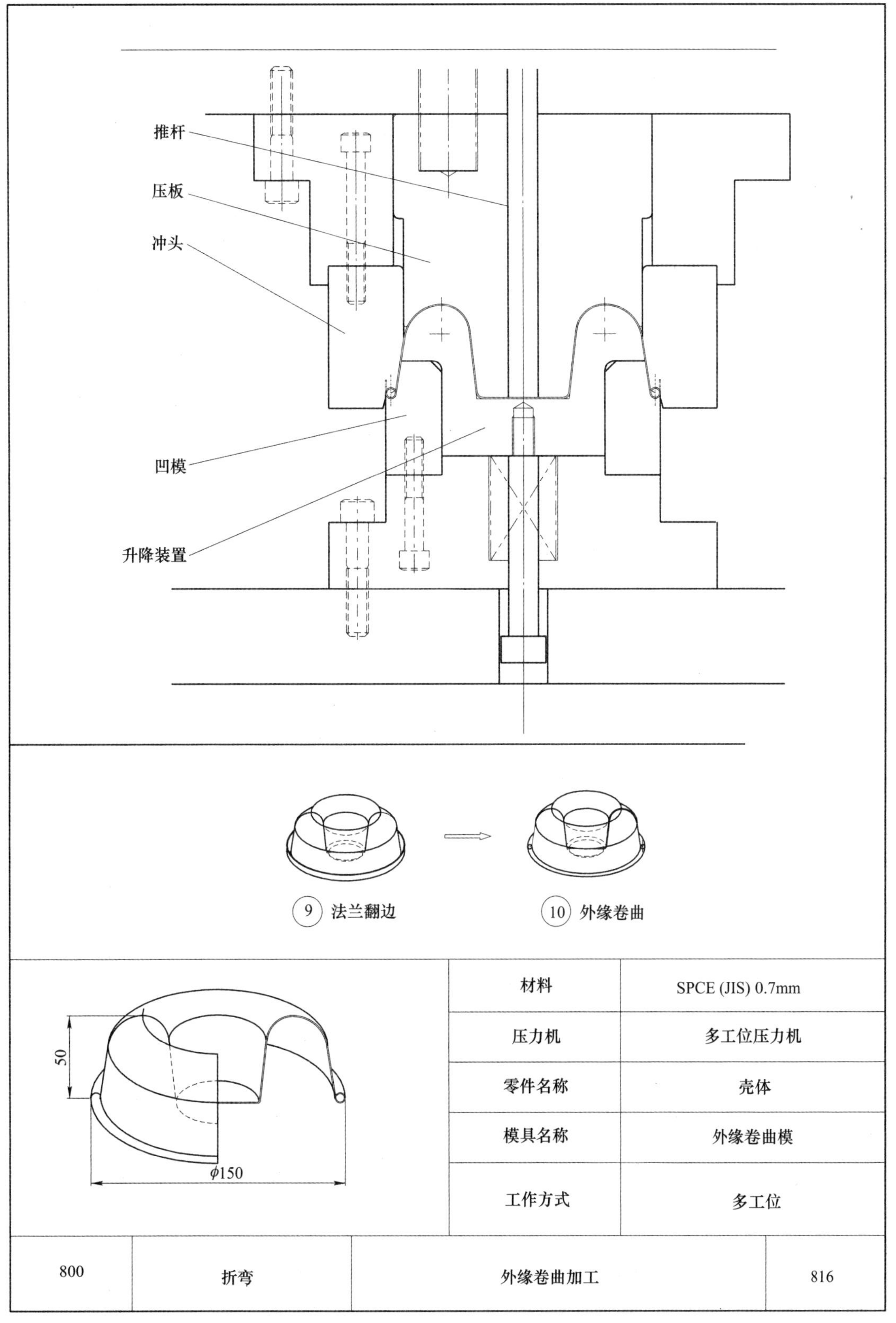

材料	SPCE (JIS) 0.7mm
压力机	多工位压力机
零件名称	壳体
模具名称	外缘卷曲模
工作方式	多工位

800	折弯	外缘卷曲加工	816

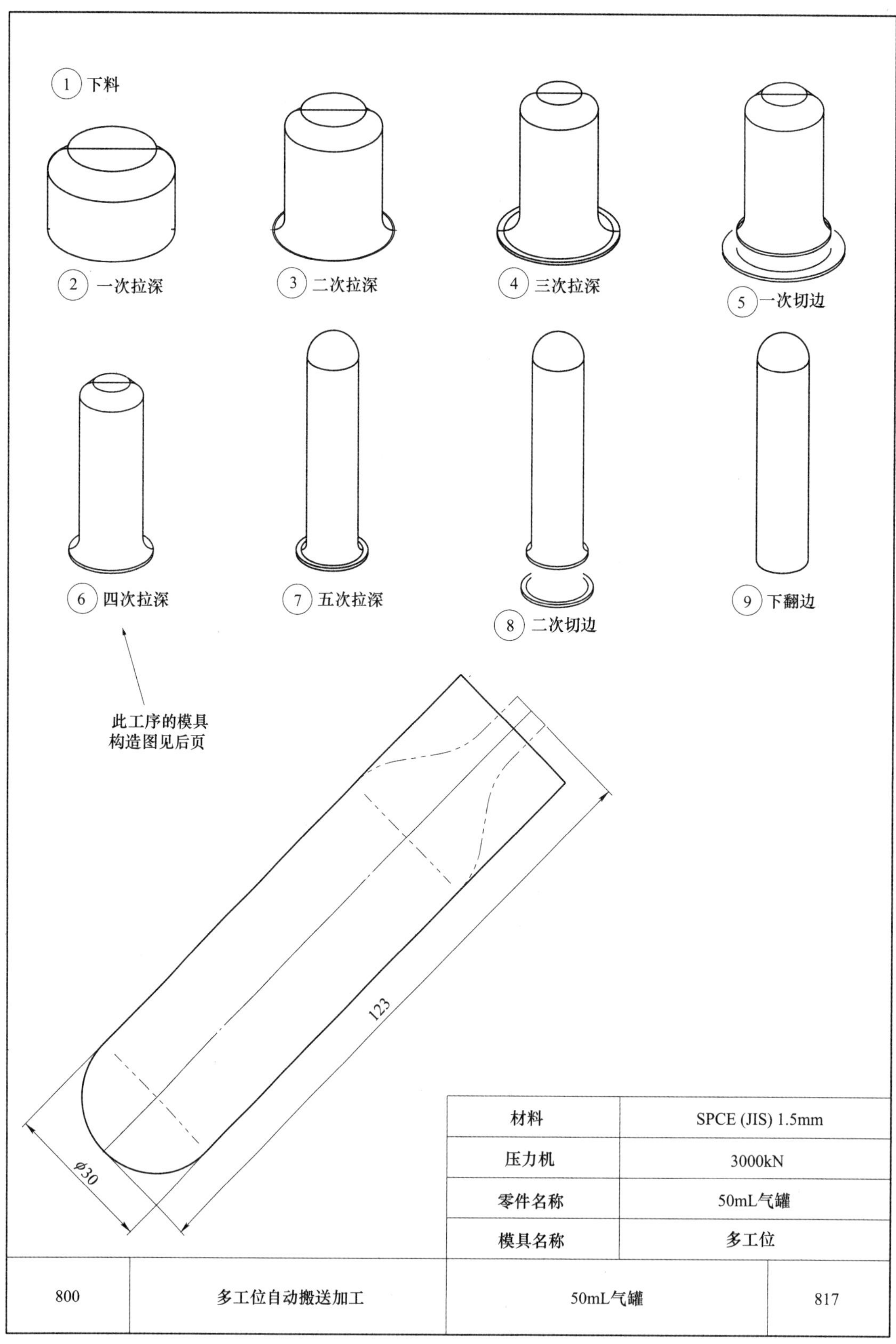

材料	SPCE (JIS) 1.5mm
压力机	3000kN
零件名称	50mL气罐
模具名称	多工位

800	多工位自动搬送加工	50mL气罐	817

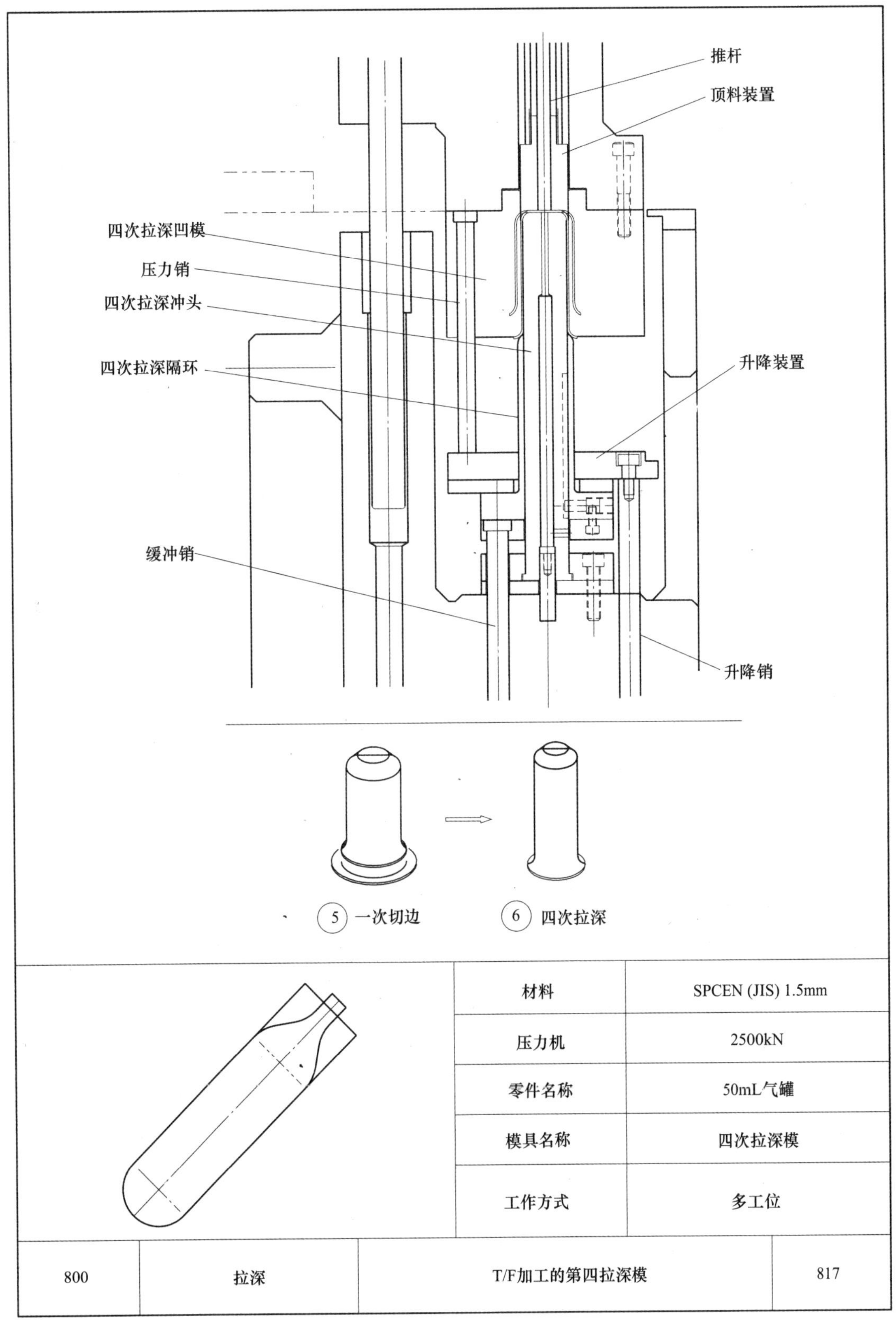

材料	SPCEN (JIS) 1.5mm
压力机	2500kN
零件名称	50mL气罐
模具名称	四次拉深模
工作方式	多工位

800	拉深	T/F加工的第四拉深模	817

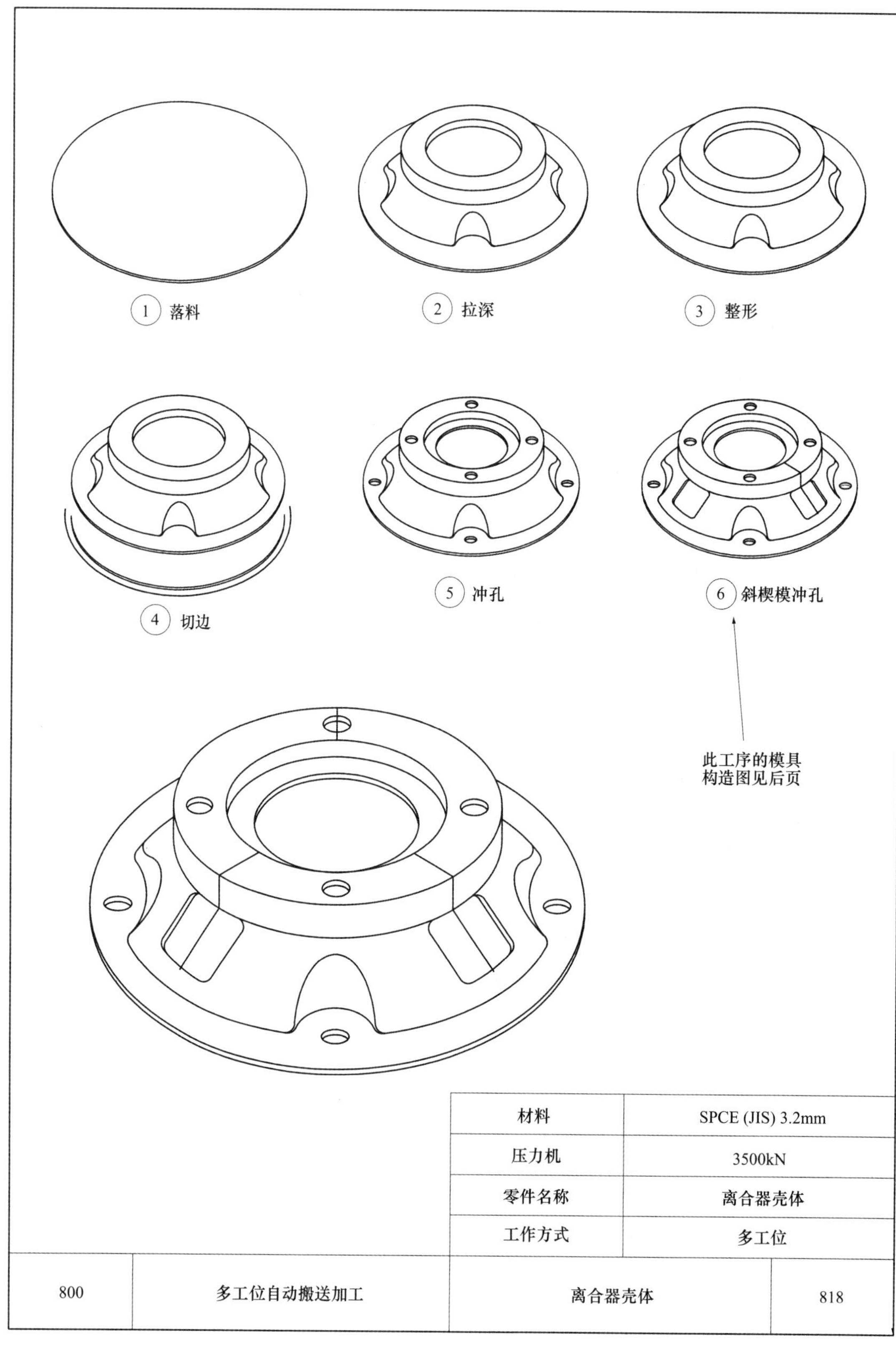

材料	SPCE (JIS) 3.2mm
压力机	3500kN
零件名称	离合器壳体
工作方式	多工位

800	多工位自动搬送加工	离合器壳体	818

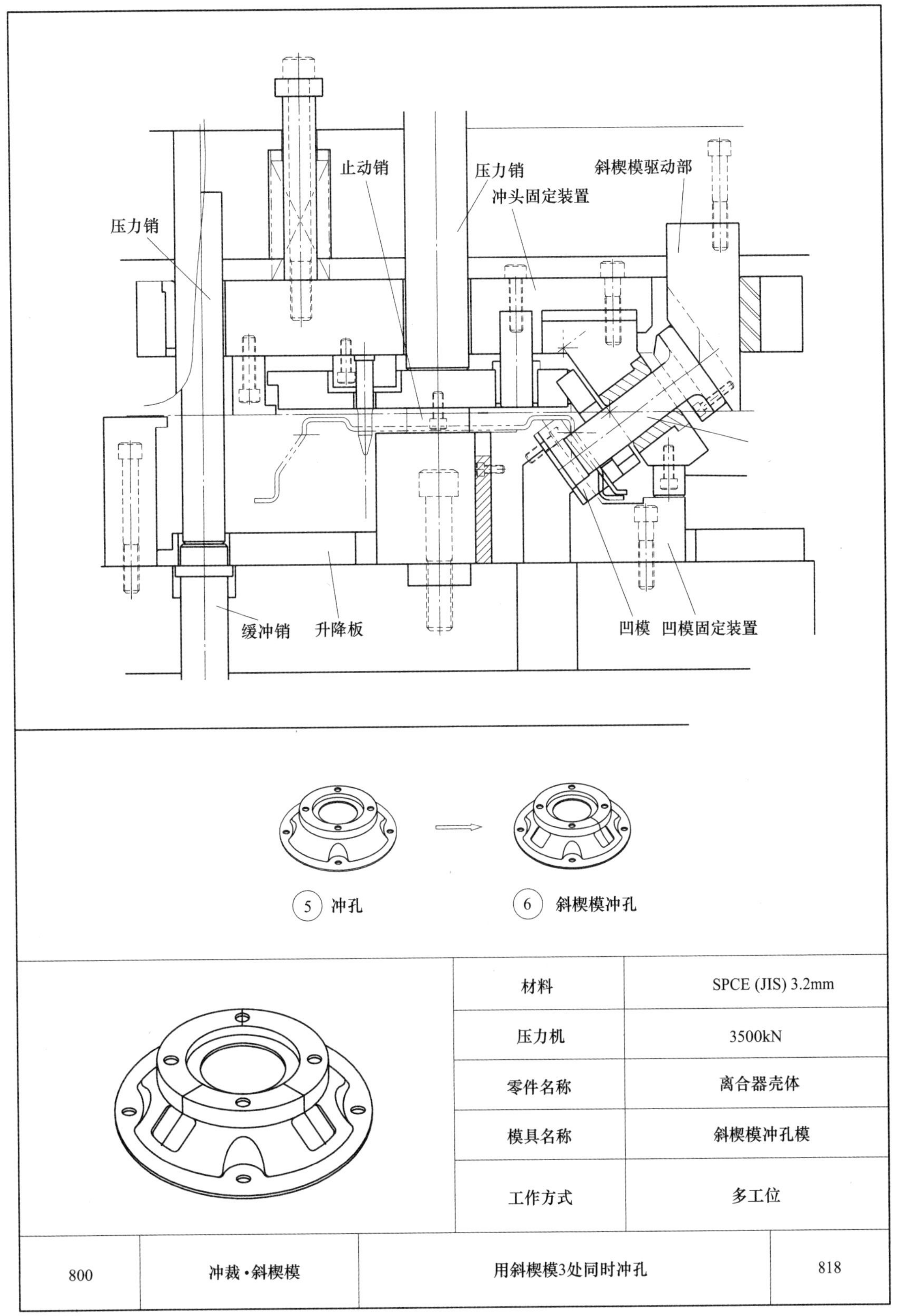

材料	SPCE (JIS) 3.2mm
压力机	3500kN
零件名称	离合器壳体
模具名称	斜楔模冲孔模
工作方式	多工位

800	冲裁·斜楔模	用斜楔模3处同时冲孔	818

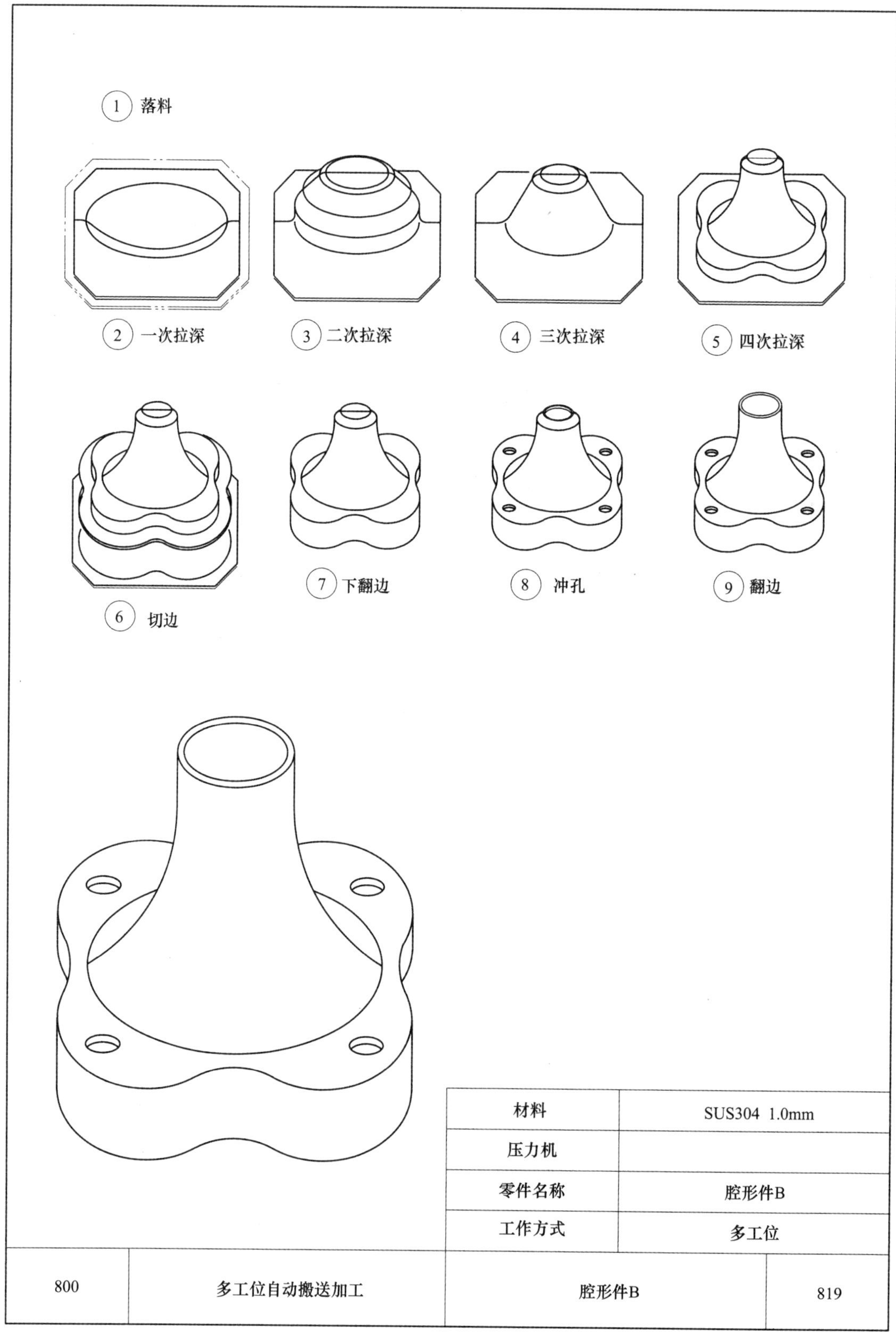

材料	SUS304 1.0mm
压力机	
零件名称	腔形件B
工作方式	多工位

800	多工位自动搬送加工	腔形件B	819

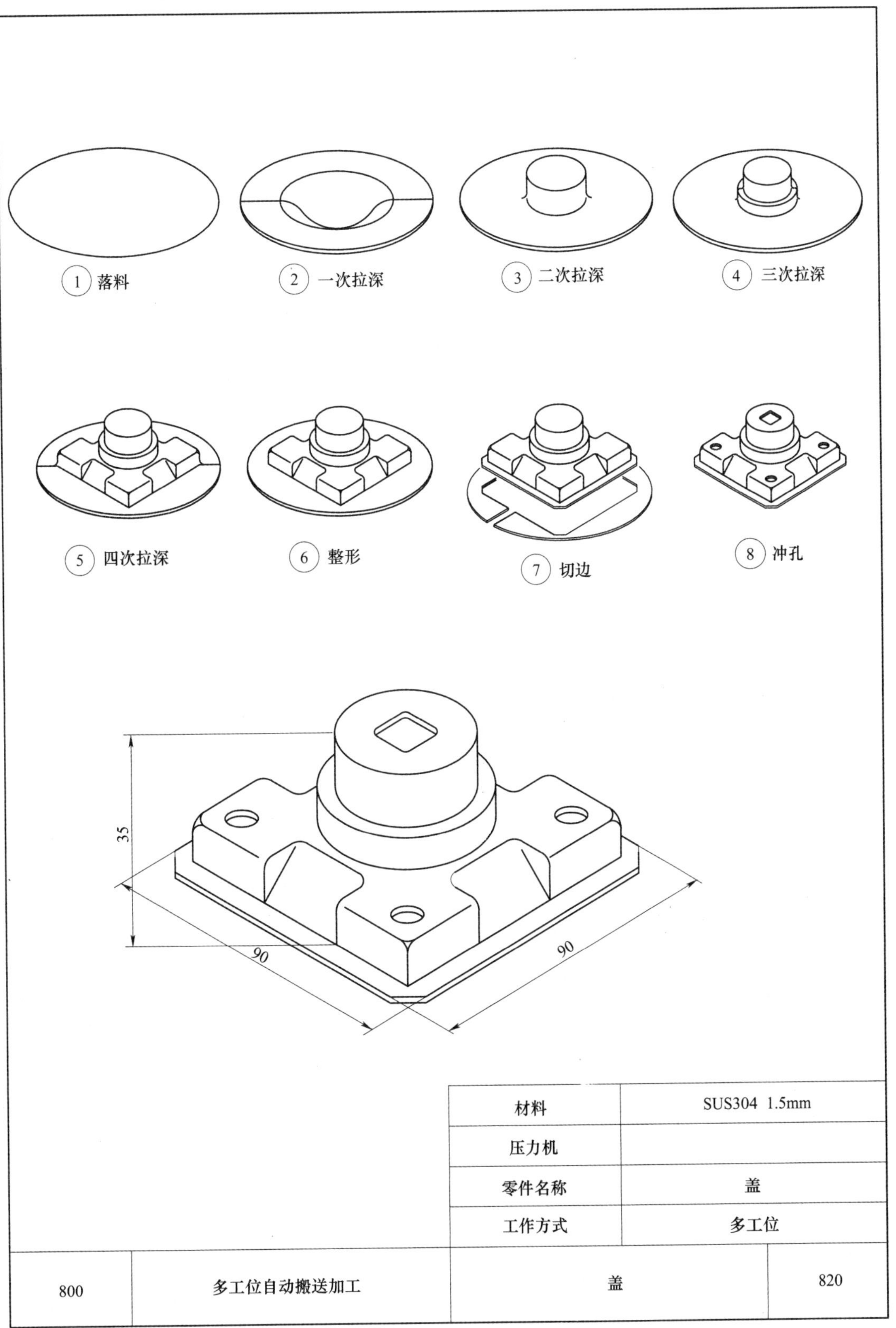

材料	SUS304 1.5mm
压力机	
零件名称	盖
工作方式	多工位

800	多工位自动搬送加工	盖	820

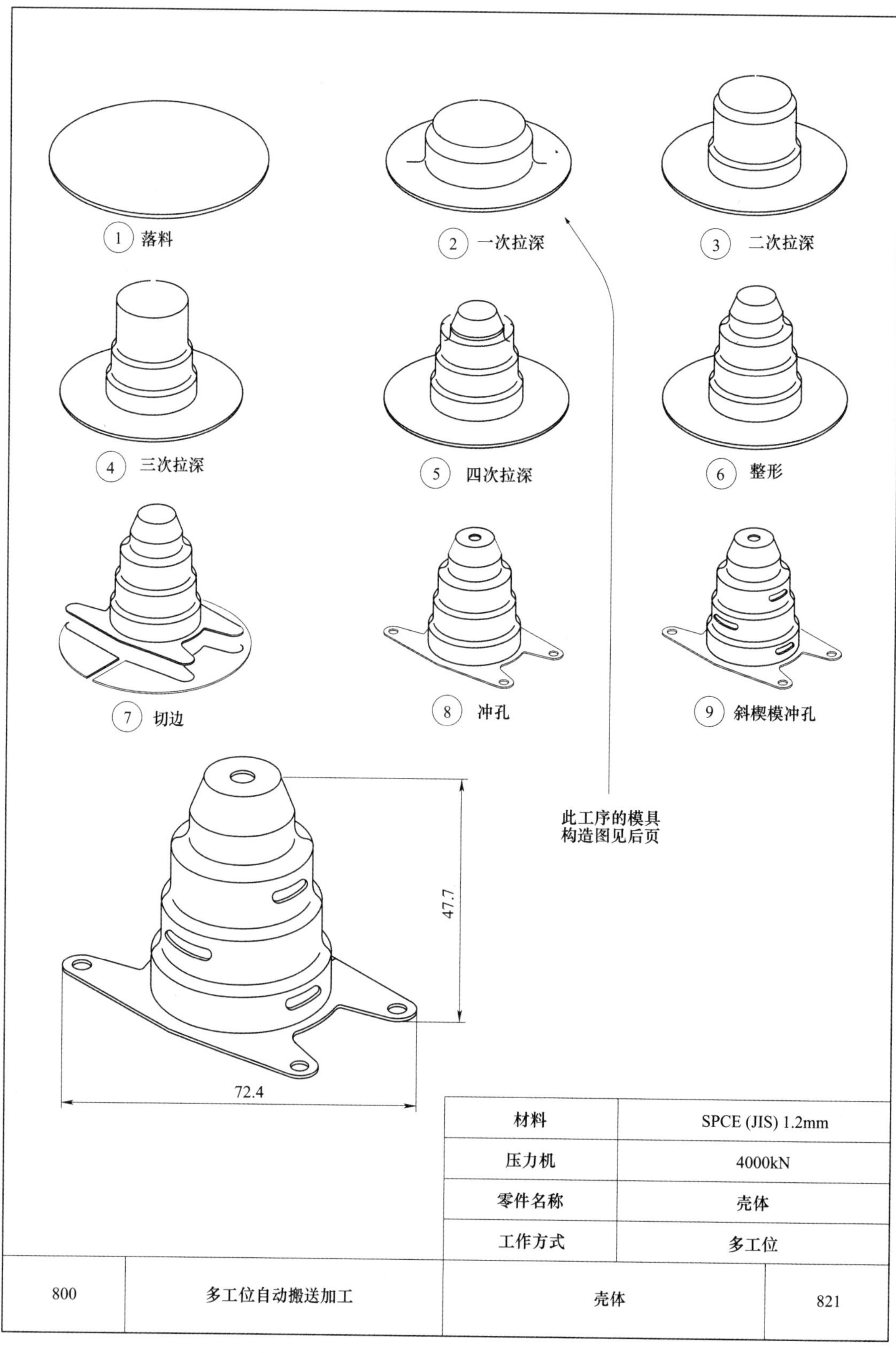

材料	SPCE (JIS) 1.2mm
压力机	4000kN
零件名称	壳体
工作方式	多工位

800	多工位自动搬送加工	壳体	821

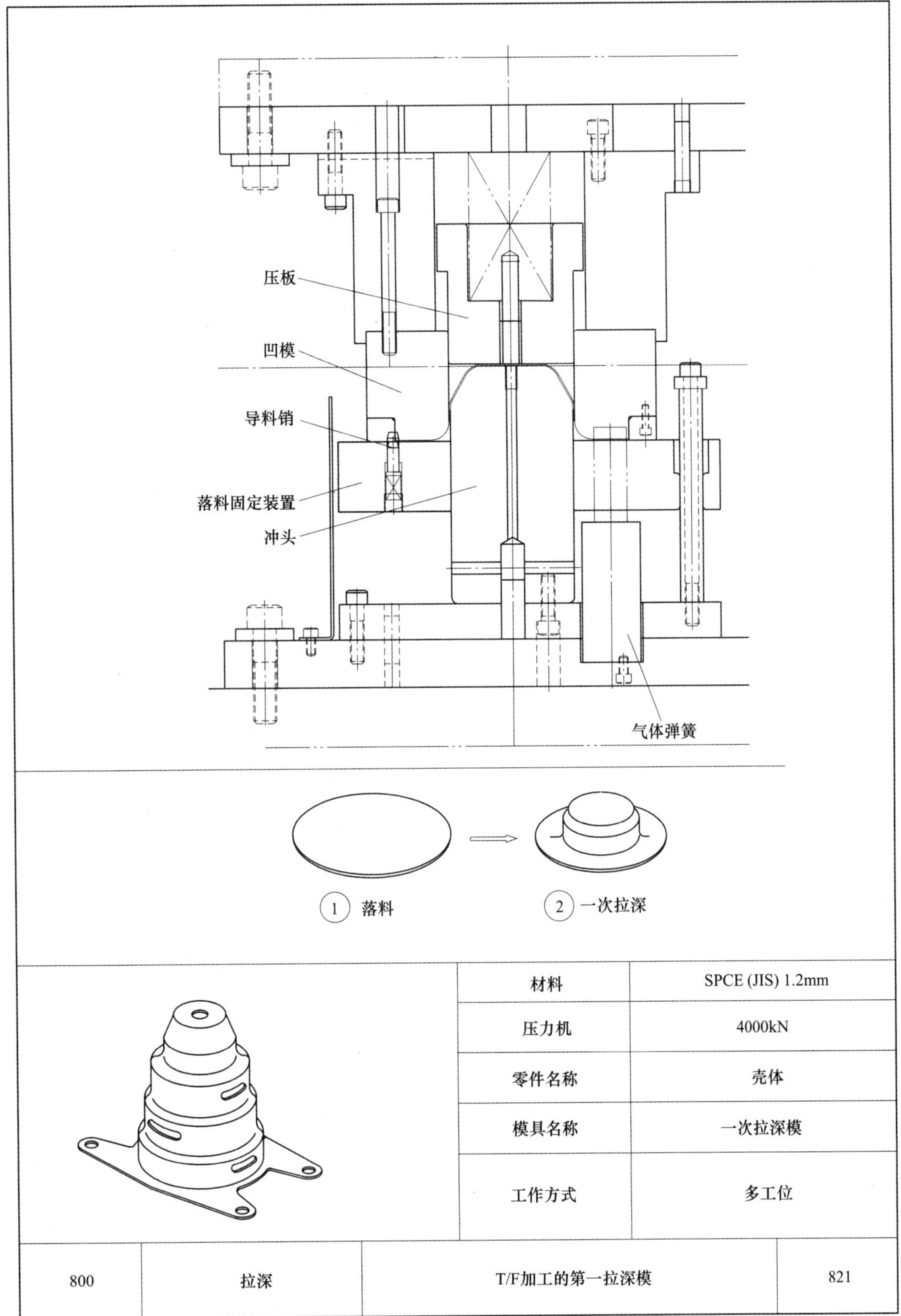

材料	SPCE (JIS) 1.2mm
压力机	4000kN
零件名称	壳体
模具名称	一次拉深模
工作方式	多工位

800	拉深	T/F加工的第一拉深模	821

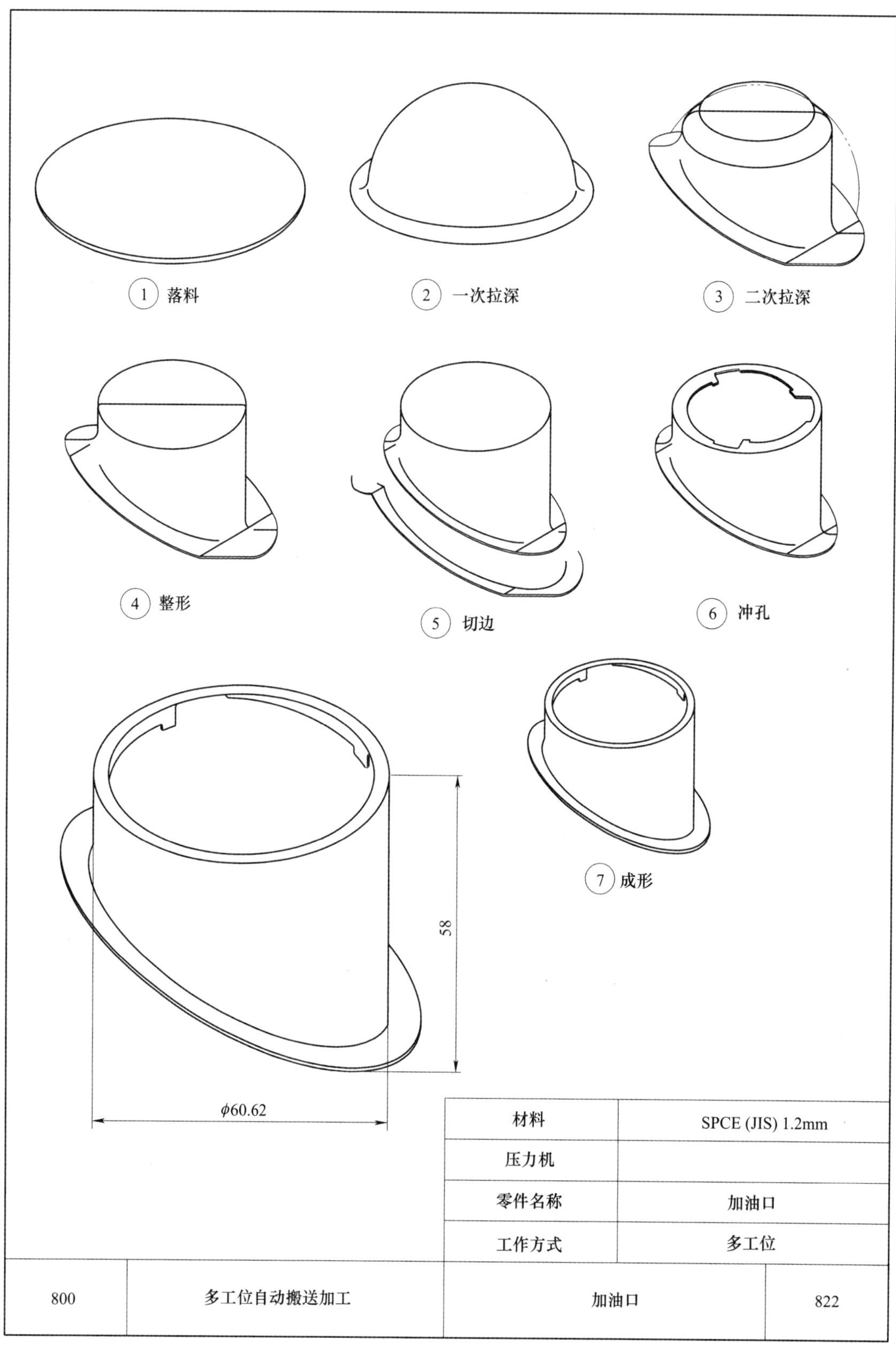

材料	SPCE (JIS) 1.2mm
压力机	
零件名称	加油口
工作方式	多工位

800	多工位自动搬送加工	加油口	822

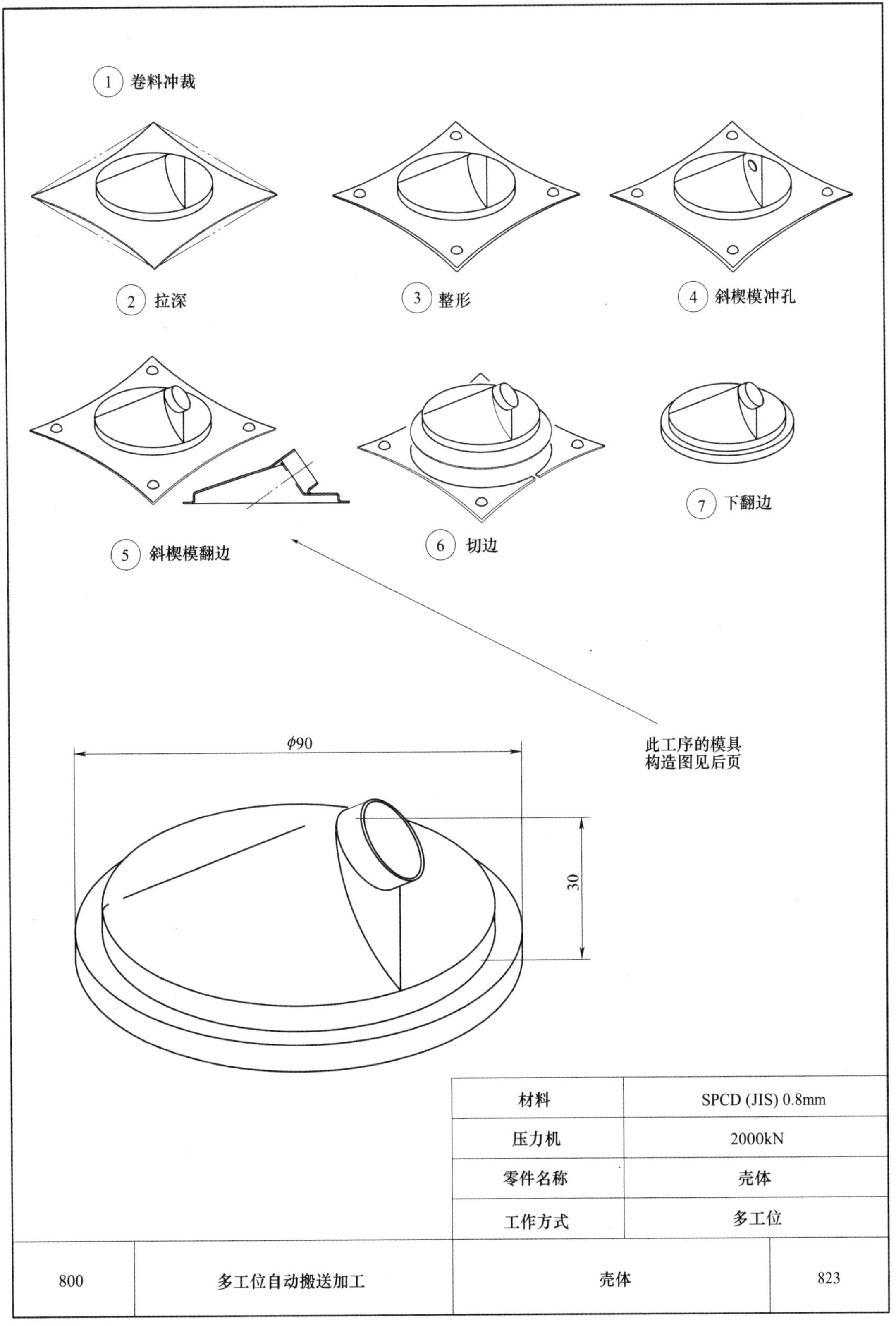

材料	SPCD (JIS) 0.8mm
压力机	2000kN
零件名称	壳体
工作方式	多工位

800	多工位自动搬送加工	壳体	823

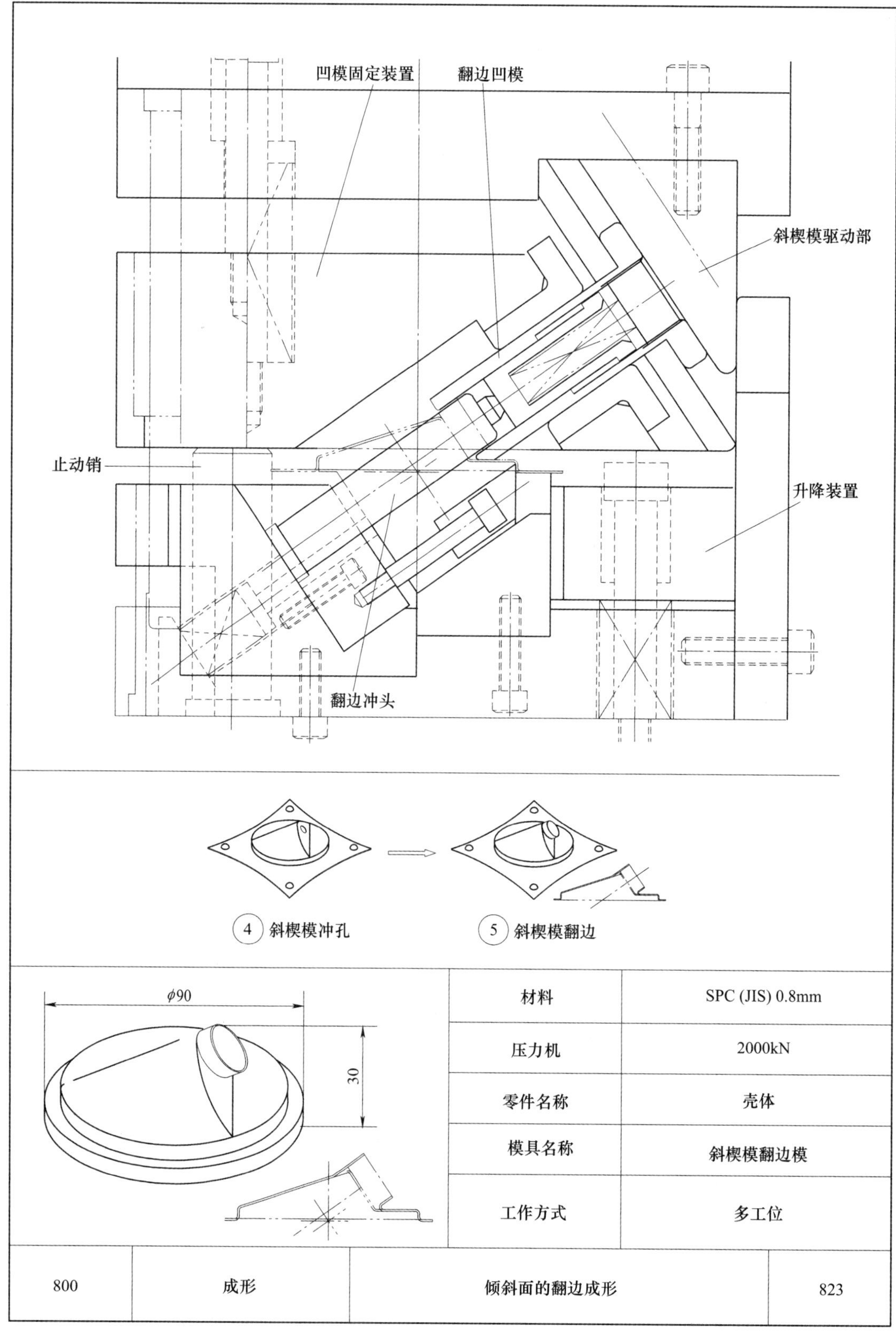

材料	SPC (JIS) 0.8mm
压力机	2000kN
零件名称	壳体
模具名称	斜楔模翻边模
工作方式	多工位

800	成形	倾斜面的翻边成形	823

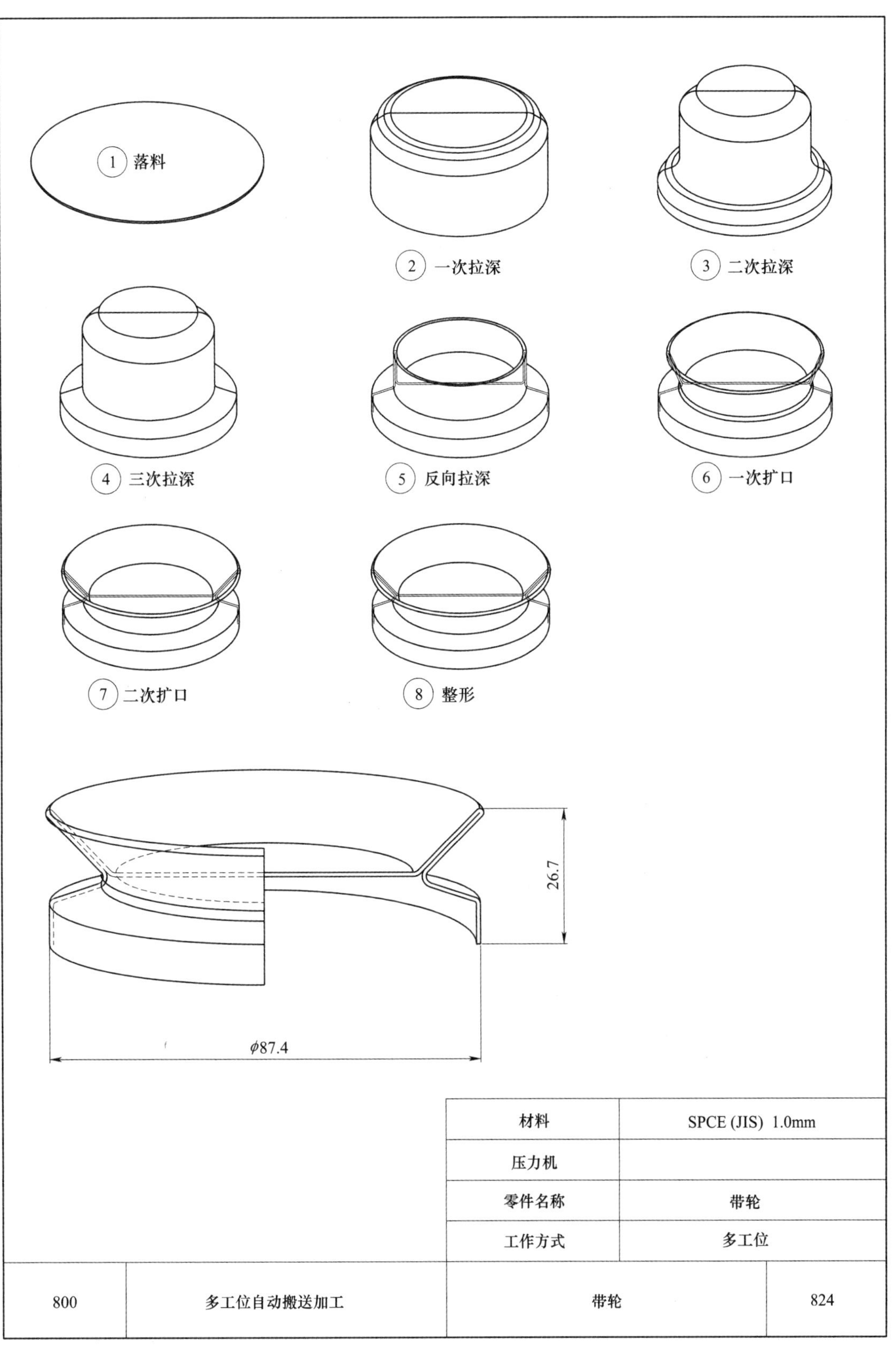

材料	SPCE (JIS) 1.0mm
压力机	
零件名称	带轮
工作方式	多工位

800	多工位自动搬送加工	带轮	824

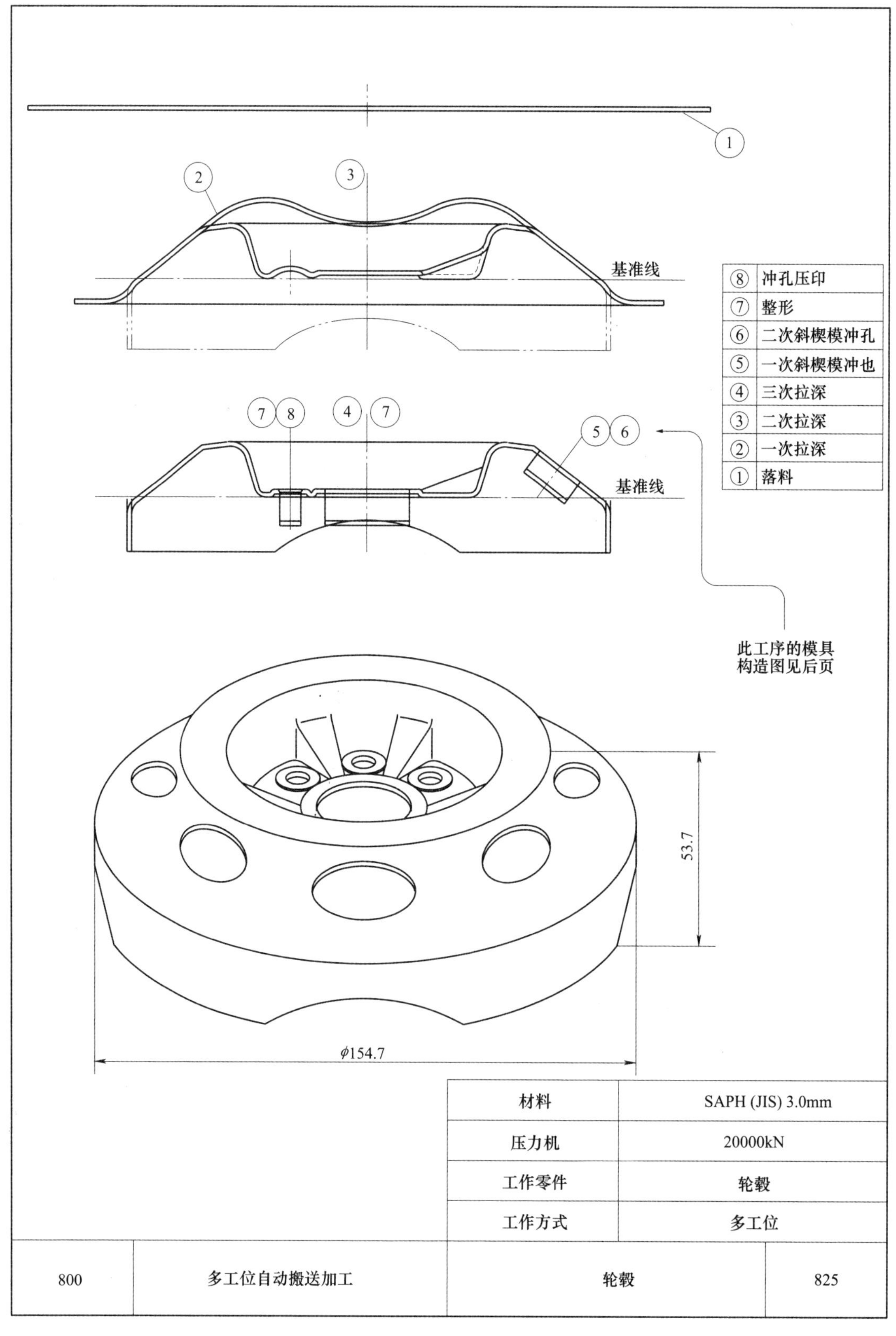

⑧	冲孔压印
⑦	整形
⑥	二次斜楔模冲孔
⑤	一次斜楔模冲也
④	三次拉深
③	二次拉深
②	一次拉深
①	落料

材料	SAPH (JIS) 3.0mm
压力机	20000kN
工作零件	轮毂
工作方式	多工位

800	多工位自动搬送加工	轮毂	825

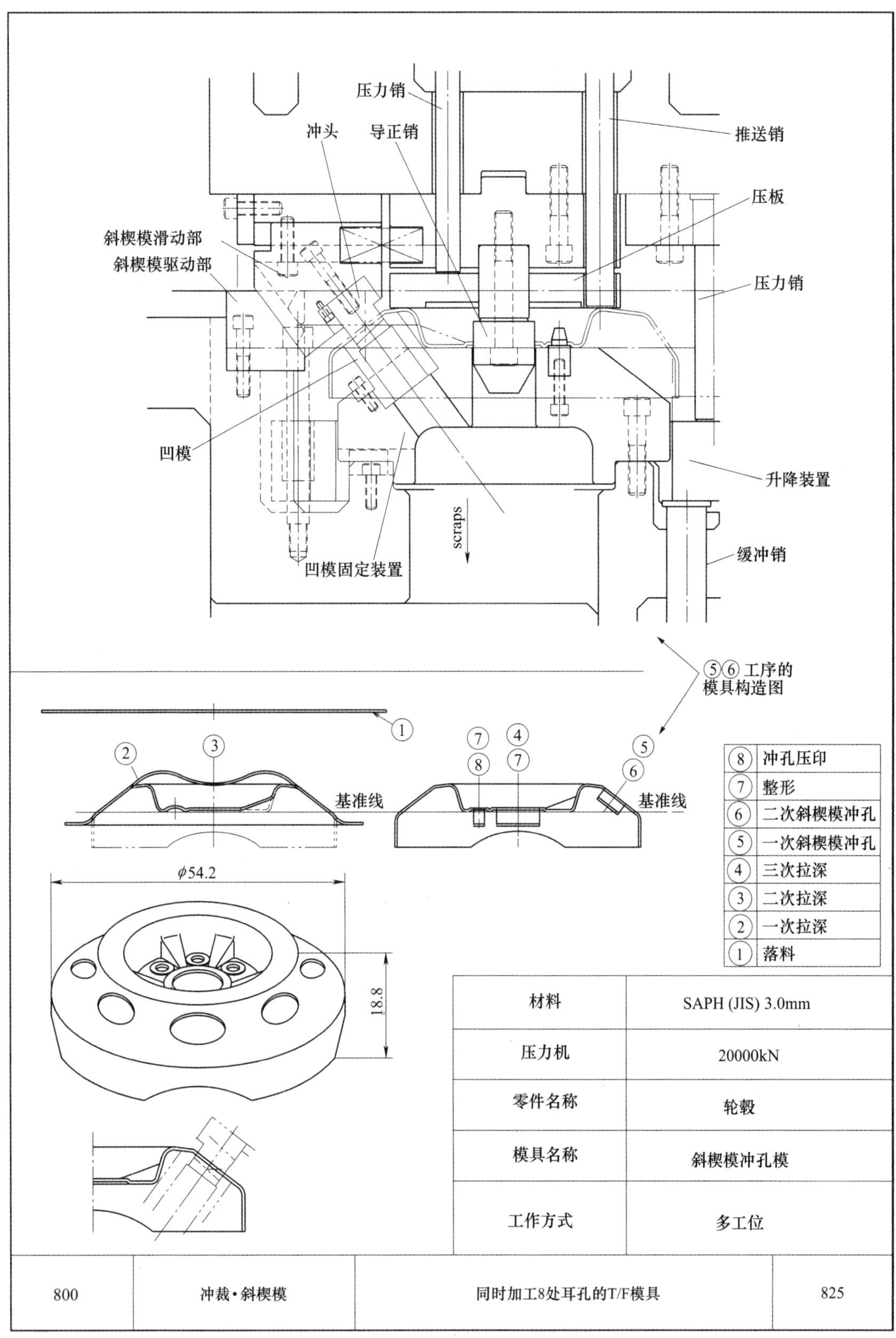

⑧	冲孔压印
⑦	整形
⑥	二次斜楔模冲孔
⑤	一次斜楔模冲孔
④	三次拉深
③	二次拉深
②	一次拉深
①	落料

材料	SAPH (JIS) 3.0mm
压力机	20000kN
零件名称	轮毂
模具名称	斜楔模冲孔模
工作方式	多工位

800	冲裁·斜楔模	同时加工8处耳孔的T/F模具	825

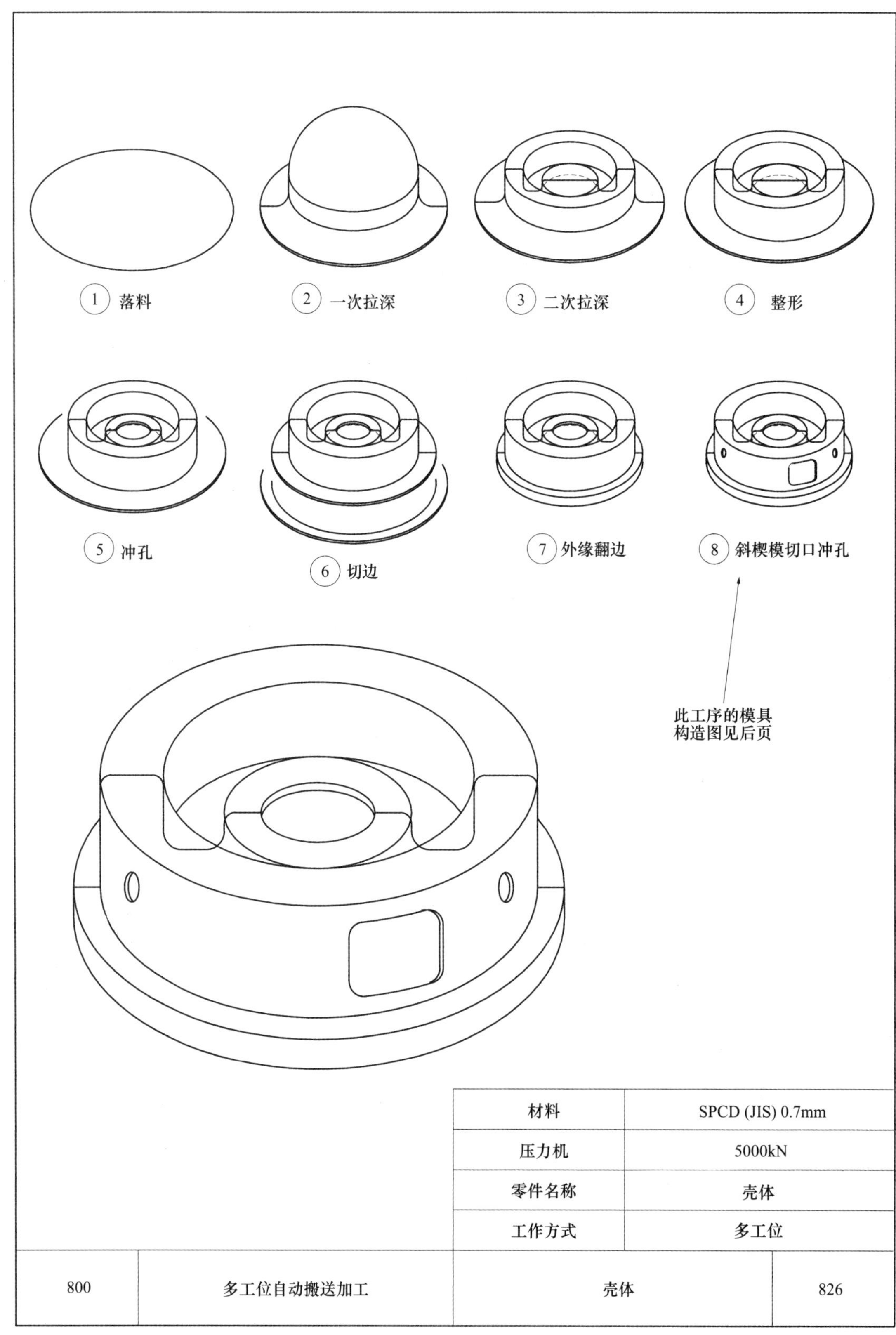

材料	SPCD (JIS) 0.7mm
压力机	5000kN
零件名称	壳体
工作方式	多工位

800	多工位自动搬送加工	壳体	826

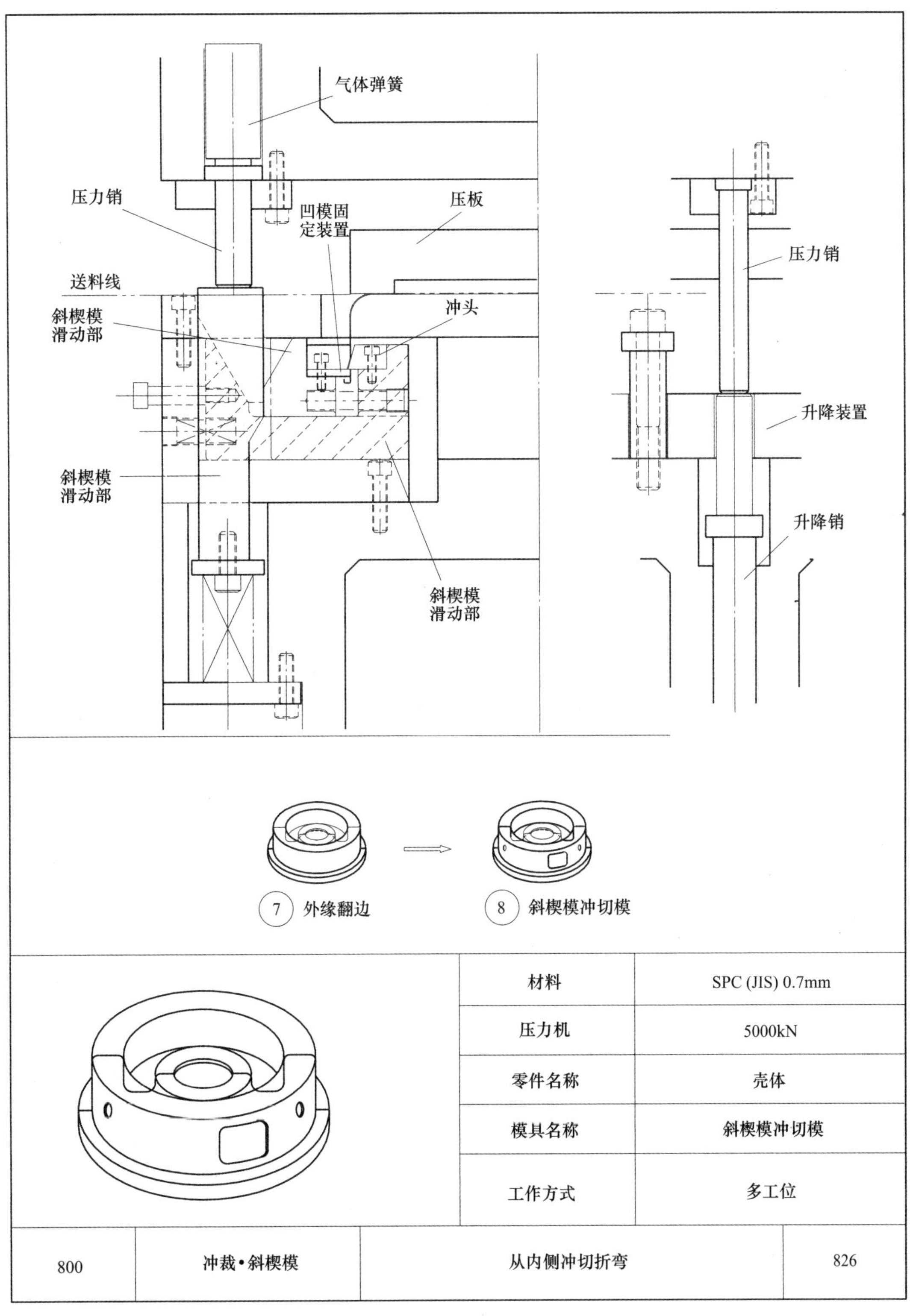

材料	SPC (JIS) 0.7mm
压力机	5000kN
零件名称	壳体
模具名称	斜楔模冲切模
工作方式	多工位

800	冲裁•斜楔模	从内侧冲切折弯	826

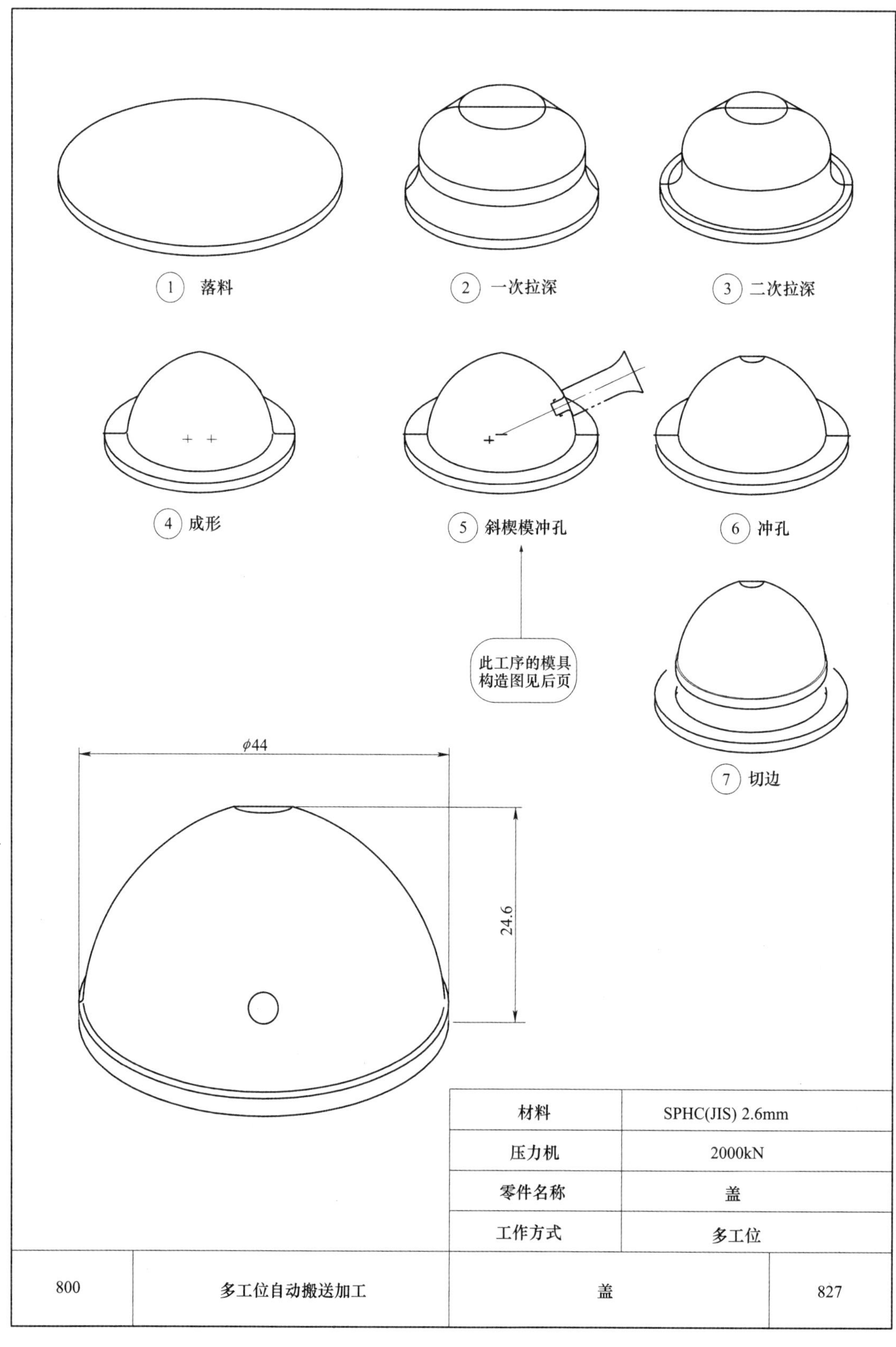

材料	SPHC(JIS) 2.6mm
压力机	2000kN
零件名称	盖
工作方式	多工位

800	多工位自动搬送加工	盖	827

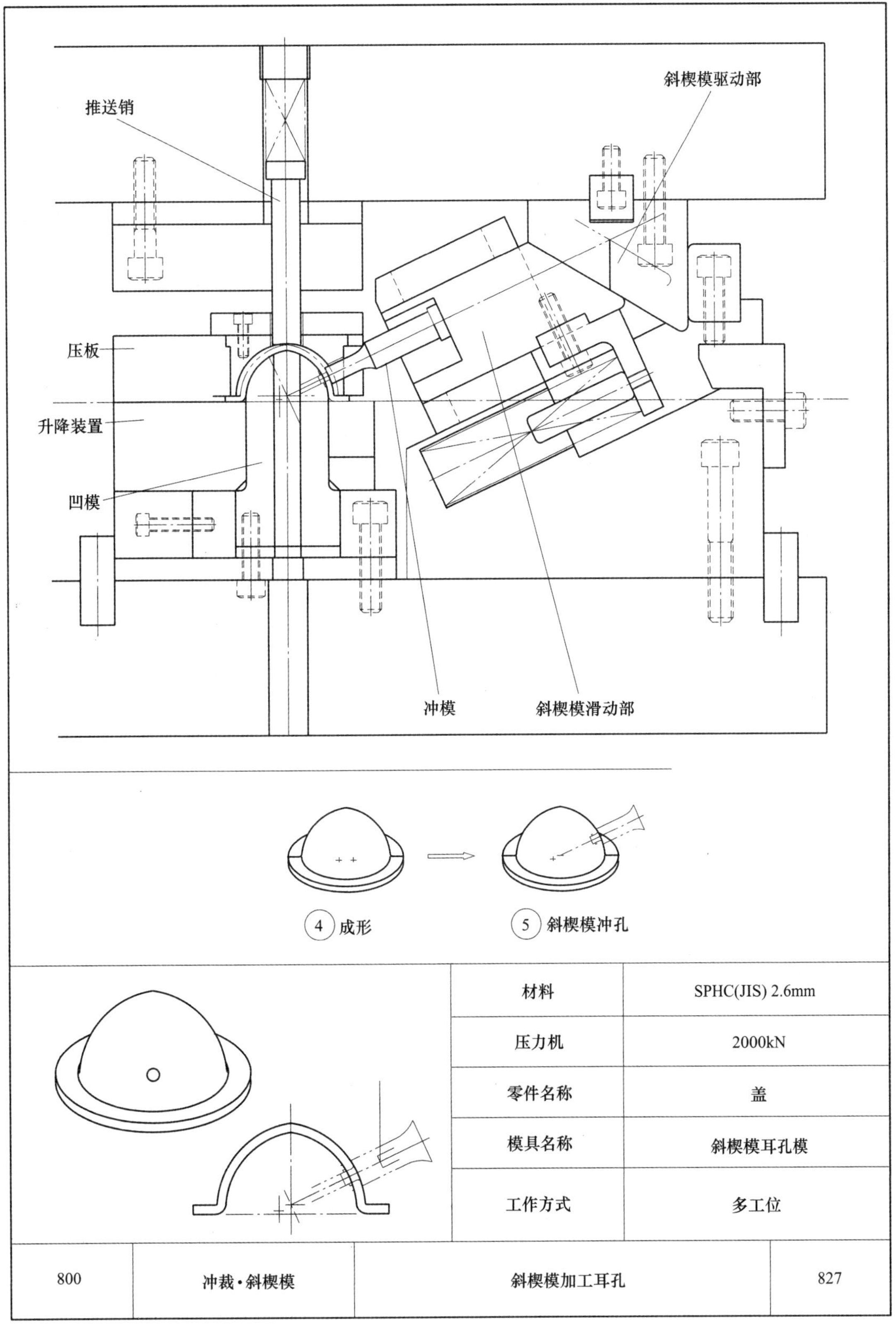

材料	SPHC(JIS) 2.6mm
压力机	2000kN
零件名称	盖
模具名称	斜楔模耳孔模
工作方式	多工位

800	冲裁·斜楔模	斜楔模加工耳孔	827

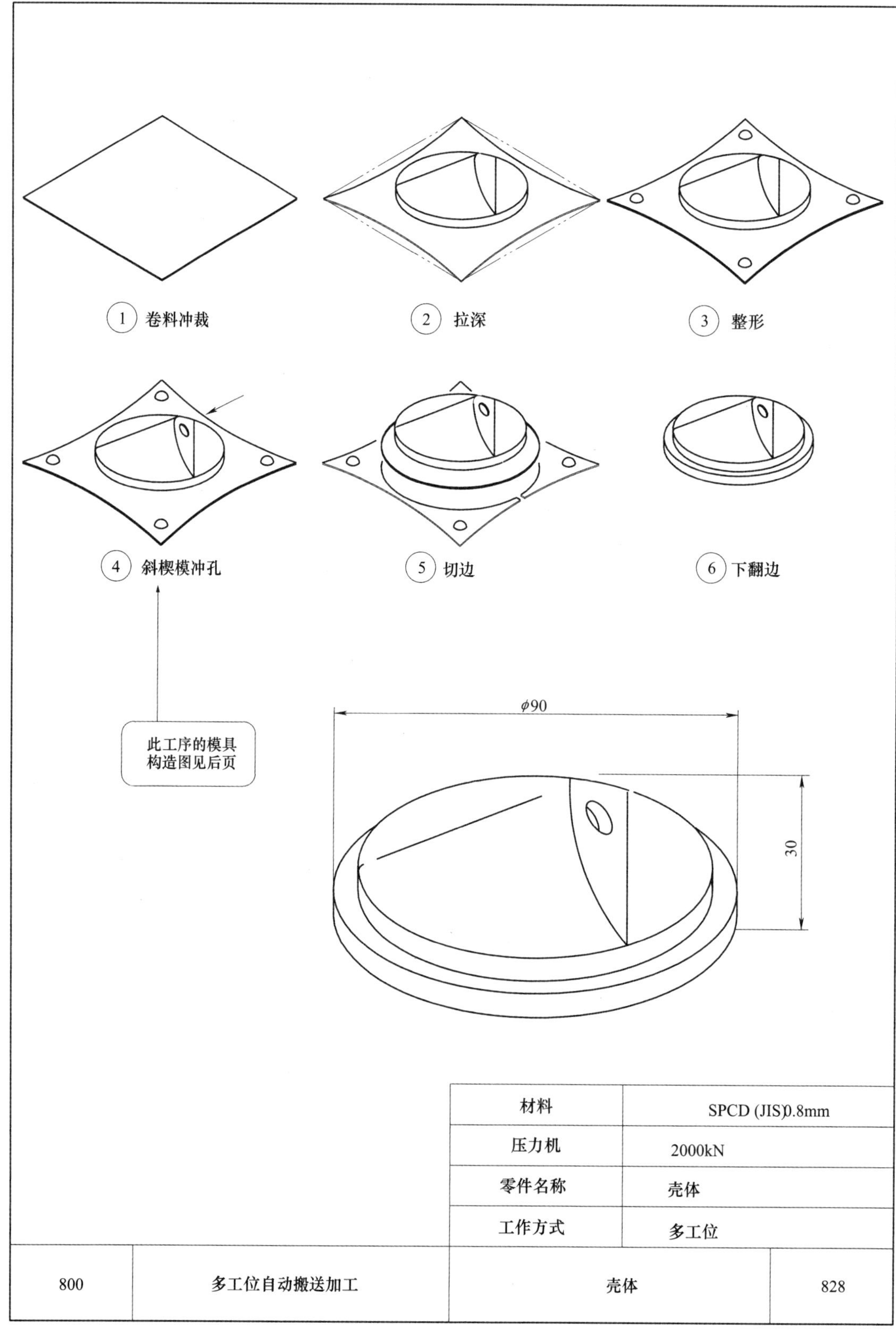

材料	SPCD (JIS)0.8mm
压力机	2000kN
零件名称	壳体
工作方式	多工位

800	多工位自动搬送加工	壳体	828

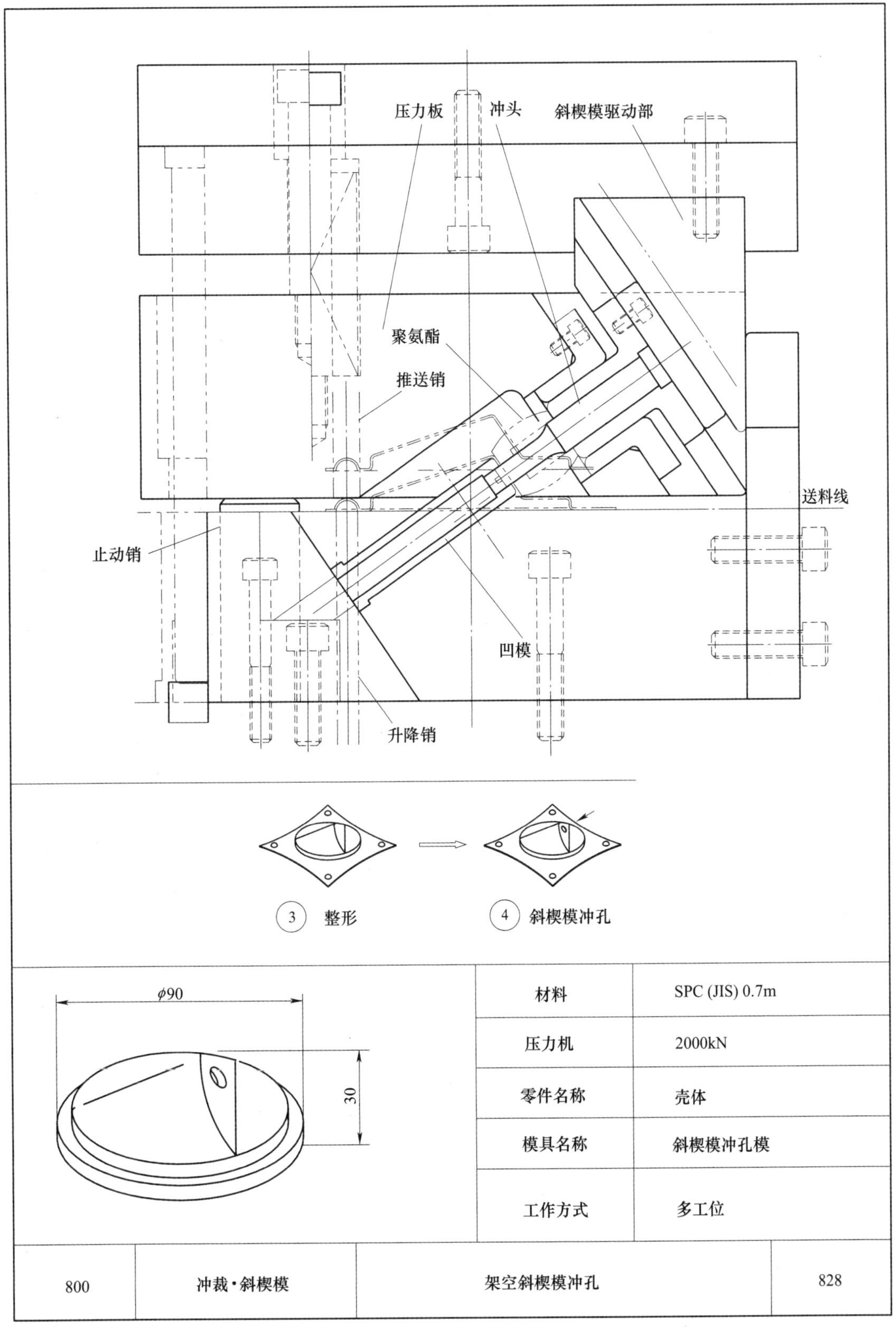

材料	SPC (JIS) 0.7m
压力机	2000kN
零件名称	壳体
模具名称	斜楔模冲孔模
工作方式	多工位

800	冲裁·斜楔模	架空斜楔模冲孔	828

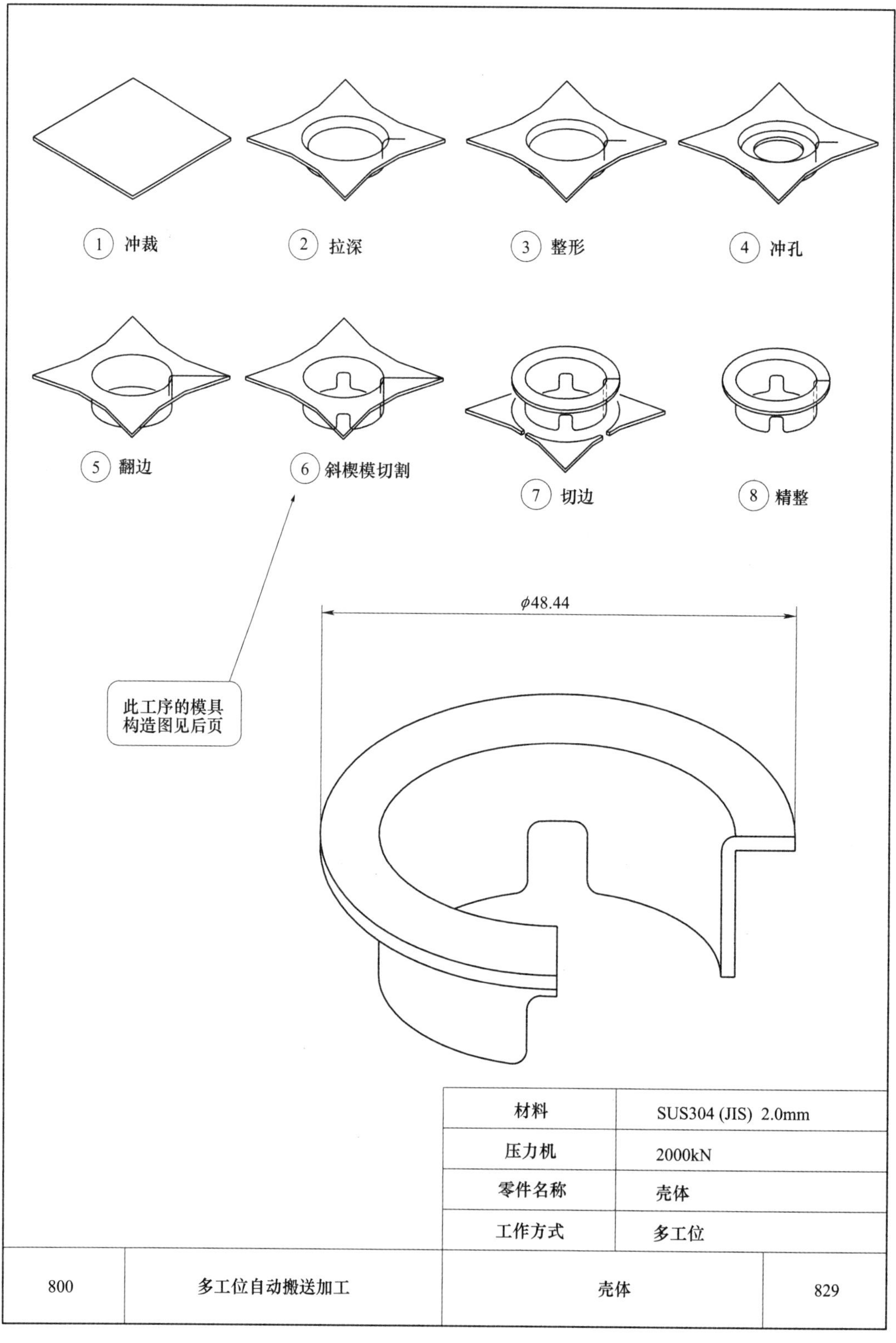

材料	SUS304 (JIS) 2.0mm
压力机	2000kN
零件名称	壳体
工作方式	多工位

800	多工位自动搬送加工	壳体	829

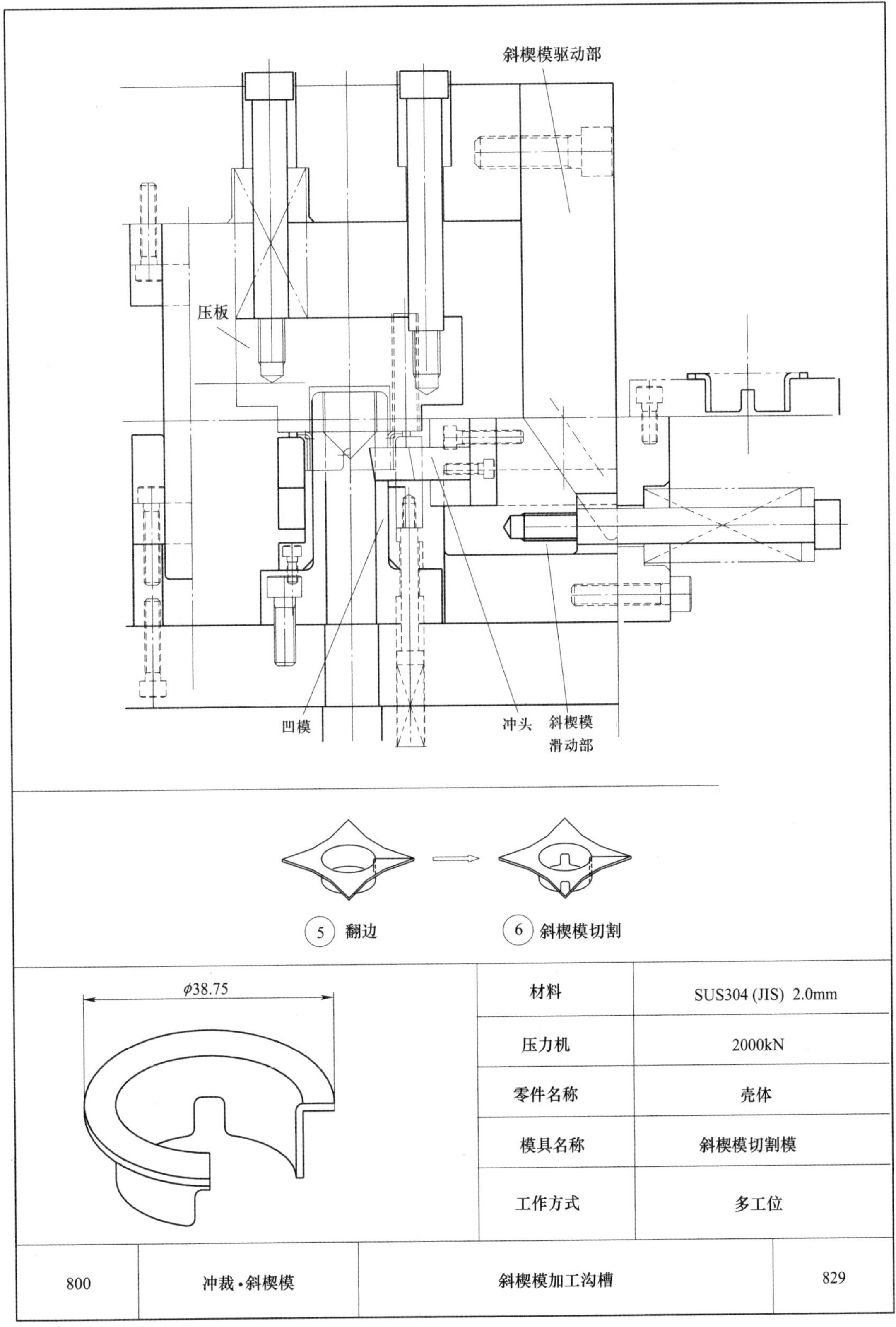

材料	SUS304 (JIS) 2.0mm
压力机	2000kN
零件名称	壳体
模具名称	斜楔模切割模
工作方式	多工位

800	冲裁·斜楔模	斜楔模加工沟槽	829

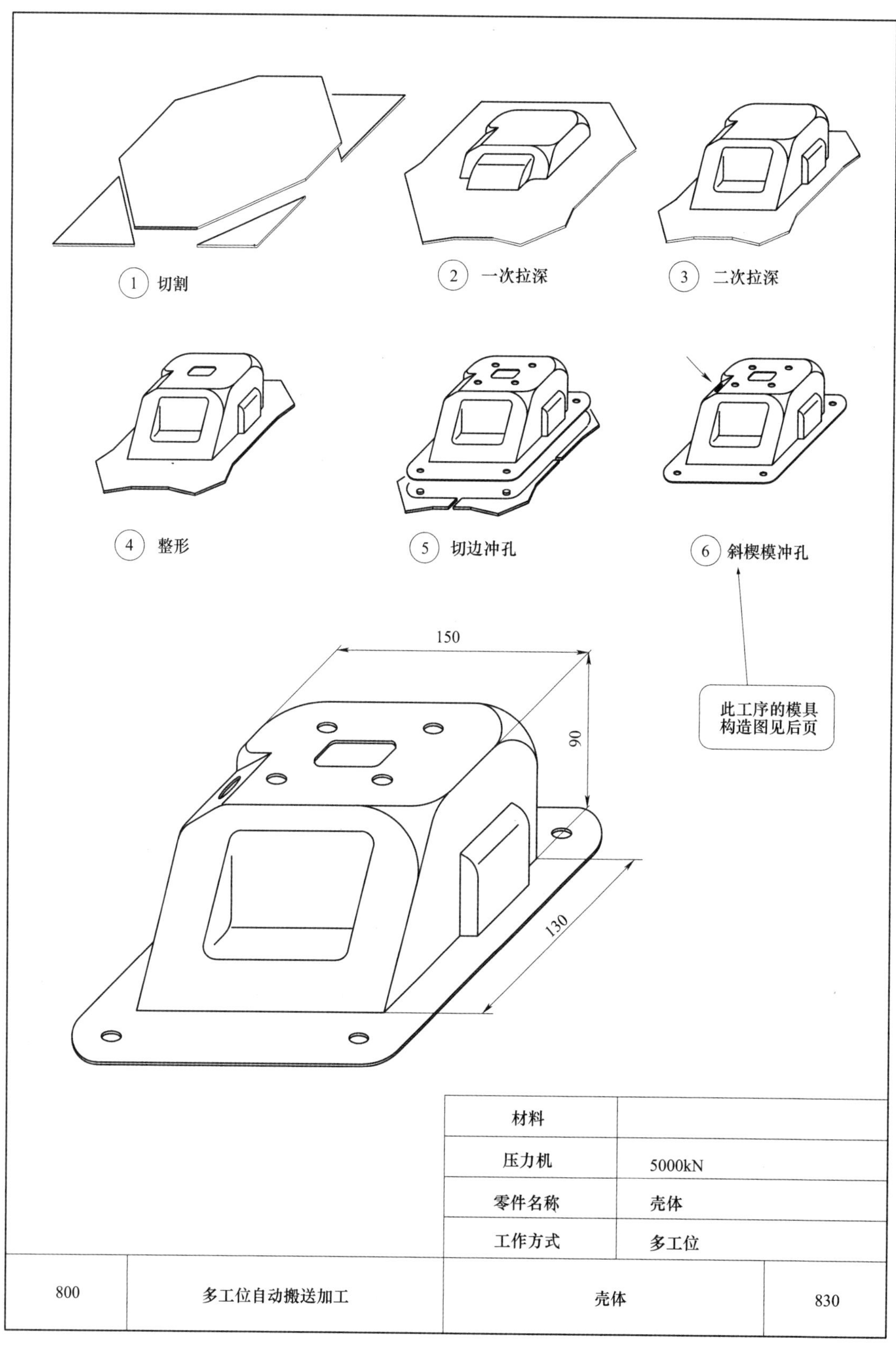

材料	
压力机	5000kN
零件名称	壳体
工作方式	多工位

800	多工位自动搬送加工	壳体	830

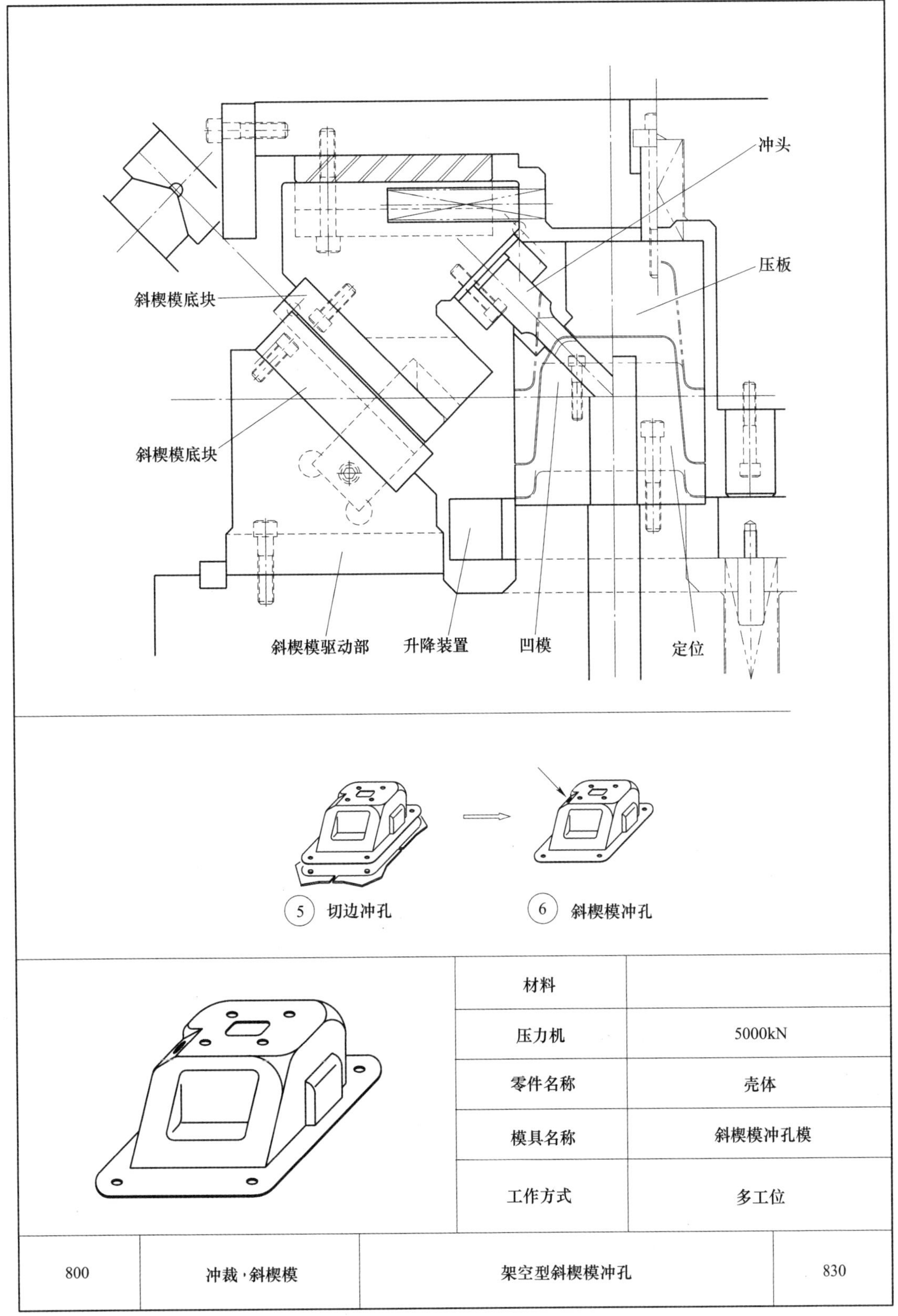

	材料	
	压力机	5000kN
	零件名称	壳体
	模具名称	斜楔模冲孔模
	工作方式	多工位

800	冲裁·斜楔模	架空型斜楔模冲孔	830

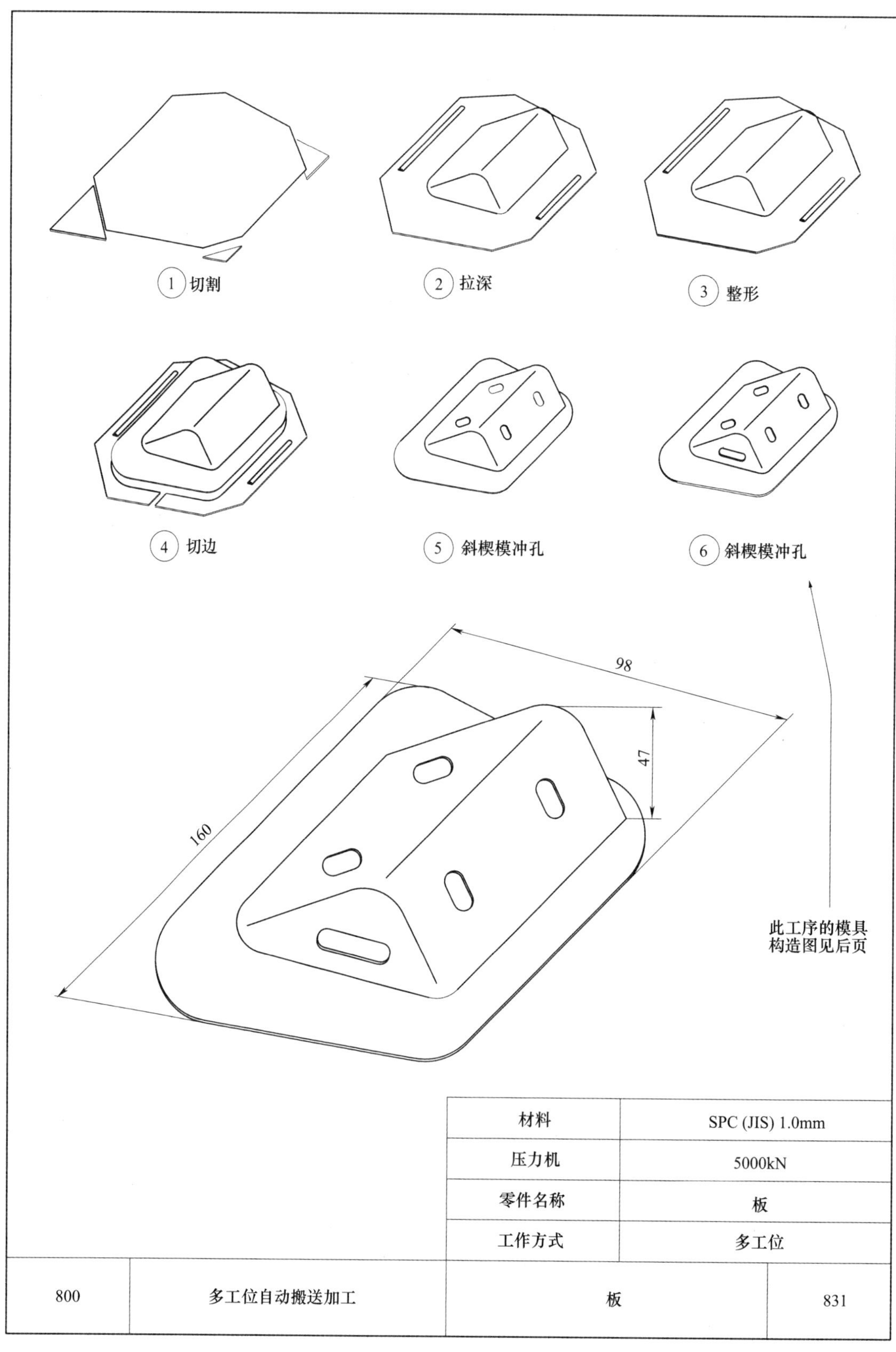

材料	SPC (JIS) 1.0mm
压力机	5000kN
零件名称	板
工作方式	多工位

800	多工位自动搬送加工	板	831

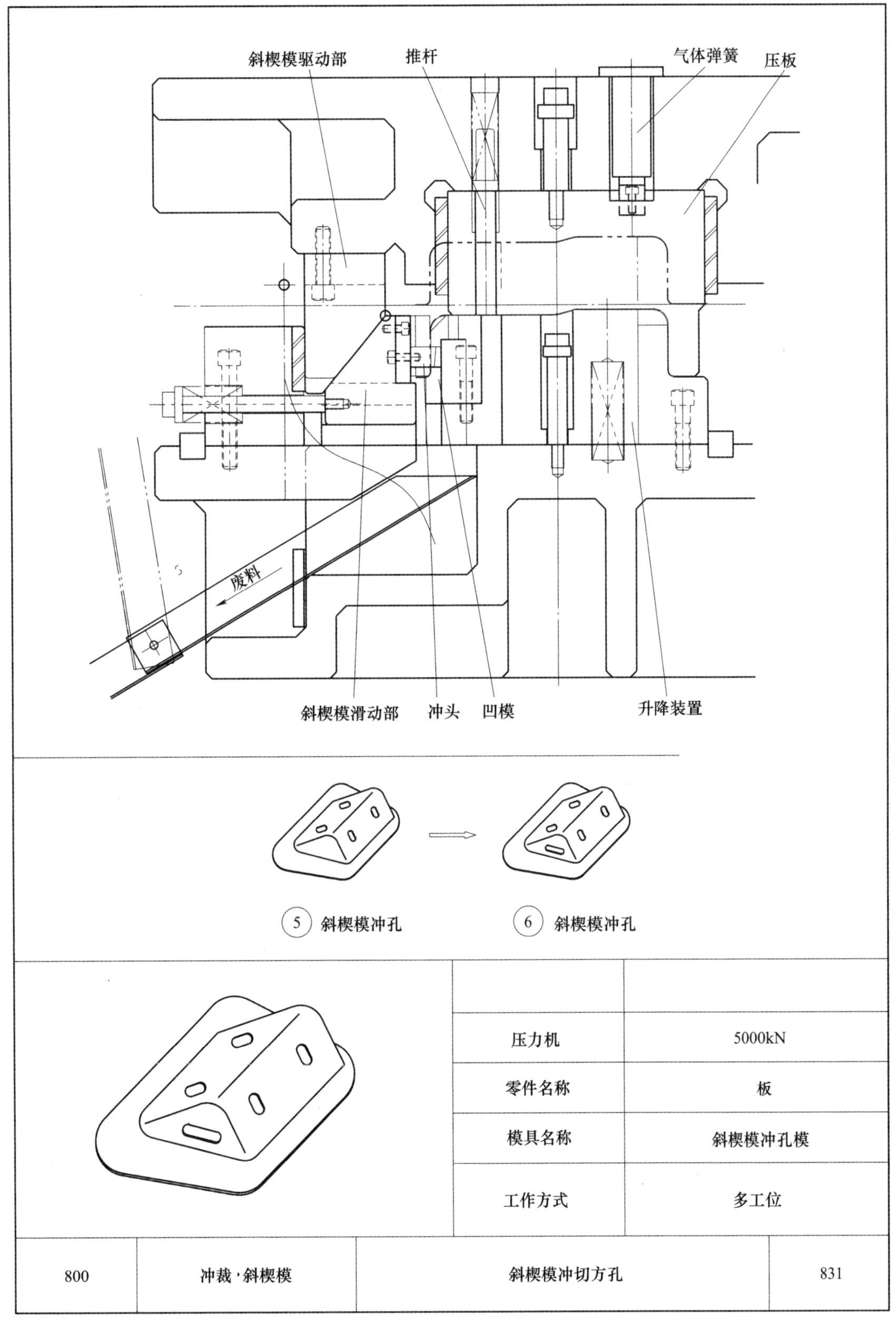

压力机	5000kN
零件名称	板
模具名称	斜楔模冲孔模
工作方式	多工位

800	冲裁，斜楔模	斜楔模冲切方孔	831

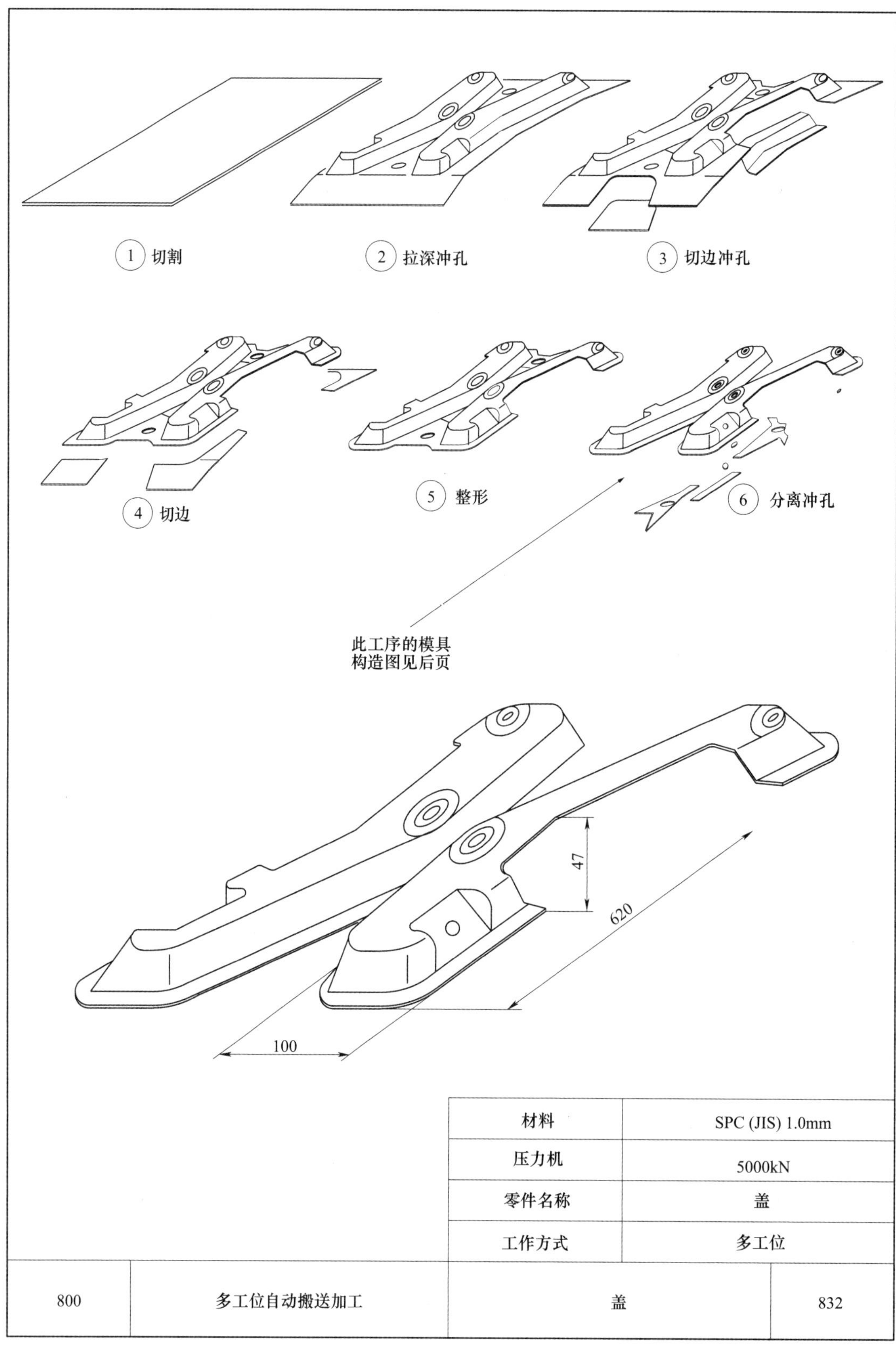

材料	SPC (JIS) 1.0mm
压力机	5000kN
零件名称	盖
工作方式	多工位

800	多工位自动搬送加工	盖	832

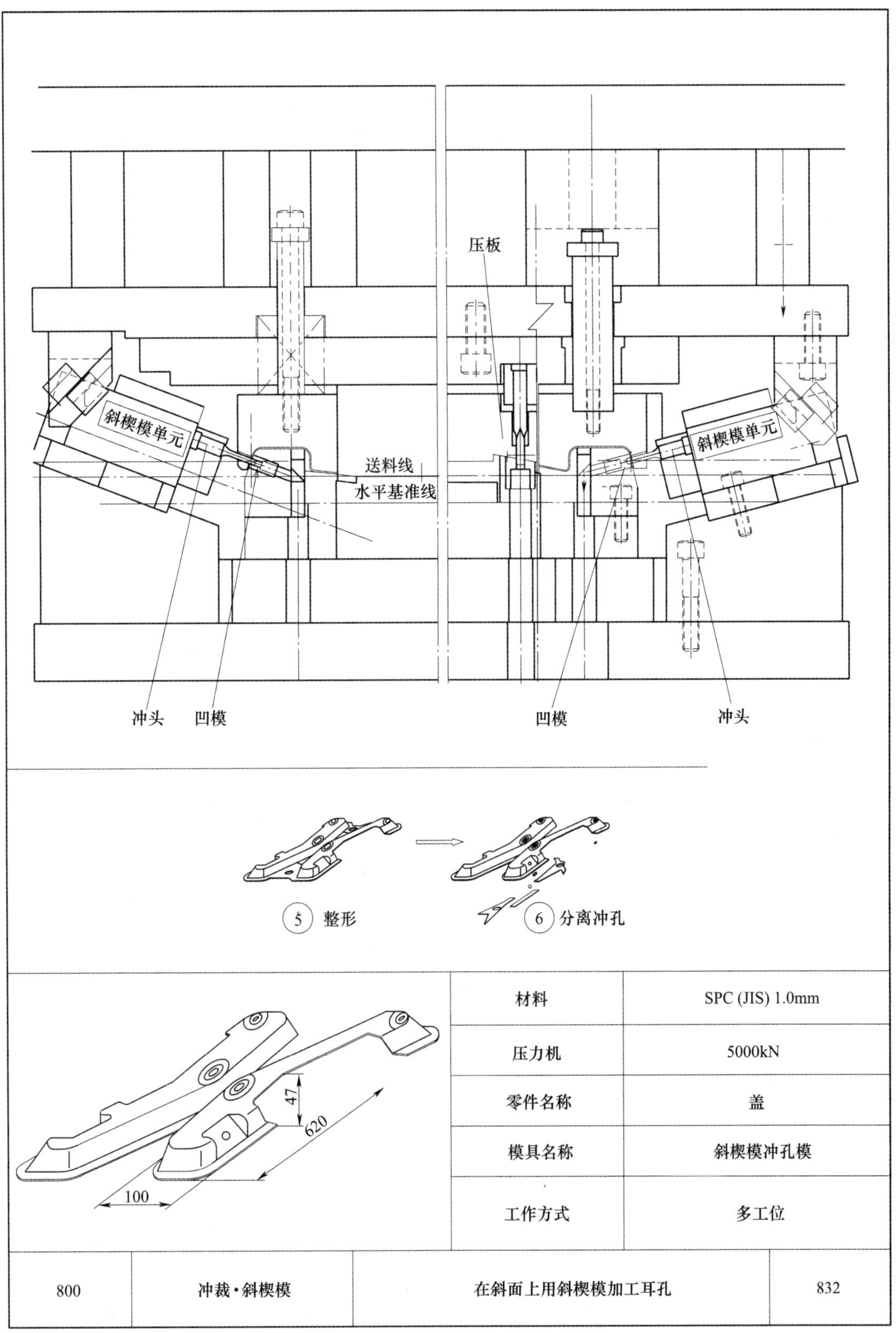

材料	SPC (JIS) 1.0mm
压力机	5000kN
零件名称	盖
模具名称	斜楔模冲孔模
工作方式	多工位

800	冲裁·斜楔模	在斜面上用斜楔模加工耳孔	832

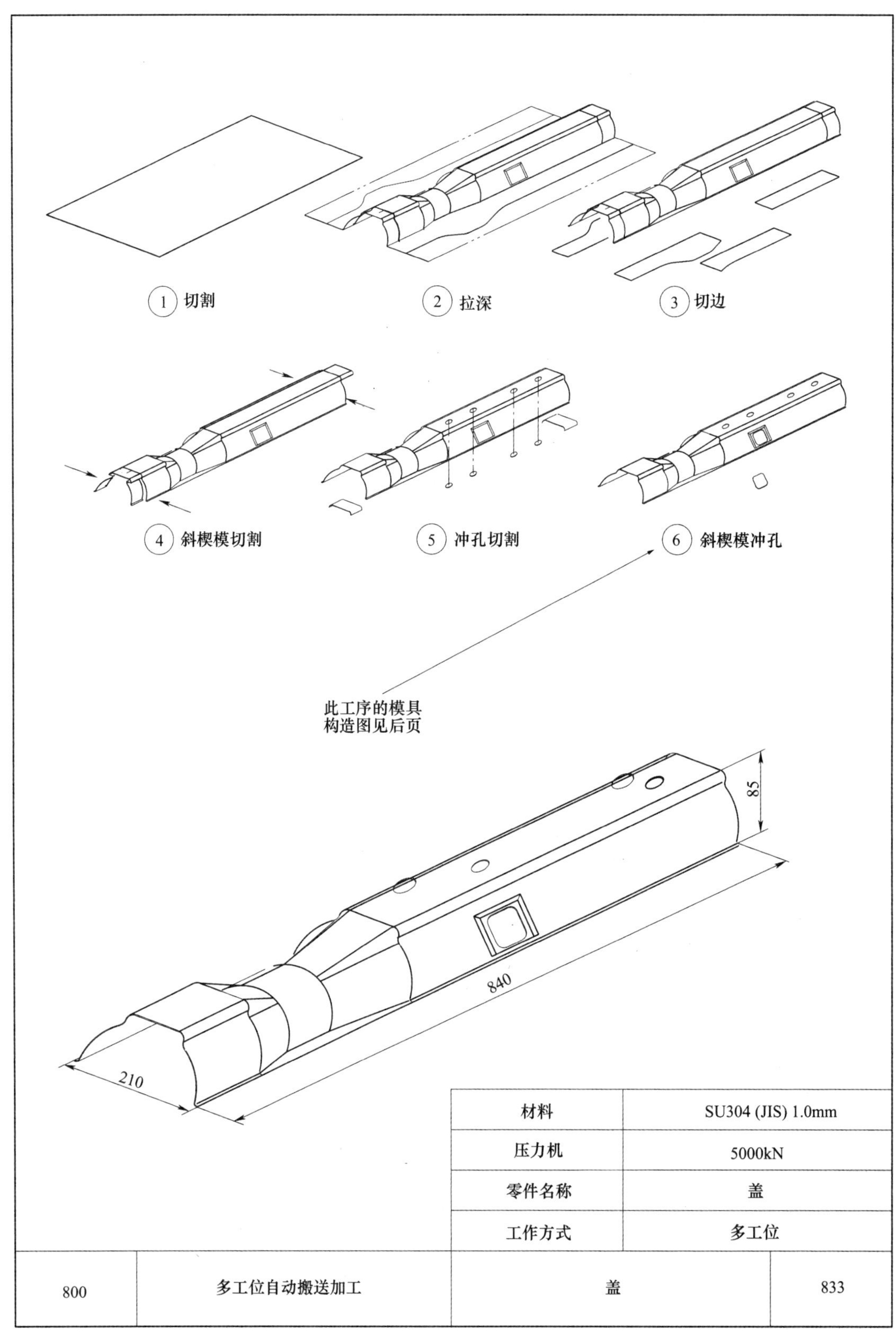

材料	SU304 (JIS) 1.0mm
压力机	5000kN
零件名称	盖
工作方式	多工位

800	多工位自动搬送加工	盖	833

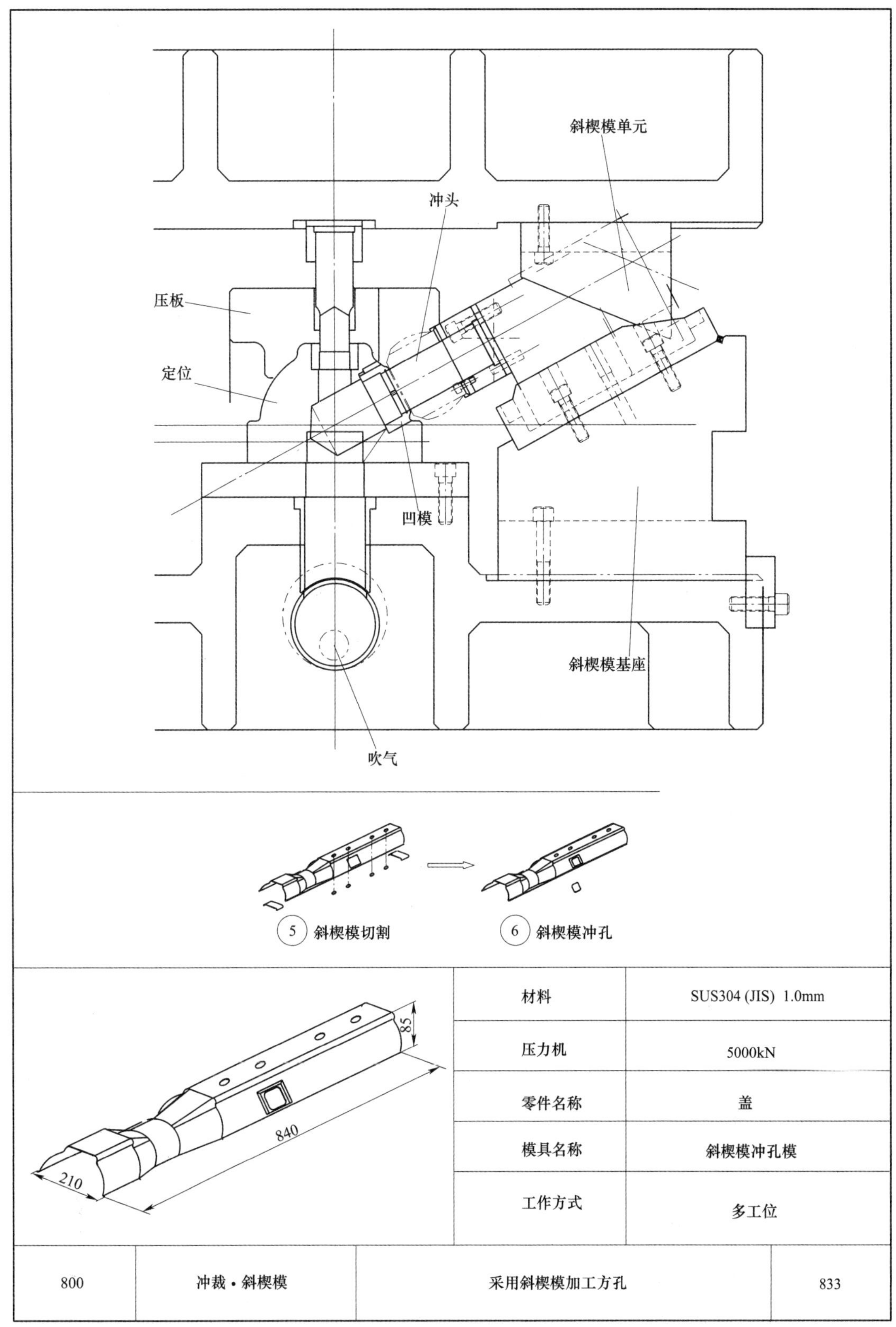

材料	SUS304 (JIS) 1.0mm
压力机	5000kN
零件名称	盖
模具名称	斜楔模冲孔模
工作方式	多工位

800	冲裁·斜楔模	采用斜楔模加工方孔	833

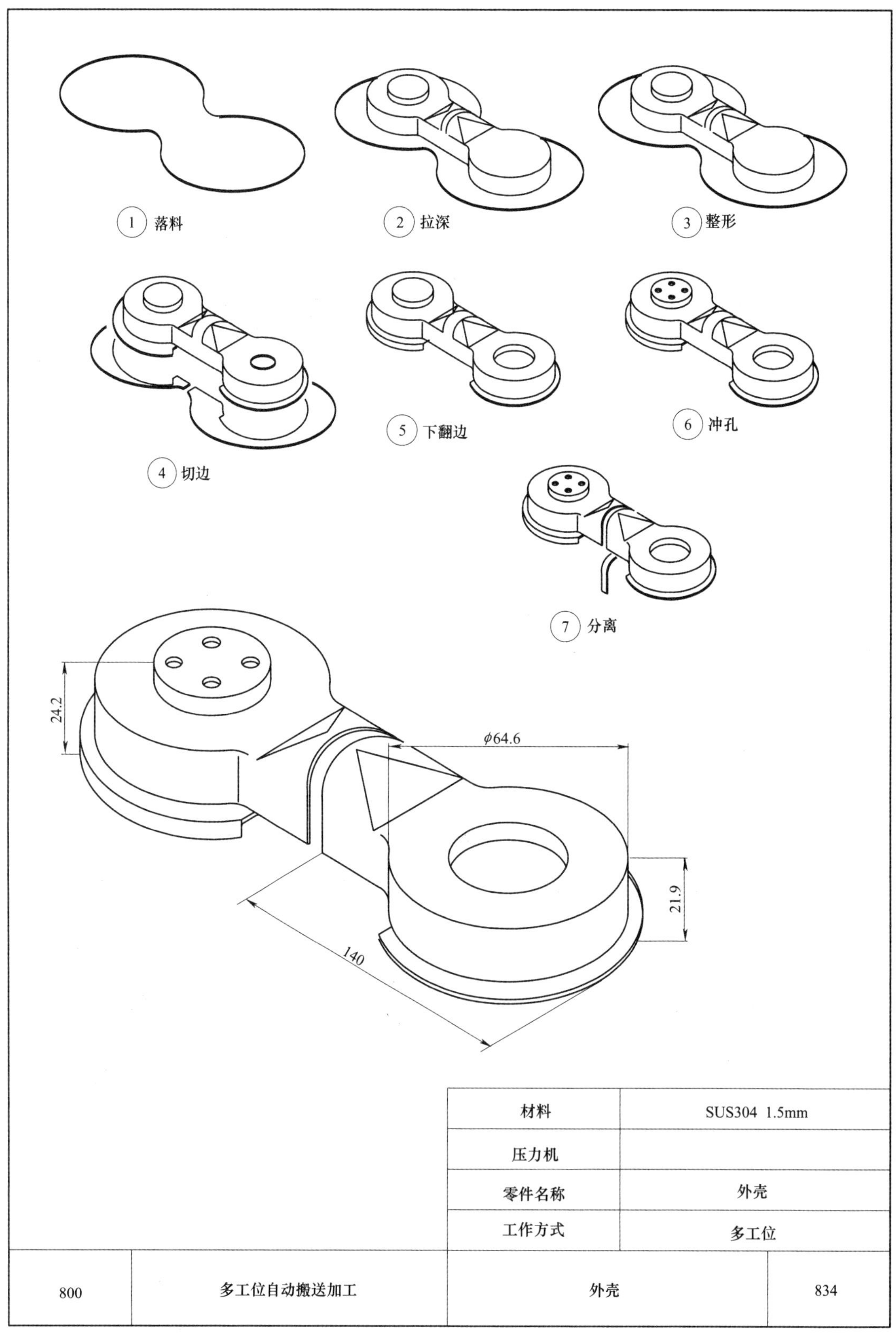

材料	SUS304 1.5mm
压力机	
零件名称	外壳
工作方式	多工位

800	多工位自动搬送加工	外壳	834

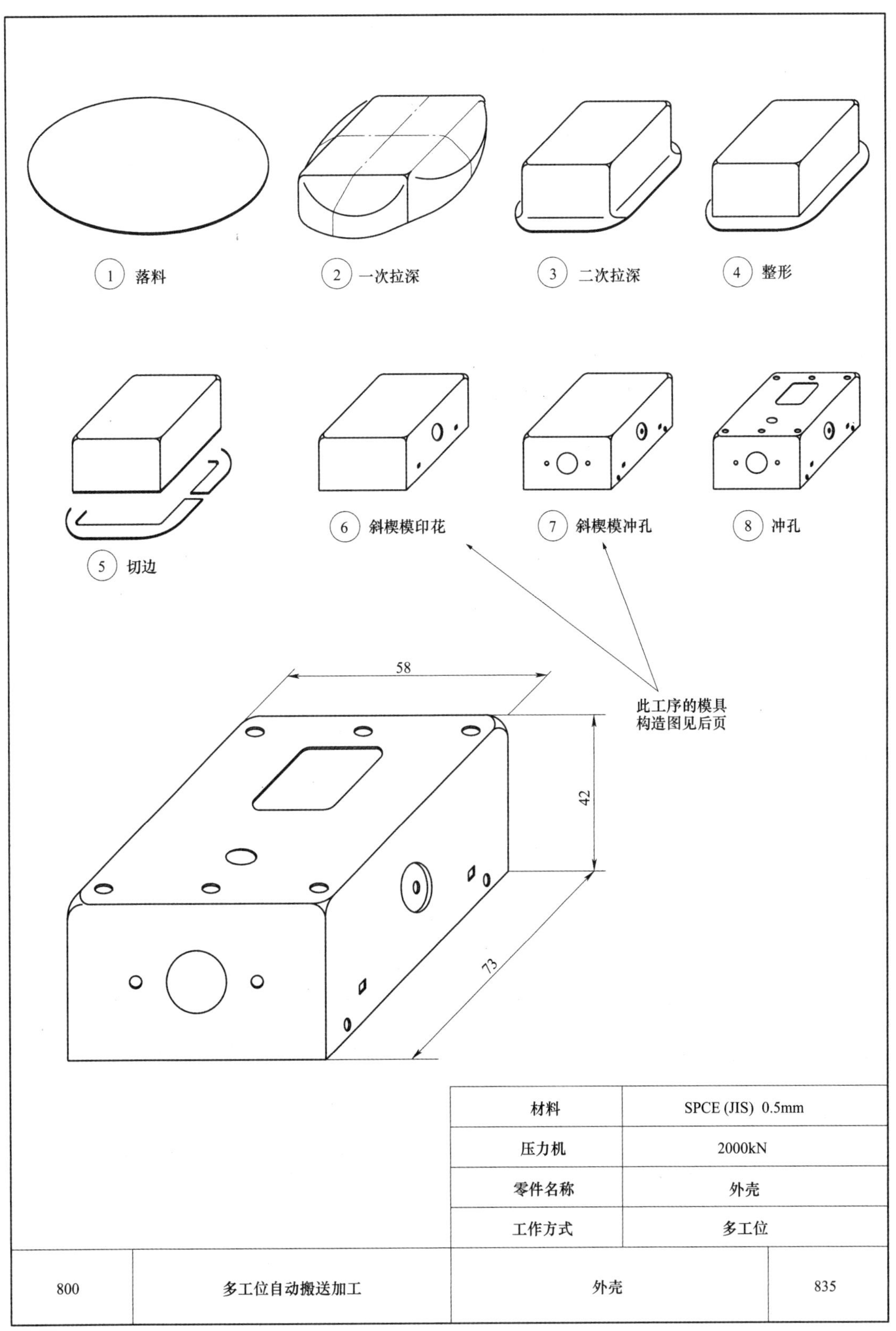

材料	SPCE (JIS) 0.5mm
压力机	2000kN
零件名称	外壳
工作方式	多工位

800	多工位自动搬送加工	外壳	835

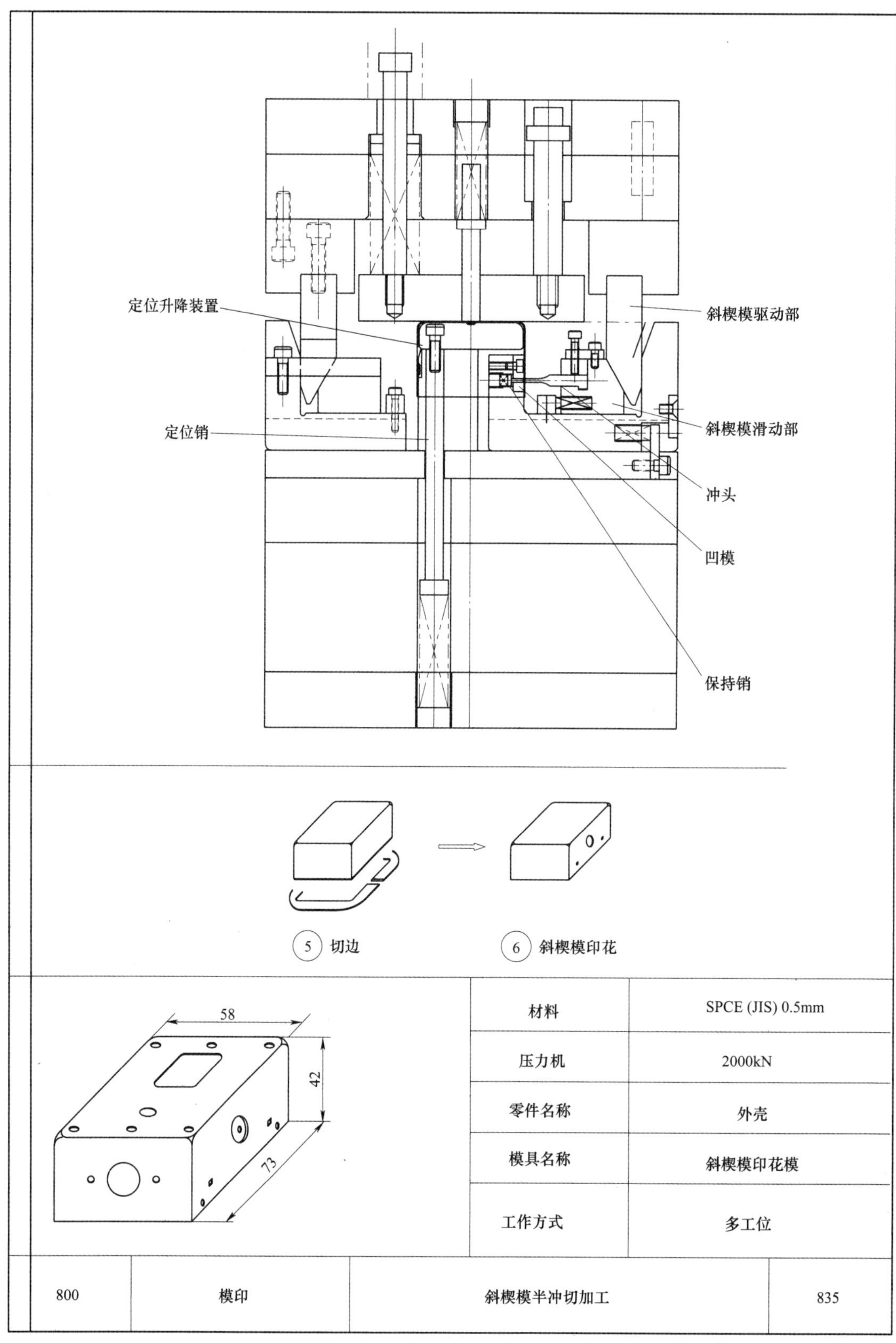

材料	SPCE (JIS) 0.5mm
压力机	2000kN
零件名称	外壳
模具名称	斜楔模印花模
工作方式	多工位

800	模印	斜楔模半冲切加工	835

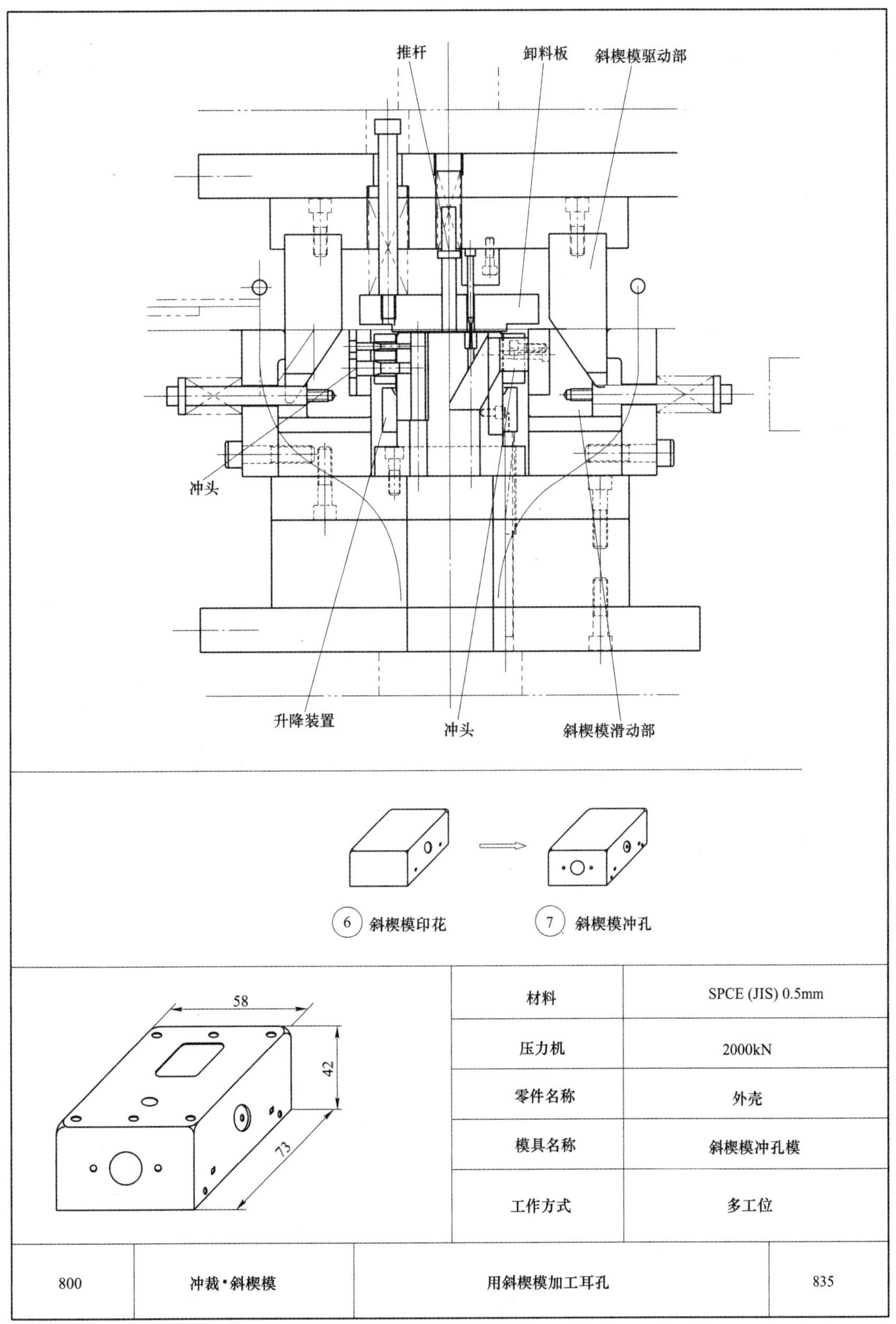

材料	SPCE (JIS) 0.5mm
压力机	2000kN
零件名称	外壳
模具名称	斜楔模冲孔模
工作方式	多工位

800	冲裁·斜楔模	用斜楔模加工耳孔	835

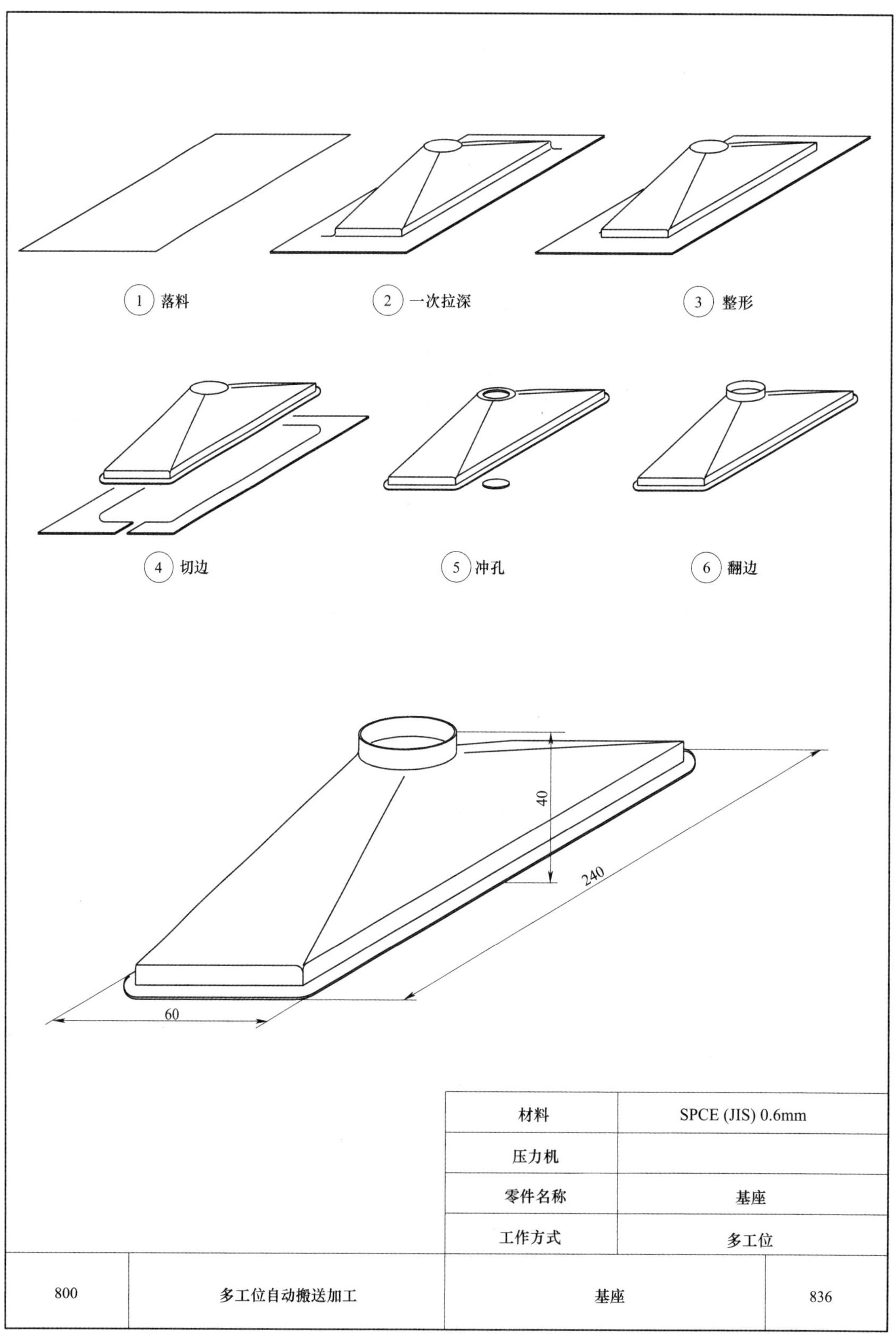

材料	SPCE (JIS) 0.6mm
压力机	
零件名称	基座
工作方式	多工位

800	多工位自动搬送加工	基座	836

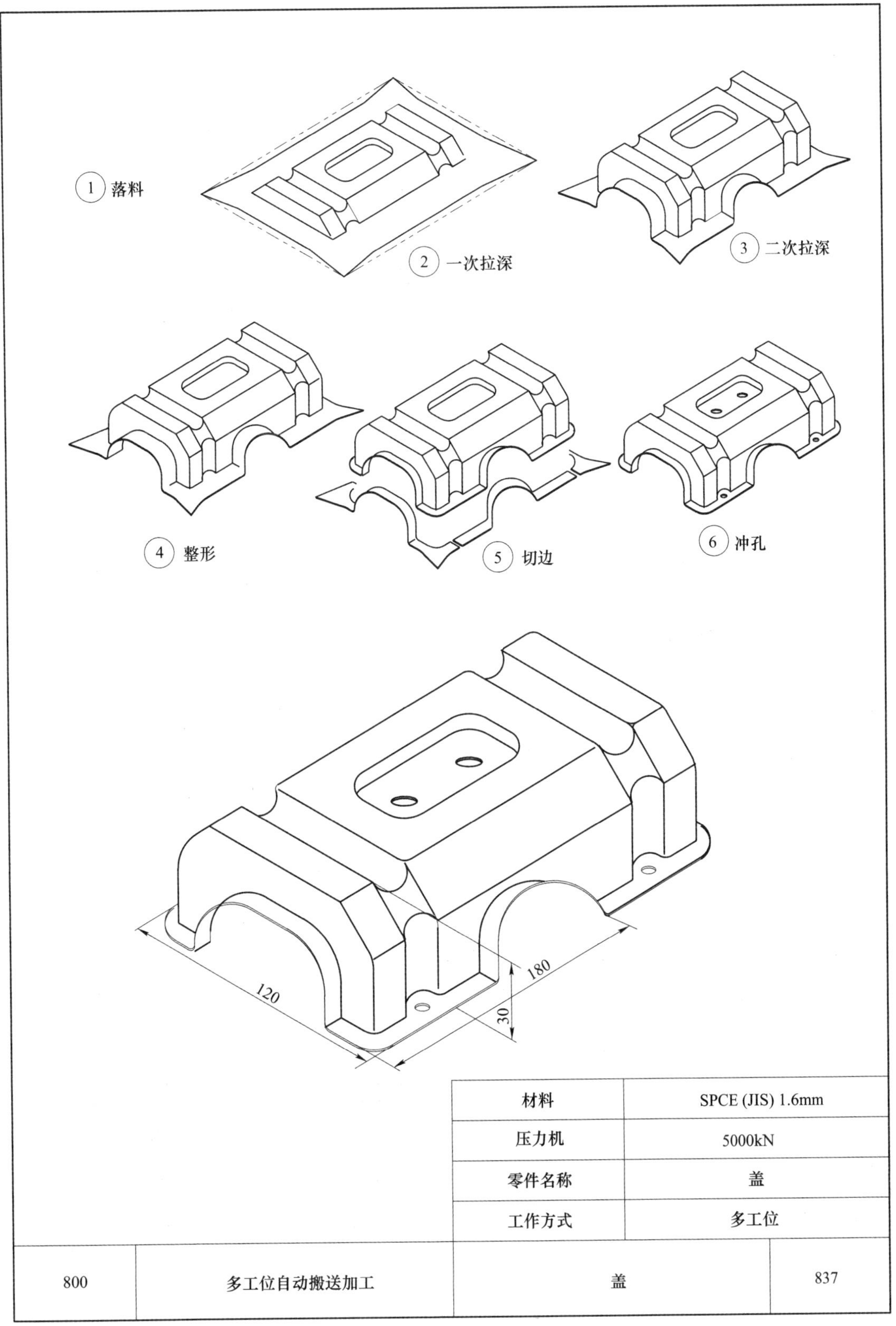

材料	SPCE (JIS) 1.6mm
压力机	5000kN
零件名称	盖
工作方式	多工位

800	多工位自动搬送加工	盖	837

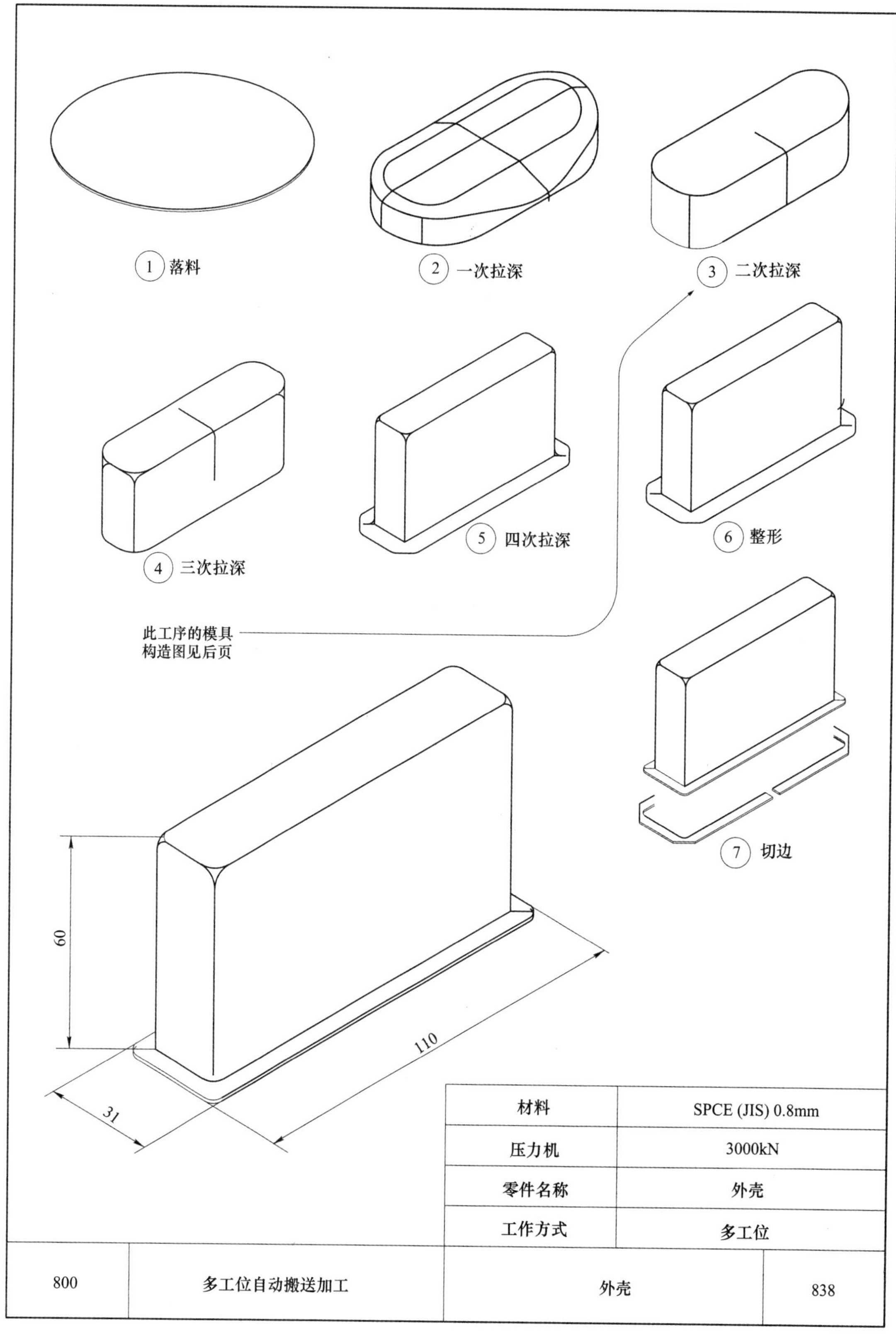

材料	SPCE (JIS) 0.8mm
压力机	3000kN
零件名称	外壳
工作方式	多工位

800	多工位自动搬送加工	外壳	838

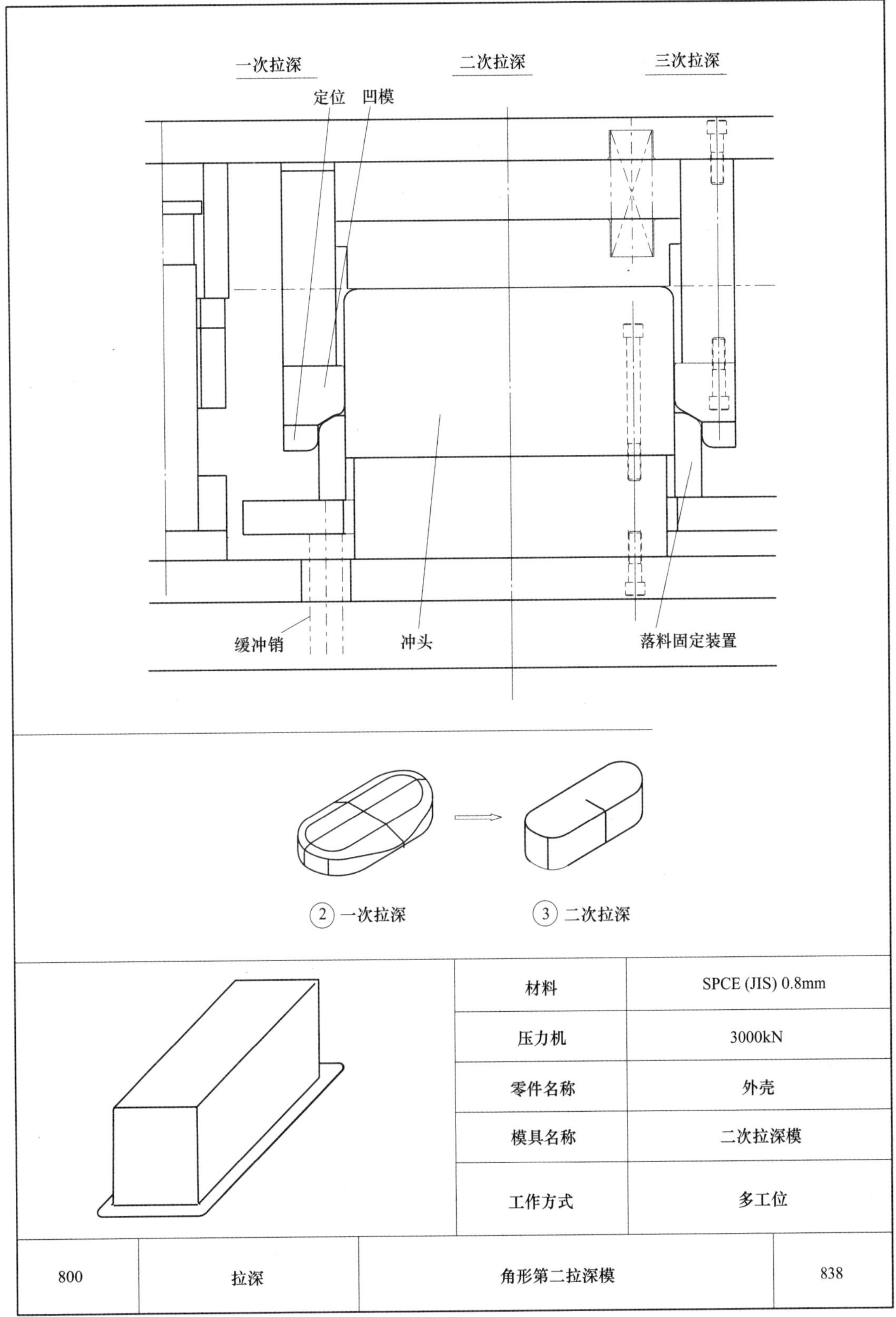

材料	SPCE (JIS) 0.8mm
压力机	3000kN
零件名称	外壳
模具名称	二次拉深模
工作方式	多工位

800	拉深	角形第二拉深模	838

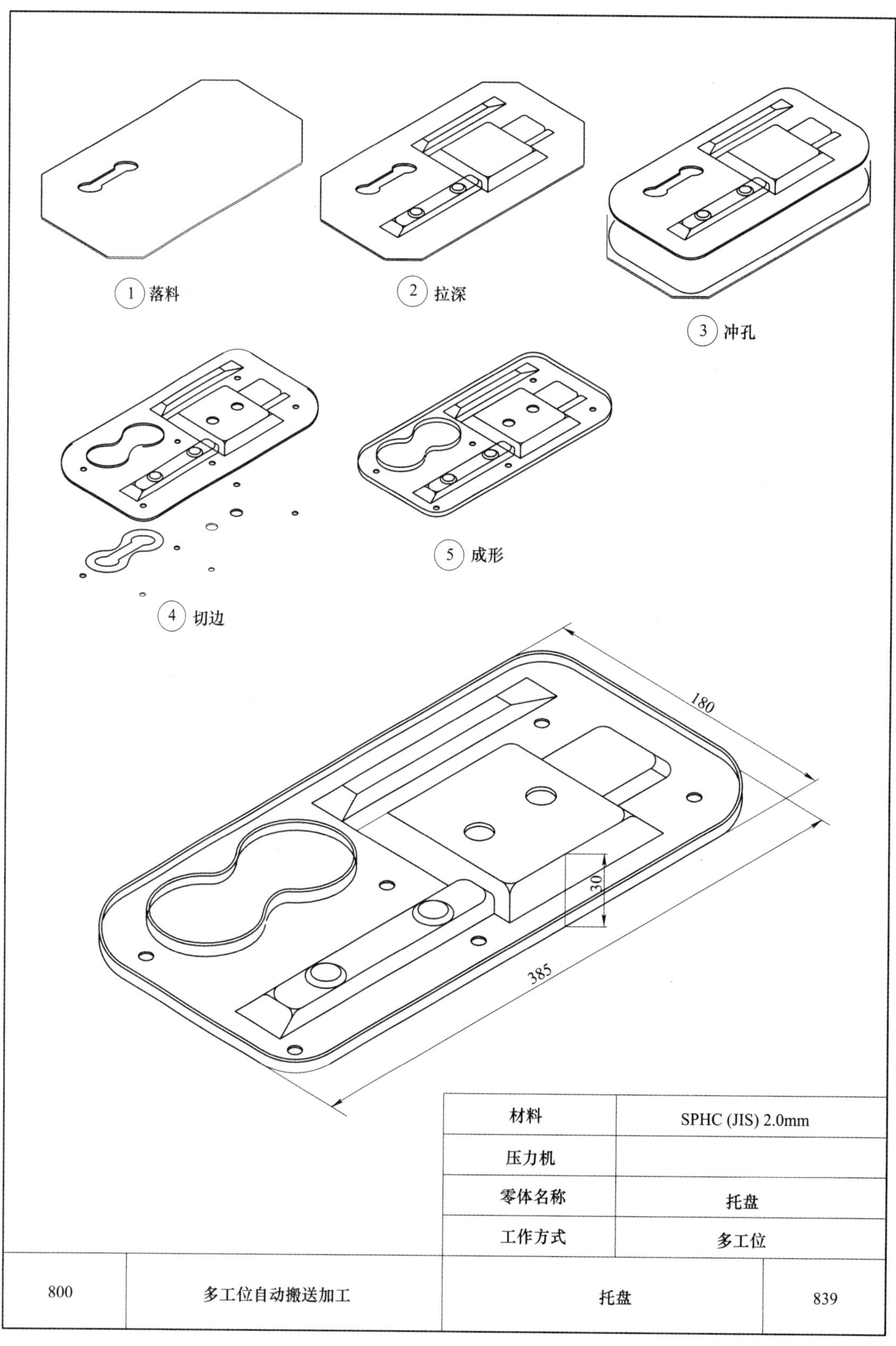

材料	SPHC (JIS) 2.0mm
压力机	
零体名称	托盘
工作方式	多工位

800	多工位自动搬送加工	托盘	839

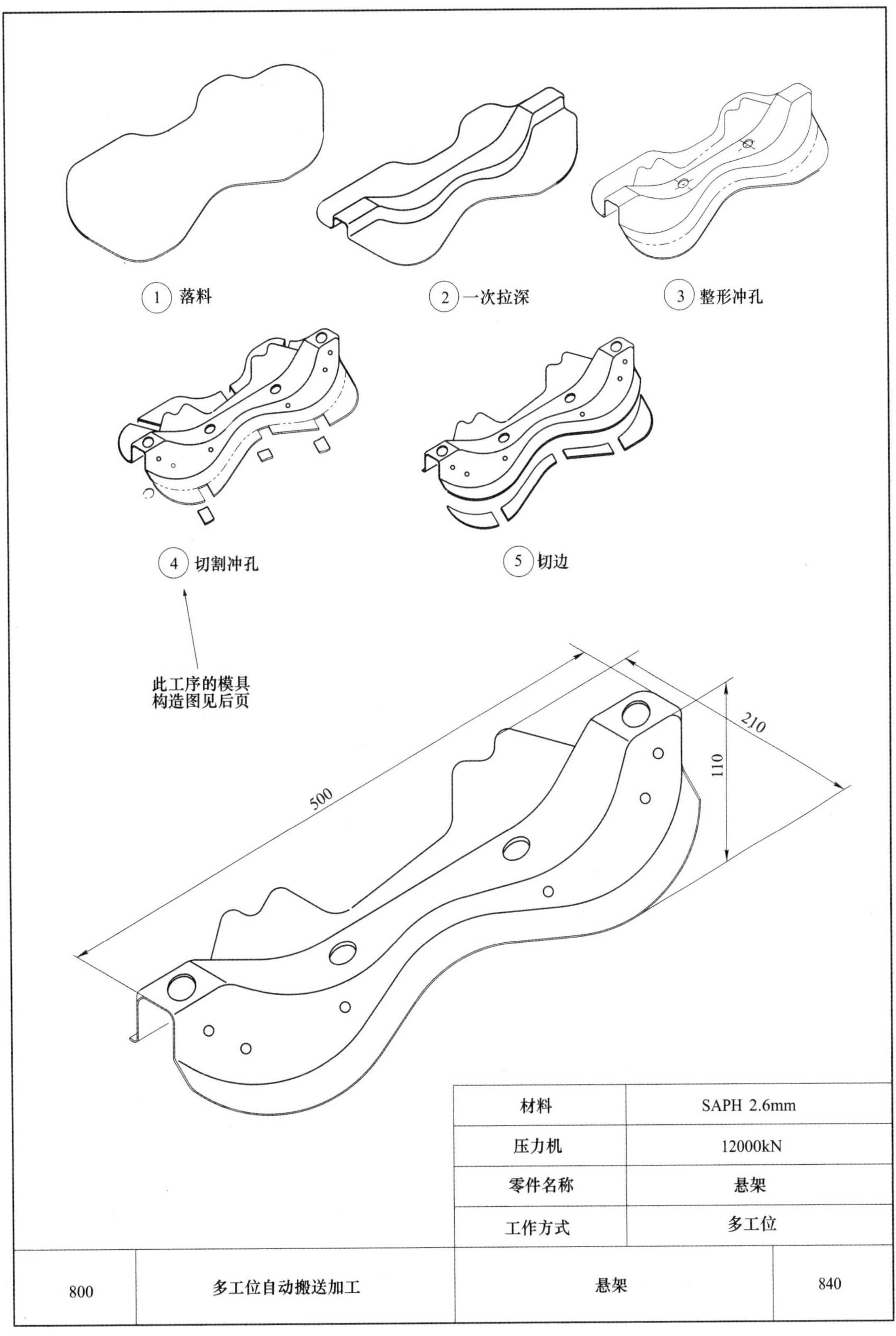

材料	SAPH 2.6mm
压力机	12000kN
零件名称	悬架
工作方式	多工位

800	多工位自动搬送加工	悬架	840

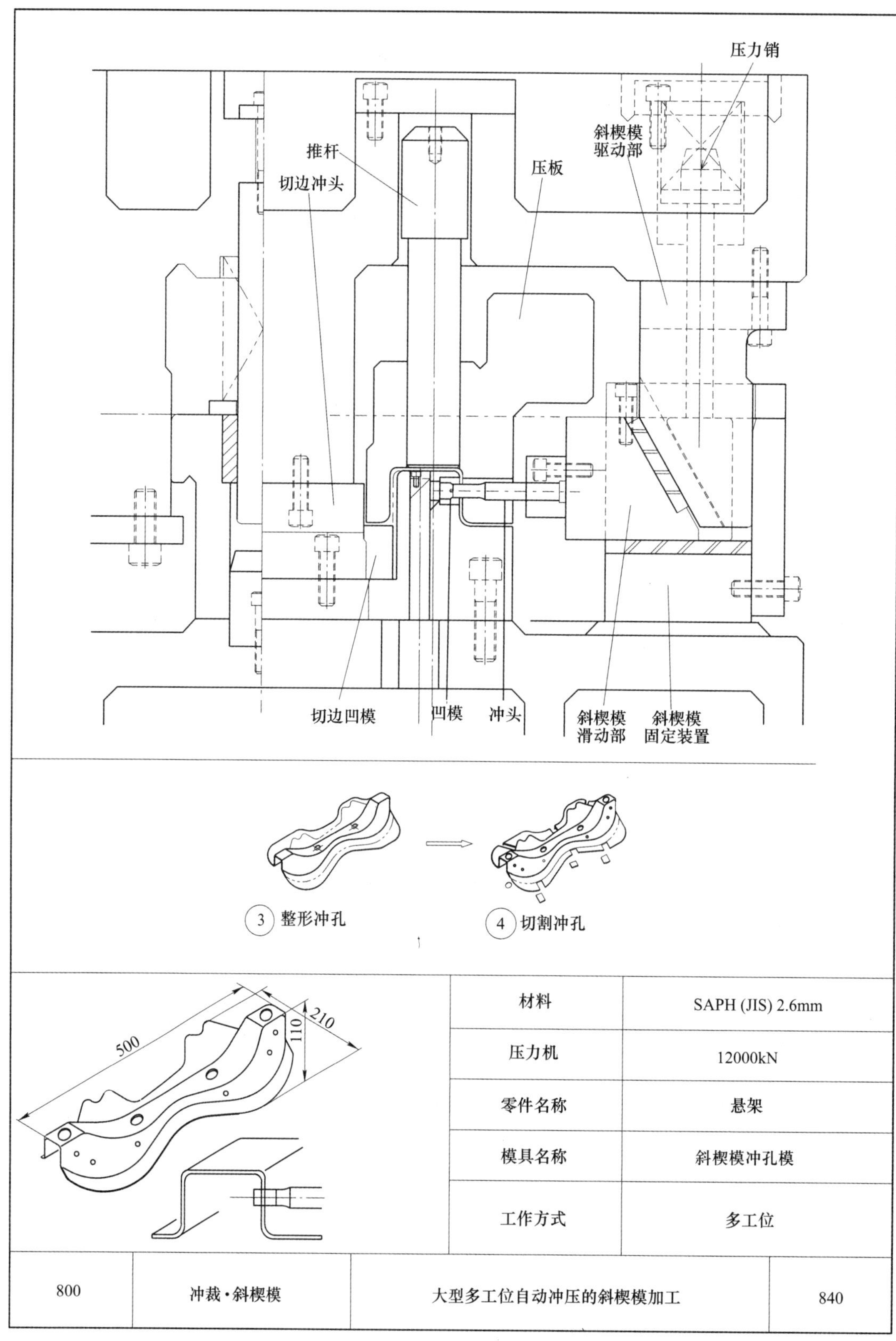

材料	SAPH (JIS) 2.6mm
压力机	12000kN
零件名称	悬架
模具名称	斜楔模冲孔模
工作方式	多工位

800	冲裁·斜楔模	大型多工位自动冲压的斜楔模加工	840

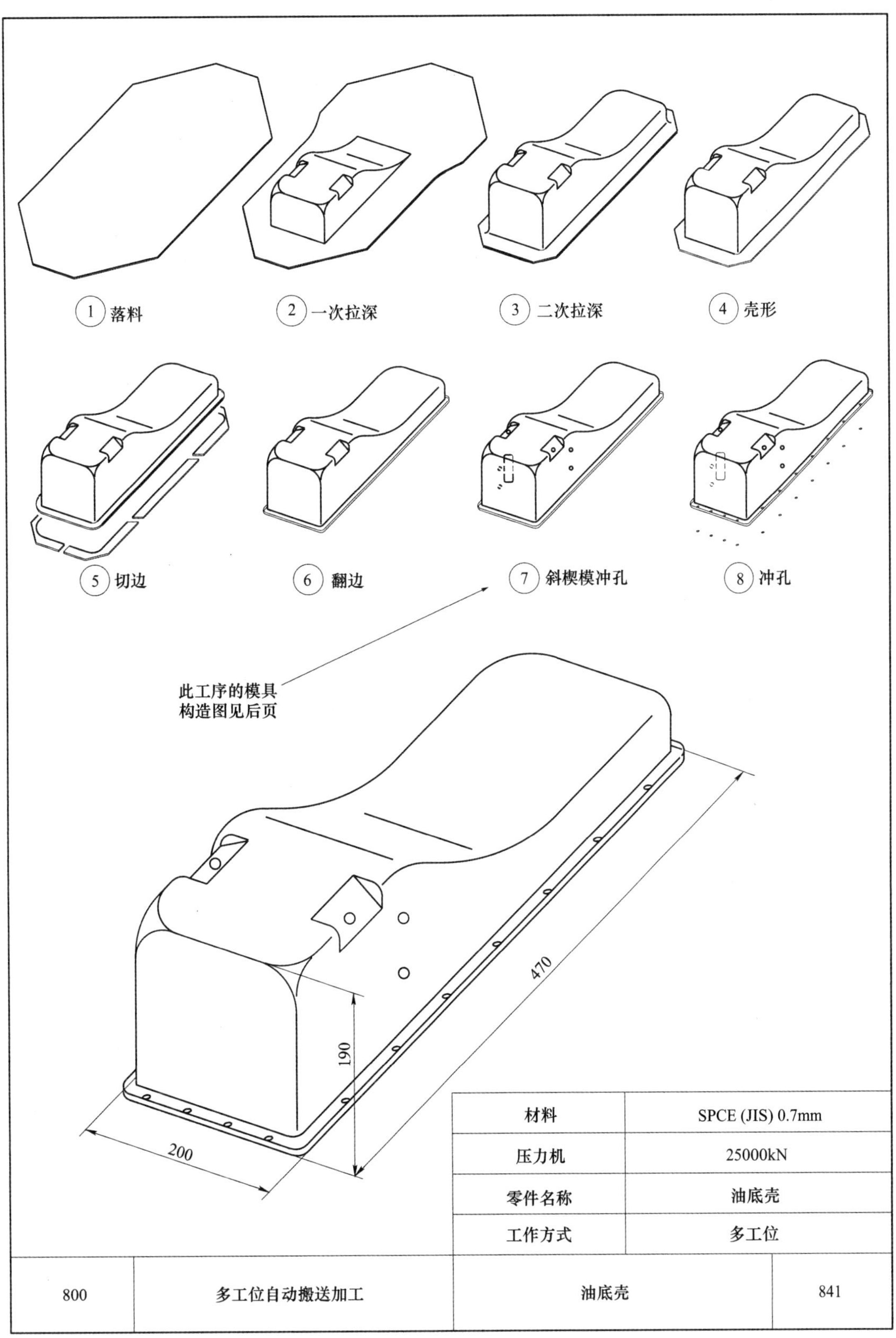

材料	SPCE (JIS) 0.7mm
压力机	25000kN
零件名称	油底壳
工作方式	多工位

800	多工位自动搬送加工	油底壳	841

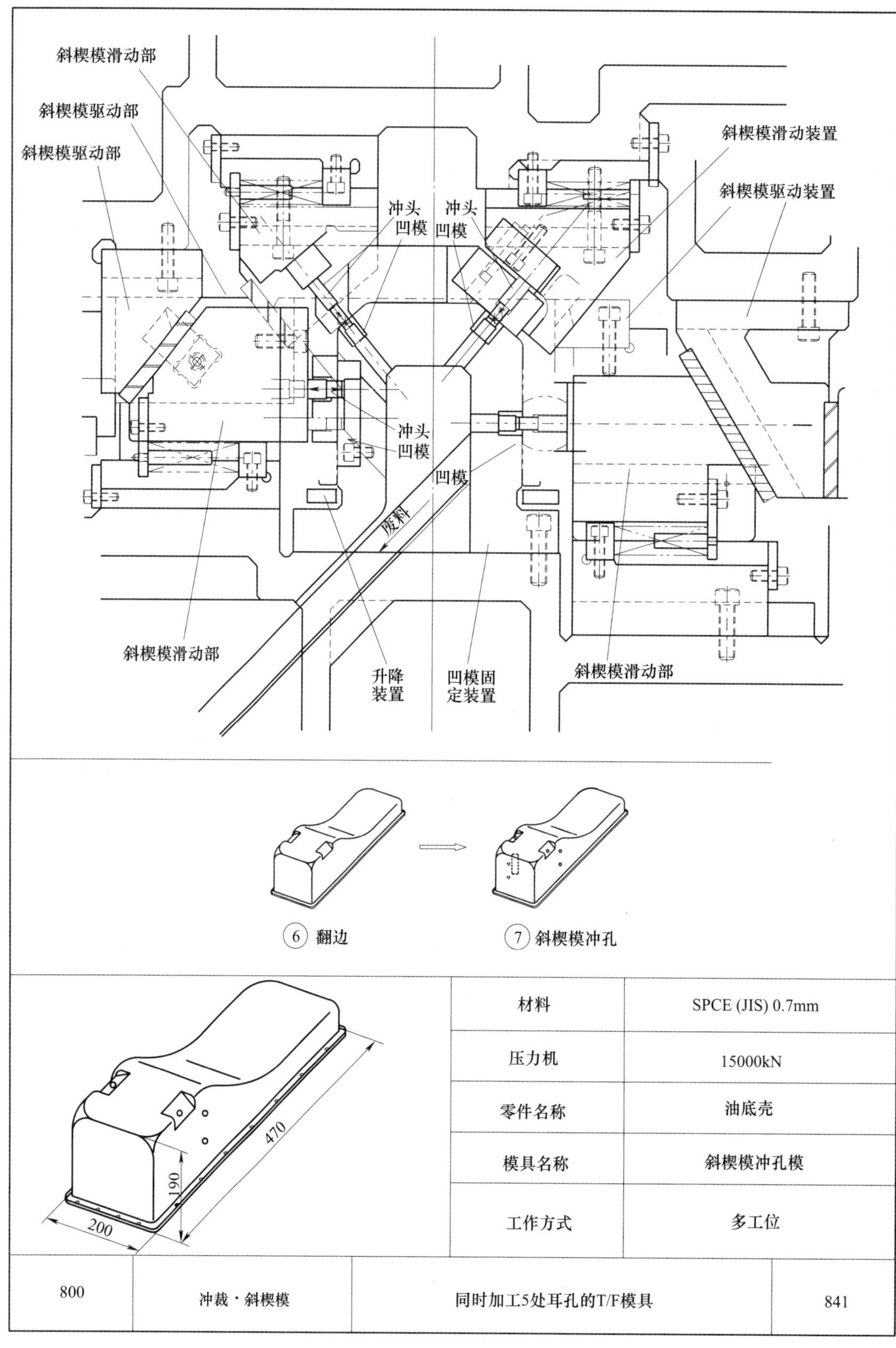

材料	SPCE (JIS) 0.7mm
压力机	15000kN
零件名称	油底壳
模具名称	斜楔模冲孔模
工作方式	多工位

800	冲裁·斜楔模	同时加工5处耳孔的T/F模具	841

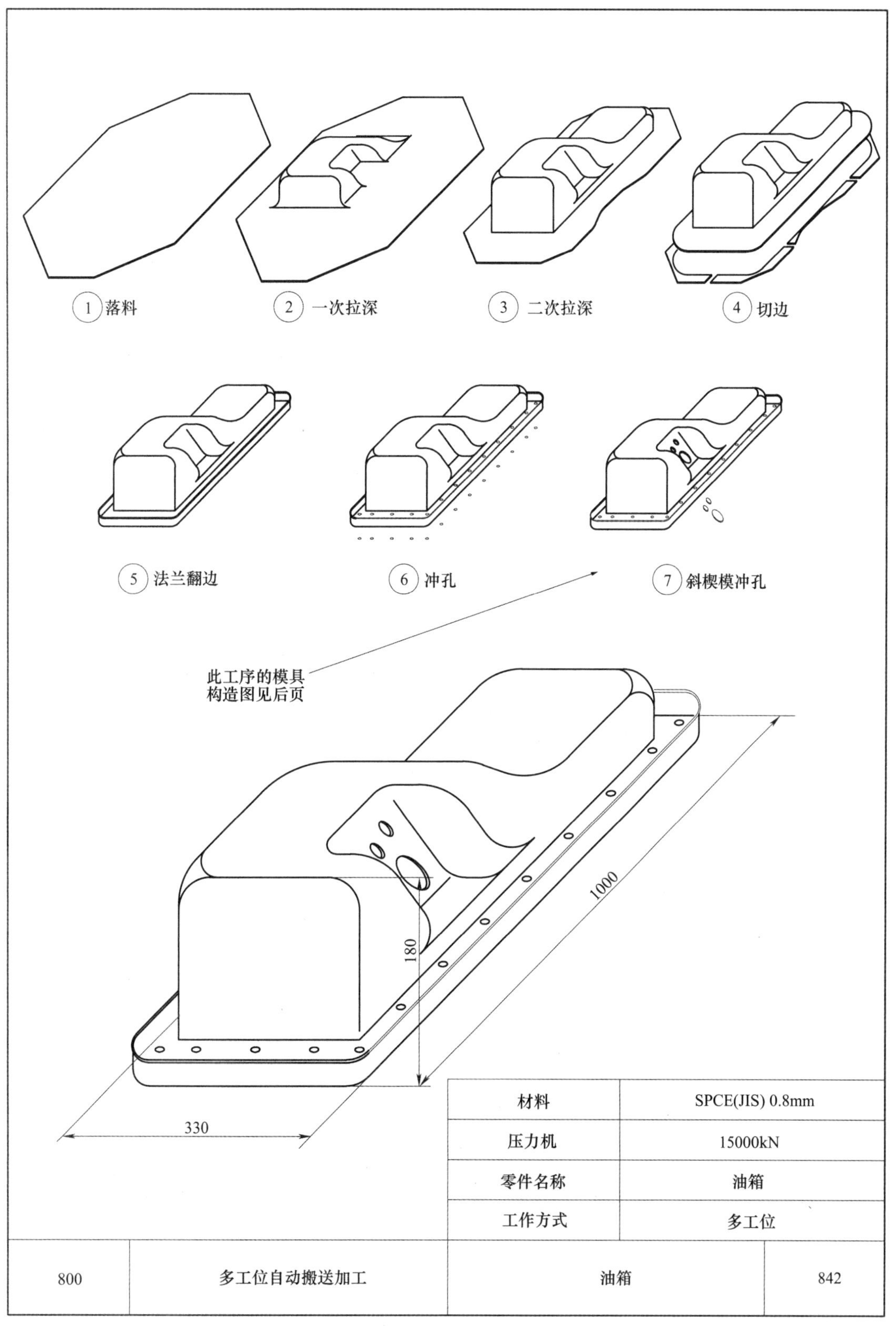

材料	SPCE(JIS) 0.8mm
压力机	15000kN
零件名称	油箱
工作方式	多工位

800	多工位自动搬送加工	油箱	842

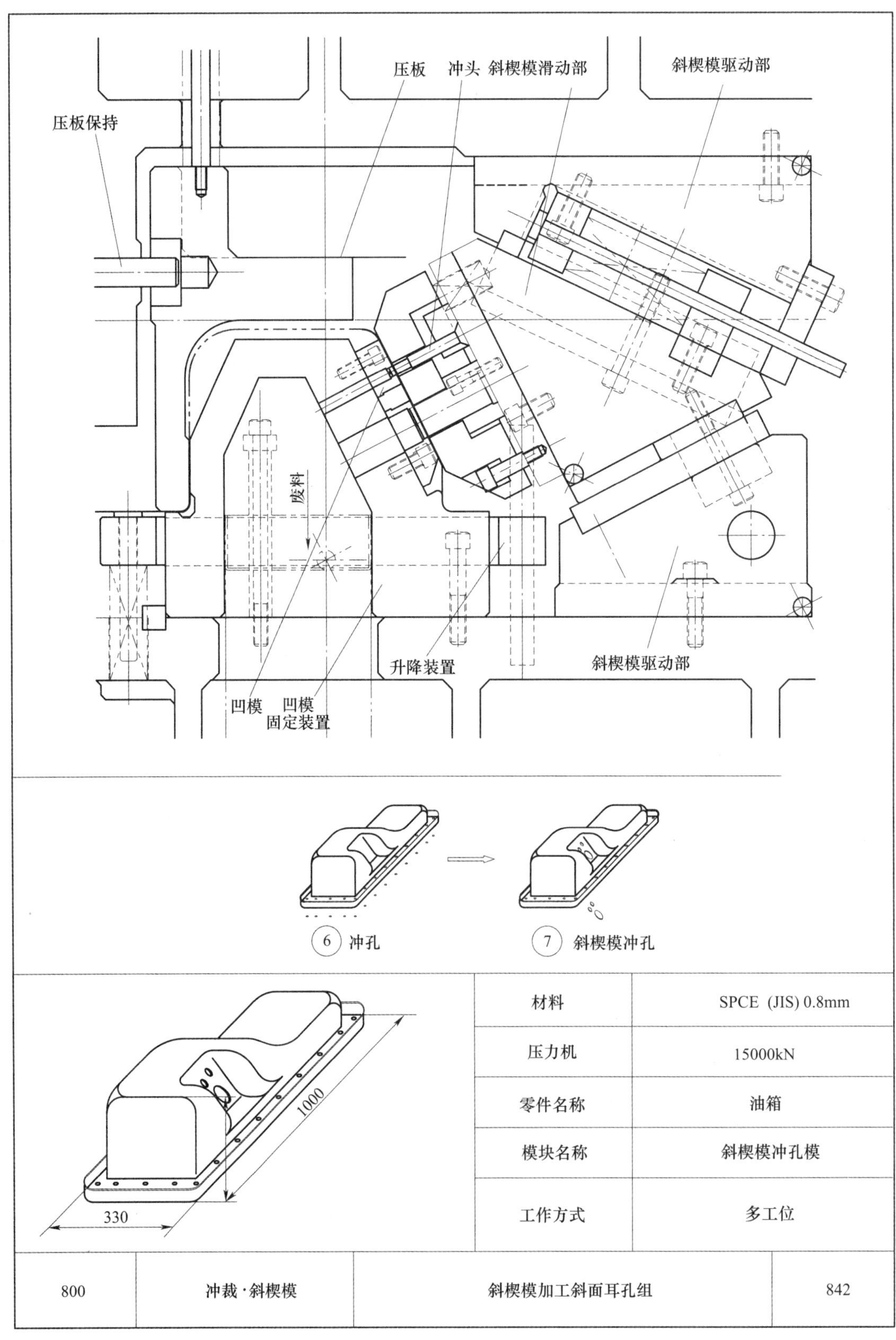

材料	SPCE (JIS) 0.8mm
压力机	15000kN
零件名称	油箱
模块名称	斜楔模冲孔模
工作方式	多工位

800	冲裁·斜楔模	斜楔模加工斜面耳孔组	842

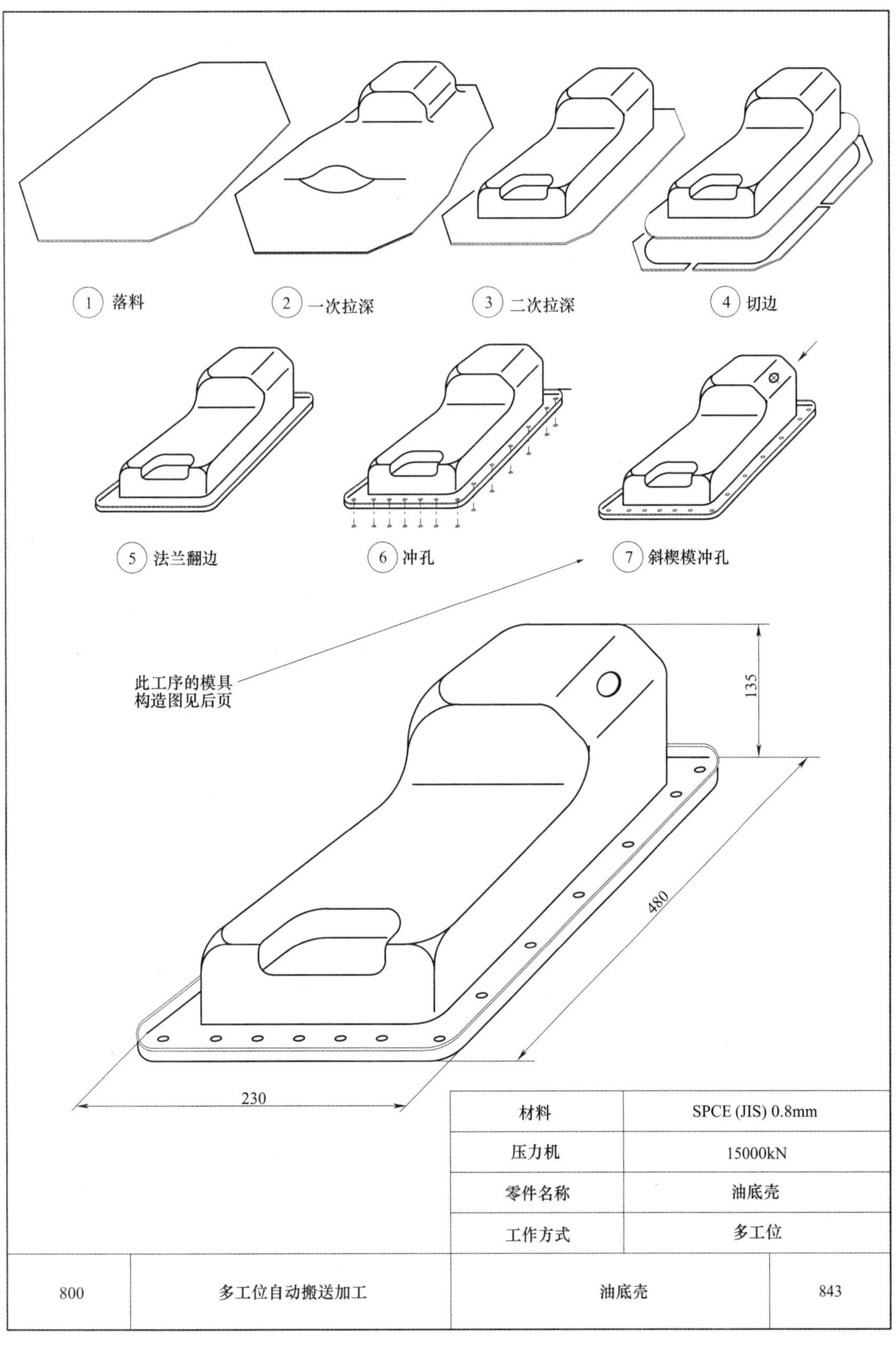

材料	SPCE (JIS) 0.8mm
压力机	15000kN
零件名称	油底壳
工作方式	多工位

800	多工位自动搬送加工	油底壳	843

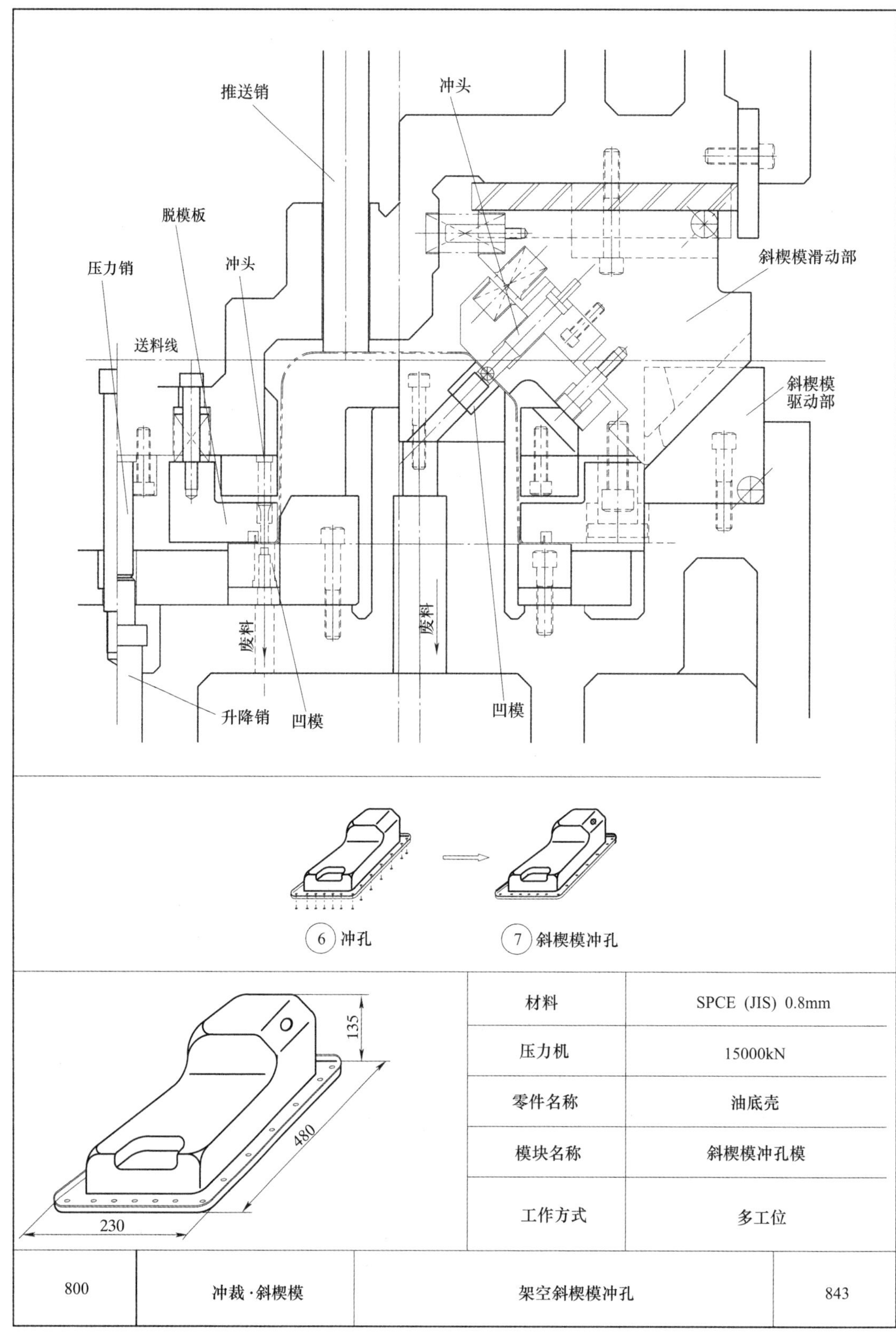

材料	SPCE (JIS) 0.8mm
压力机	15000kN
零件名称	油底壳
模块名称	斜楔模冲孔模
工作方式	多工位

800	冲裁·斜楔模	架空斜楔模冲孔	843

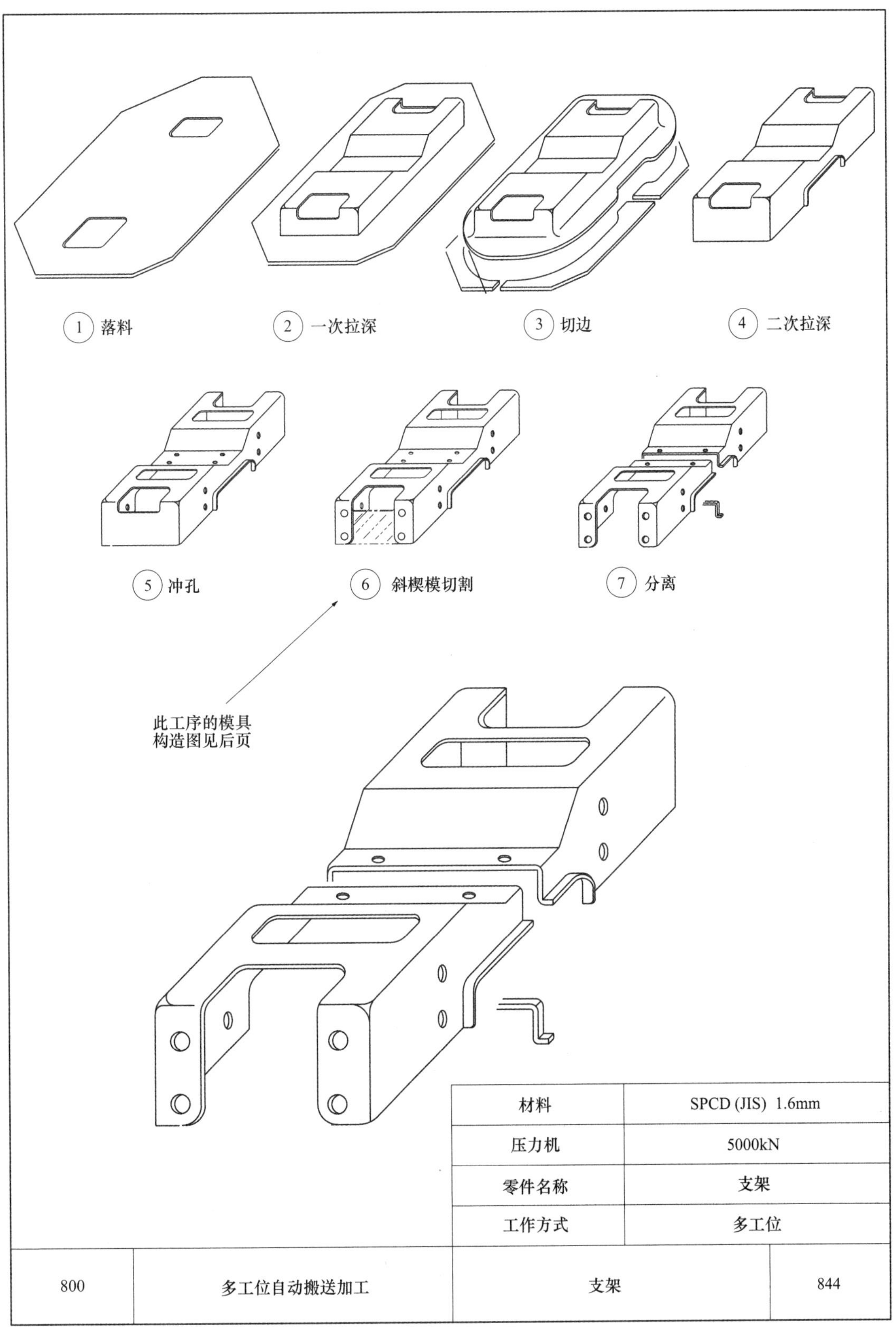

材料	SPCD (JIS) 1.6mm
压力机	5000kN
零件名称	支架
工作方式	多工位

800	多工位自动搬送加工	支架	844

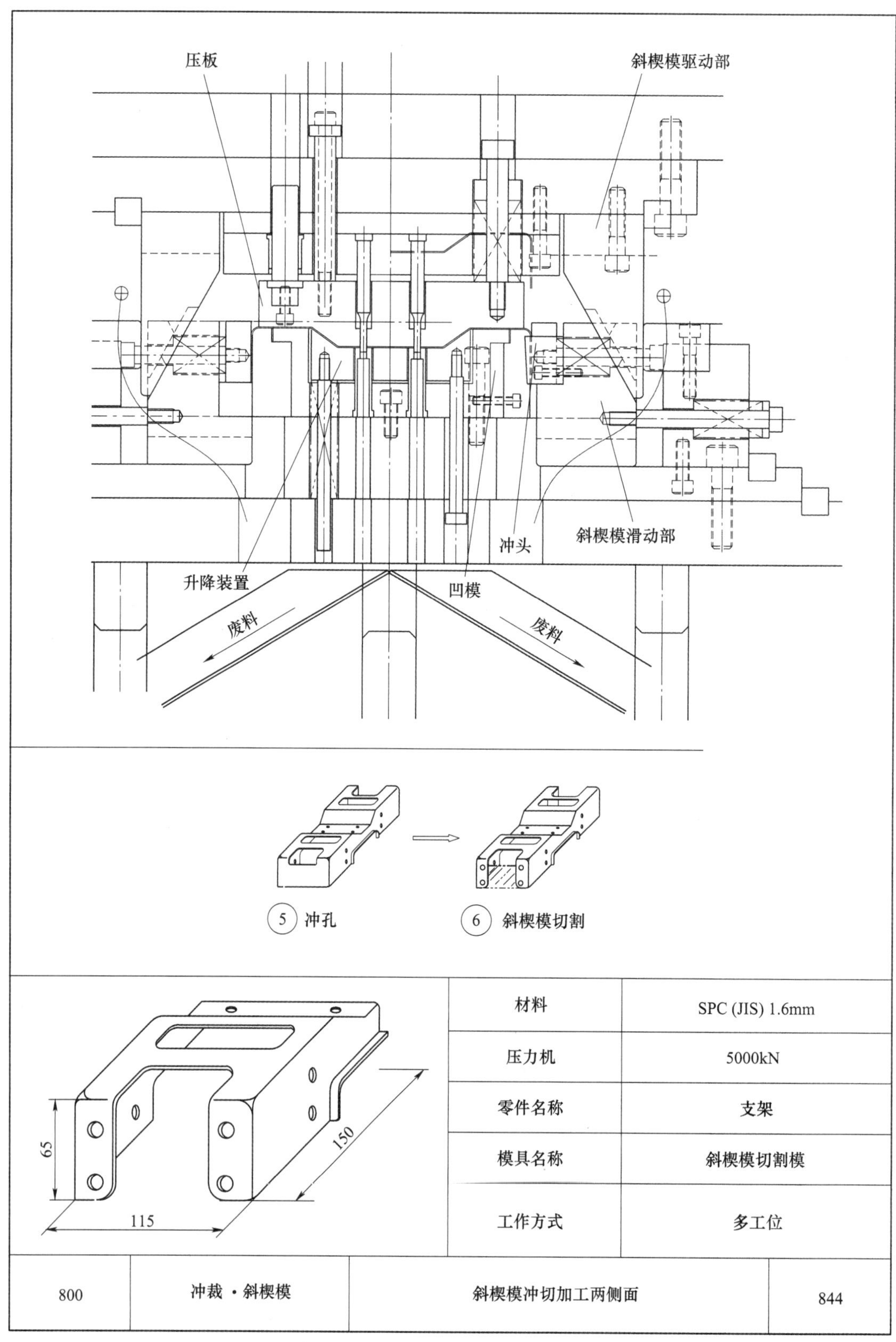

材料	SPC (JIS) 1.6mm
压力机	5000kN
零件名称	支架
模具名称	斜楔模切割模
工作方式	多工位

800	冲裁 · 斜楔模	斜楔模冲切加工两侧面	844

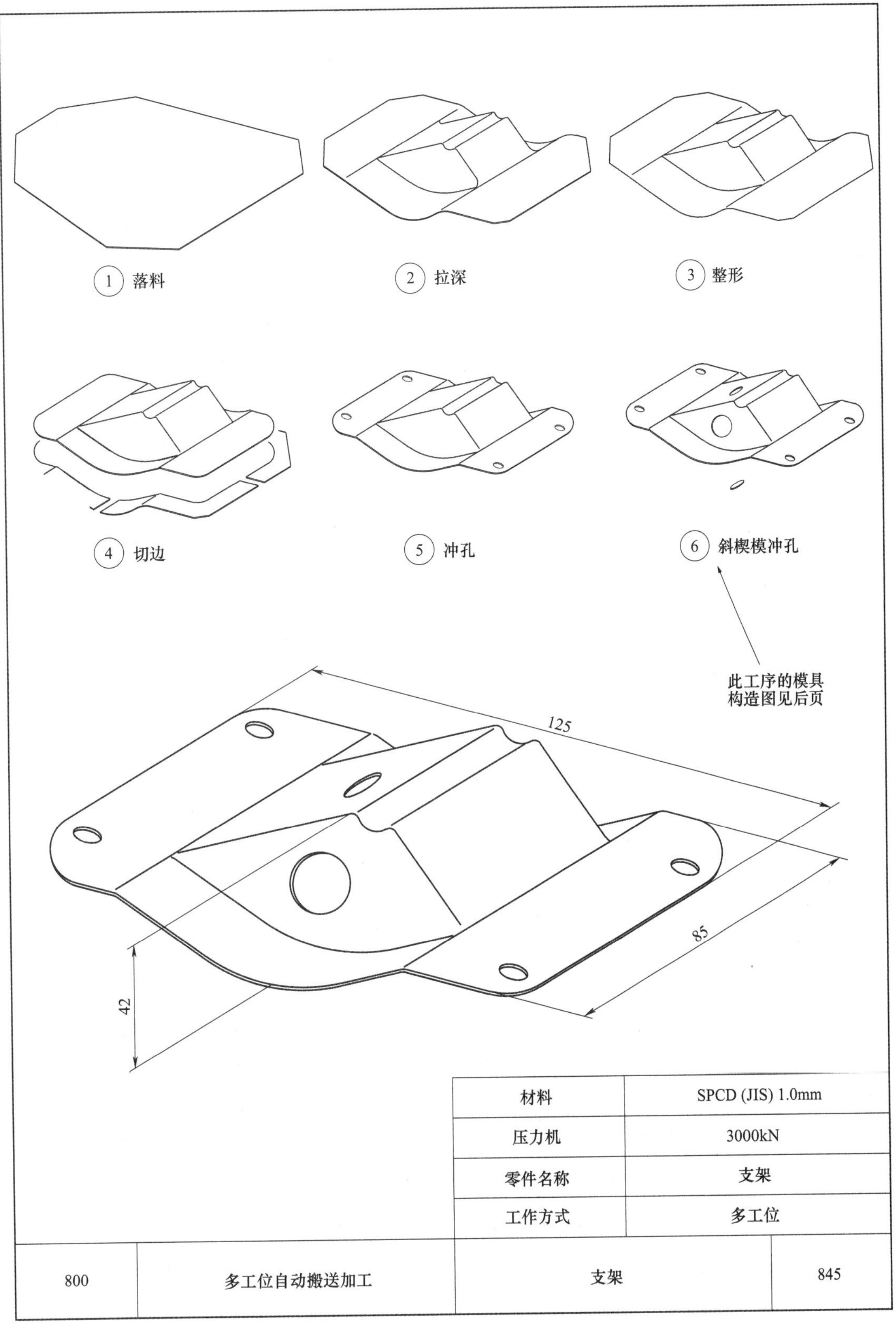

材料	SPCD (JIS) 1.0mm
压力机	3000kN
零件名称	支架
工作方式	多工位

800	多工位自动搬送加工	支架	845

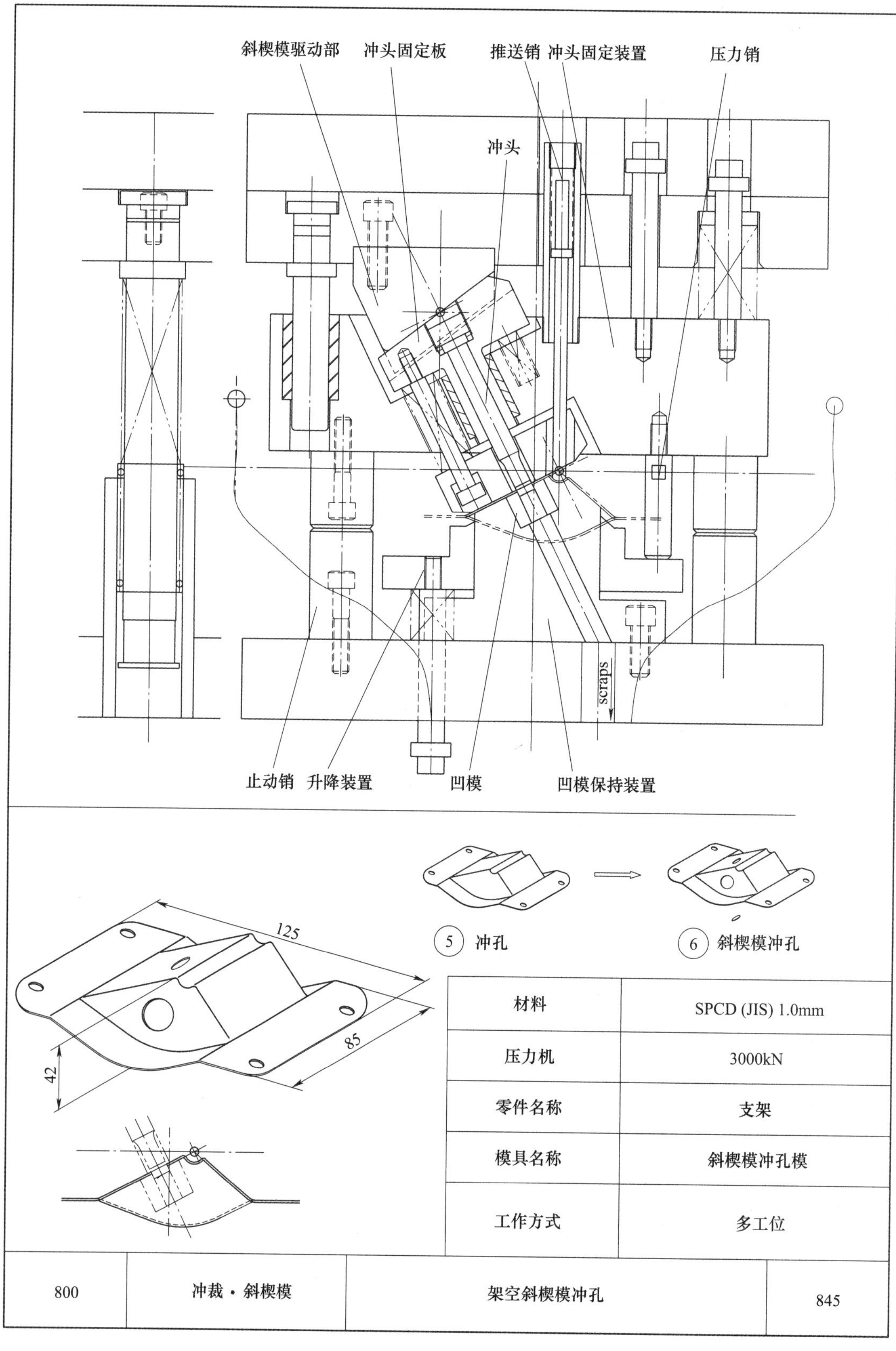

材料	SPCD (JIS) 1.0mm
压力机	3000kN
零件名称	支架
模具名称	斜楔模冲孔模
工作方式	多工位

800	冲裁・斜楔模	架空斜楔模冲孔	845

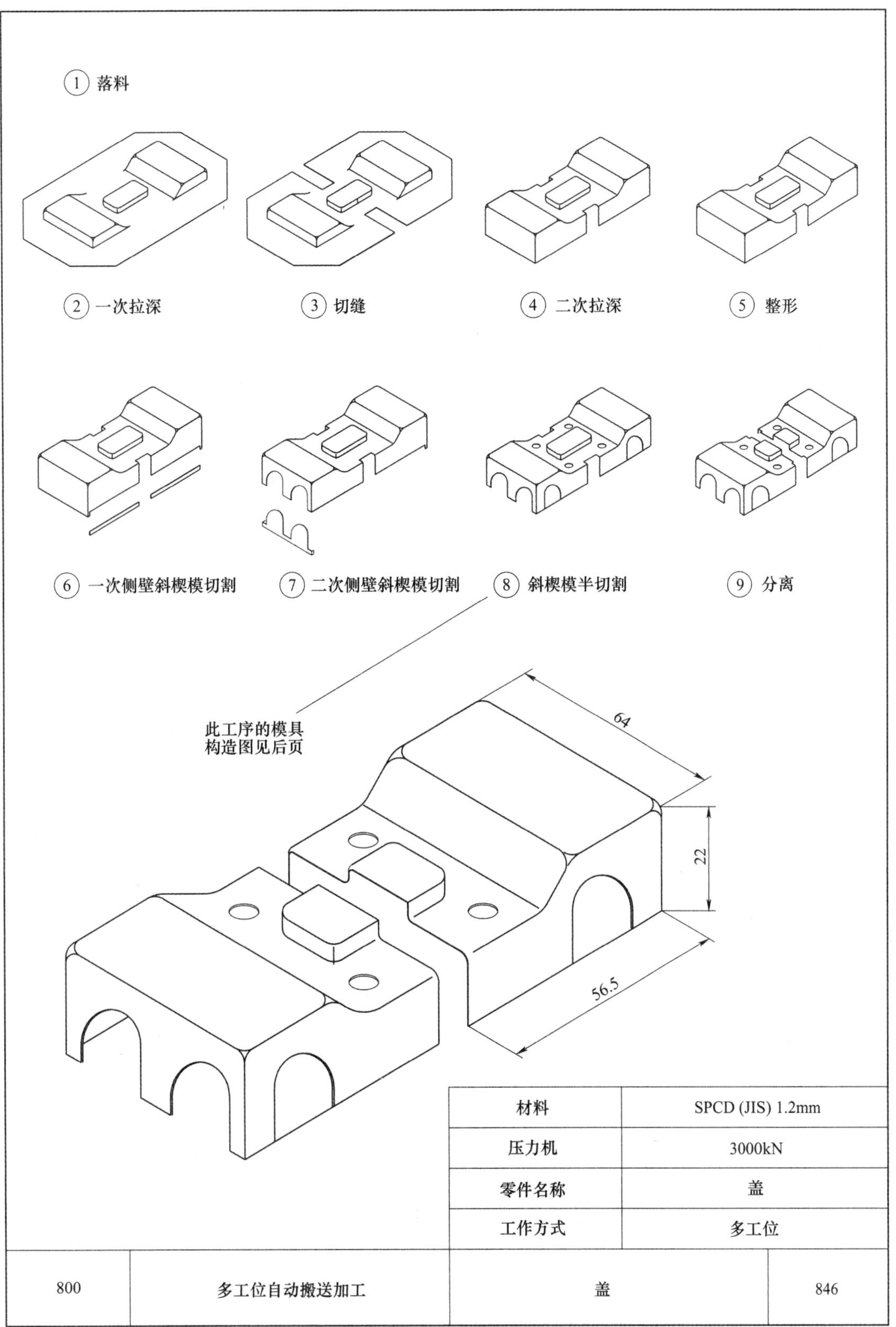

材料	SPCD (JIS) 1.2mm
压力机	3000kN
零件名称	盖
工作方式	多工位

800	多工位自动搬送加工	盖	846

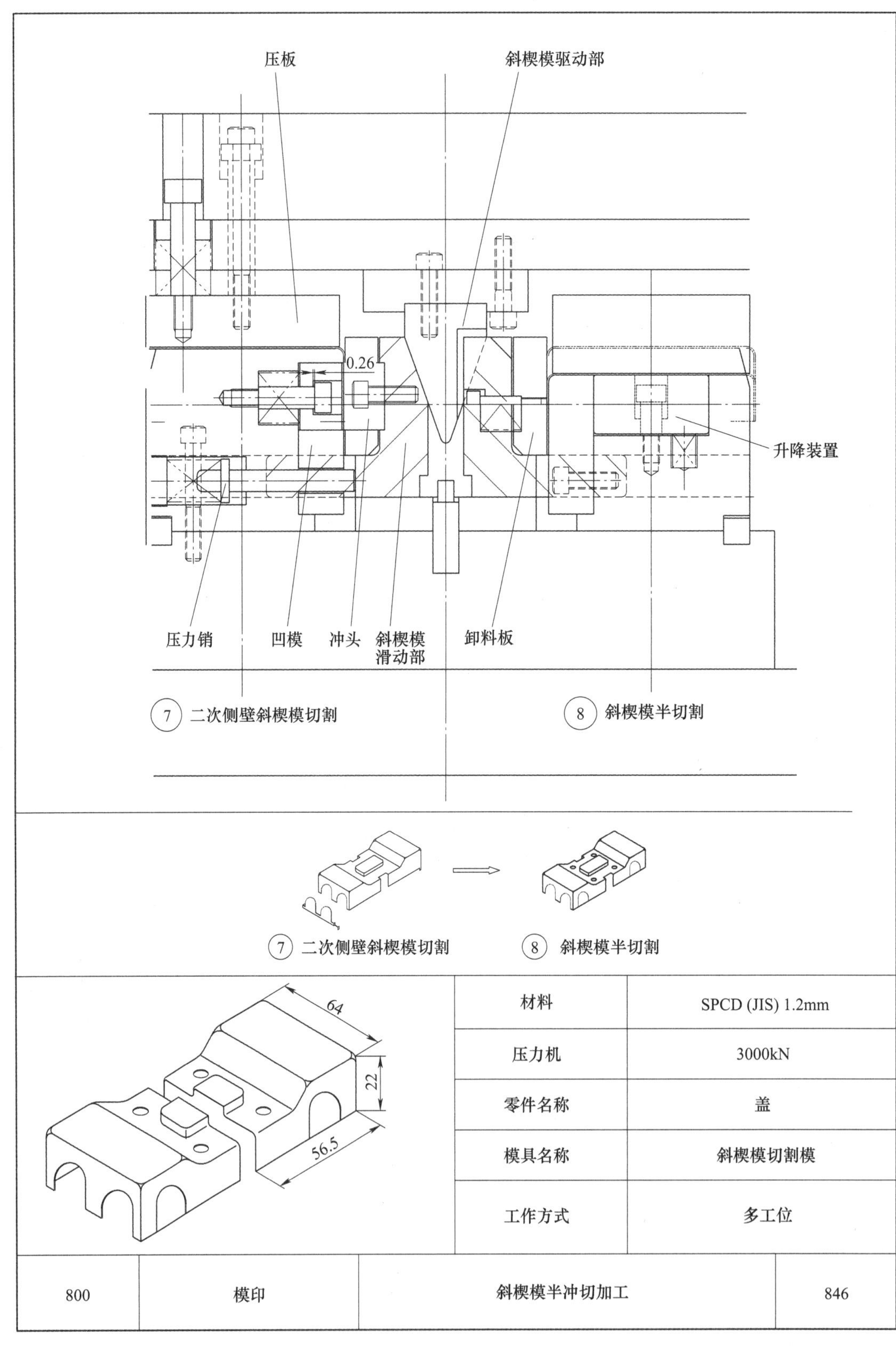

材料	SPCD (JIS) 1.2mm
压力机	3000kN
零件名称	盖
模具名称	斜楔模切割模
工作方式	多工位

800	模印	斜楔模半冲切加工	846

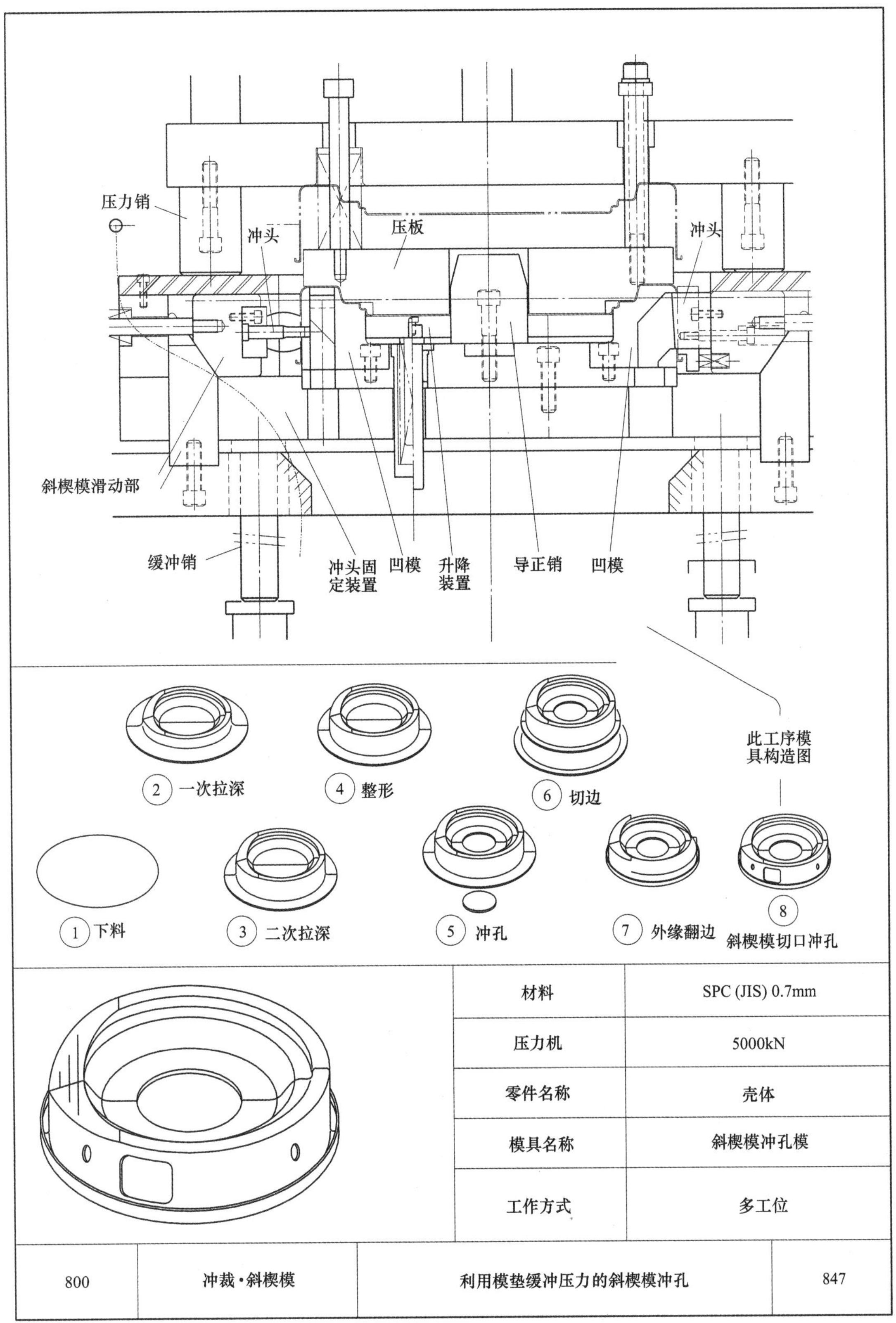

材料	SPC (JIS) 0.7mm
压力机	5000kN
零件名称	壳体
模具名称	斜楔模冲孔模
工作方式	多工位

800	冲裁·斜楔模	利用模垫缓冲压力的斜楔模冲孔	847

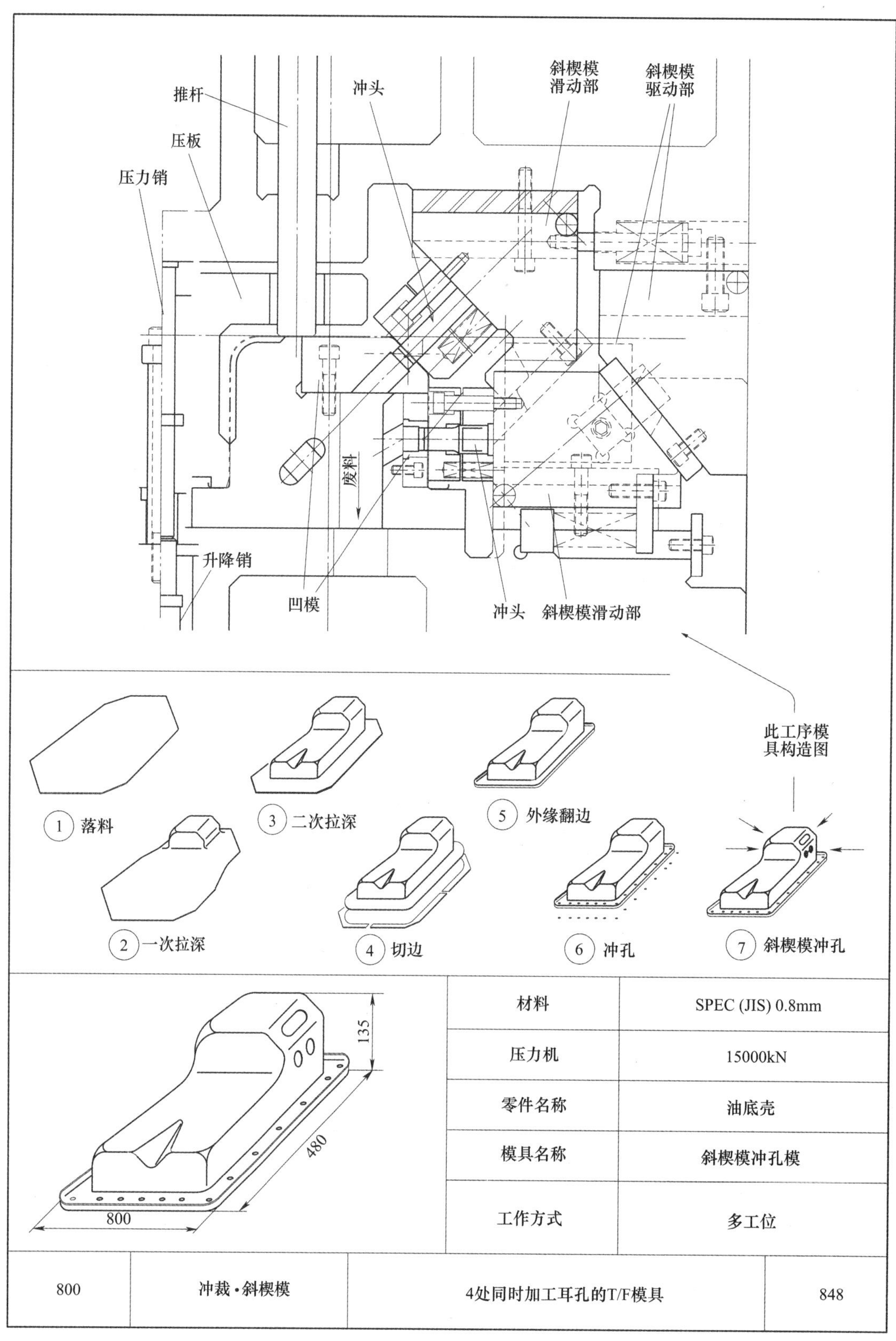

材料	SPEC (JIS) 0.8mm
压力机	15000kN
零件名称	油底壳
模具名称	斜楔模冲孔模
工作方式	多工位

800	冲裁·斜楔模	4处同时加工耳孔的T/F模具	848

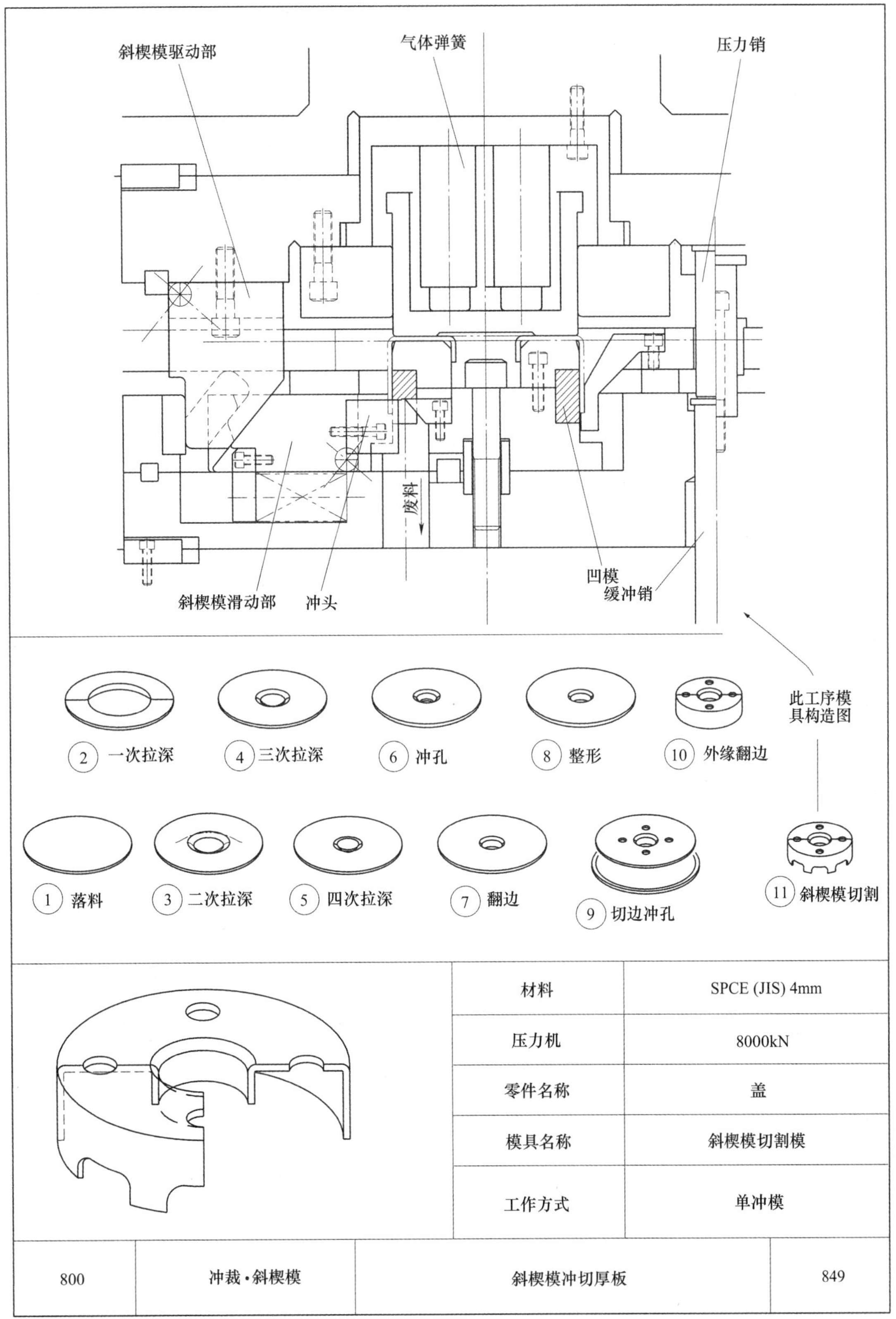

材料	SPCE (JIS) 4mm
压力机	8000kN
零件名称	盖
模具名称	斜楔模切割模
工作方式	单冲模

800	冲裁·斜楔模	斜楔模冲切厚板	849

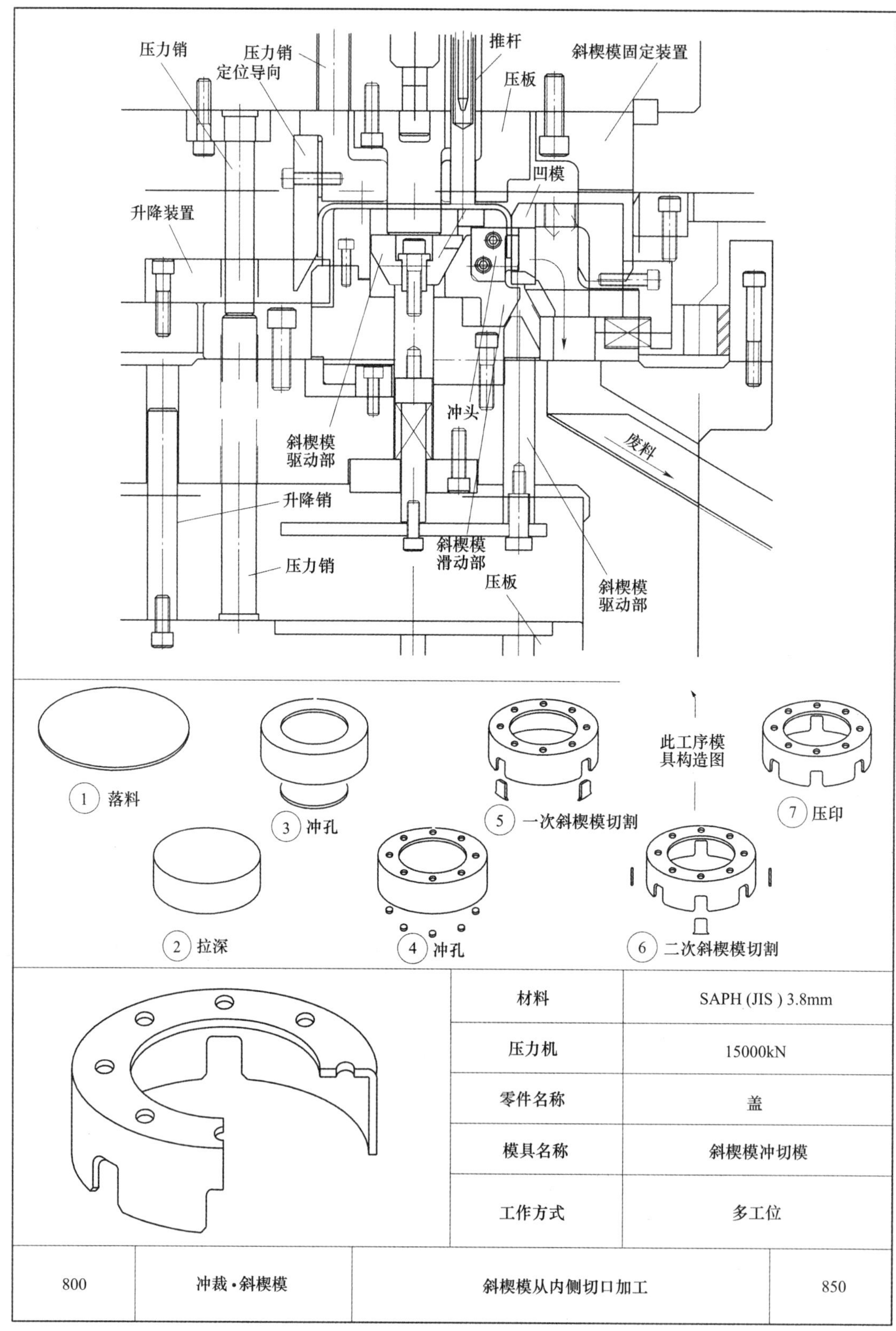

材料	SAPH (JIS) 3.8mm
压力机	15000kN
零件名称	盖
模具名称	斜楔模冲切模
工作方式	多工位

800	冲裁·斜楔模	斜楔模从内侧切口加工	850

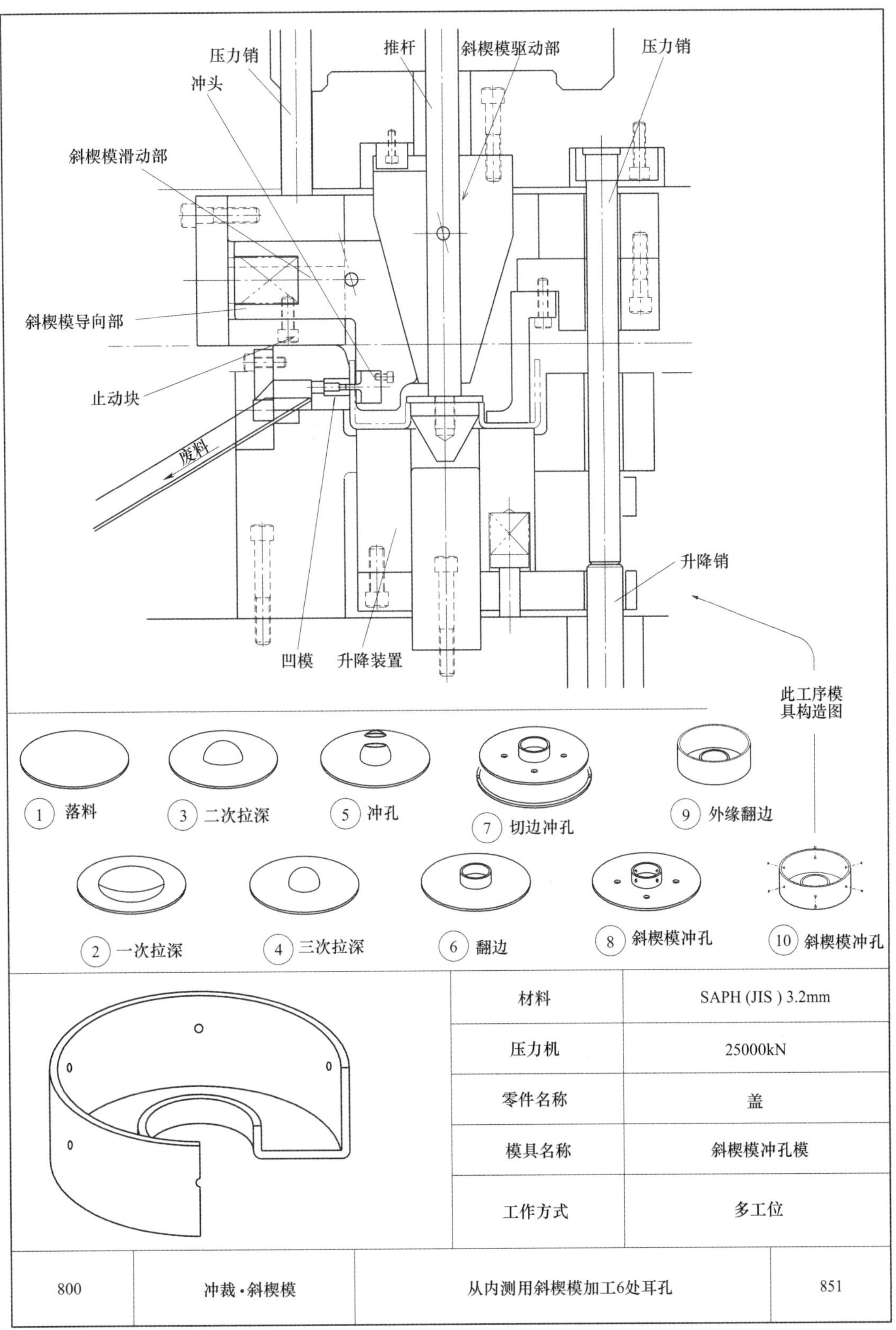

材料	SAPH (JIS) 3.2mm
压力机	25000kN
零件名称	盖
模具名称	斜楔模冲孔模
工作方式	多工位

800	冲裁·斜楔模	从内测用斜楔模加工6处耳孔	851

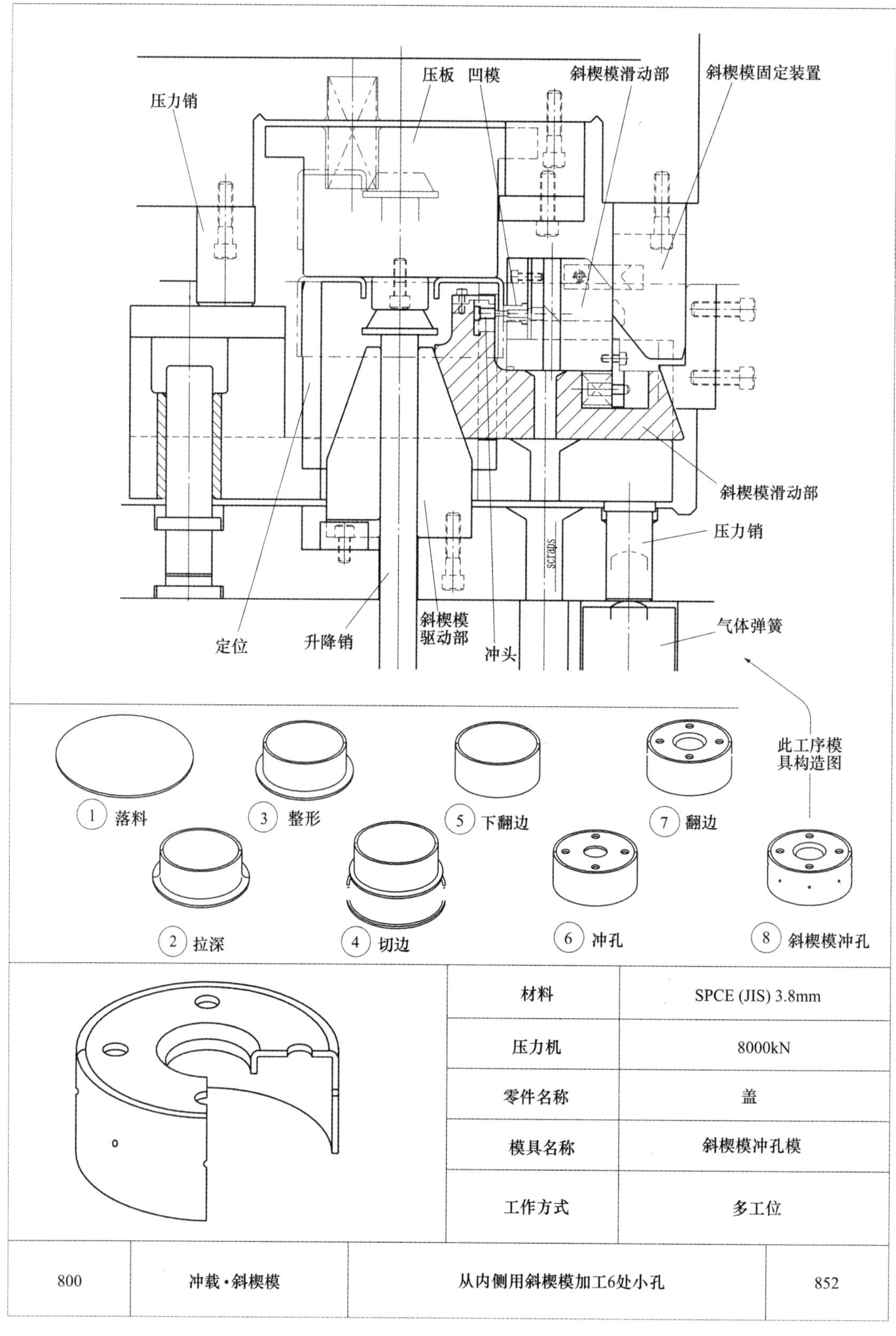

材料	SPCE (JIS) 3.8mm
压力机	8000kN
零件名称	盖
模具名称	斜楔模冲孔模
工作方式	多工位

800	冲载·斜楔模	从内侧用斜楔模加工6处小孔	852

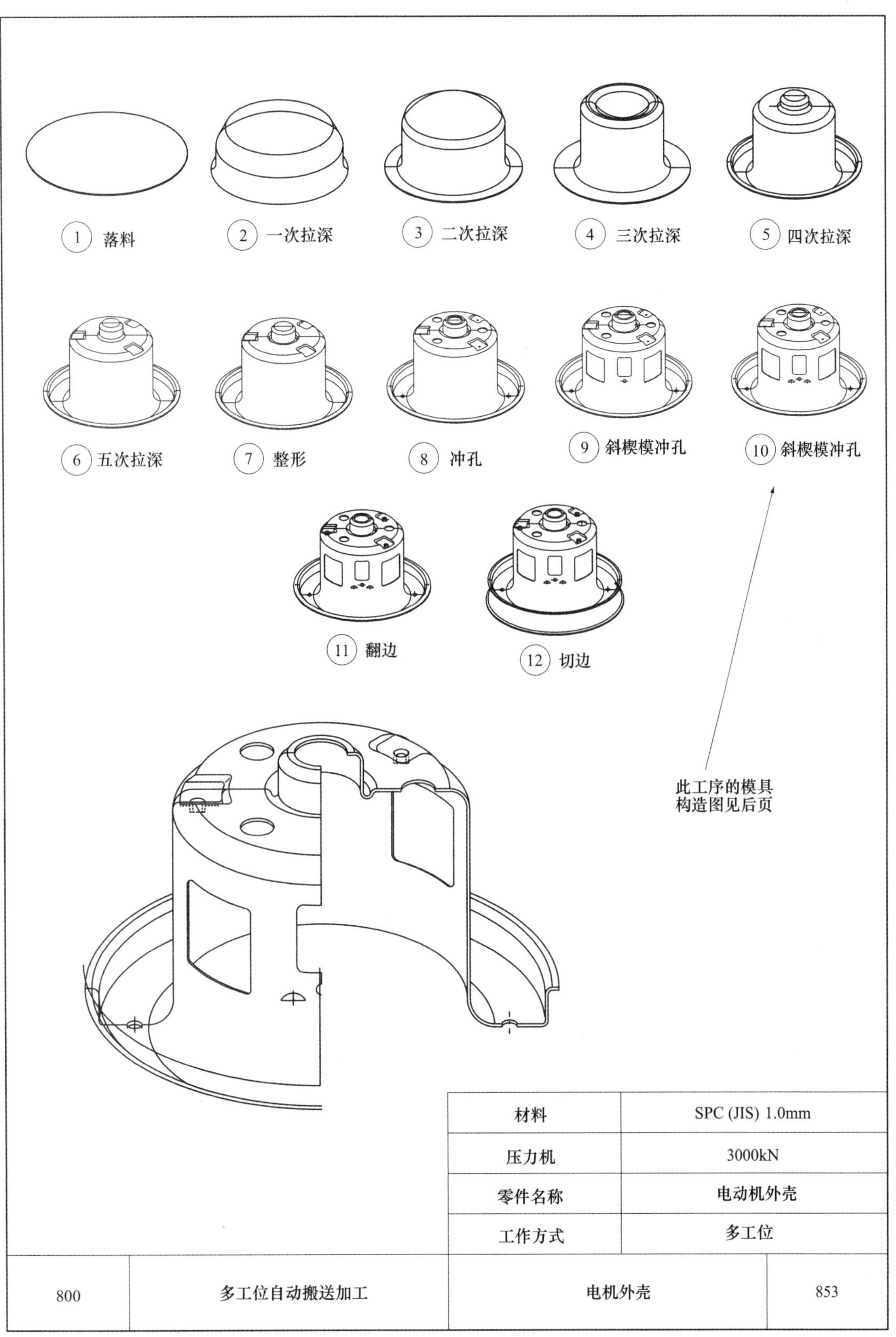

材料	SPC (JIS) 1.0mm
压力机	3000kN
零件名称	电动机外壳
工作方式	多工位

800	多工位自动搬送加工	电机外壳	853

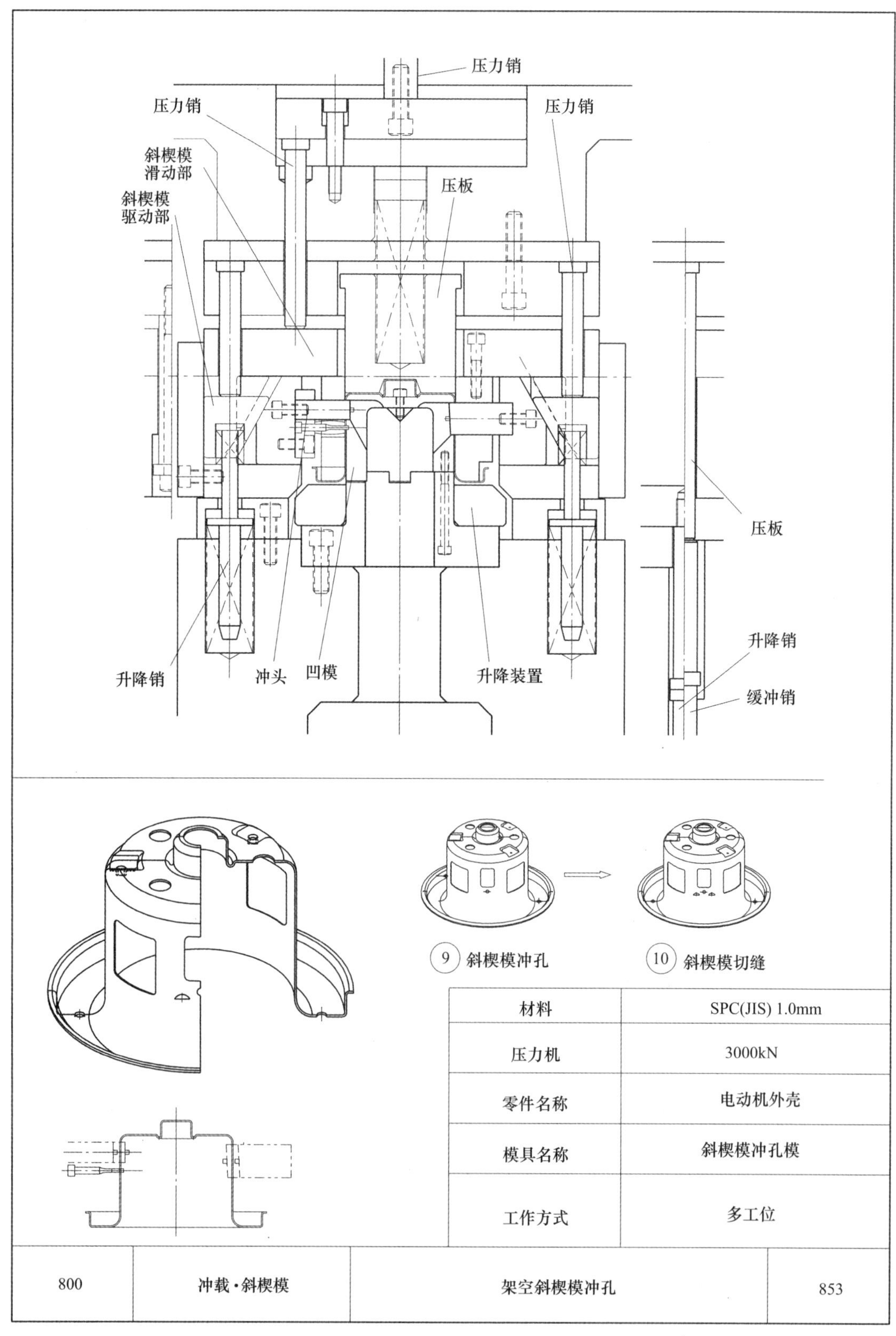

材料	SPC(JIS) 1.0mm
压力机	3000kN
零件名称	电动机外壳
模具名称	斜楔模冲孔模
工作方式	多工位

800	冲裁·斜楔模	架空斜楔模冲孔	853

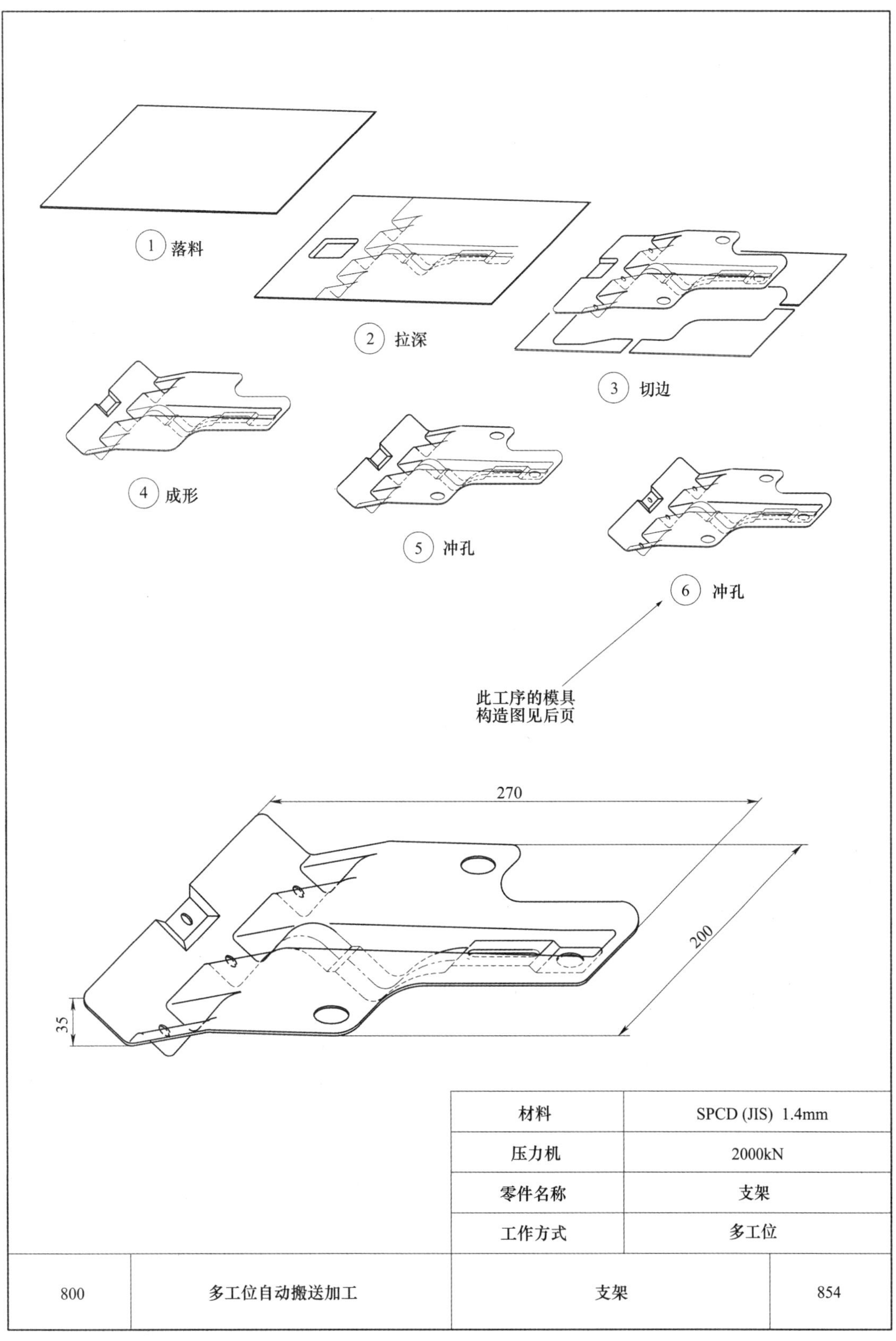

材料	SPCD (JIS) 1.4mm
压力机	2000kN
零件名称	支架
工作方式	多工位

800	多工位自动搬送加工	支架	854

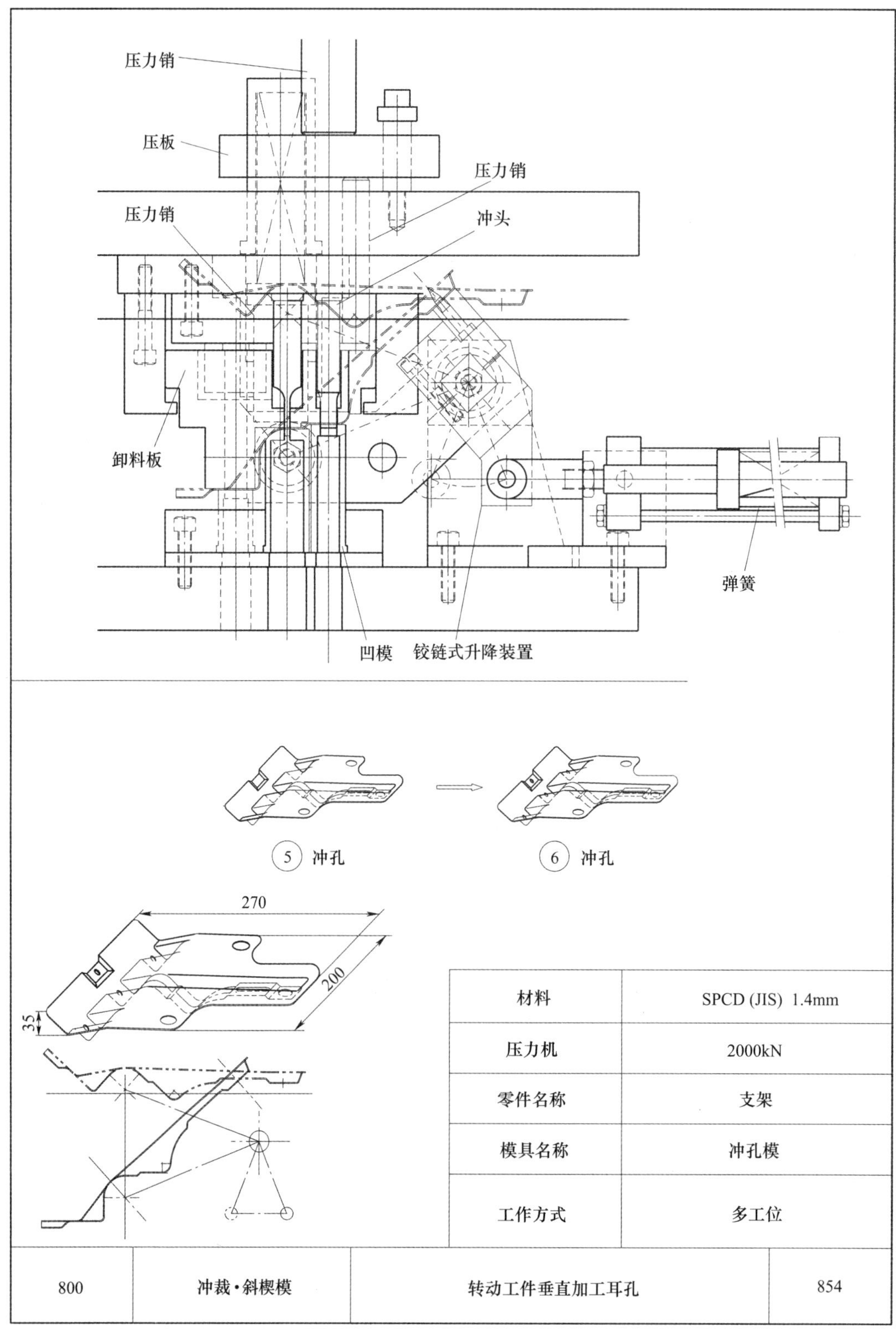

材料	SPCD (JIS) 1.4mm
压力机	2000kN
零件名称	支架
模具名称	冲孔模
工作方式	多工位

800	冲裁·斜楔模	转动工件垂直加工耳孔	854

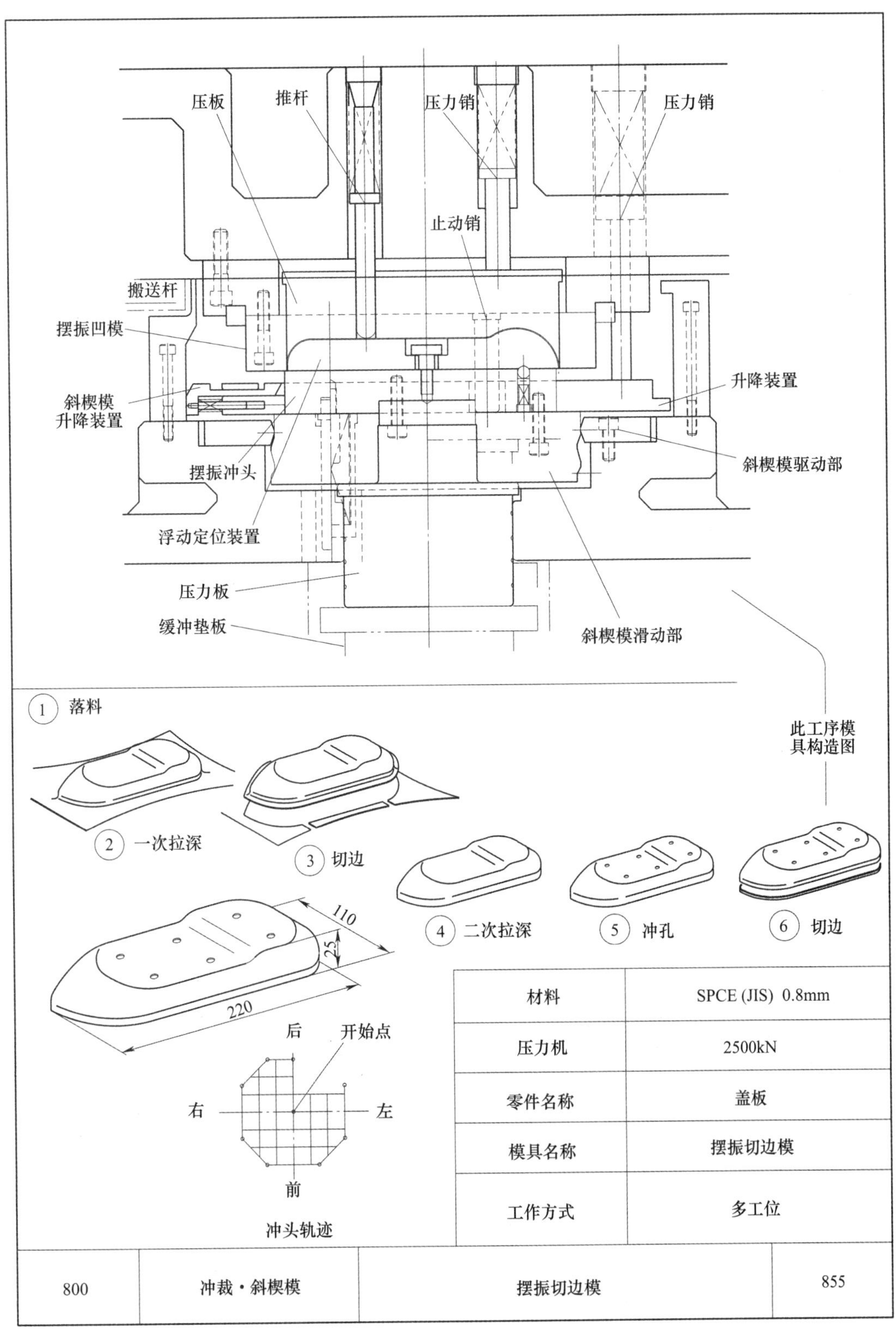

材料	SPCE (JIS) 0.8mm
压力机	2500kN
零件名称	盖板
模具名称	摆振切边模
工作方式	多工位

800	冲裁·斜楔模	摆振切边模	855

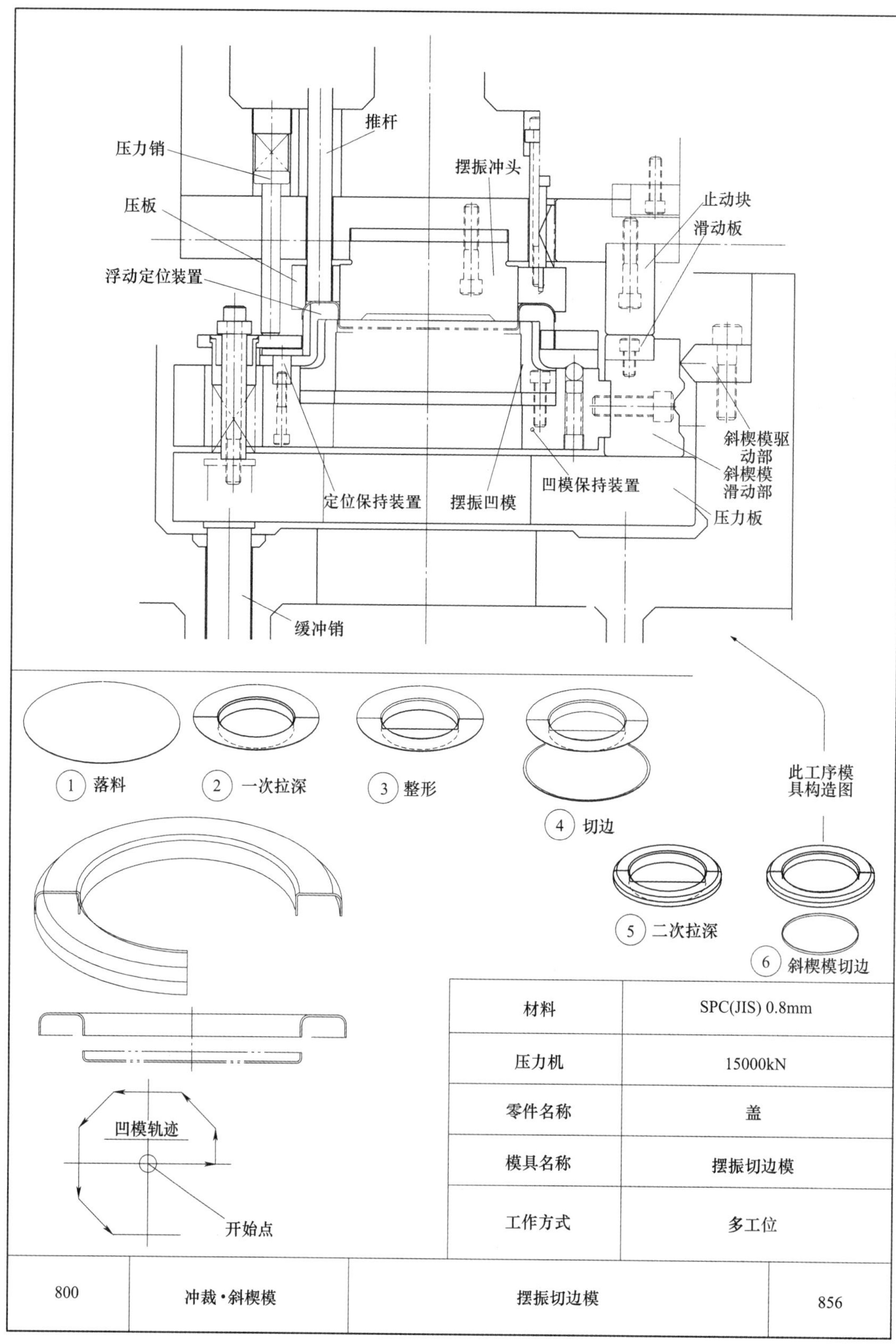

材料	SPC(JIS) 0.8mm
压力机	15000kN
零件名称	盖
模具名称	摆振切边模
工作方式	多工位

800	冲裁·斜楔模	摆振切边模	856

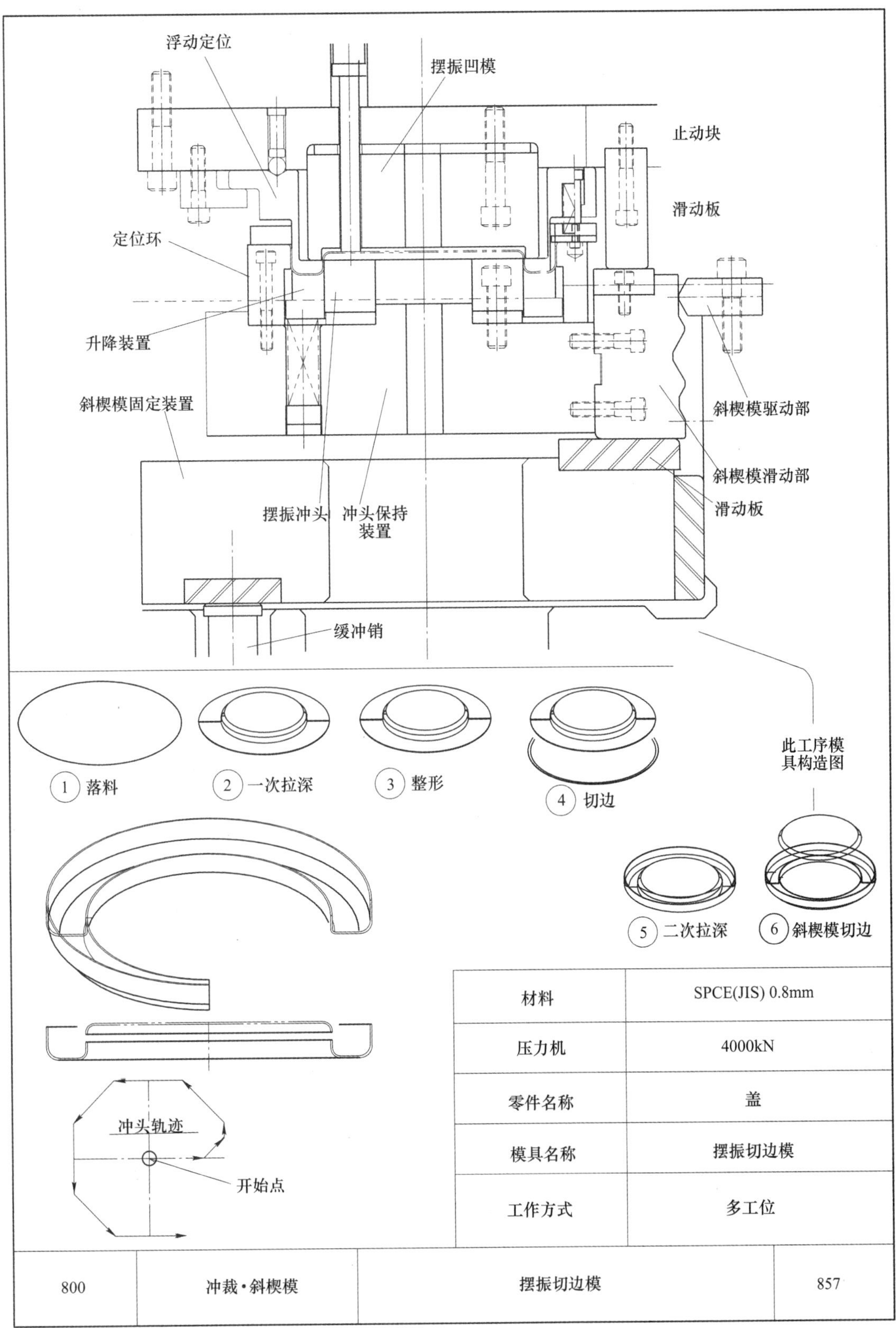

材料	SPCE(JIS) 0.8mm
压力机	4000kN
零件名称	盖
模具名称	摆振切边模
工作方式	多工位

800	冲裁·斜楔模	摆振切边模	857

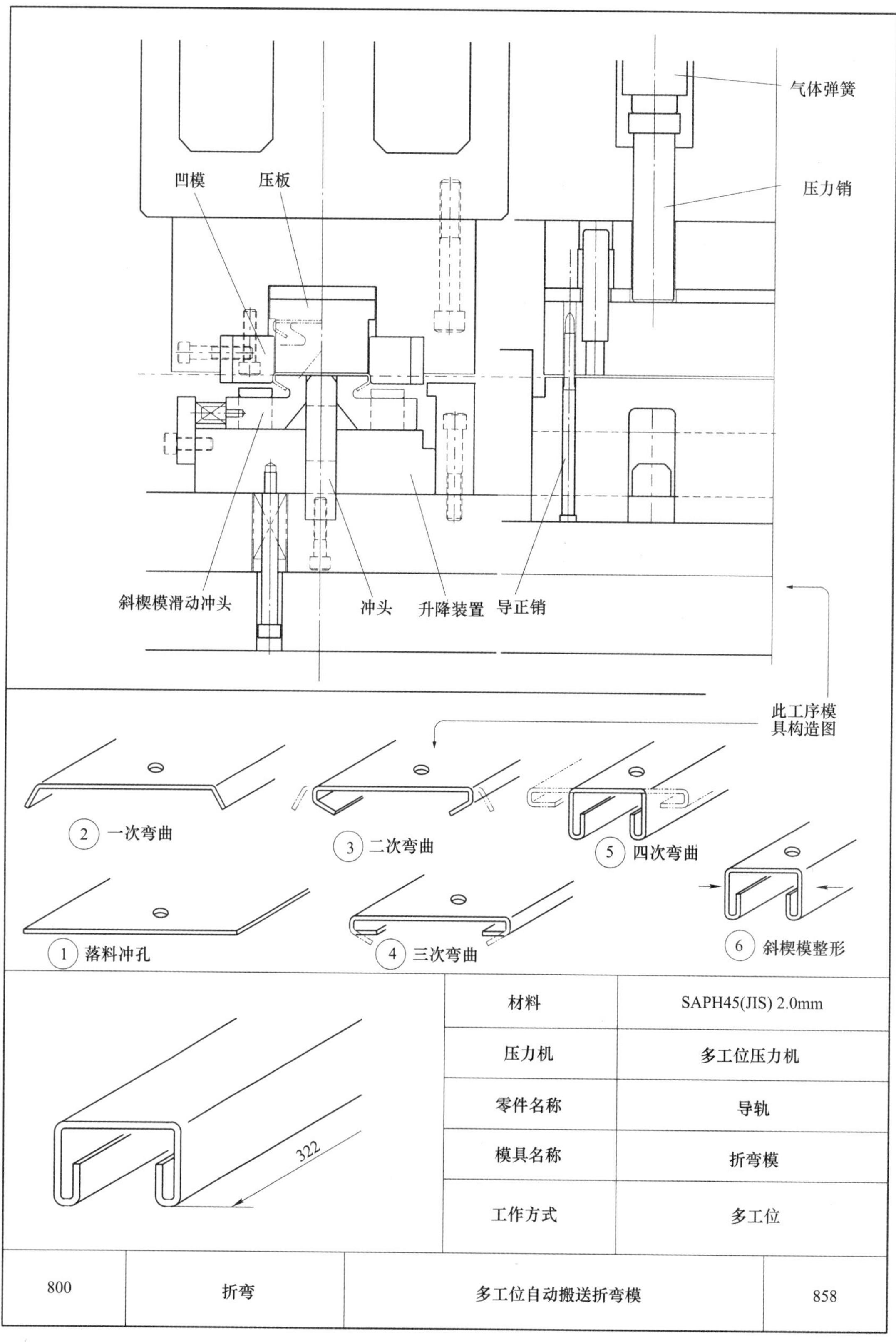

材料	SAPH45(JIS) 2.0mm
压力机	多工位压力机
零件名称	导轨
模具名称	折弯模
工作方式	多工位

800	折弯	多工位自动搬送折弯模	858

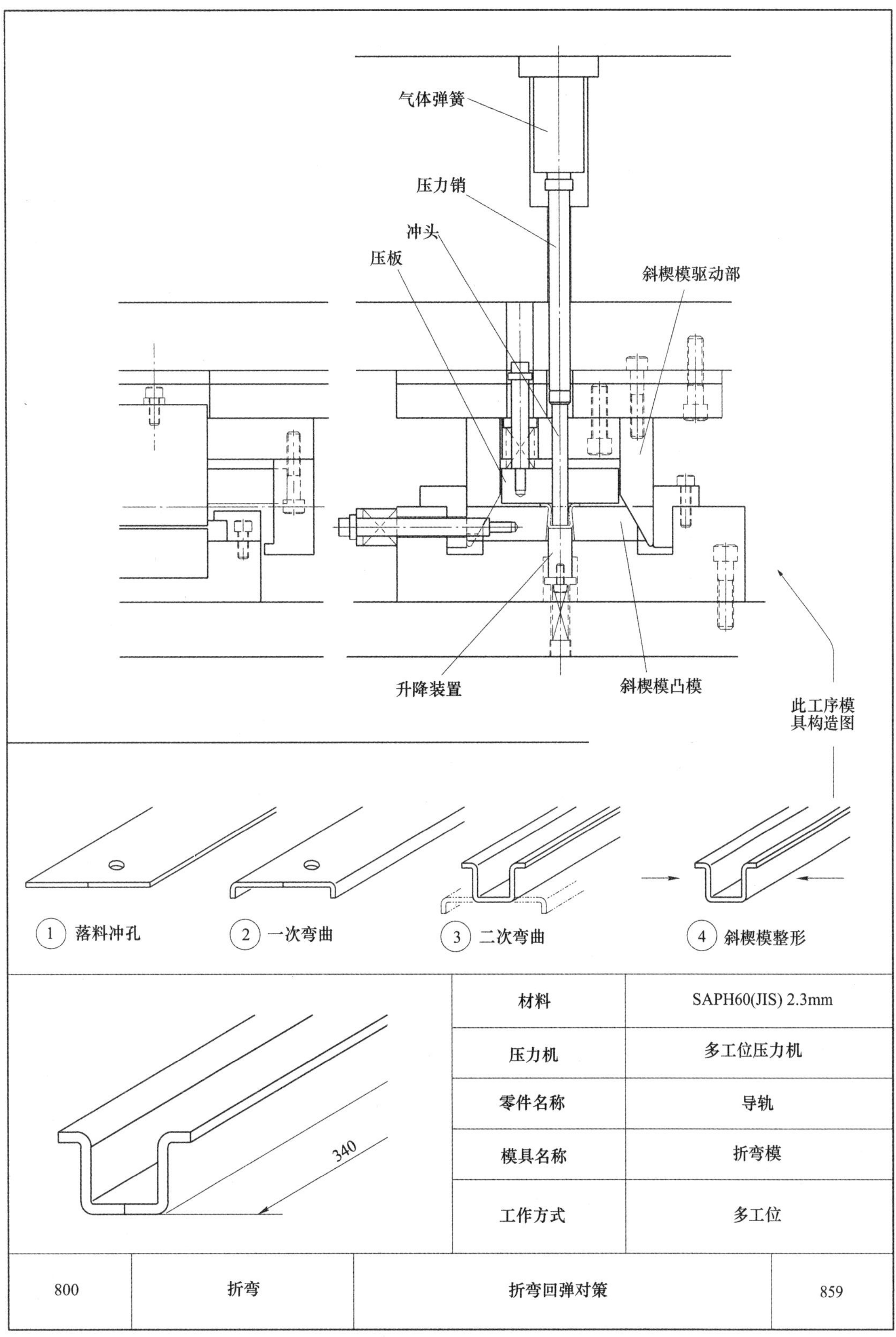

材料	SAPH60(JIS) 2.3mm
压力机	多工位压力机
零件名称	导轨
模具名称	折弯模
工作方式	多工位

800	折弯	折弯回弹对策	859

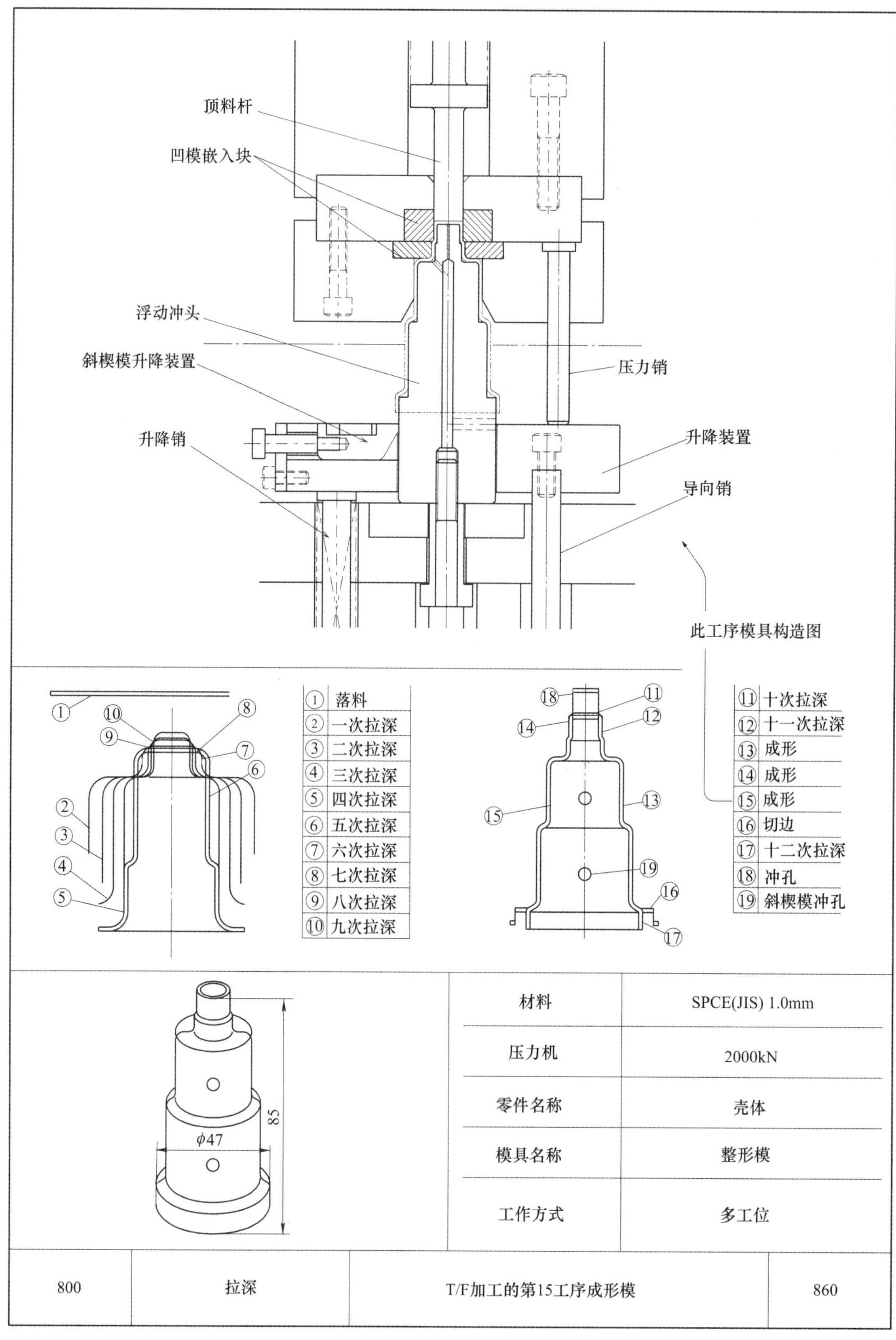
顶料杆
凹模嵌入块
浮动冲头
斜楔模升降装置
压力销
升降销
升降装置
导向销
此工序模具构造图
①落料
②一次拉深
③二次拉深
④三次拉深
⑤四次拉深
⑥五次拉深
⑦六次拉深
⑧七次拉深
⑨八次拉深
⑩九次拉深
⑪十次拉深
⑫十一次拉深
⑬成形
⑭成形
⑮成形
⑯切边
⑰十二次拉深
⑱冲孔
⑲斜楔模冲孔
85
φ47
材料
SPCE(JIS) 1.0mm
压力机
2000kN
零件名称
壳体
模具名称
整形模
工作方式
多工位
800
拉深
T/F加工的第15工序成形模
860

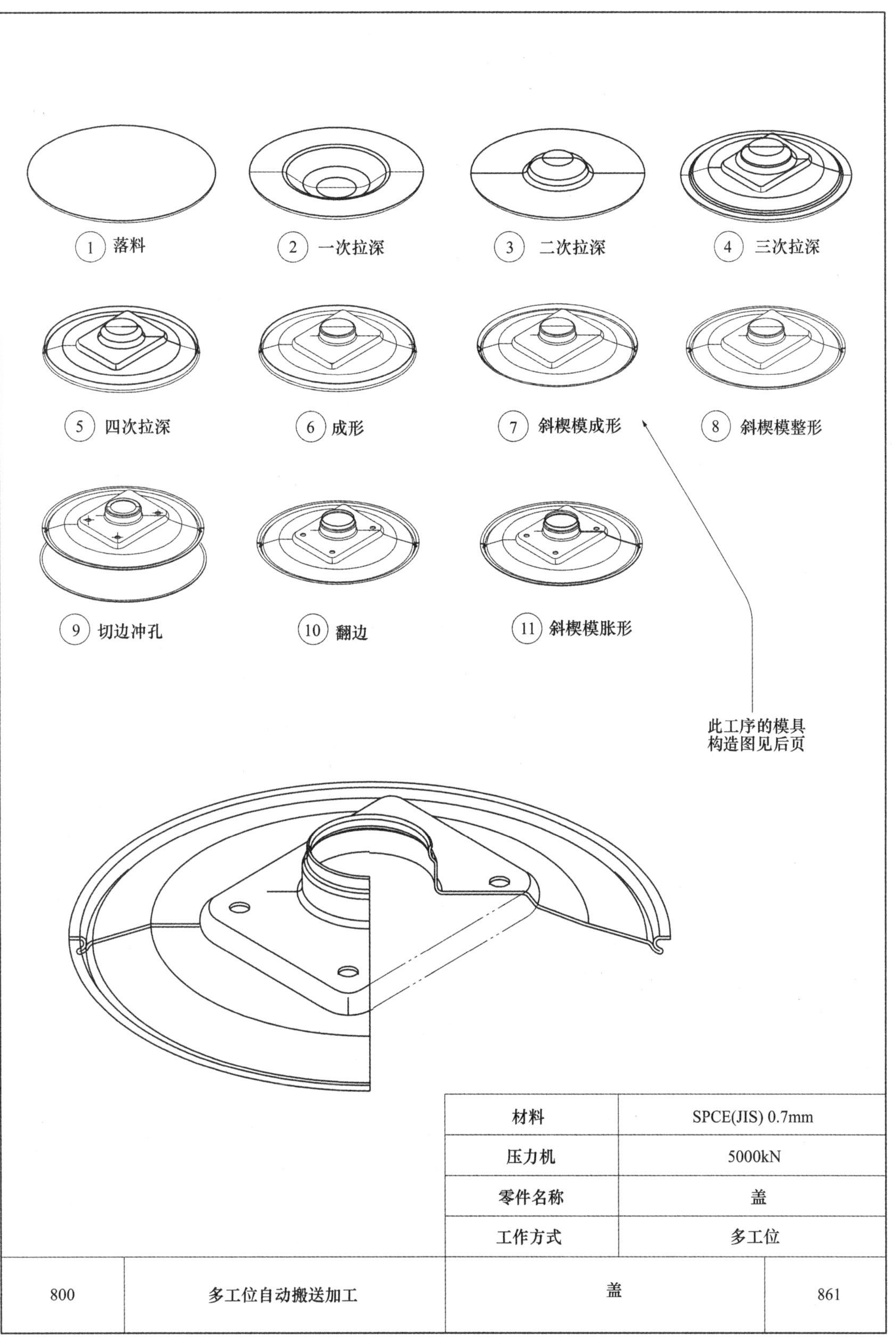

材料	SPCE(JIS) 0.7mm
压力机	5000kN
零件名称	盖
工作方式	多工位

800	多工位自动搬送加工	盖	861

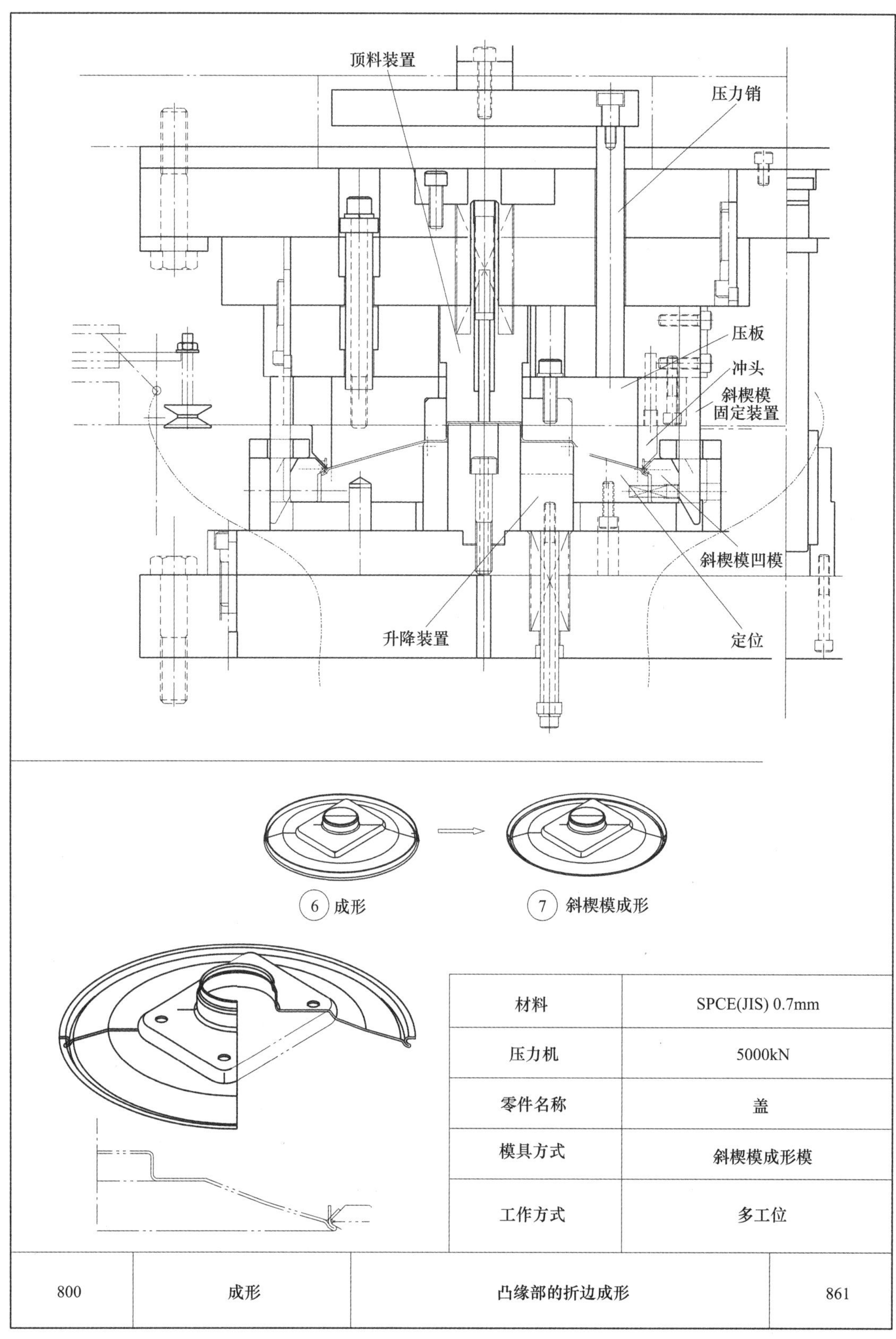

材料	SPCE(JIS) 0.7mm
压力机	5000kN
零件名称	盖
模具方式	斜楔模成形模
工作方式	多工位

800	成形	凸缘部的折边成形	861

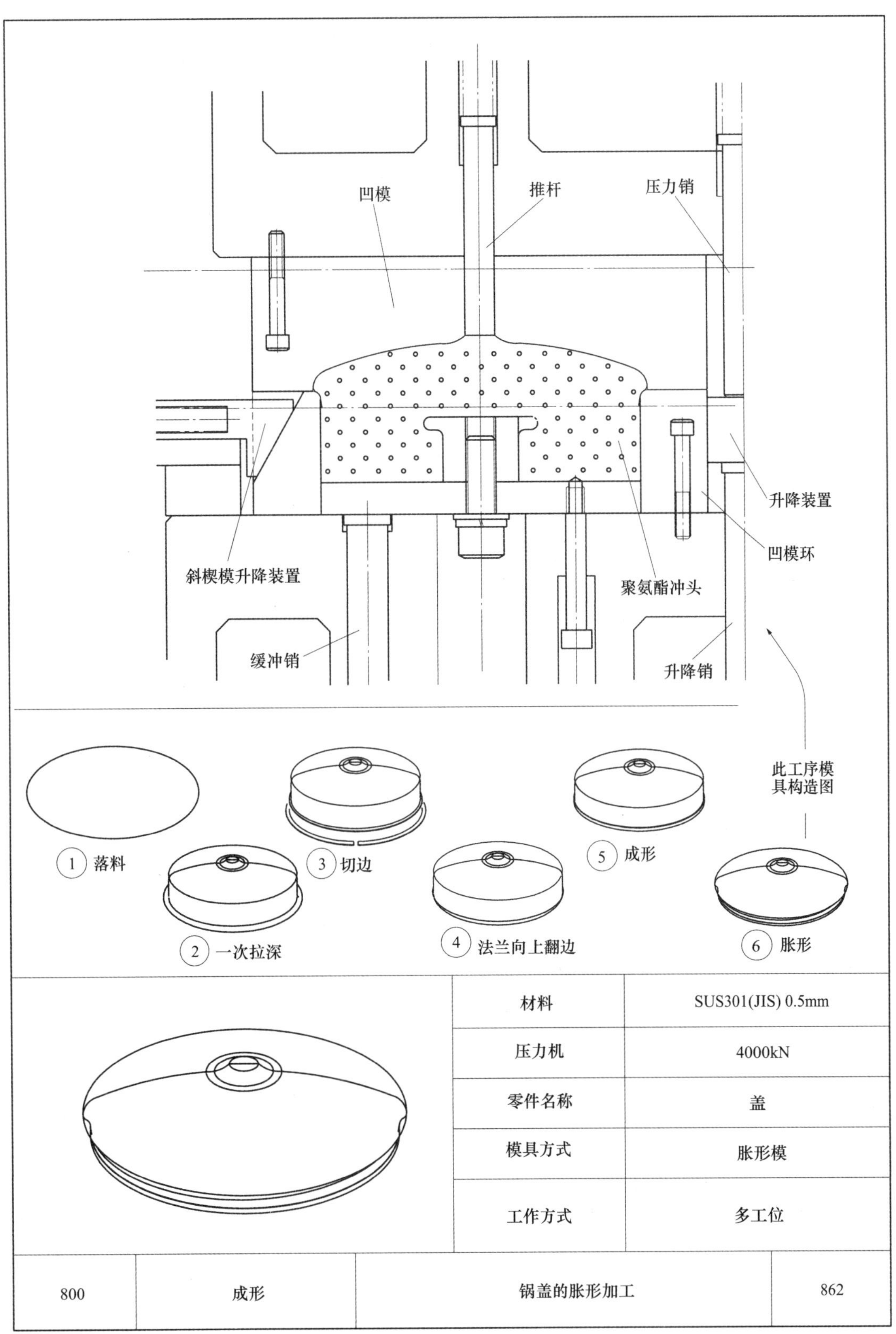

材料	SUS301(JIS) 0.5mm
压力机	4000kN
零件名称	盖
模具方式	胀形模
工作方式	多工位

800	成形	锅盖的胀形加工	862

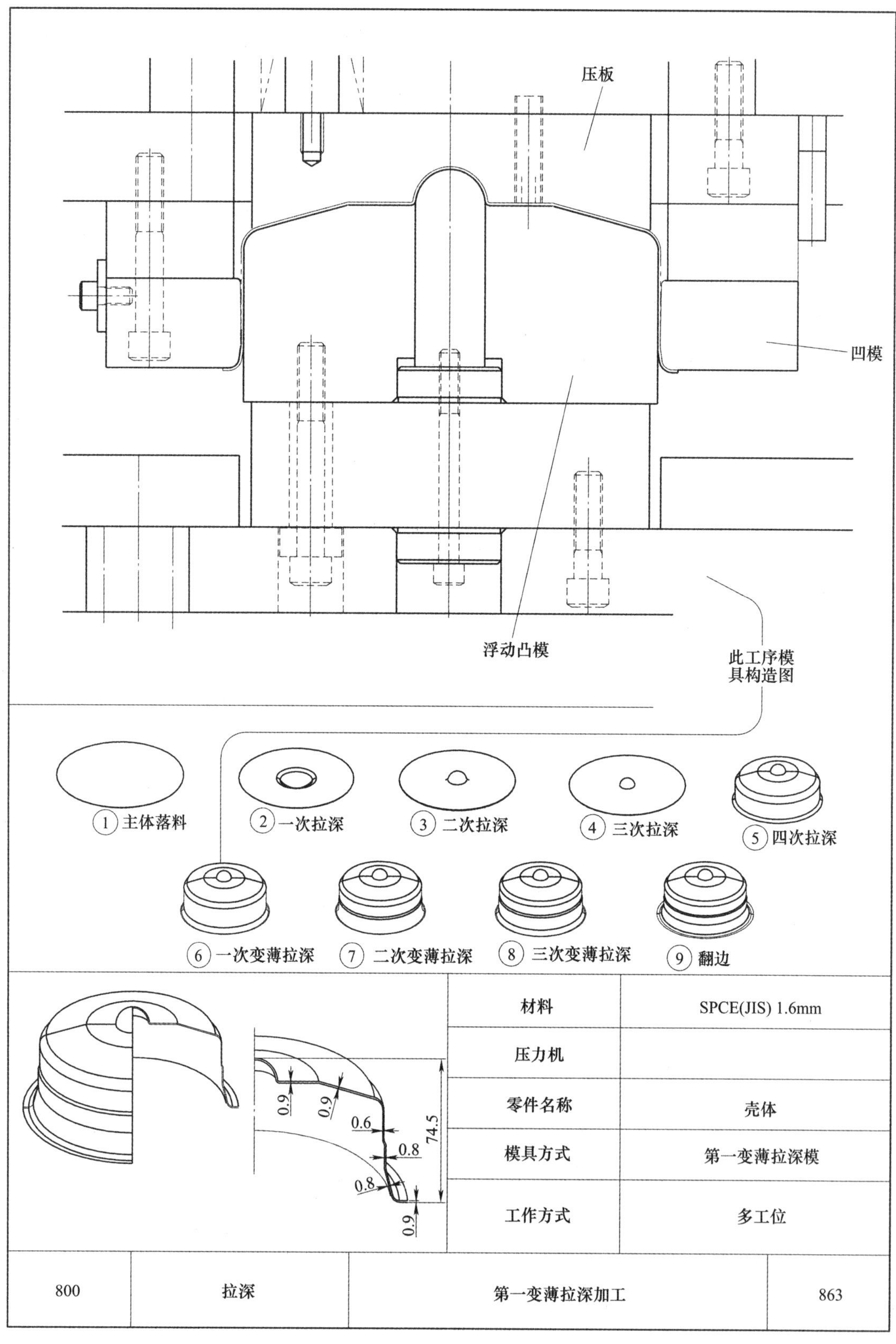

材料	SPCE(JIS) 1.6mm
压力机	
零件名称	壳体
模具方式	第一变薄拉深模
工作方式	多工位

800	拉深	第一变薄拉深加工	863

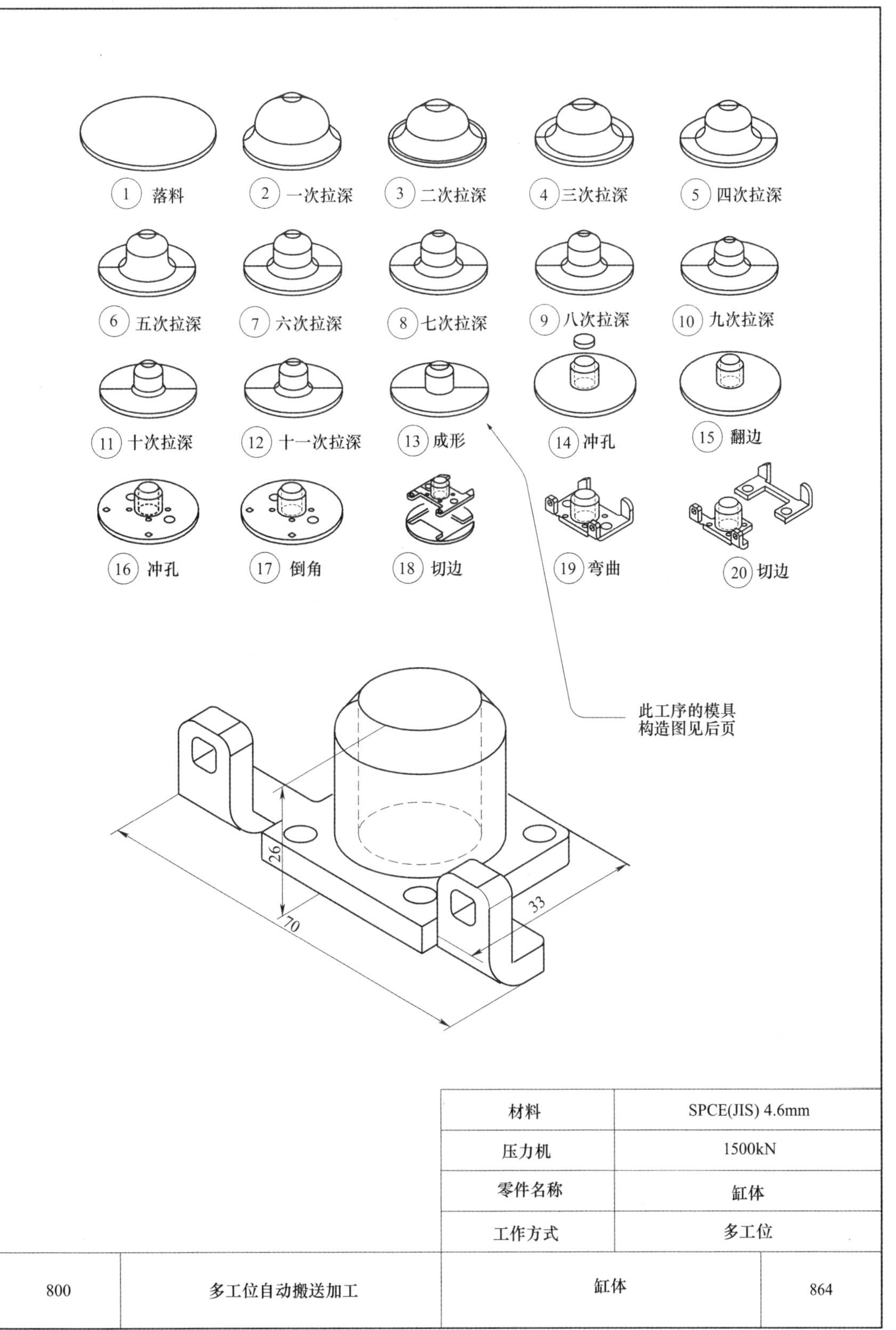

材料	SPCE(JIS) 4.6mm
压力机	1500kN
零件名称	缸体
工作方式	多工位

800	多工位自动搬送加工	缸体	864

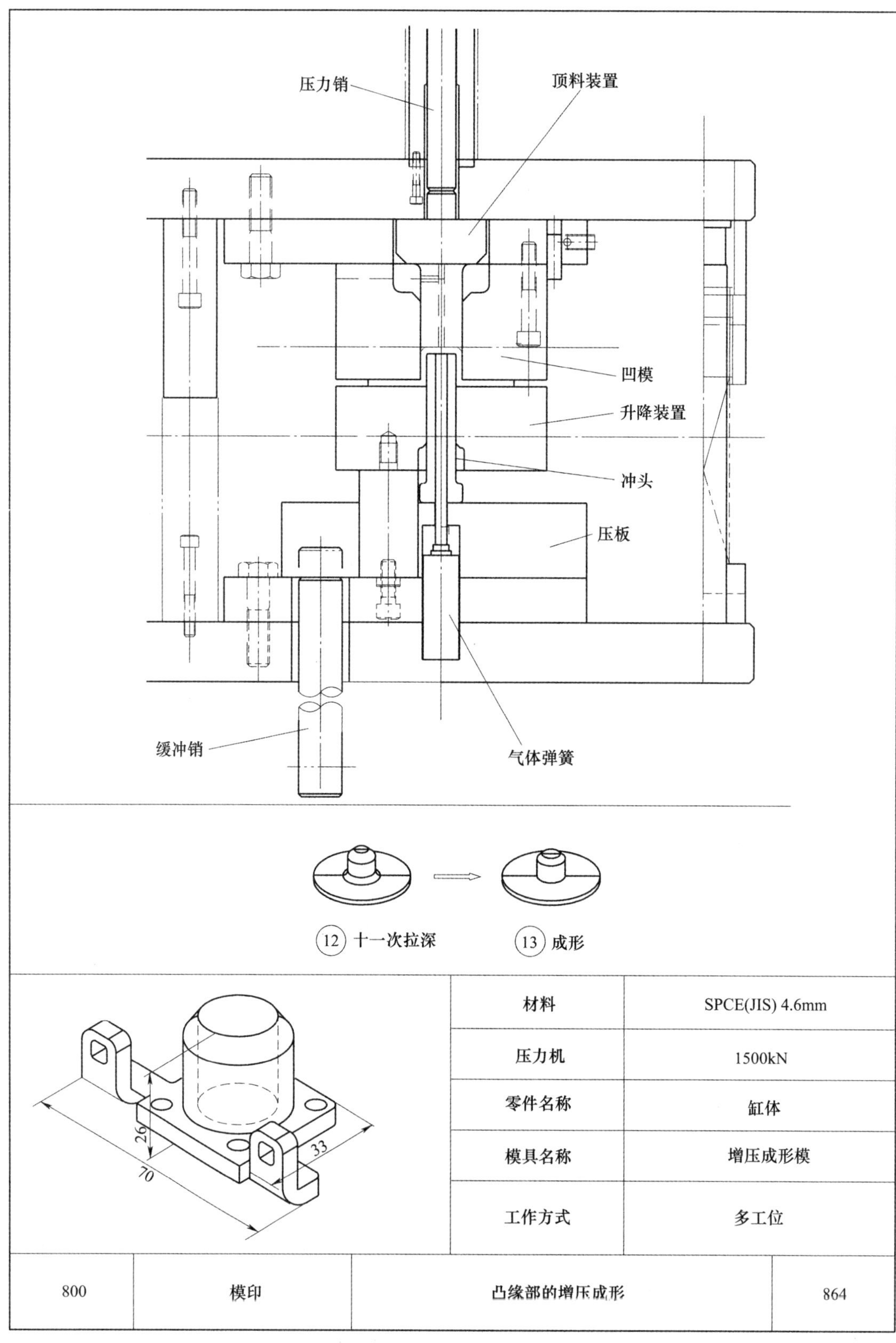

材料	SPCE(JIS) 4.6mm
压力机	1500kN
零件名称	缸体
模具名称	增压成形模
工作方式	多工位

800	模印	凸缘部的增压成形	864

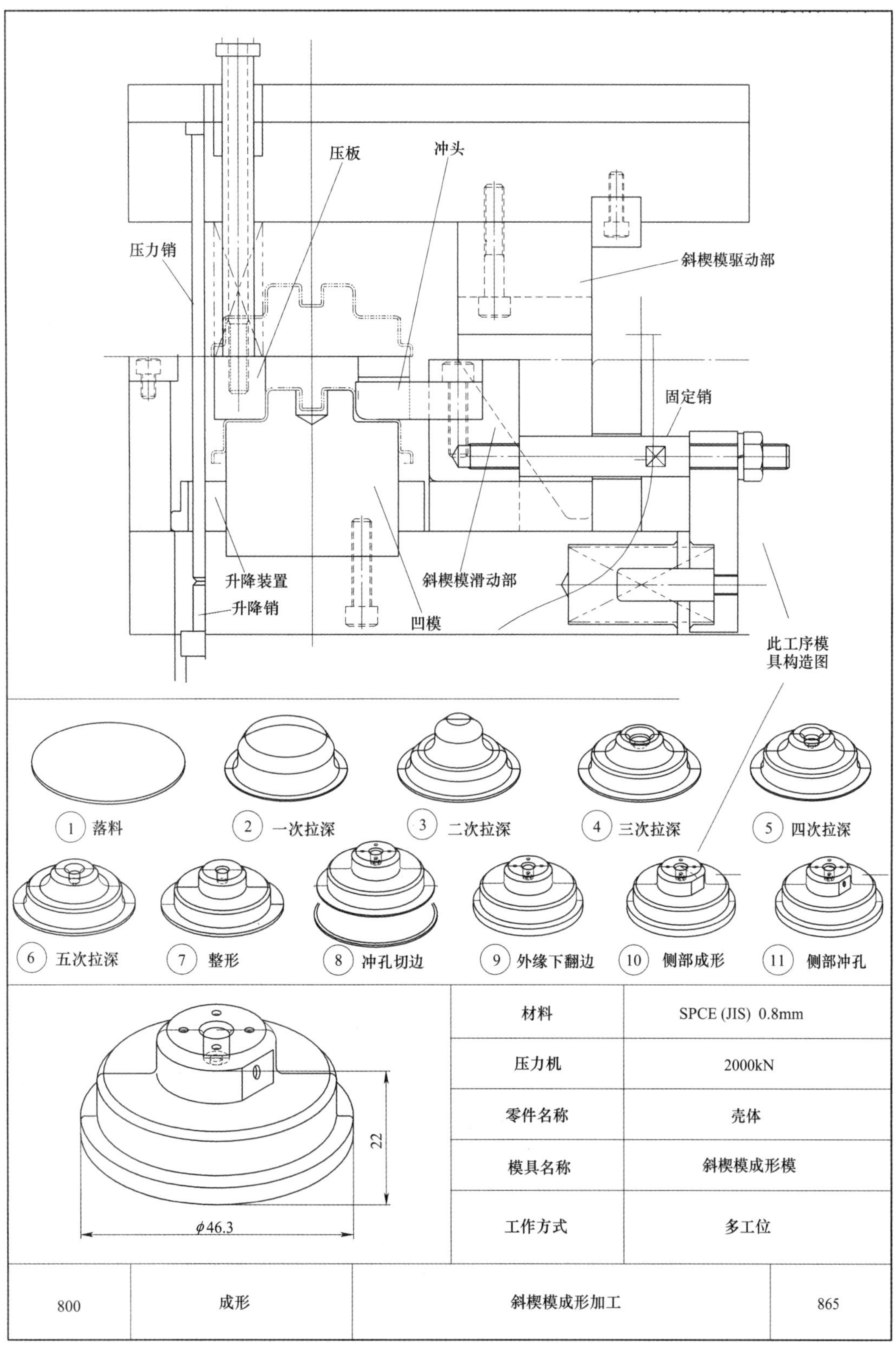

材料	SPCE (JIS) 0.8mm
压力机	2000kN
零件名称	壳体
模具名称	斜楔模成形模
工作方式	多工位

800	成形	斜楔模成形加工	865

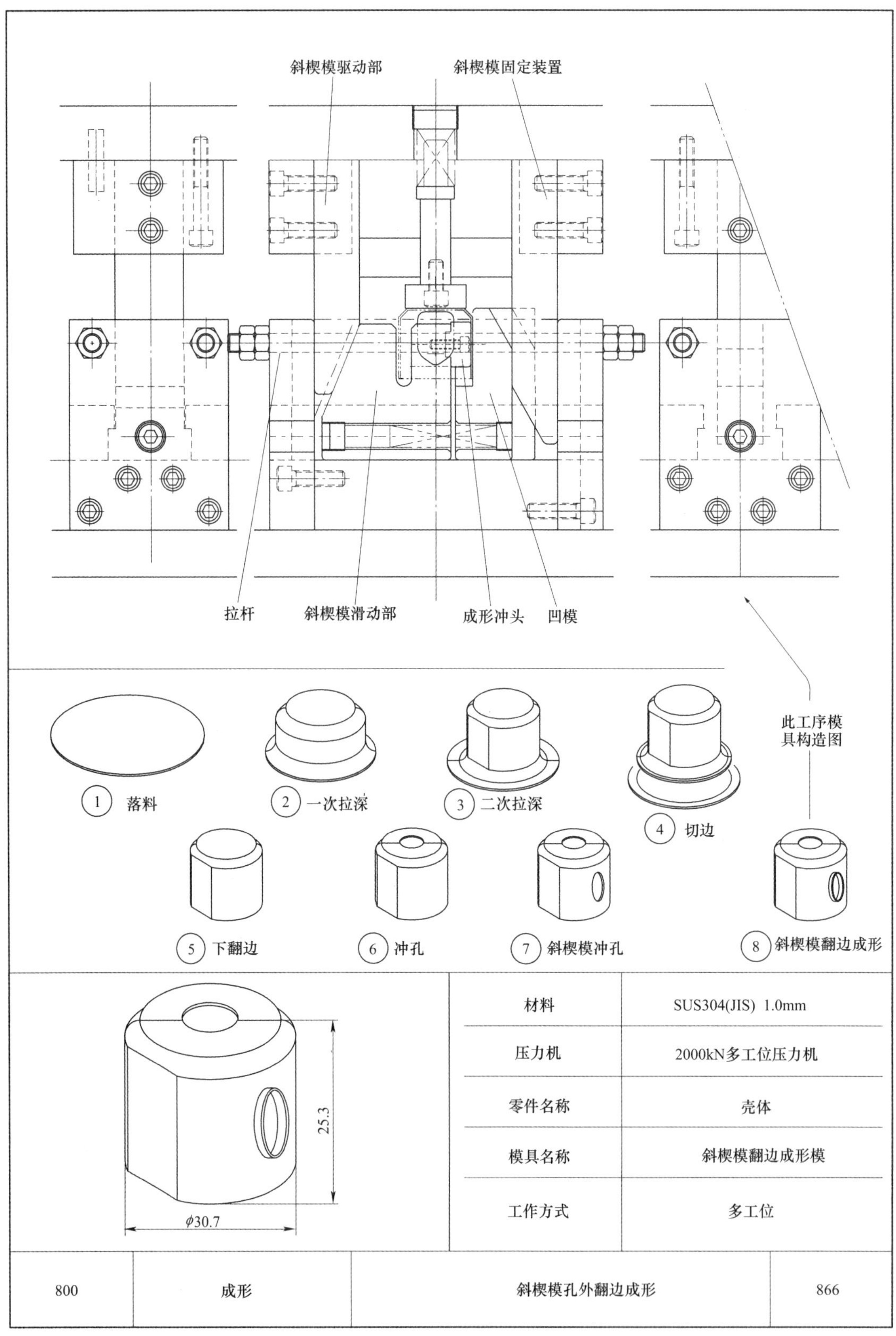

材料	SUS304(JIS) 1.0mm
压力机	2000kN多工位压力机
零件名称	壳体
模具名称	斜楔模翻边成形模
工作方式	多工位

800	成形	斜楔模孔外翻边成形	866

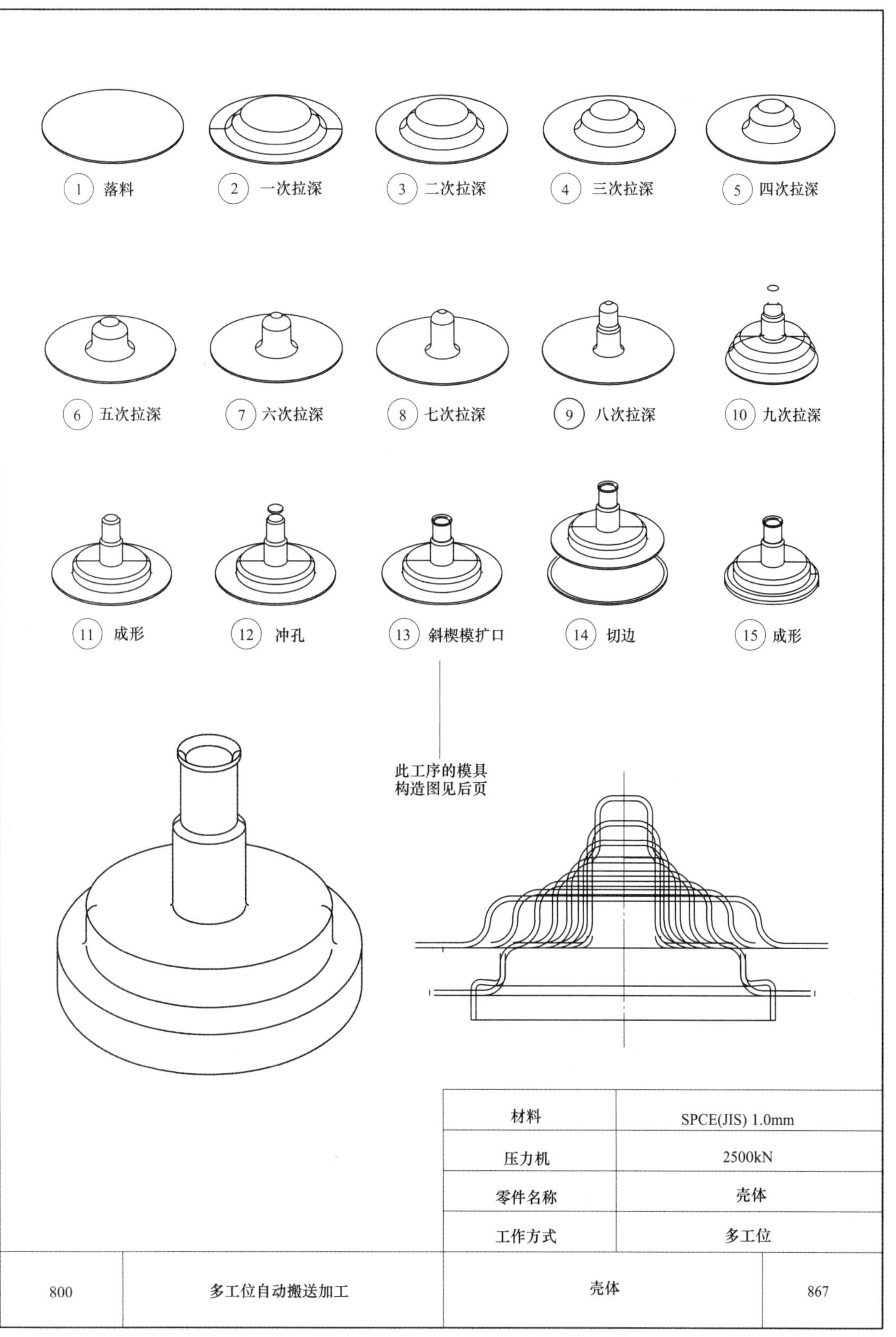

材料	SPCE(JIS) 1.0mm
压力机	2500kN
零件名称	壳体
工作方式	多工位

800	多工位自动搬送加工	壳体	867

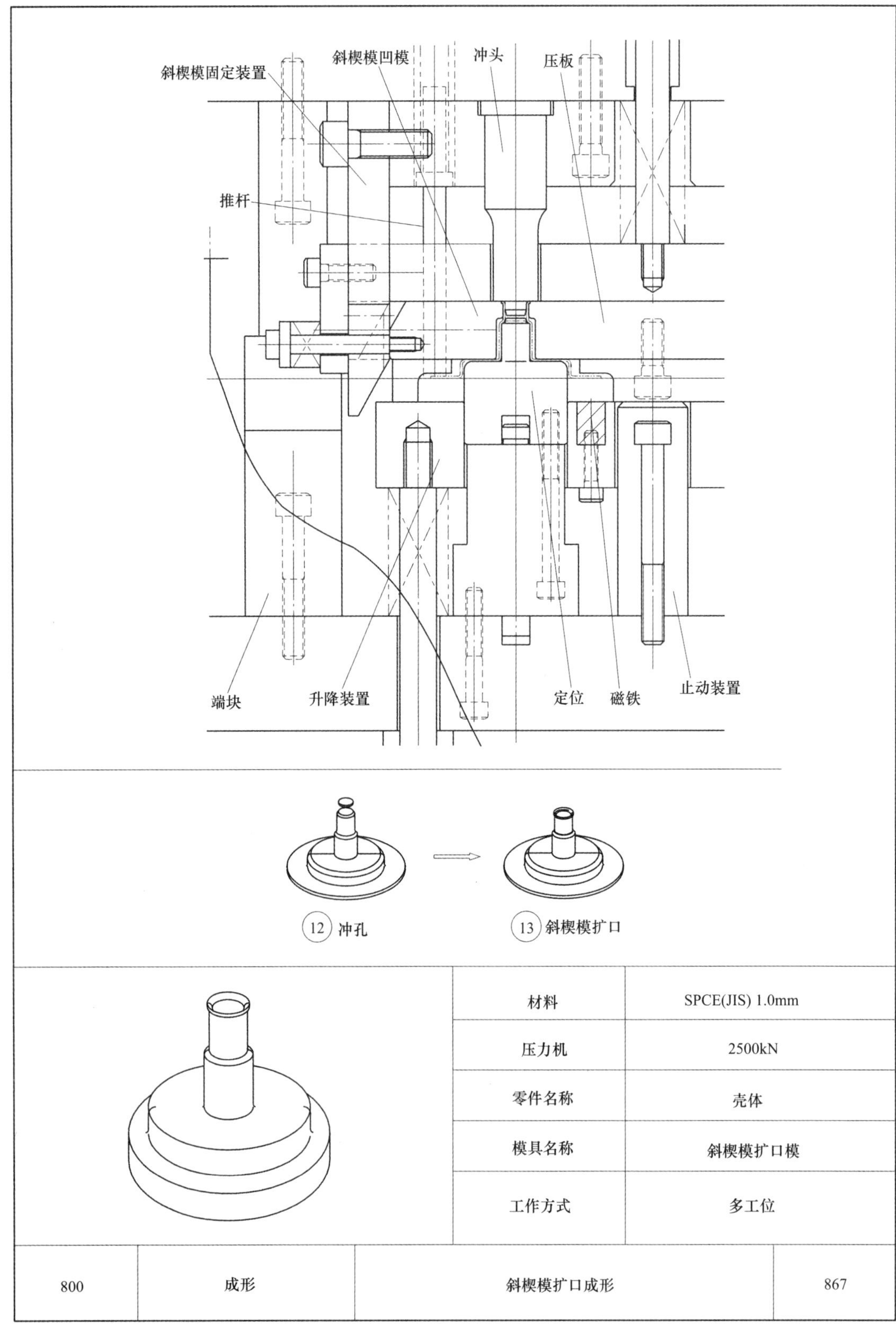

	材料	SPCE(JIS) 1.0mm
	压力机	2500kN
	零件名称	壳体
	模具名称	斜楔模扩口模
	工作方式	多工位

800	成形	斜楔模扩口成形	867

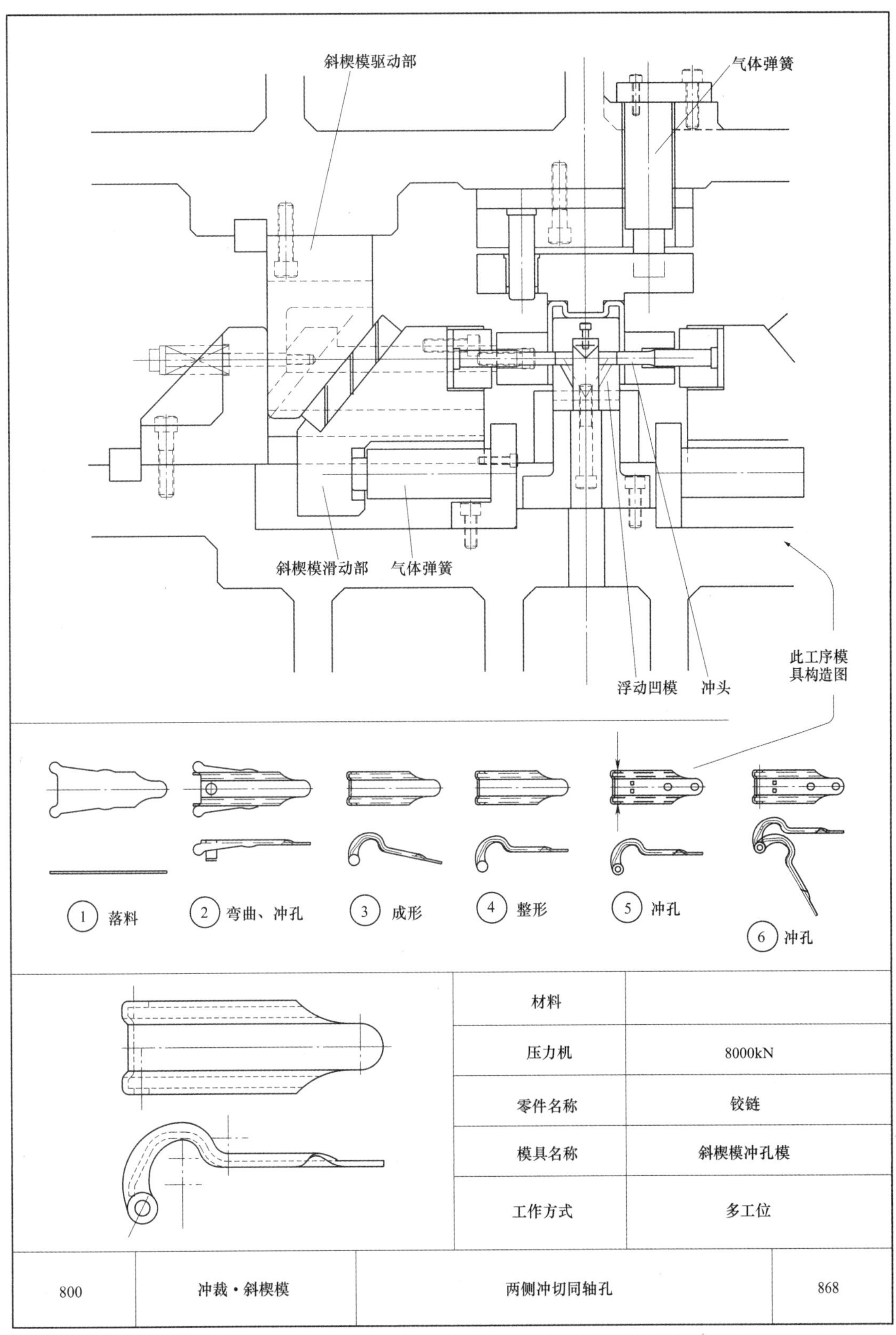

材料	
压力机	8000kN
零件名称	铰链
模具名称	斜楔模冲孔模
工作方式	多工位

800	冲裁·斜楔模	两侧冲切同轴孔	868

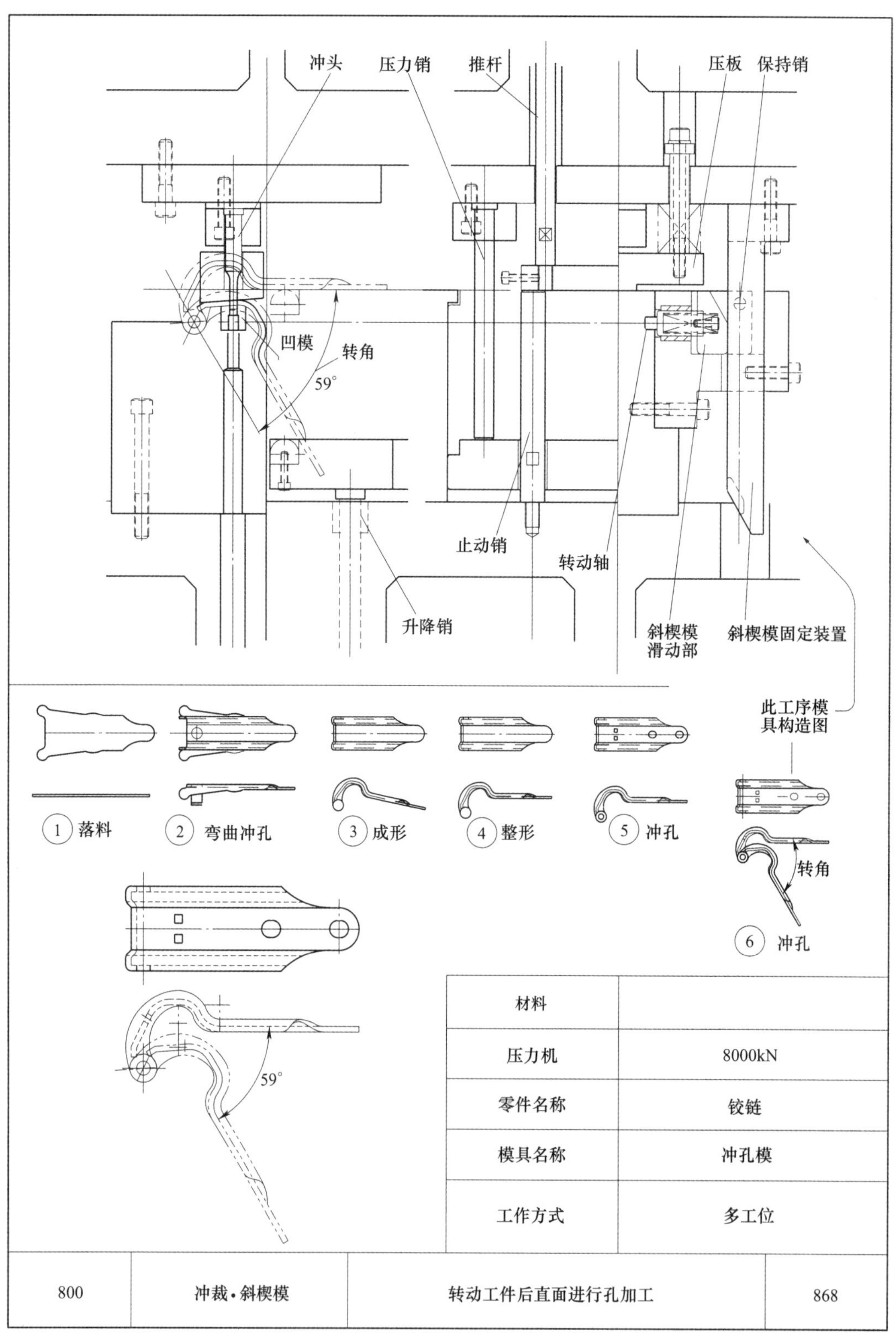

材料	
压力机	8000kN
零件名称	铰链
模具名称	冲孔模
工作方式	多工位

800	冲裁·斜楔模	转动工件后直面进行孔加工	868

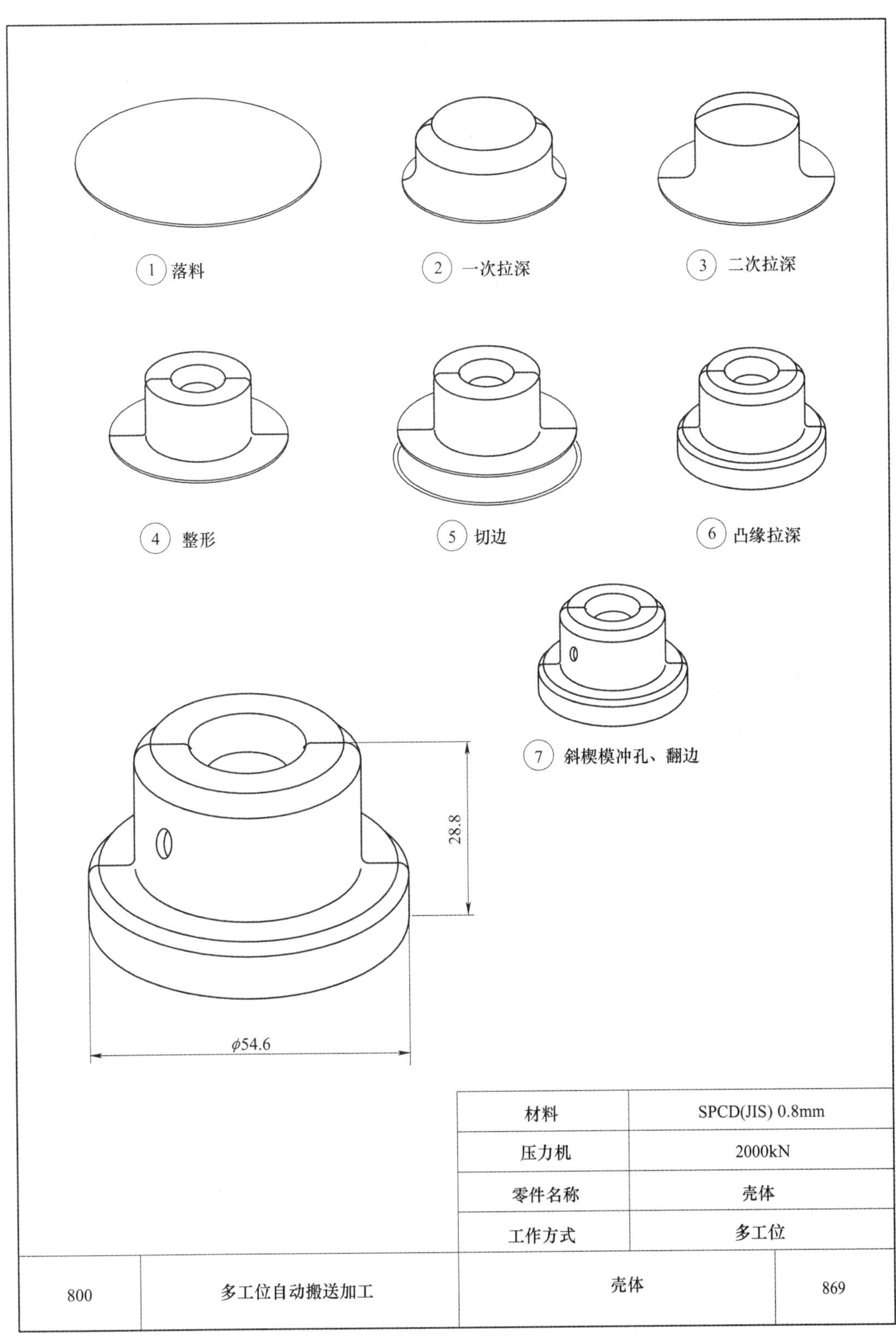

材料	SPCD(JIS) 0.8mm
压力机	2000kN
零件名称	壳体
工作方式	多工位

800	多工位自动搬送加工	壳体	869

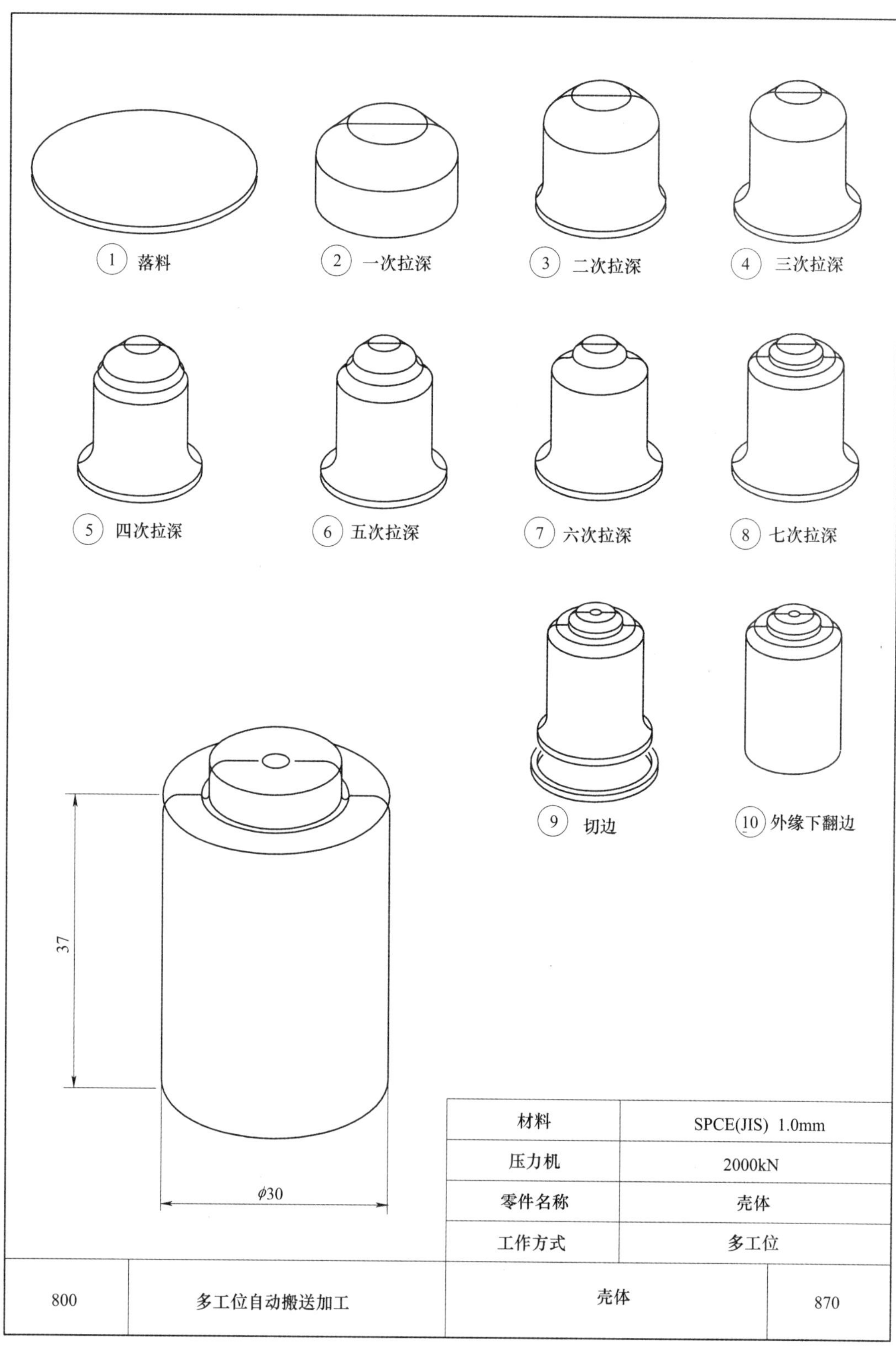

材料	SPCE(JIS) 1.0mm
压力机	2000kN
零件名称	壳体
工作方式	多工位

800	多工位自动搬送加工	壳体	870

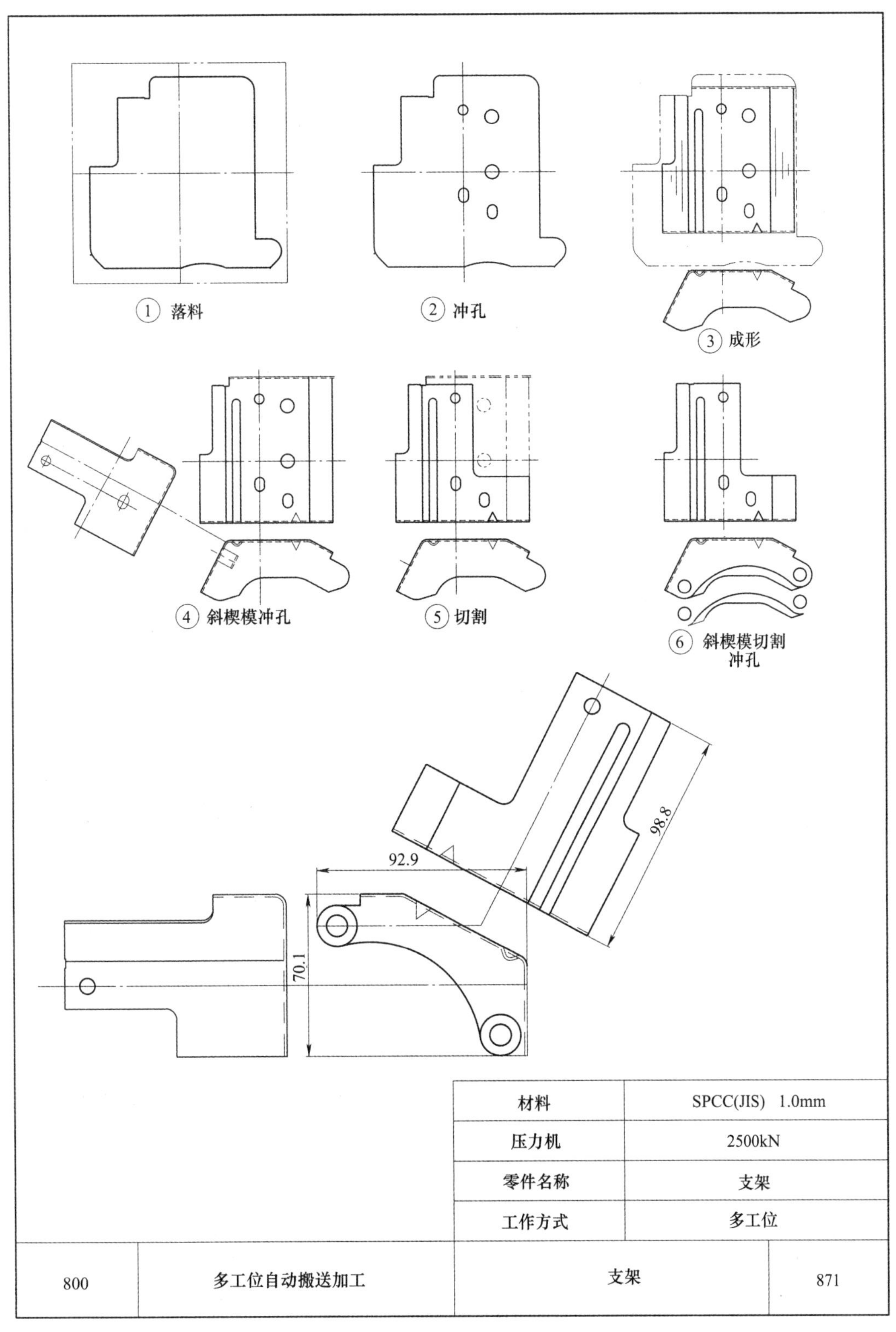
①落料
②冲孔
③成形
④斜楔模冲孔
⑤切割
⑥斜楔模切割冲孔
92.9
98.8
70.1
材料
SPCC(JIS) 1.0mm
压力机
2500kN
零件名称
支架
工作方式
多工位
800
多工位自动搬送加工
支架
871

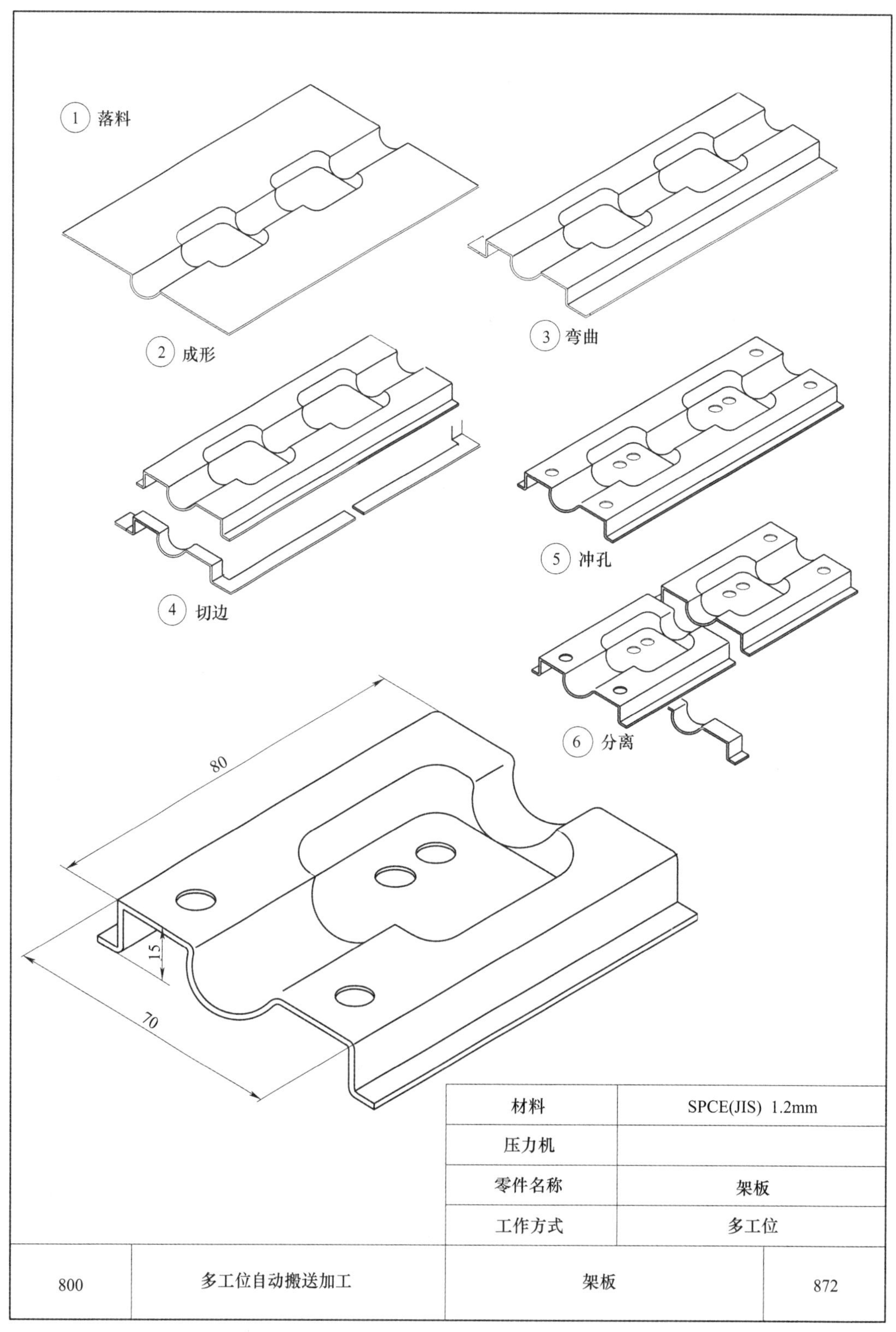

材料	SPCE(JIS) 1.2mm
压力机	
零件名称	架板
工作方式	多工位

800	多工位自动搬送加工	架板	872

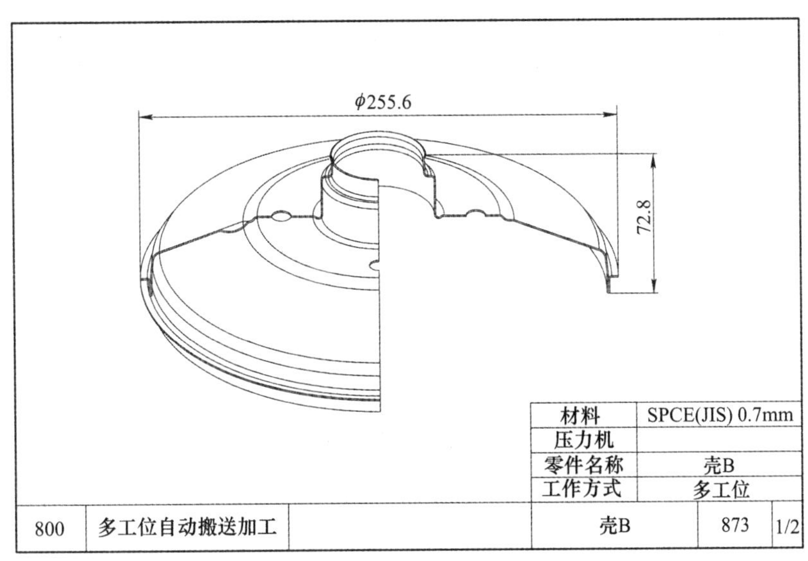

φ255.6
72.8
材料
SPCE(JIS) 0.7mm
压力机
零件名称
壳B
工作方式
多工位
800
多工位自动搬送加工
壳B
873
1/2

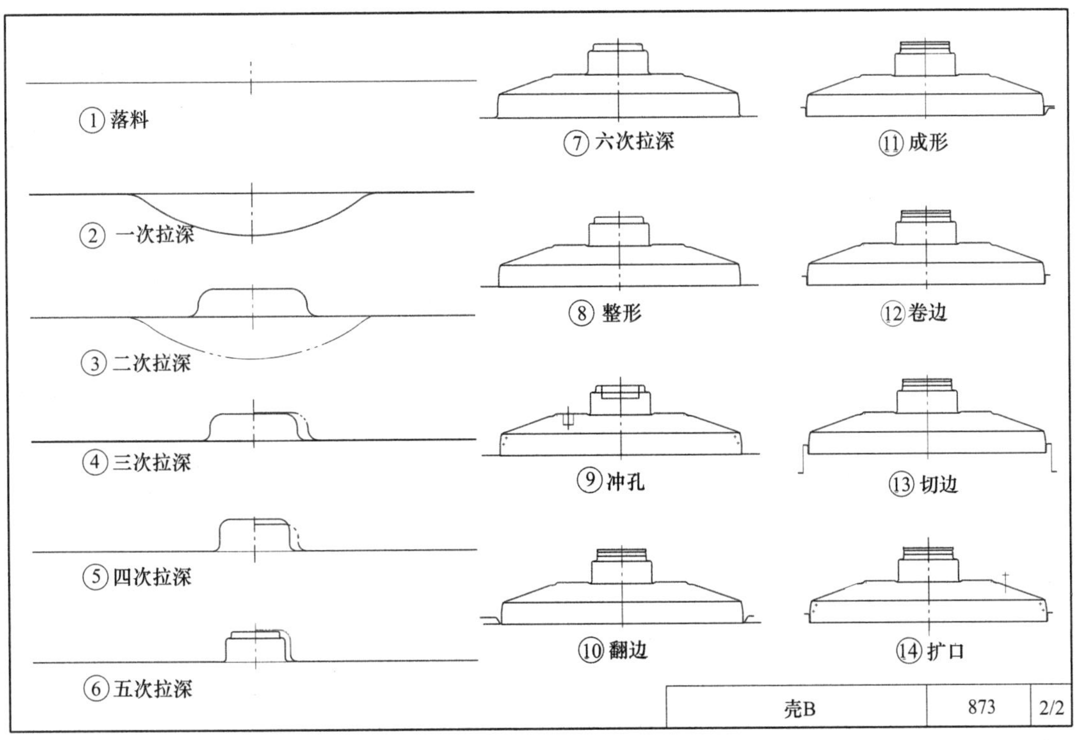

①落料
② 一次拉深
③二次拉深
④三次拉深
⑤四次拉深
⑥五次拉深
⑦六次拉深
⑧整形
⑨冲孔
⑩翻边
⑪成形
⑫卷边
⑬切边
⑭扩口
壳B
873
2/2

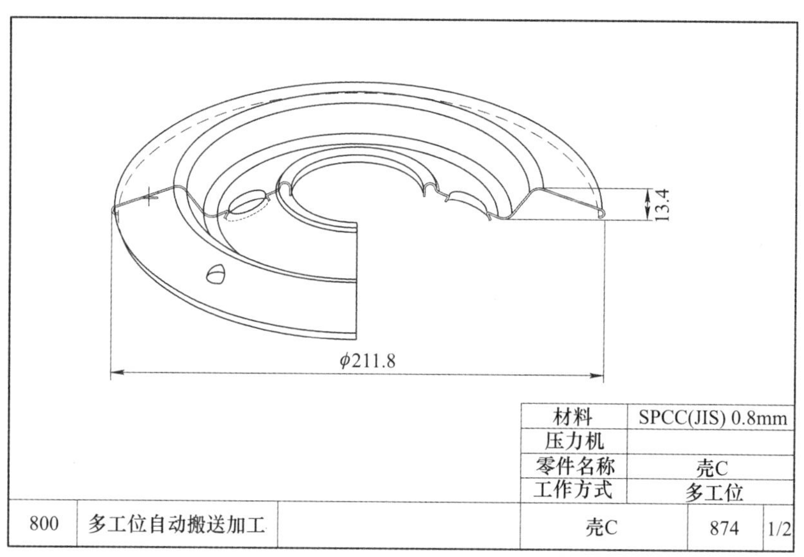

材料	SPCC(JIS) 0.8mm	
压力机		
零件名称	壳C	
工作方式	多工位	

800	多工位自动搬送加工	壳C	874	1/2

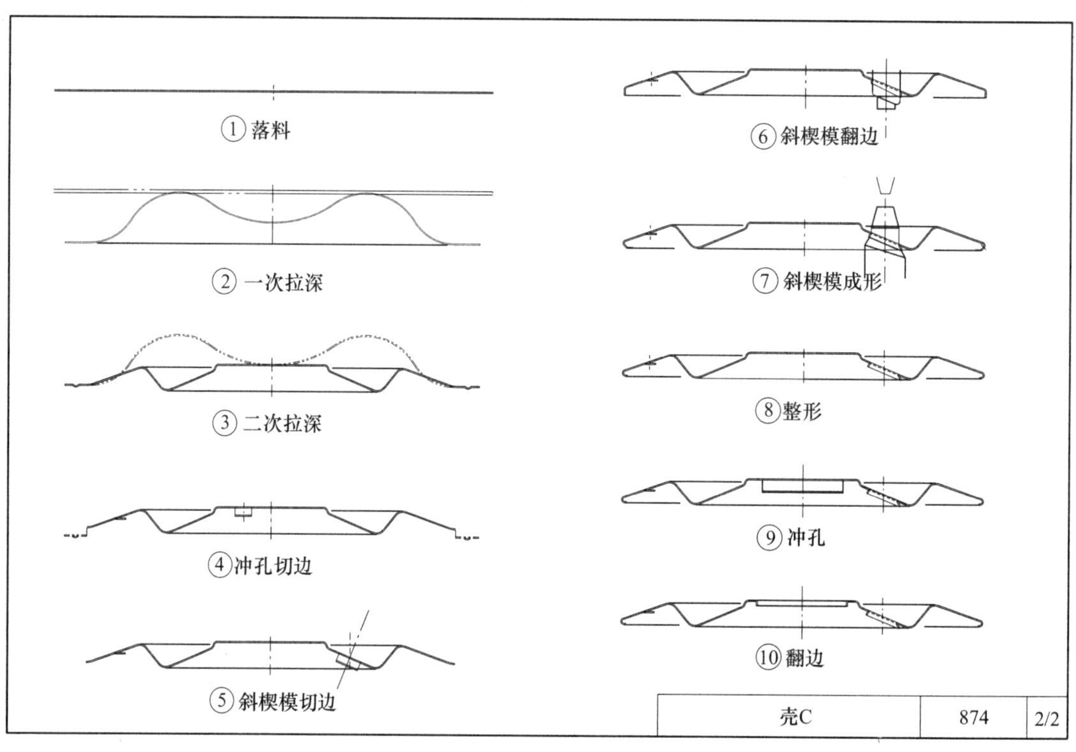

壳C	874	2/2

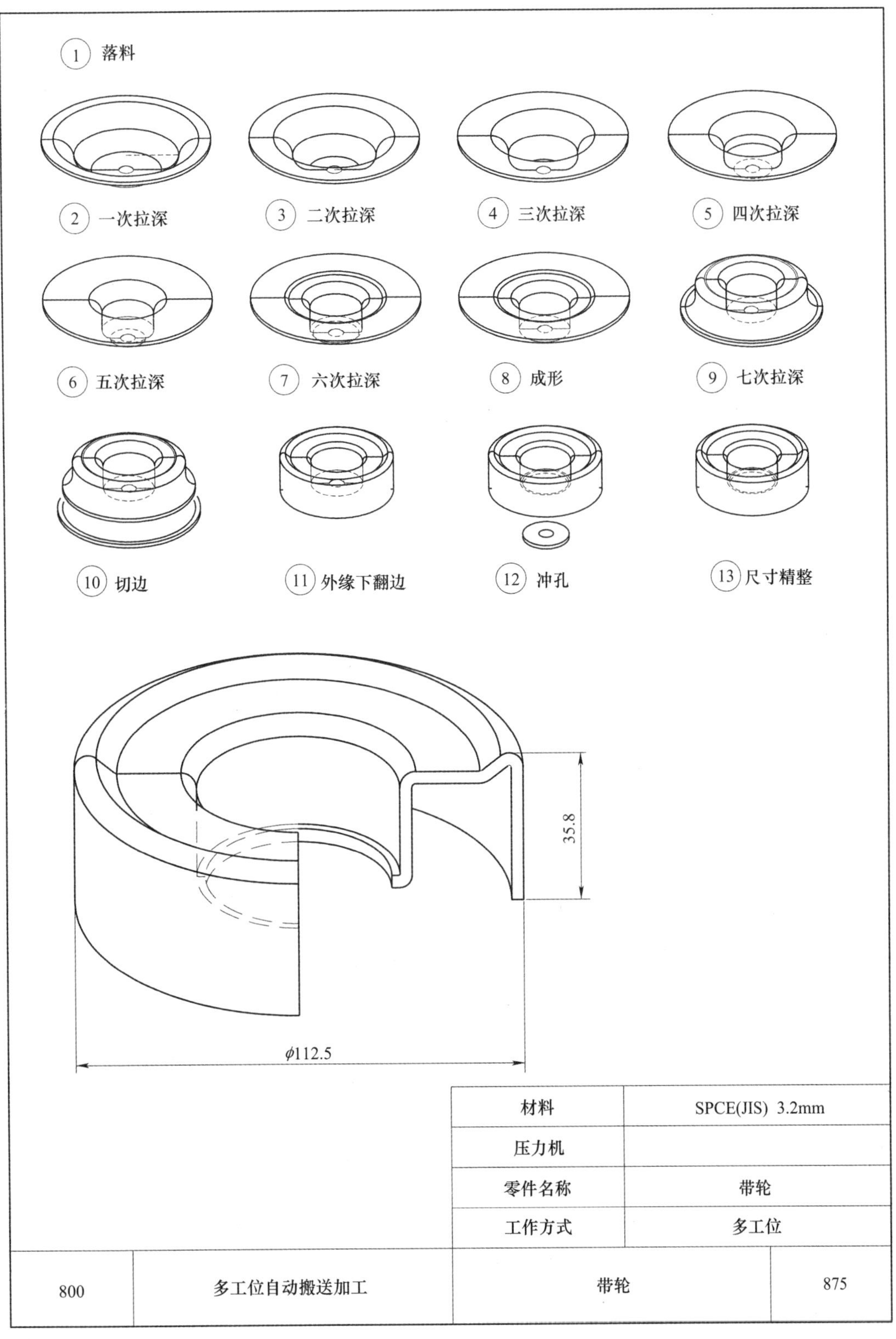

材料	SPCE(JIS) 3.2mm
压力机	
零件名称	带轮
工作方式	多工位

800	多工位自动搬送加工	带轮	875

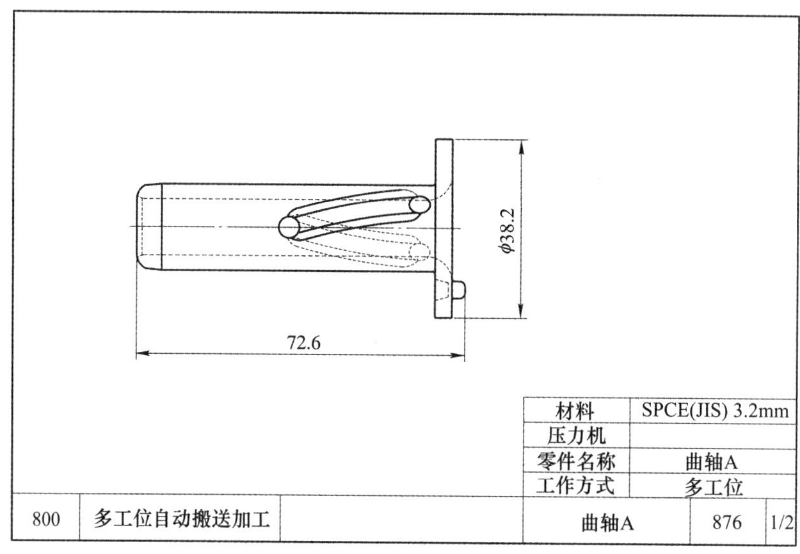

φ38.2
72.6
材料
SPCE(JIS) 3.2mm
压力机
零件名称
曲轴A
工作方式
多工位
800
多工位自动搬送加工
曲轴A
876
1/2

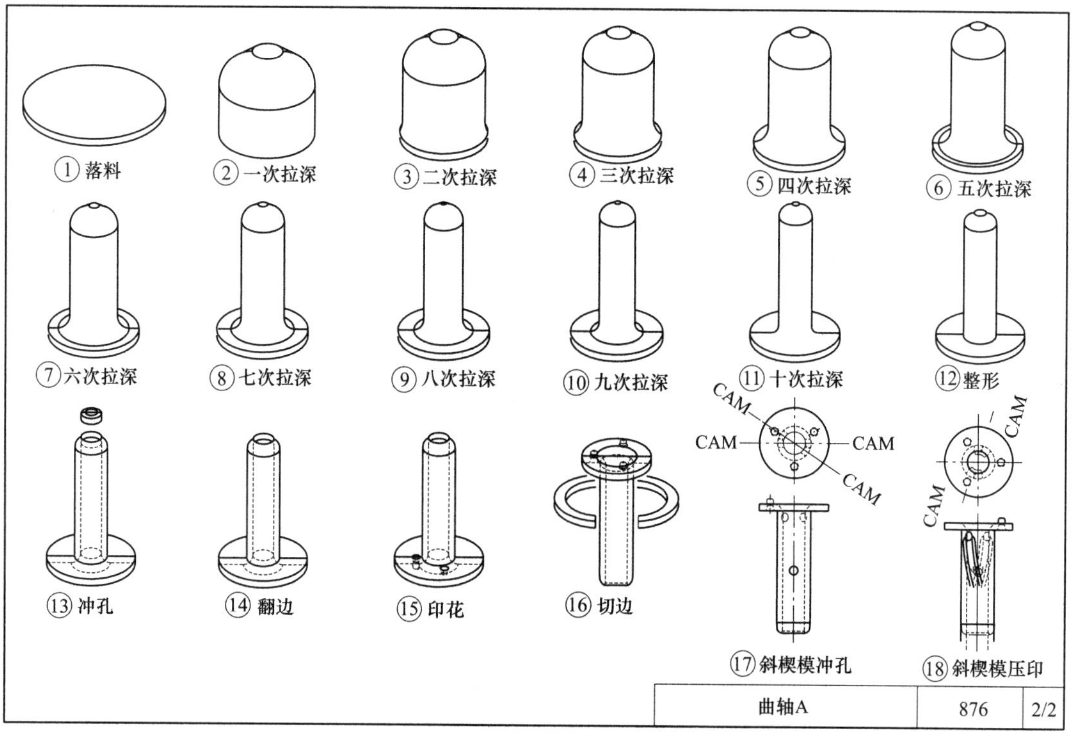

①落料
②一次拉深
③二次拉深
④三次拉深
⑤四次拉深
⑥五次拉深
⑦六次拉深
⑧七次拉深
⑨八次拉深
⑩九次拉深
⑪十次拉深
⑫整形
⑬冲孔
⑭翻边
⑮印花
⑯切边
CAM
CAM
CAM
CAM
⑰斜楔模冲孔
CAM
CAM
⑱斜楔模压印
曲轴A
876
2/2

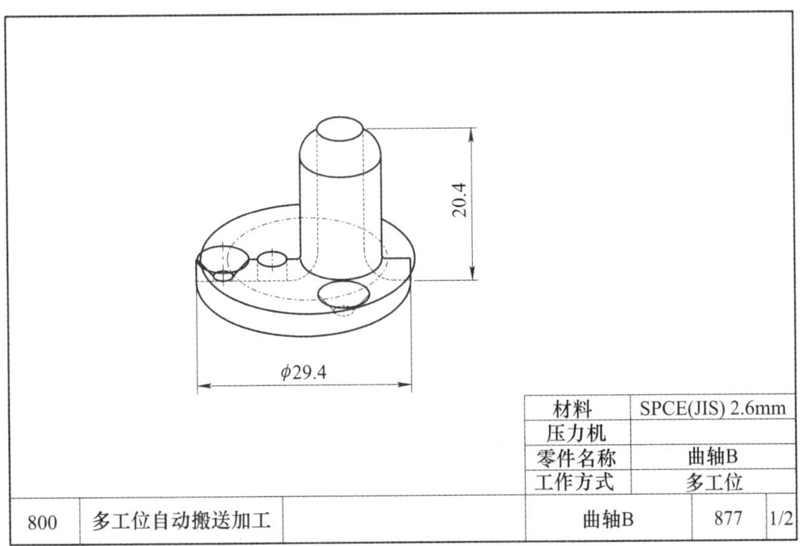

材料	SPCE(JIS) 2.6mm
压力机	
零件名称	曲轴B
工作方式	多工位

800	多工位自动搬送加工		曲轴B	877	1/2

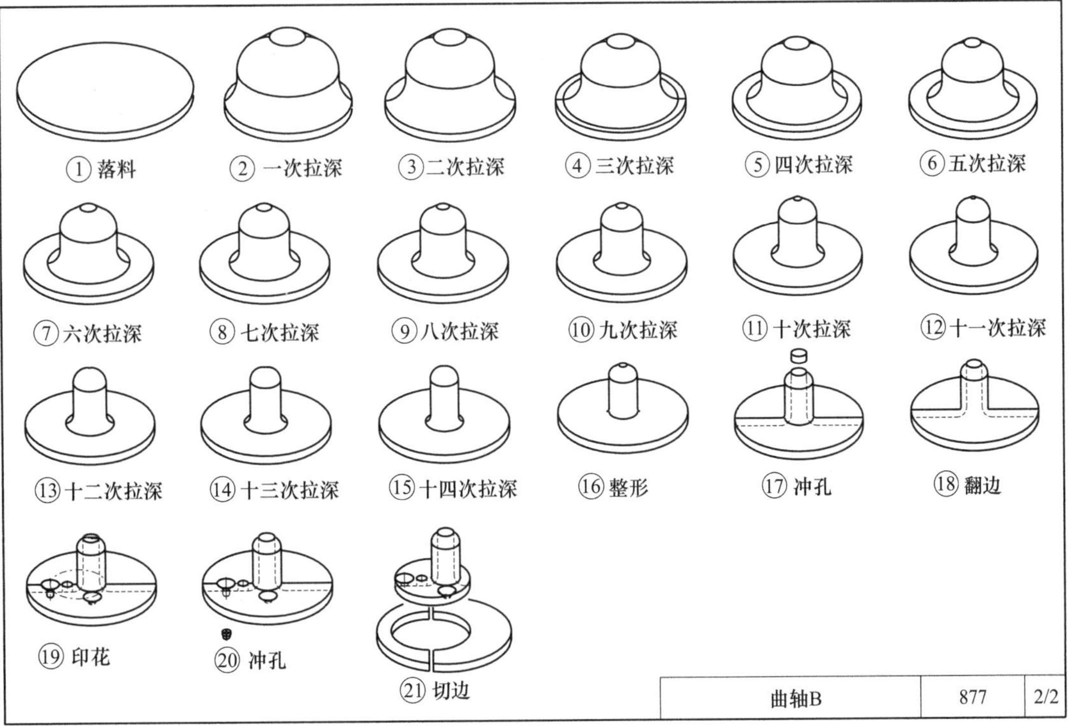

曲轴B	877	2/2

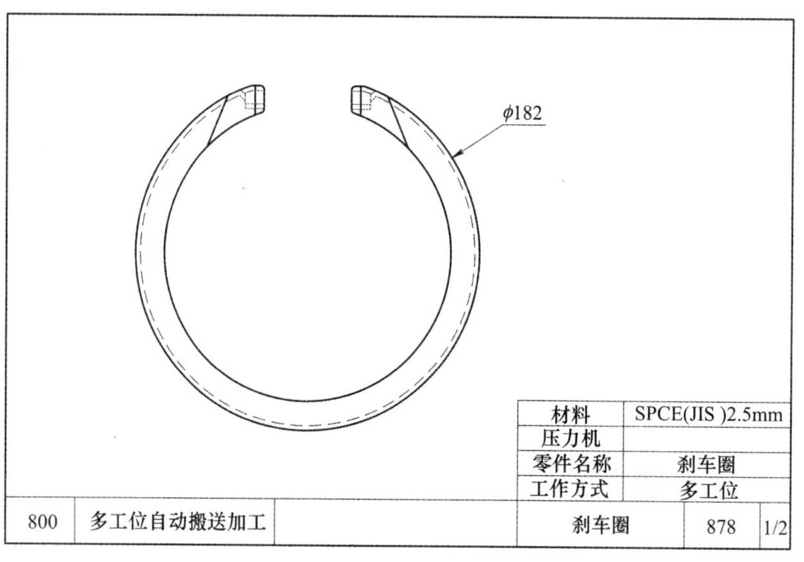
ϕ182
材料
SPCE(JIS)2.5mm
压力机
零件名称
刹车圈
工作方式
多工位
800
多工位自动搬送加工
刹车圈
878
1/2

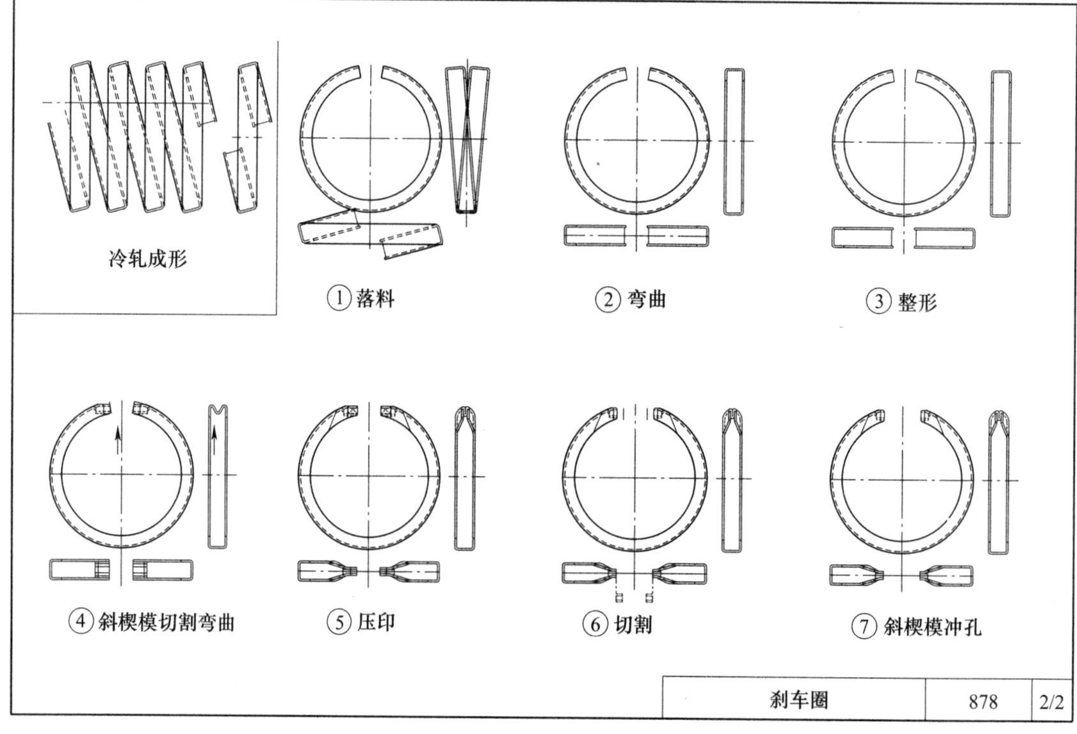
冷轧成形
①落料
②弯曲
③整形
④斜楔模切割弯曲
⑤压印
⑥切割
⑦斜楔模冲孔
刹车圈
878
2/2

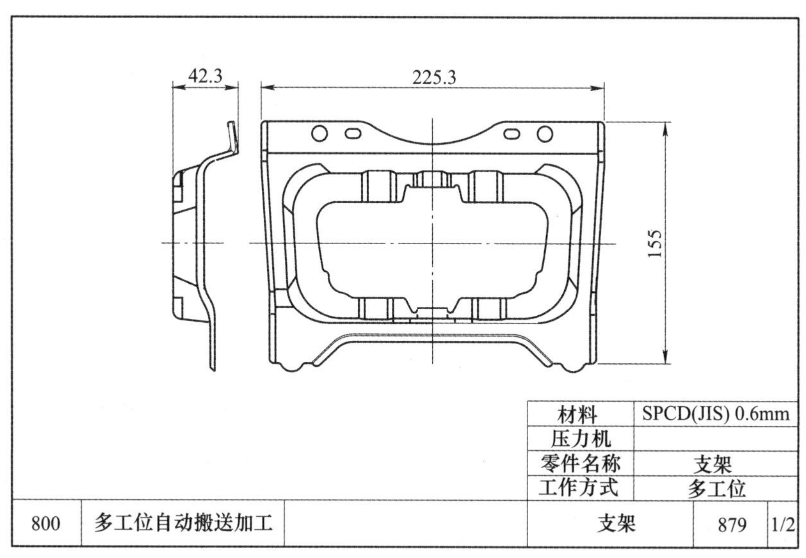
42.3
225.3
155
材料
SPCD(JIS) 0.6mm
压力机
零件名称
支架
工作方式
多工位
800
多工位自动搬送加工
支架
879
1/2

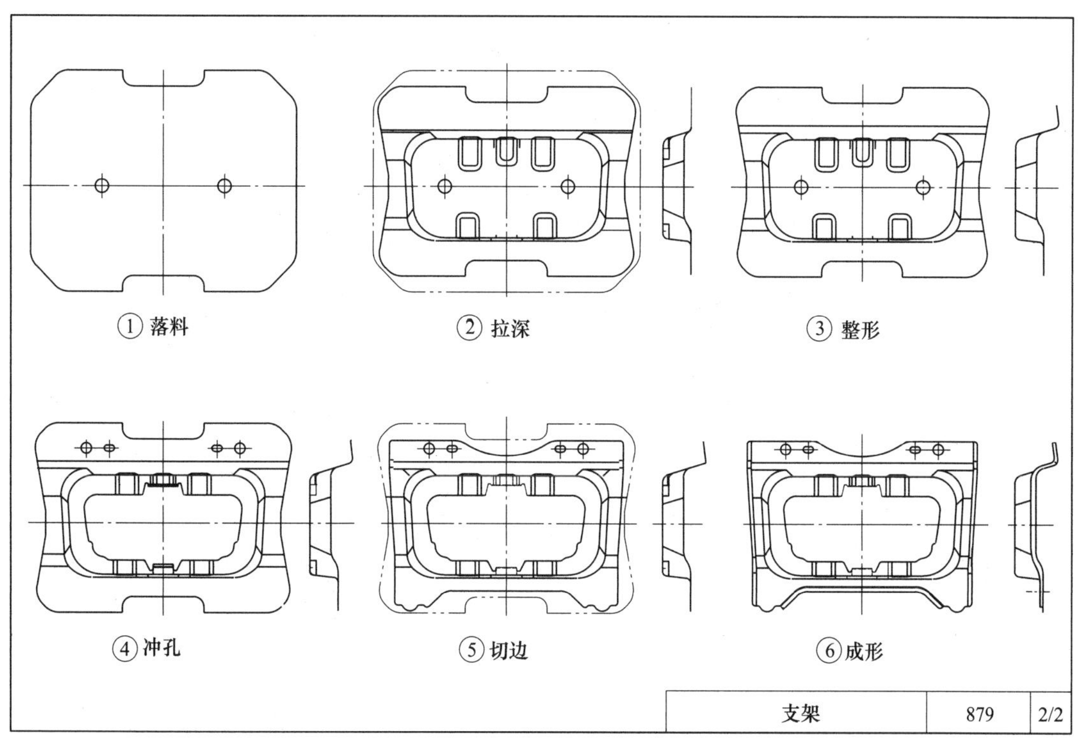
① 落料
② 拉深
③ 整形
④ 冲孔
⑤ 切边
⑥ 成形
支架
879
2/2

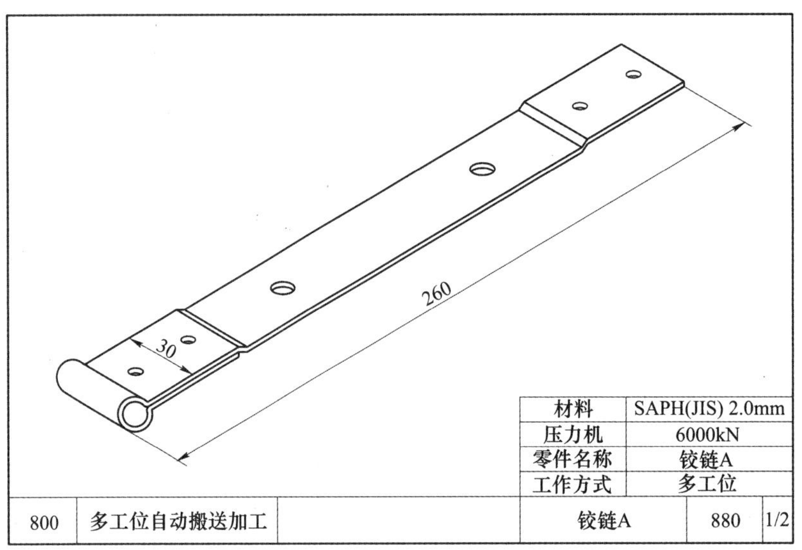

材料	SAPH(JIS) 2.0mm
压力机	6000kN
零件名称	铰链A
工作方式	多工位

800	多工位自动搬送加工		铰链A	880	1/2

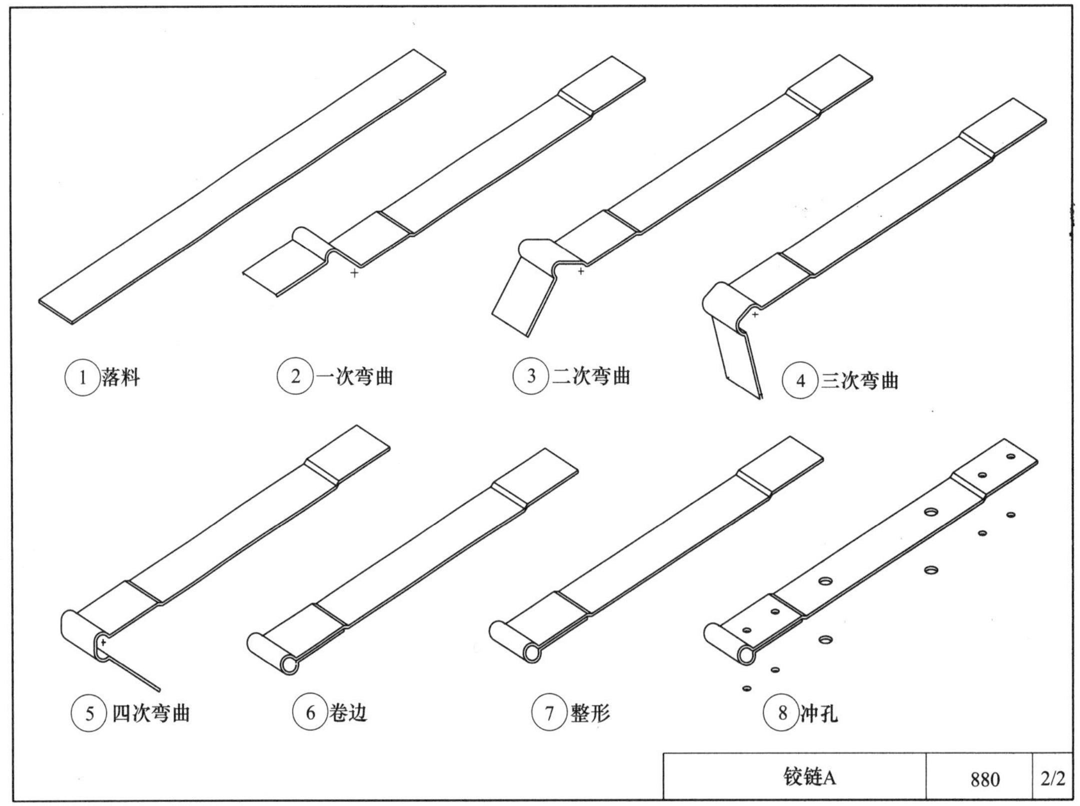

铰链A	880	2/2

260
30

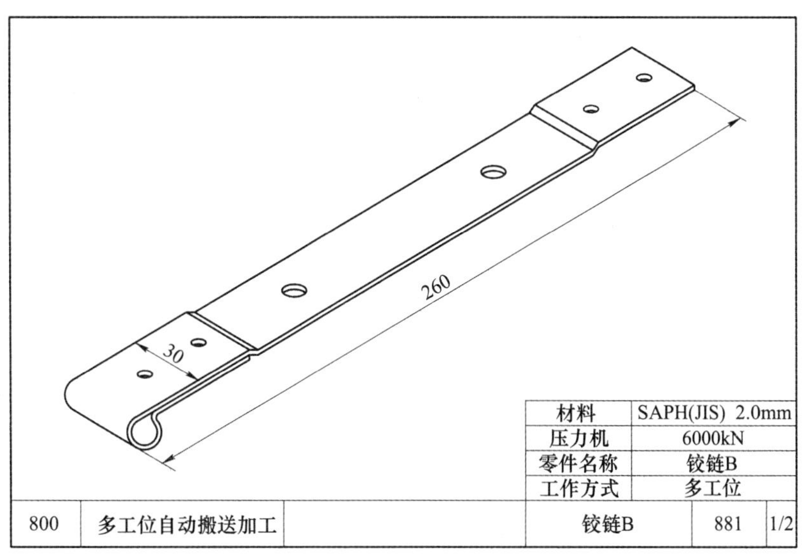

材料	SAPH(JIS) 2.0mm
压力机	6000kN
零件名称	铰链B
工作方式	多工位

800	多工位自动搬送加工		铰链B	881	1/2

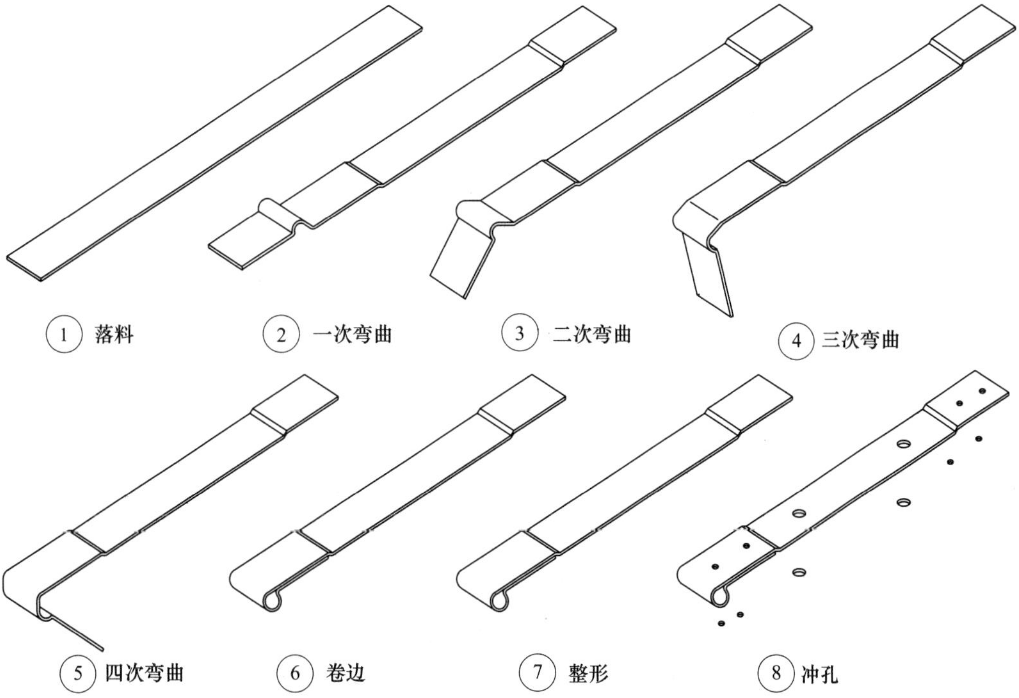

① 落料
② 一次弯曲
③ 二次弯曲
④ 三次弯曲
⑤ 四次弯曲
⑥ 卷边
⑦ 整形
⑧ 冲孔

铰链B	881	2/2

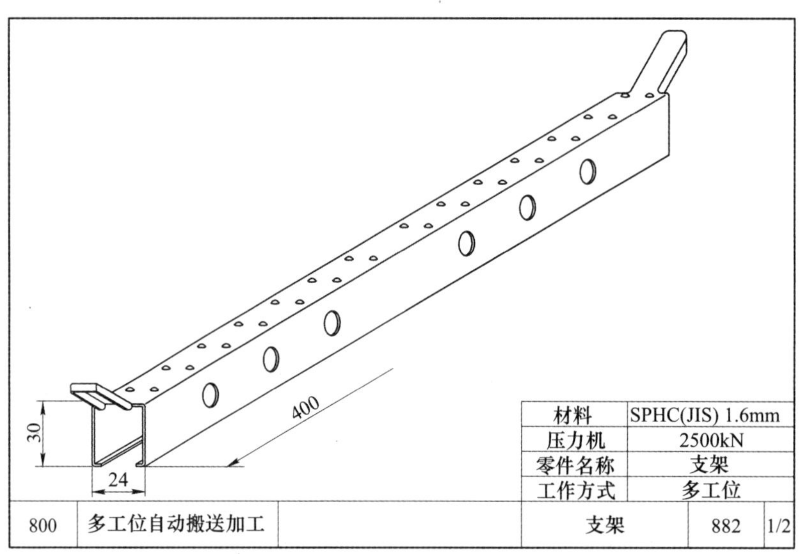
400
30
24
材料
SPHC(JIS) 1.6mm
压力机
2500kN
零件名称
支架
工作方式
多工位
800
多工位自动搬送加工
支架
882
1/2

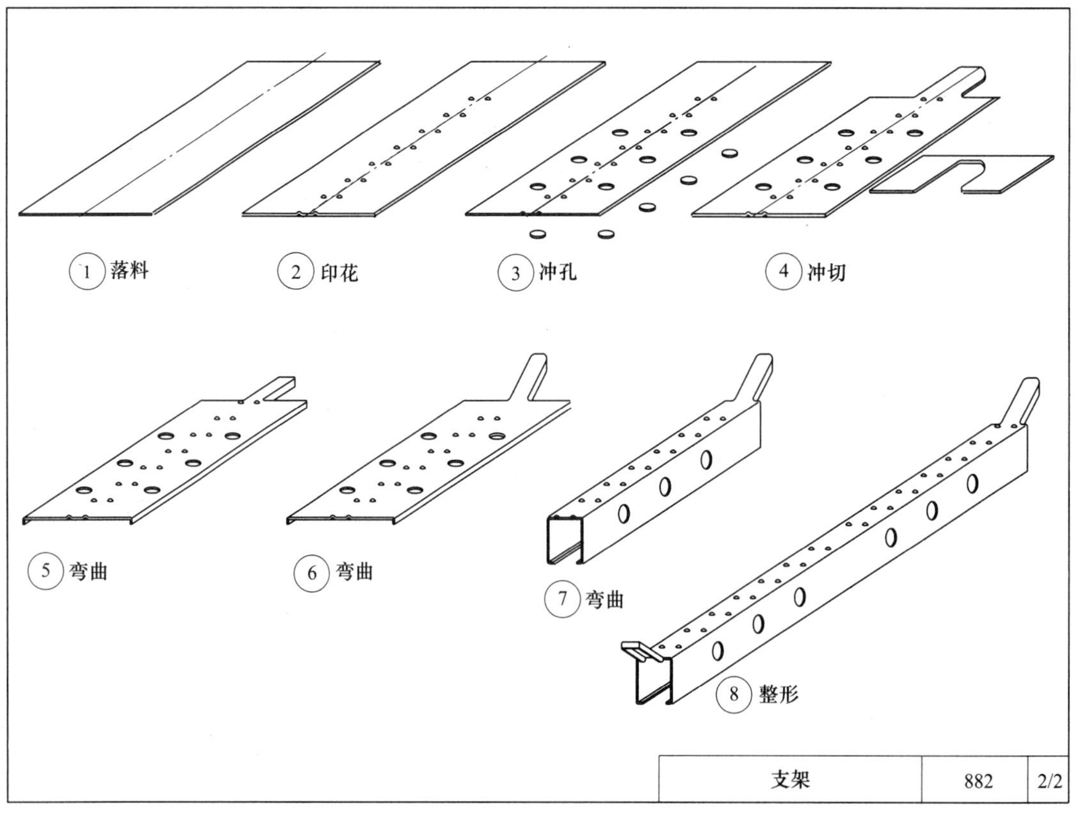
1 落料
2 印花
3 冲孔
4 冲切
5 弯曲
6 弯曲
7 弯曲
8 整形
支架
882
2/2

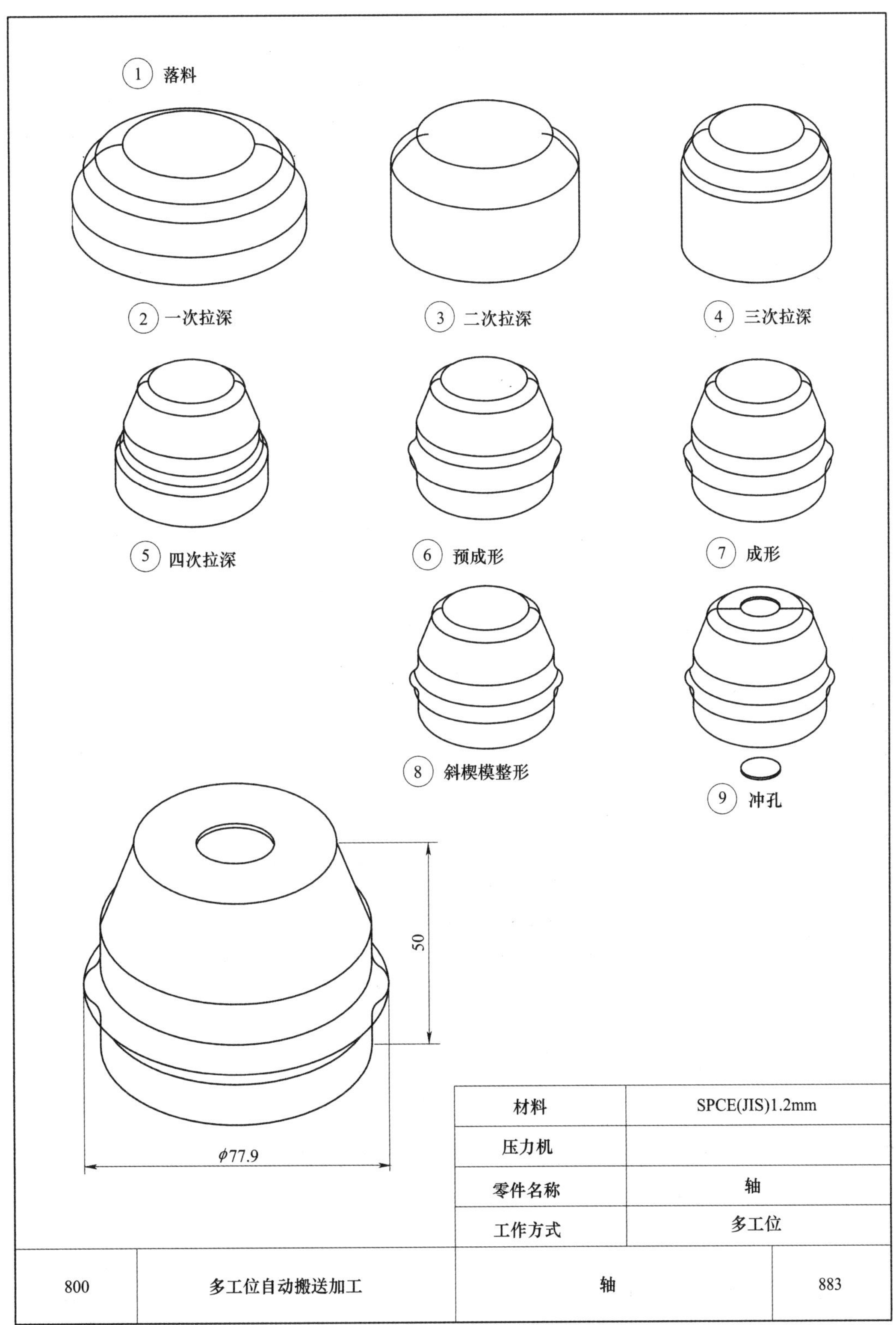

材料	SPCE(JIS)1.2mm
压力机	
零件名称	轴
工作方式	多工位

800	多工位自动搬送加工	轴	883

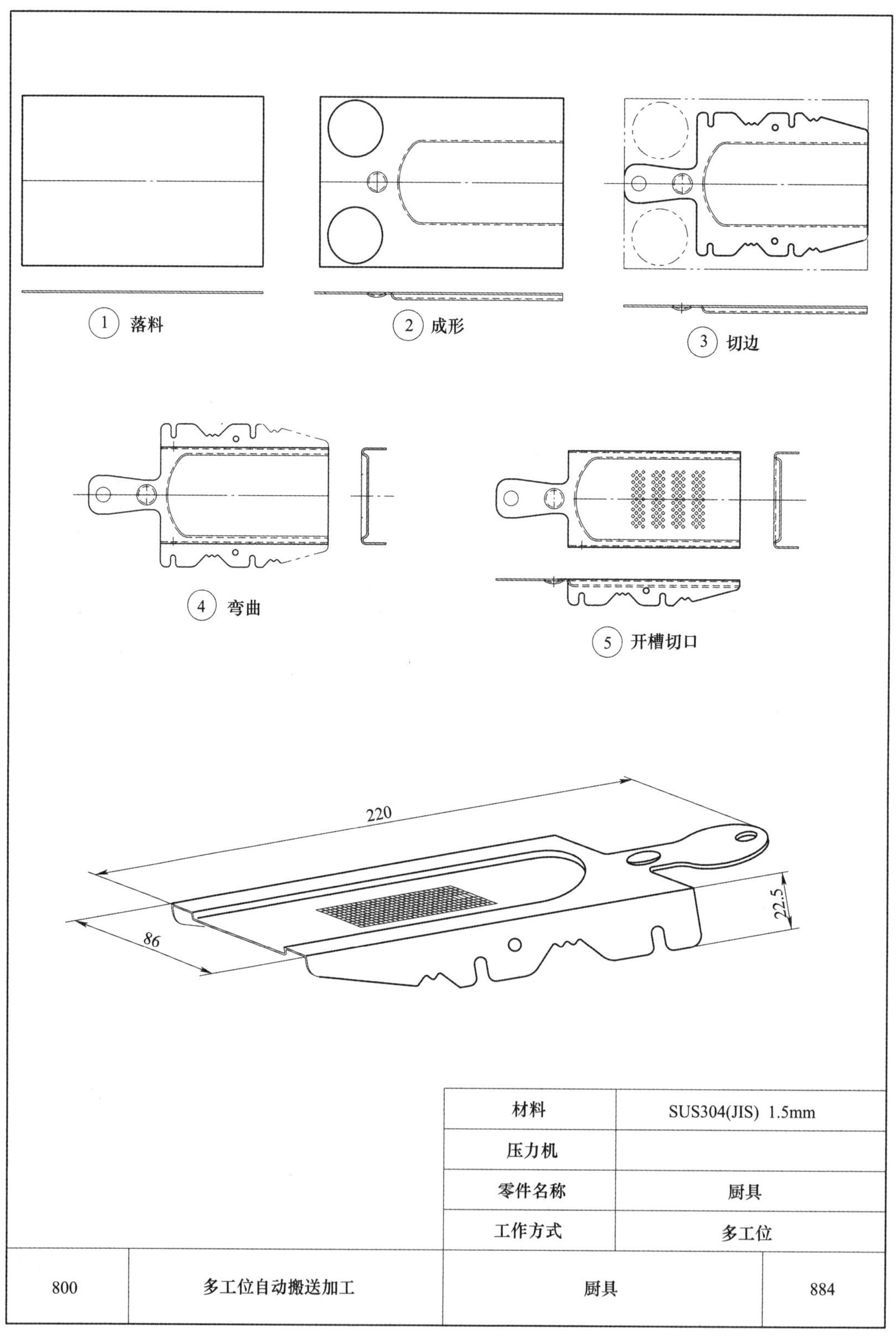

材料	SUS304(JIS) 1.5mm
压力机	
零件名称	厨具
工作方式	多工位

800	多工位自动搬送加工	厨具	884

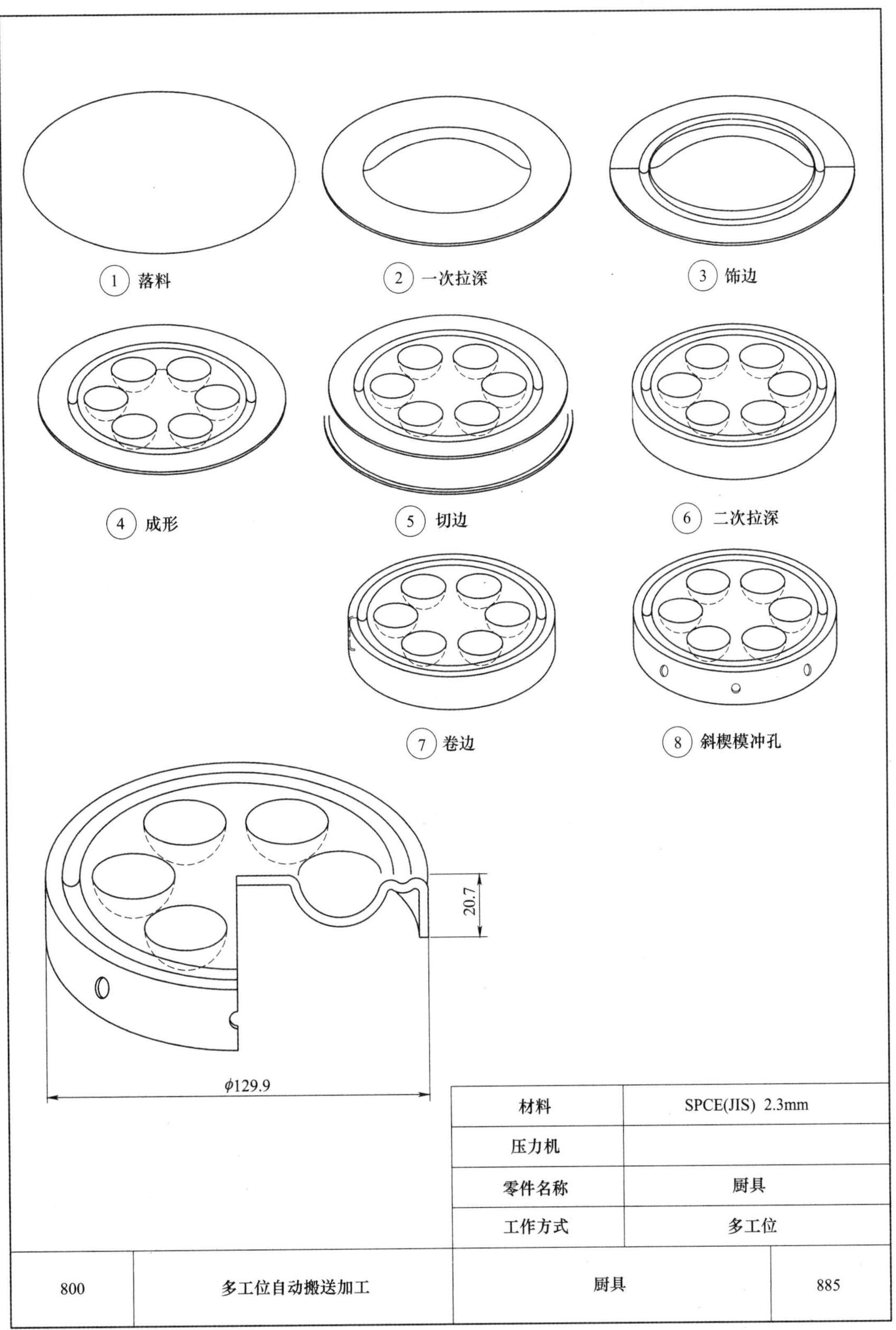

材料	SPCE(JIS) 2.3mm
压力机	
零件名称	厨具
工作方式	多工位

800	多工位自动搬送加工	厨具	885

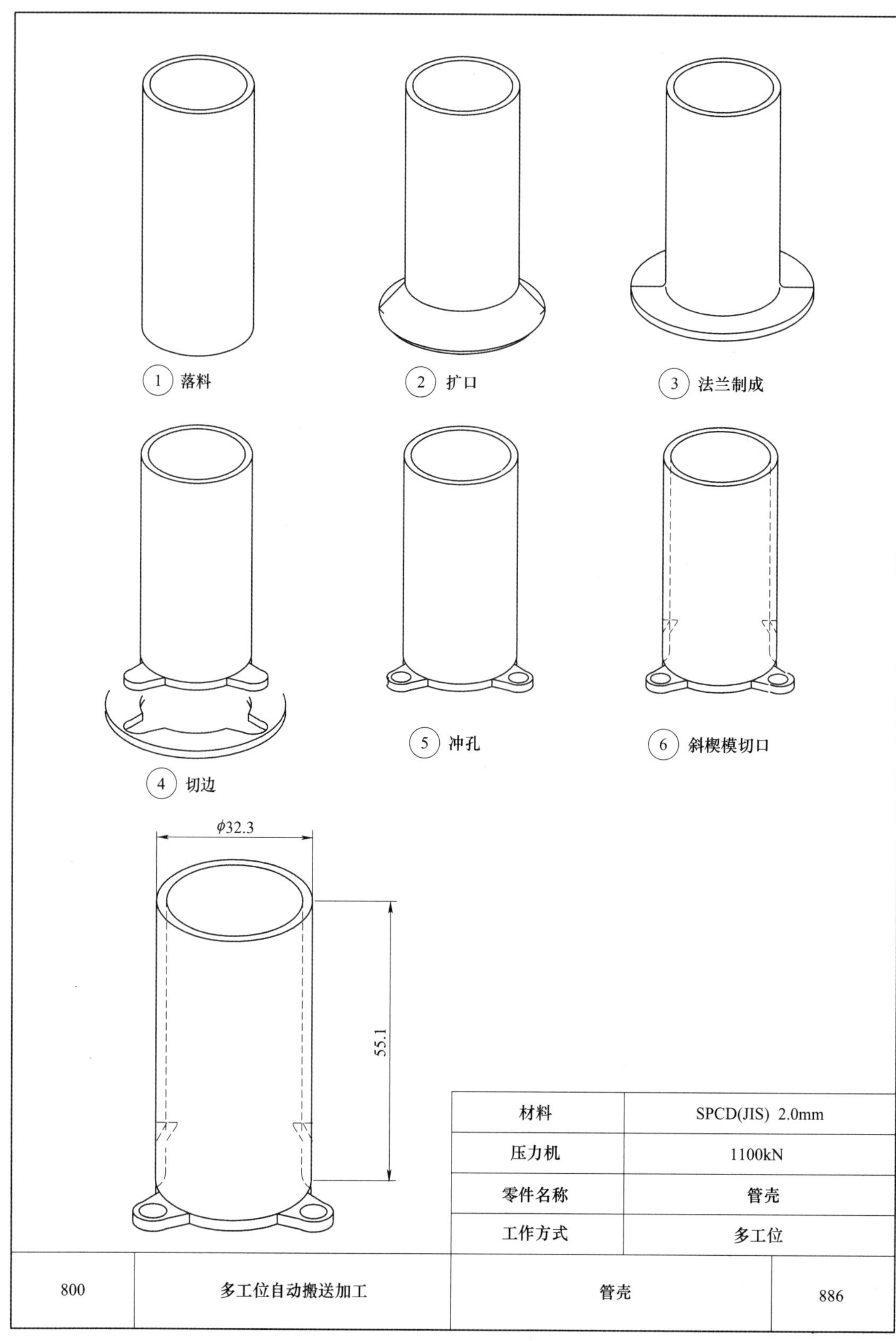

材料	SPCD(JIS) 2.0mm
压力机	1100kN
零件名称	管壳
工作方式	多工位

800	多工位自动搬送加工	管壳	886

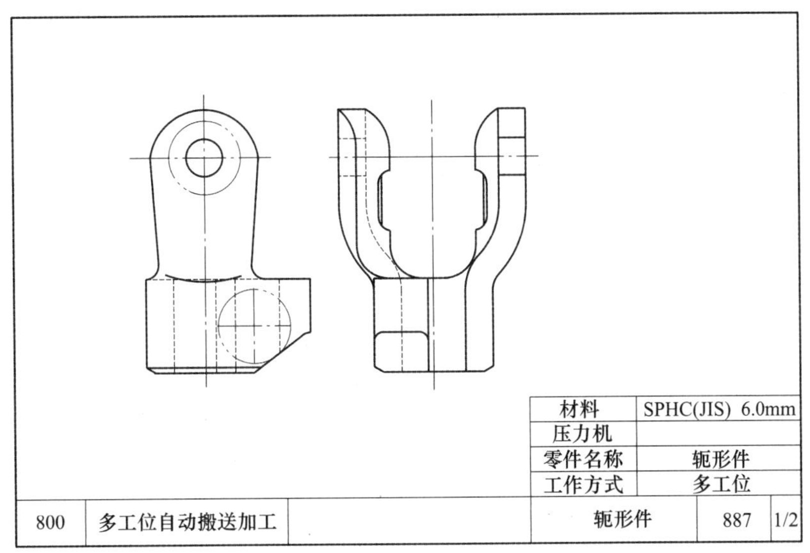
材料
SPHC(JIS) 6.0mm
压力机
零件名称
轭形件
工作方式
多工位
800
多工位自动搬送加工
轭形件
887
1/2

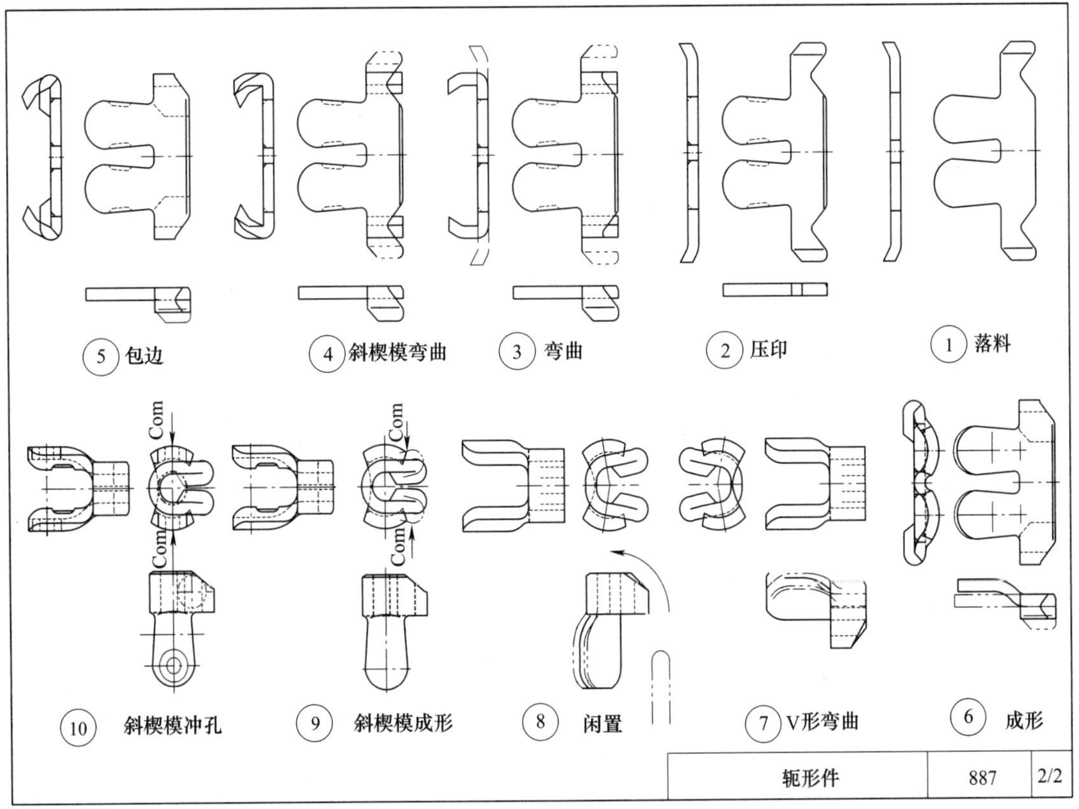
5 包边
4 斜楔模弯曲
3 弯曲
2 压印
1 落料
Com
Com
Com
Com
10 斜楔模冲孔
9 斜楔模成形
8 闲置
7 V形弯曲
6 成形
轭形件
887
2/2

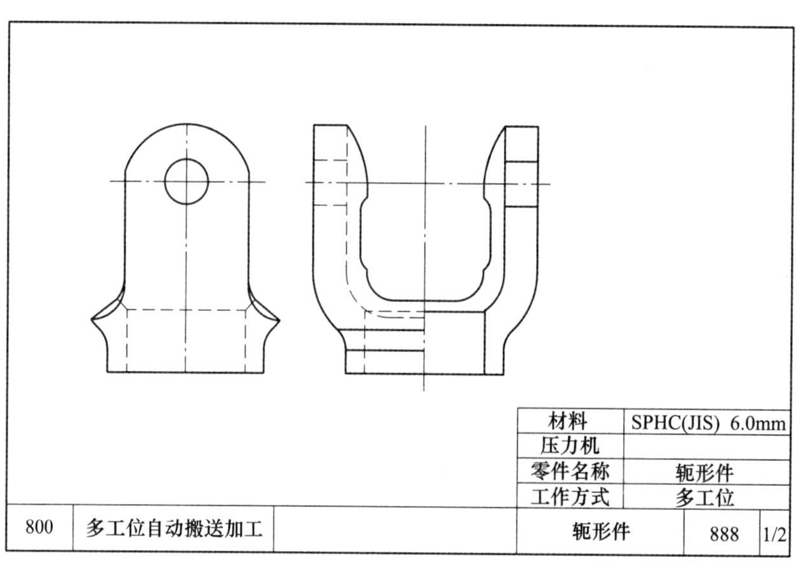

材料	SPHC(JIS) 6.0mm
压力机	
零件名称	轭形件
工作方式	多工位

800	多工位自动搬送加工		轭形件	888	1/2

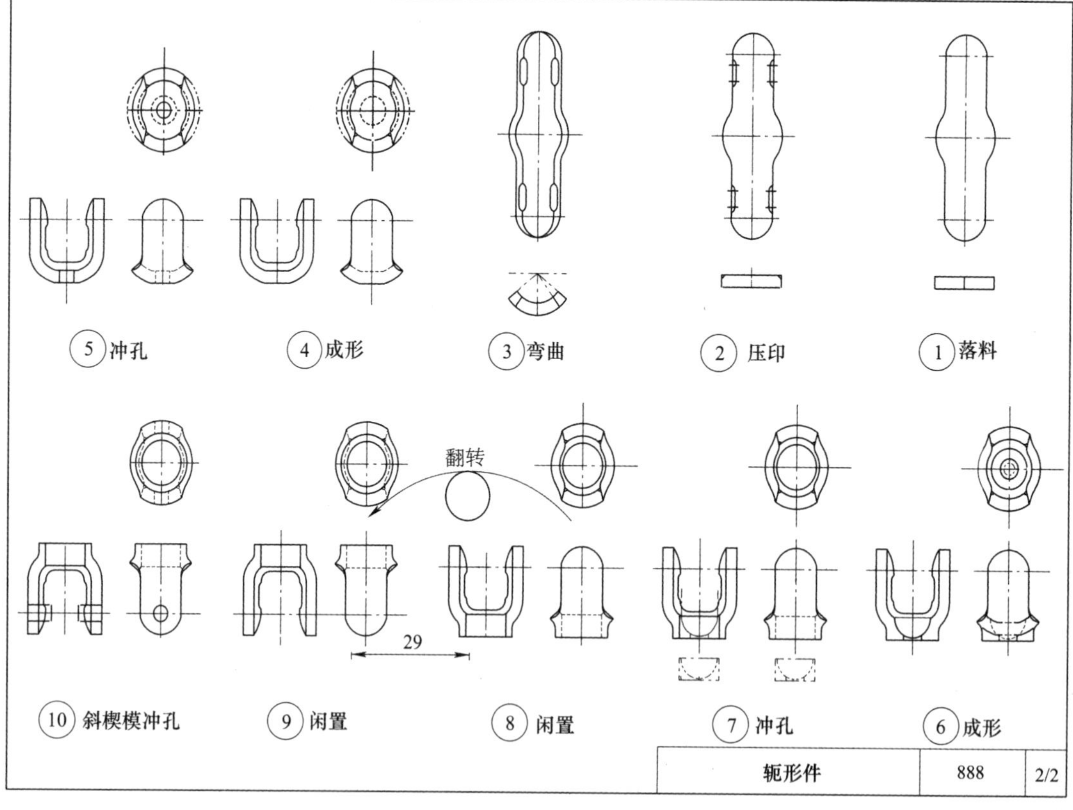

轭形件	888	2/2

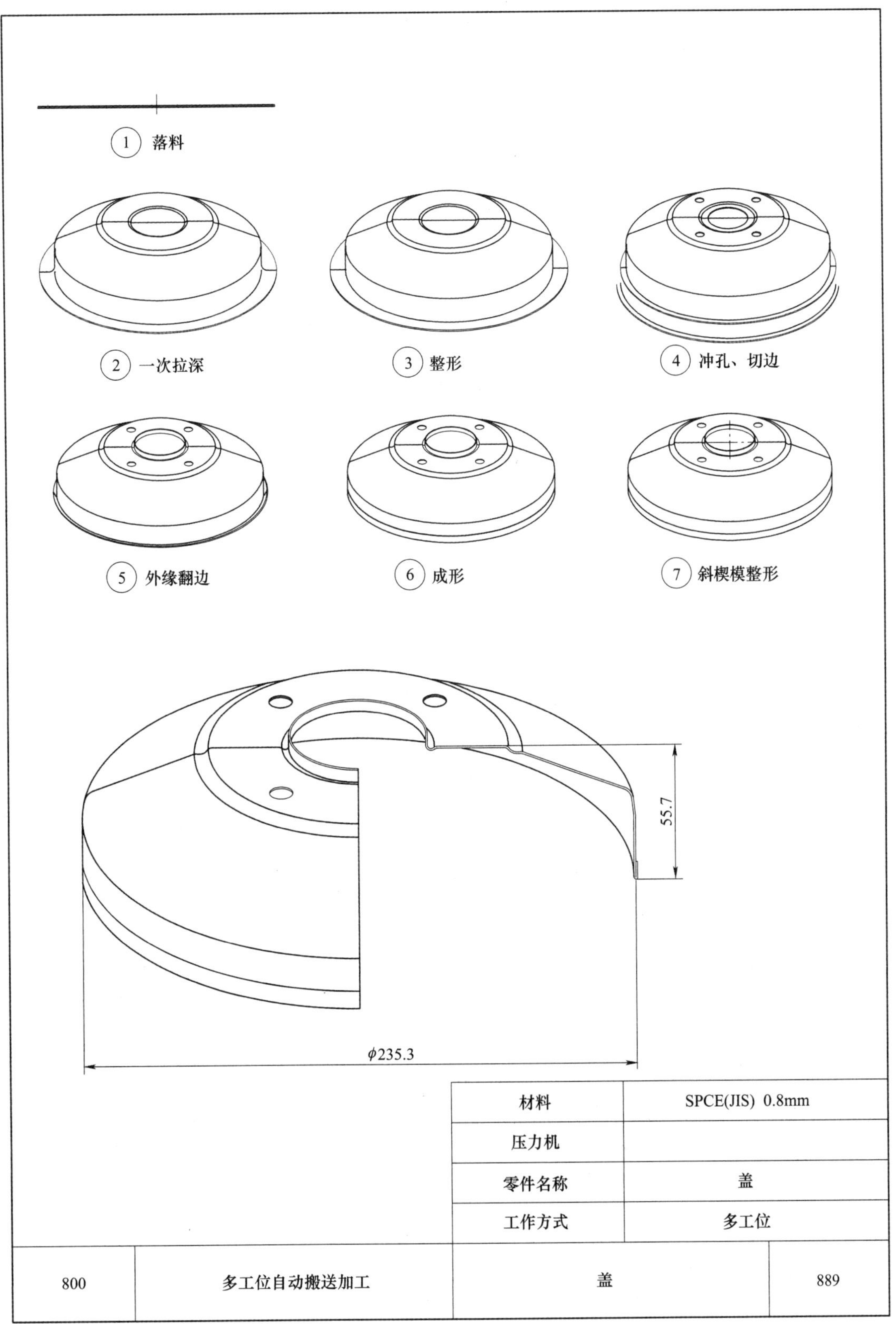

材料	SPCE(JIS) 0.8mm
压力机	
零件名称	盖
工作方式	多工位

800	多工位自动搬送加工	盖	889

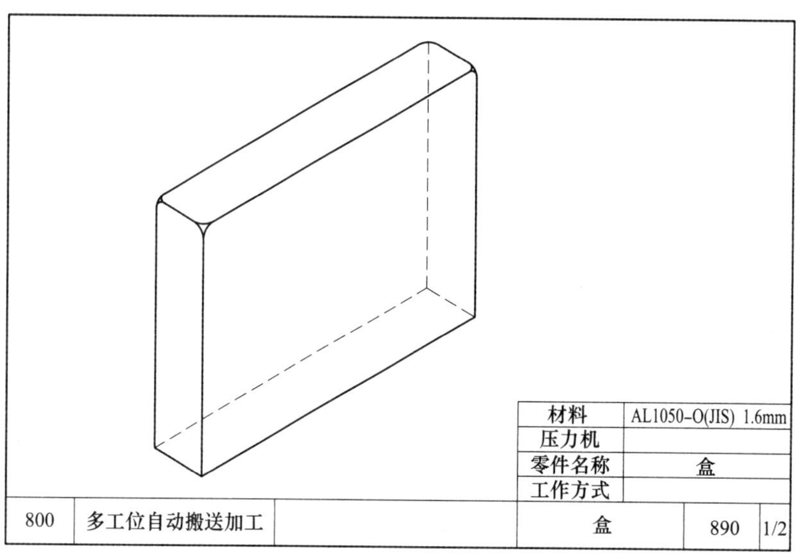
材料
AL1050-O(JIS) 1.6mm
压力机
零件名称
盒
工作方式
800
多工位自动搬送加工
盒
890
1/2

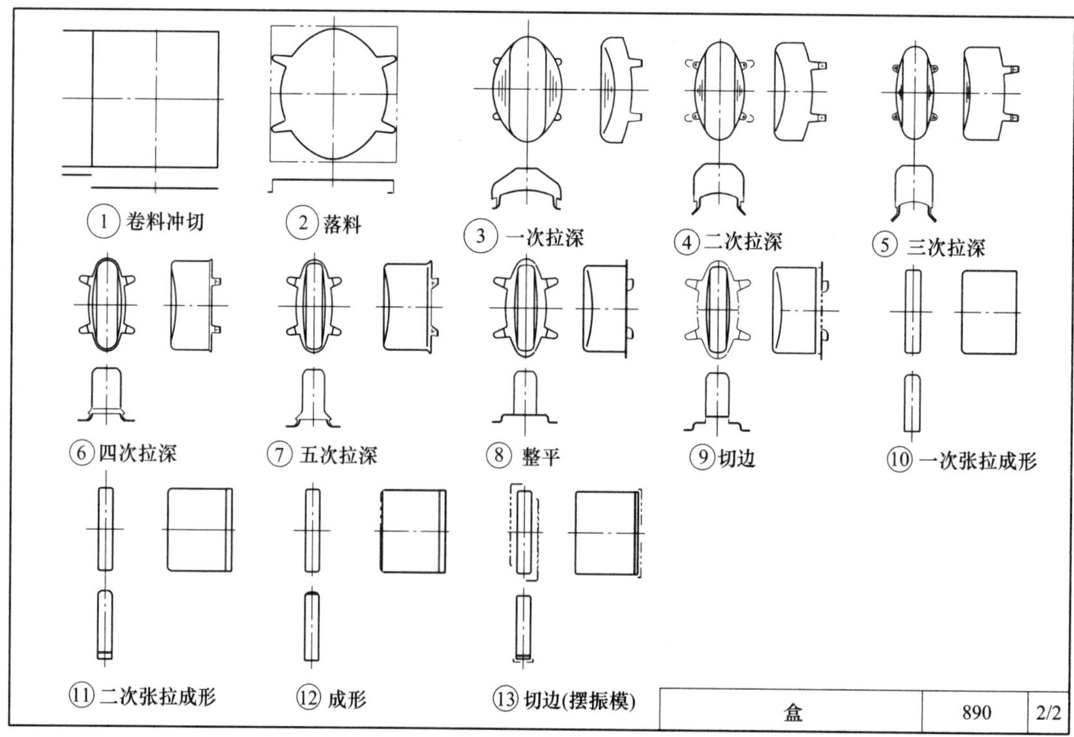
①卷料冲切
②落料
③一次拉深
④二次拉深
⑤三次拉深
⑥四次拉深
⑦五次拉深
⑧整平
⑨切边
⑩一次张拉成形
⑪二次张拉成形
⑫成形
⑬切边(摆振模)
盒
890
2/2

3.4.2 级进加工

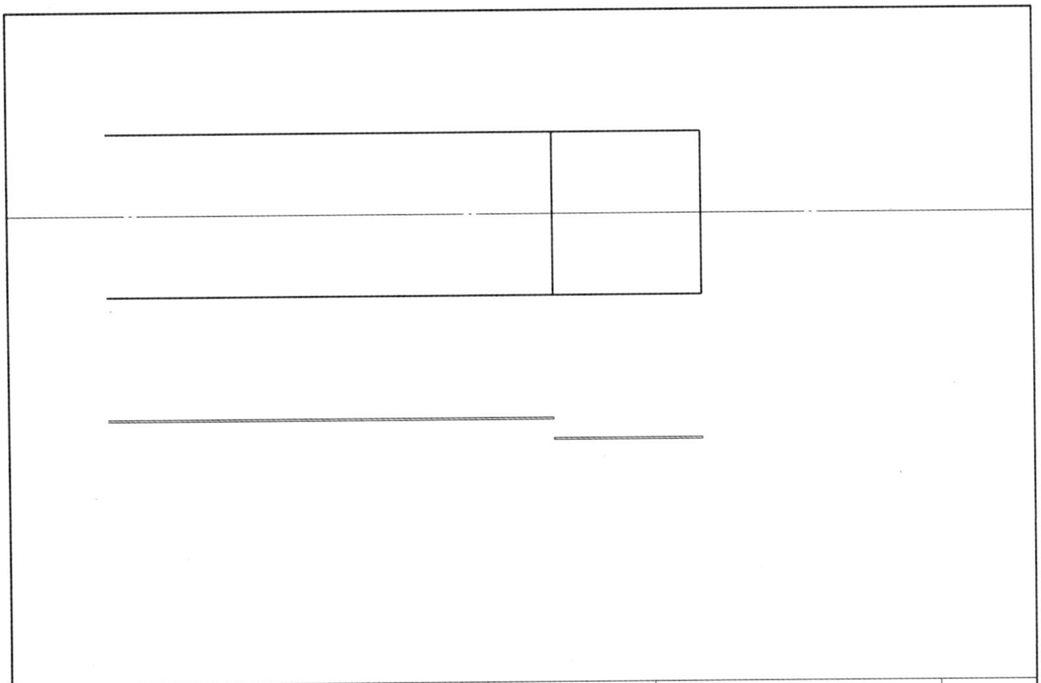

900	级进加工	材料		直线坯料	
		压力机			

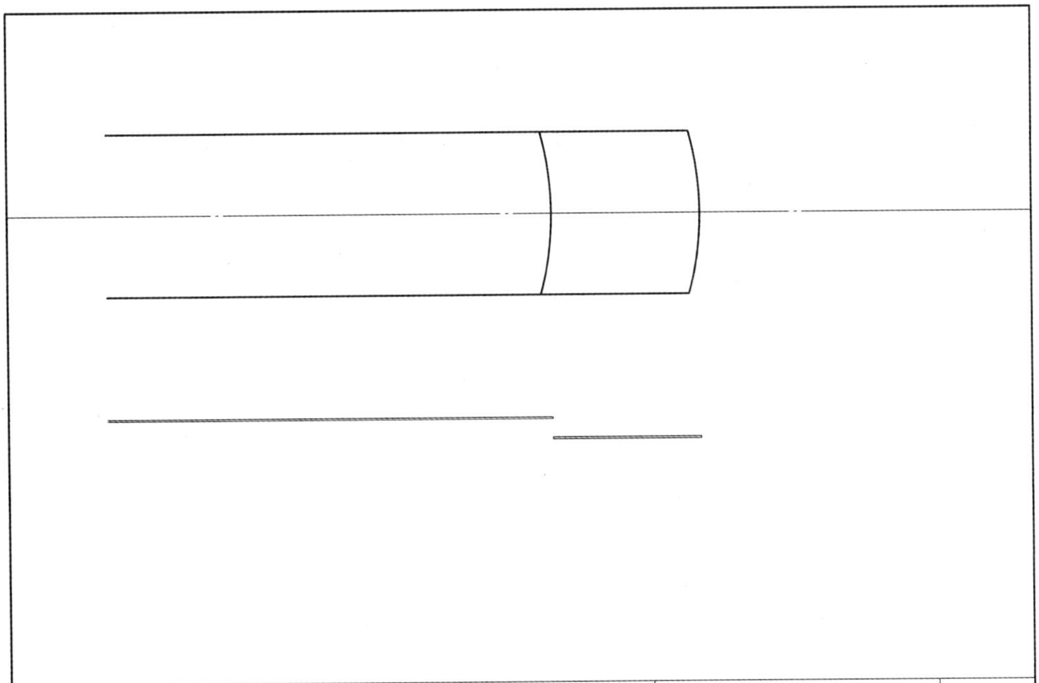

900	级进加工	材料		曲线坯料	902
		压力机			

900	级进加工	材料		斜线坯料	903
		压力机			

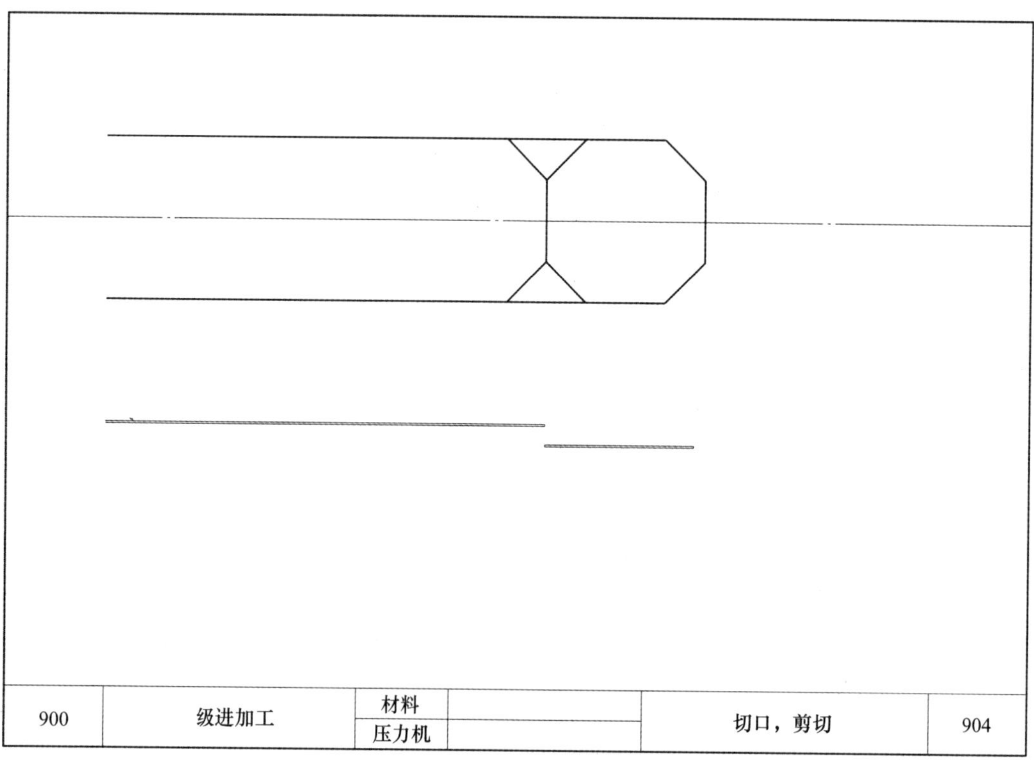

900	级进加工	材料		切口，剪切	904
		压力机			

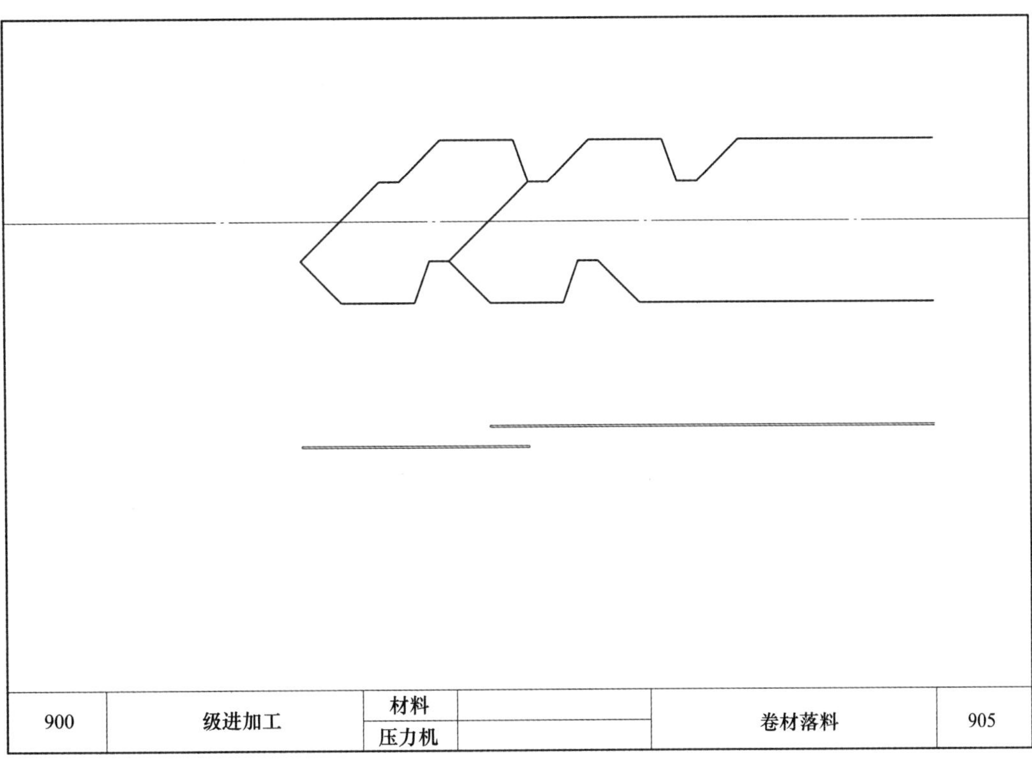
900
级进加工
材料
压力机
卷材落料
905

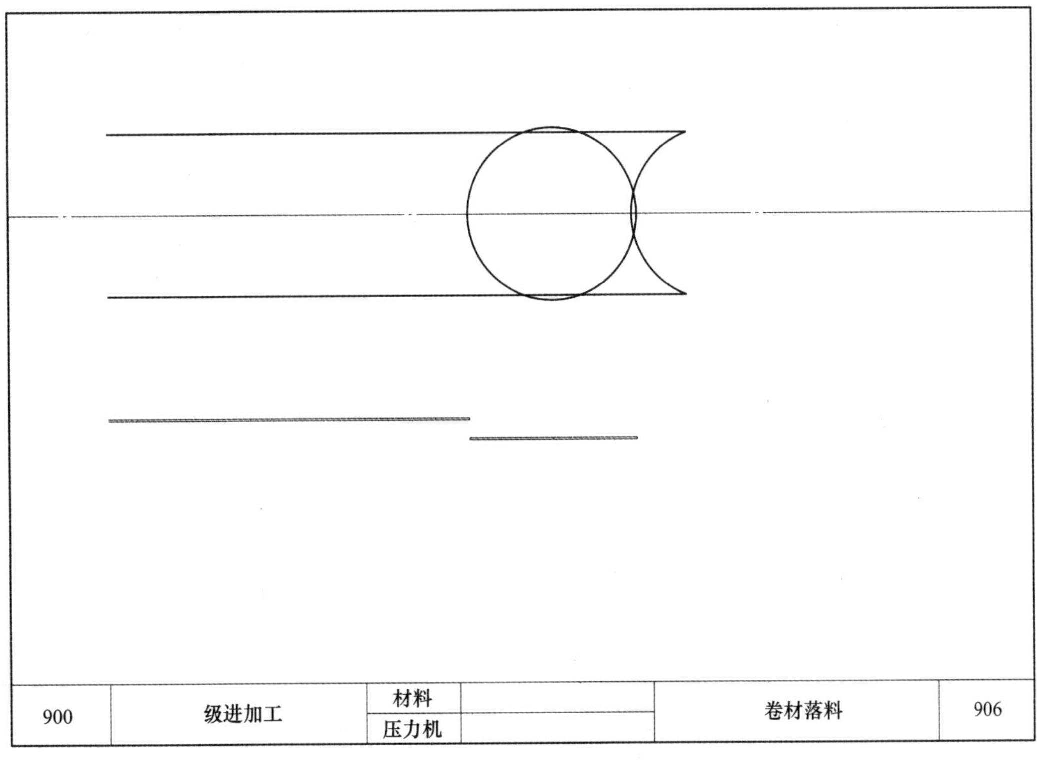
900
级进加工
材料
压力机
卷材落料
906

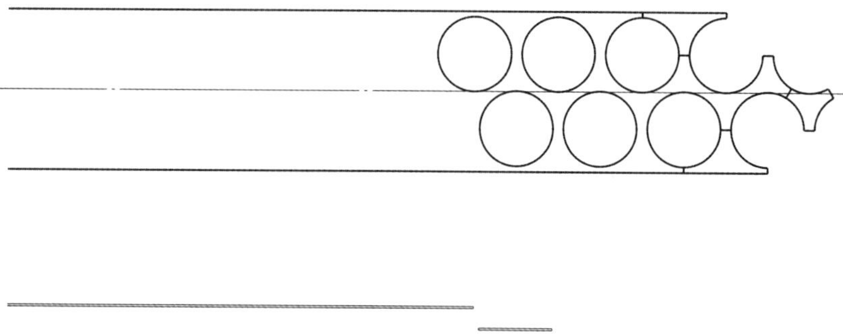

900	级进加工	材料		卷材落料	907
		压力机			

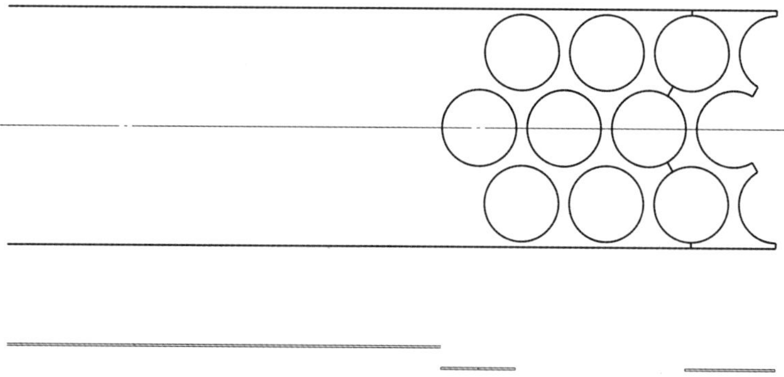

900	级进加工	材料		卷材落料	908
		压力机			

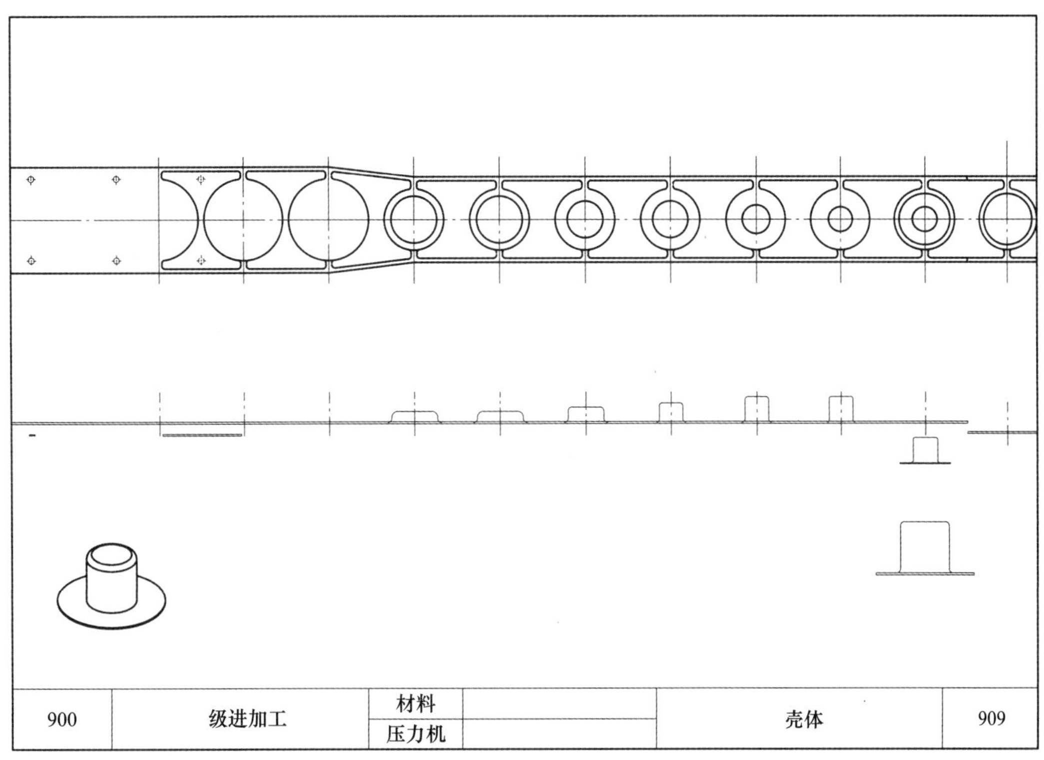
900
级进加工
材料
压力机
壳体
909

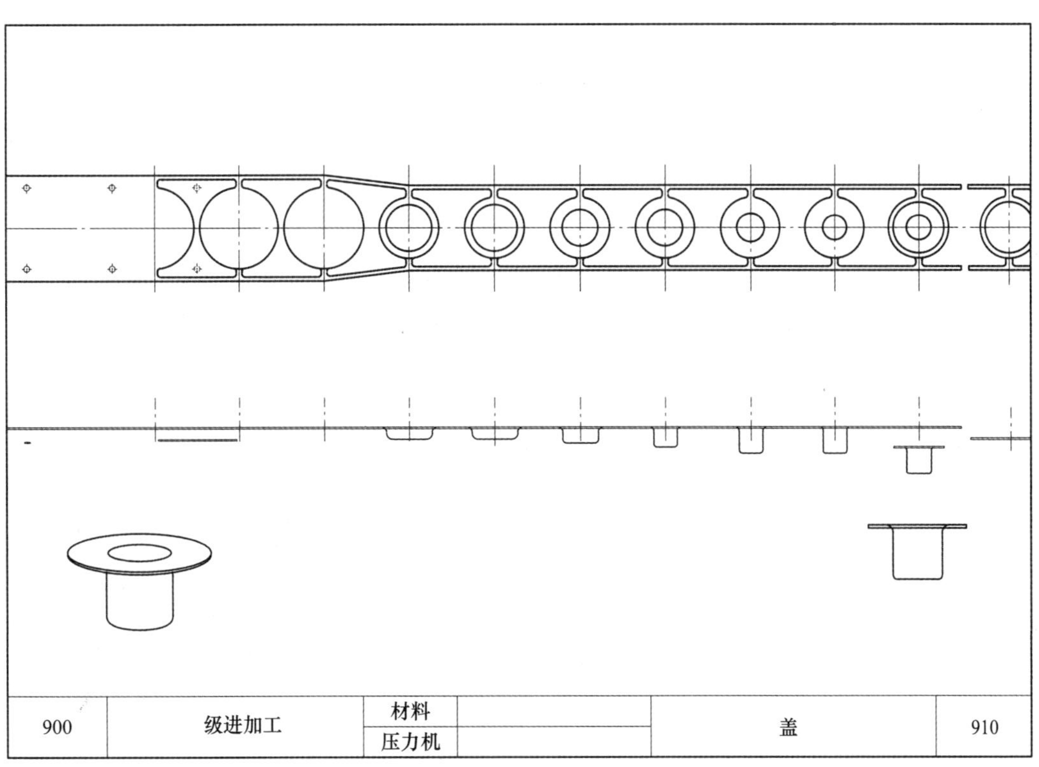
900
级进加工
材料
压力机
盖
910

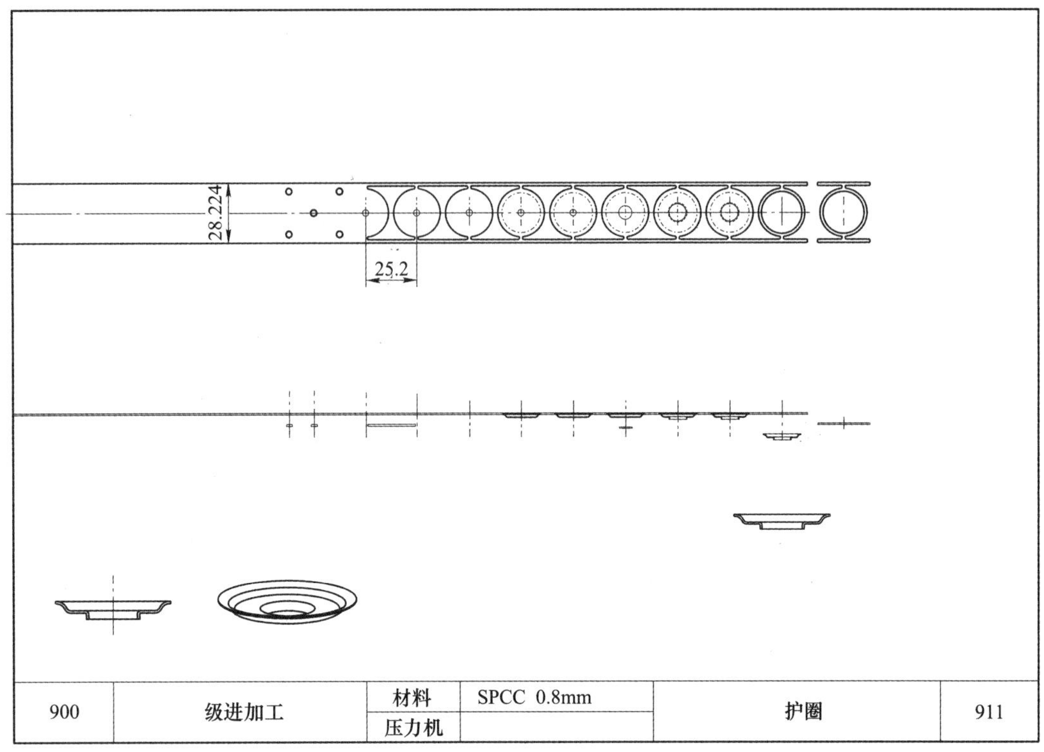

900	级进加工	材料	SPCC 0.8mm	护圈	911
		压力机			

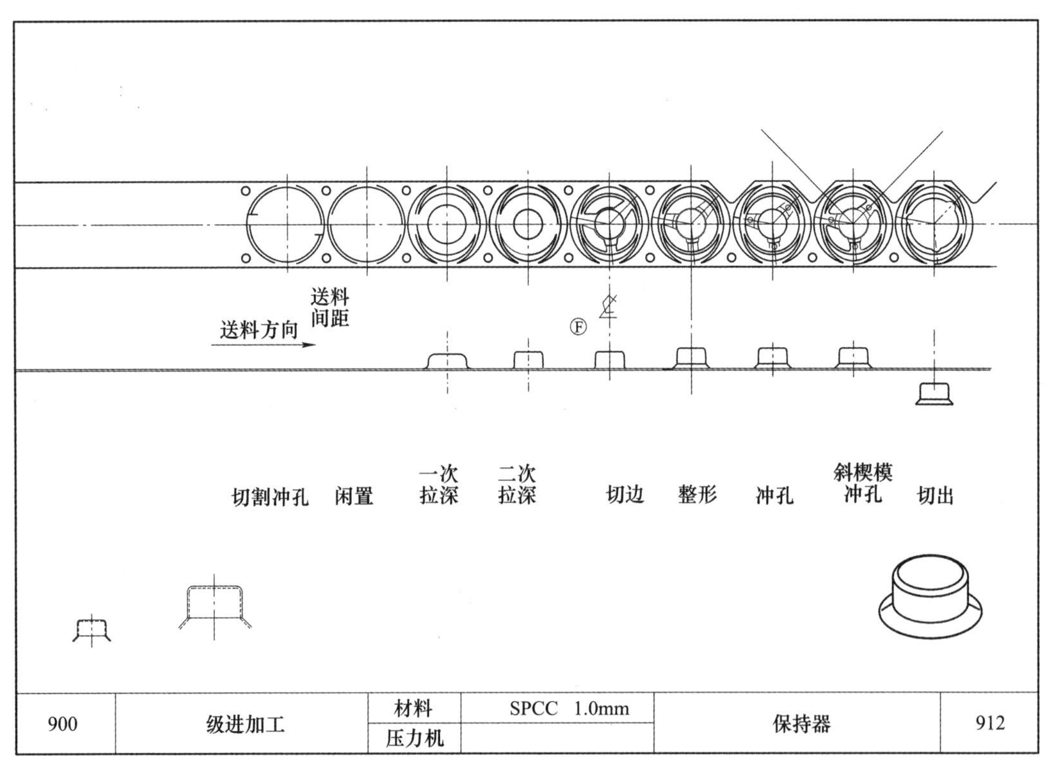

900	级进加工	材料	SPCC 1.0mm	保持器	912
		压力机			

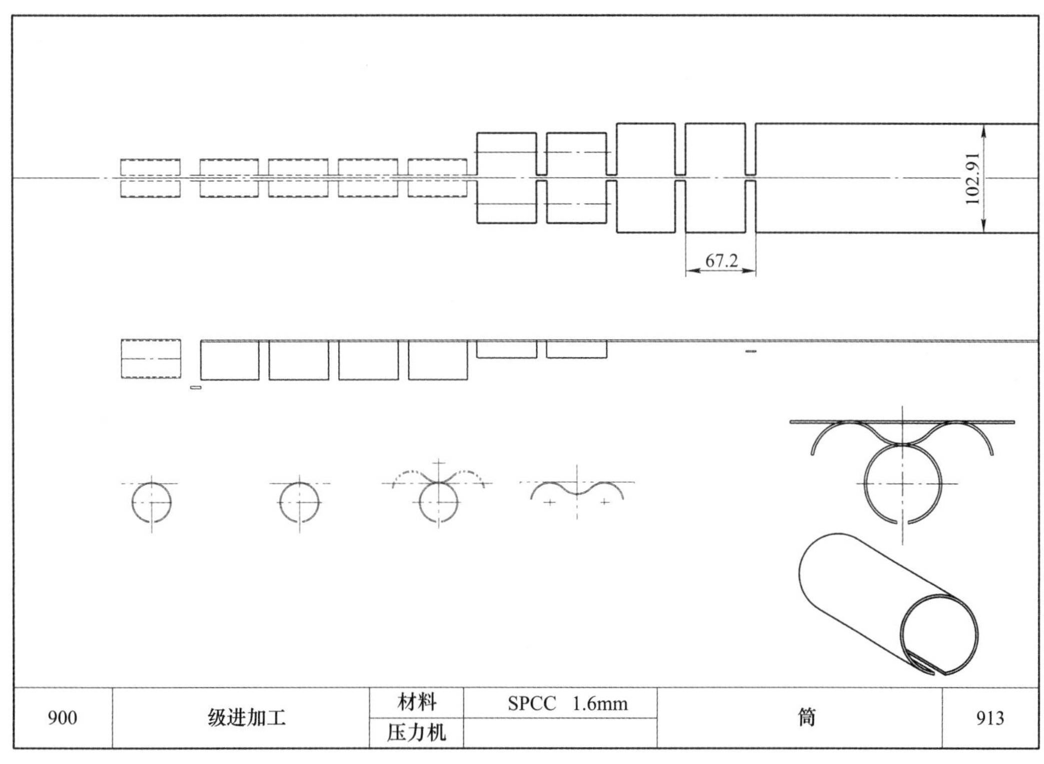

900	级进加工	材料	SPCC 1.6mm	筒	913
		压力机			

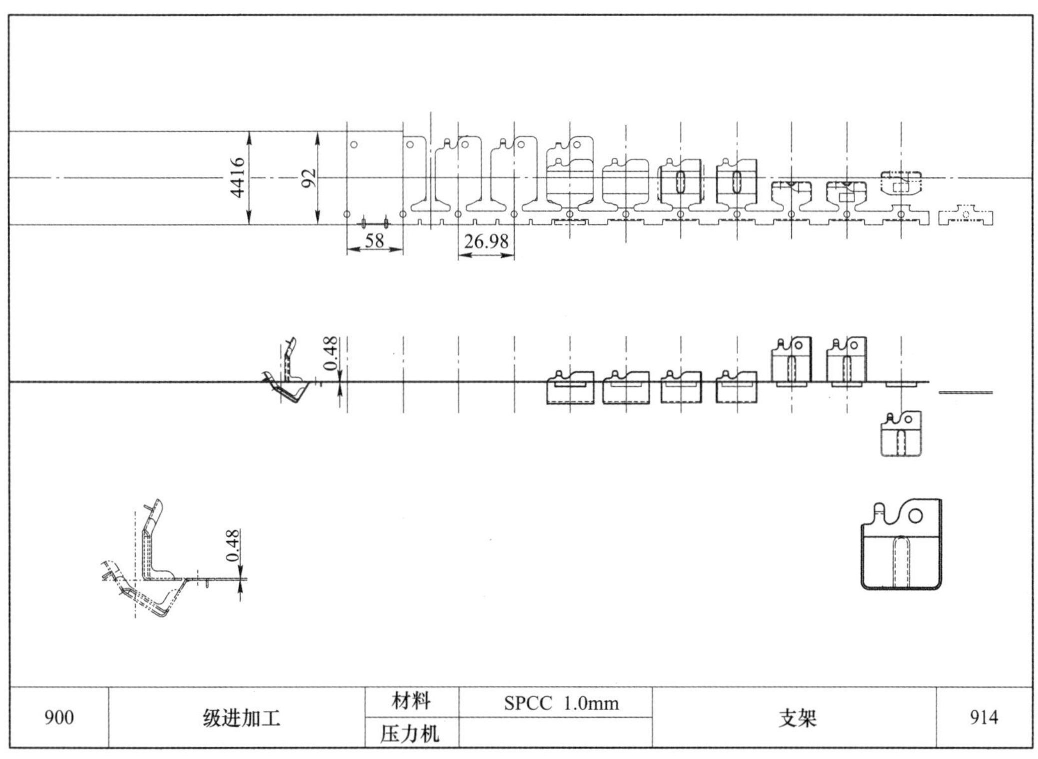

900	级进加工	材料	SPCC 1.0mm	支架	914
		压力机			

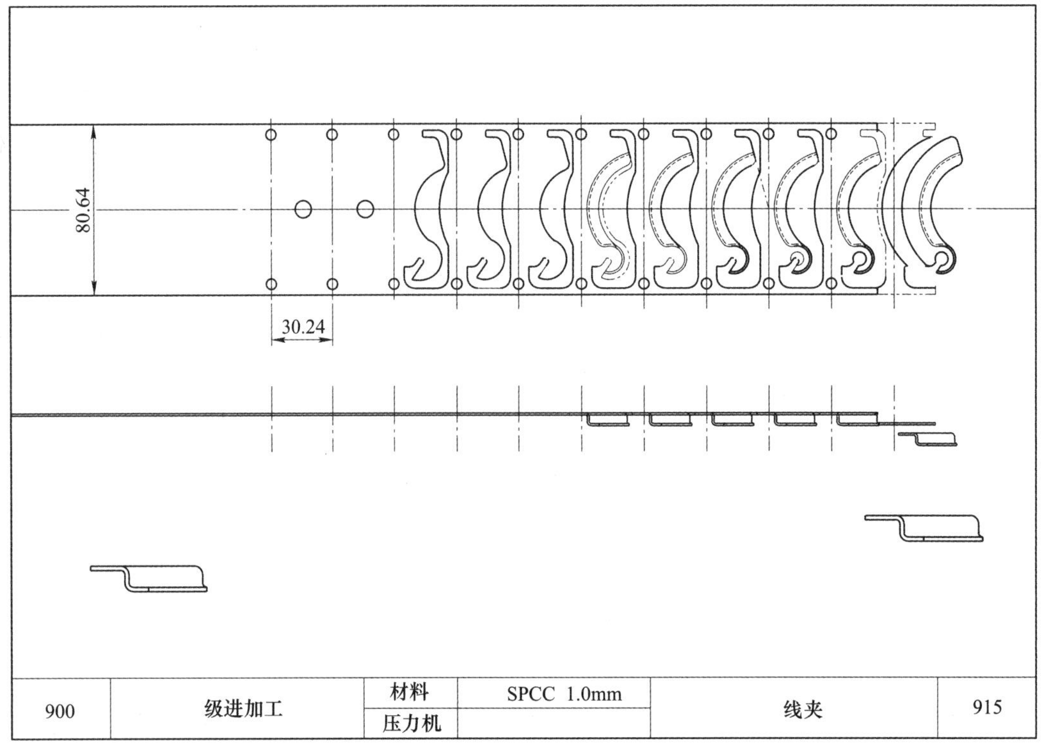
80.64
30.24
900
级进加工
材料
SPCC 1.0mm
压力机
线夹
915

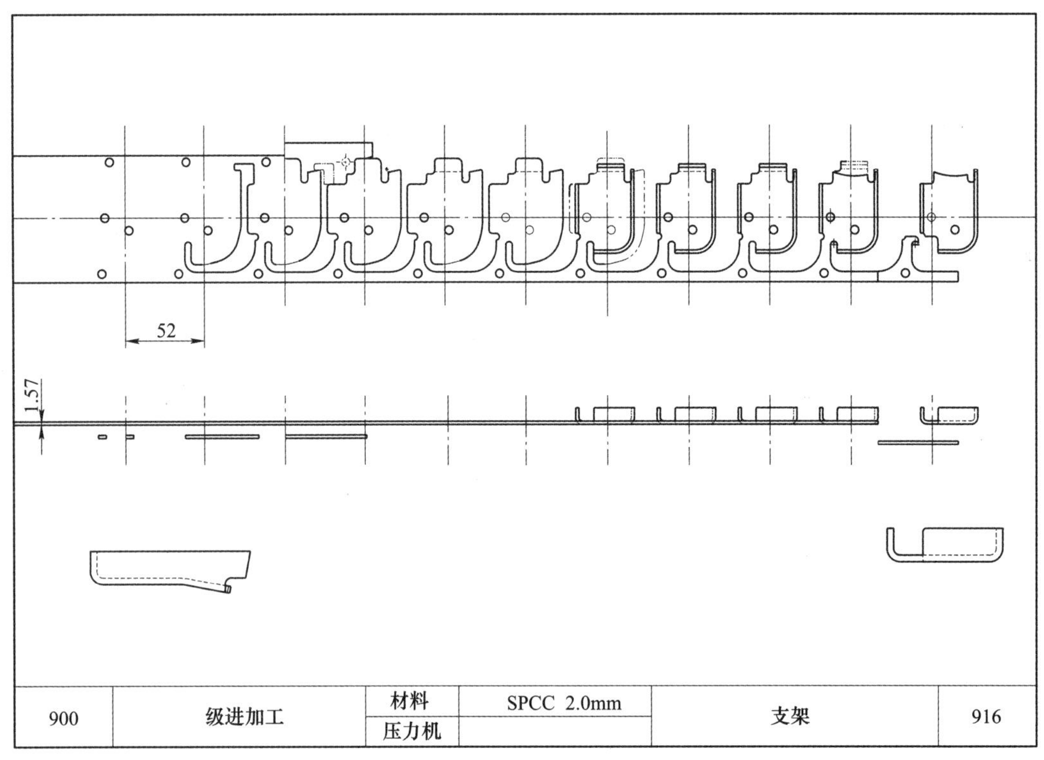
52
1.57
900
级进加工
材料
SPCC 2.0mm
压力机
支架
916

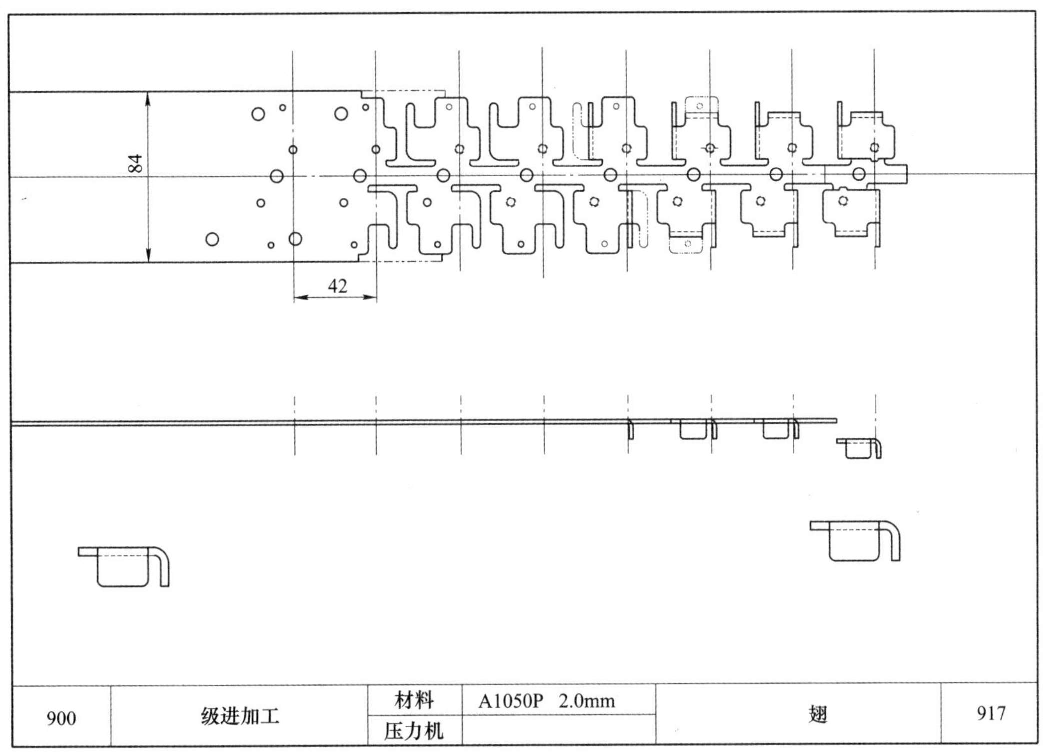
84
42
900
级进加工
材料
A1050P 2.0mm
压力机
翅
917

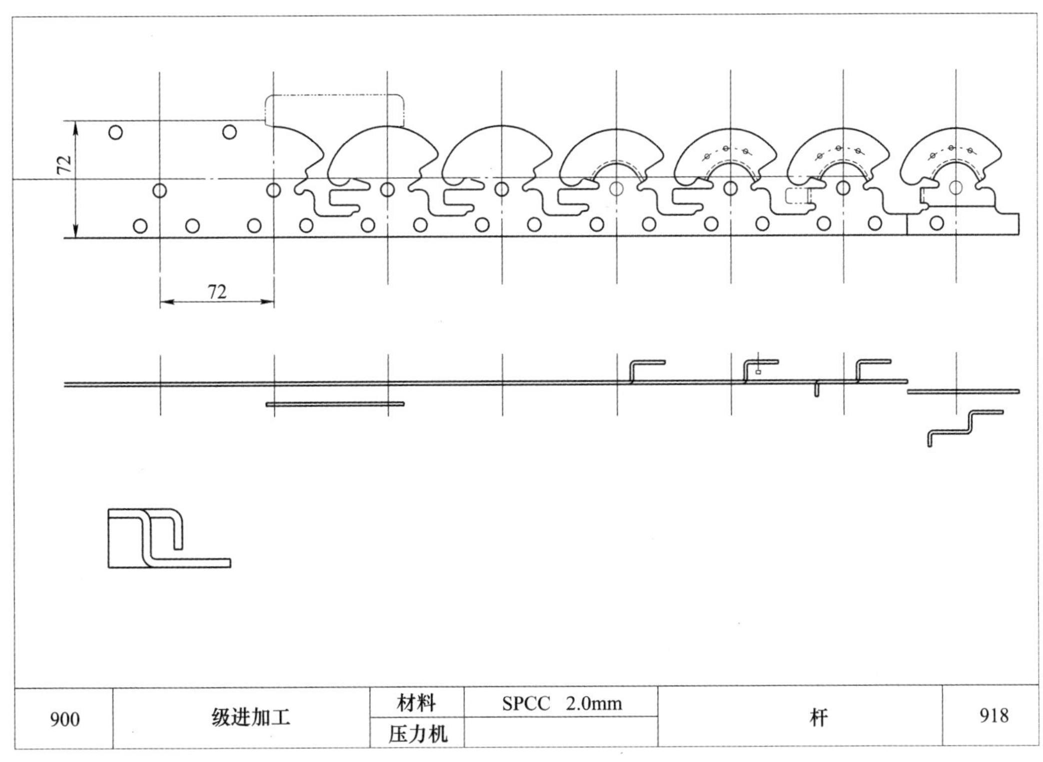
72
72
900
级进加工
材料
SPCC 2.0mm
压力机
杆
918

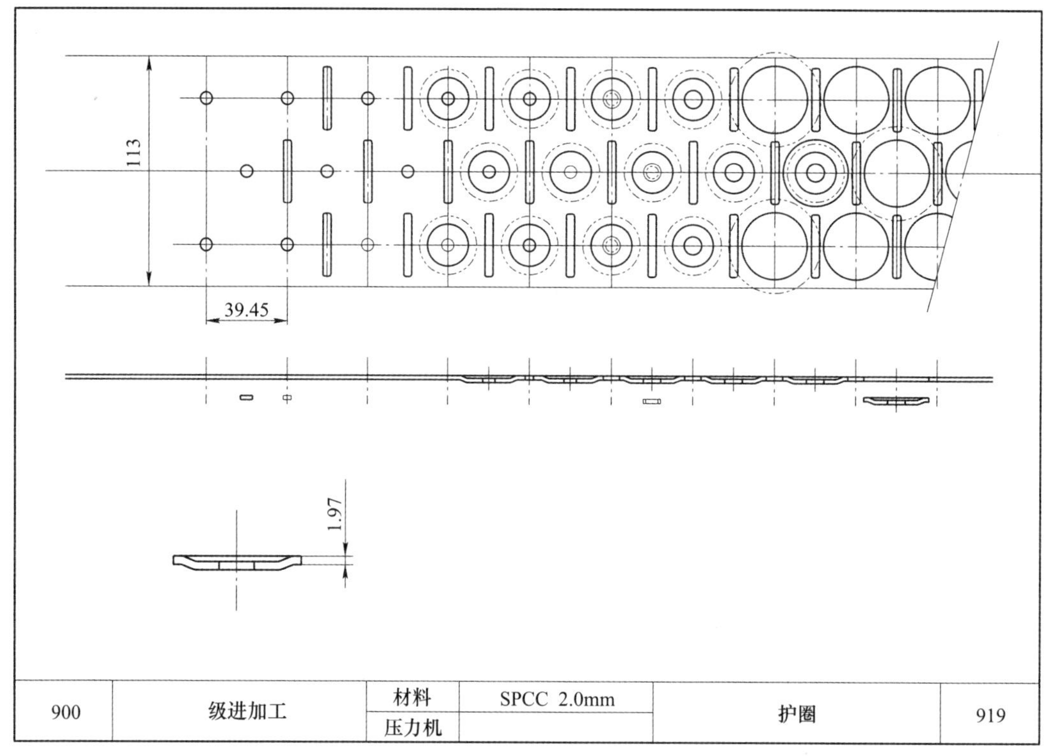

900	级进加工	材料	SPCC 2.0mm	护圈	919
		压力机			

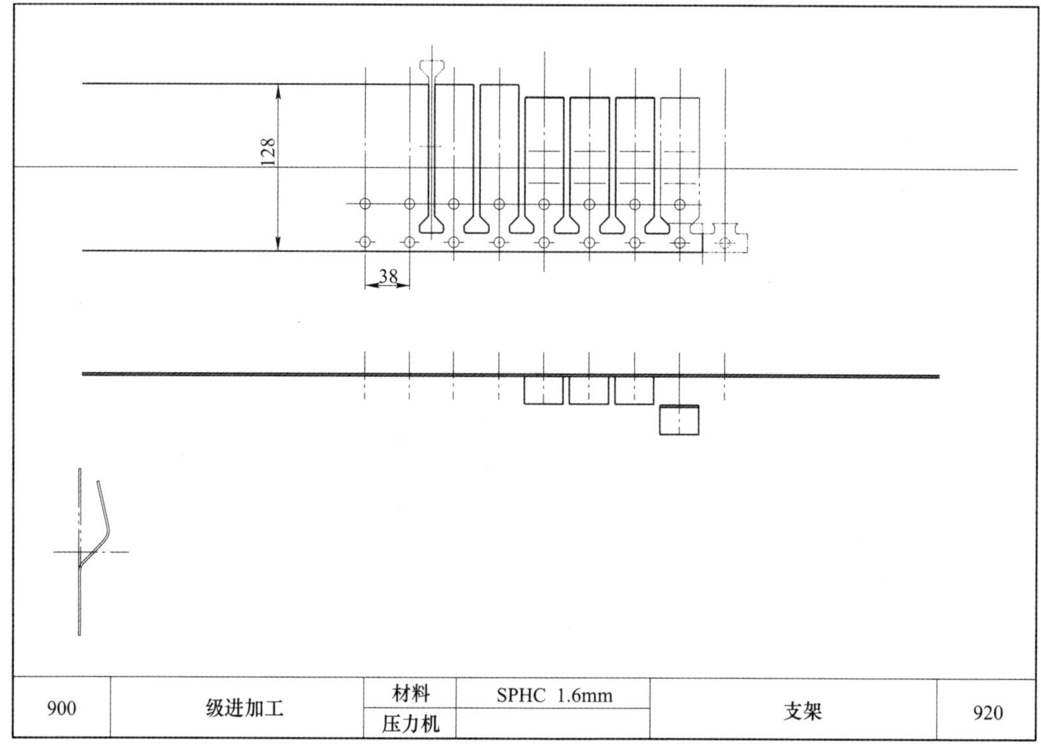

900	级进加工	材料	SPHC 1.6mm	支架	920
		压力机			

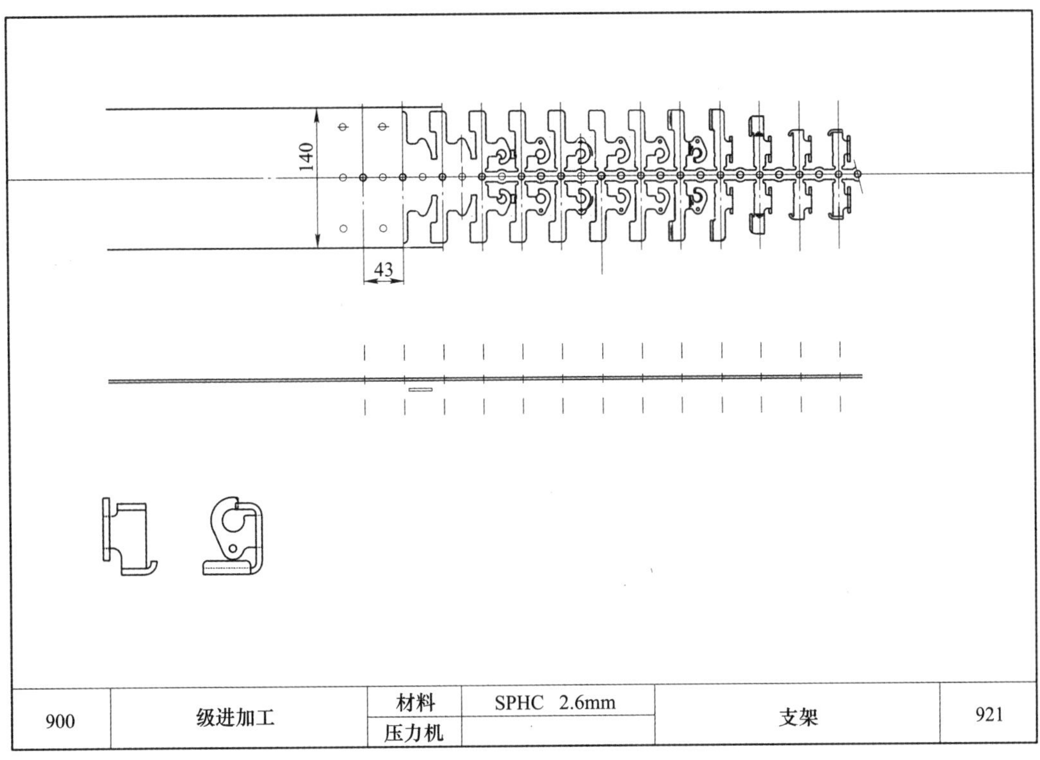
140
43
900
级进加工
材料
SPHC 2.6mm
压力机
支架
921

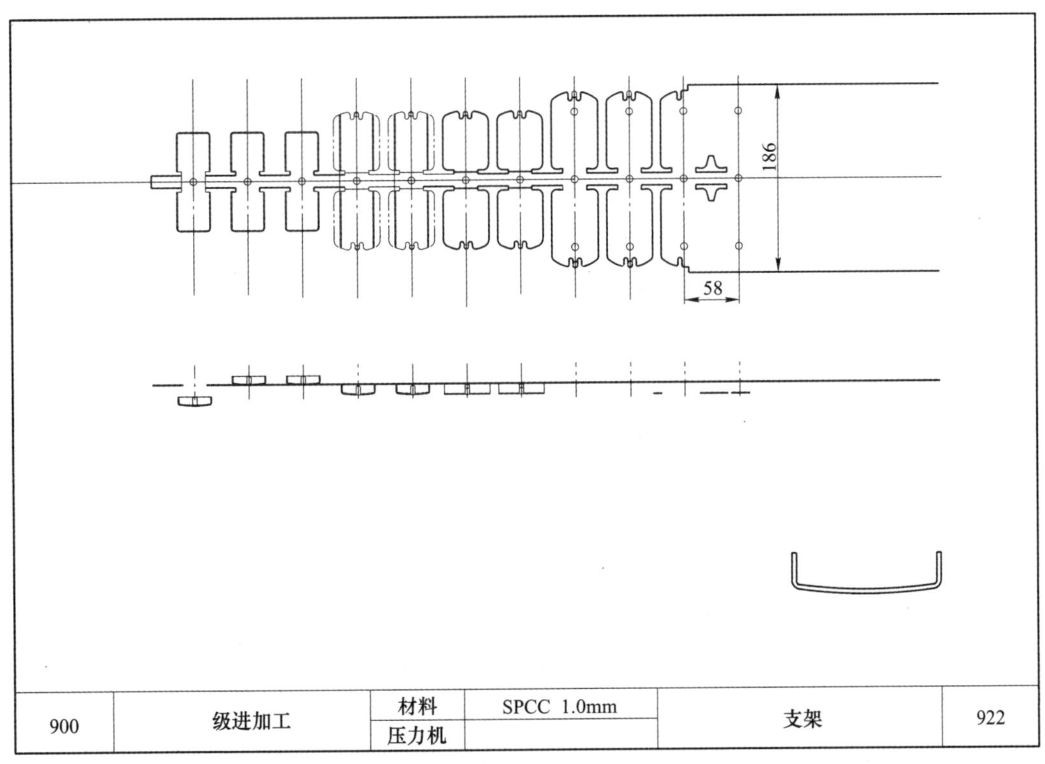
186
58
900
级进加工
材料
SPCC 1.0mm
压力机
支架
922

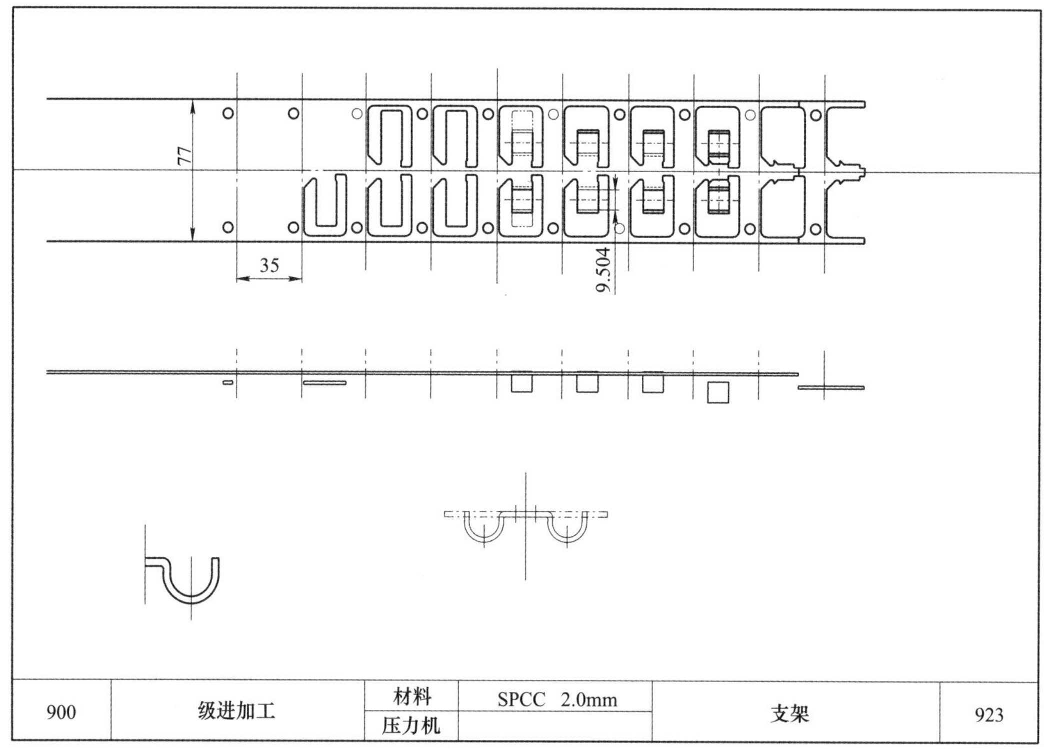
77
35
9.504
900
级进加工
材料
SPCC 2.0mm
压力机
支架
923

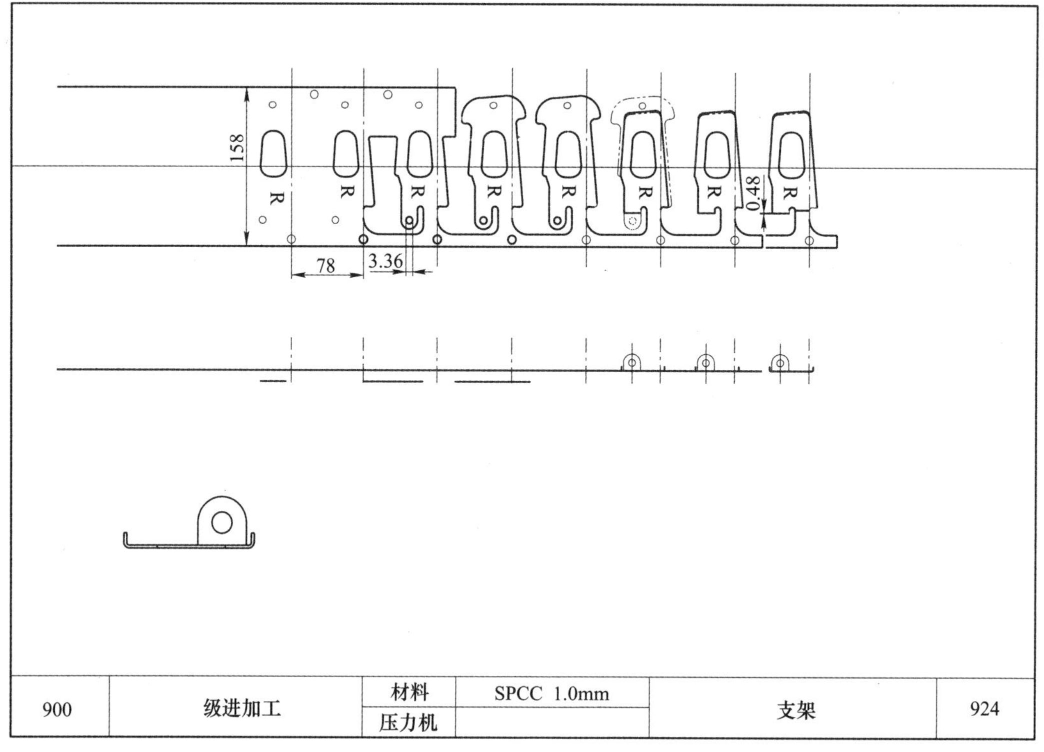
158
R
78
3.36
0.48
900
级进加工
材料
SPCC 1.0mm
压力机
支架
924

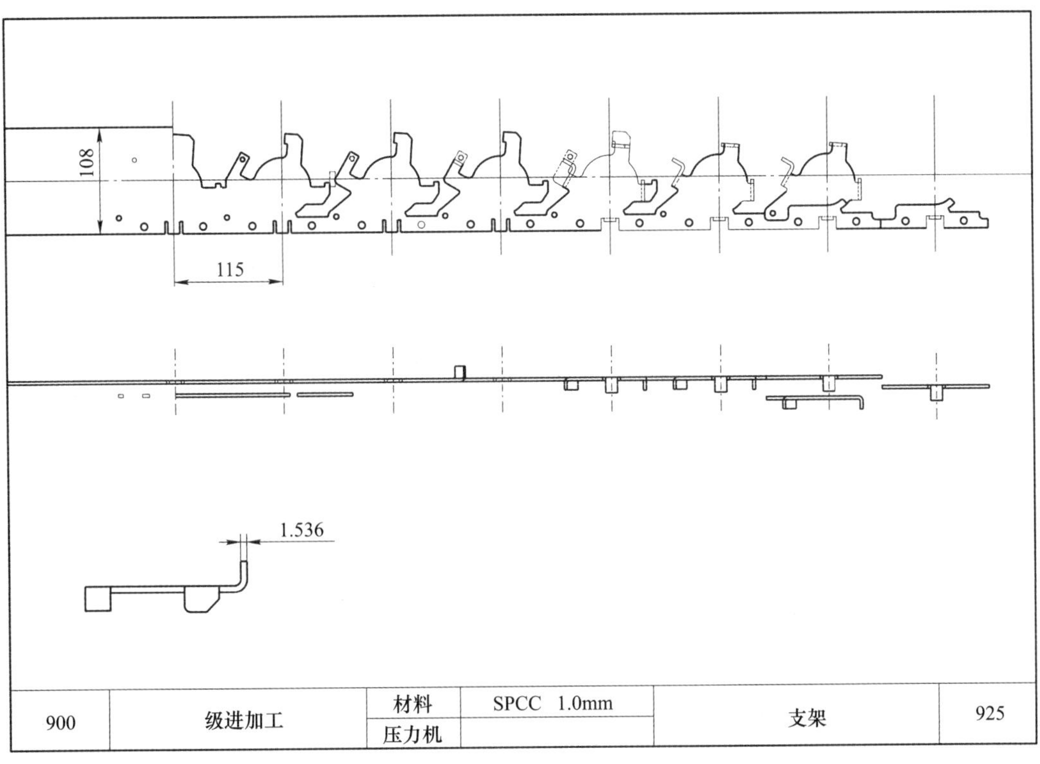
108
115
1.536
900
级进加工
材料
SPCC 1.0mm
压力机
支架
925

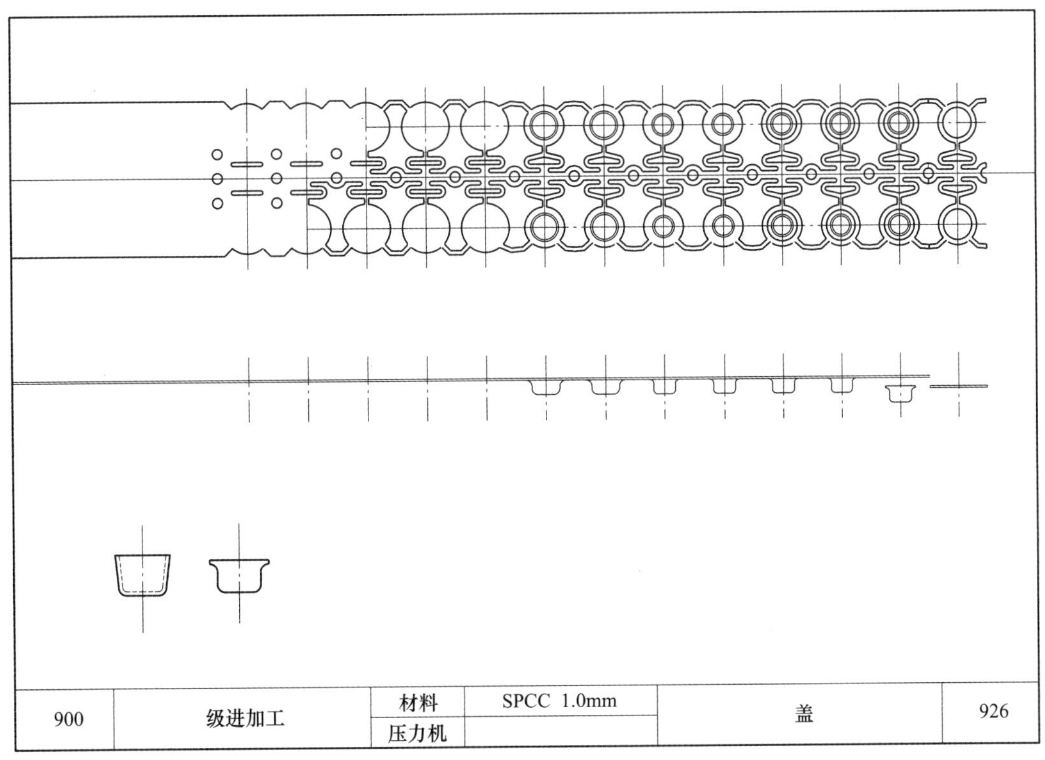
900
级进加工
材料
SPCC 1.0mm
压力机
盖
926

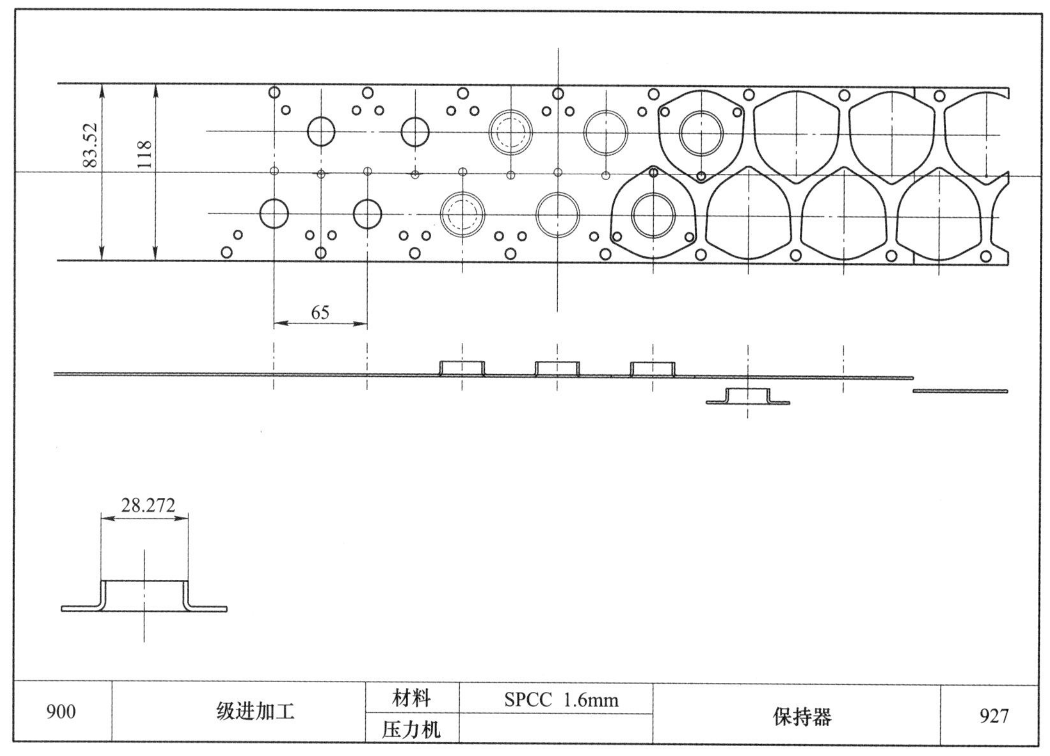
83.52
118
65
28.272
900
级进加工
材料
SPCC 1.6mm
压力机
保持器
927

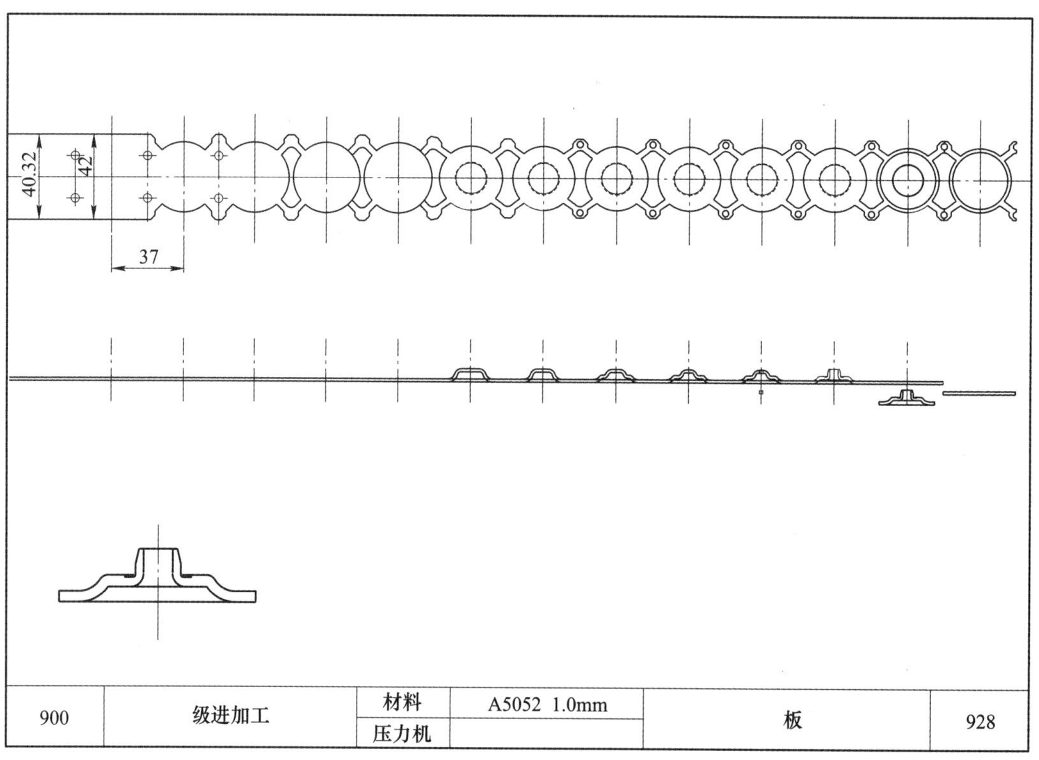
40.32
42
37
900
级进加工
材料
A5052 1.0mm
压力机
板
928

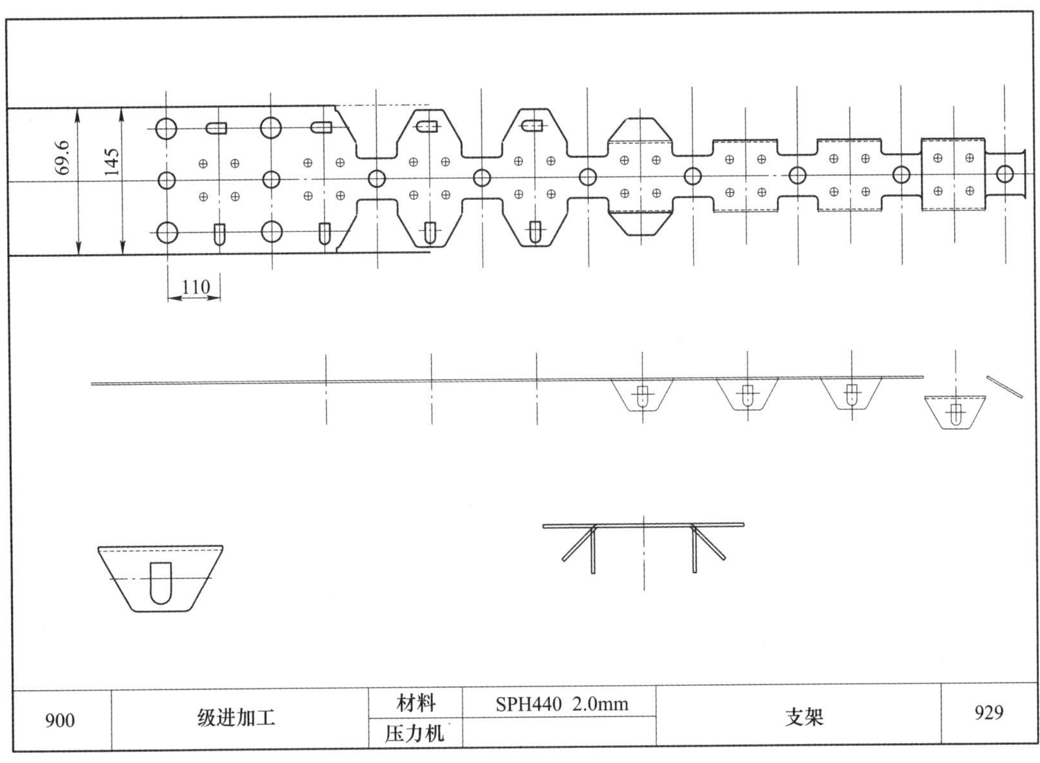
69.6
145
110
900
级进加工
材料
SPH440 2.0mm
压力机
支架
929

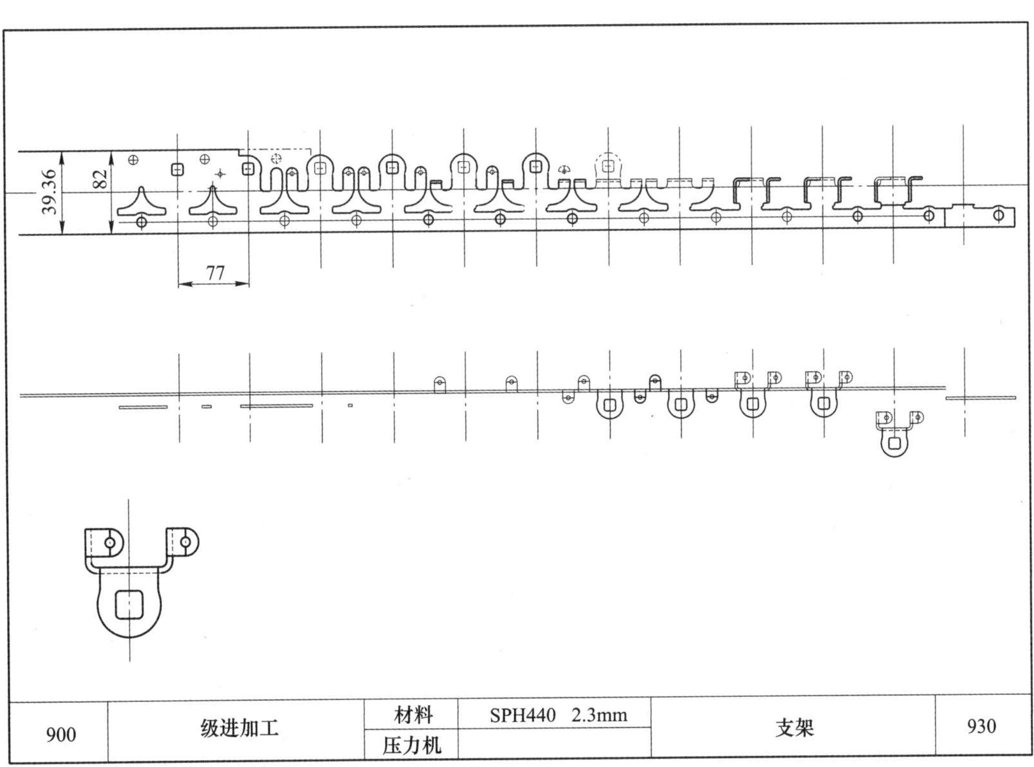
39.36
82
77
900
级进加工
材料
SPH440 2.3mm
压力机
支架
930

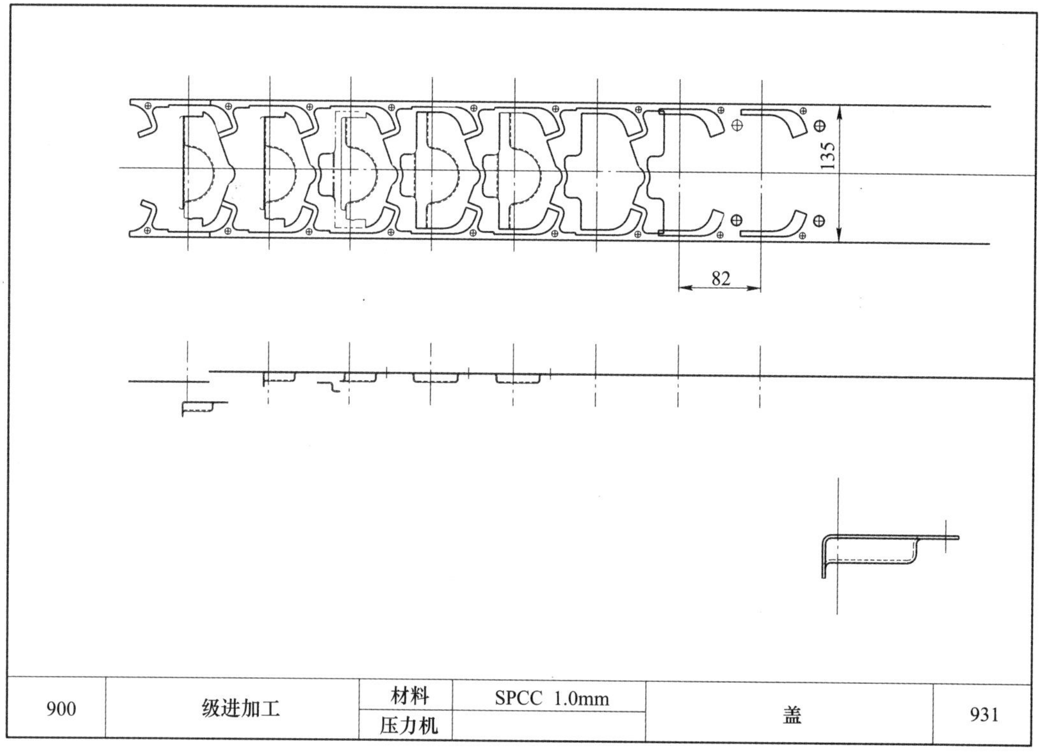
135
82
900
级进加工
材料
SPCC 1.0mm
压力机
盖
931

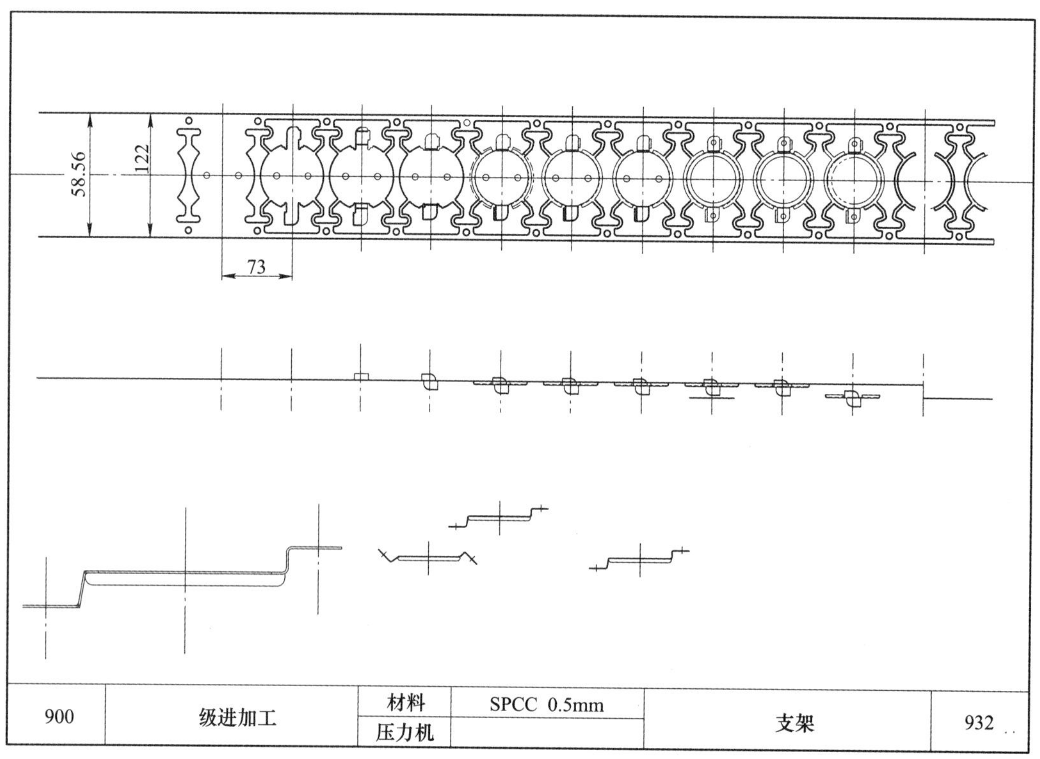
58.56
122
73
900
级进加工
材料
SPCC 0.5mm
压力机
支架
932

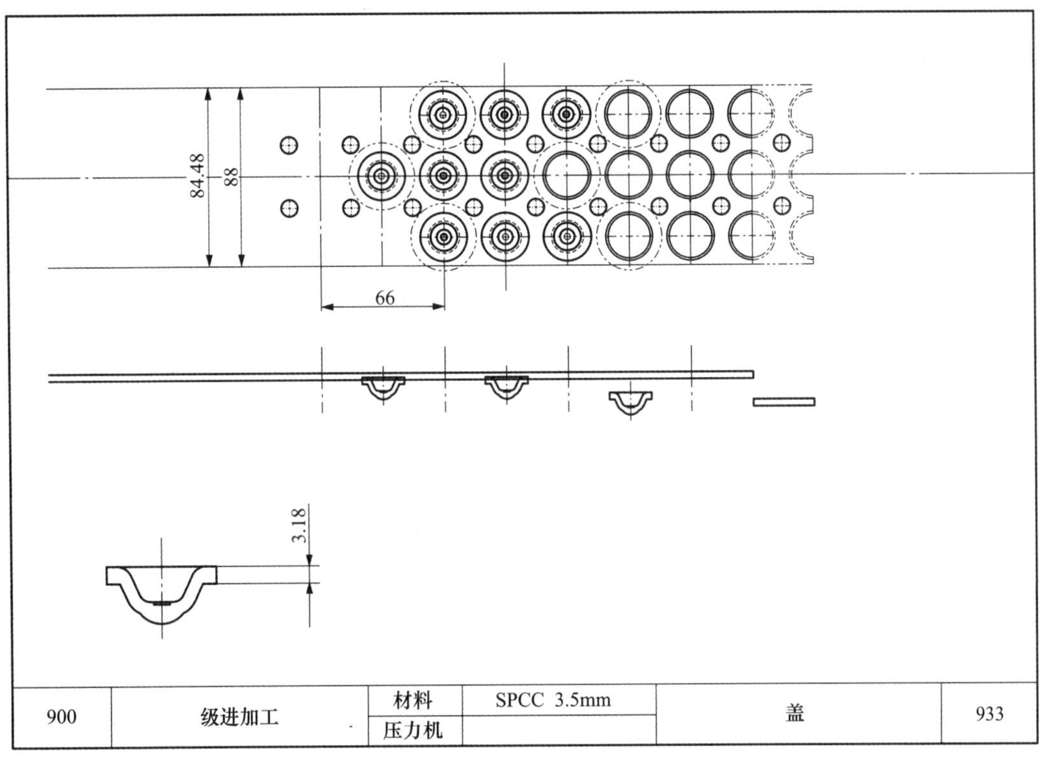
84.48
88
66
3.18
900
级进加工
材料
SPCC 3.5mm
压力机
盖
933

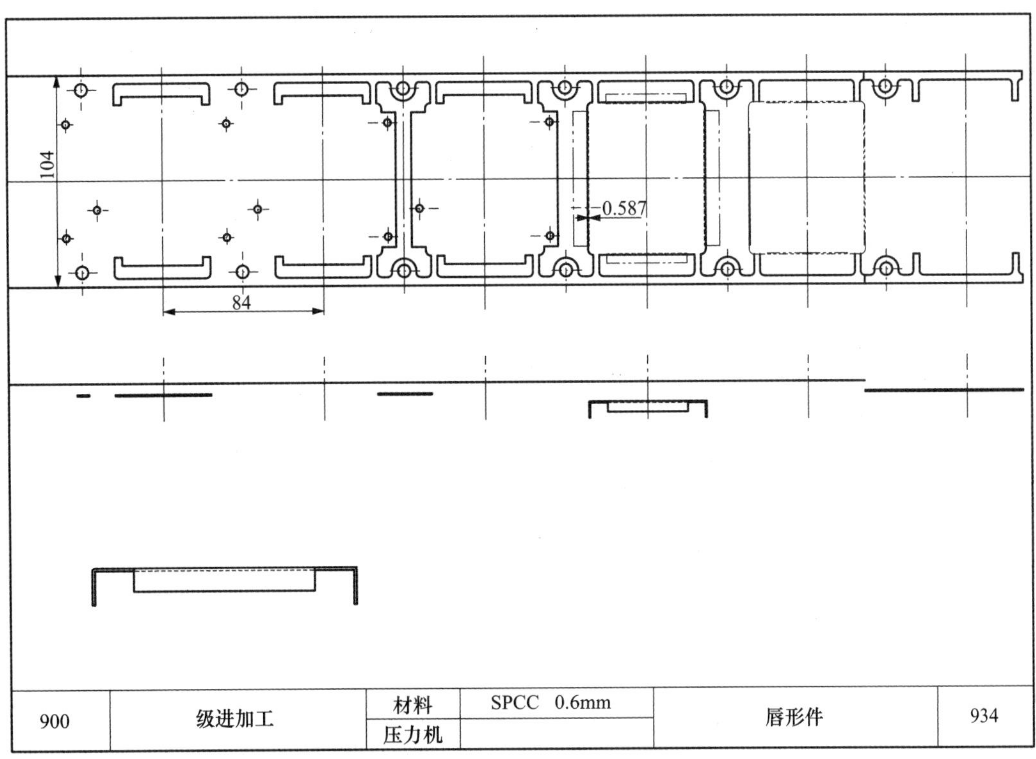
104
0.587
84
900
级进加工
材料
SPCC 0.6mm
压力机
唇形件
934

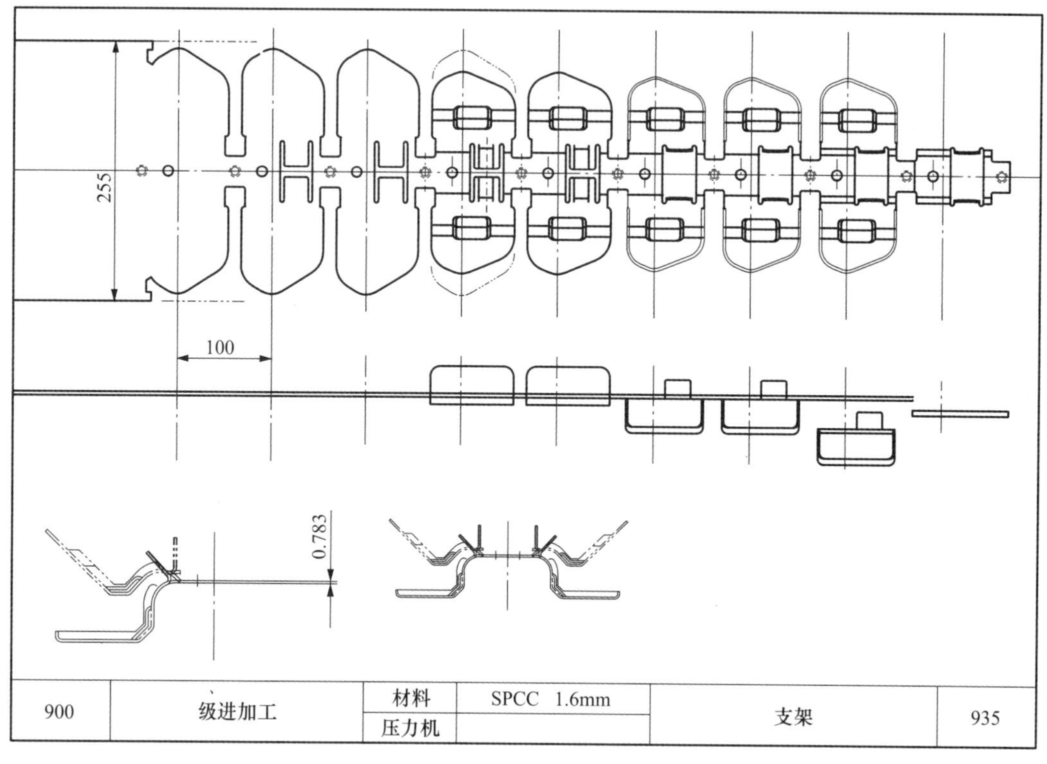

900	级进加工	材料	SPCC 1.6mm	支架	935
		压力机			

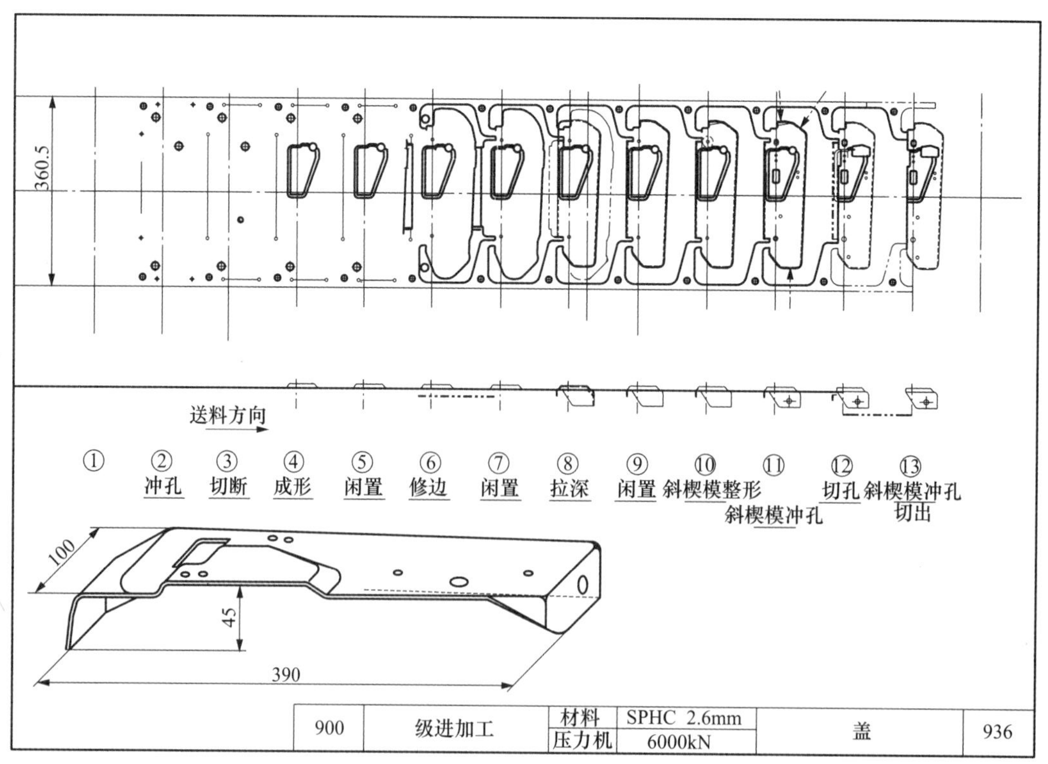

900	级进加工	材料	SPHC 2.6mm	盖	936
		压力机	6000kN		

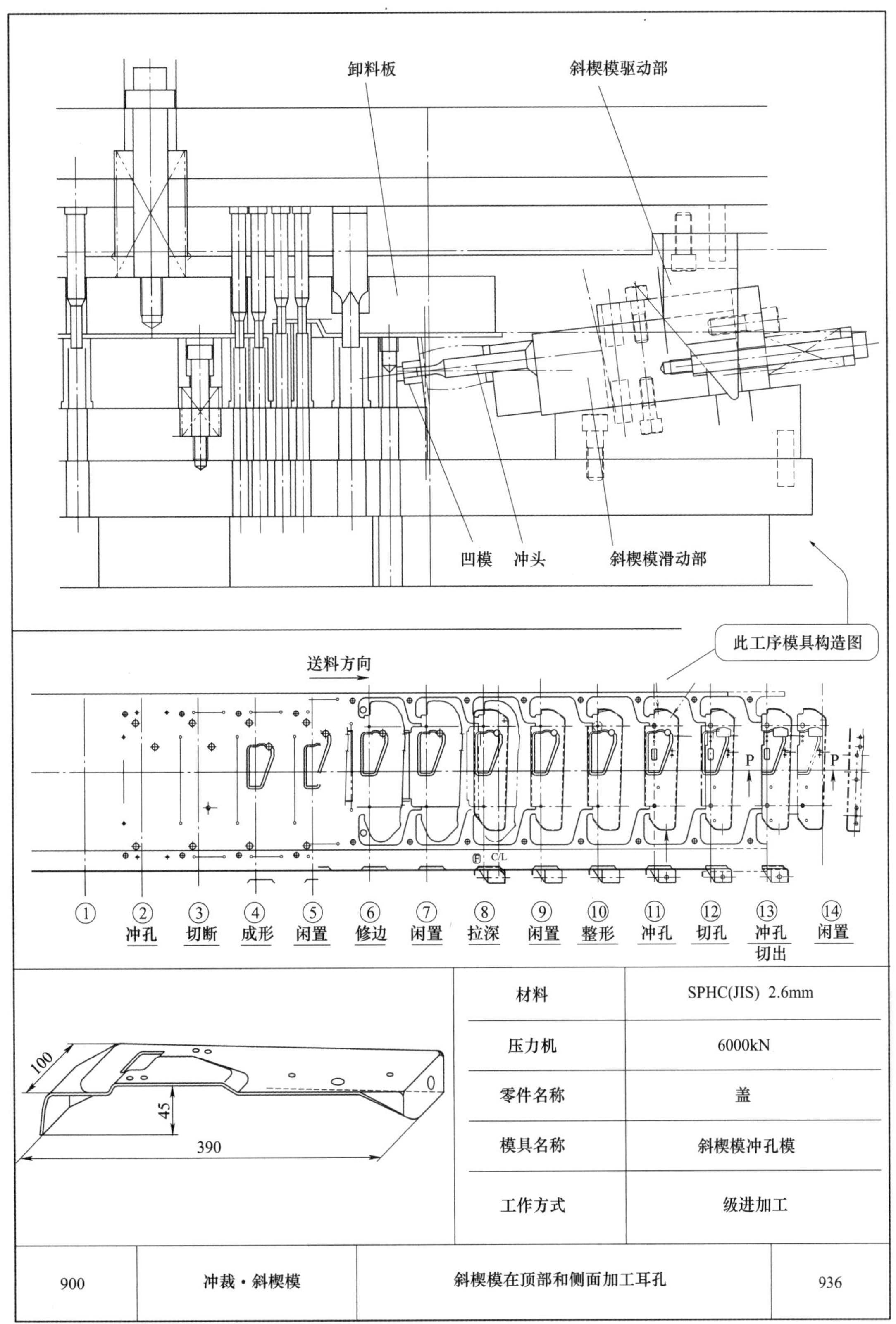

材料	SPHC(JIS) 2.6mm
压力机	6000kN
零件名称	盖
模具名称	斜楔模冲孔模
工作方式	级进加工

900	冲裁·斜楔模	斜楔模在顶部和侧面加工耳孔	936

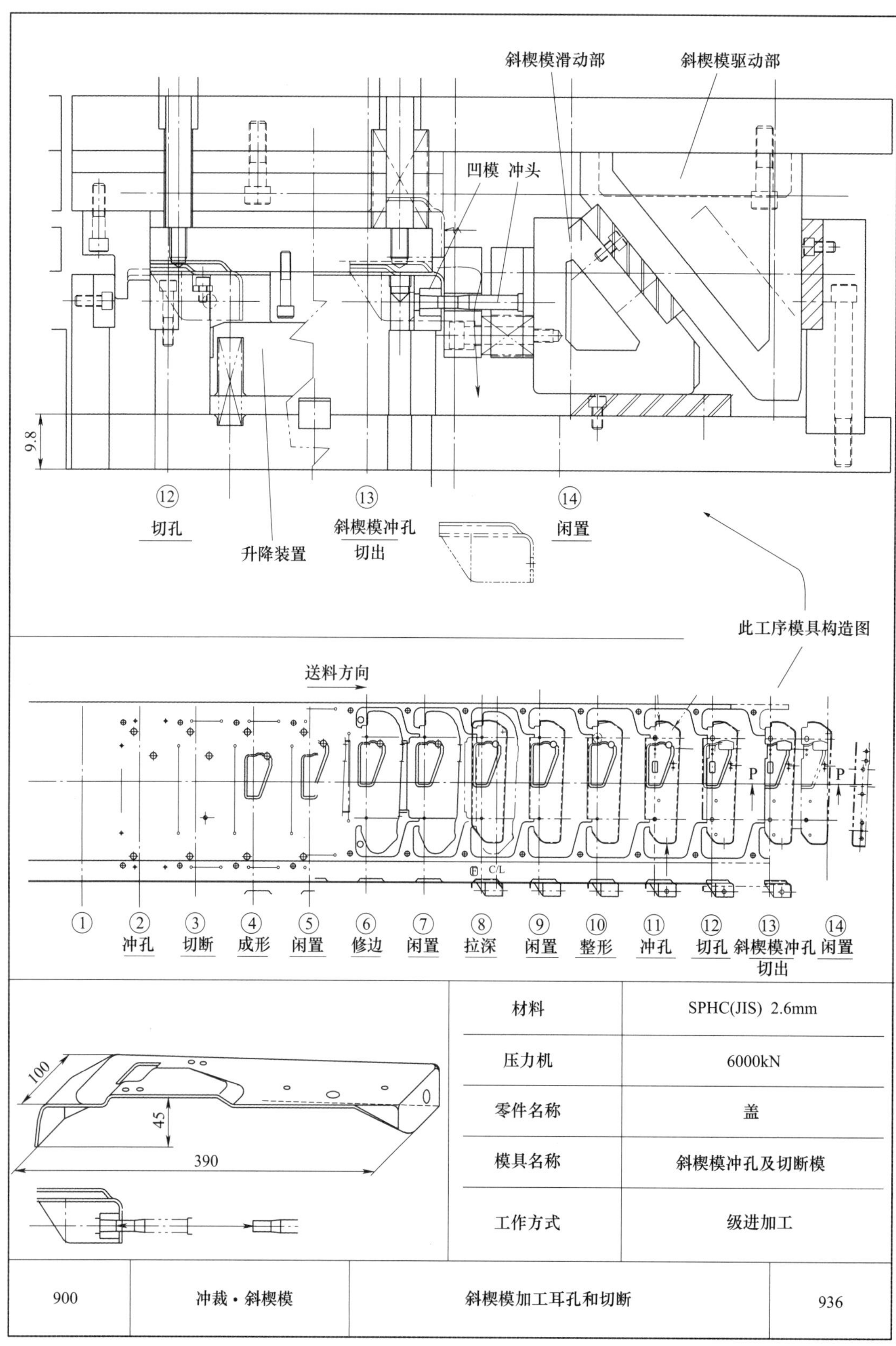

材料	SPHC(JIS) 2.6mm
压力机	6000kN
零件名称	盖
模具名称	斜楔模冲孔及切断模
工作方式	级进加工

900	冲裁·斜楔模	斜楔模加工耳孔和切断	936

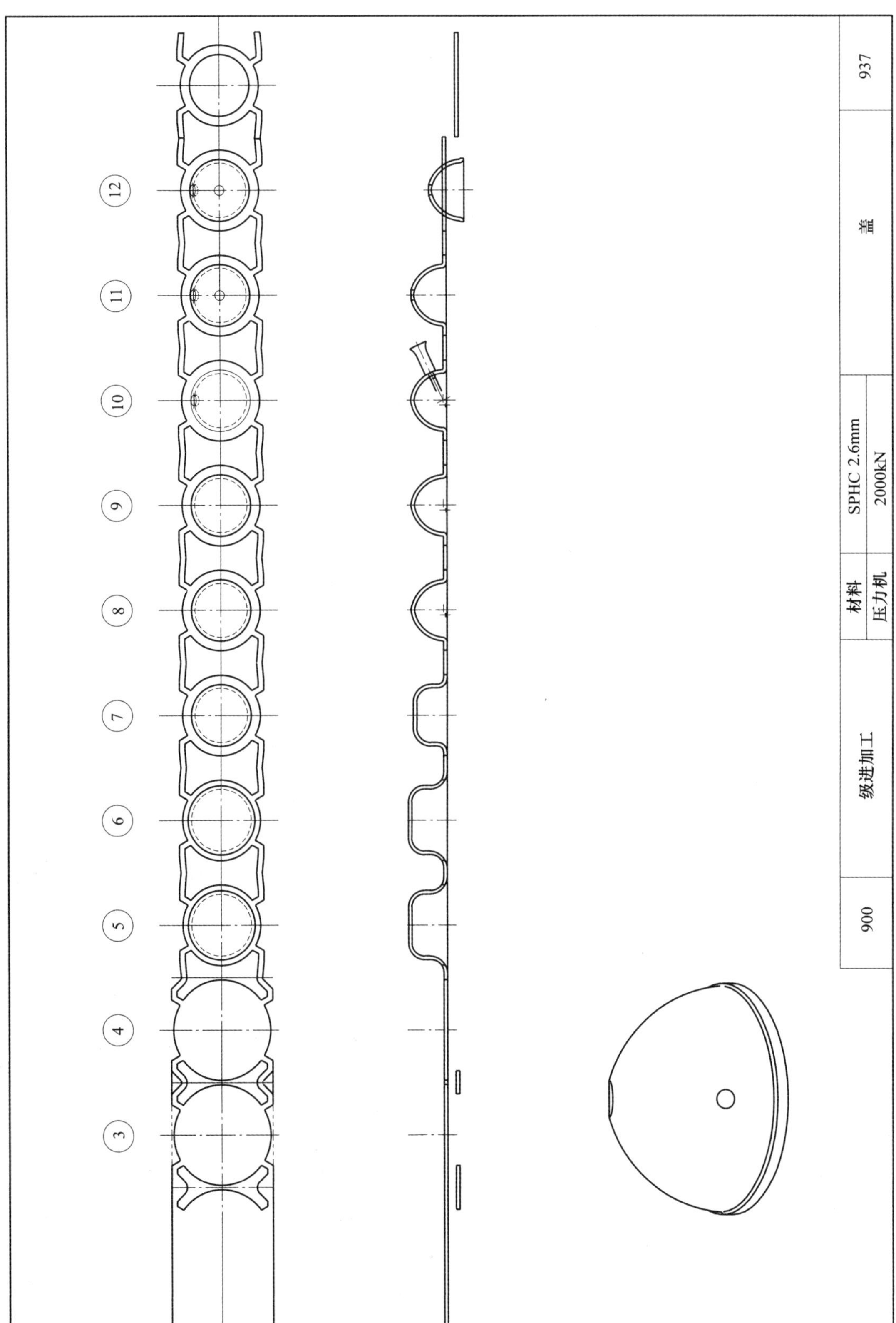

3
4
5
6
7
8
9
10
11
12
900
级进加工
材料
压力机
SPHC 2.6mm
2000kN
盖
937

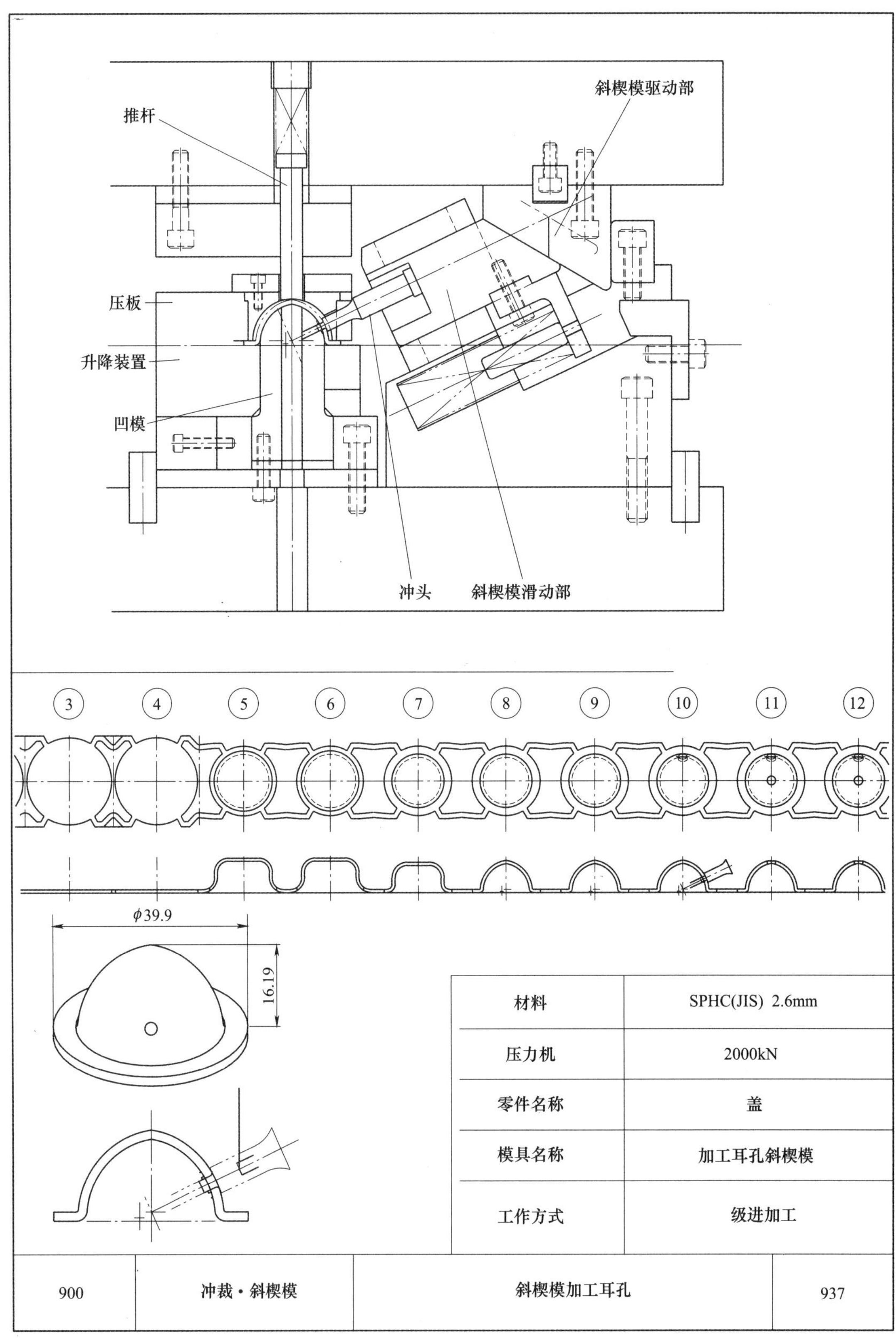

材料	SPHC(JIS) 2.6mm
压力机	2000kN
零件名称	盖
模具名称	加工耳孔斜楔模
工作方式	级进加工

900	冲裁·斜楔模	斜楔模加工耳孔	937

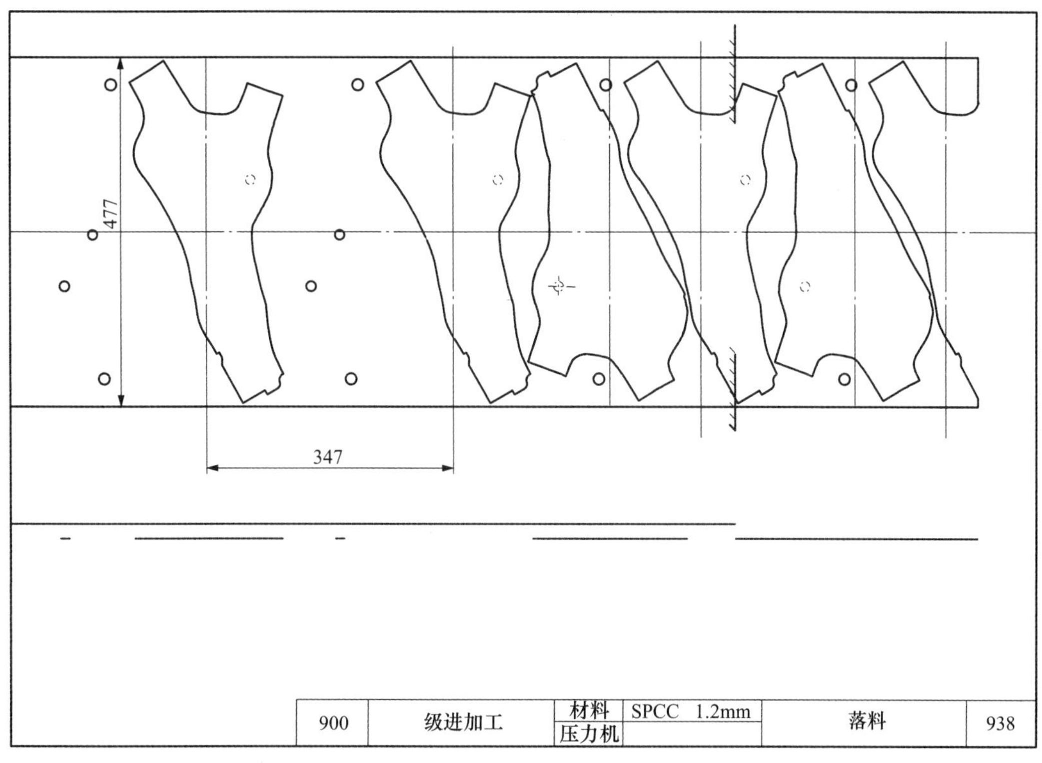
477
347
900
级进加工
材料
SPCC 1.2mm
压力机
落料
938

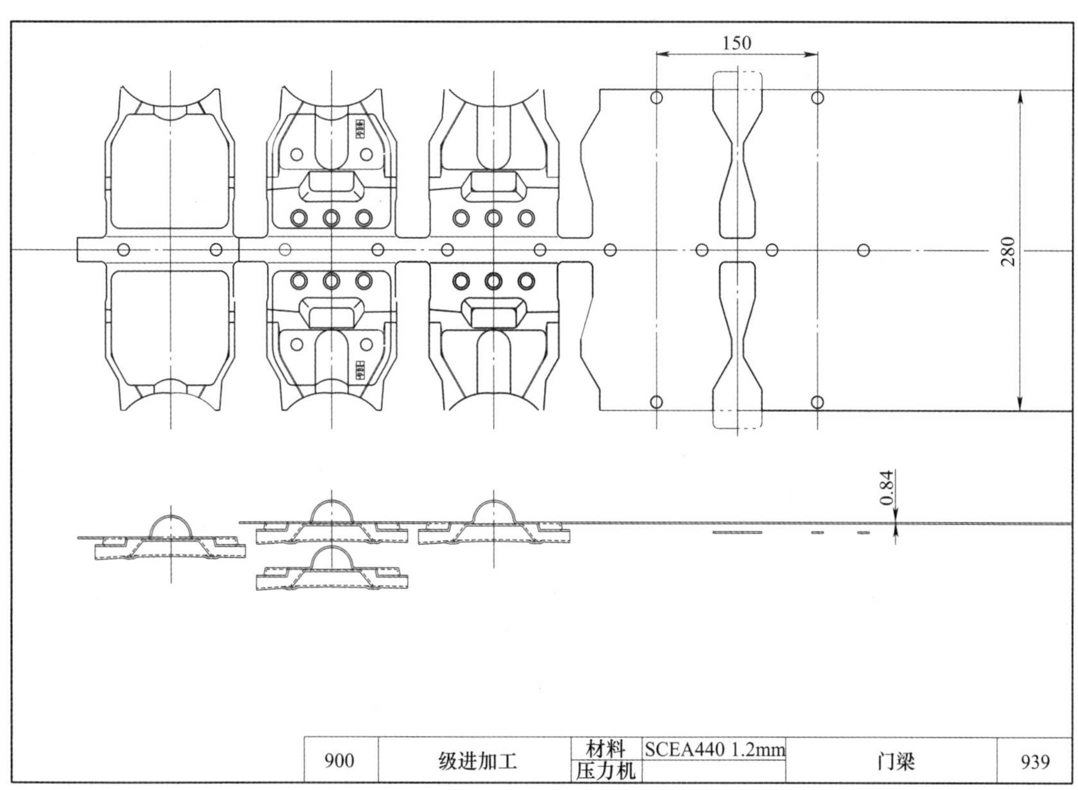
150
280
0.84
900
级进加工
材料
SCEA440 1.2mm
压力机
门梁
939

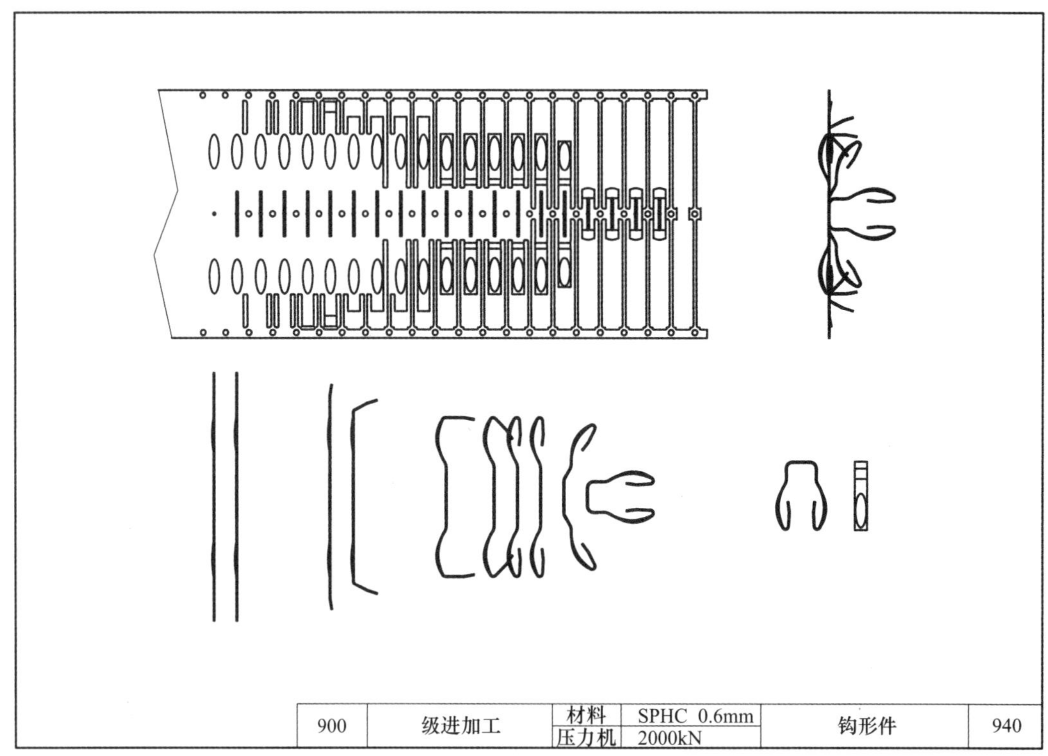

900	级进加工	材料	SPHC 0.6mm	钩形件	940
		压力机	2000kN		

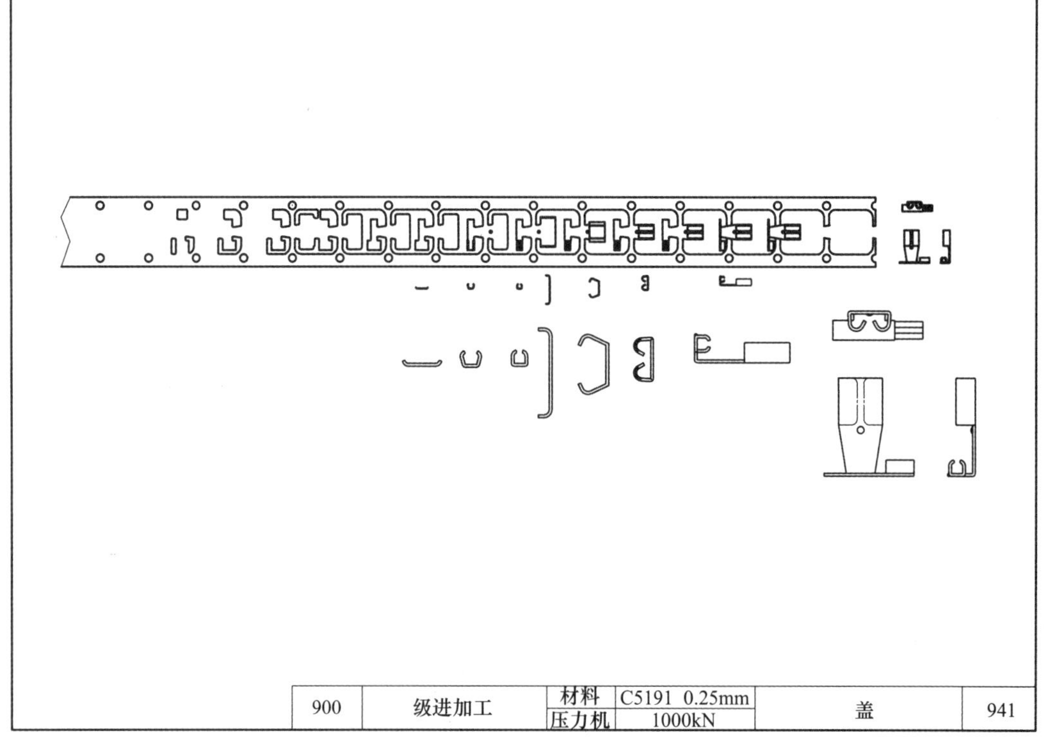

900	级进加工	材料	C5191 0.25mm	盖	941
		压力机	1000kN		

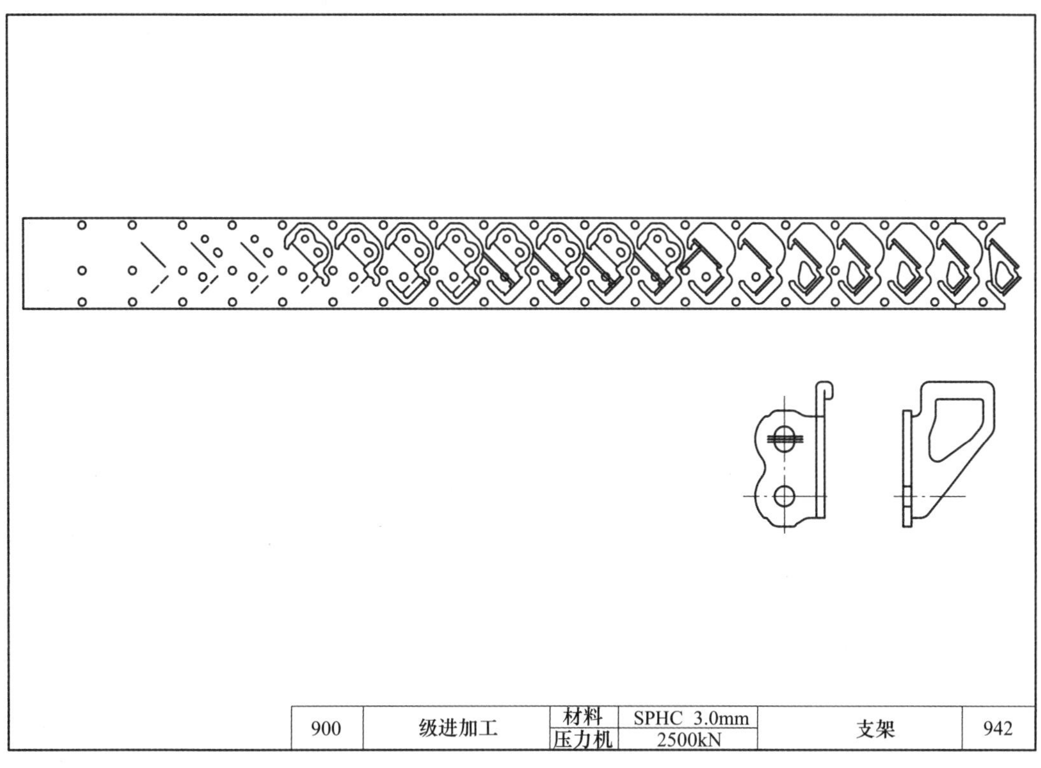
900
级进加工
材料
SPHC 3.0mm
压力机
2500kN
支架
942

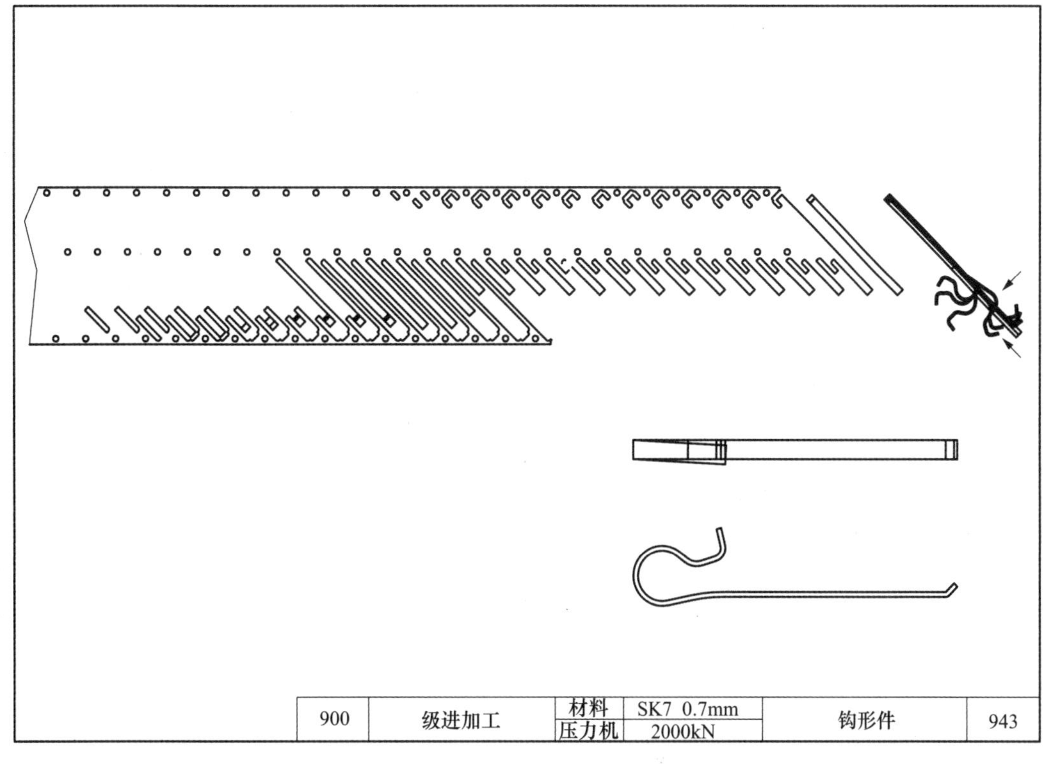
900
级进加工
材料
SK7 0.7mm
压力机
2000kN
钩形件
943

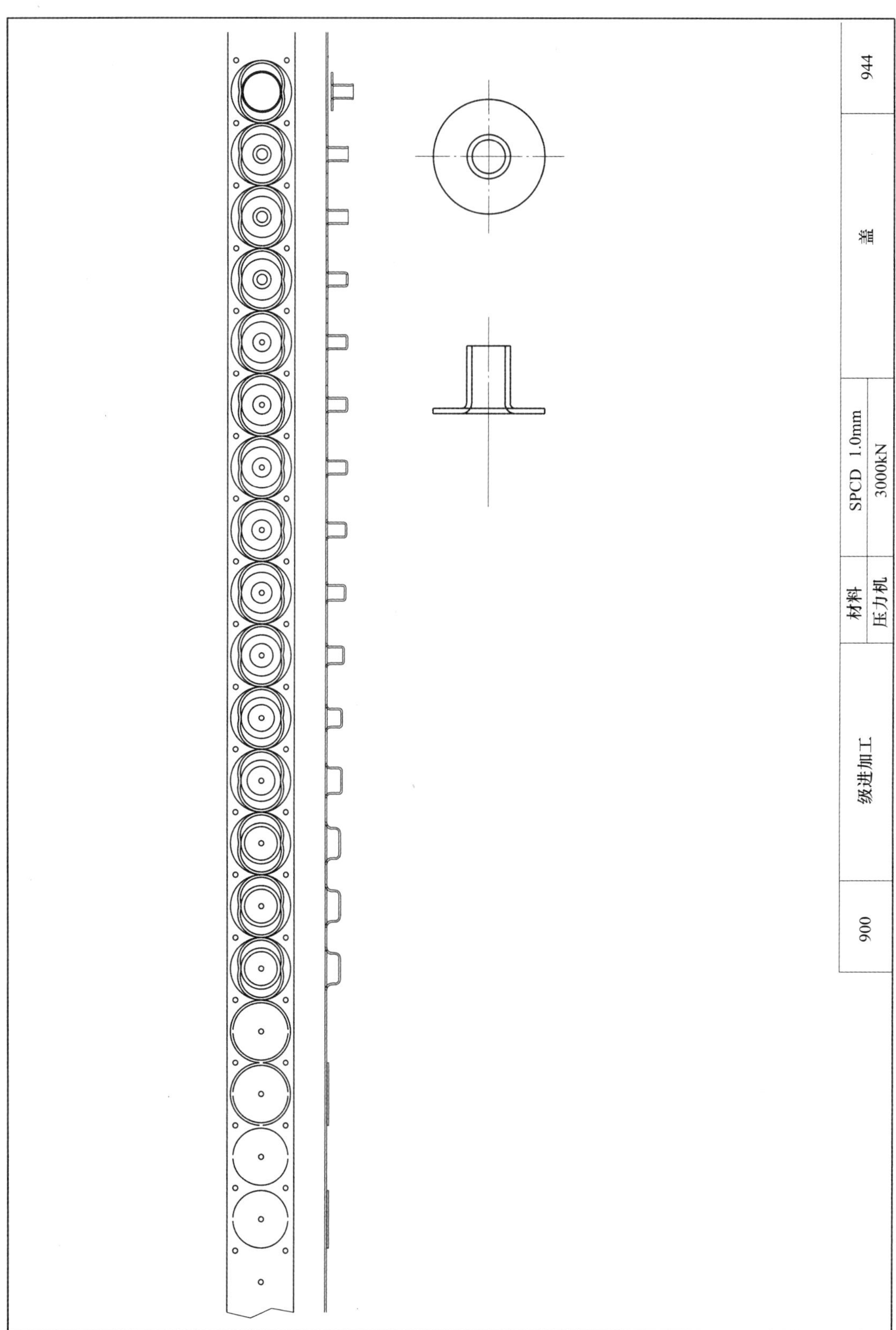
944
盖
材料
SPCD 1.0mm
压力机
3000kN
级进加工
900

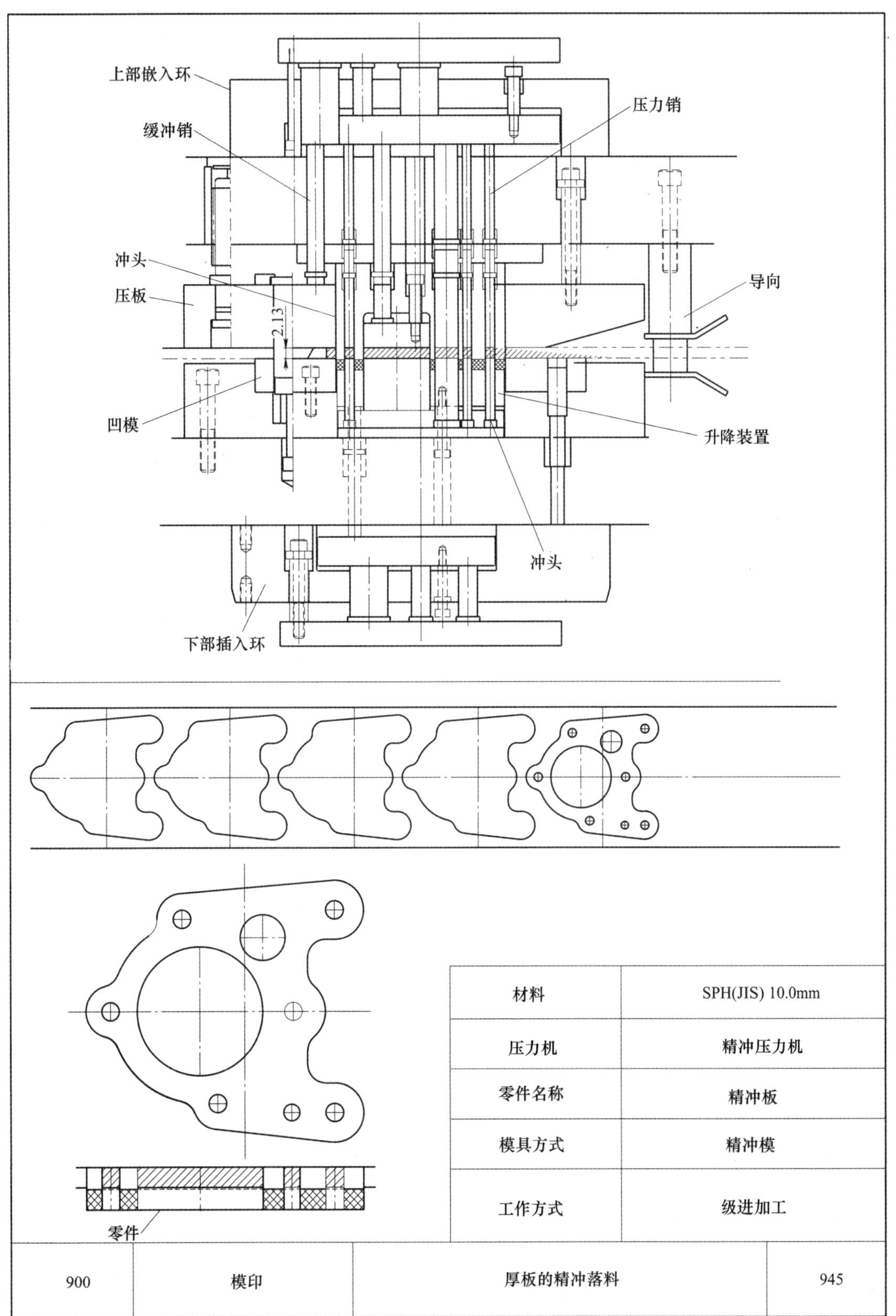

材料	SPH(JIS) 10.0mm
压力机	精冲压力机
零件名称	精冲板
模具方式	精冲模
工作方式	级进加工

900	模印	厚板的精冲落料	945

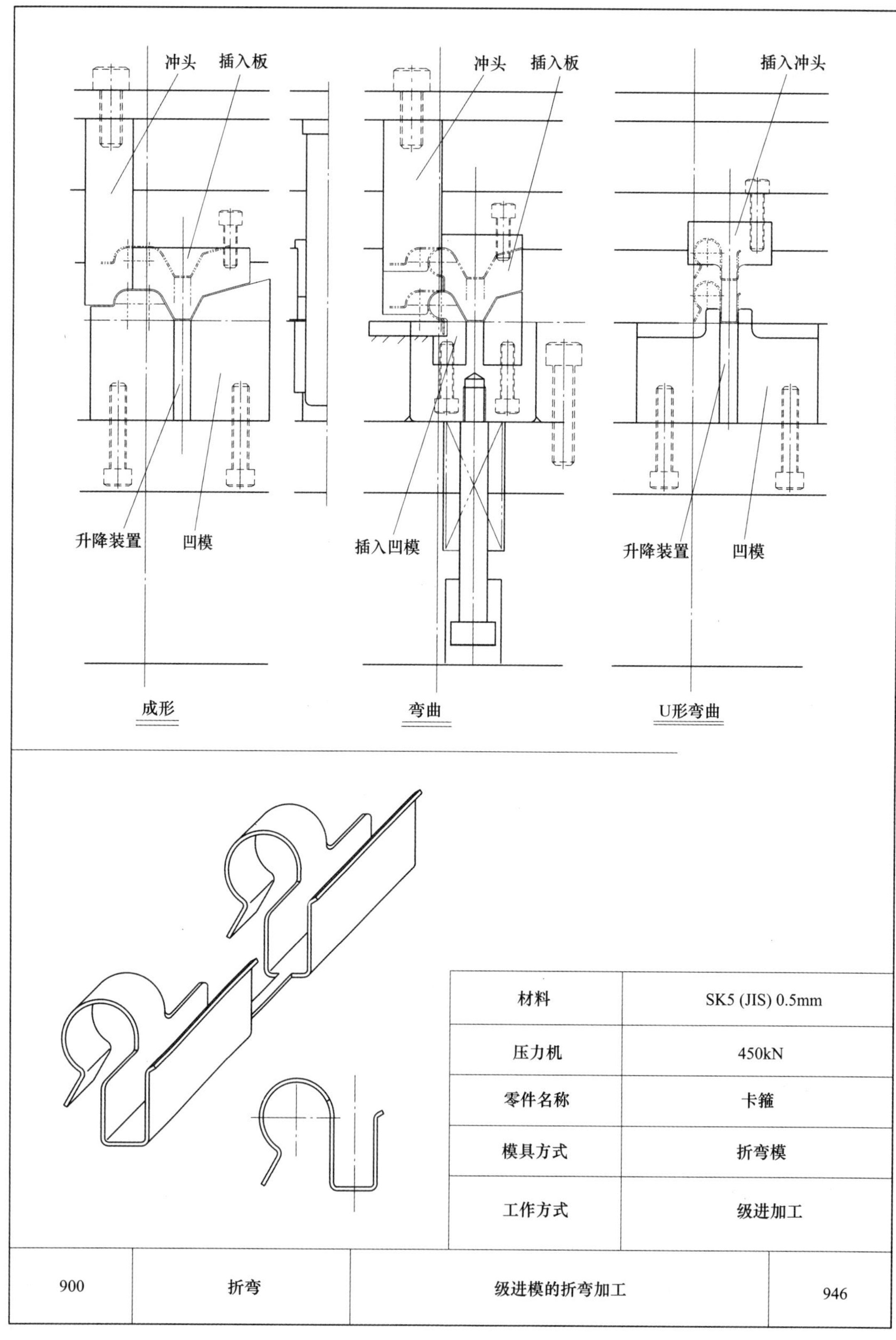

材料	SK5 (JIS) 0.5mm
压力机	450kN
零件名称	卡箍
模具方式	折弯模
工作方式	级进加工

900	折弯	级进模的折弯加工	946

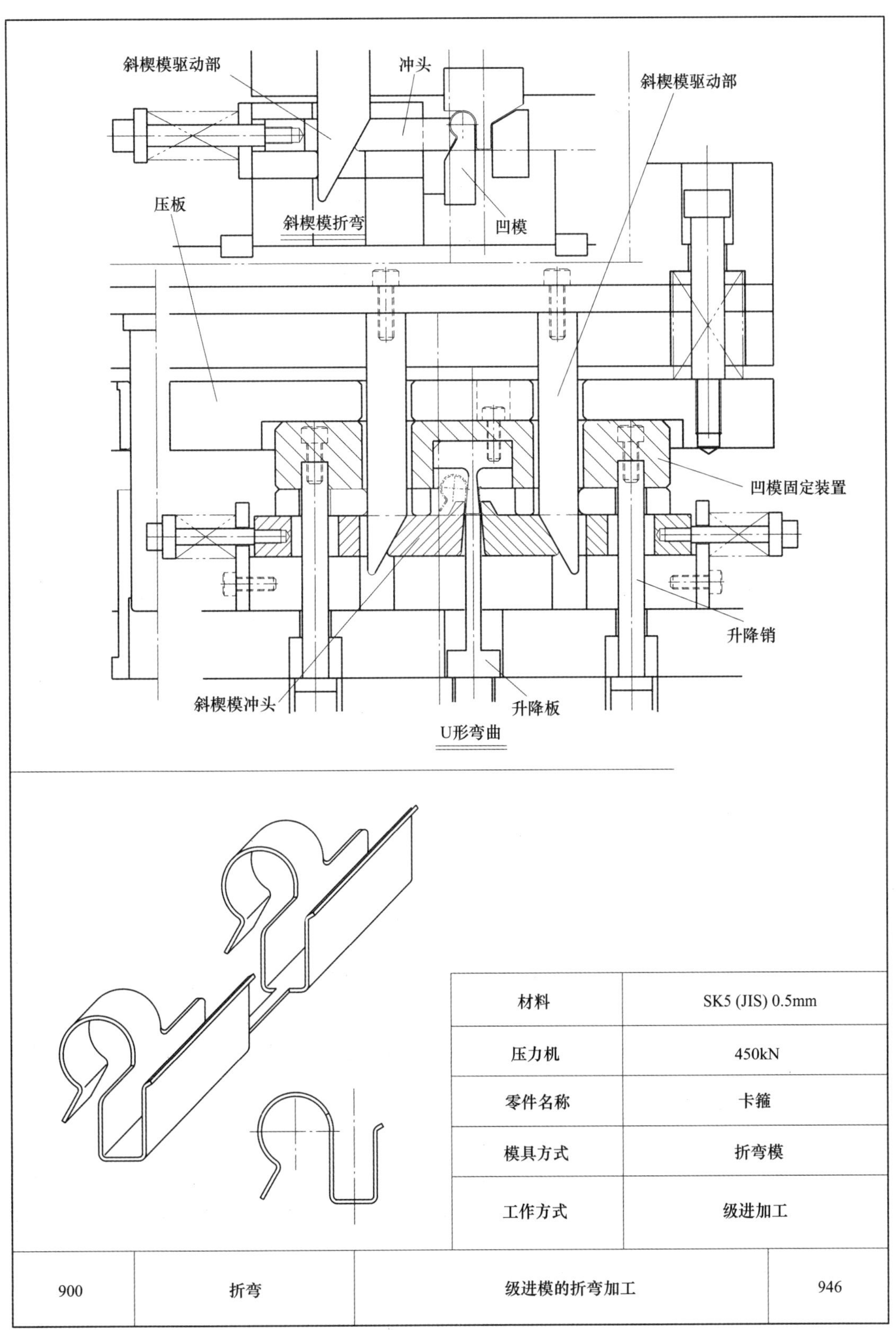

材料	SK5 (JIS) 0.5mm
压力机	450kN
零件名称	卡箍
模具方式	折弯模
工作方式	级进加工

900	折弯	级进模的折弯加工	946

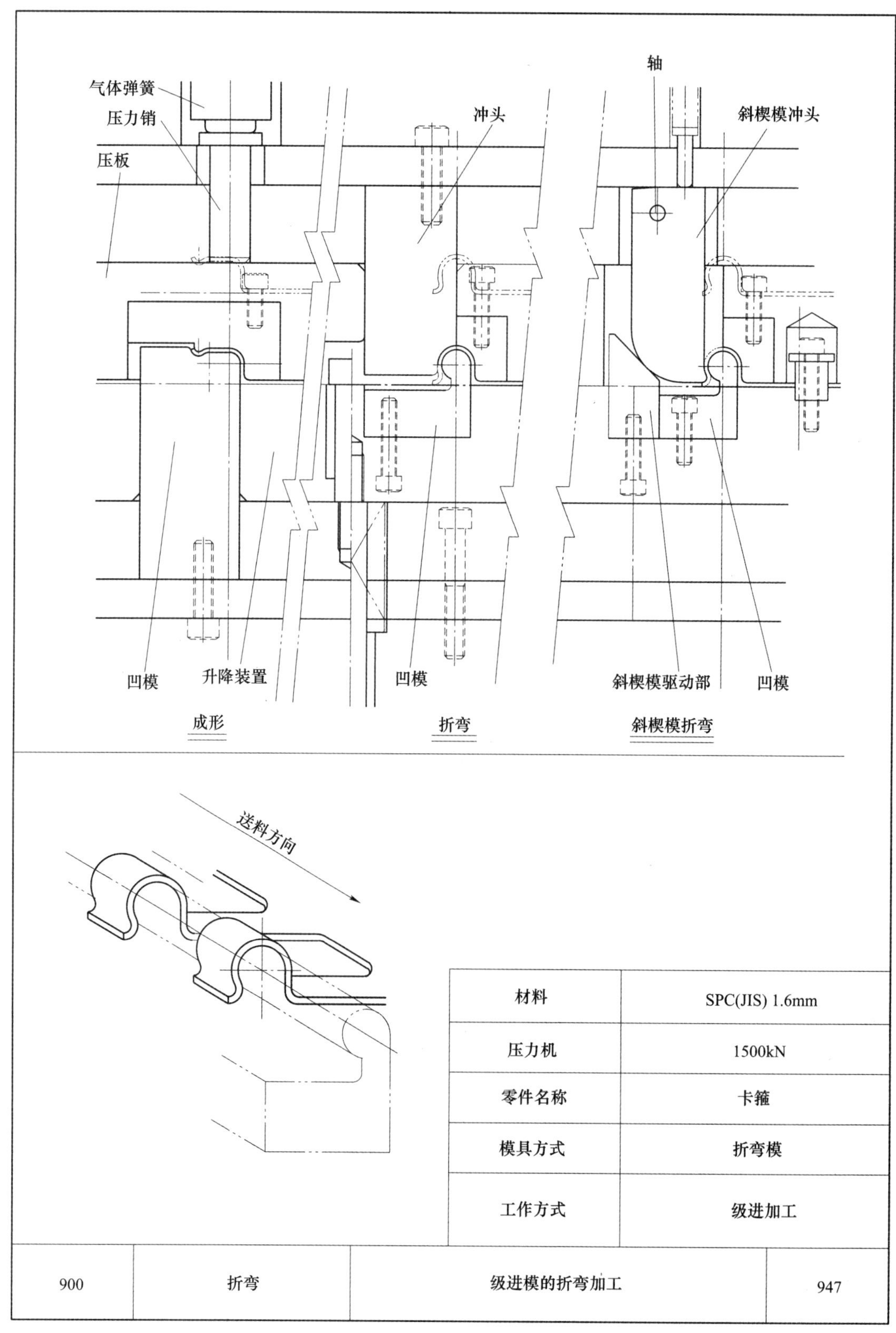

材料	SPC(JIS) 1.6mm
压力机	1500kN
零件名称	卡箍
模具方式	折弯模
工作方式	级进加工

900	折弯	级进模的折弯加工	947

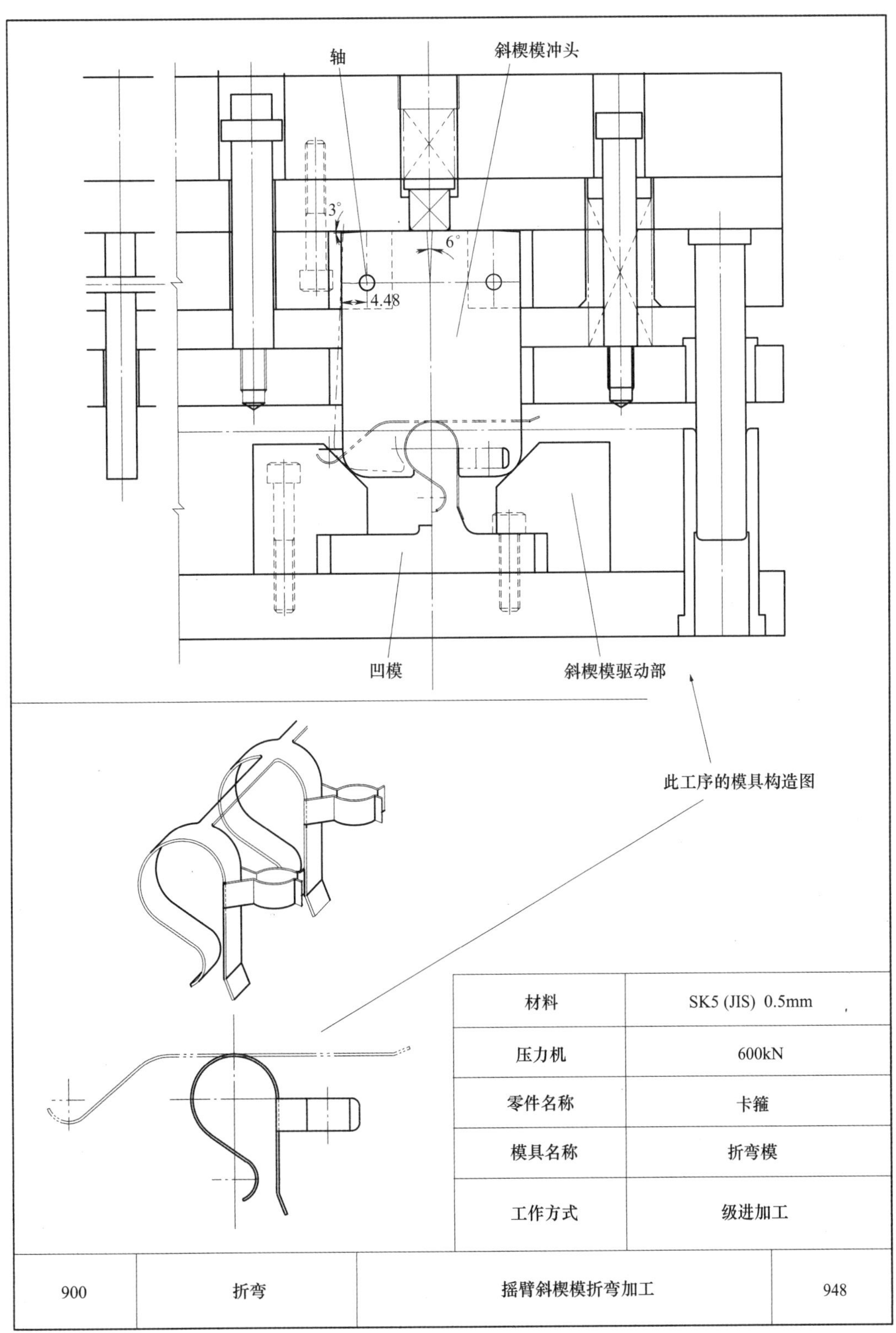

材料	SK5 (JIS) 0.5mm
压力机	600kN
零件名称	卡箍
模具名称	折弯模
工作方式	级进加工

900	折弯	摇臂斜楔模折弯加工	948

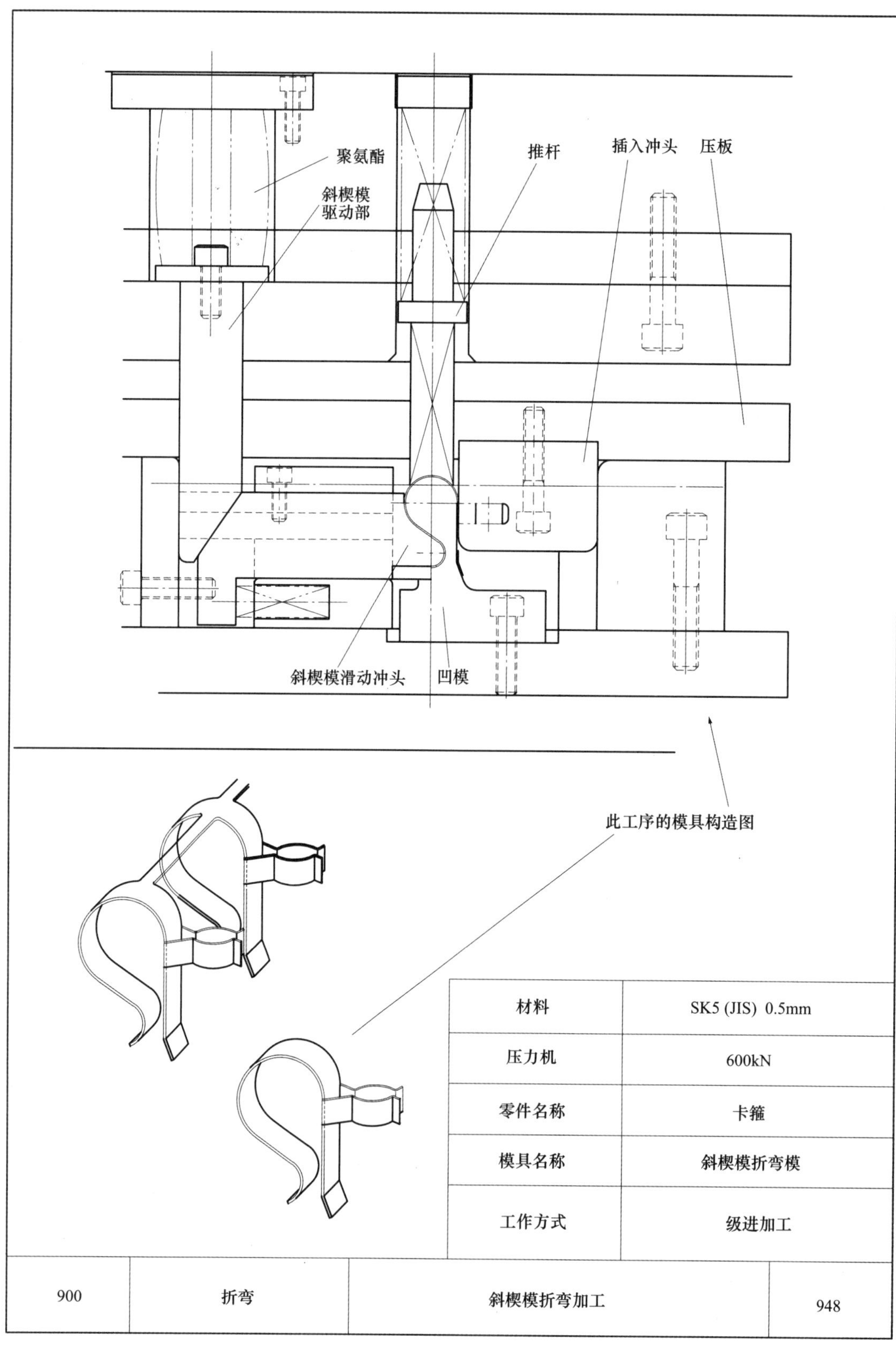

材料	SK5 (JIS) 0.5mm
压力机	600kN
零件名称	卡箍
模具名称	斜楔模折弯模
工作方式	级进加工

900	折弯	斜楔模折弯加工	948

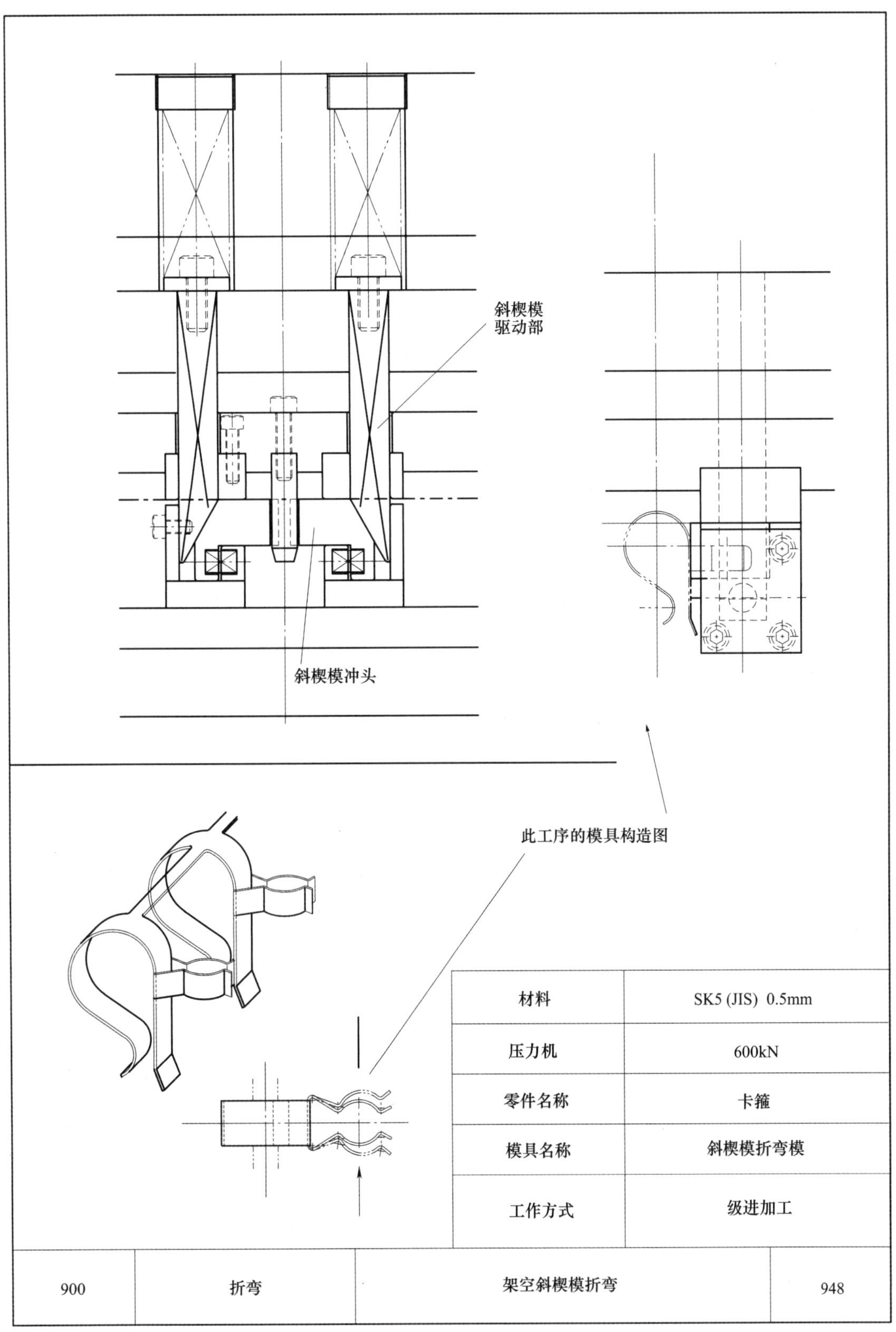

材料	SK5 (JIS) 0.5mm
压力机	600kN
零件名称	卡箍
模具名称	斜楔模折弯模
工作方式	级进加工

900	折弯	架空斜楔模折弯	948

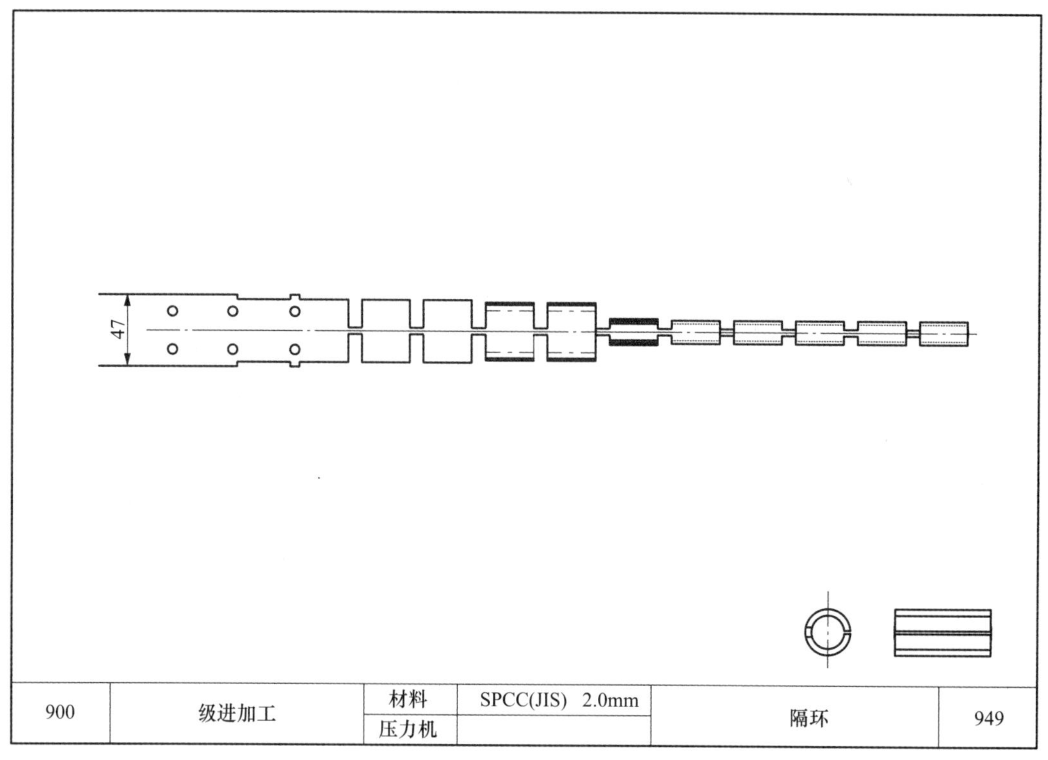

900	级进加工	材料	SPCC(JIS) 2.0mm	隔环	949
		压力机			

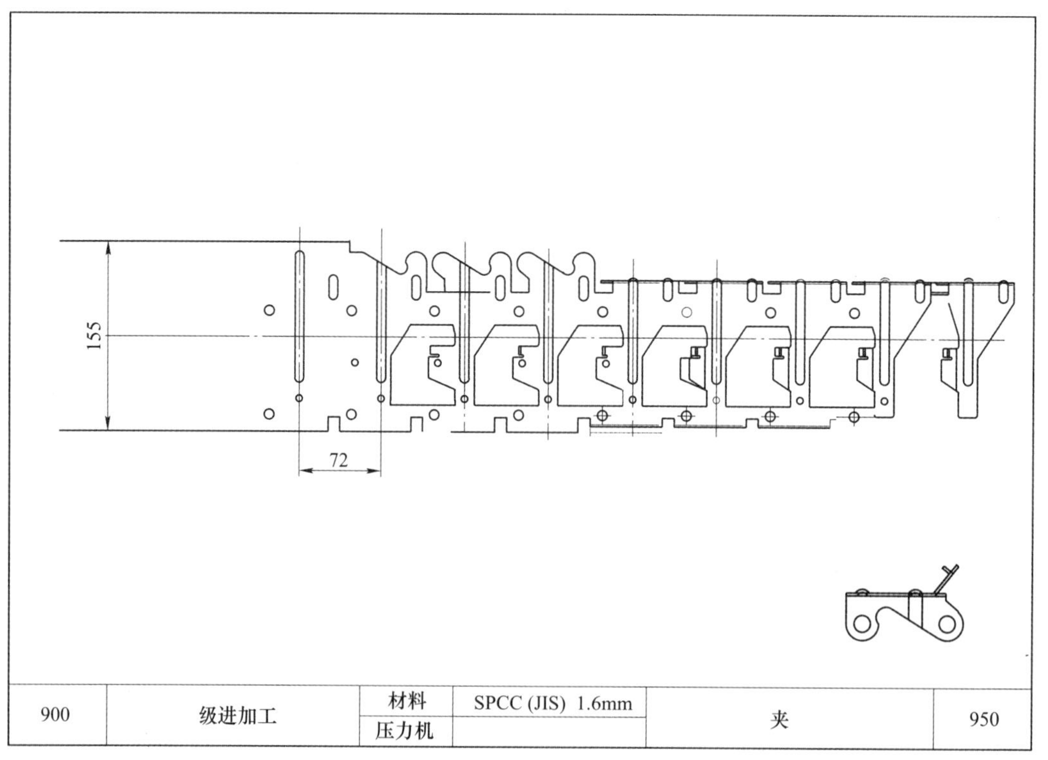

900	级进加工	材料	SPCC (JIS) 1.6mm	夹	950
		压力机			

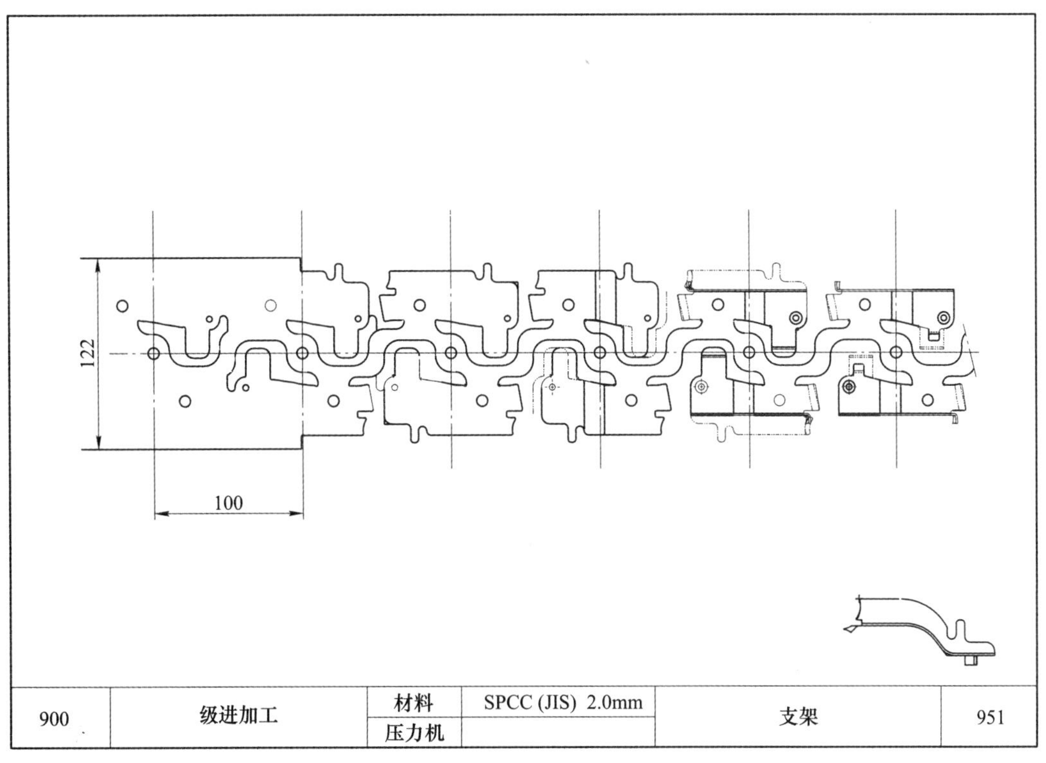
122
100
900
级进加工
材料
SPCC (JIS) 2.0mm
压力机
支架
951

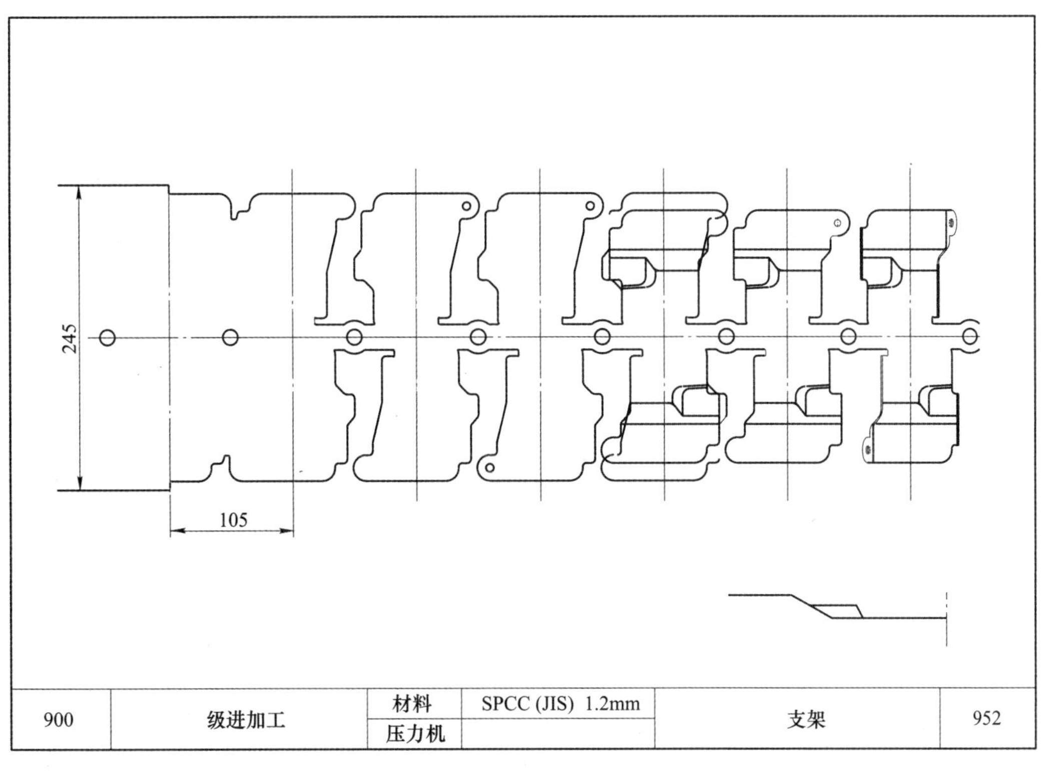
245
105
900
级进加工
材料
SPCC (JIS) 1.2mm
压力机
支架
952

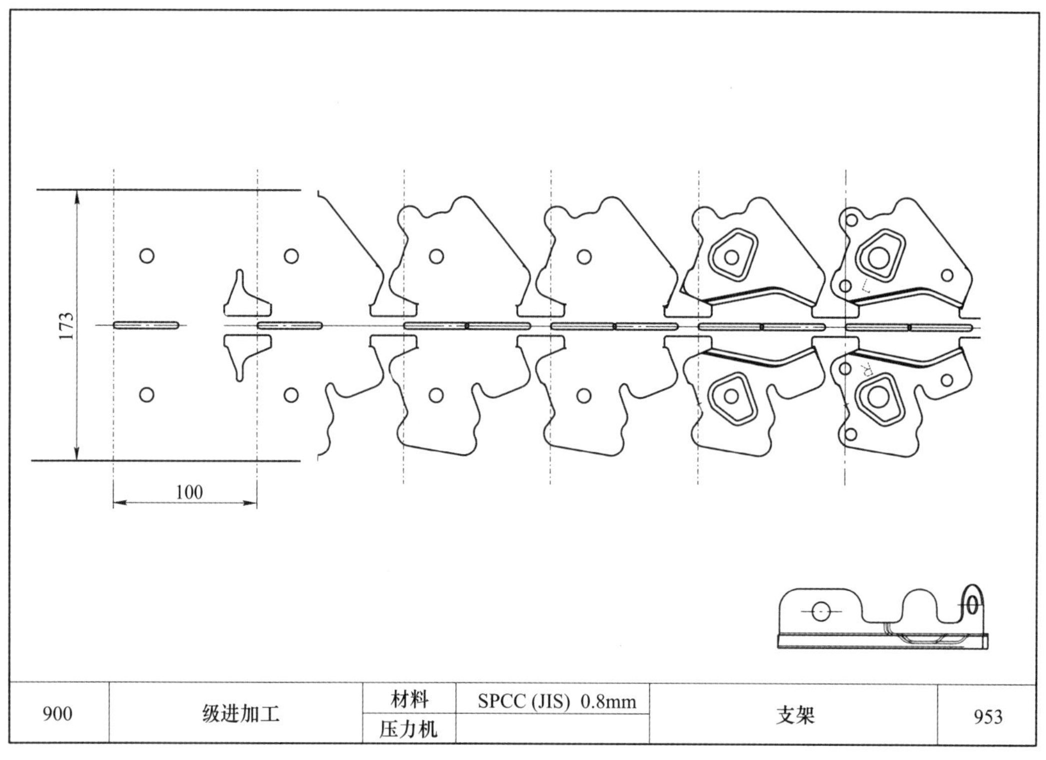
173
100
900
级进加工
材料
SPCC (JIS) 0.8mm
压力机
支架
953

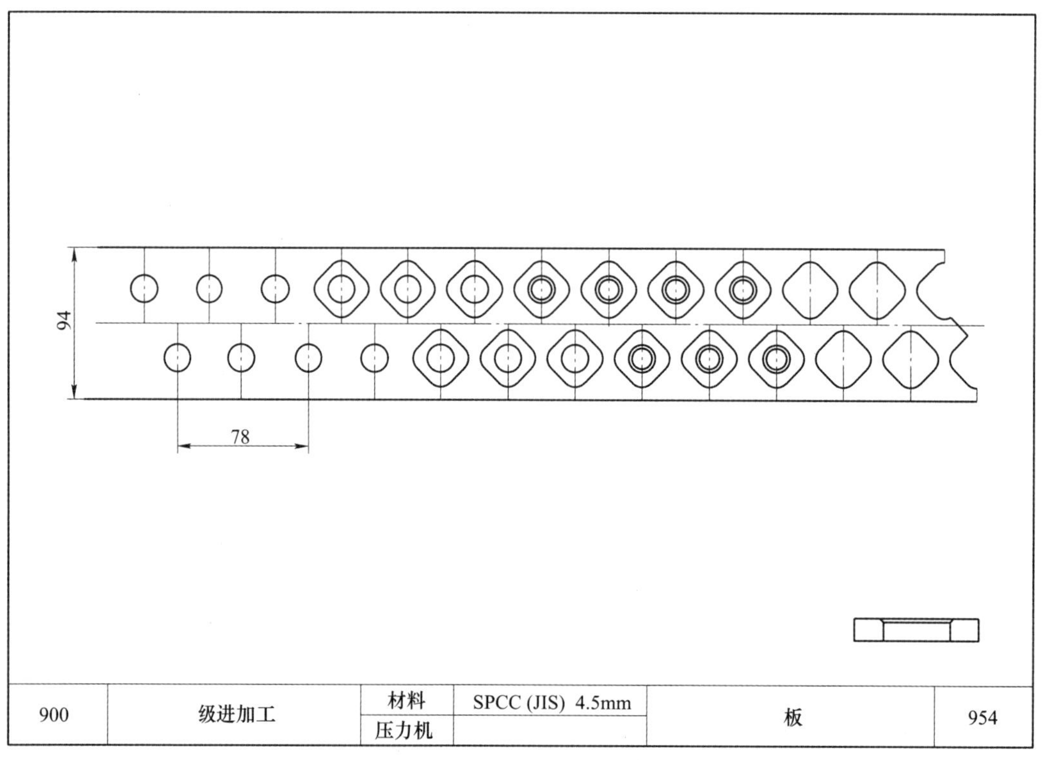
94
78
900
级进加工
材料
SPCC (JIS) 4.5mm
压力机
板
954

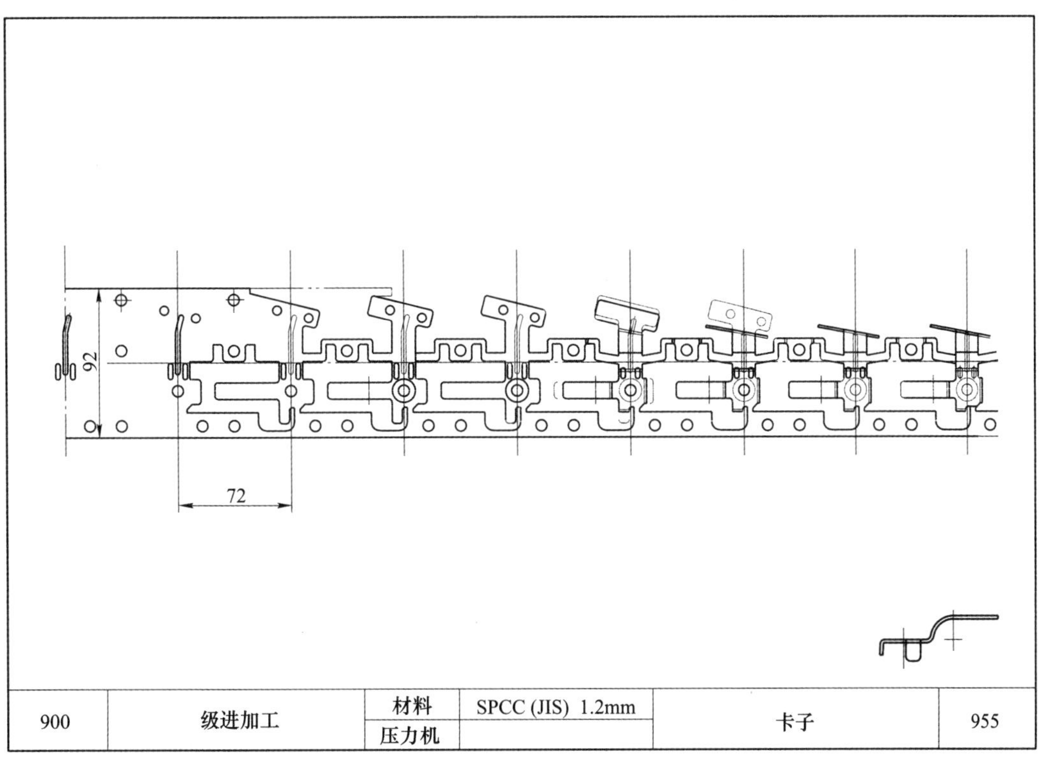

900	级进加工	材料	SPCC (JIS) 1.2mm	卡子	955
		压力机			

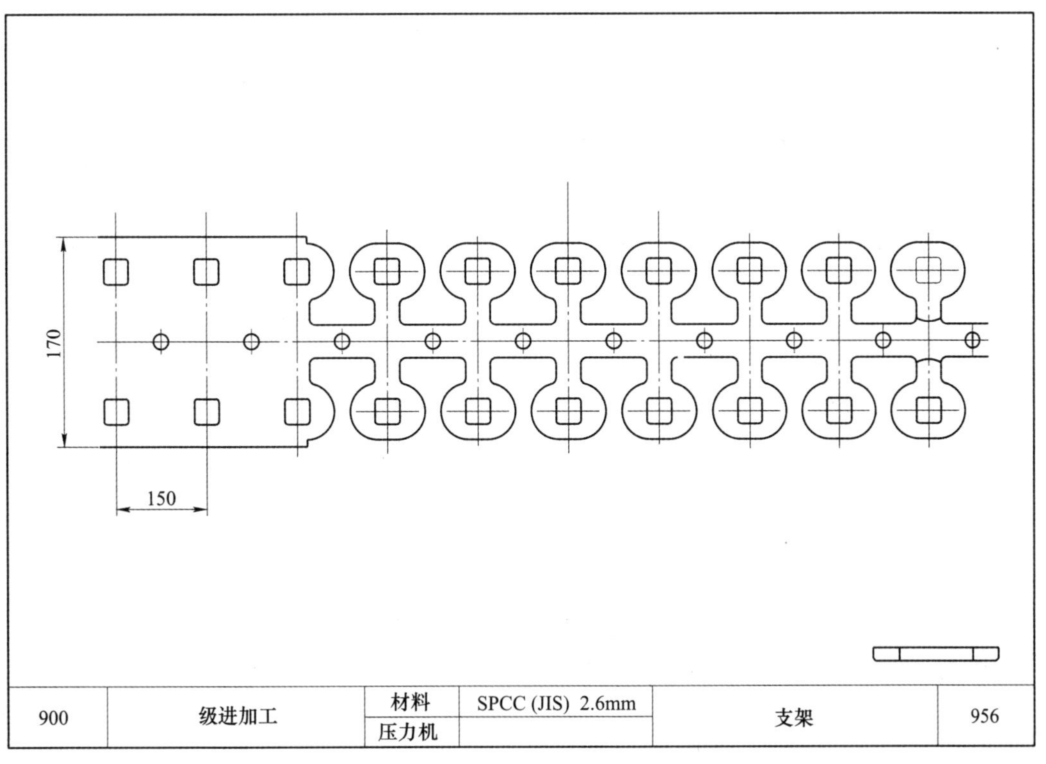

900	级进加工	材料	SPCC (JIS) 2.6mm	支架	956
		压力机			

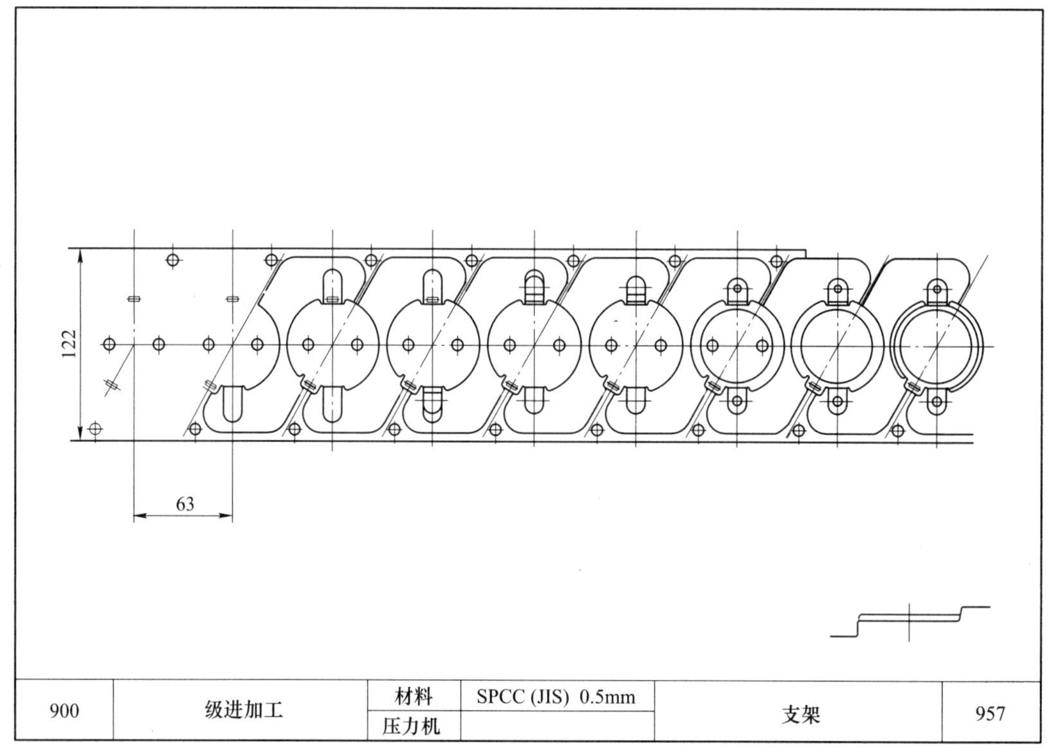

900	级进加工	材料	SPCC (JIS) 0.5mm	支架	957
		压力机			

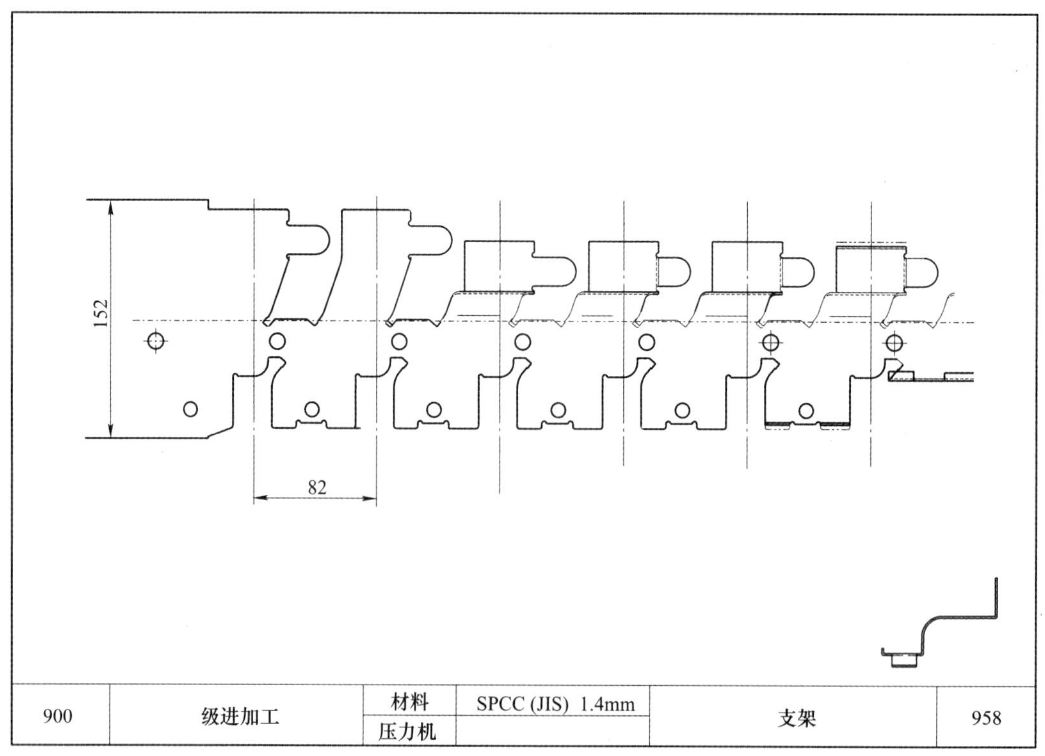

900	级进加工	材料	SPCC (JIS) 1.4mm	支架	958
		压力机			

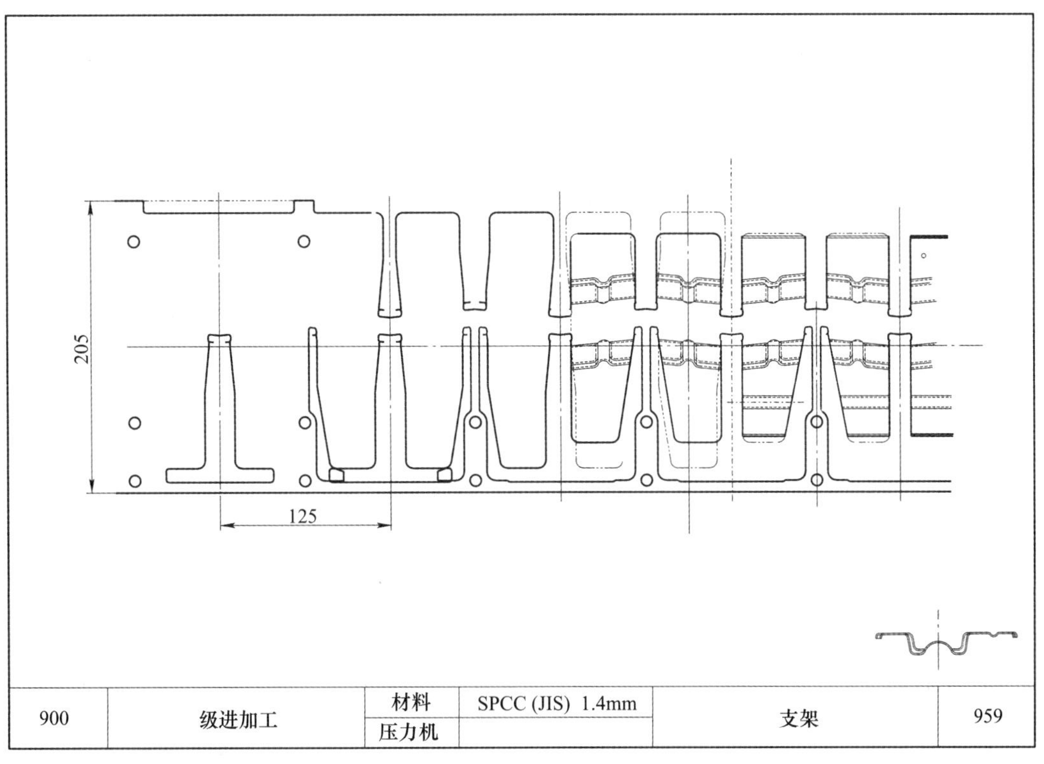

900	级进加工	材料	SPCC (JIS) 1.4mm	支架	959
		压力机			

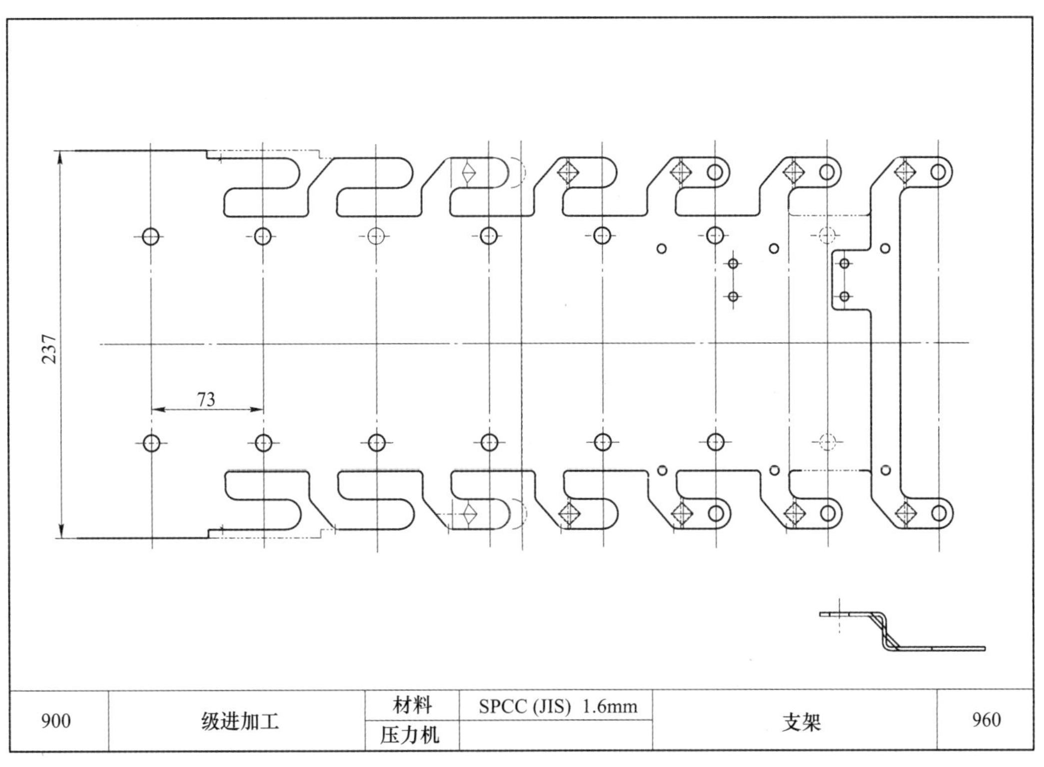

900	级进加工	材料	SPCC (JIS) 1.6mm	支架	960
		压力机			

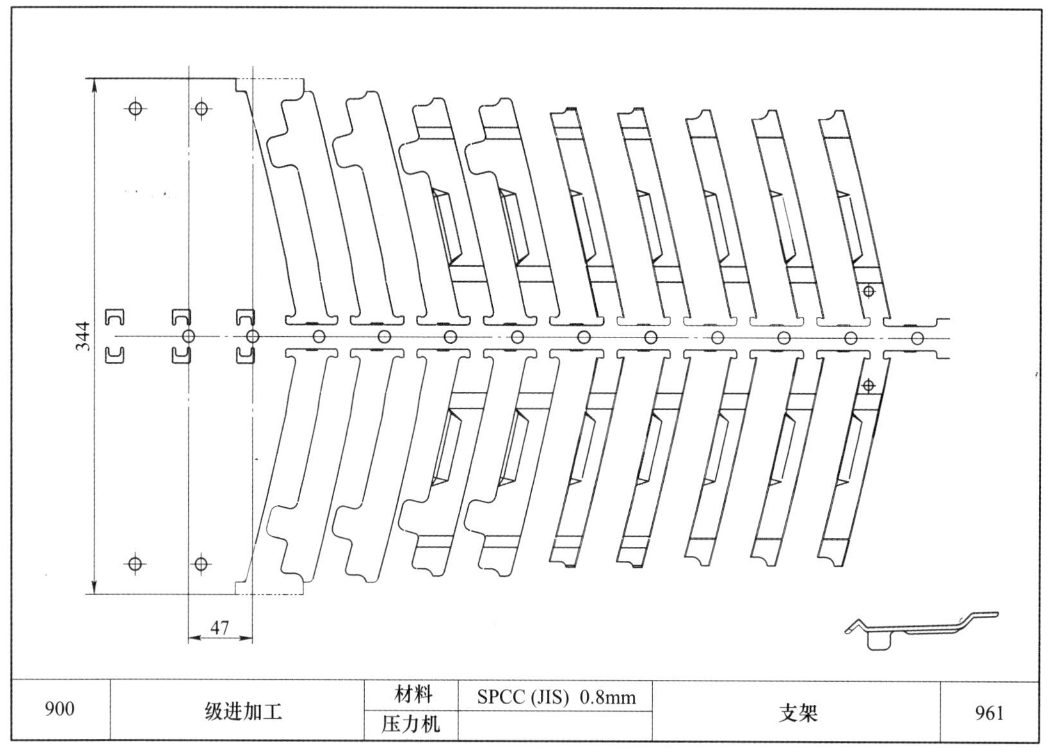

900	级进加工	材料	SPCC (JIS) 0.8mm	支架	961
		压力机			

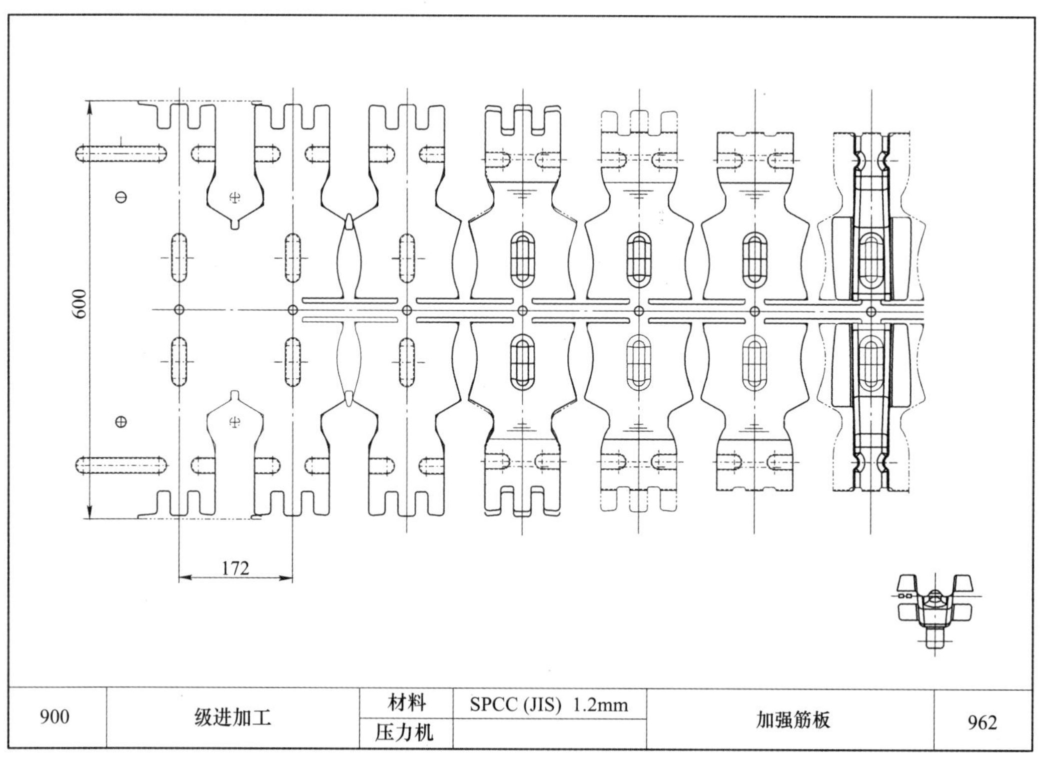

900	级进加工	材料	SPCC (JIS) 1.2mm	加强筋板	962
		压力机			

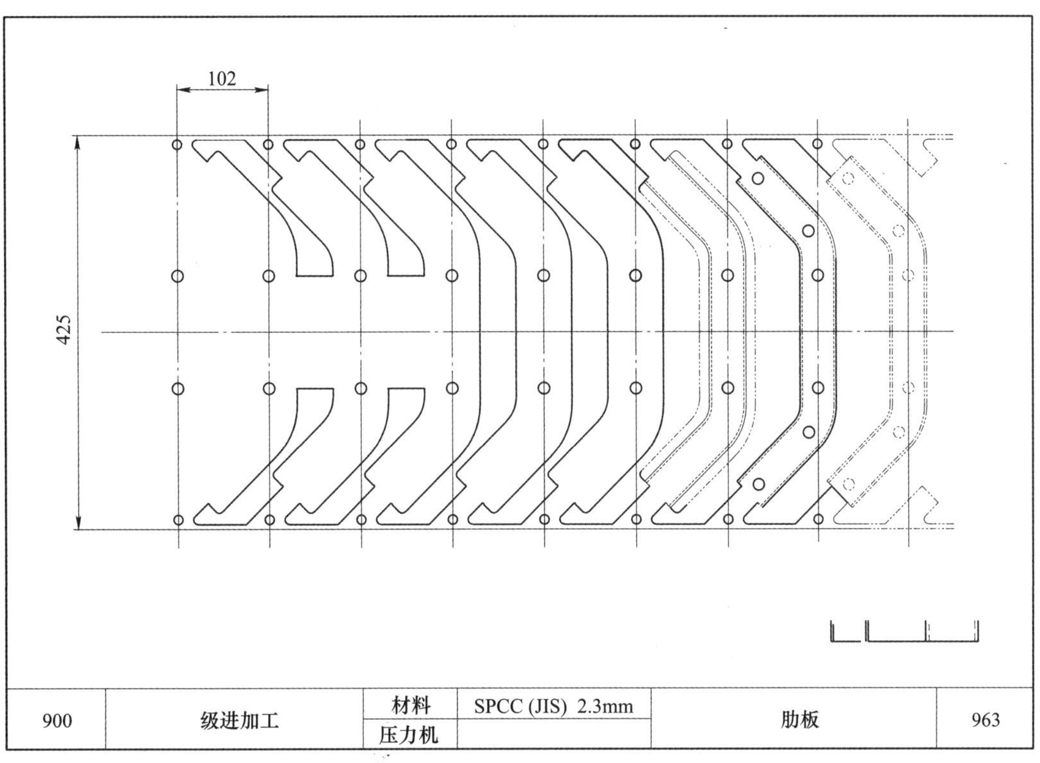

900	级进加工	材料	SPCC (JIS) 2.3mm	肋板	963
		压力机			

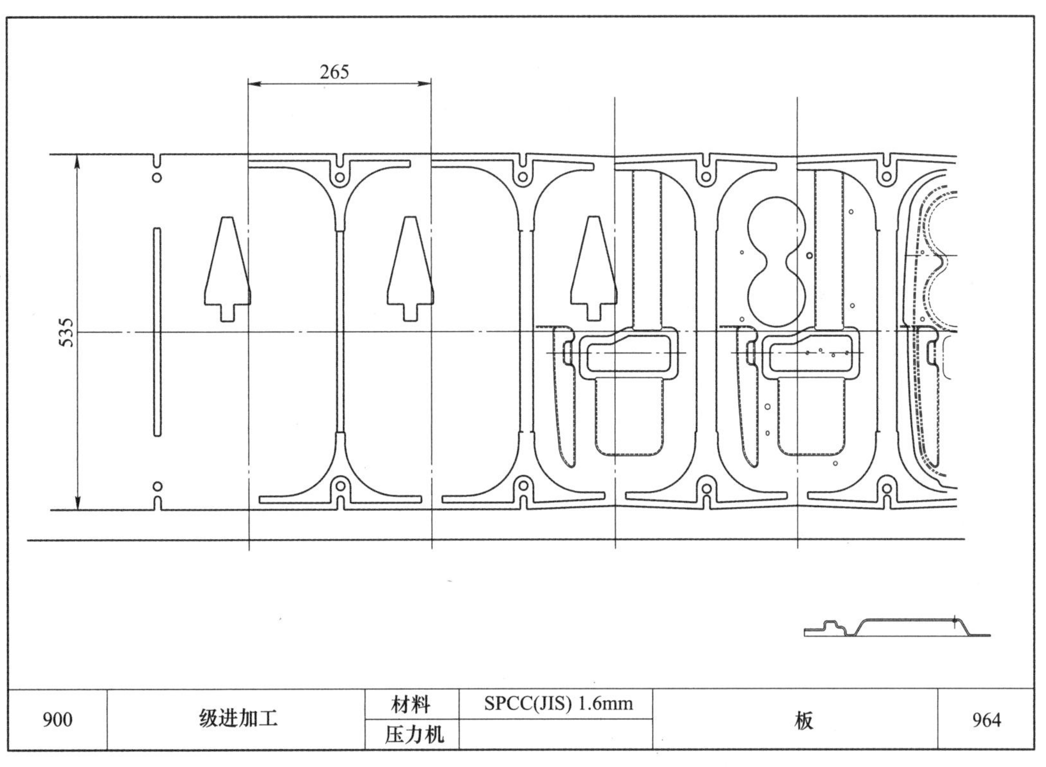

900	级进加工	材料	SPCC(JIS) 1.6mm	板	964
		压力机			

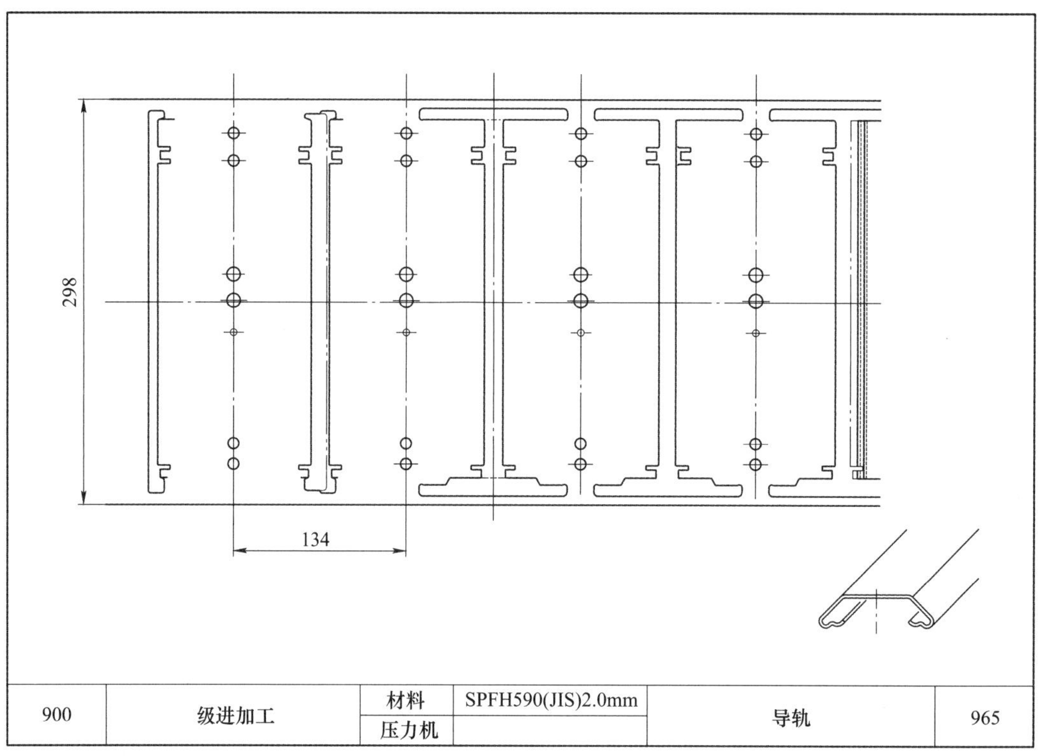

900	级进加工	材料	SPFH590(JIS)2.0mm	导轨	965
		压力机			

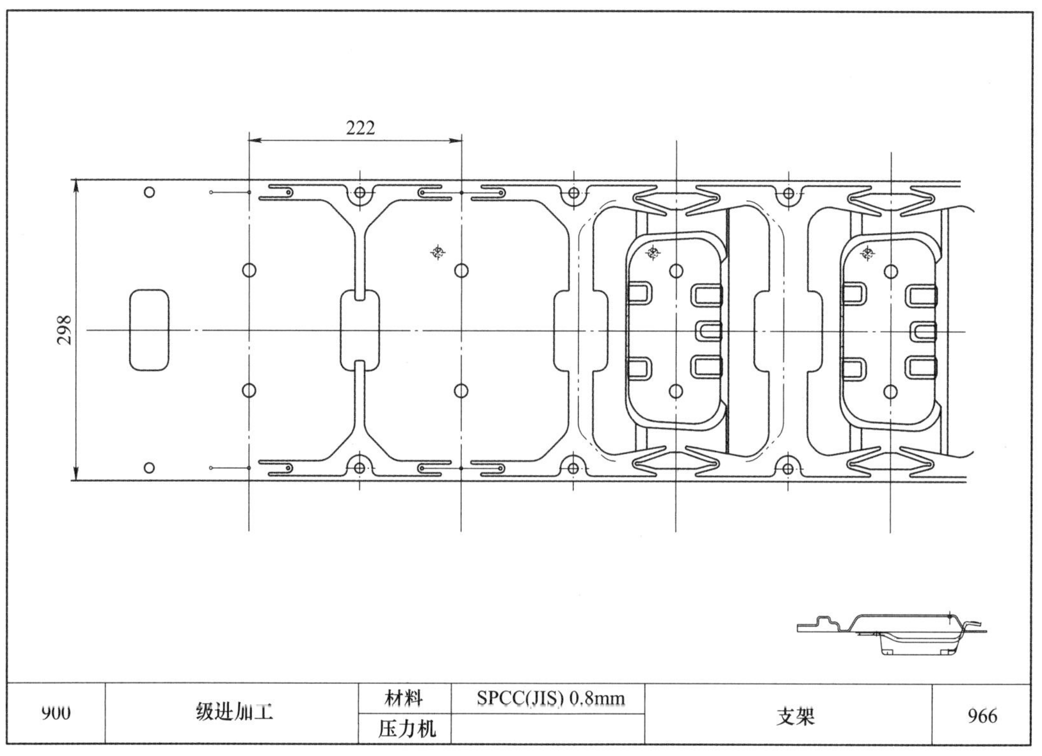

900	级进加工	材料	SPCC(JIS) 0.8mm	支架	966
		压力机			

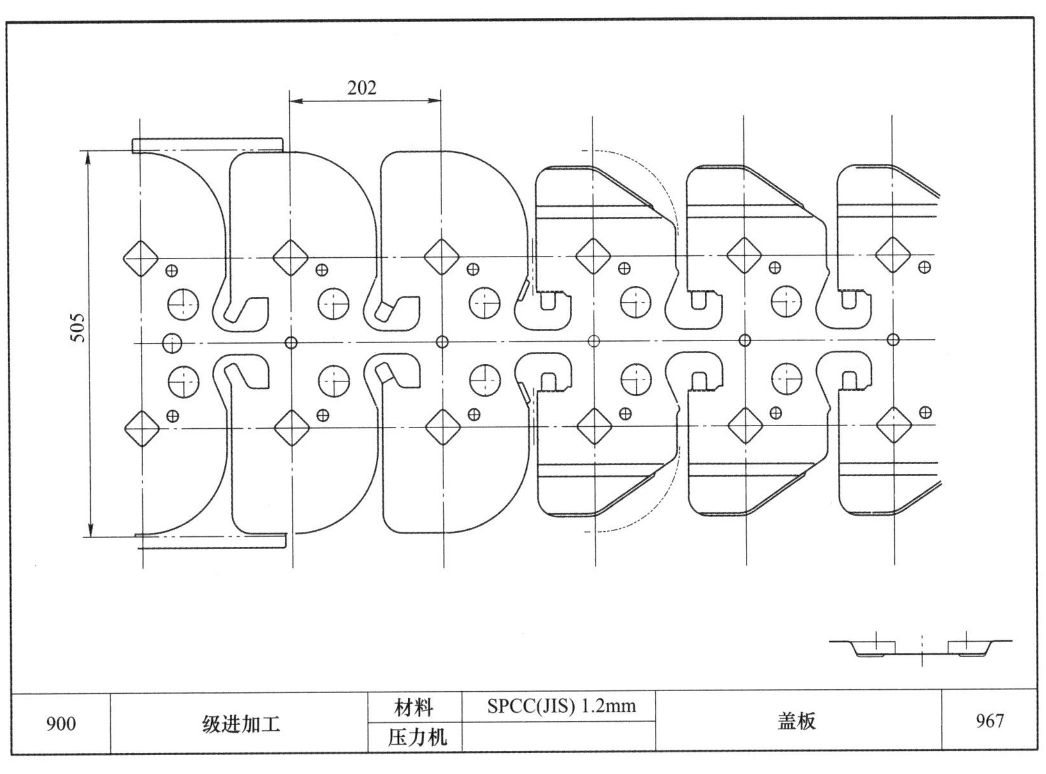
202
505
900
级进加工
材料
SPCC(JIS) 1.2mm
压力机
盖板
967

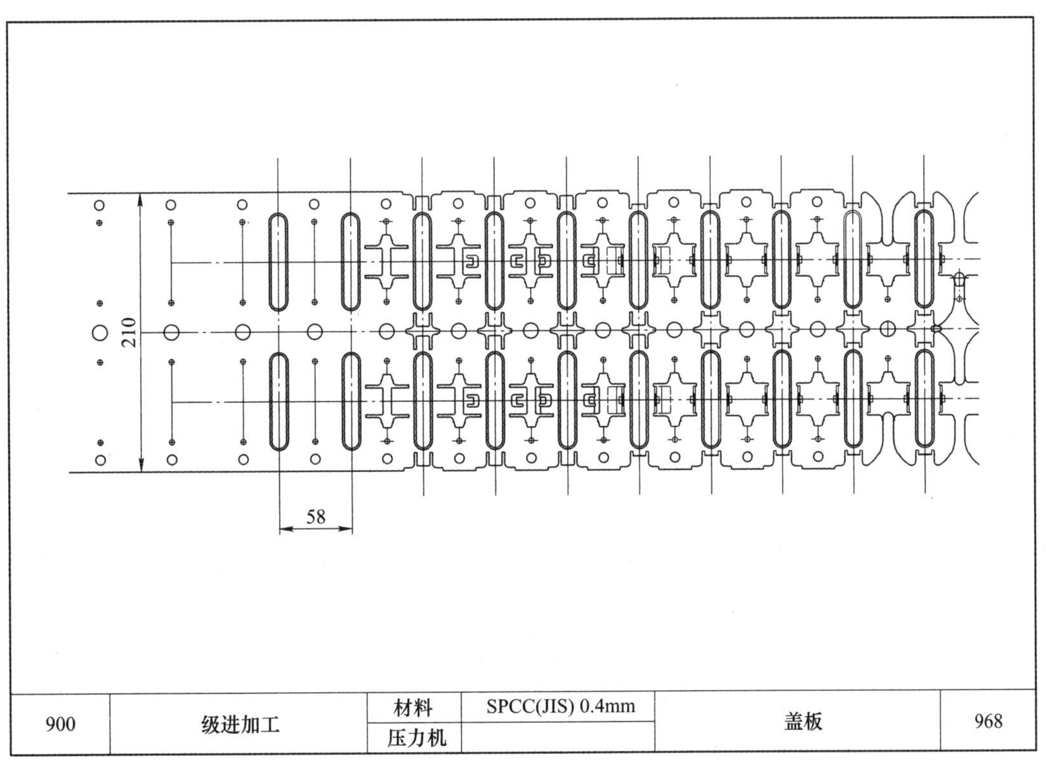
210
58
900
级进加工
材料
SPCC(JIS) 0.4mm
压力机
盖板
968

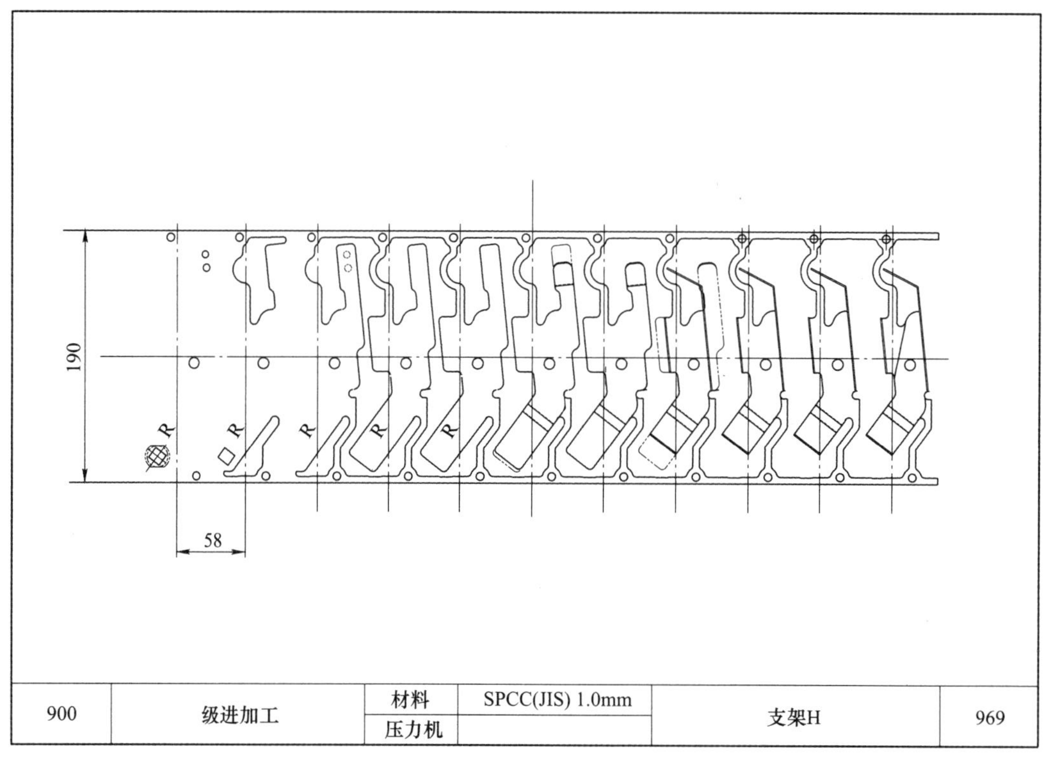
190
58
900
级进加工
材料
SPCC(JIS) 1.0mm
压力机
支架H
969

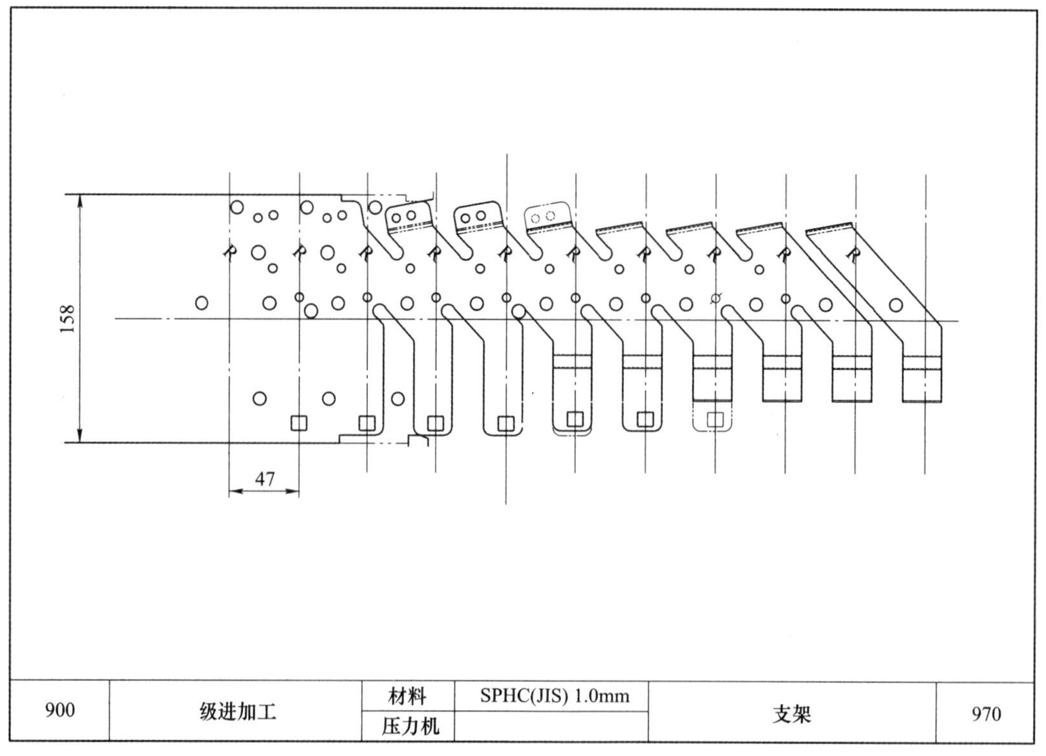
158
47
900
级进加工
材料
SPHC(JIS) 1.0mm
压力机
支架
970

3.4.3 折弯加工

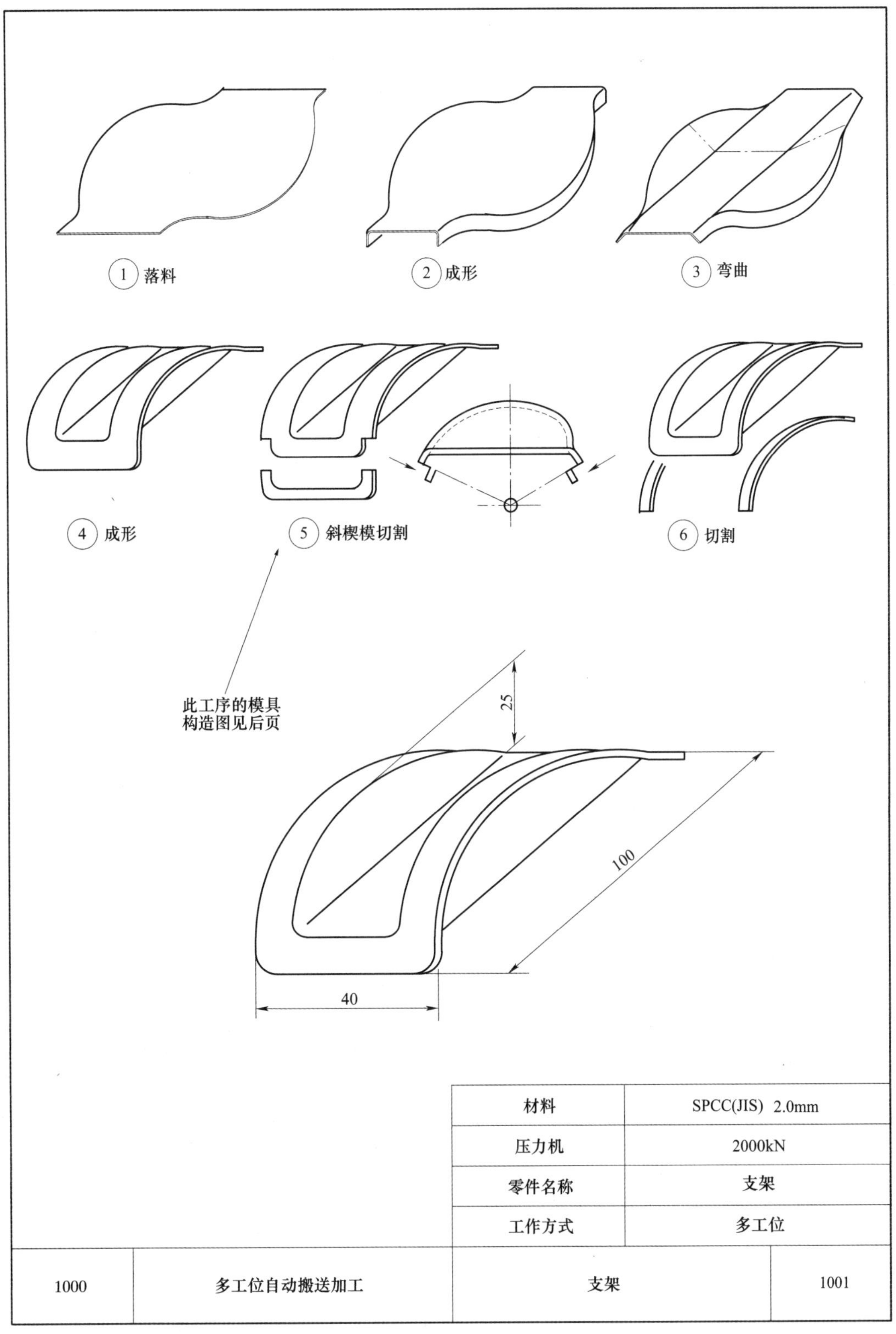

材料	SPCC(JIS) 2.0mm
压力机	2000kN
零件名称	支架
工作方式	多工位

1000	多工位自动搬送加工	支架	1001

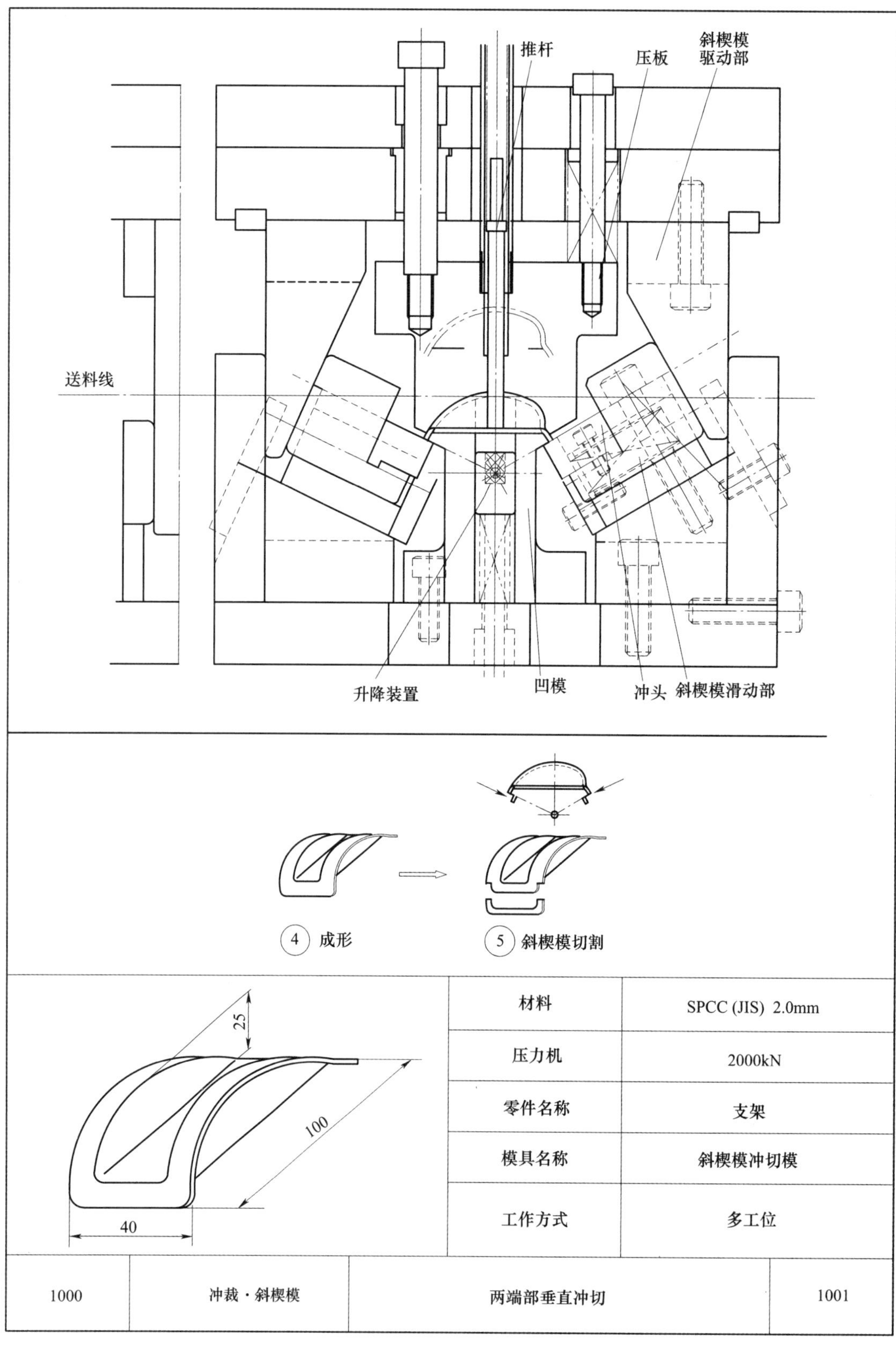

材料	SPCC (JIS) 2.0mm
压力机	2000kN
零件名称	支架
模具名称	斜楔模冲切模
工作方式	多工位

1000	冲裁 · 斜楔模	两端部垂直冲切	1001

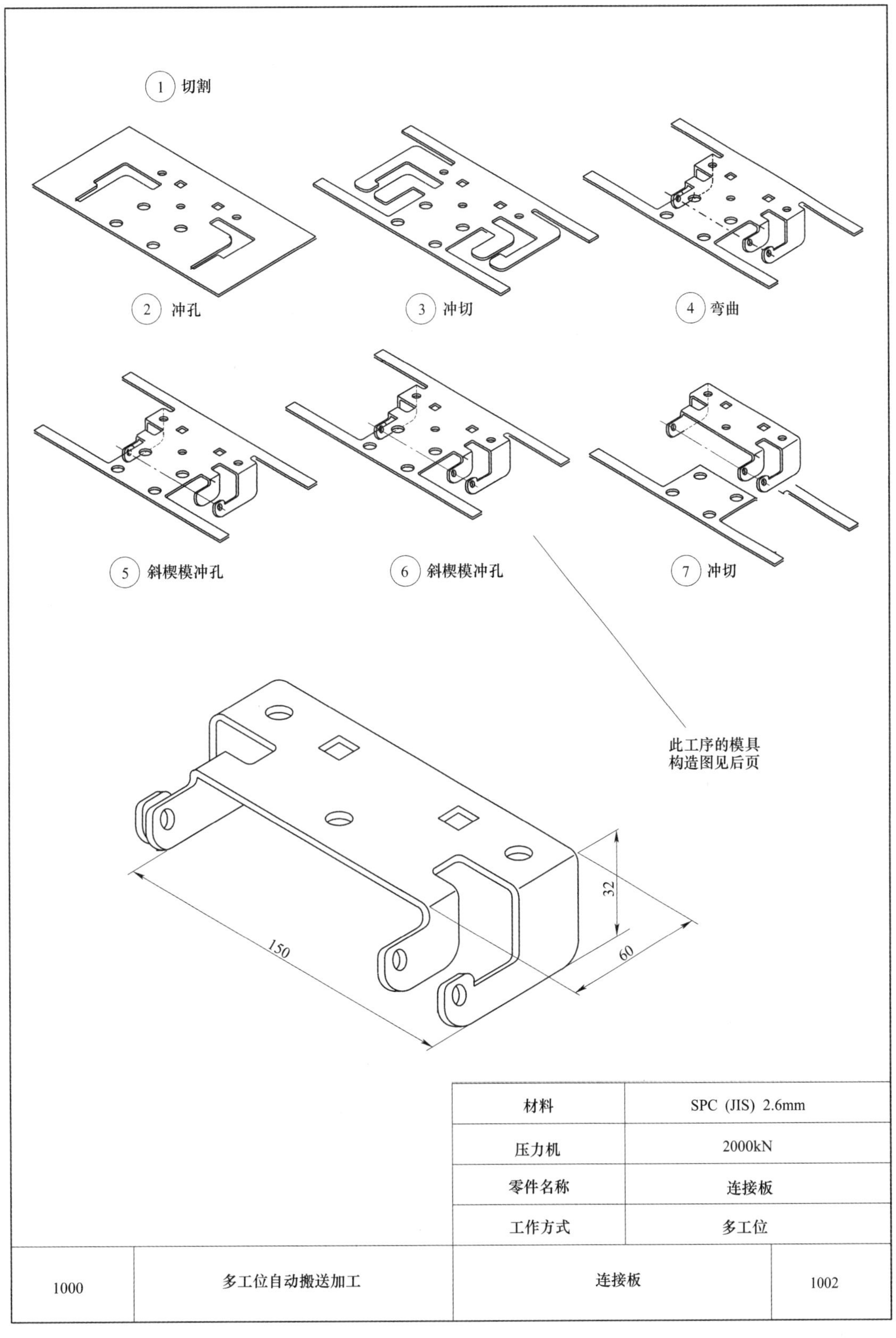

材料	SPC (JIS) 2.6mm
压力机	2000kN
零件名称	连接板
工作方式	多工位

1000	多工位自动搬送加工	连接板	1002

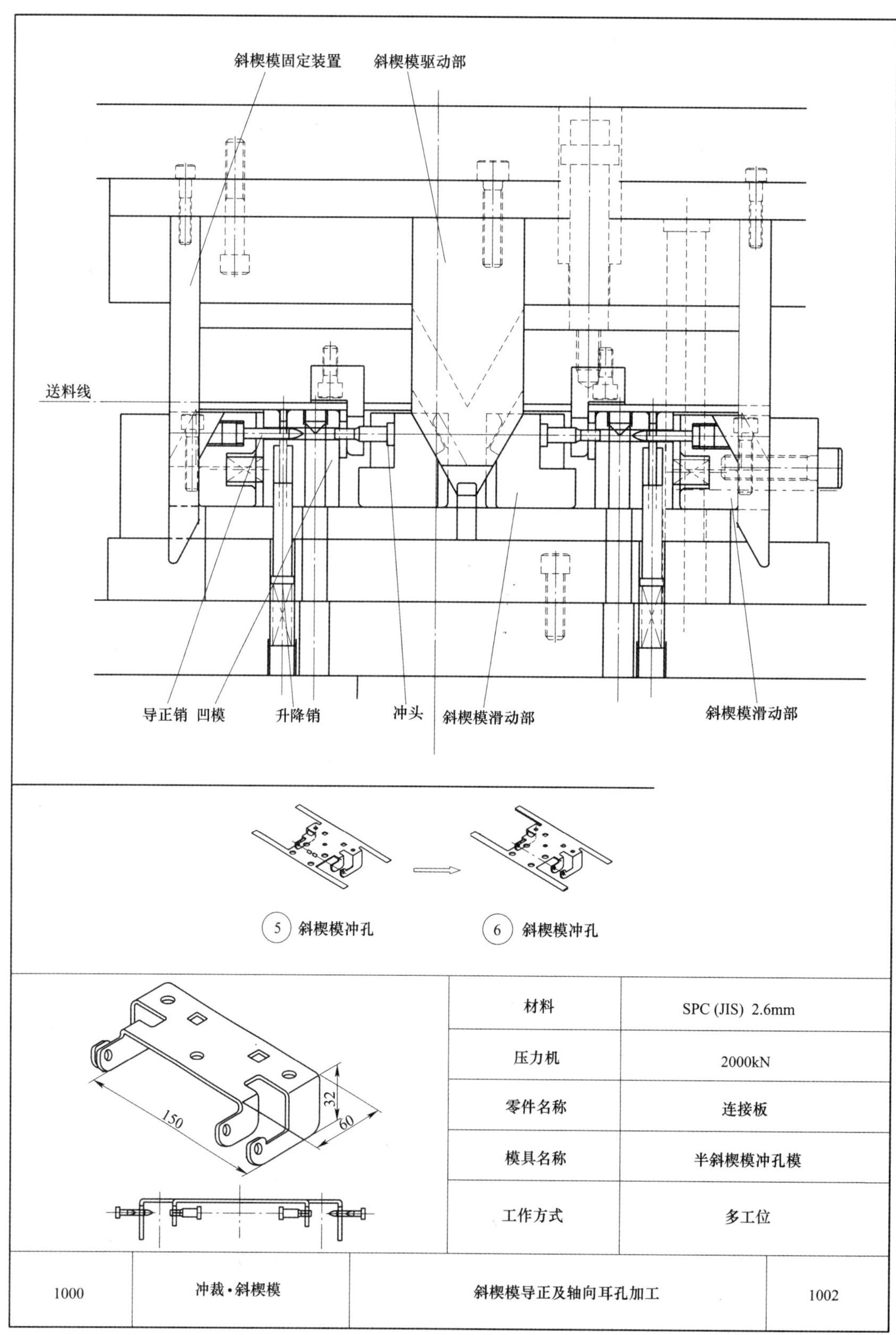

材料	SPC (JIS) 2.6mm
压力机	2000kN
零件名称	连接板
模具名称	半斜楔模冲孔模
工作方式	多工位

1000	冲裁·斜楔模	斜楔模导正及轴向耳孔加工	1002

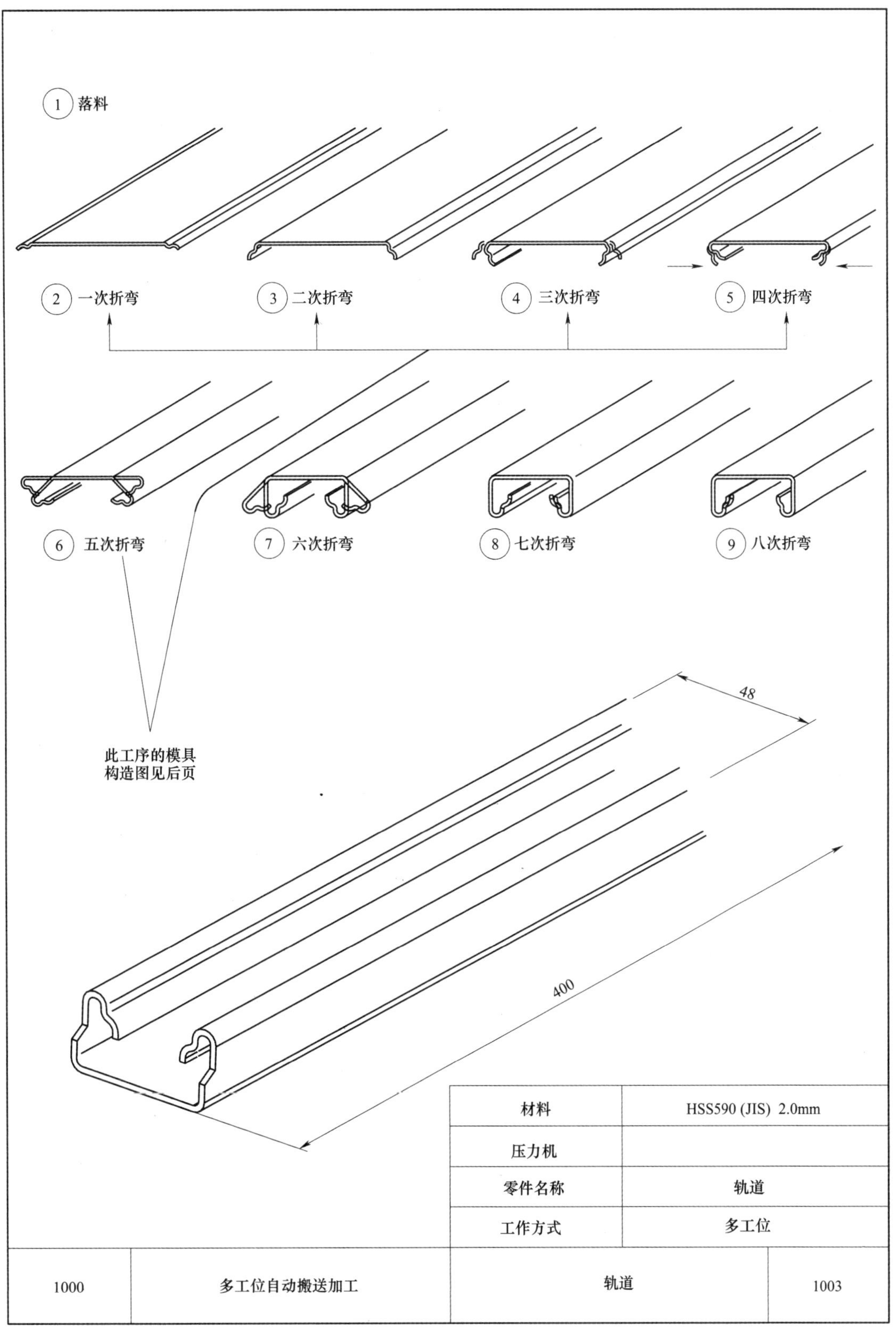

材料	HSS590 (JIS) 2.0mm
压力机	
零件名称	轨道
工作方式	多工位

1000	多工位自动搬送加工	轨道	1003

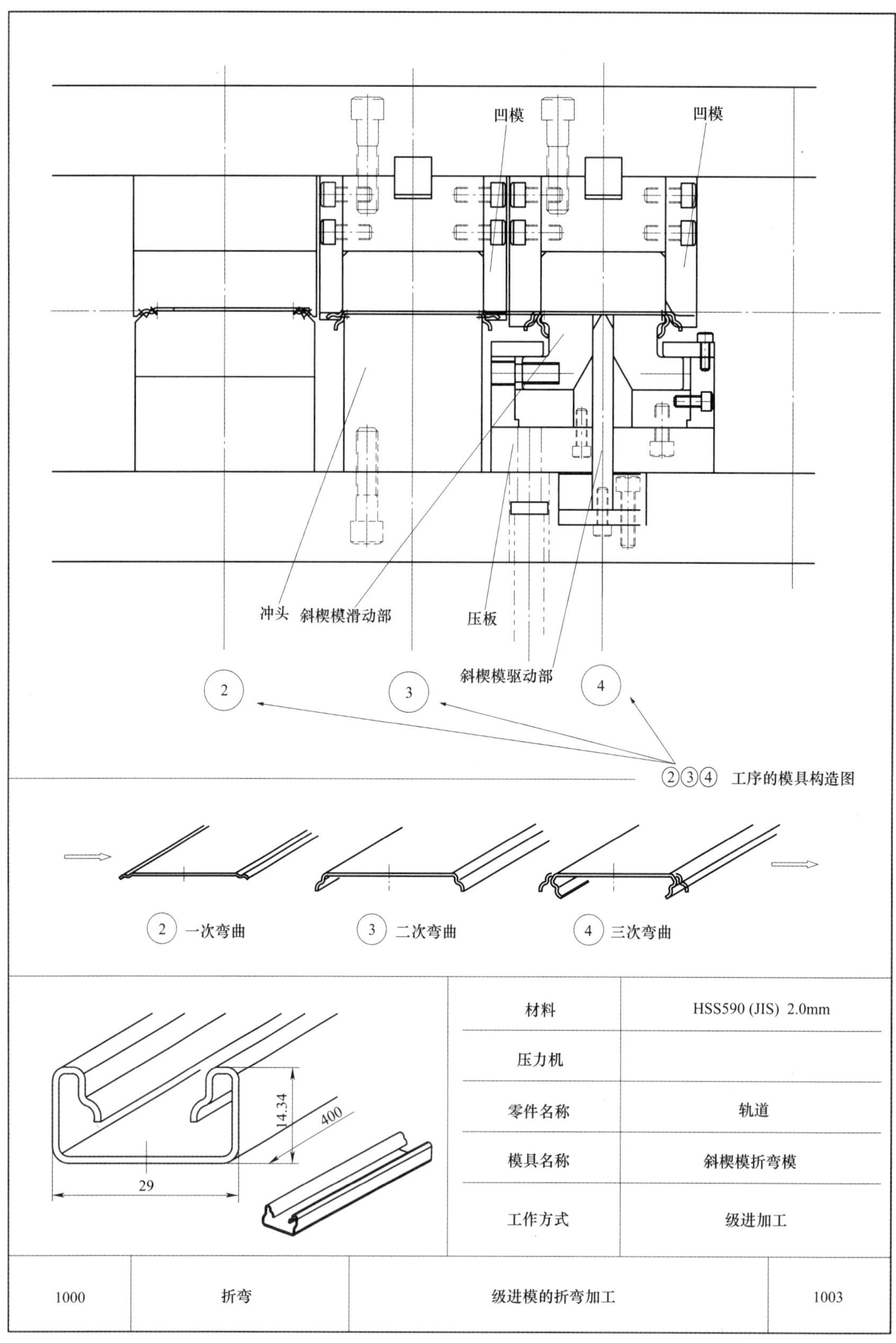

材料	HSS590 (JIS) 2.0mm
压力机	
零件名称	轨道
模具名称	斜楔模折弯模
工作方式	级进加工

1000	折弯	级进模的折弯加工	1003

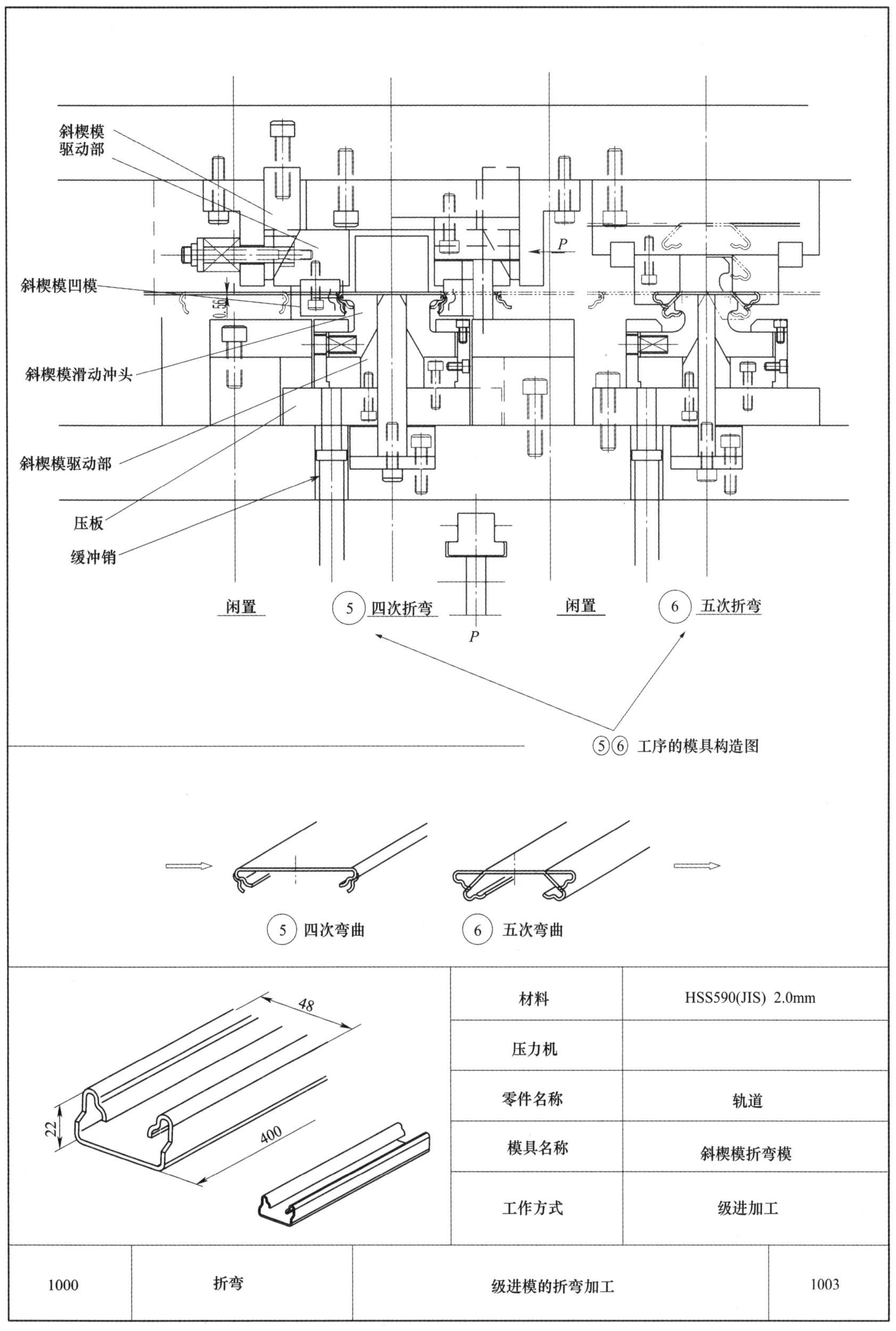

材料	HSS590(JIS) 2.0mm
压力机	
零件名称	轨道
模具名称	斜楔模折弯模
工作方式	级进加工

1000	折弯	级进模的折弯加工	1003

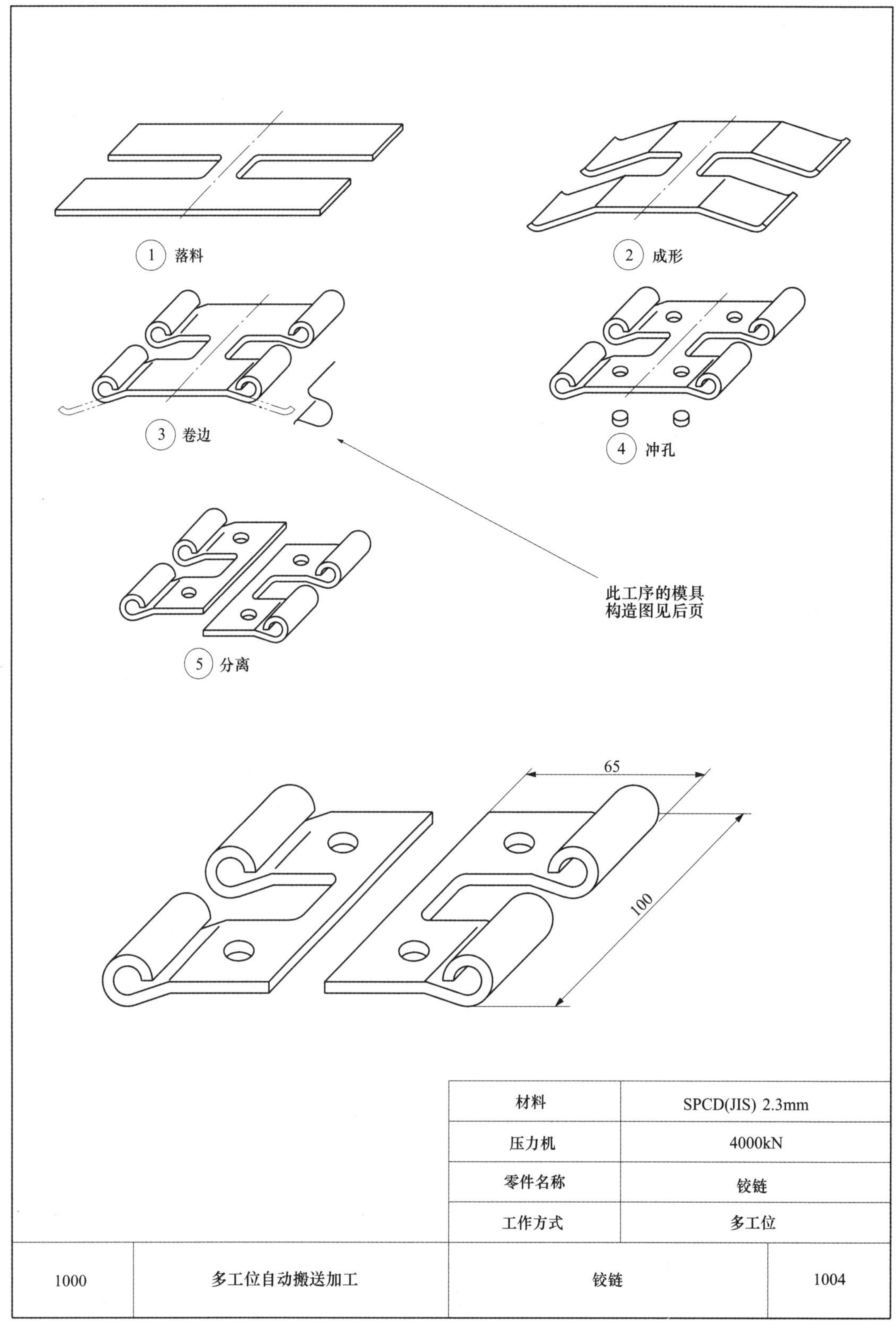

材料	SPCD(JIS) 2.3mm
压力机	4000kN
零件名称	铰链
工作方式	多工位

1000	多工位自动搬送加工	铰链	1004

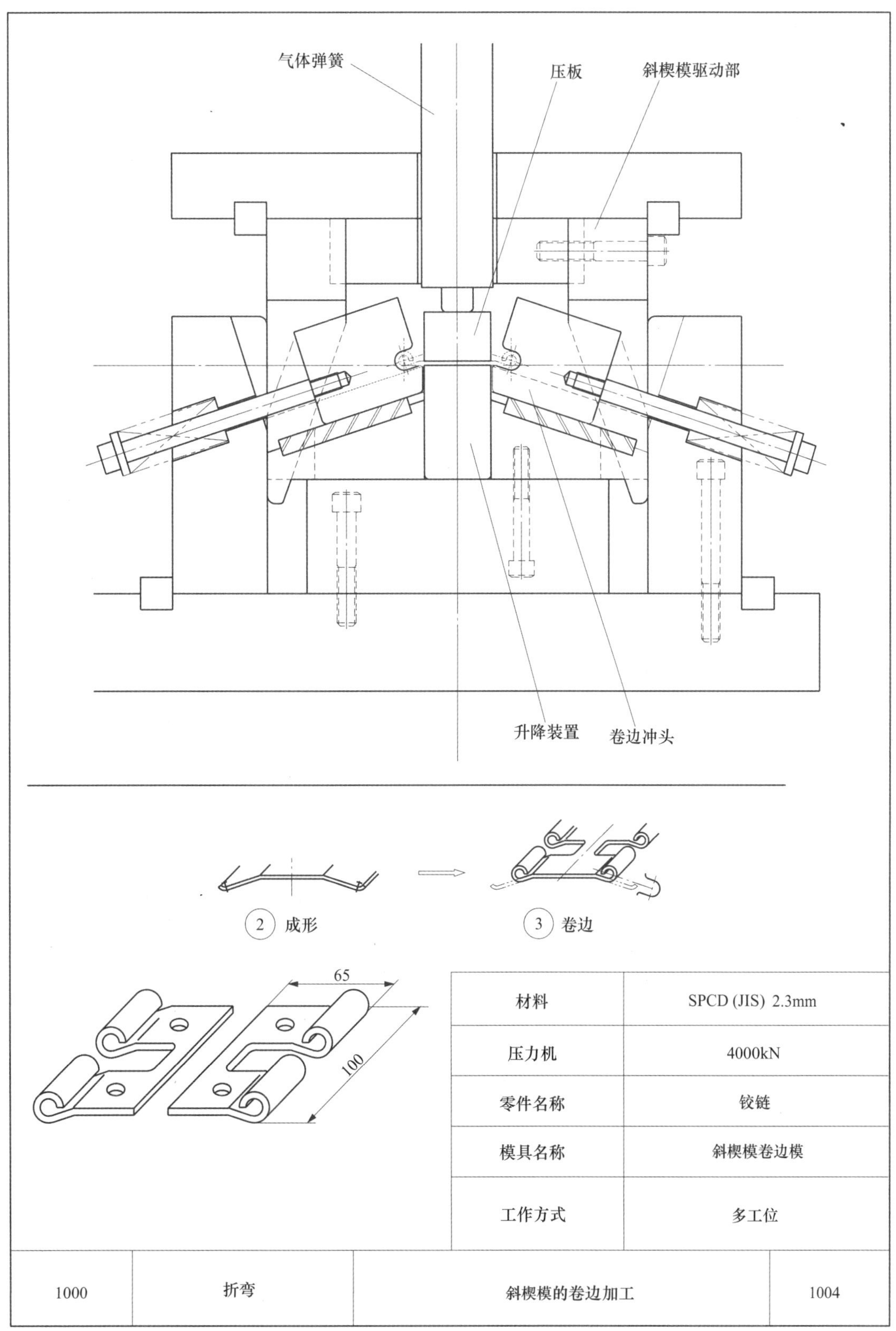

材料	SPCD (JIS) 2.3mm
压力机	4000kN
零件名称	铰链
模具名称	斜楔模卷边模
工作方式	多工位

1000	折弯	斜楔模的卷边加工	1004

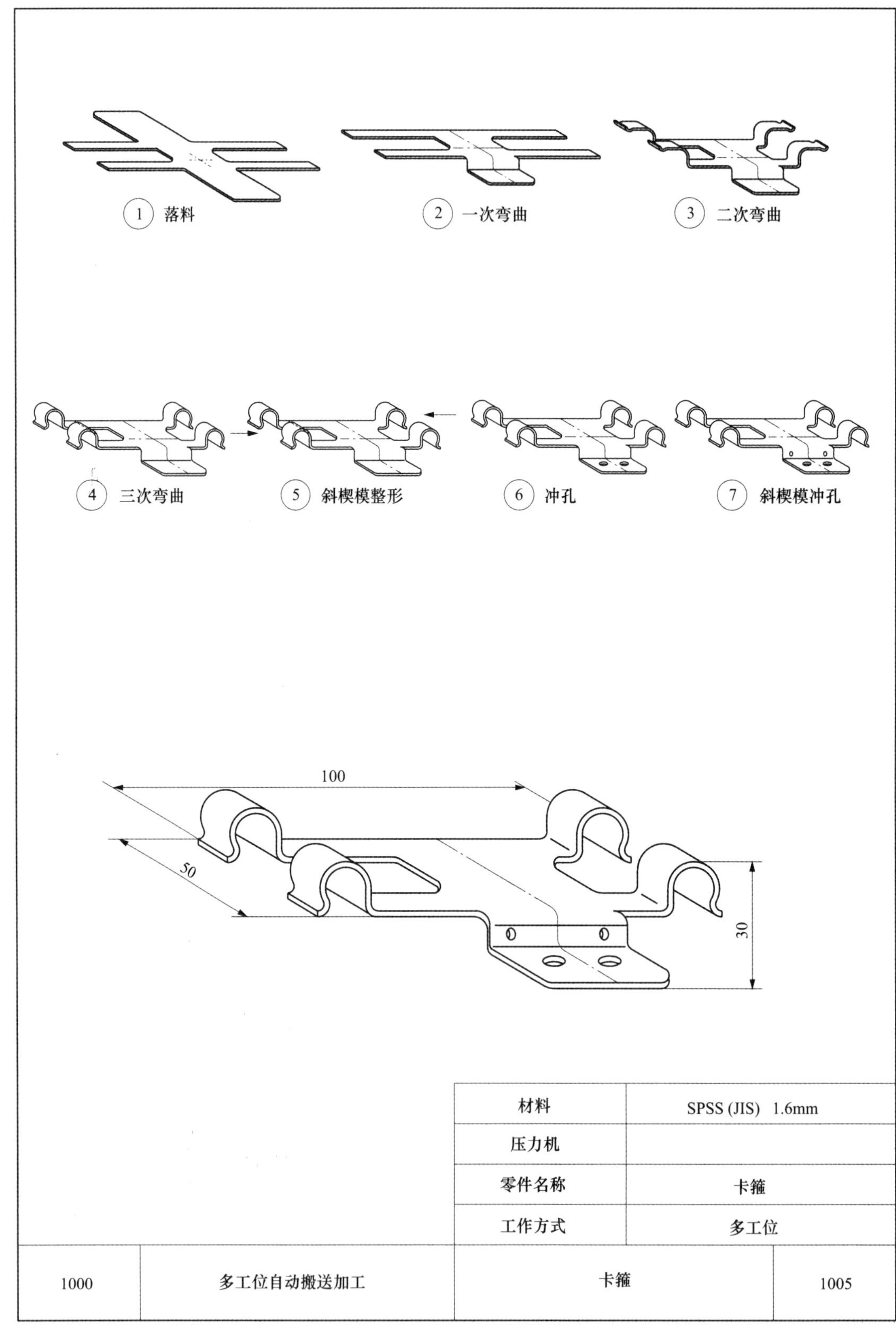

材料	SPSS (JIS) 1.6mm
压力机	
零件名称	卡箍
工作方式	多工位

1000	多工位自动搬送加工	卡箍	1005

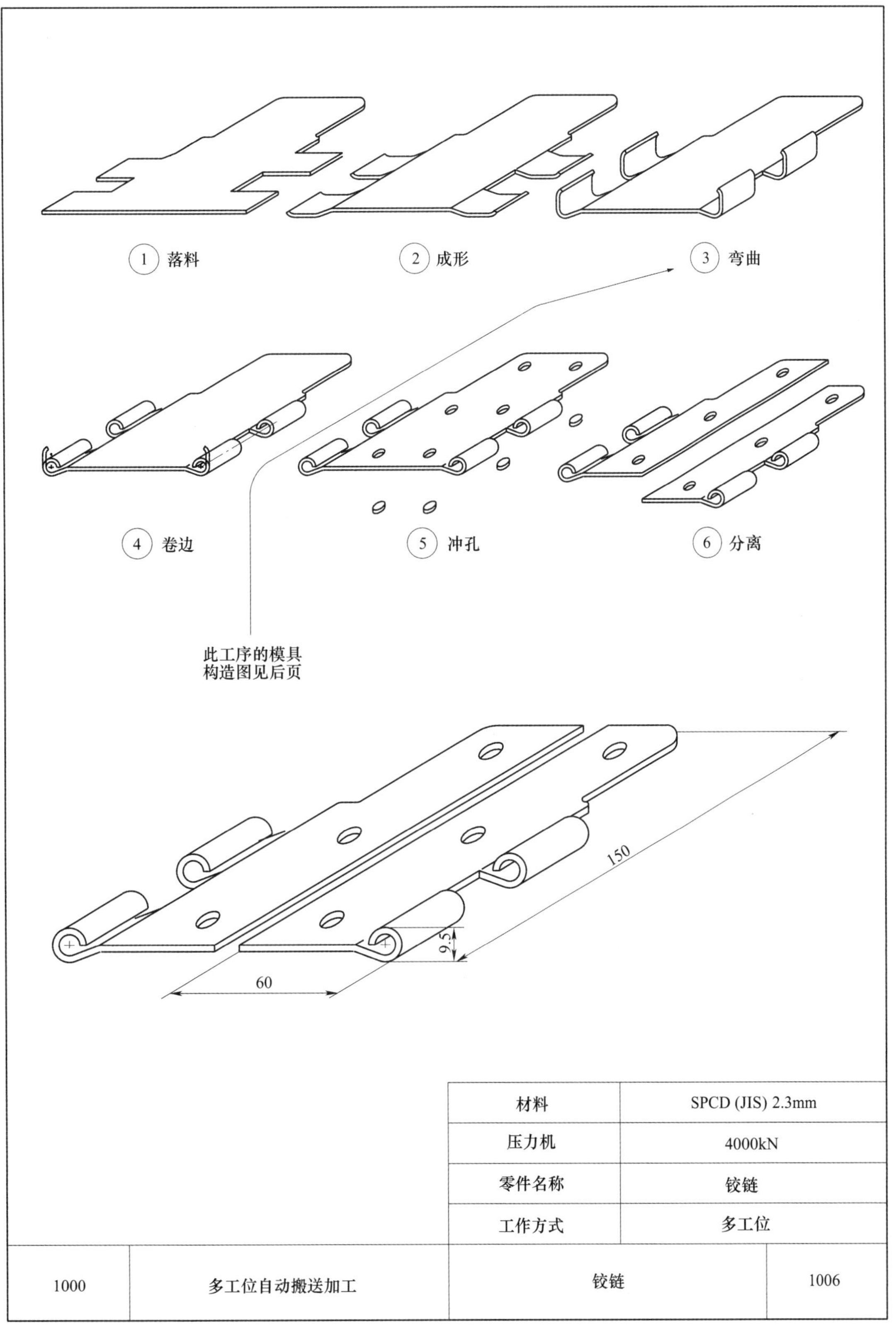

材料	SPCD (JIS) 2.3mm
压力机	4000kN
零件名称	铰链
工作方式	多工位

1000	多工位自动搬送加工	铰链	1006

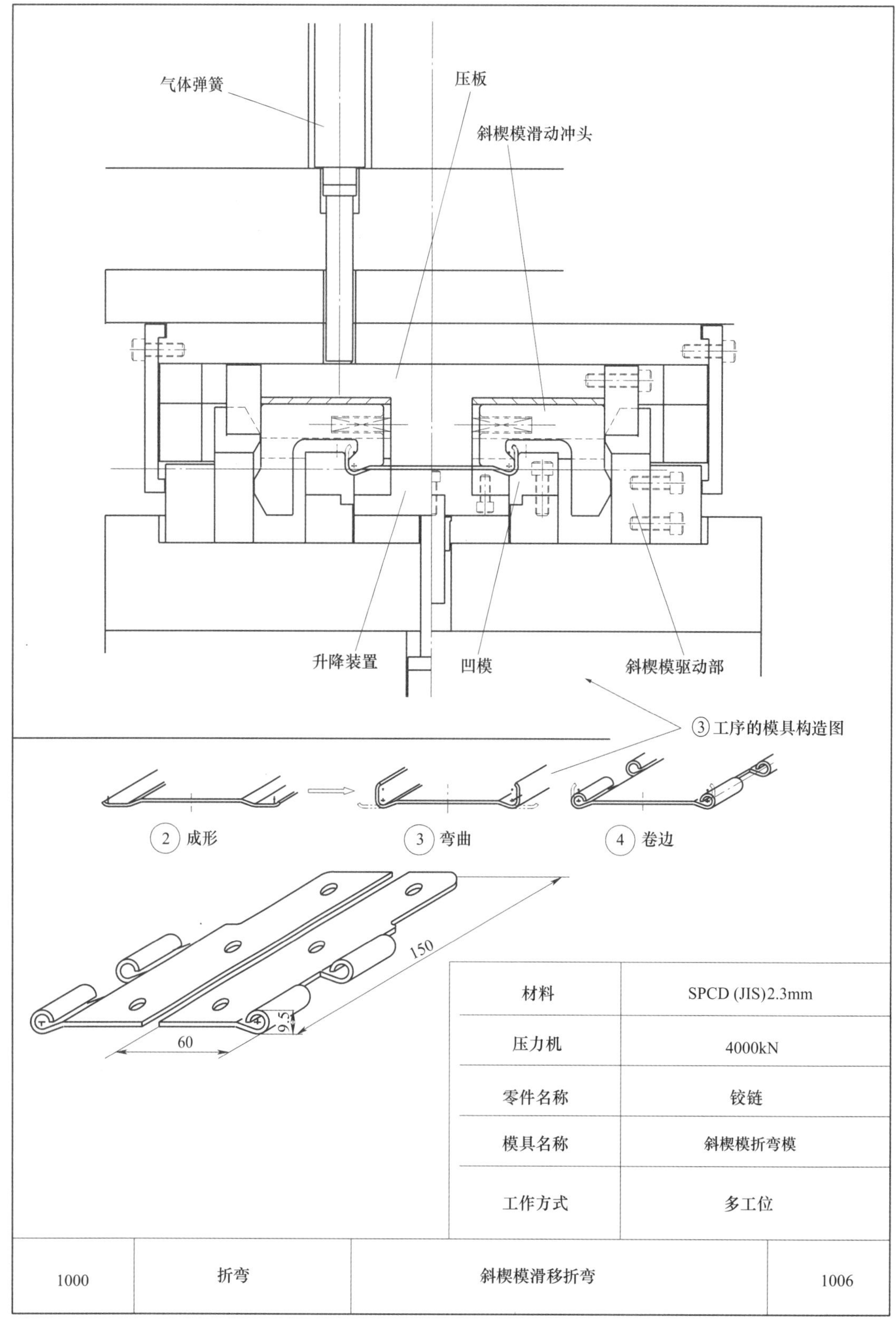

材料	SPCD (JIS)2.3mm
压力机	4000kN
零件名称	铰链
模具名称	斜楔模折弯模
工作方式	多工位

1000	折弯	斜楔模滑移折弯	1006

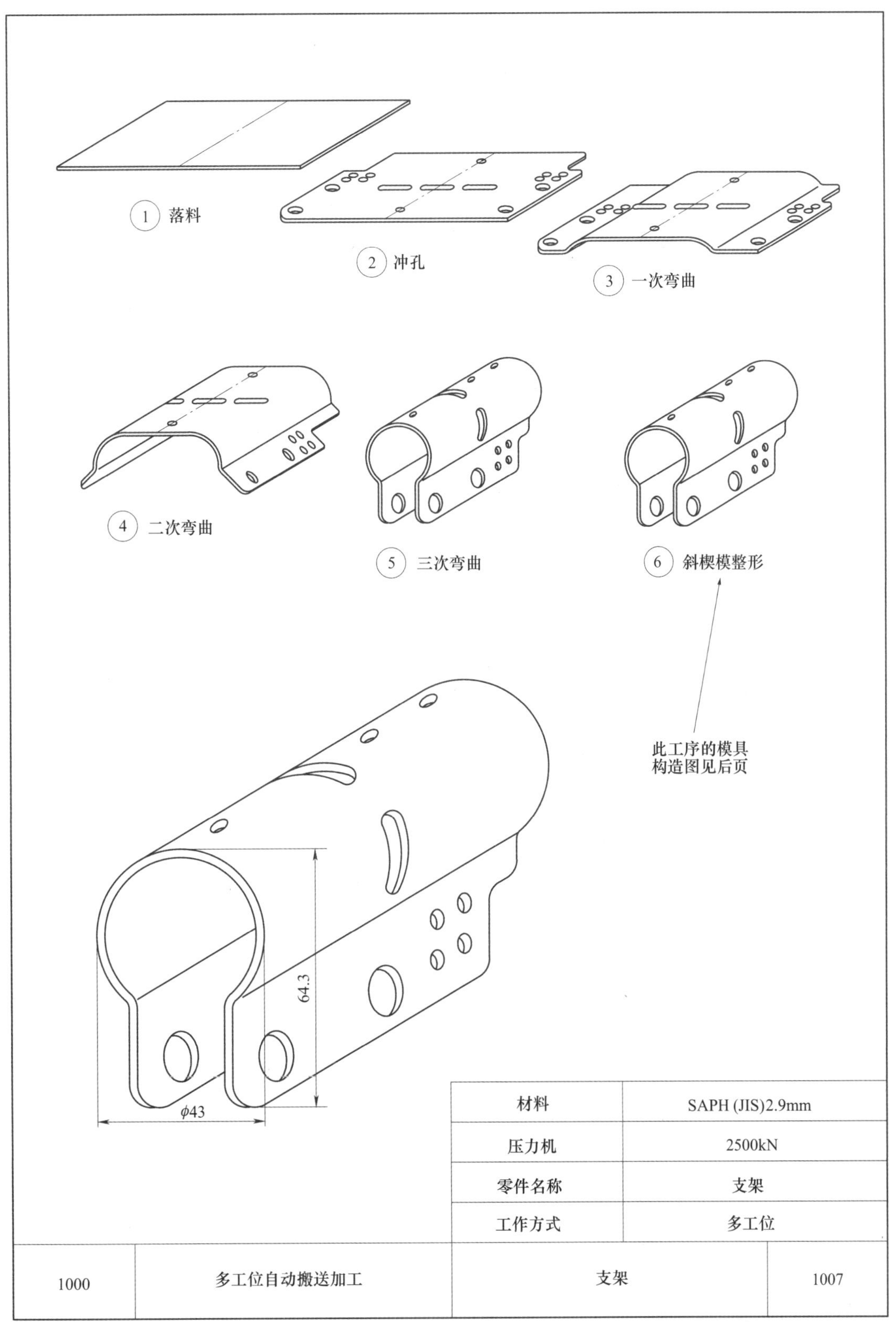

材料	SAPH (JIS)2.9mm
压力机	2500kN
零件名称	支架
工作方式	多工位

1000	多工位自动搬送加工	支架	1007

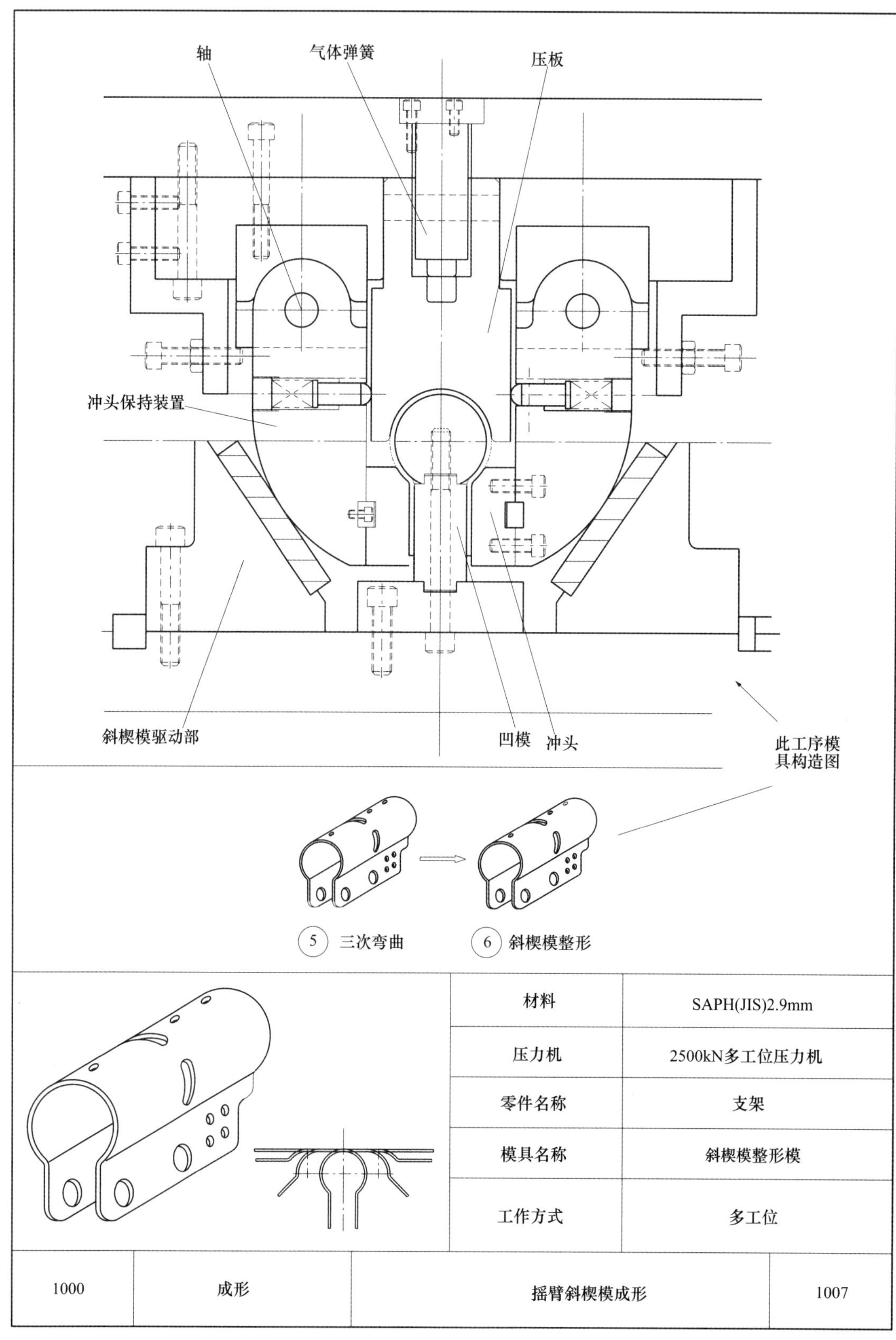

材料	SAPH(JIS)2.9mm
压力机	2500kN多工位压力机
零件名称	支架
模具名称	斜楔模整形模
工作方式	多工位

1000	成形	摇臂斜楔模成形	1007

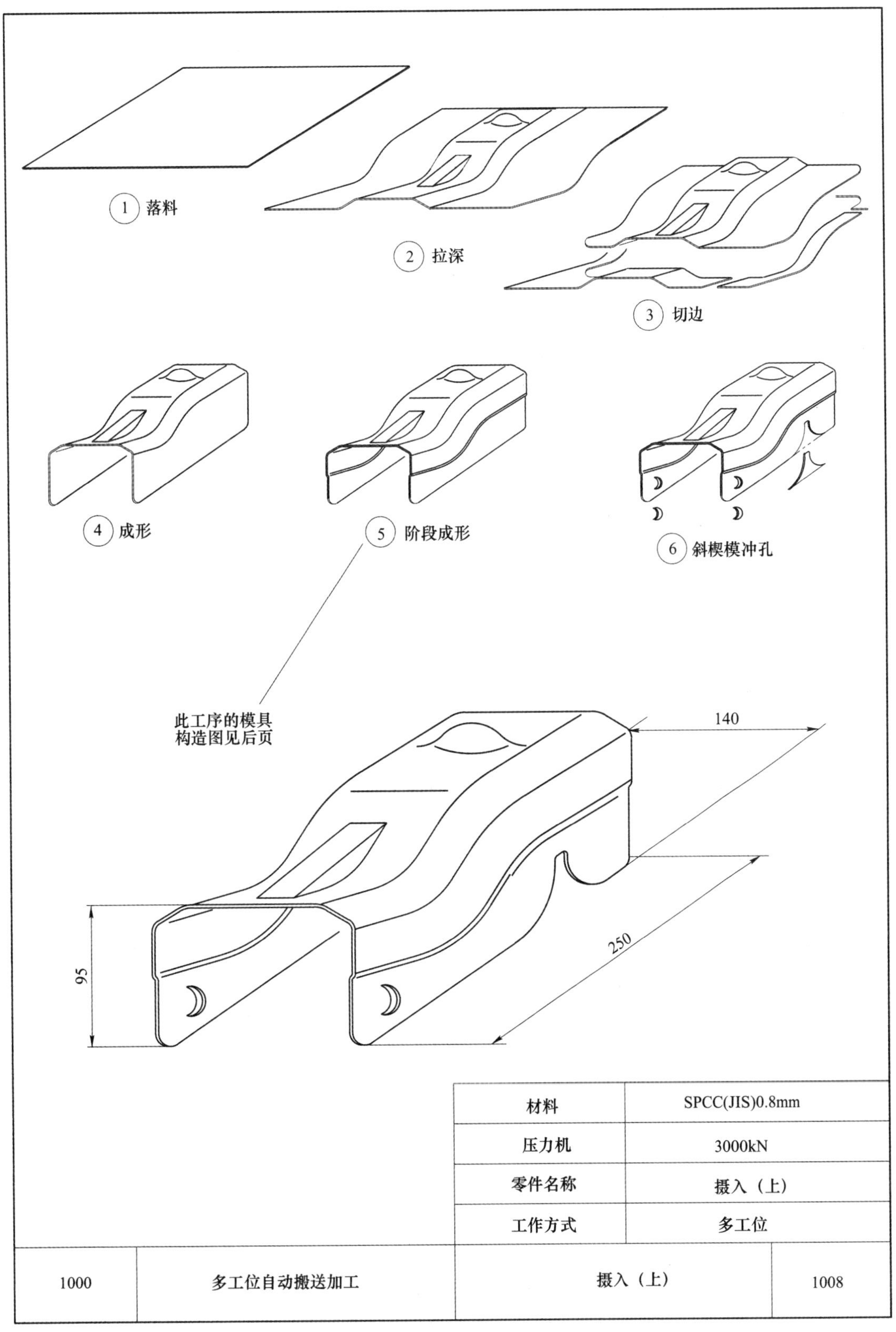

材料	SPCC(JIS)0.8mm
压力机	3000kN
零件名称	摄入（上）
工作方式	多工位

1000	多工位自动搬送加工	摄入（上）	1008

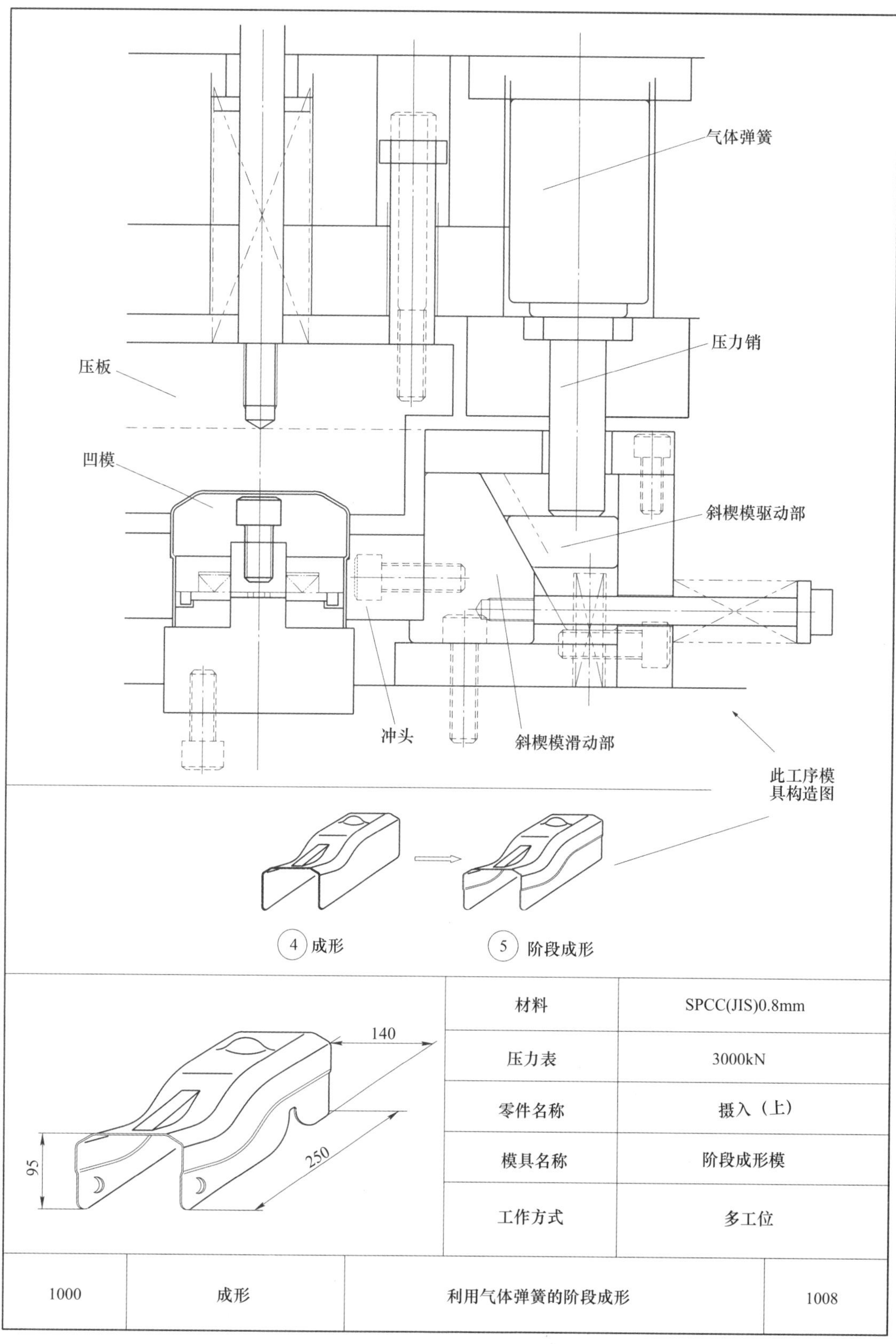

材料	SPCC(JIS)0.8mm
压力表	3000kN
零件名称	摄入（上）
模具名称	阶段成形模
工作方式	多工位

1000	成形	利用气体弹簧的阶段成形	1008

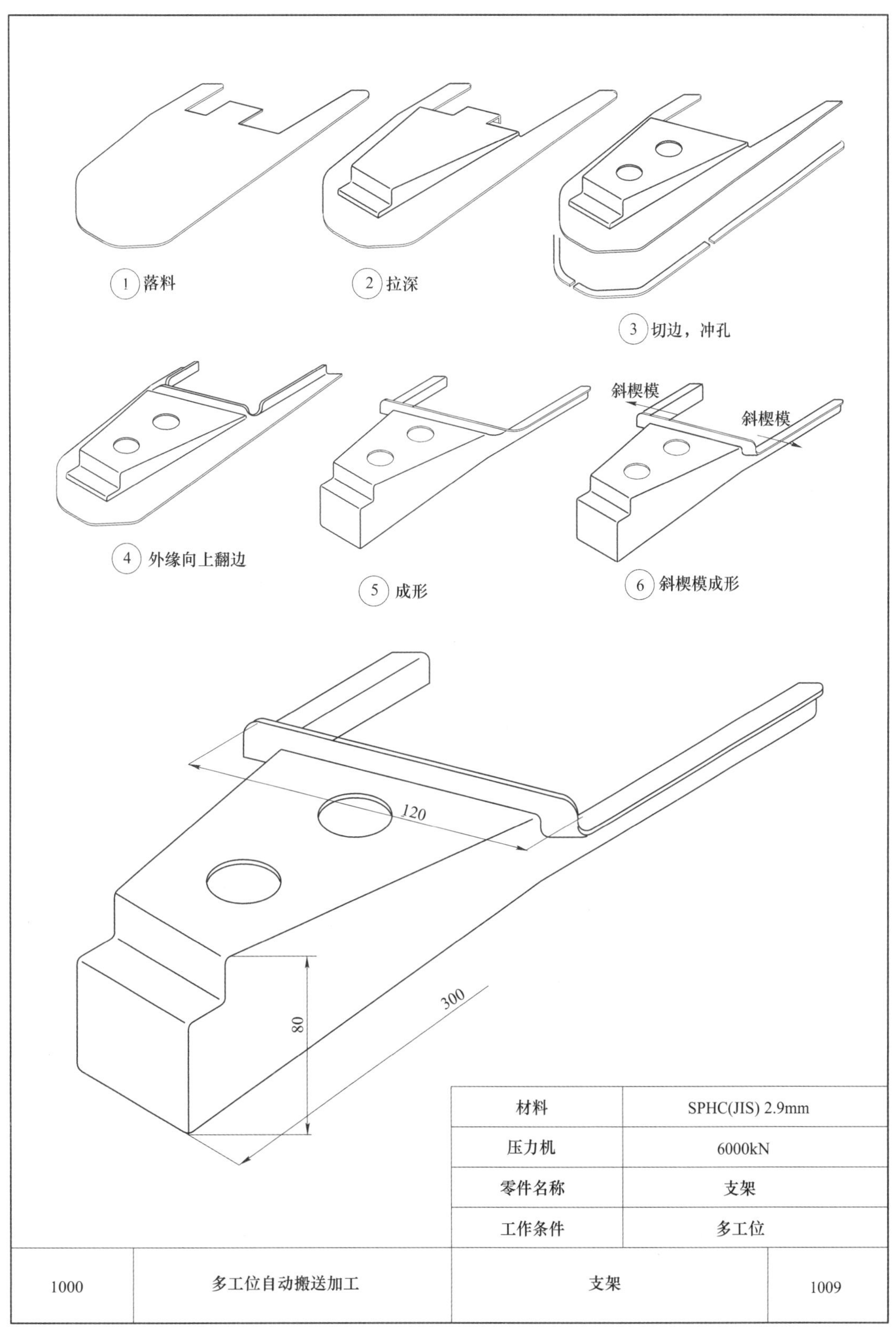

材料	SPHC(JIS) 2.9mm
压力机	6000kN
零件名称	支架
工作条件	多工位

1000	多工位自动搬送加工	支架	1009

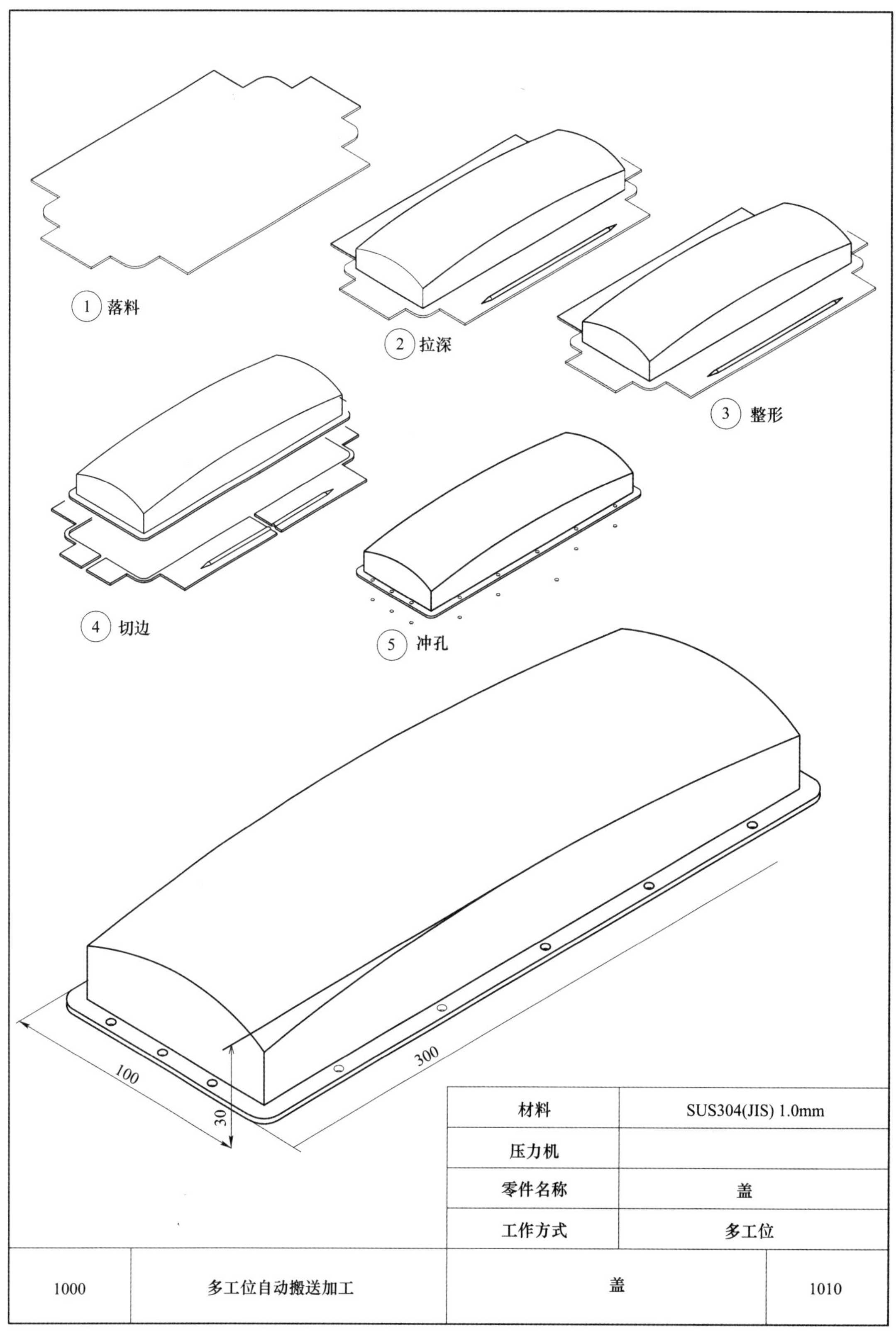

材料	SUS304(JIS) 1.0mm
压力机	
零件名称	盖
工作方式	多工位

1000	多工位自动搬送加工	盖	1010

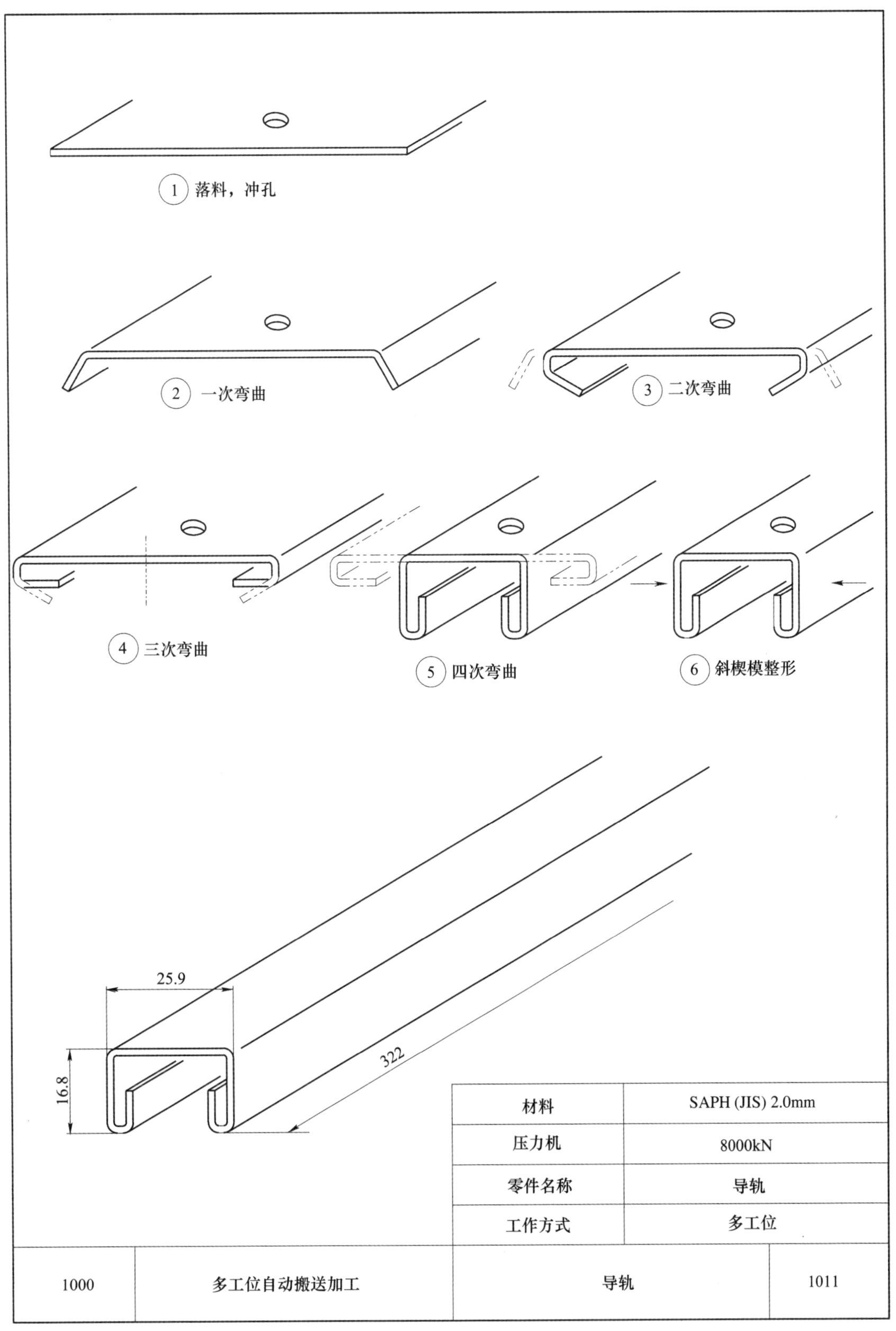

材料	SAPH (JIS) 2.0mm
压力机	8000kN
零件名称	导轨
工作方式	多工位

1000	多工位自动搬送加工	导轨	1011

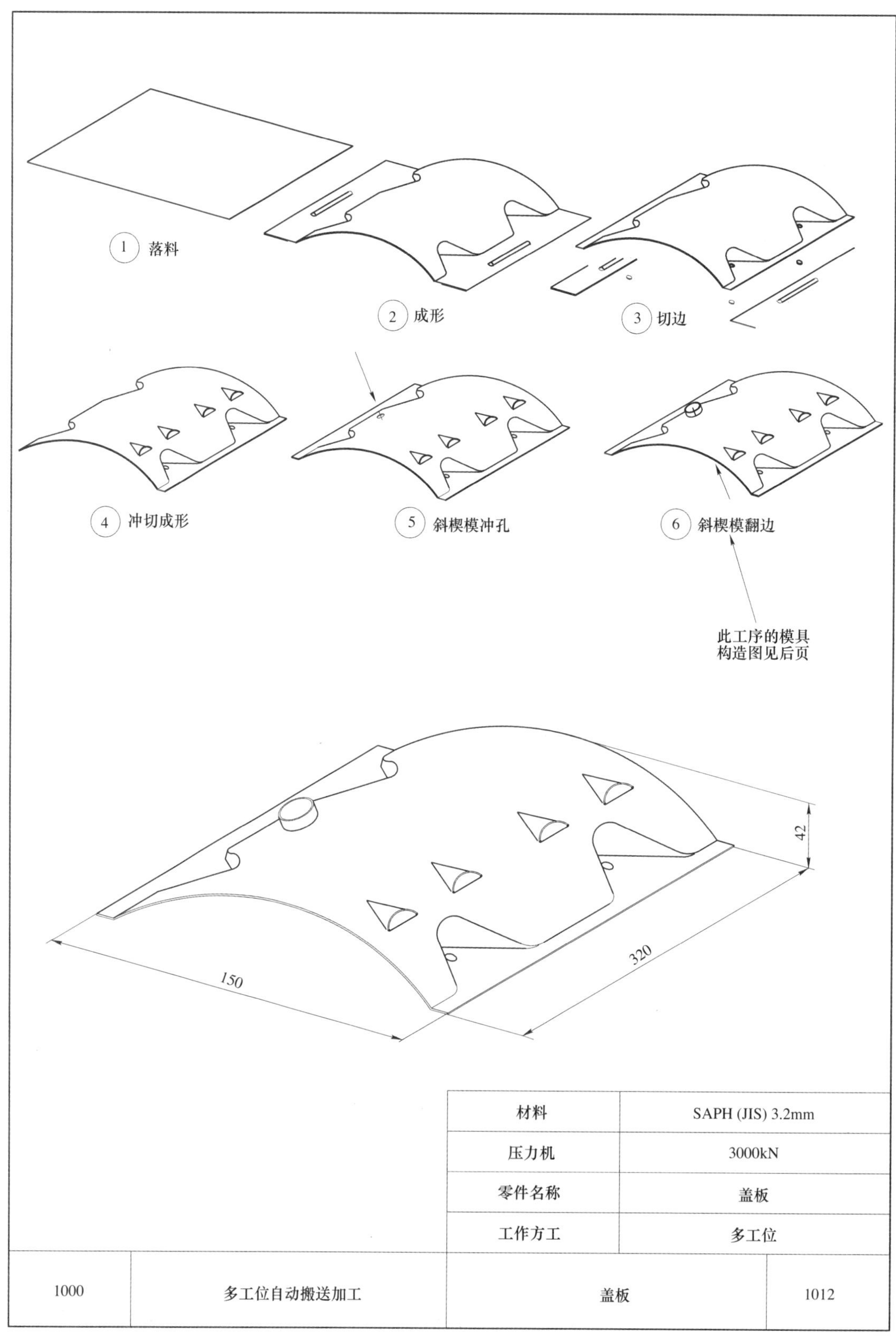

材料	SAPH (JIS) 3.2mm
压力机	3000kN
零件名称	盖板
工作方工	多工位

1000	多工位自动搬送加工	盖板	1012

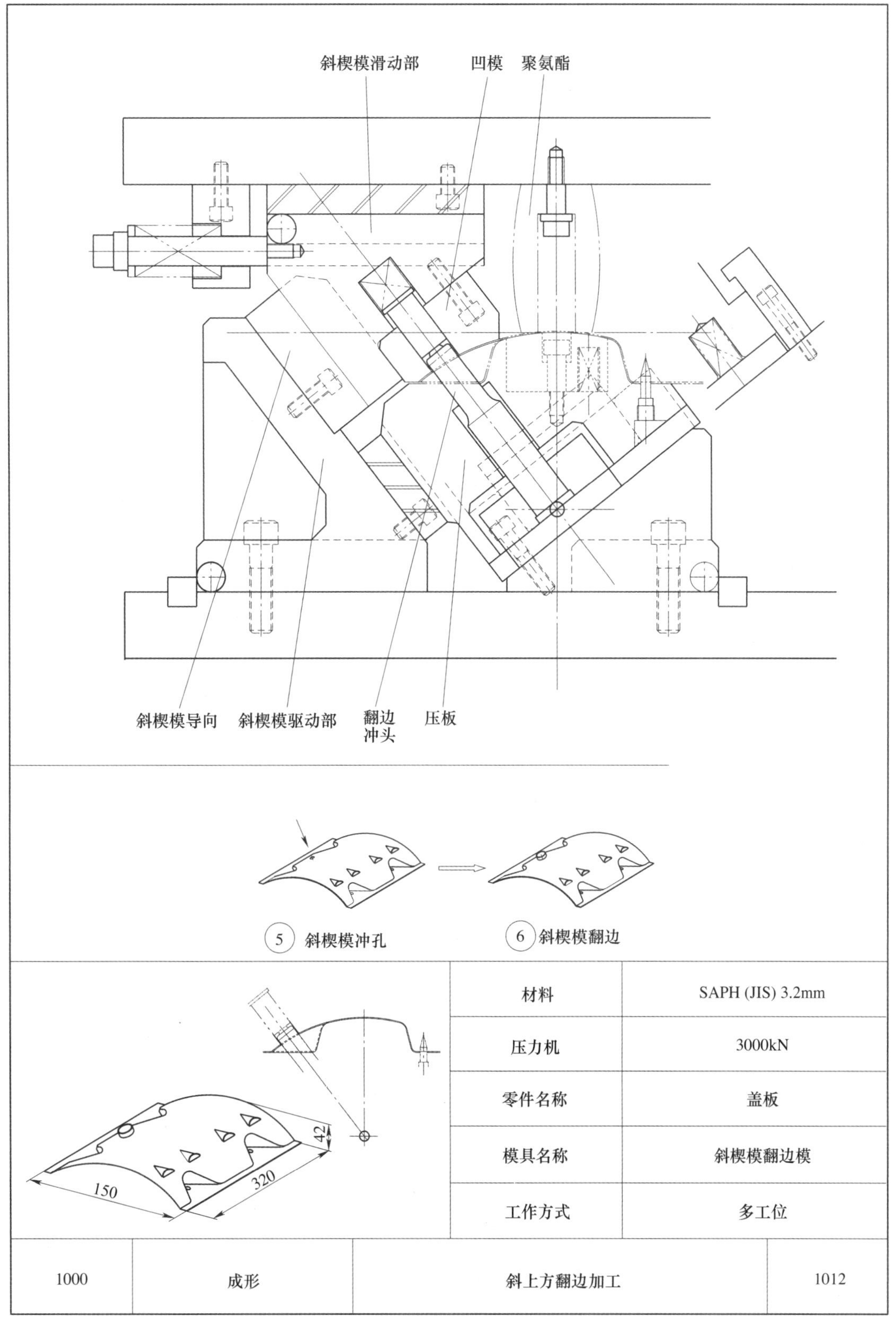

材料	SAPH (JIS) 3.2mm
压力机	3000kN
零件名称	盖板
模具名称	斜楔模翻边模
工作方式	多工位

1000	成形	斜上方翻边加工	1012

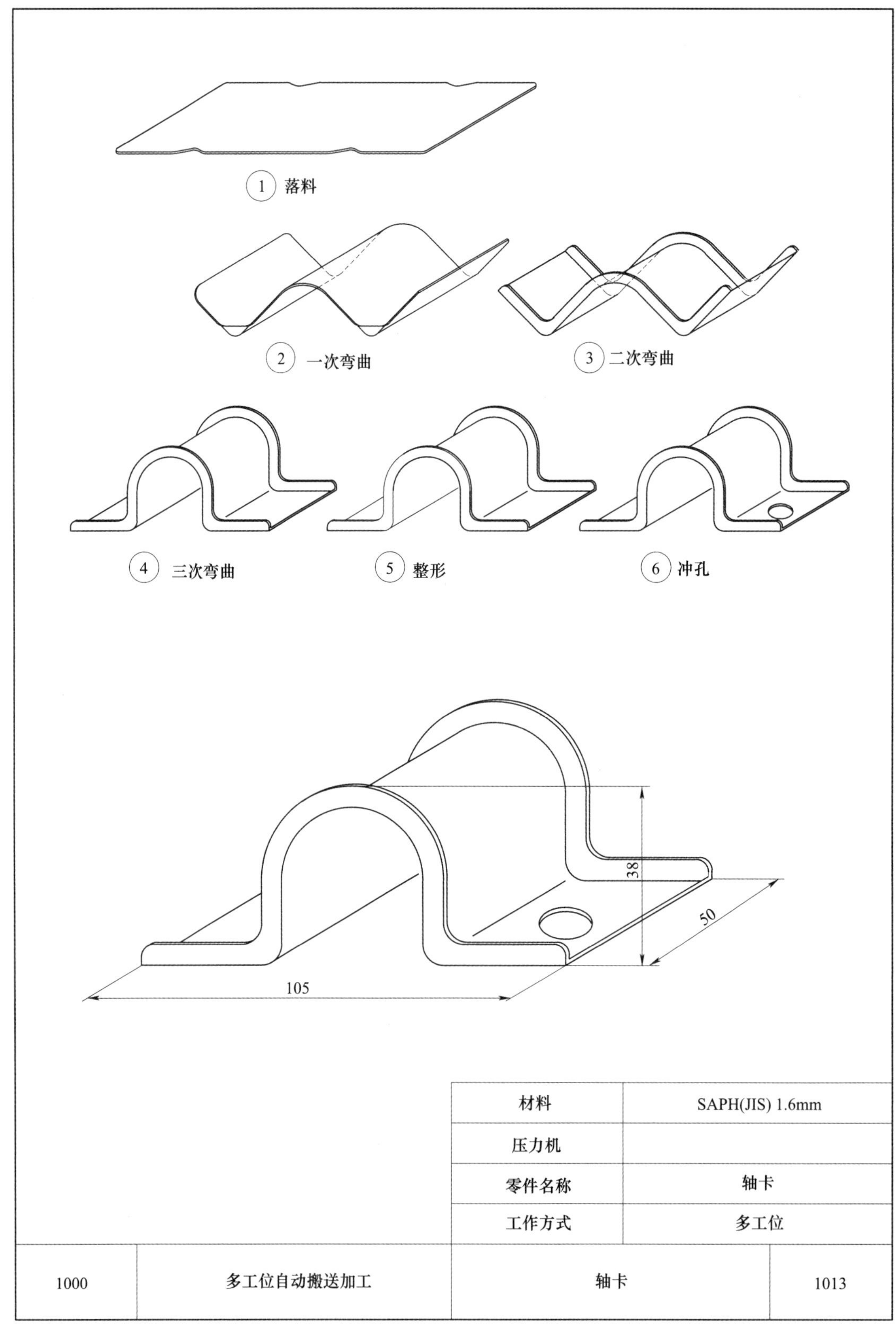

材料	SAPH(JIS) 1.6mm
压力机	
零件名称	轴卡
工作方式	多工位

1000	多工位自动搬送加工	轴卡	1013

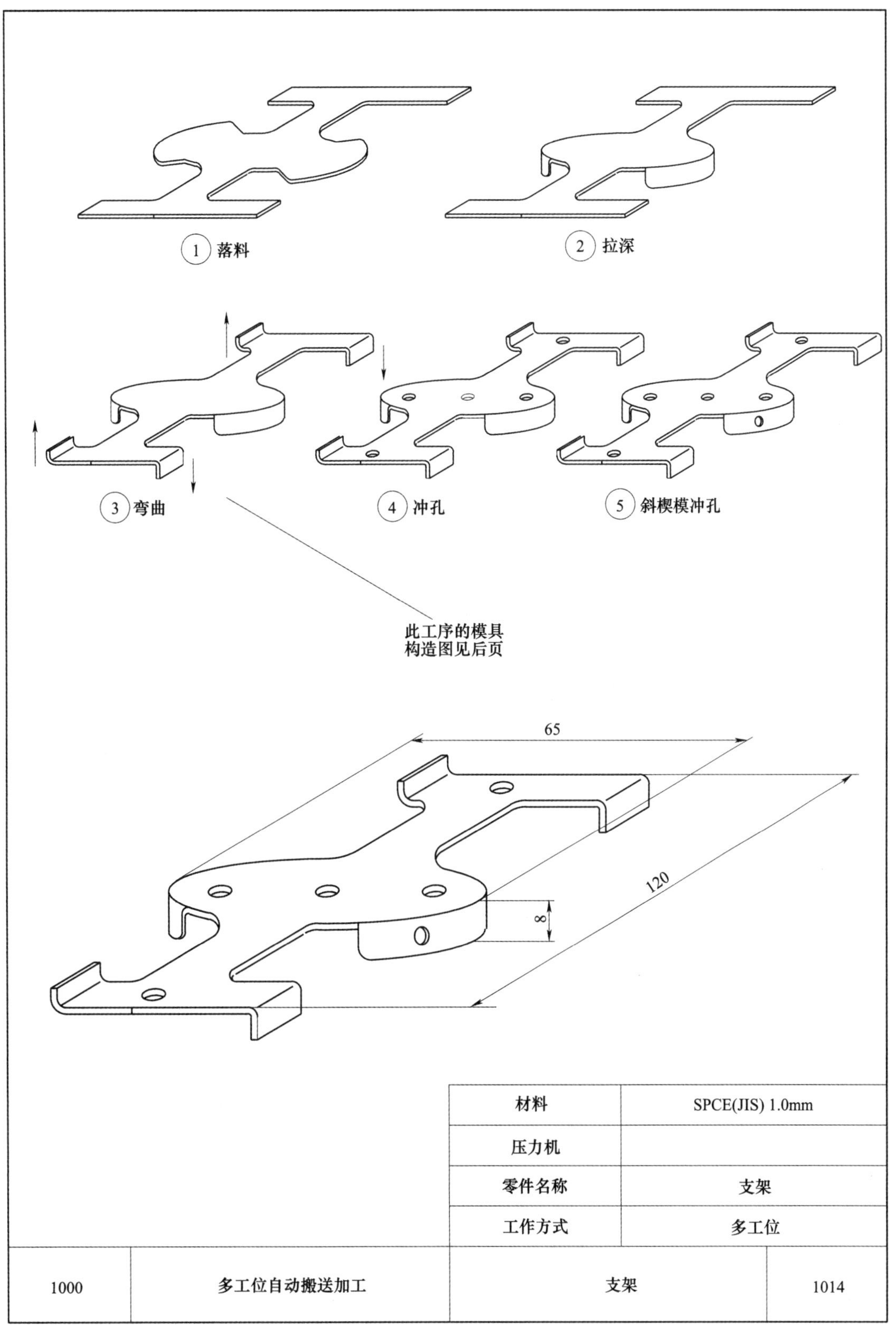

材料	SPCE(JIS) 1.0mm
压力机	
零件名称	支架
工作方式	多工位

1000	多工位自动搬送加工	支架	1014

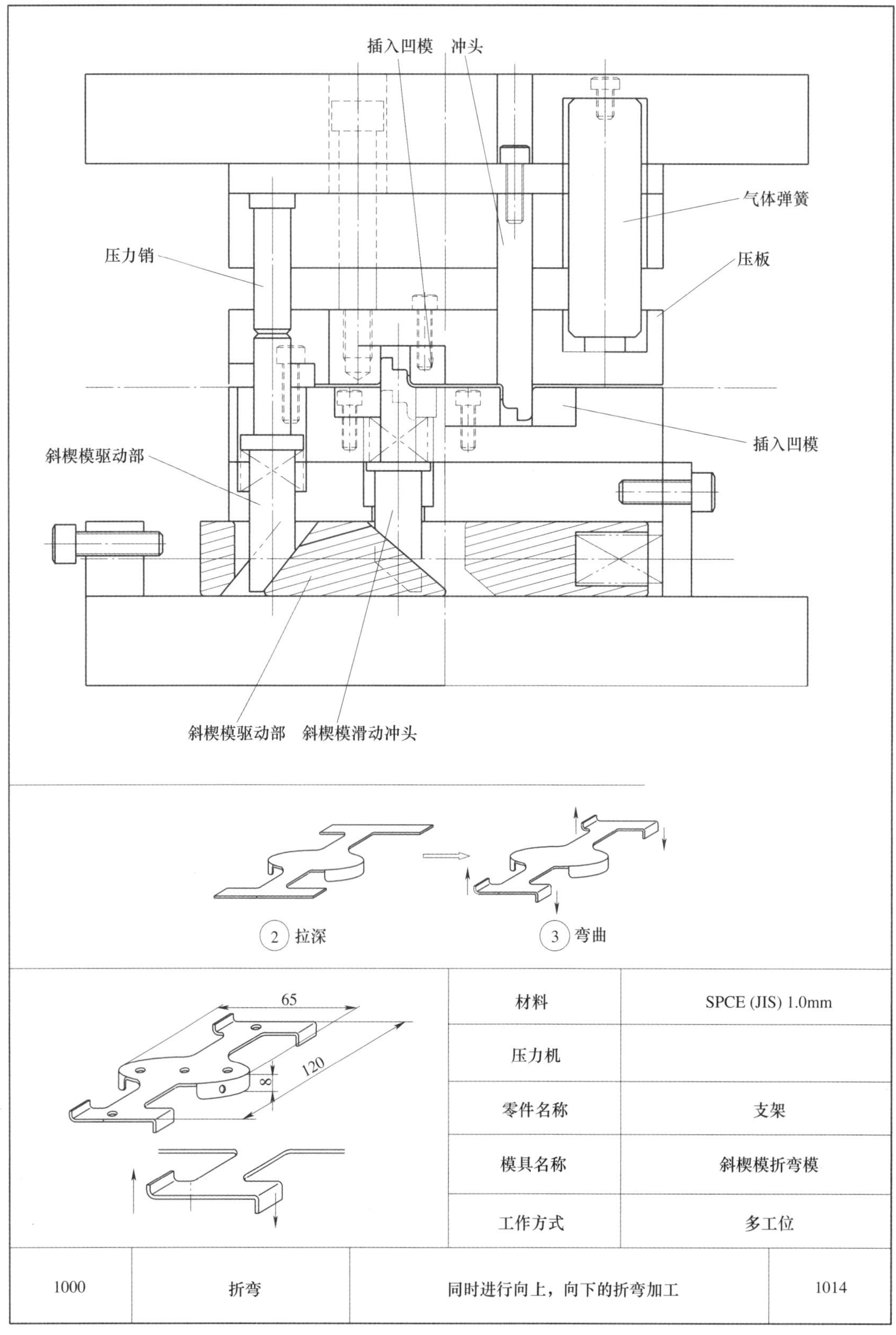

材料	SPCE (JIS) 1.0mm
压力机	
零件名称	支架
模具名称	斜楔模折弯模
工作方式	多工位

1000	折弯	同时进行向上，向下的折弯加工	1014

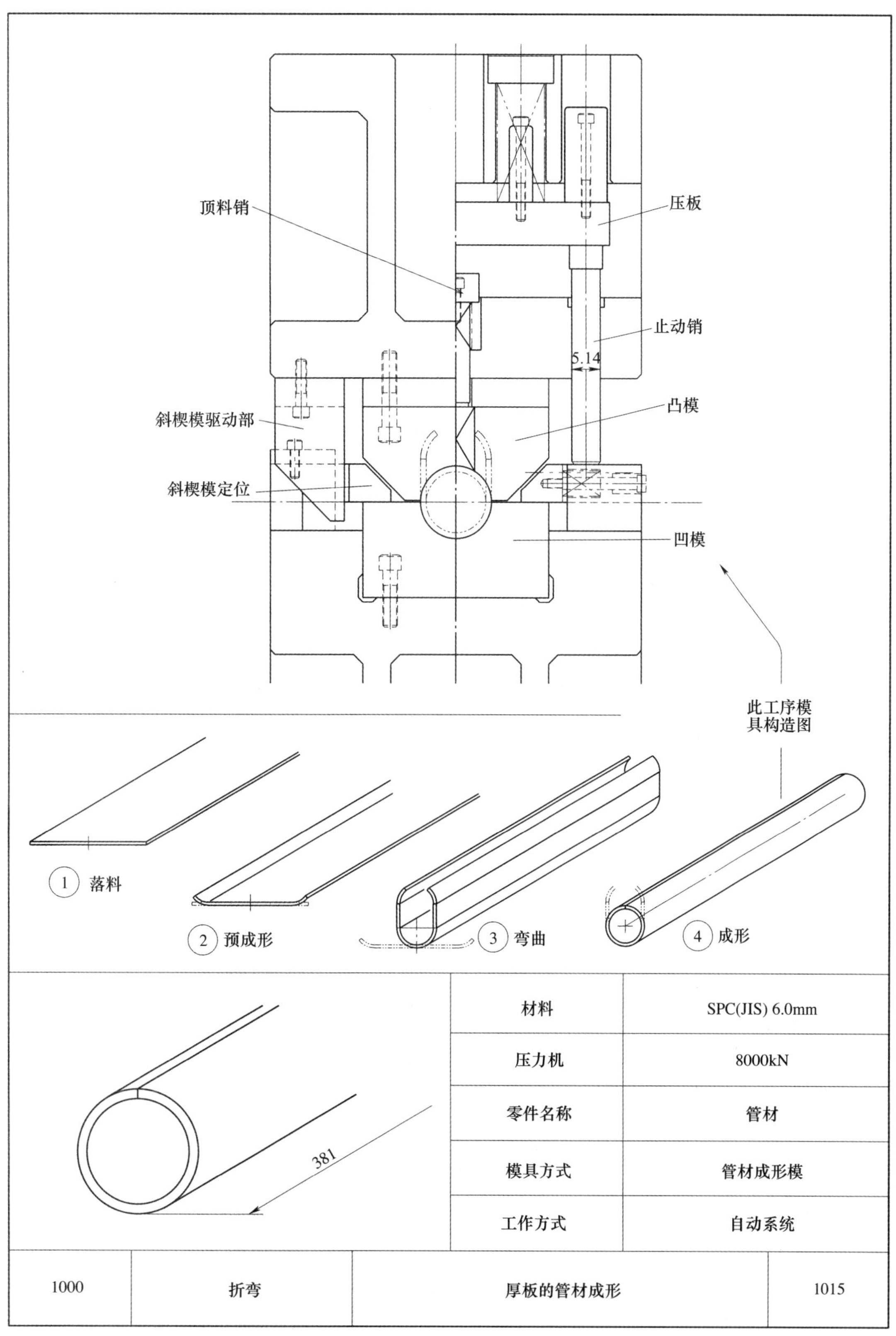

材料	SPC(JIS) 6.0mm
压力机	8000kN
零件名称	管材
模具方式	管材成形模
工作方式	自动系统

1000	折弯	厚板的管材成形	1015

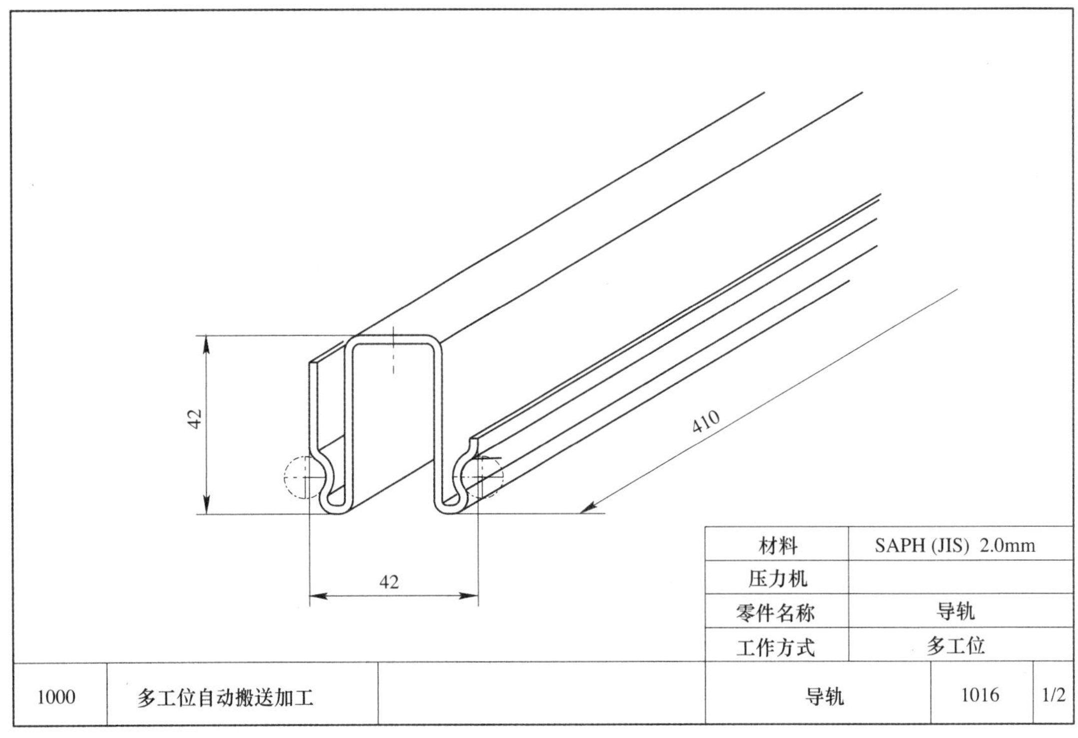
42
410
42
材料
SAPH (JIS) 2.0mm
压力机
零件名称
导轨
工作方式
多工位
1000
多工位自动搬送加工
导轨
1016
1/2

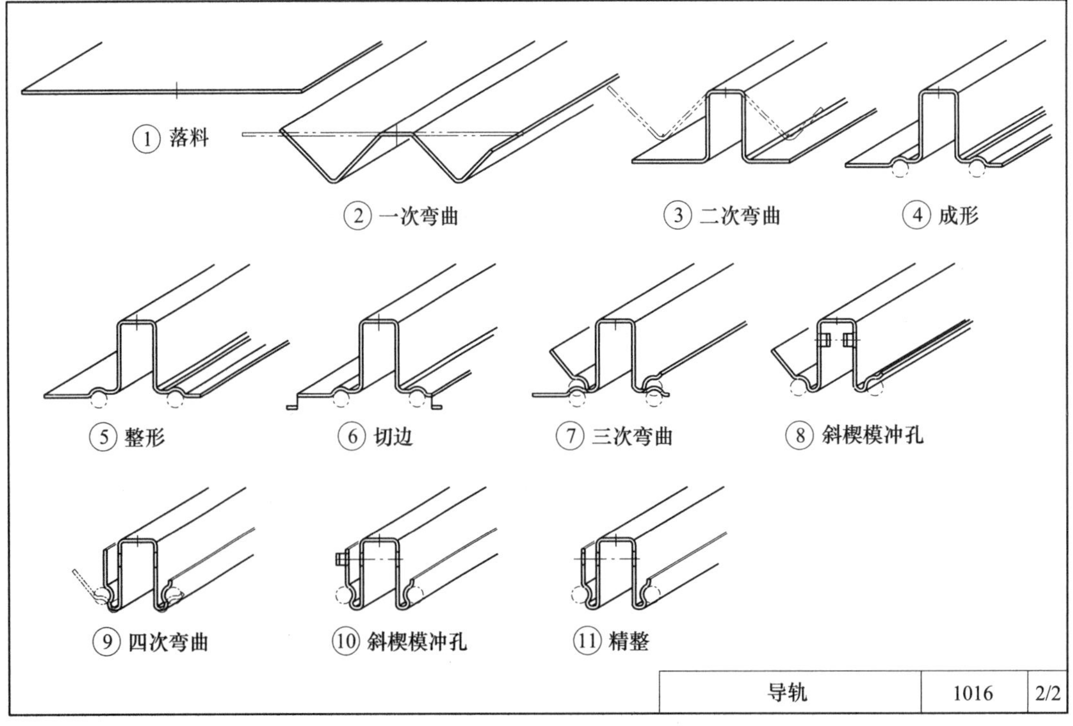
① 落料
② 一次弯曲
③ 二次弯曲
④ 成形
⑤ 整形
⑥ 切边
⑦ 三次弯曲
⑧ 斜楔模冲孔
⑨ 四次弯曲
⑩ 斜楔模冲孔
⑪ 精整
导轨
1016
2/2

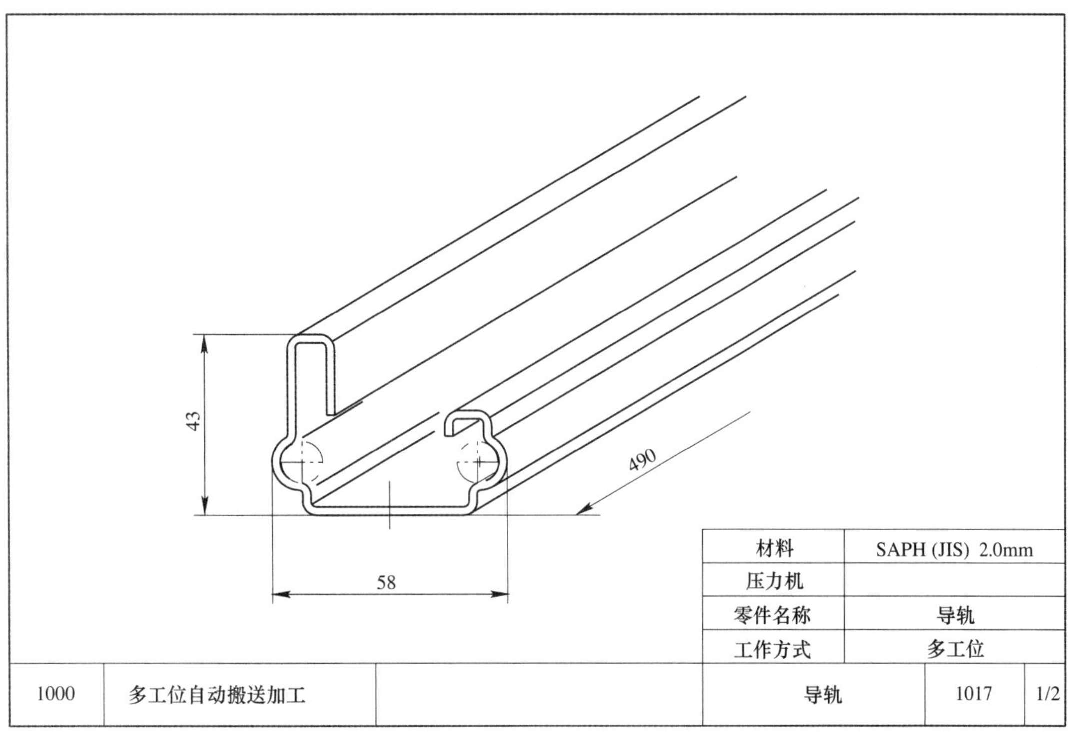

材料	SAPH (JIS) 2.0mm
压力机	
零件名称	导轨
工作方式	多工位

1000	多工位自动搬送加工		导轨	1017	1/2

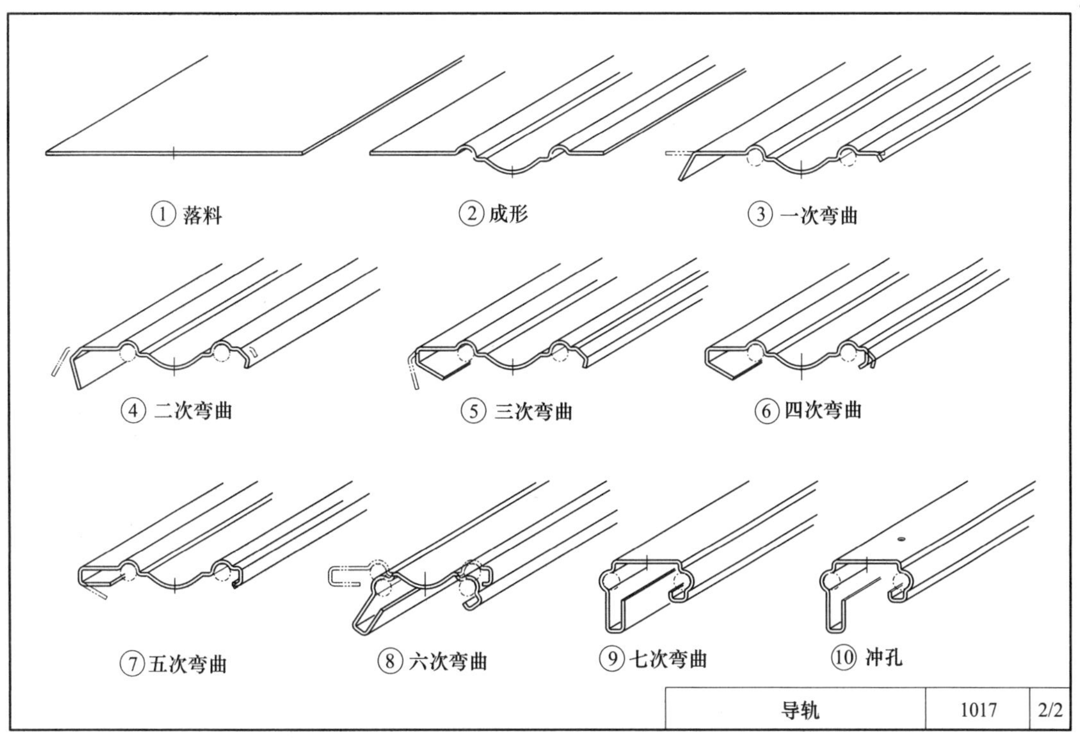

导轨	1017	2/2

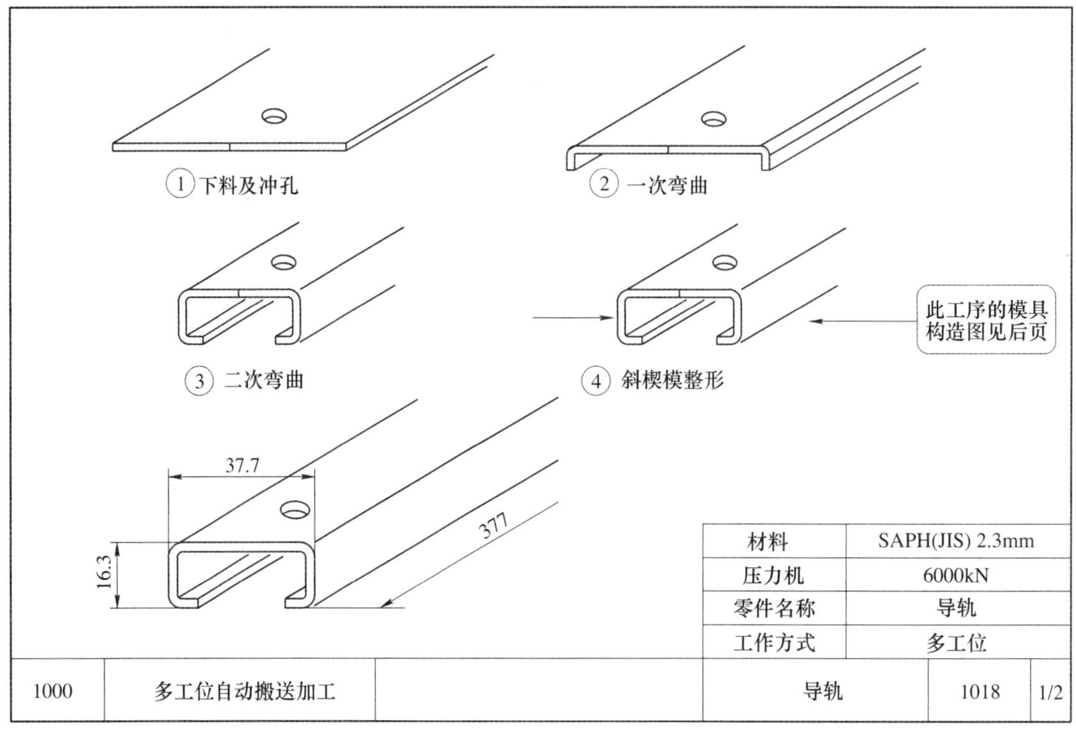

材料	SAPH(JIS) 2.3mm
压力机	6000kN
零件名称	导轨
工作方式	多工位

1000	多工位自动搬送加工		导轨	1018	1/2

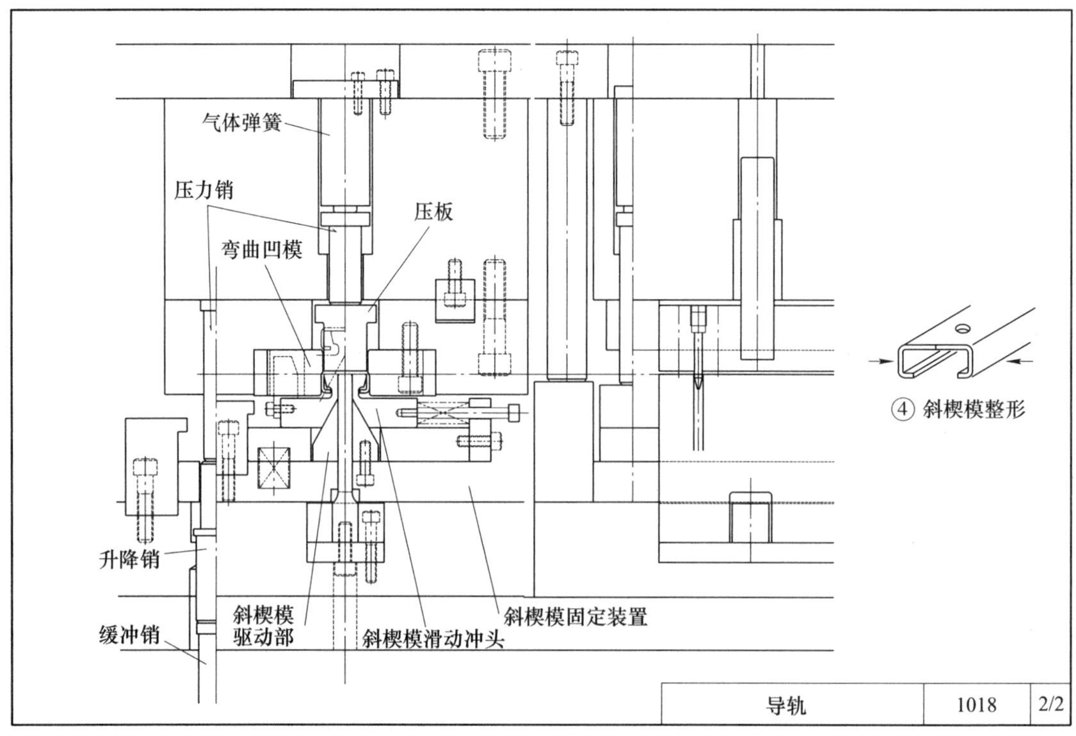

导轨	1018	2/2

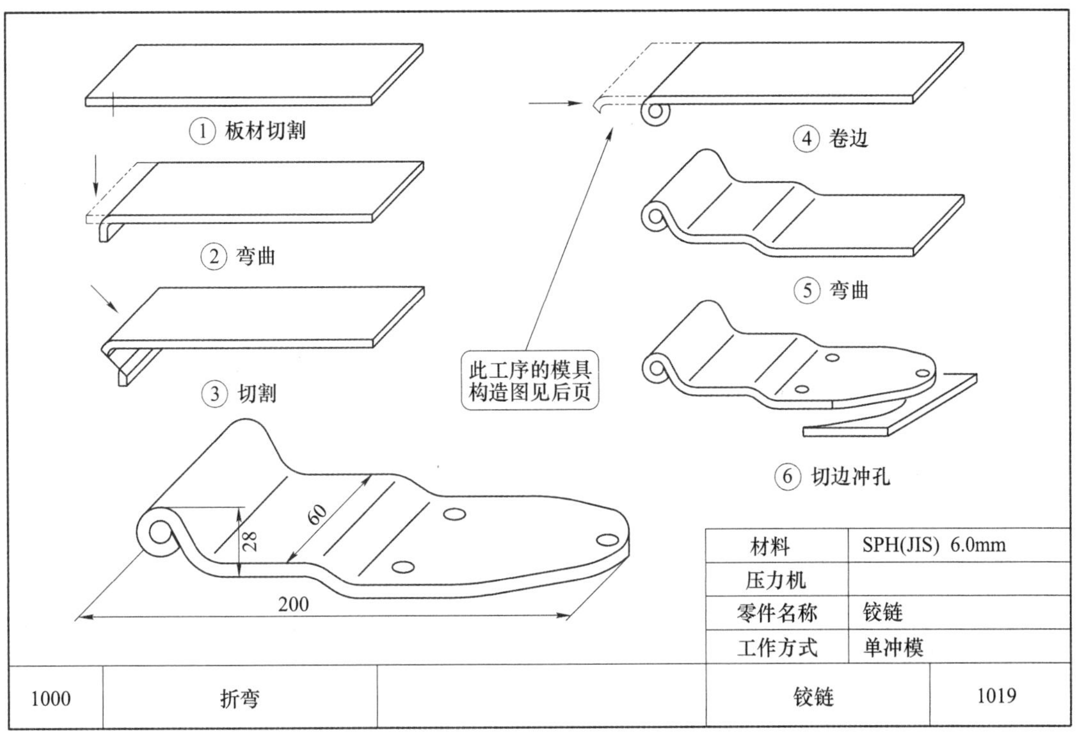

材料	SPH(JIS) 6.0mm
压力机	
零件名称	铰链
工作方式	单冲模

1000	折弯		铰链	1019

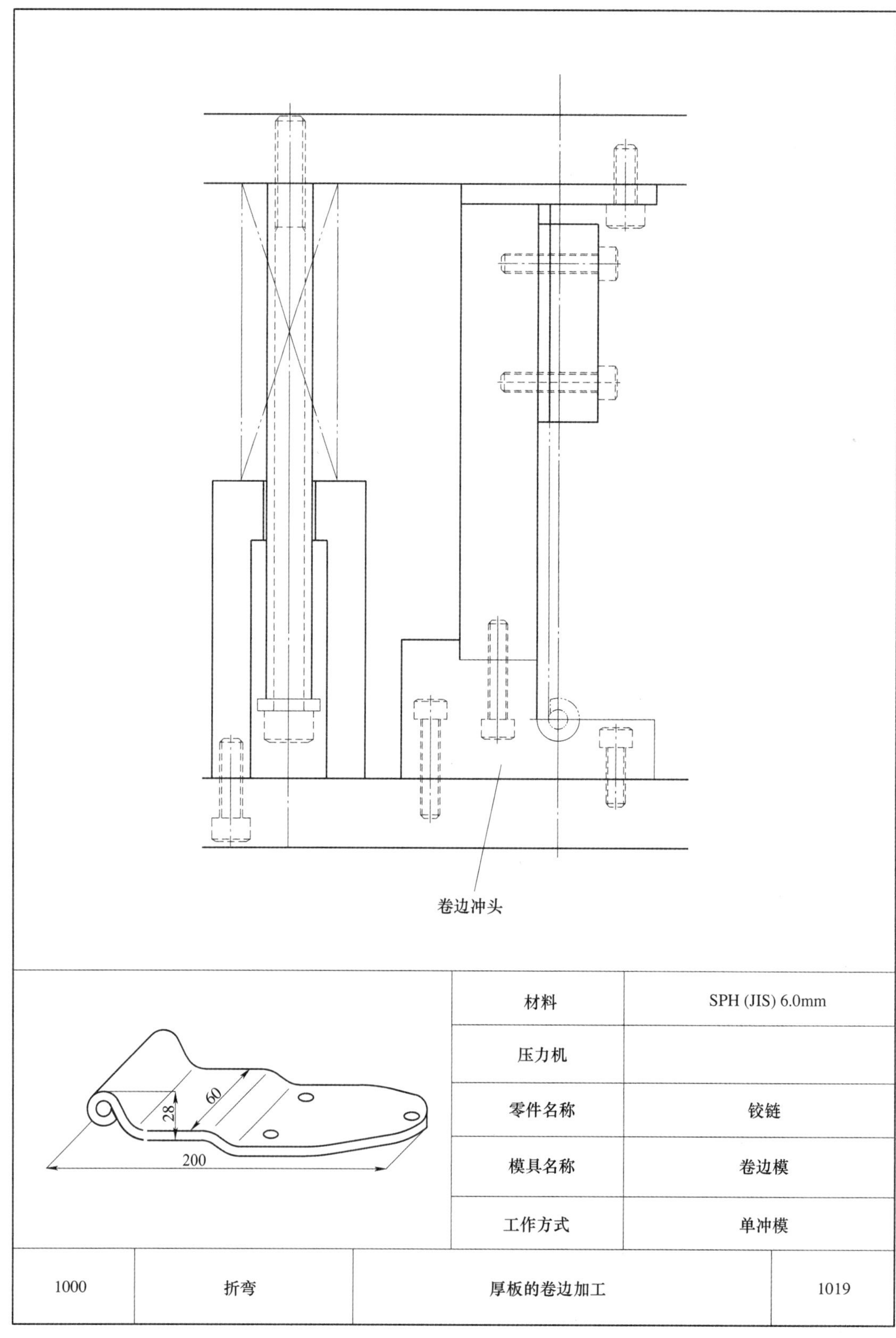

材料	SPH (JIS) 6.0mm
压力机	
零件名称	铰链
模具名称	卷边模
工作方式	单冲模

1000	折弯	厚板的卷边加工	1019

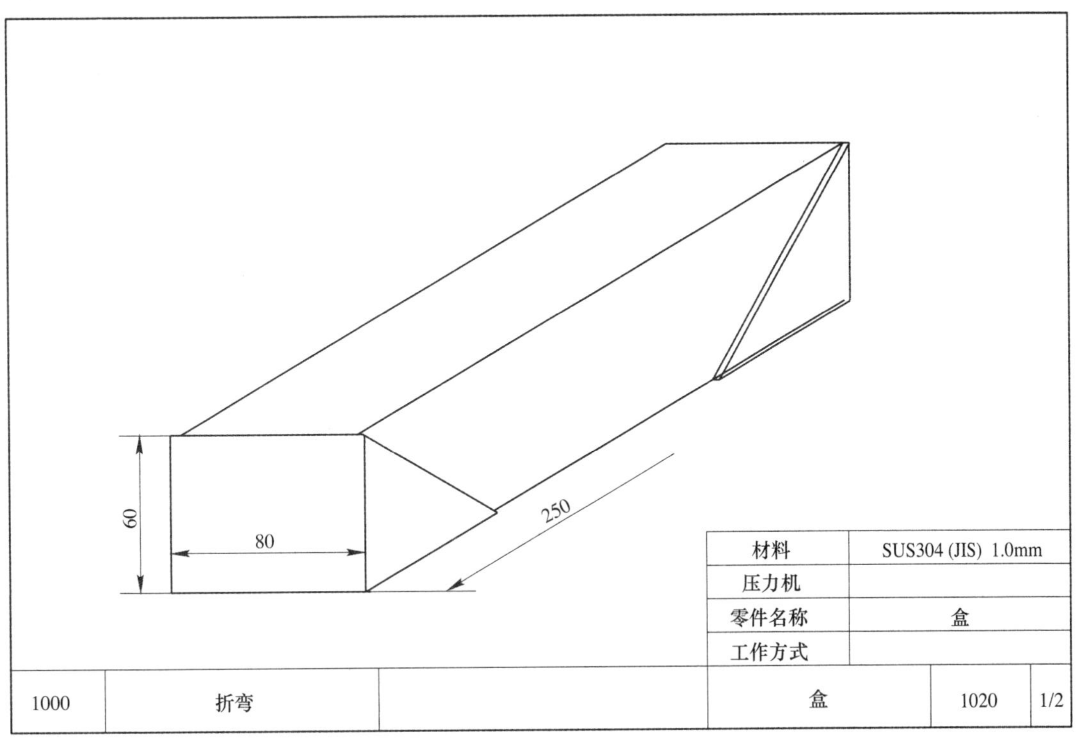

材料	SUS304 (JIS) 1.0mm
压力机	
零件名称	盒
工作方式	

1000	折弯		盒	1020	1/2

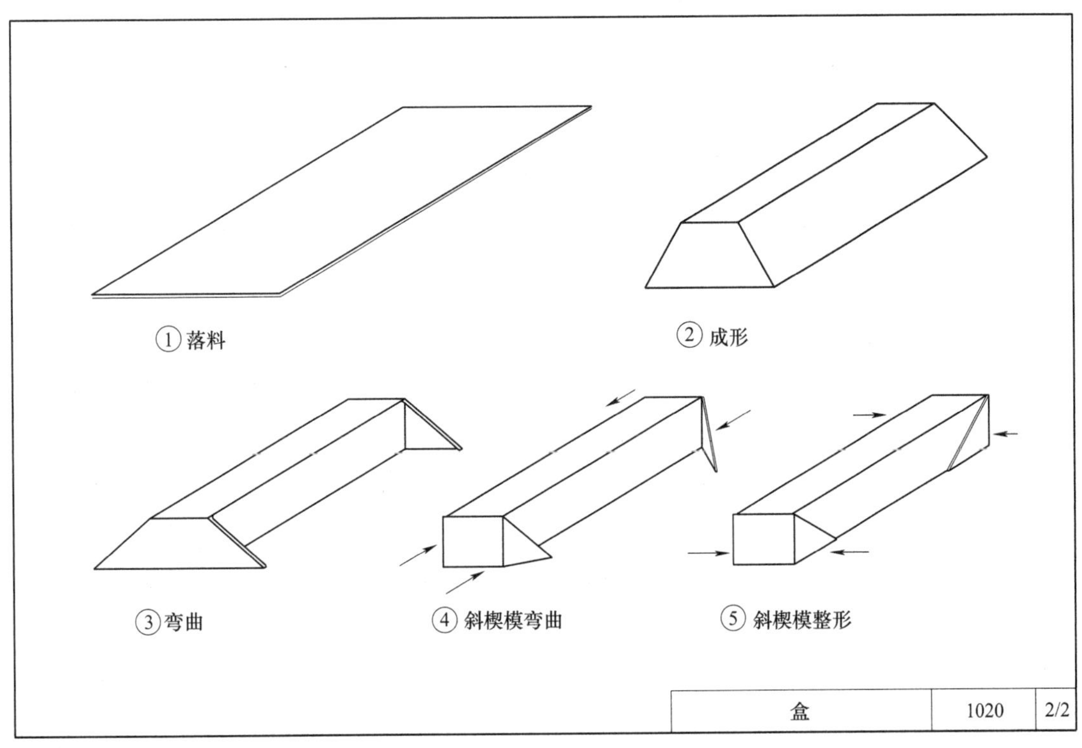

盒	1020	2/2

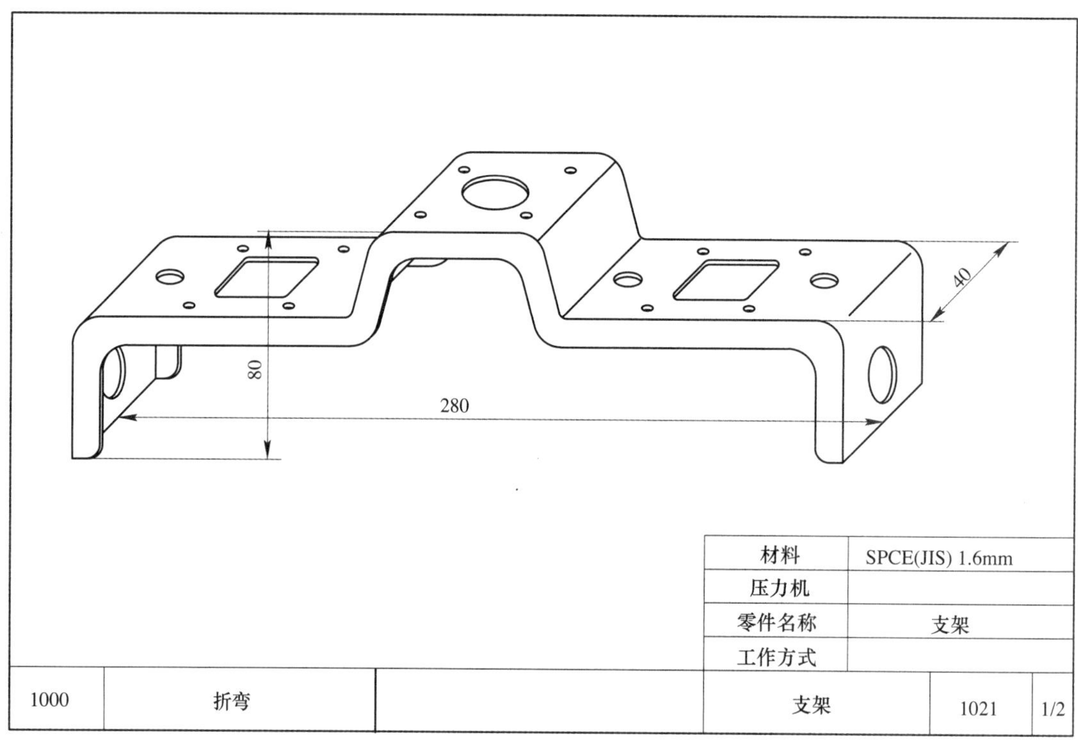

材料	SPCE(JIS) 1.6mm
压力机	
零件名称	支架
工作方式	

1000	折弯		支架	1021	1/2

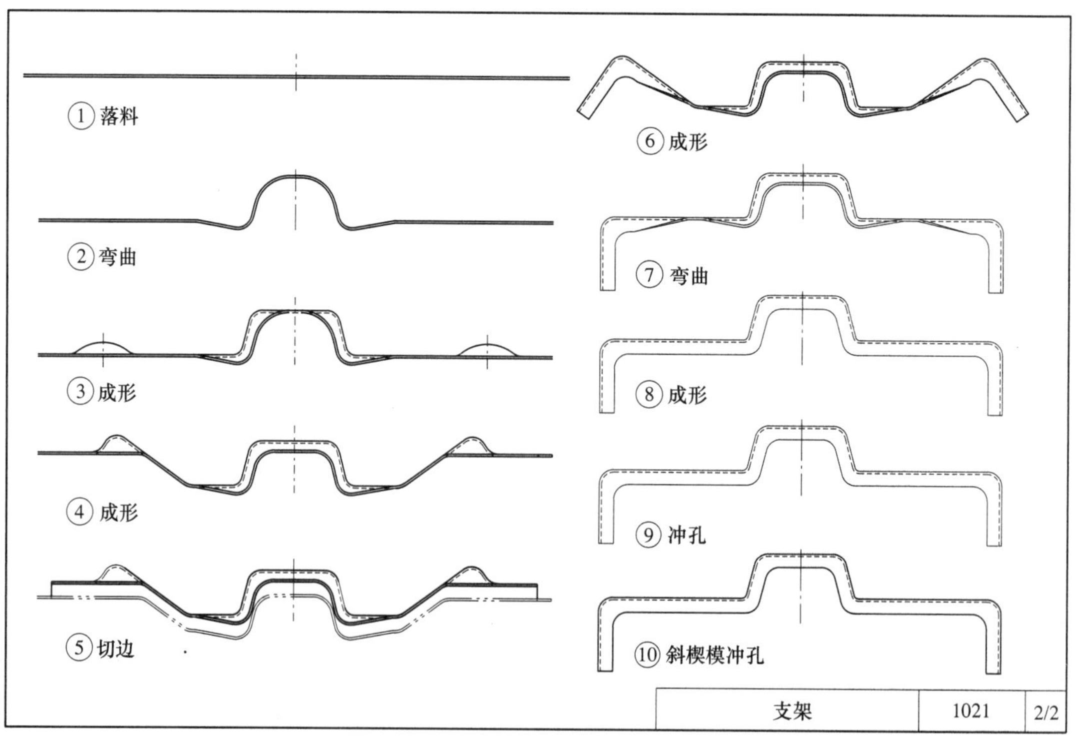

支架	1021	2/2

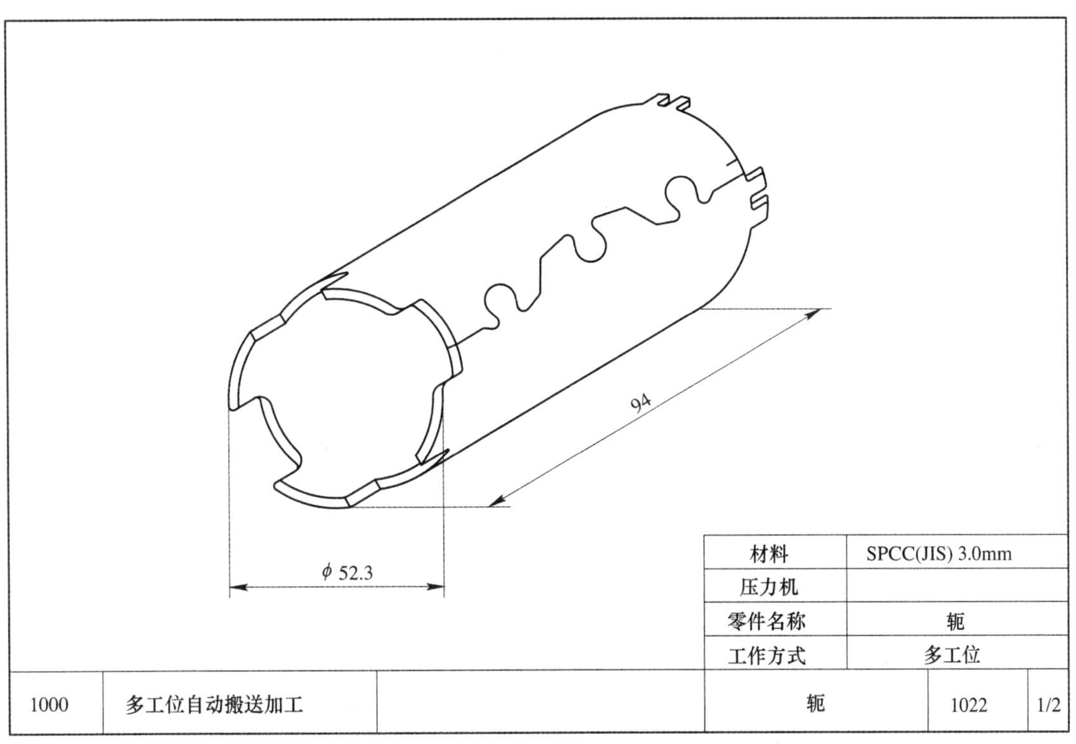

材料	SPCC(JIS) 3.0mm		
压力机			
零件名称	轭		
工作方式	多工位		

1000	多工位自动搬送加工		轭	1022	1/2

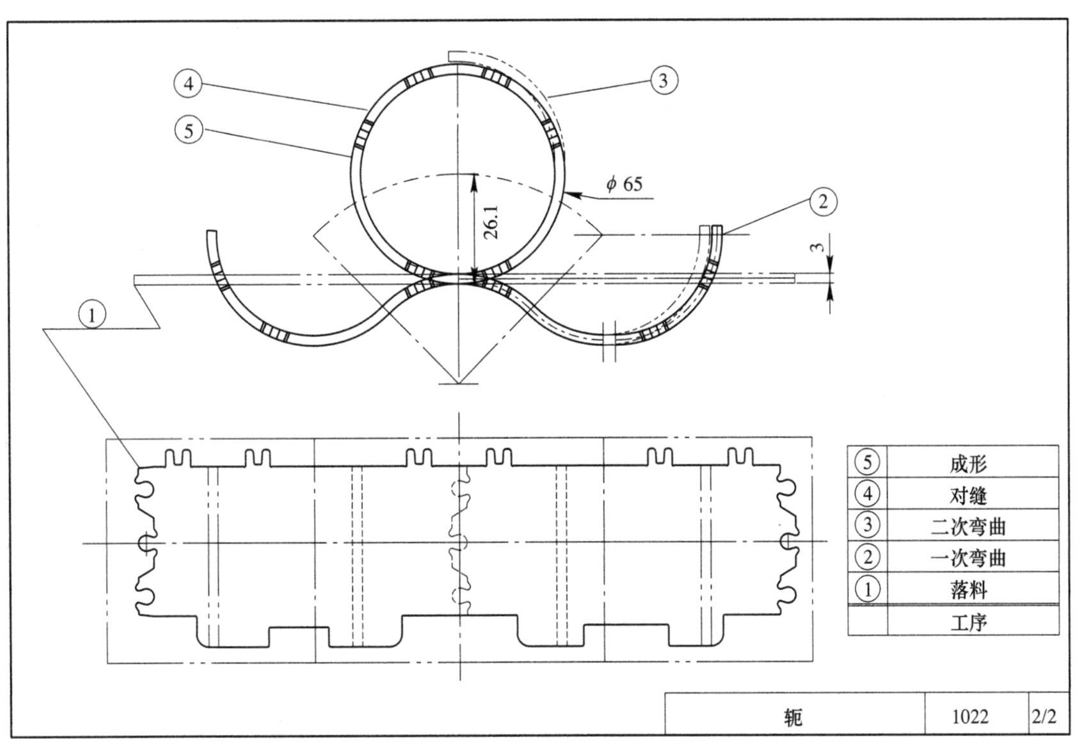

⑤	成形
④	对缝
③	二次弯曲
②	一次弯曲
①	落料
	工序

轭	1022	2/2

3.4.4 各种成形

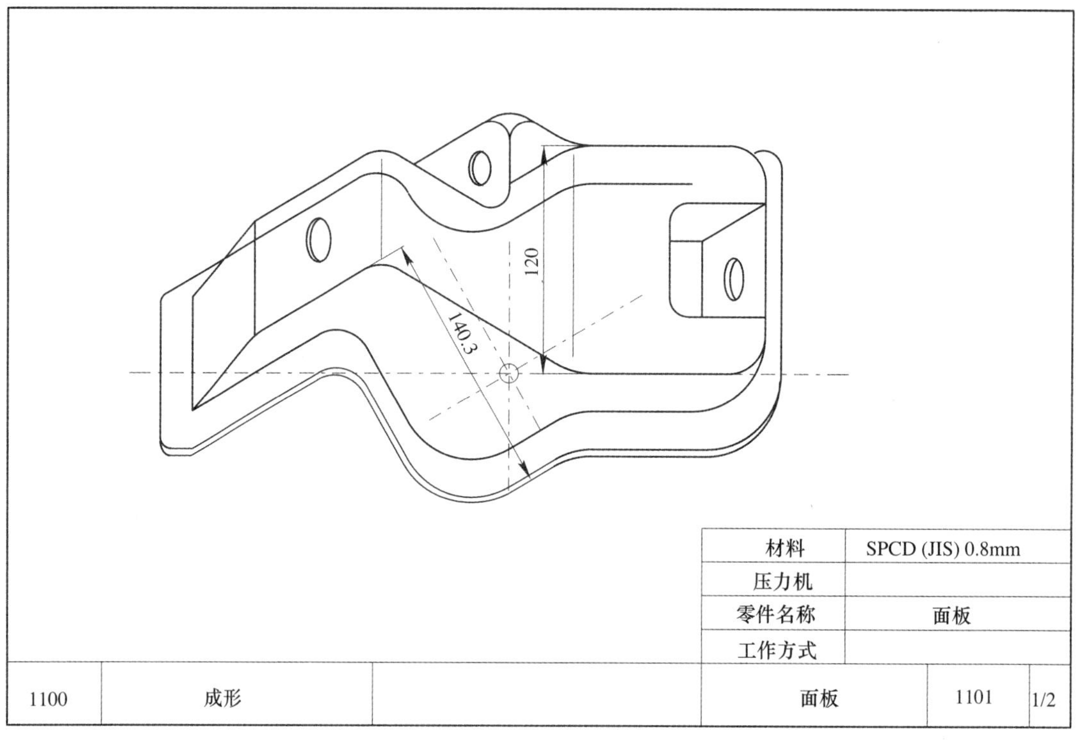
120
140.3
材料
SPCD (JIS) 0.8mm
压力机
零件名称
面板
工作方式
1100
成形
面板
1101
1/2

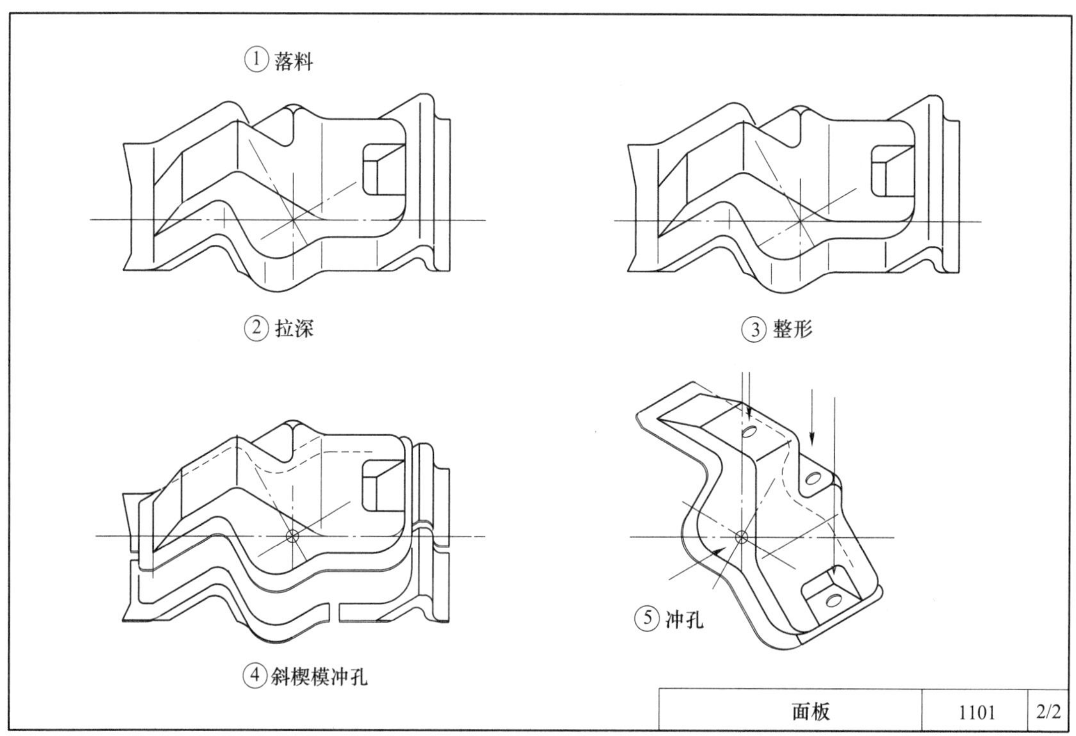
① 落料
② 拉深
③ 整形
④ 斜楔模冲孔
⑤ 冲孔
面板
1101
2/2

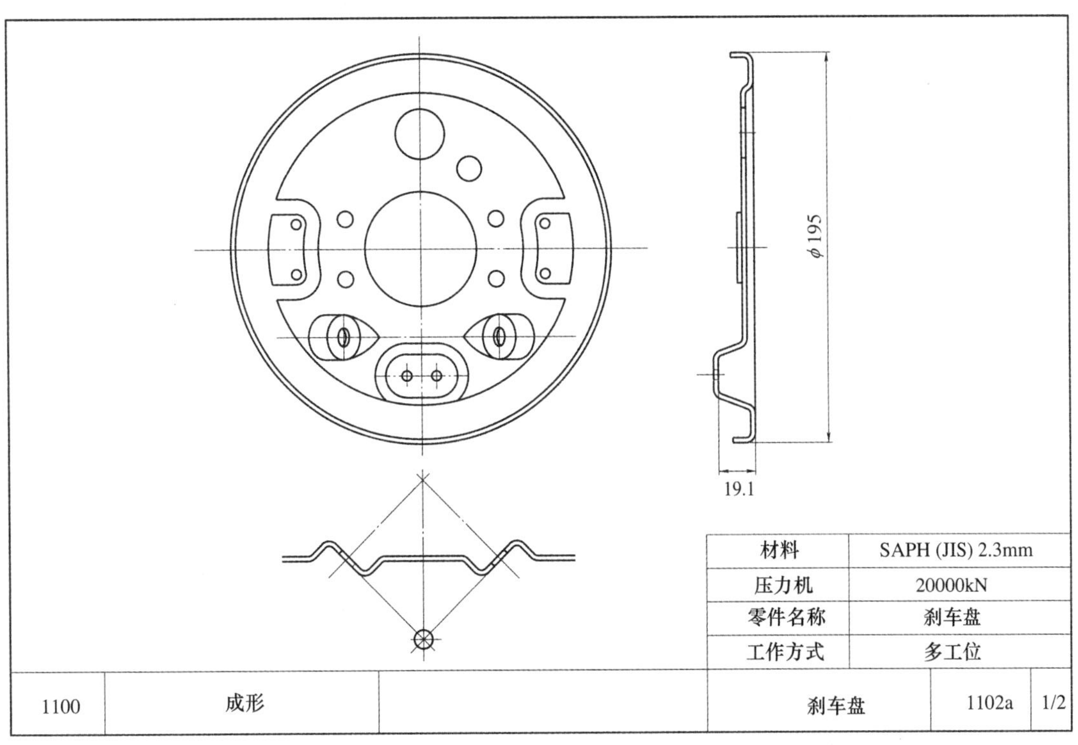

材料	SAPH (JIS) 2.3mm
压力机	20000kN
零件名称	刹车盘
工作方式	多工位

1100	成形		刹车盘	1102a	1/2

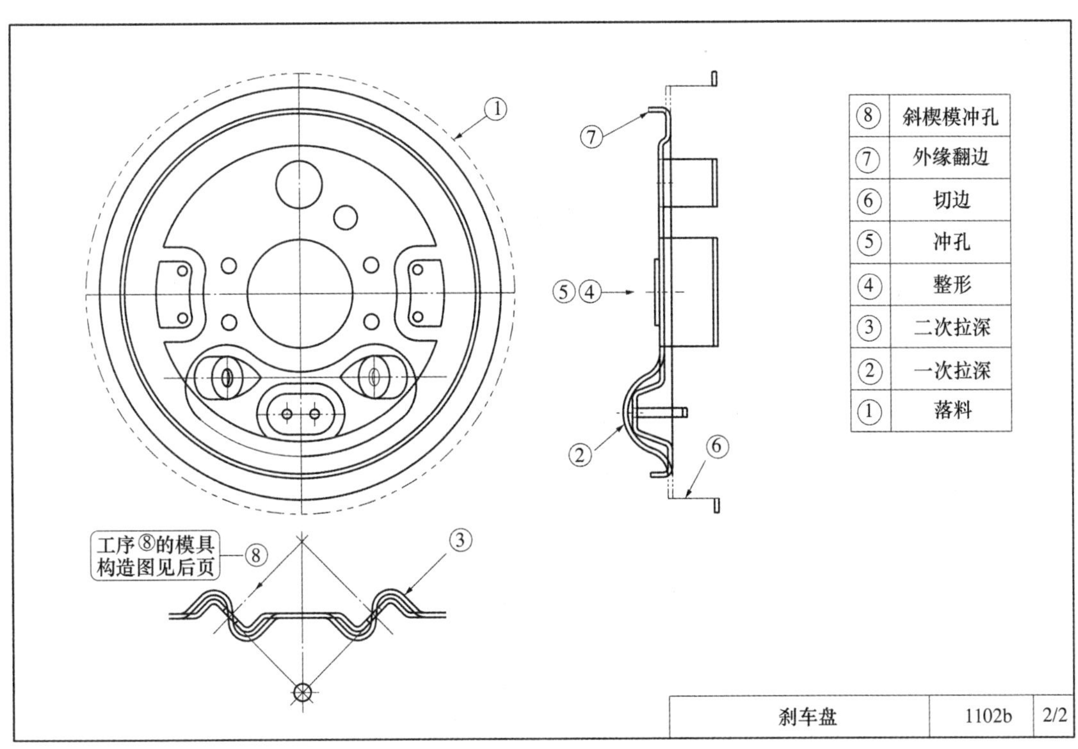

⑧	斜楔模冲孔
⑦	外缘翻边
⑥	切边
⑤	冲孔
④	整形
③	二次拉深
②	一次拉深
①	落料

刹车盘	1102b	2/2

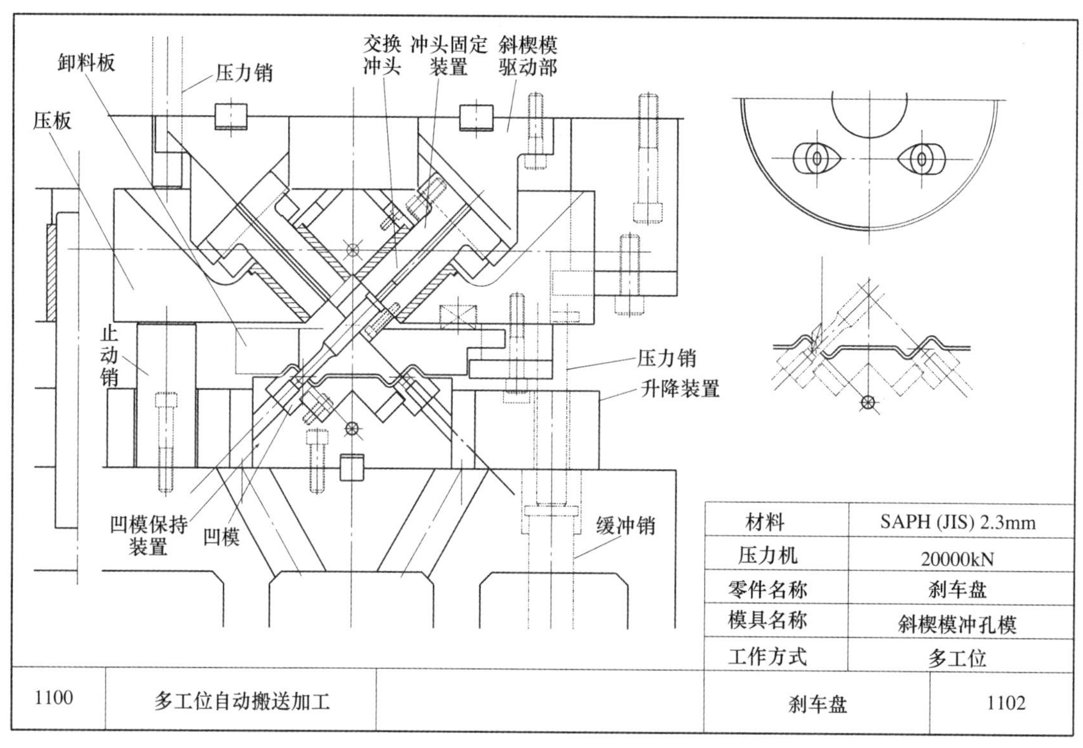

材料	SAPH (JIS) 2.3mm
压力机	20000kN
零件名称	刹车盘
模具名称	斜楔模冲孔模
工作方式	多工位

1100	多工位自动搬送加工		刹车盘	1102

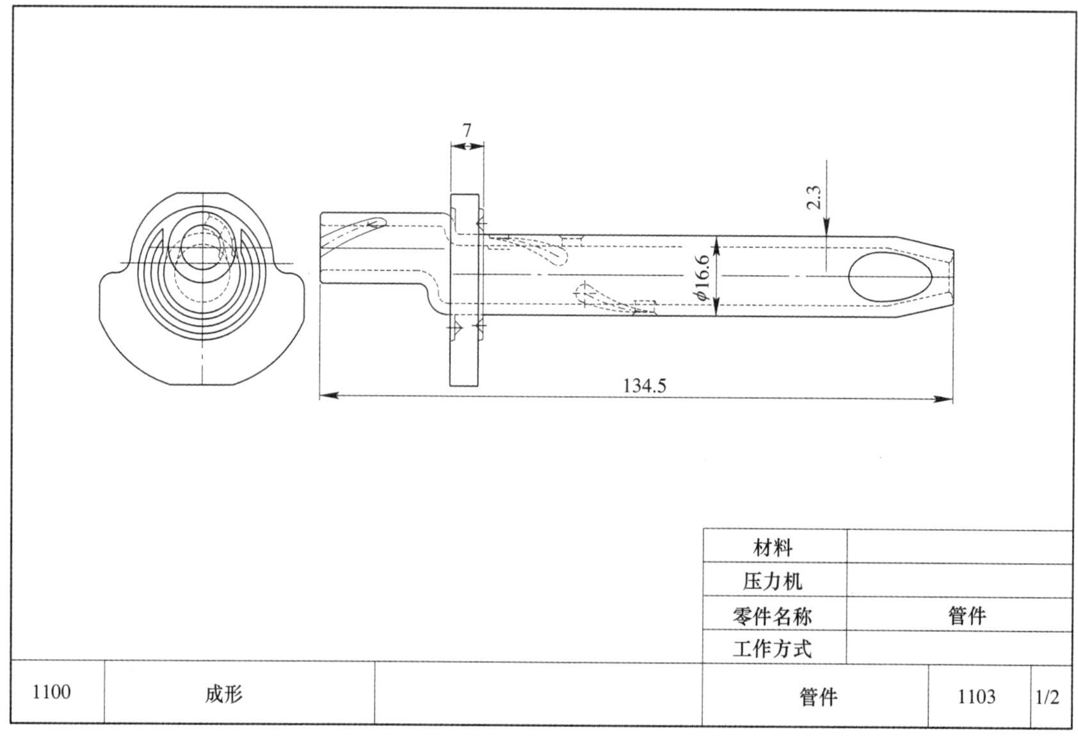

材料	
压力机	
零件名称	管件
工作方式	

1100	成形		管件	1103	1/2

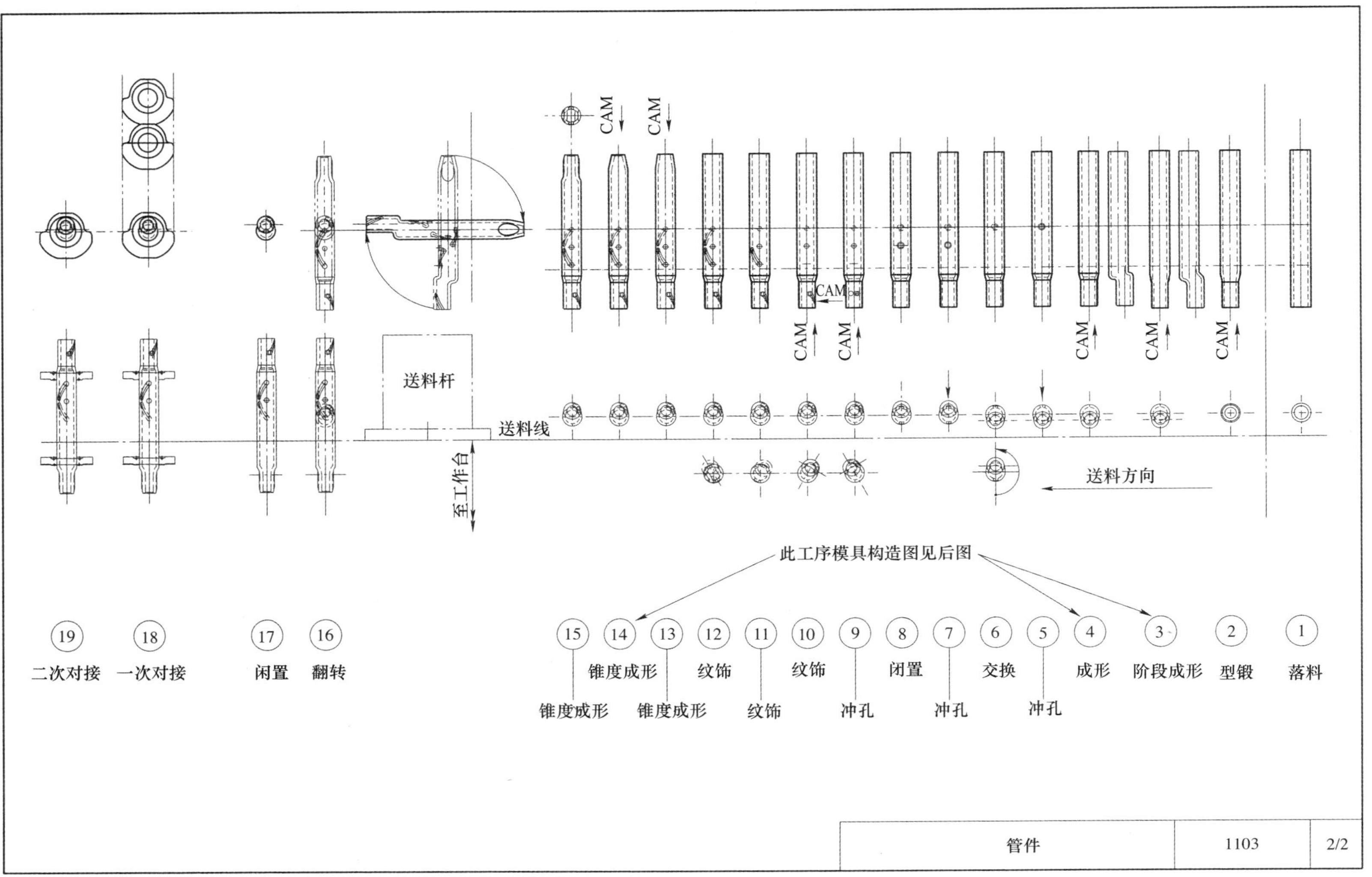
CAM
送料杆
送料线
至工作台
送料方向
此工序模具构造图见后图
19 二次对接
18 一次对接
17 闲置
16 翻转
15 锥度成形
14 锥度成形
13 锥度成形
12 纹饰
11 纹饰
10 纹饰
9 冲孔
8 闲置
7 冲孔
6 交换
5 冲孔
4 成形
3 阶段成形
2 型锻
1 落料
管件
1103
2/2

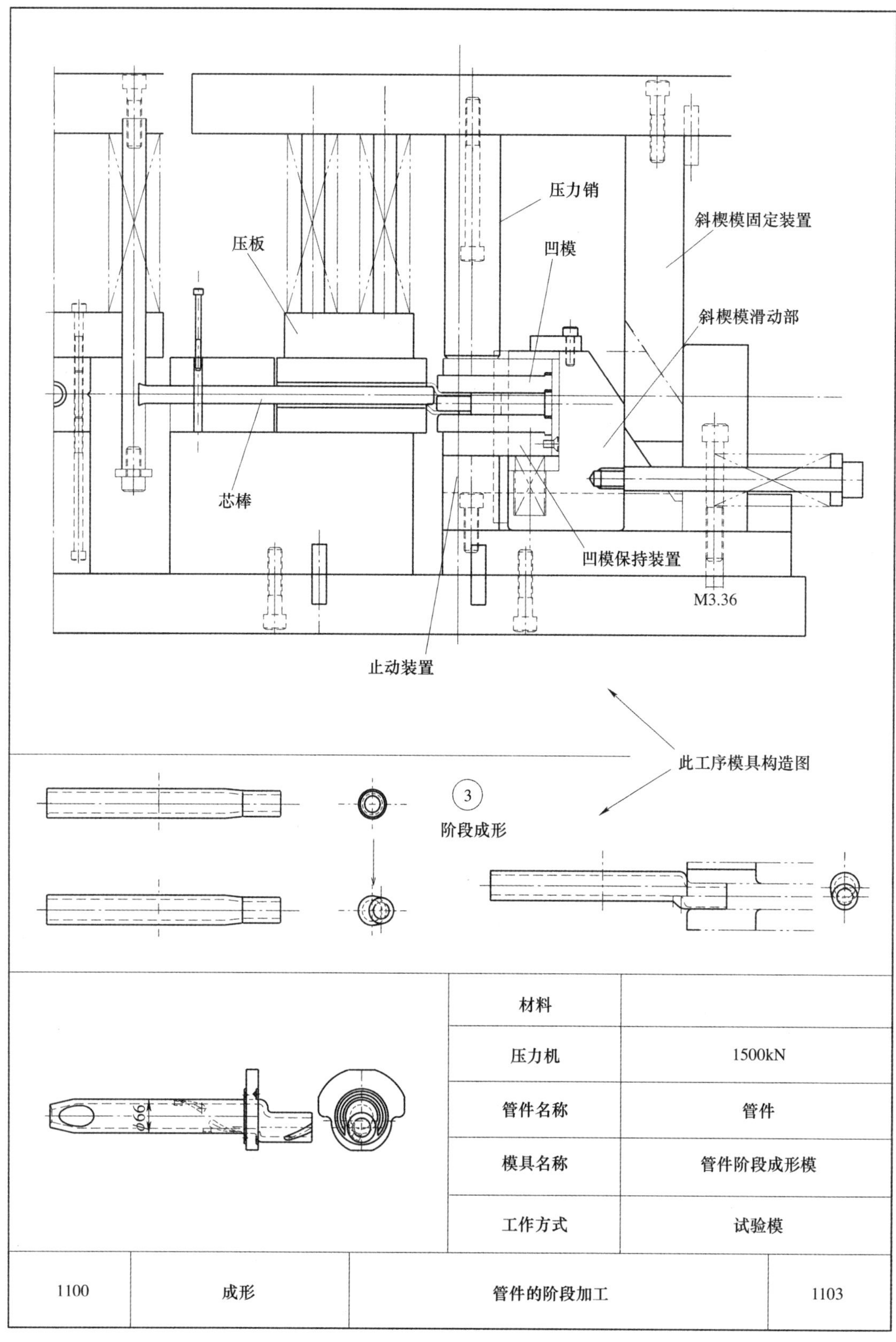

材料	
压力机	1500kN
管件名称	管件
模具名称	管件阶段成形模
工作方式	试验模

1100	成形	管件的阶段加工	1103

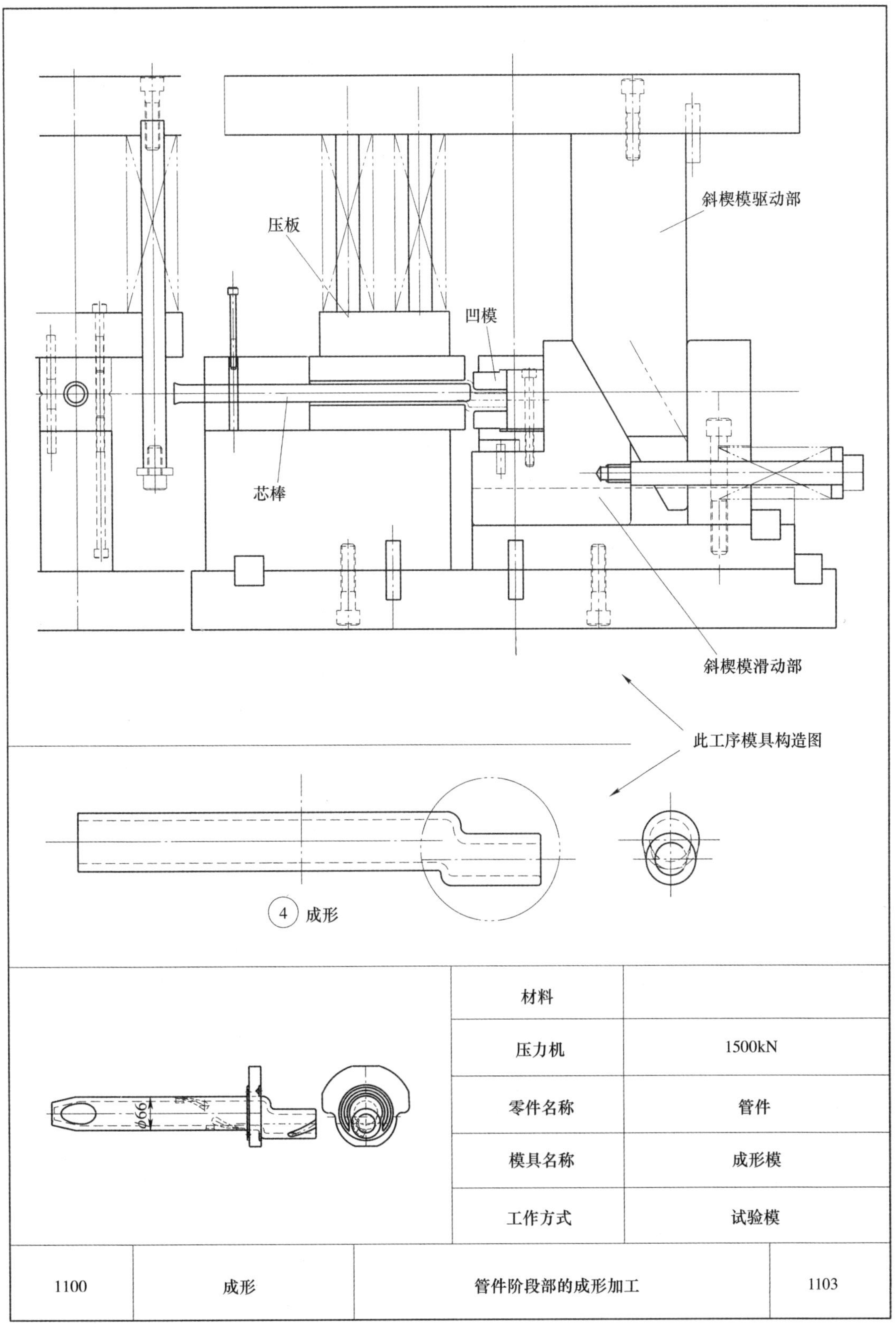

材料	
压力机	1500kN
零件名称	管件
模具名称	成形模
工作方式	试验模

1100	成形	管件阶段部的成形加工	1103

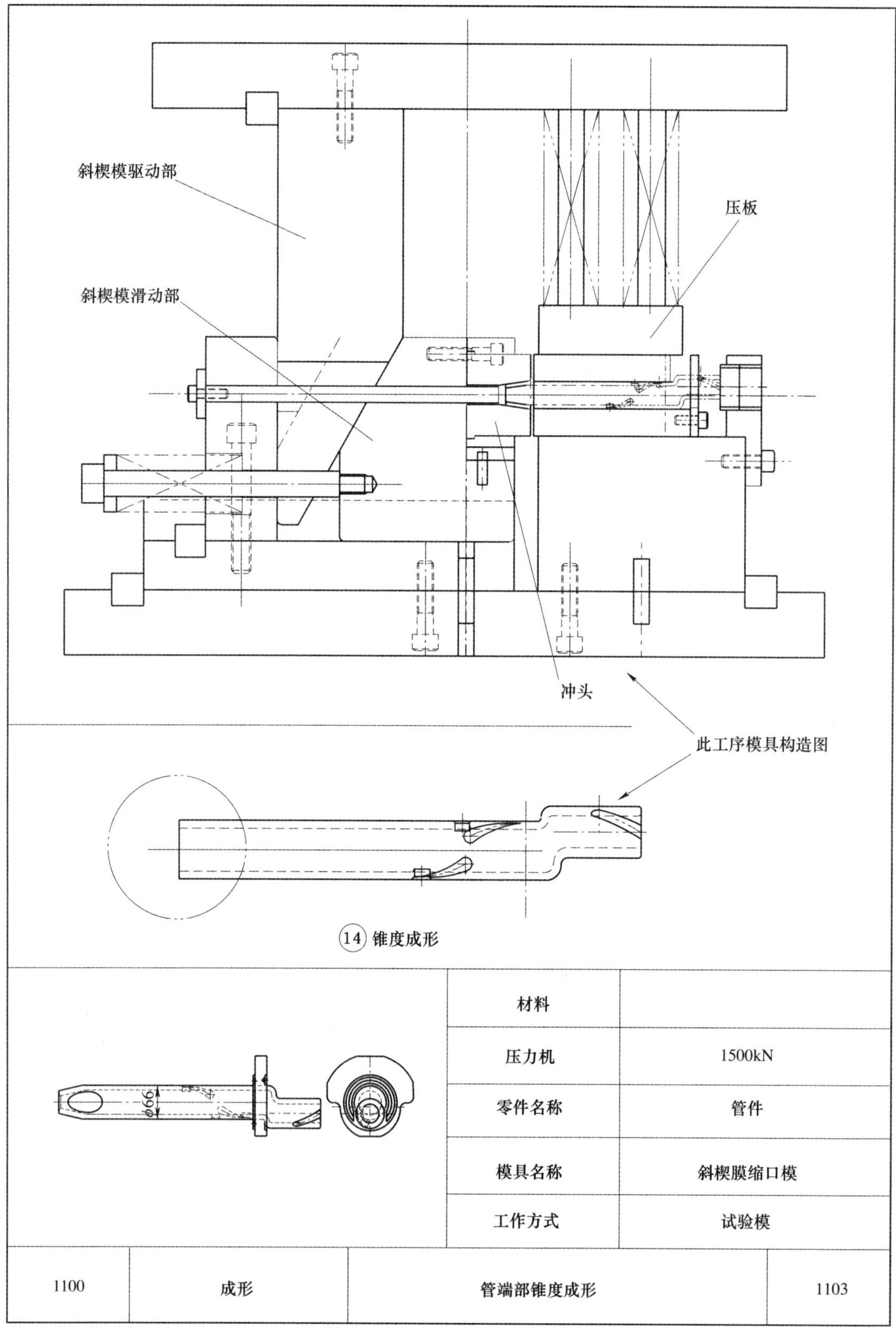

⑭ 锥度成形

材料	
压力机	1500kN
零件名称	管件
模具名称	斜楔膜缩口模
工作方式	试验模

1100	成形	管端部锥度成形	1103

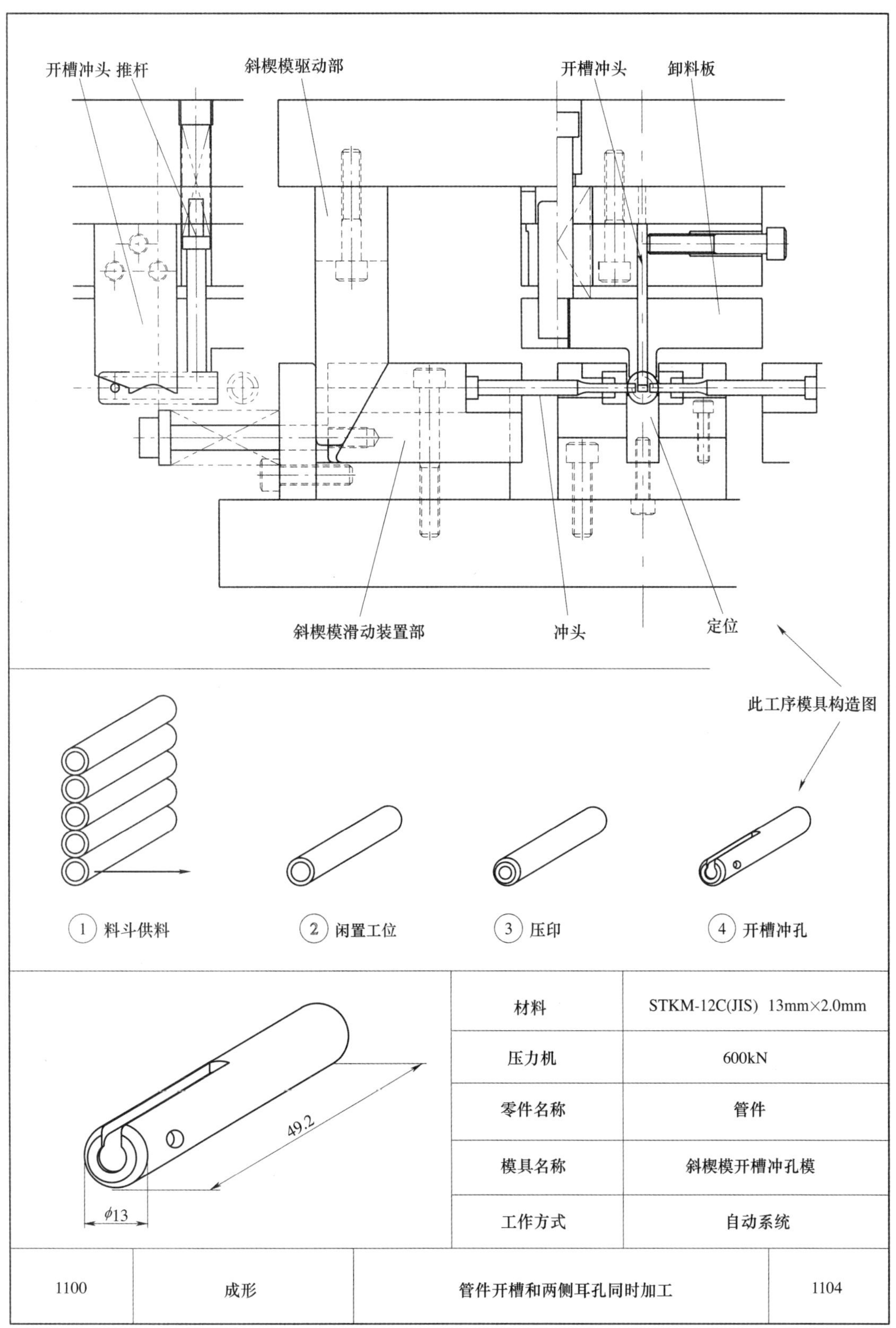

材料	STKM-12C(JIS) 13mm×2.0mm
压力机	600kN
零件名称	管件
模具名称	斜楔模开槽冲孔模
工作方式	自动系统

1100	成形	管件开槽和两侧耳孔同时加工	1104

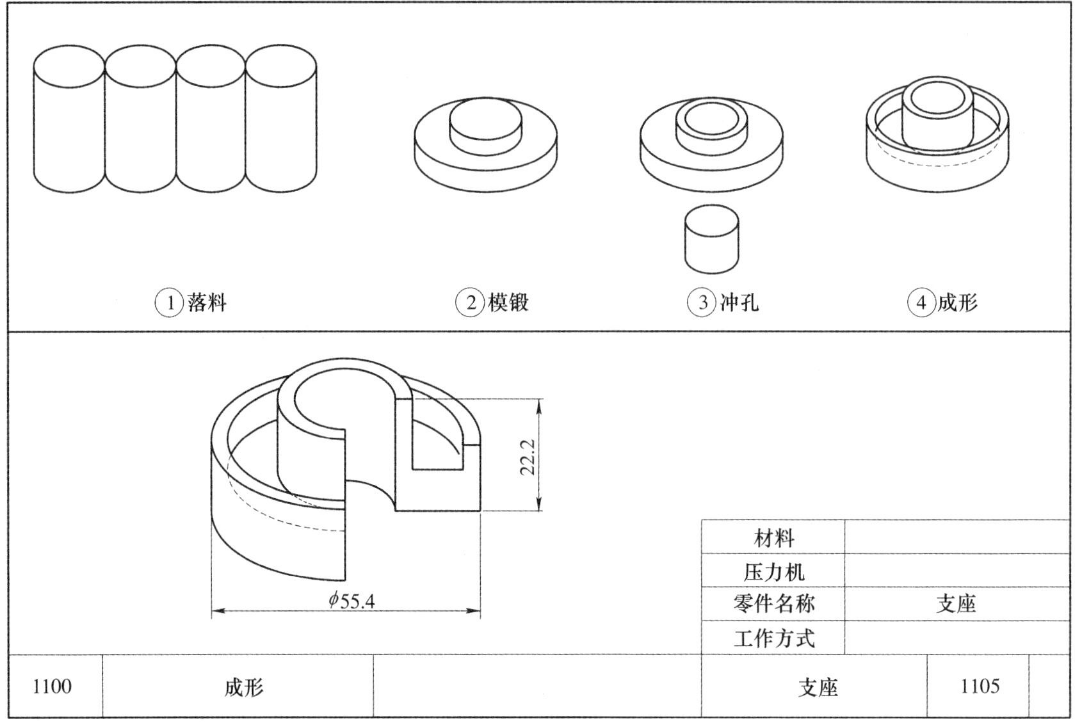
①落料
②模锻
③冲孔
④成形
22.2
ϕ55.4
材料
压力机
零件名称
支座
工作方式
1100
成形
支座
1105

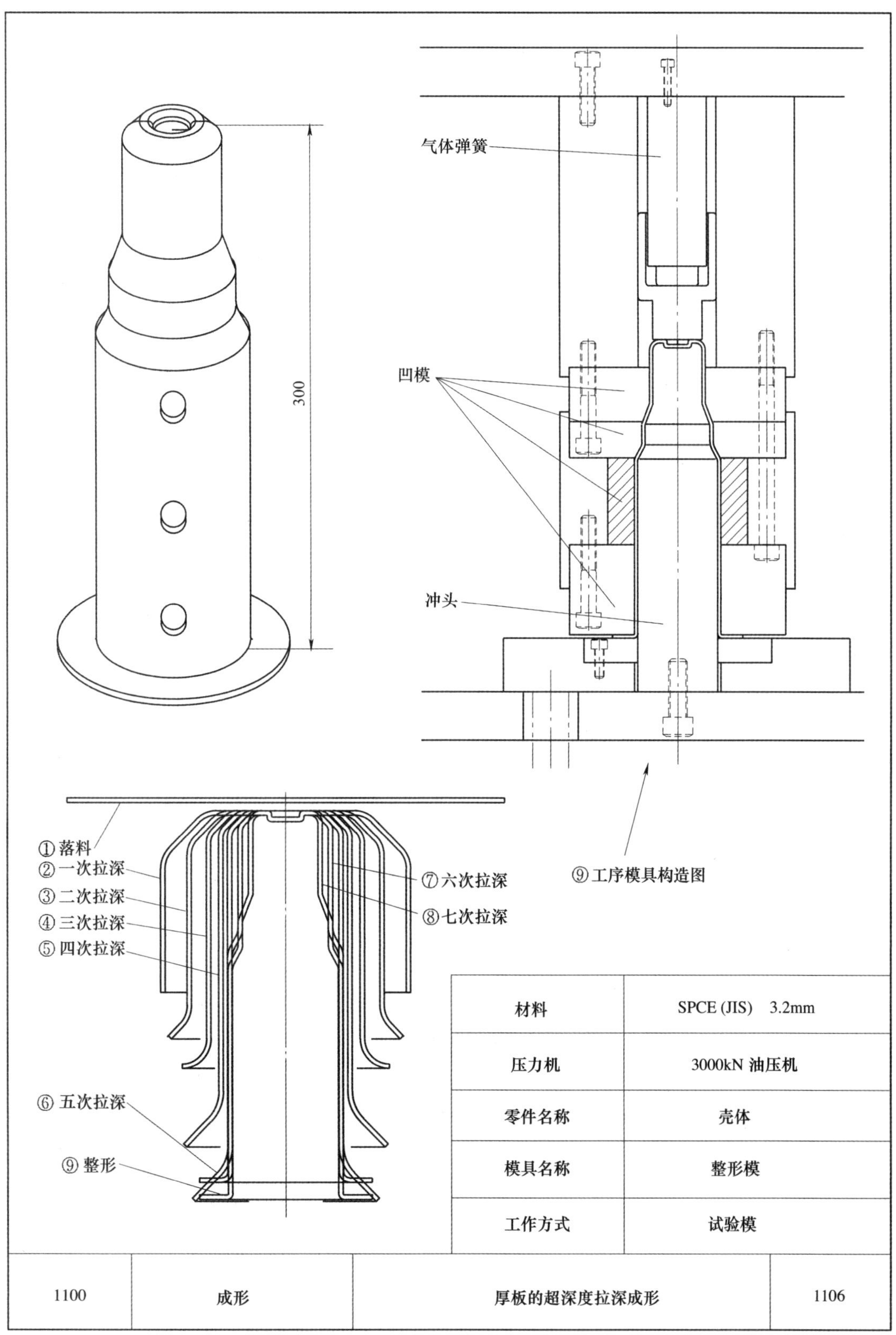

材料	SPCE (JIS)　3.2mm
压力机	3000kN 油压机
零件名称	壳体
模具名称	整形模
工作方式	试验模

1100	成形	厚板的超深度拉深成形	1106

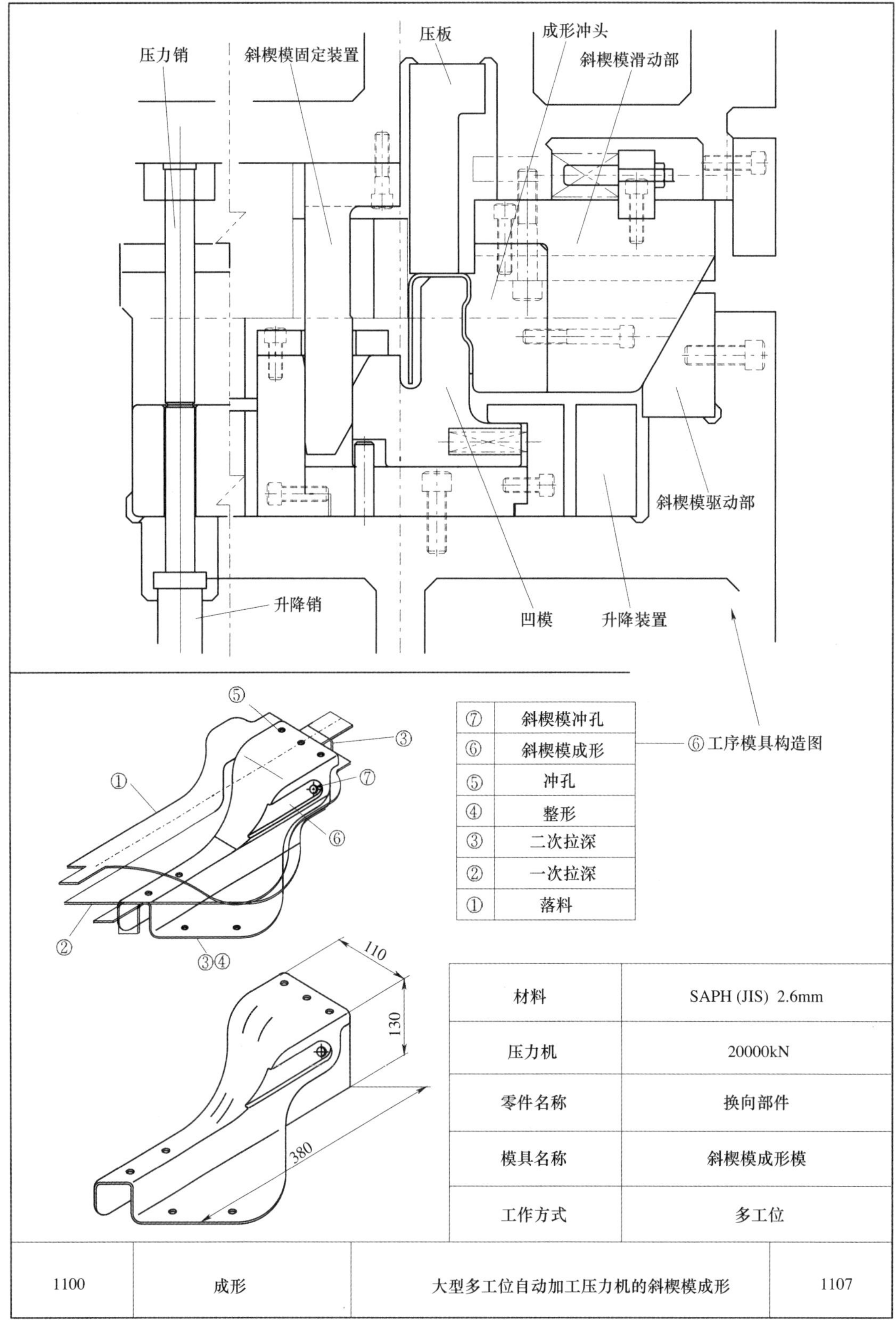

⑦	斜楔模冲孔
⑥	斜楔模成形
⑤	冲孔
④	整形
③	二次拉深
②	一次拉深
①	落料

材料	SAPH (JIS) 2.6mm
压力机	20000kN
零件名称	换向部件
模具名称	斜楔模成形模
工作方式	多工位

1100	成形	大型多工位自动加工压力机的斜楔模成形	1107

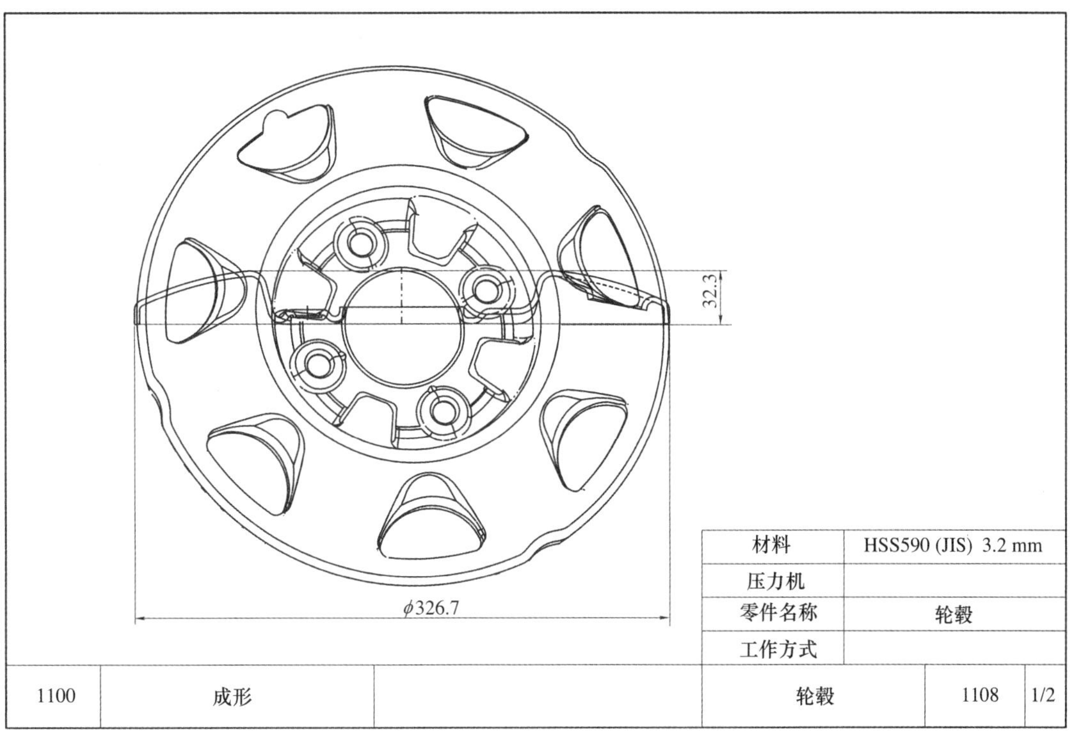

材料	HSS590 (JIS) 3.2 mm
压力机	
零件名称	轮毂
工作方式	

1100	成形		轮毂	1108	1/2

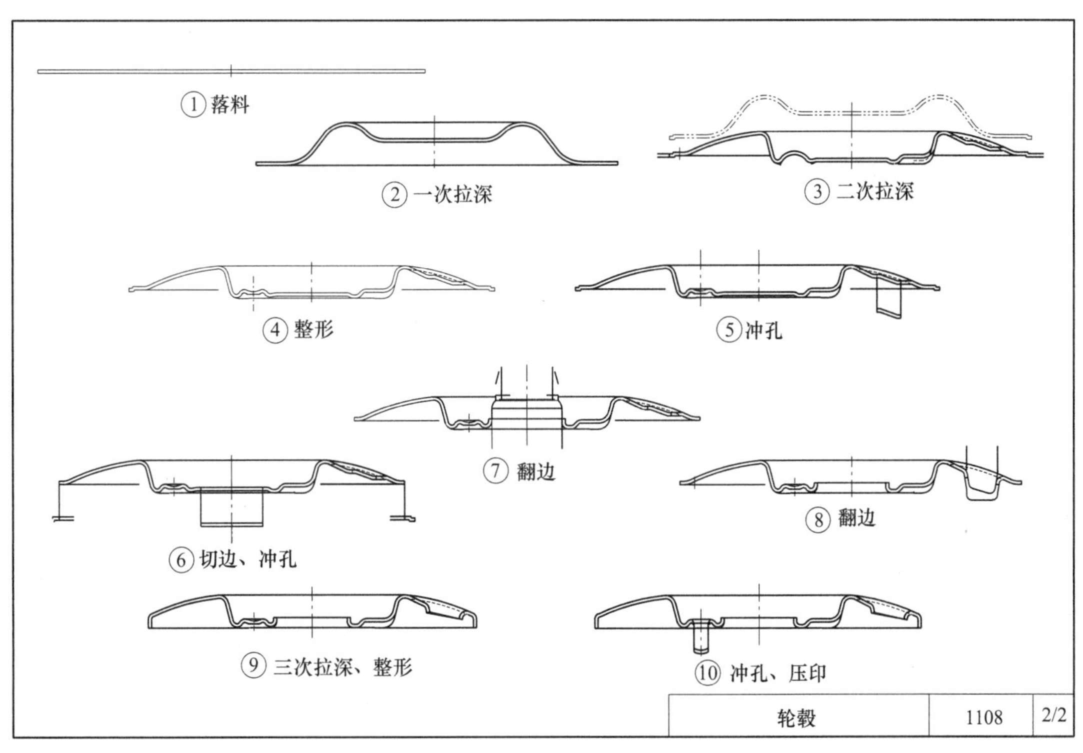

轮毂	1108	2/2

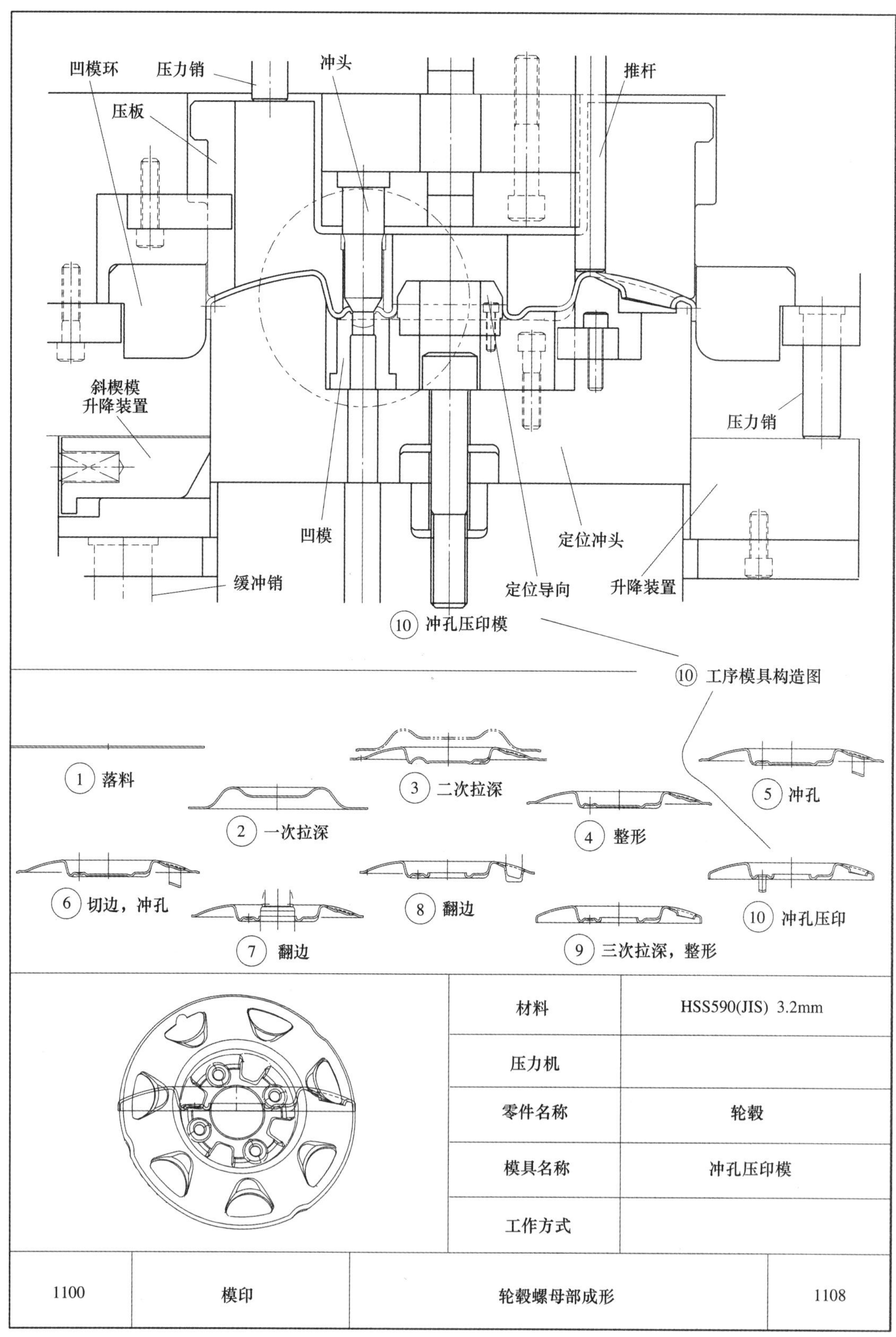

材料	HSS590(JIS) 3.2mm
压力机	
零件名称	轮毂
模具名称	冲孔压印模
工作方式	

1100	模印	轮毂螺母部成形	1108

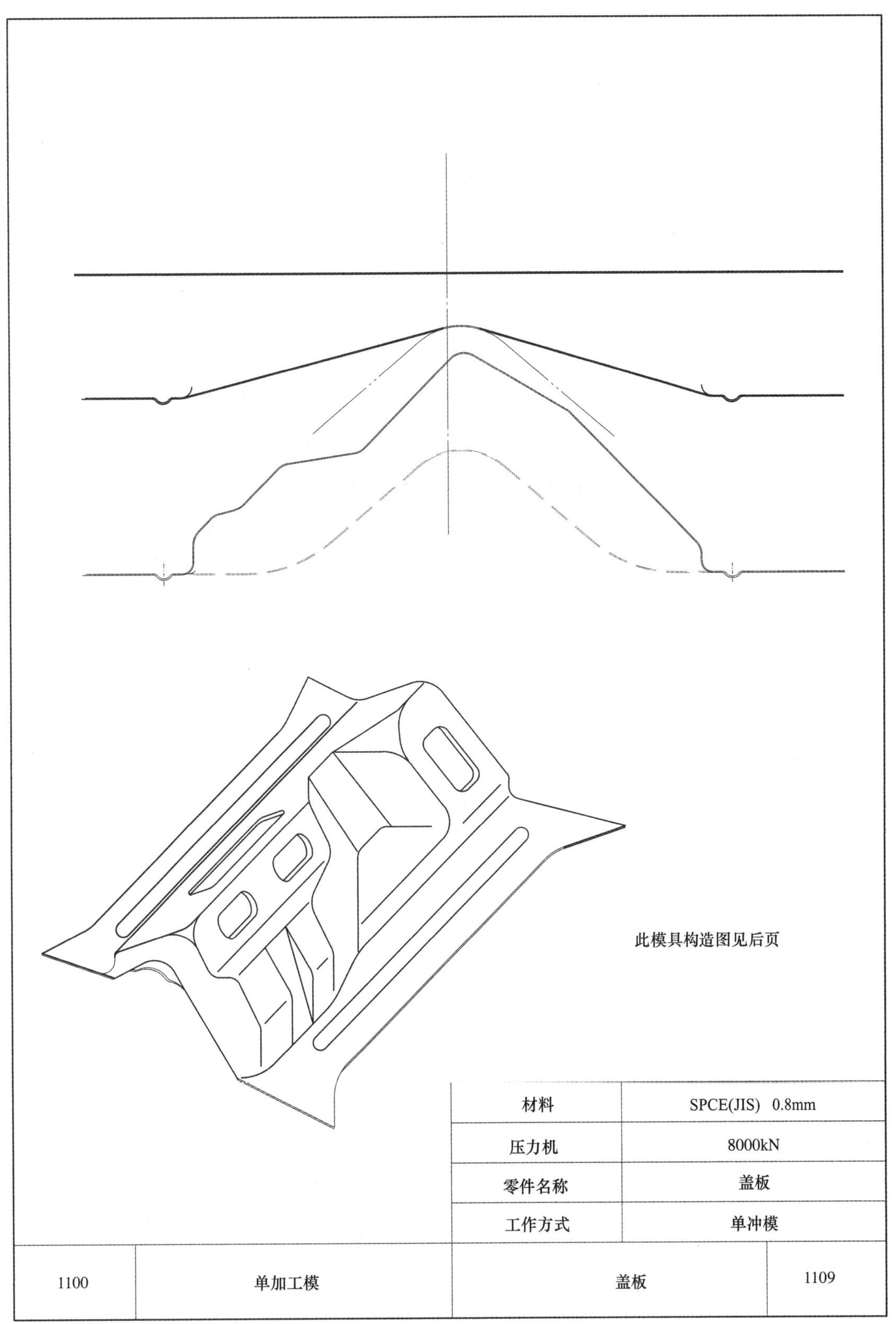

材料	SPCE(JIS)　0.8mm
压力机	8000kN
零件名称	盖板
工作方式	单冲模

1100	单加工模	盖板	1109

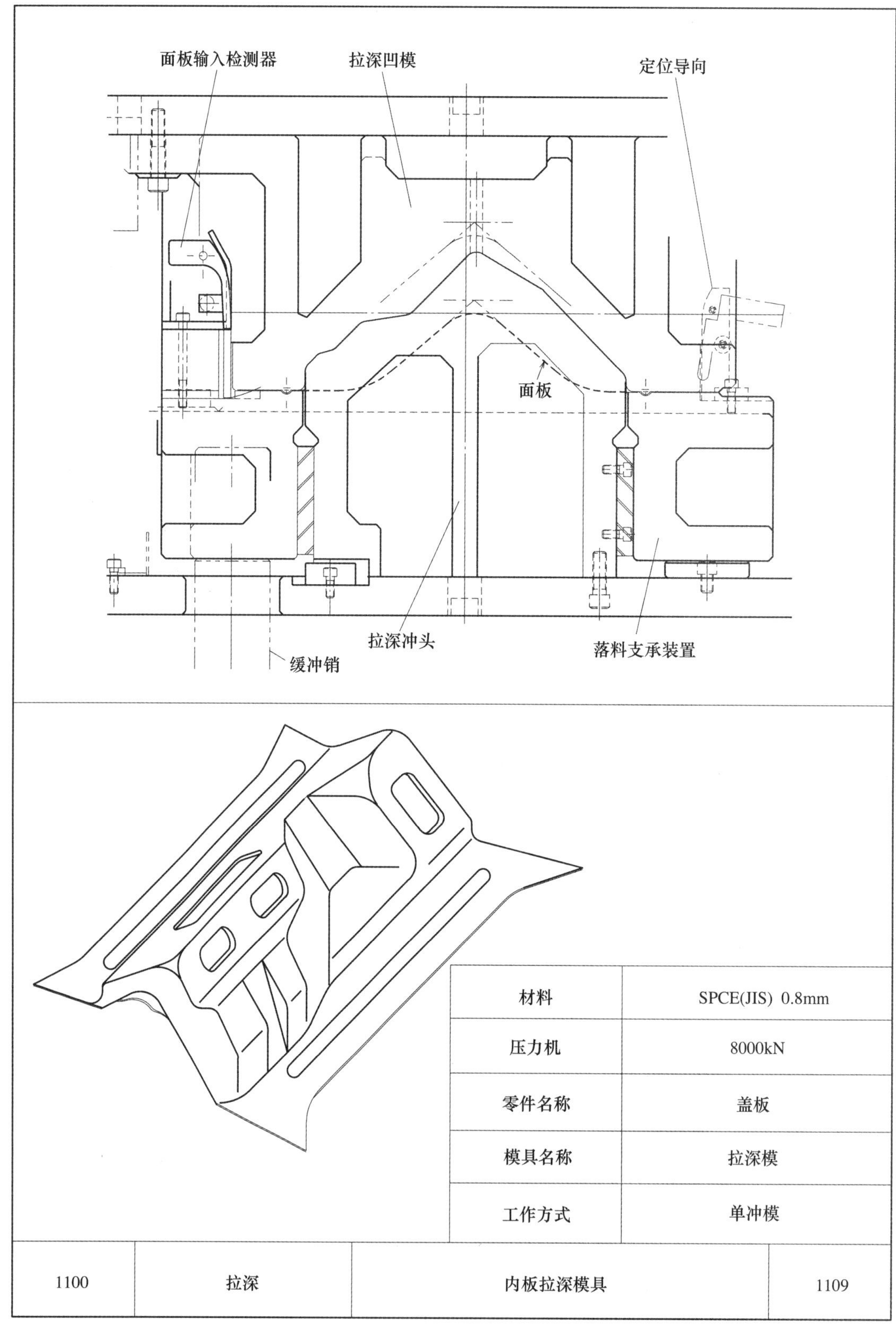

材料	SPCE(JIS) 0.8mm
压力机	8000kN
零件名称	盖板
模具名称	拉深模
工作方式	单冲模

1100	拉深	内板拉深模具	1109

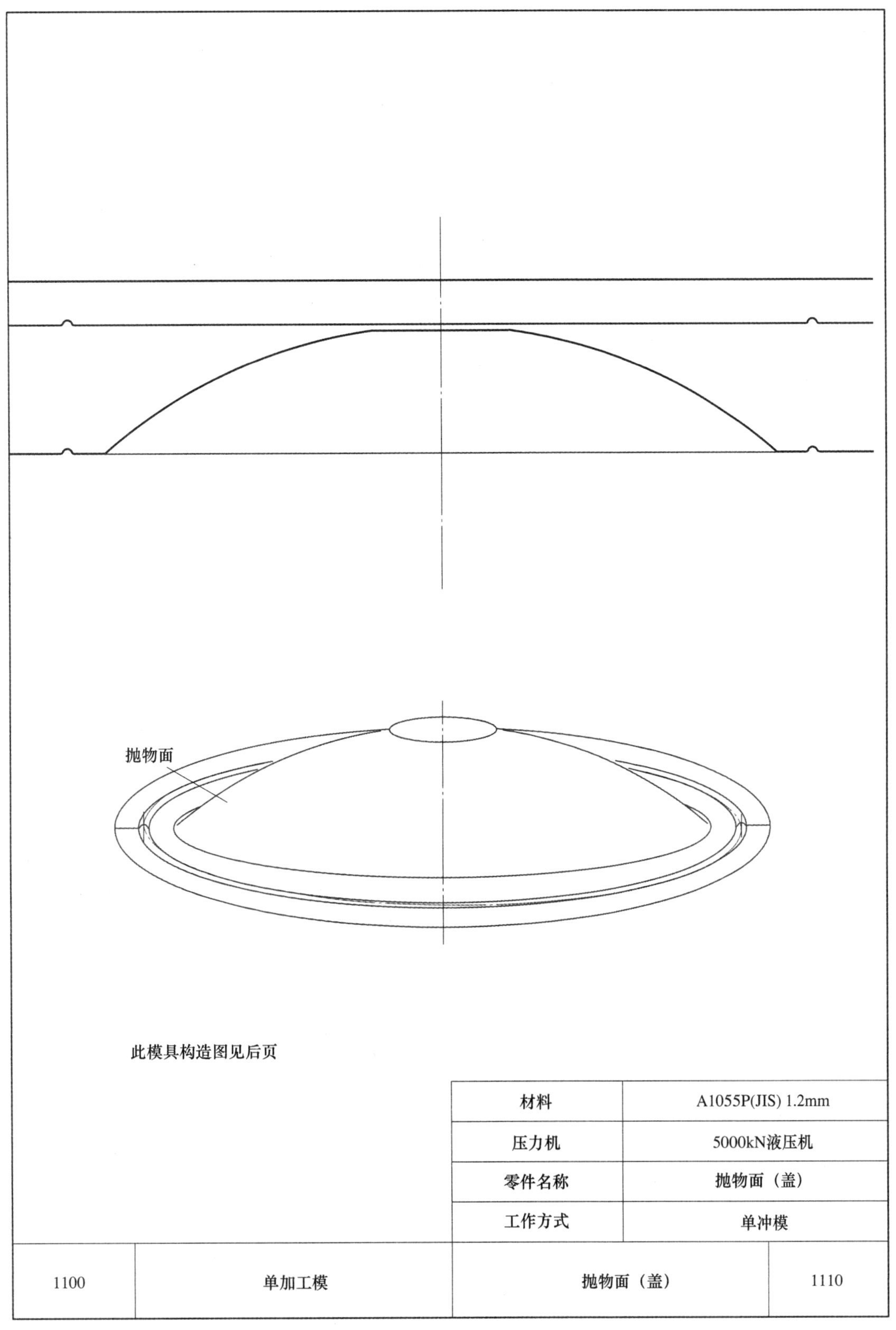

此模具构造图见后页

材料	A1055P(JIS) 1.2mm
压力机	5000kN液压机
零件名称	抛物面（盖）
工作方式	单冲模

1100	单加工模	抛物面（盖）	1110

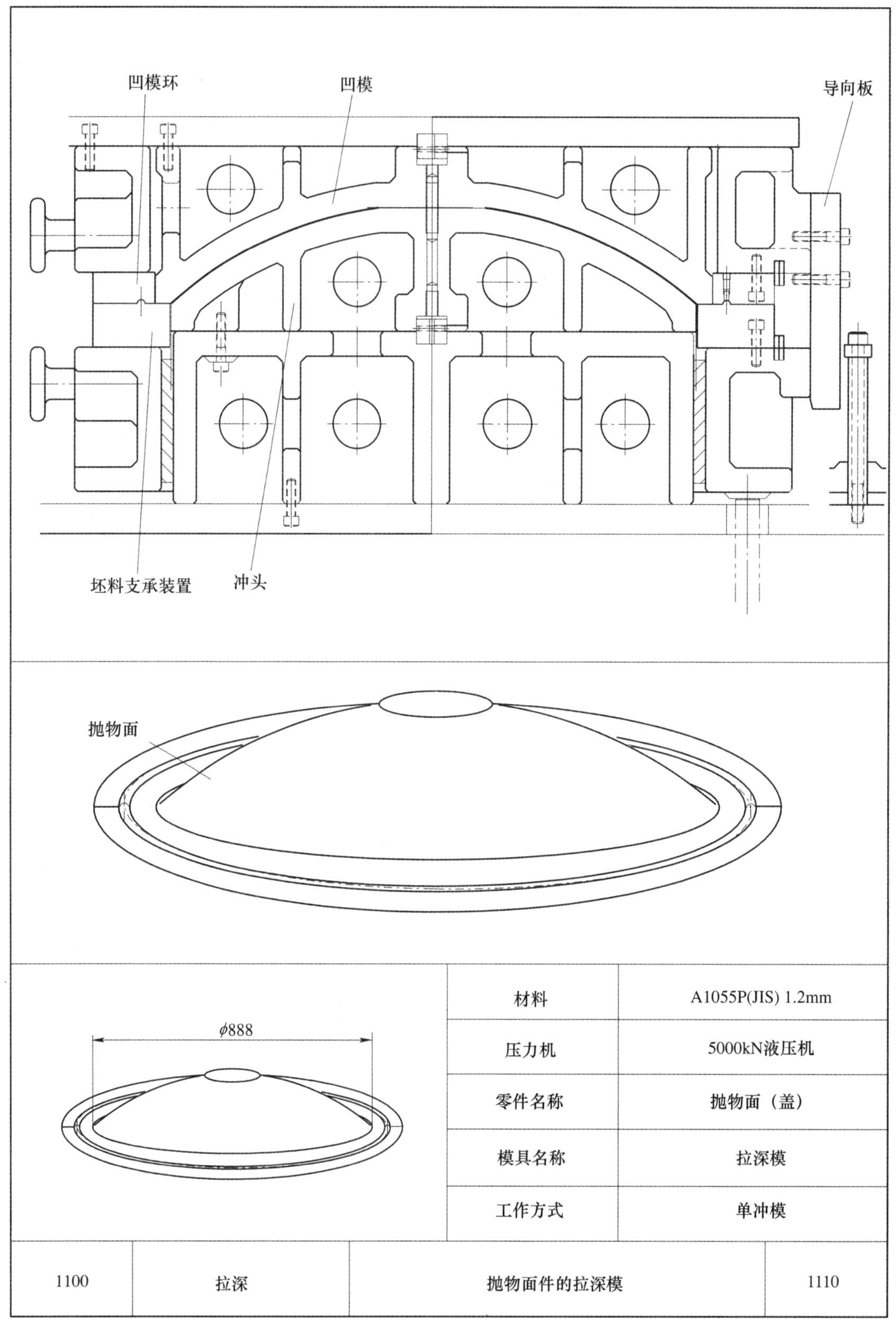

材料	A1055P(JIS) 1.2mm
压力机	5000kN液压机
零件名称	抛物面（盖）
模具名称	拉深模
工作方式	单冲模

1100	拉深	抛物面件的拉深模	1110

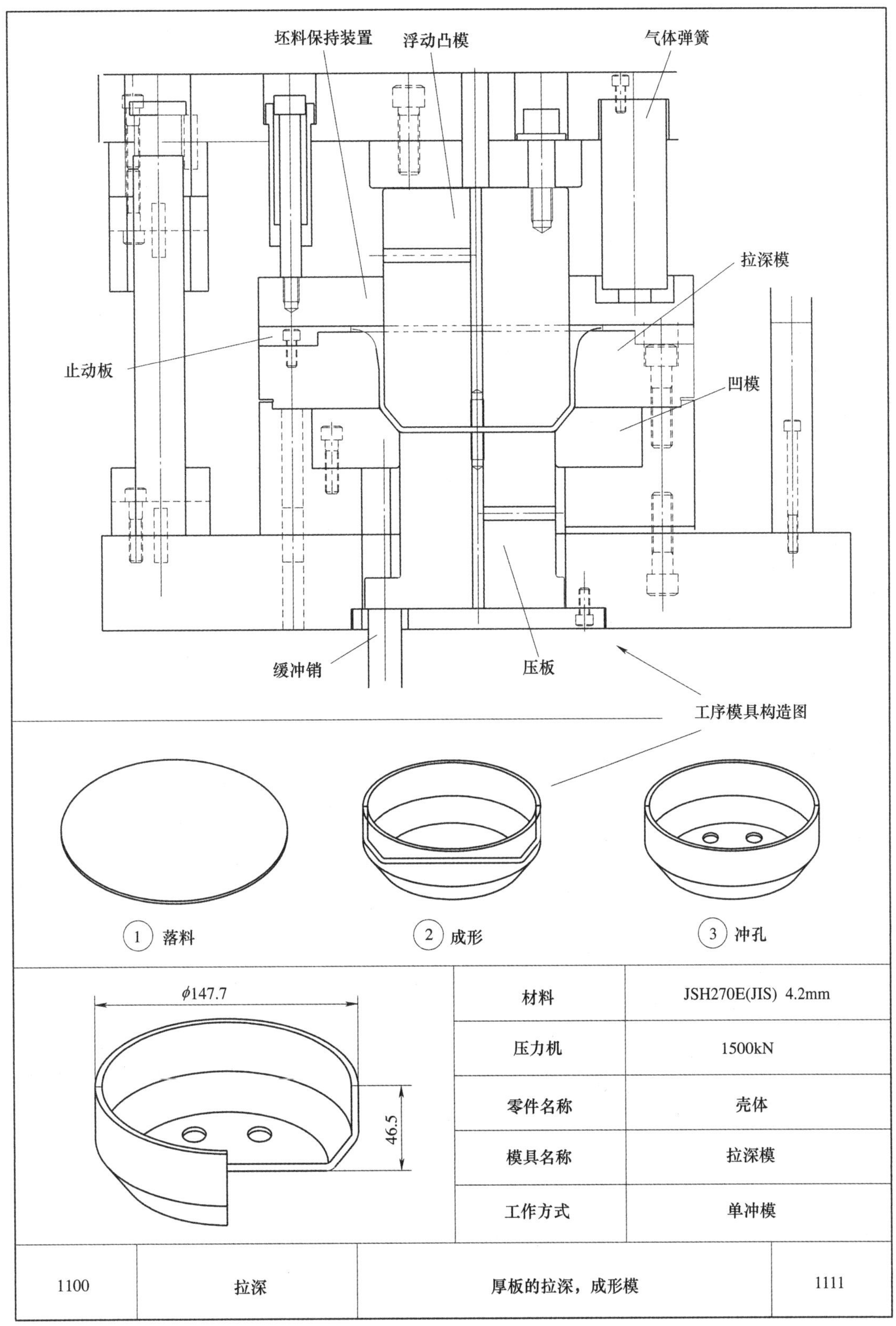

材料	JSH270E(JIS) 4.2mm
压力机	1500kN
零件名称	壳体
模具名称	拉深模
工作方式	单冲模

1100	拉深	厚板的拉深，成形模	1111

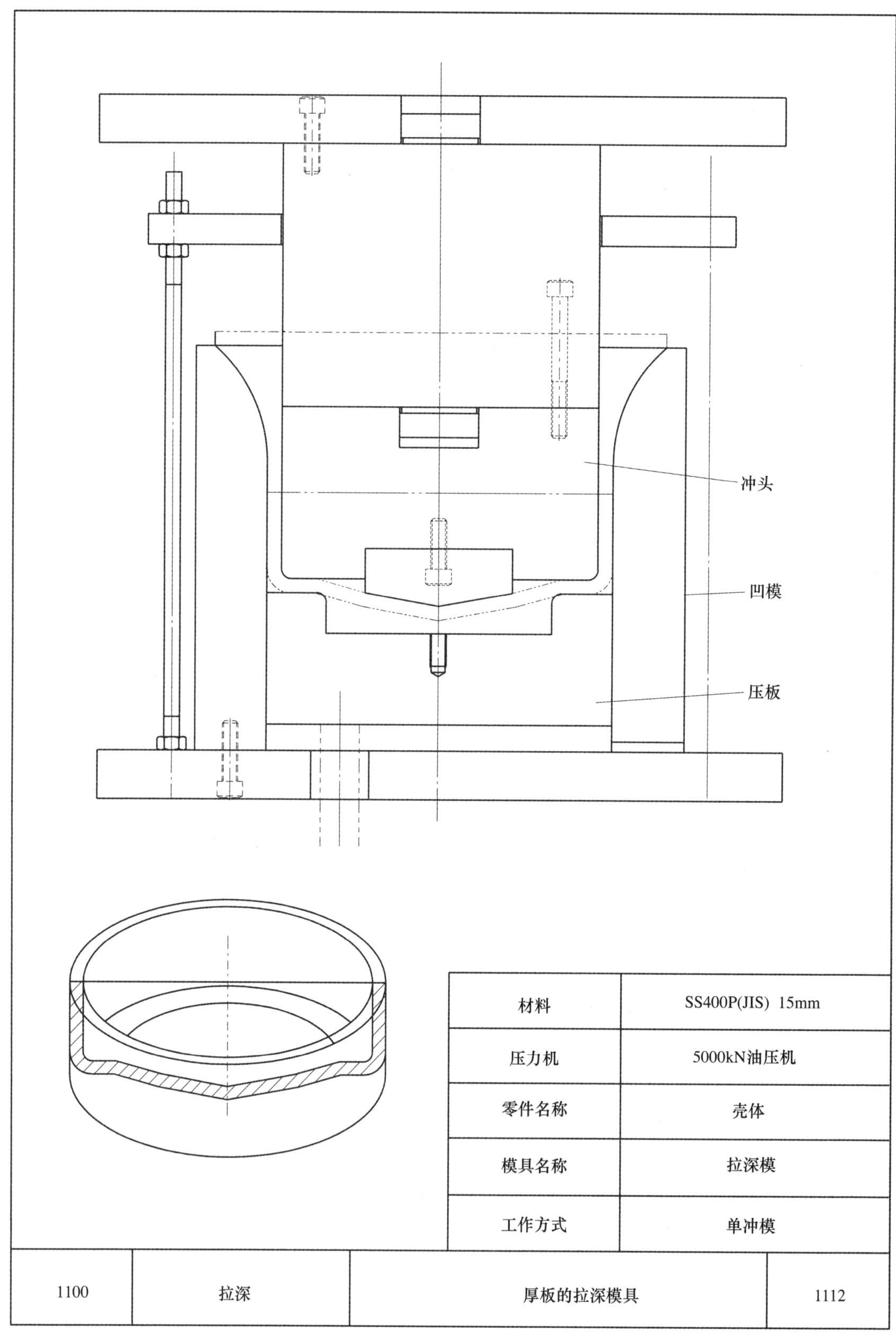

材料	SS400P(JIS) 15mm
压力机	5000kN油压机
零件名称	壳体
模具名称	拉深模
工作方式	单冲模

1100	拉深	厚板的拉深模具	1112

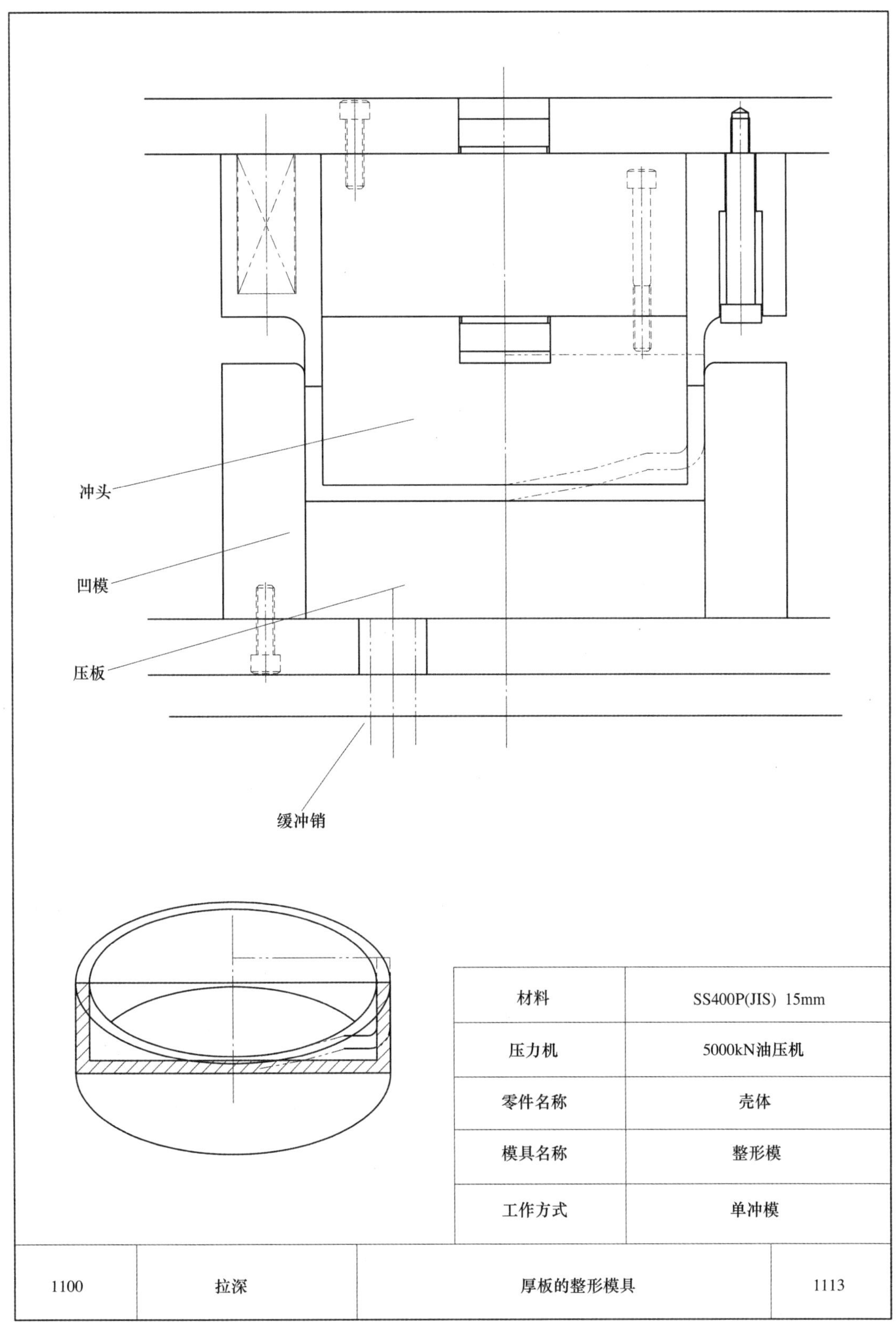

材料	SS400P(JIS) 15mm
压力机	5000kN油压机
零件名称	壳体
模具名称	整形模
工作方式	单冲模

1100	拉深	厚板的整形模具	1113

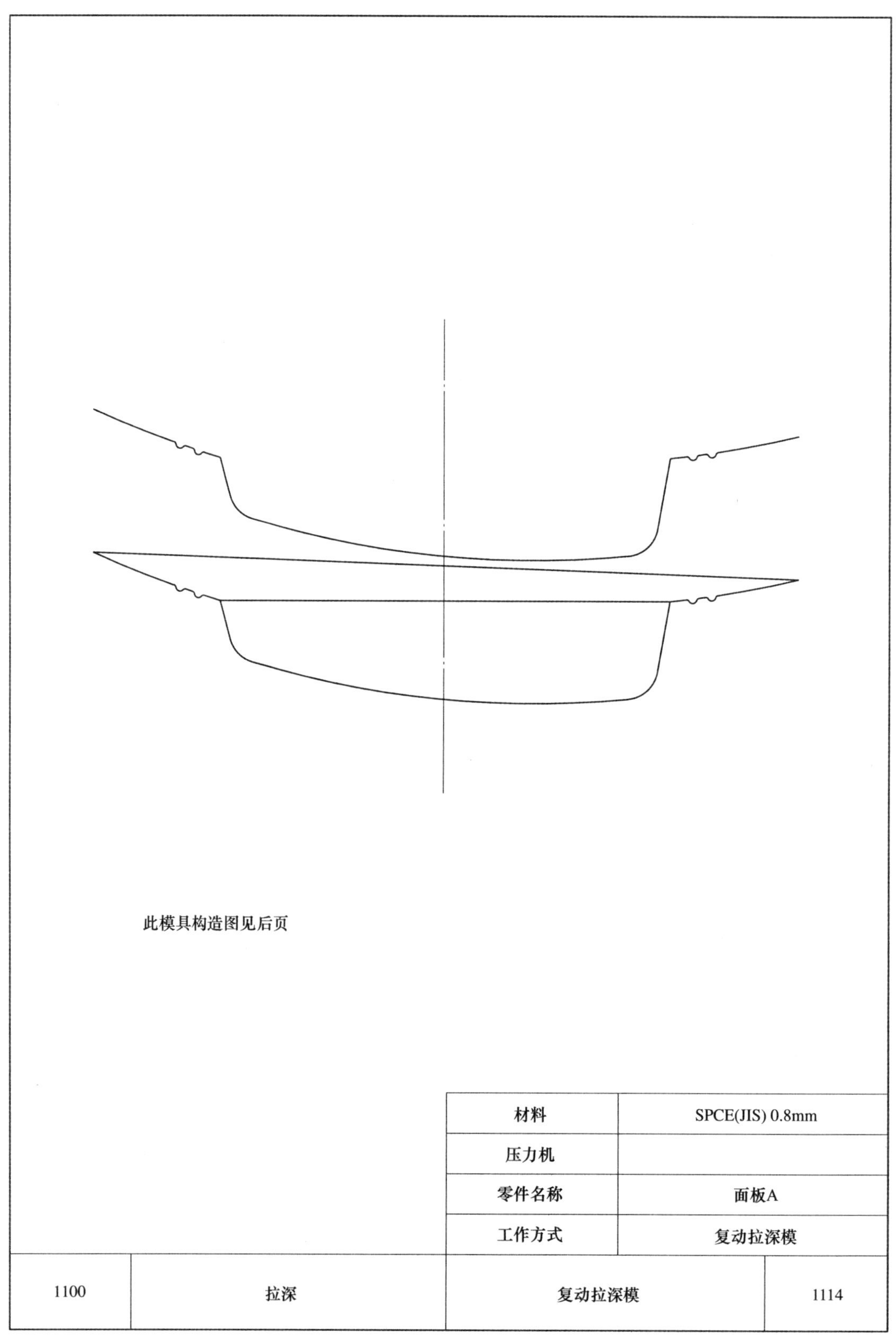

材料	SPCE(JIS) 0.8mm
压力机	
零件名称	面板A
工作方式	复动拉深模

1100	拉深	复动拉深模	1114

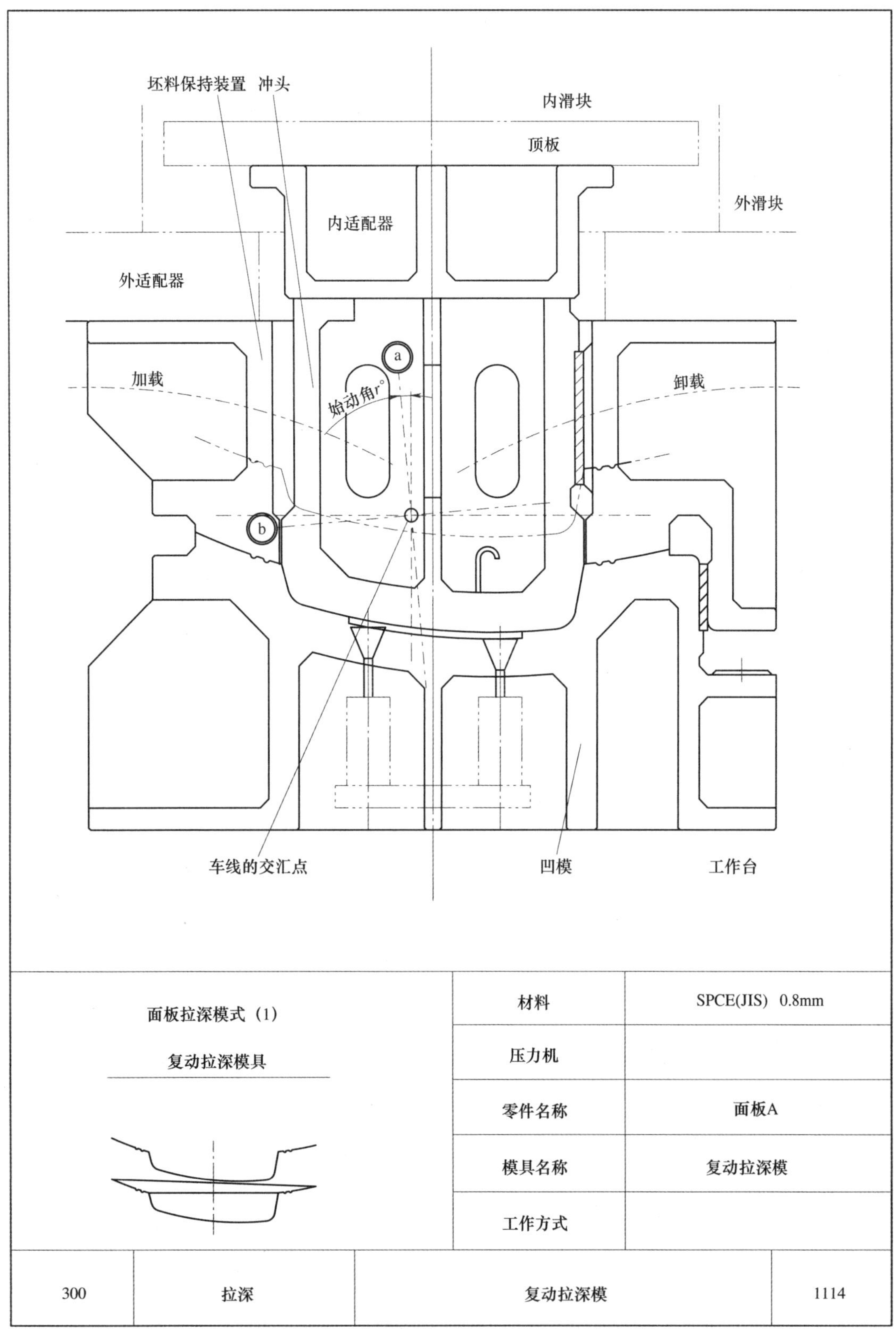

面板拉深模式（1） 复动拉深模具	材料	SPCE(JIS) 0.8mm
	压力机	
	零件名称	面板A
	模具名称	复动拉深模
	工作方式	

300	拉深	复动拉深模	1114

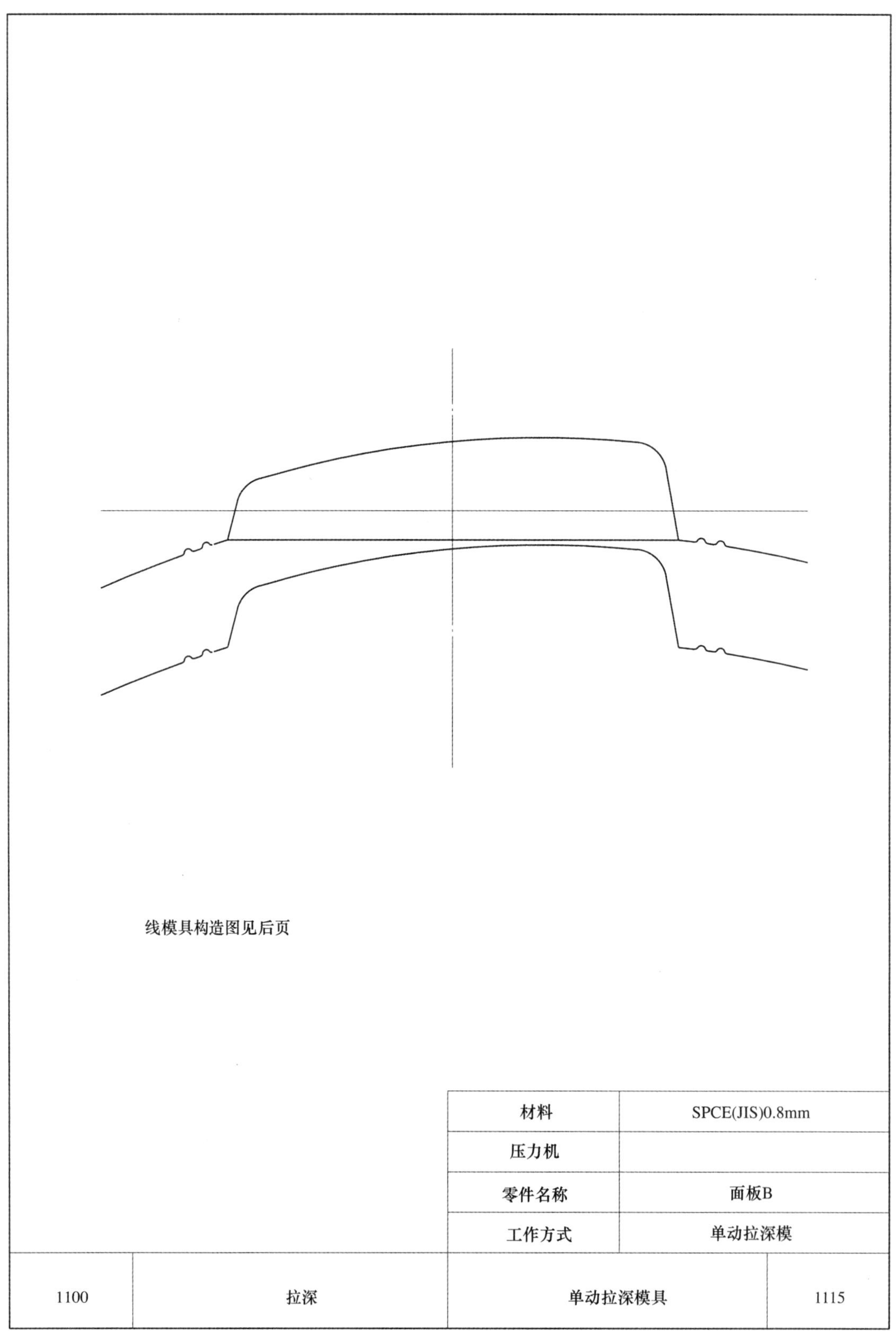

材料	SPCE(JIS)0.8mm
压力机	
零件名称	面板B
工作方式	单动拉深模

1100	拉深	单动拉深模具	1115

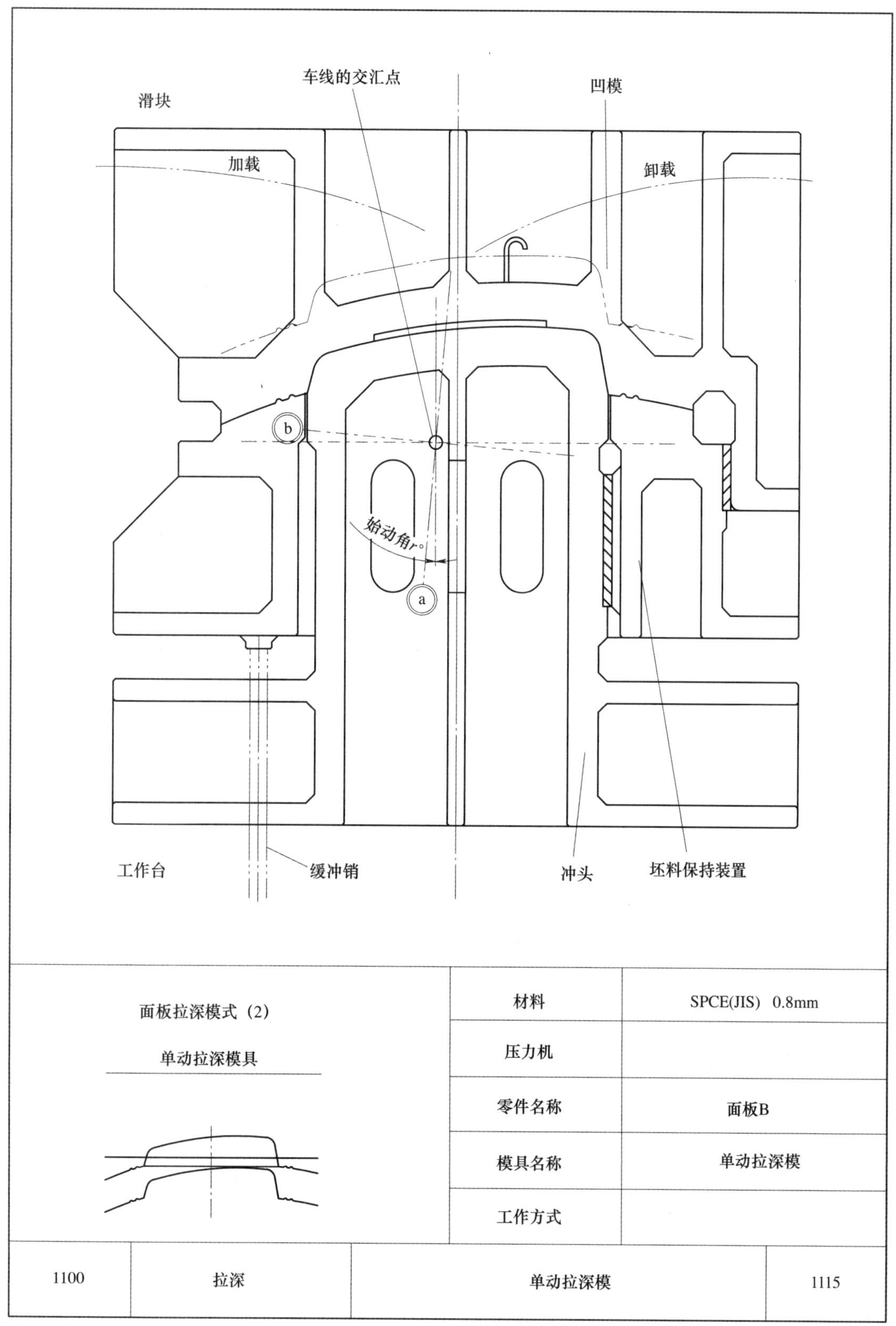

面板拉深模式（2） 单动拉深模具	材料	SPCE(JIS)　0.8mm
	压力机	
	零件名称	面板B
	模具名称	单动拉深模
	工作方式	

1100	拉深	单动拉深模	1115

3.4.5 冷间锻造

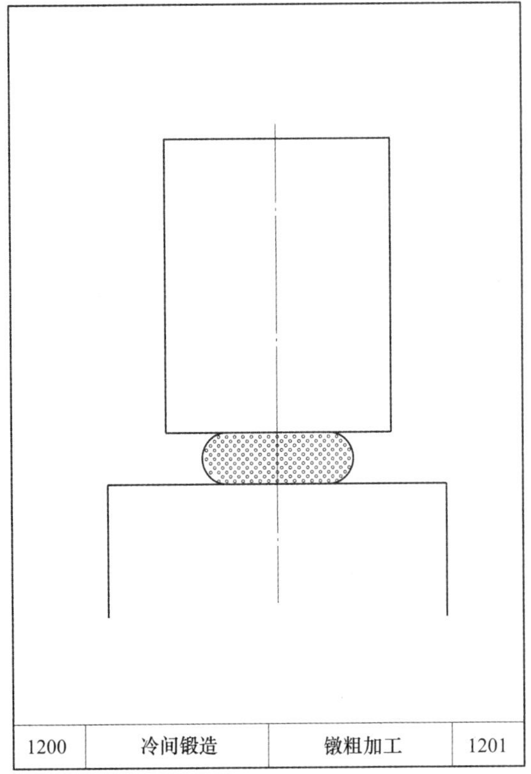
1200
冷间锻造
镦粗加工
1201

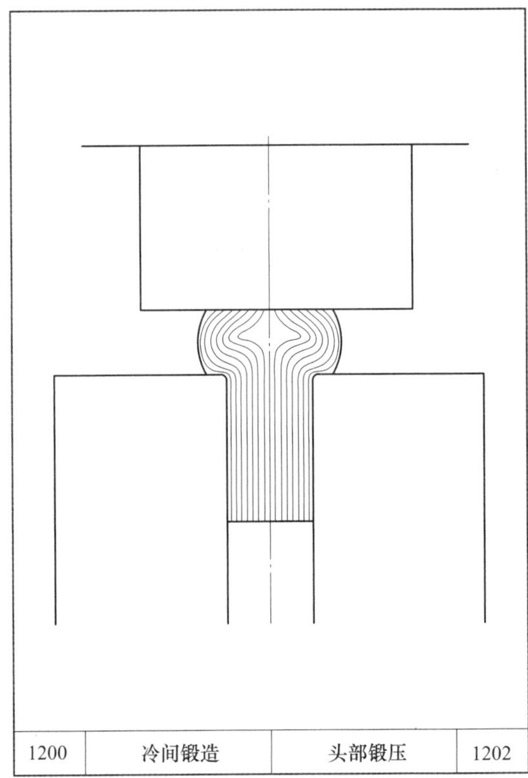
1200
冷间锻造
头部锻压
1202

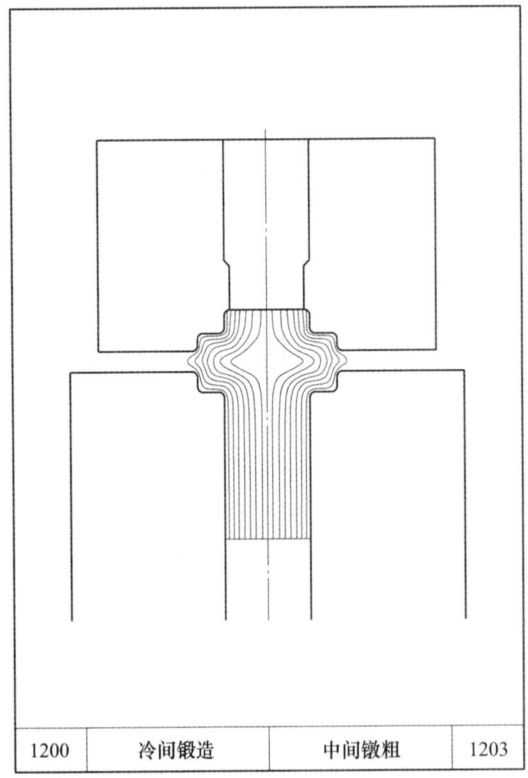
1200
冷间锻造
中间镦粗
1203

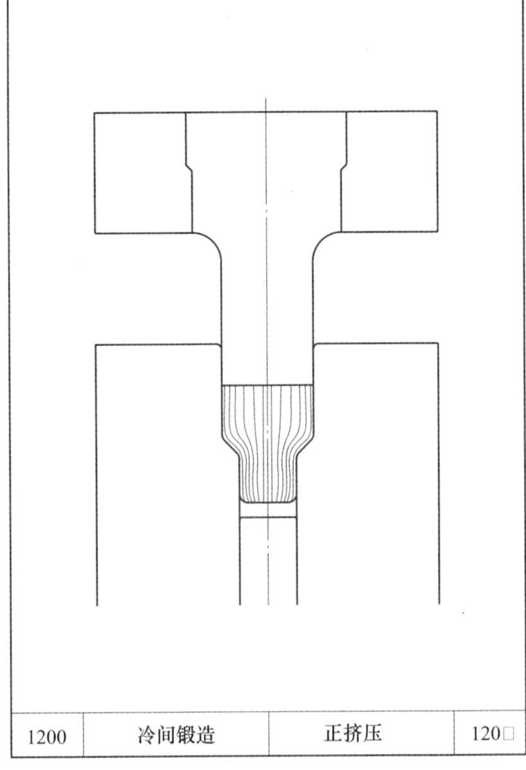
1200
冷间锻造
正挤压
120□

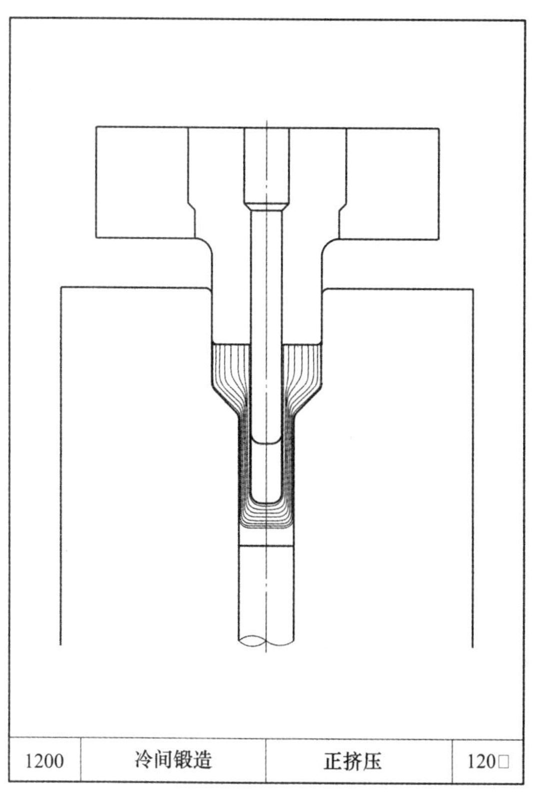
1200
冷间锻造
正挤压
120□

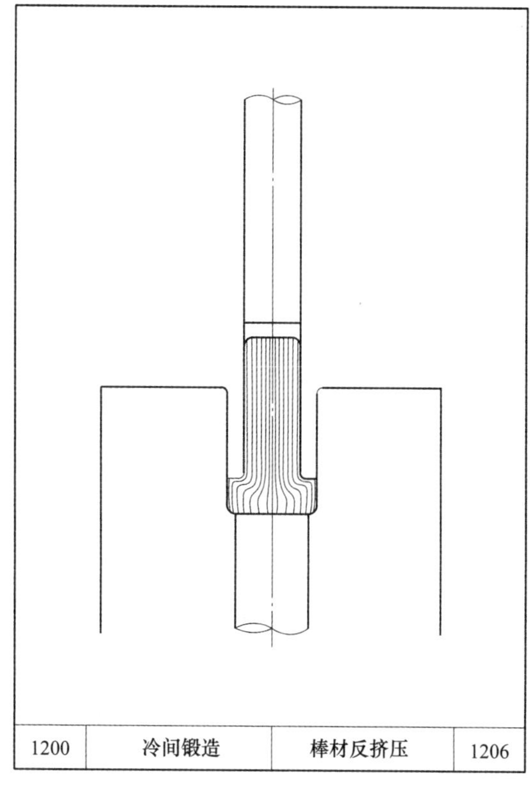
1200
冷间锻造
棒材反挤压
1206

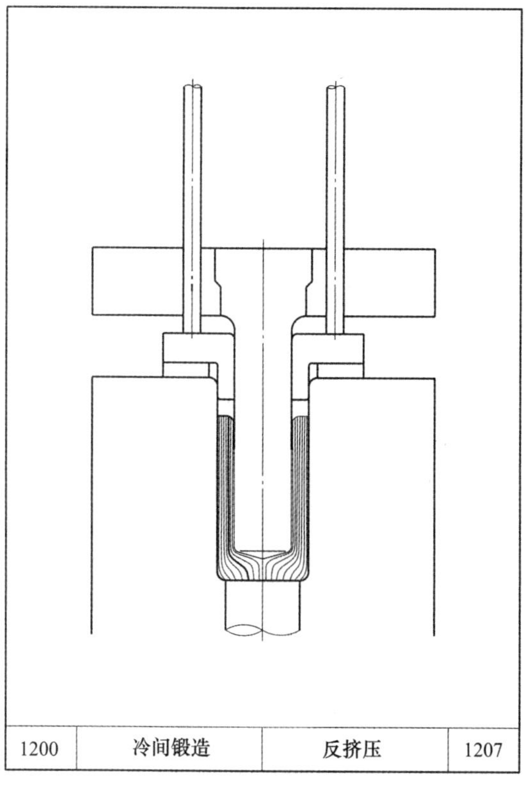
1200
冷间锻造
反挤压
1207

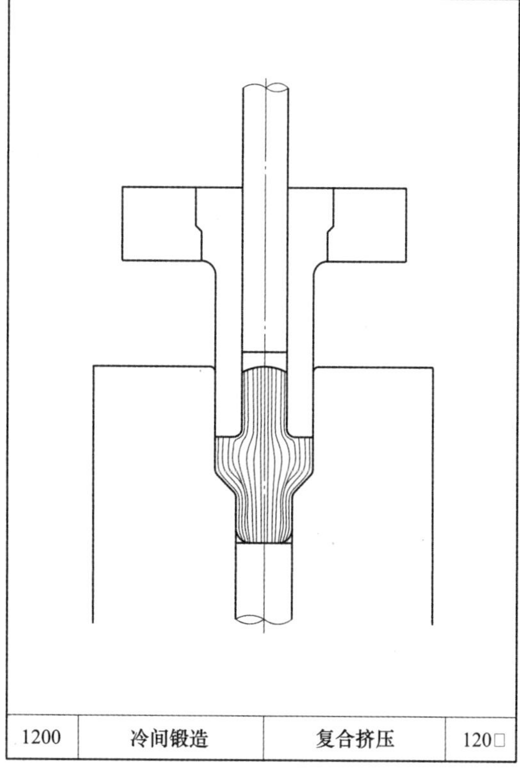
1200
冷间锻造
复合挤压
120□

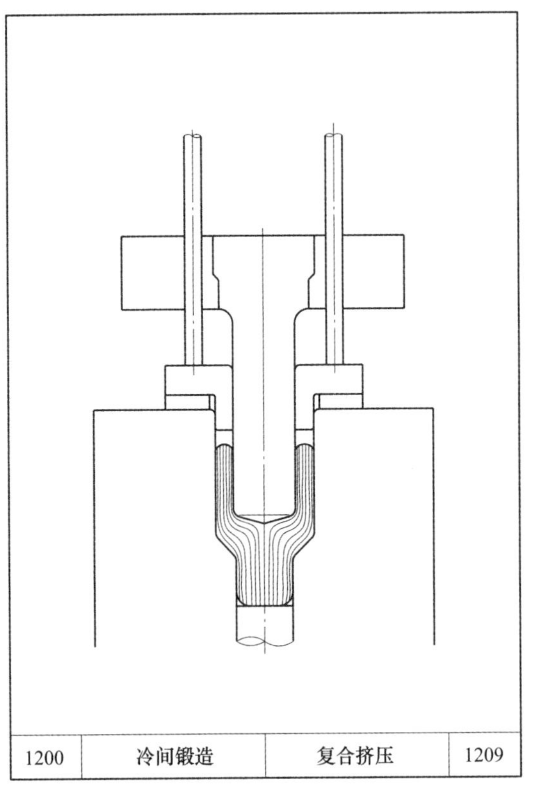
1200
冷间锻造
复合挤压
1209

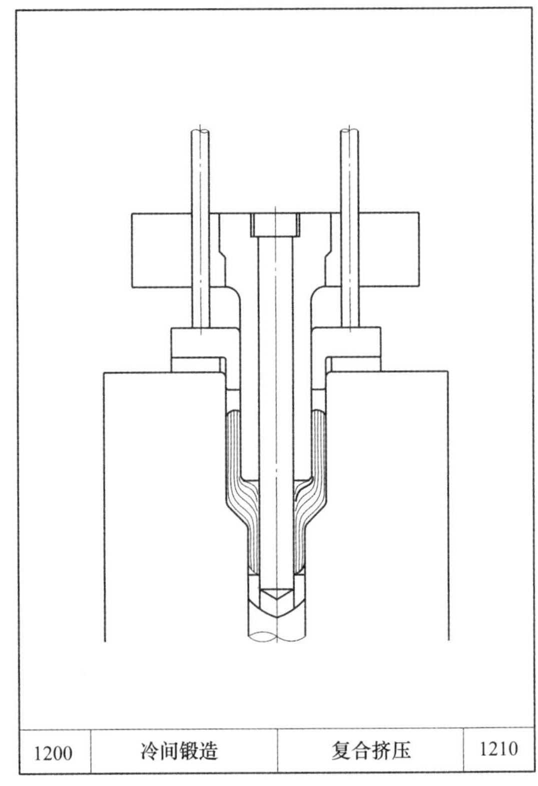
1200
冷间锻造
复合挤压
1210

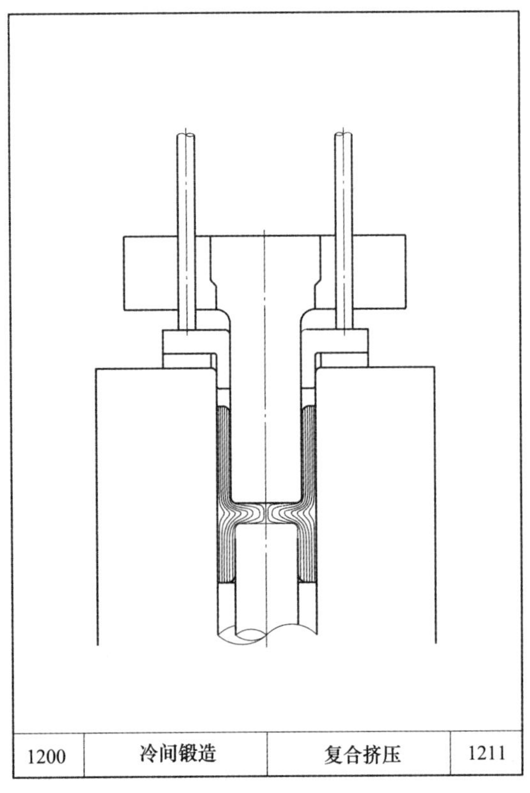
1200
冷间锻造
复合挤压
1211

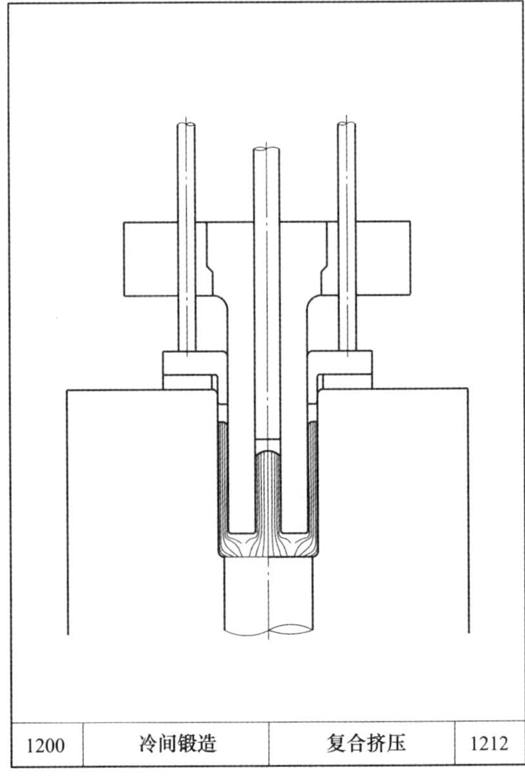
1200
冷间锻造
复合挤压
1212

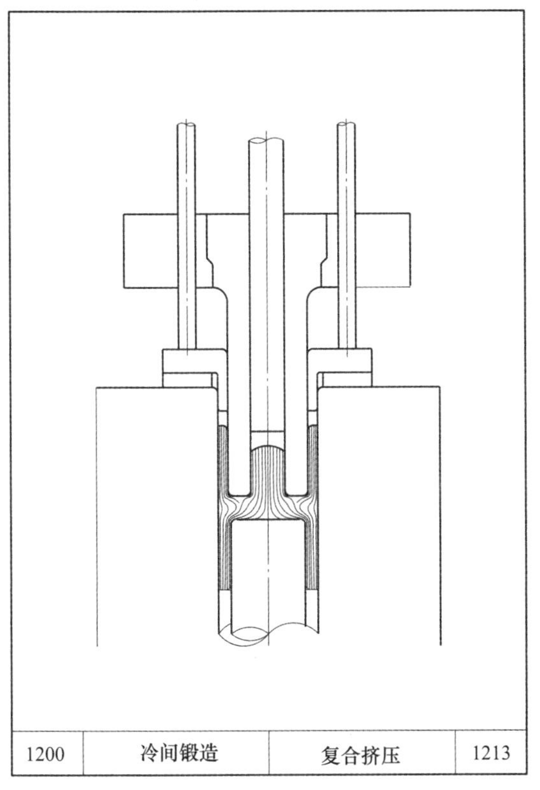

1200	冷间锻造	复合挤压	1213

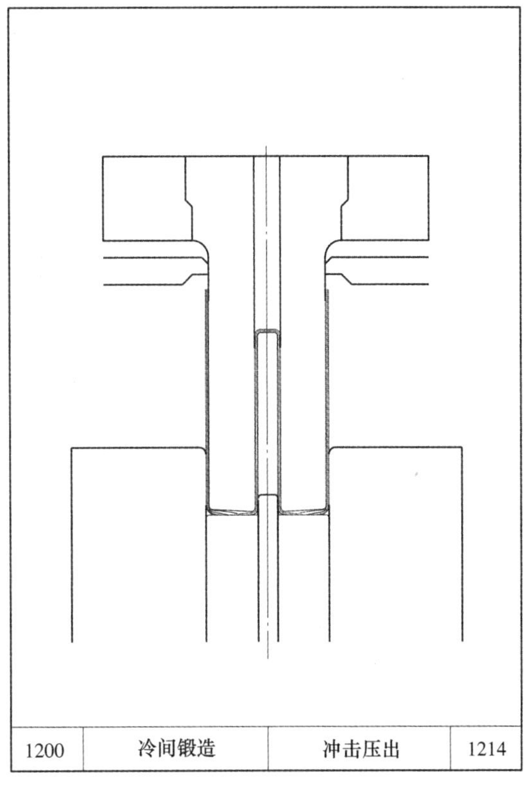

1200	冷间锻造	冲击压出	1214

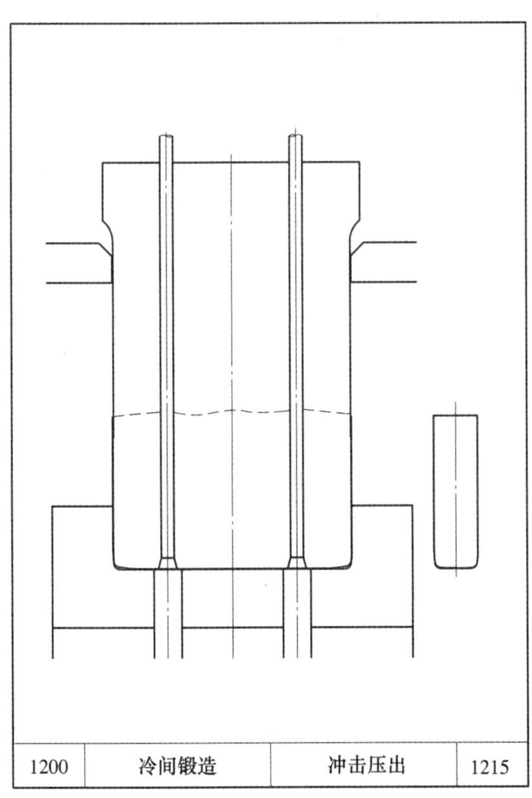

1200	冷间锻造	冲击压出	1215

第4章 冲压模具组装使用及维修

冲压加工生产中，冲压模具的组装使用与维修保养至关重要，模具组装、维修、保养体制的建立，备受企业的重视。实际生产中，与设备本体的故障相比，模具的故障损失所占比例居多。模具发生故障导致达不到预定的生产量，模具拆卸造成时间上的损失难以计算，此外模具与产品质量有直接的关联。为预防故障发生，使模具设备保持最佳的性能状态和延长使用寿命，保证产品质量，模具和设备一样，必须制定模具管理规则，建立模具维护与保养档案，建立定期点检制度并切实执行，对点检中发现的不良问题要立即联系专职维护人员及时解决，确保安全生产，决不允许模具带故障生产。

4.1 模具组装

4.1.1 模具组装图样

模具组装图样包括平面图样、正面图样、侧面图样及断面图样，其中平面图样和断面图样尤为重要（参见本书第2章2.4.4模具设计构想图样）。

通过模具组装图样，了解各构成零部件的相互位置关系，以及如何组装成为模具。通过组装图样也可以对所设计的模具做出总体评价。

在模具行业，三维CAD的导入领先于其他制造业。但使用二维CAD就能进行高质量设计的场合，以及用来向制造工序和检查工序传递情报，二维CAD图样仍为主流。

使用CAD进行模具设计，组装图样的目的和作用也在发生一些变化。以本书前述的带料布局图样为草图，在所定位置添加上部件图样之后即成为组装图样。换言之，组装图样就是部件图样作成时的副产物。因此，在组装图样中的部件图样通过三面视图和断面图样必须能够忠实地反映出部件的形状。

4.1.2 模具的部分组装

随着模具标准部件的大量增加及模具加工机械向高精度化的不断发展，一般地，购入的标准部件和各种机械加工、手加工完成的部件也可以直接进行模具组装。但是，模具在组装完毕的状态下，发现的问题一般很难查明原因。所以为缩短组装作业时间，首要的是在理解模具各部件机能的基础上进行加工并保证必要的精度，然后，先将关联单体部件进行部分组装，确认其形状、机能后，再将其装到整体模具上。

在这个阶段，重要的仍然是必须要在充分理解各模具部件的机能，与关联部件的关系，以及在模具整体中的定位的基础上进行。部分组装到整体组装，基本上应按照图4-1所示的关系进行。

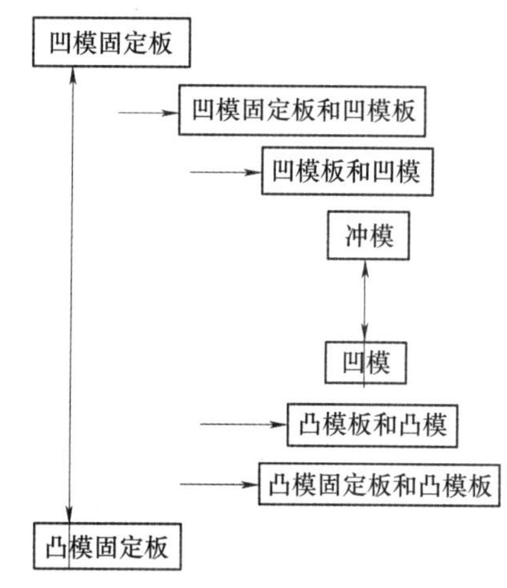

图4-1 部分组装和模具的关系

4.1.3 模具组装要点

模具组装的时候，如果使用的机构和方法不当，则非但不能实现所要求的机能，还可能发生下列情况：①冲压加工产品达不到规定精度。②模具受到多余力的作用，寿命降低。③模具维护时，如冲裁模具的剪切冲头再度研磨或交换模具部件等，再度组装后的模具达不到维护前模具的精度等问题。

（1）部件定位 在各种模具的组装中，部件的定位占有相当大的比重。通常，模具部件安装时使用内六角螺栓联接固定，但是联接固定用的螺栓并不具有定位的机能。模具部件的定位，最基本的是利用专用的定位销（Dowel Pin）实现。定位销材料要求硬度高，公差幅小（5μm），并重视剪切强度。

图4-2为定位销的非对称配置示意。使用两根定位销进行部件定位时，两根定位销的相对位置要尽可能远些为好。因为定位销的孔存在加工误差，假定加工误差相同，那么以其中一点为基准，另外一点距离基准点越远，加工误差的影响越小，定位精度越高。另外，必须牢记，为防止翻转后进行组装时的失误，务必注意两根定位销孔的相对位置，一定要设计成非对称的位置关系。

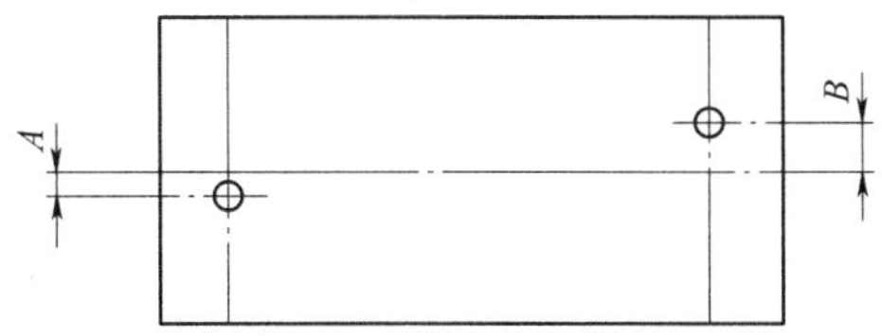

图4-2 定位销非对称配置（$A \neq B$）

（2）部件固定　模具在满足冲压加工所必要机能的同时，必须考虑组装后的模具在维护时的分解、调整及再组装。如忽略这一点，将会导致维护时间的延长，从而降低生产率。因此，在设计上对于此点给予充分的注意是很重要的。

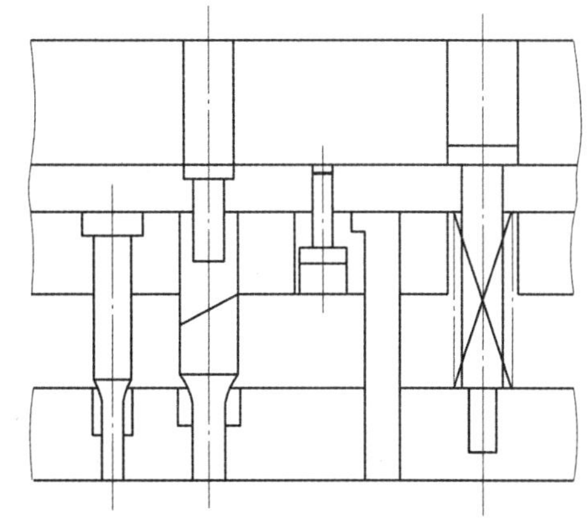

图4-3 双方向冲头固定

图4-3为双方向冲头固定，从上下两个方向混合固定。显而易见，维护时如不将模具全部分解就无法进行。组装、维护时的分解、再组装十分不便，必须避免这样的设计。

如图4-4所示，统一为单方向冲头固定，图4-4a为统一从A方向（上）固定，图4-4b为统一从B方向（下）固定 。根据模具构造、大小及维护的需要统一模具部件的固定方向，无疑对于模具的组装、分解有利。

上述内容同样也适用于螺栓，以达到尽可能减少模具的组装，以及分解作业中翻转模具等作业。

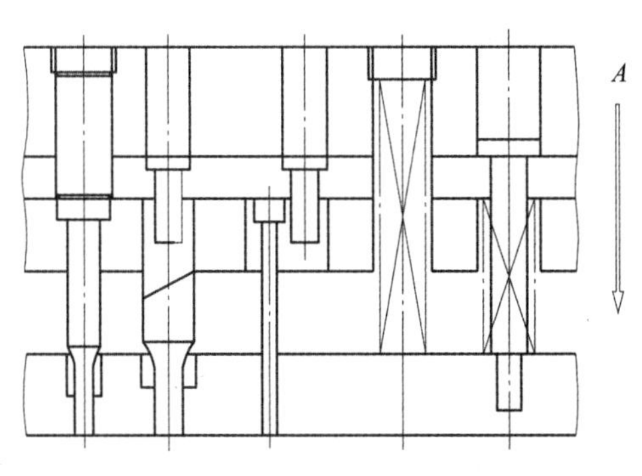

a）A方向固定

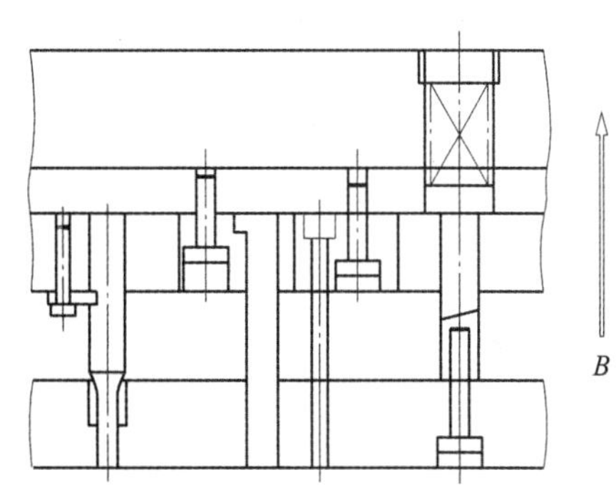

b）B方向固定

图4-4 单方向冲头固定

（3）组装精度　模具在满足必要机能的前提下，结构以简单为好。同时，还要根据加工产品的精度决定模具精度，模具机能的实现与组装精度密切相关，所以，组装应该在充分了解模具应该具备的机能和精度的基础上进行。

组装精度是由下述多方面的因素决定的：①模具上下模之间的位置精度。②冲头固定板（Punch plate）、卸料板（Stripper plate）、凹模固定板（Die plate）等各自相关的位置精度。③冲头必须成直角装入，并且安装正确无误。④模具部件之间相互定位用的重要部件定位销，装入确实无误。

如图4-5所示，上下模的运动，在结构上由冲头固定板、卸料板及凹模固定板三块主板保持。利用辅助导柱（Sub guide）保持三块主板相互对心的方式，既可以得到较好的模具综合精度（参见图1-122），还可以有效避免模具冲头与凹模冲突引起的事故。

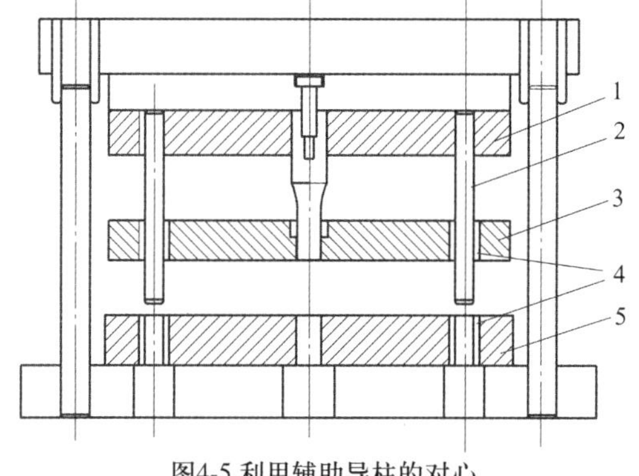

图4-5 利用辅助导柱的对心

1. 冲头固定板 2. 辅助导柱 3. 脱料板 4. 导柱轴衬 5.凹模固定板

实际组装中所采用的组装工艺，既要考虑组装的便捷性，还必须考虑完成组装后的模具在分解整备时的再现性。也就是说，经过分解整备，再组装后的模具如何才能够快速、准确无误地再现分解整备前的状态和精度。

如图4-6所示，使用调整垫片进行组装的方形冲头及凹模衬套等，首次组装时，务必要标明所使用的调整垫片的规格和位置，否则分解整备后的再组装将会十分困难。另外，模具部件根据基准面进行加工和组装，调整时也必须考虑此加工基准面。

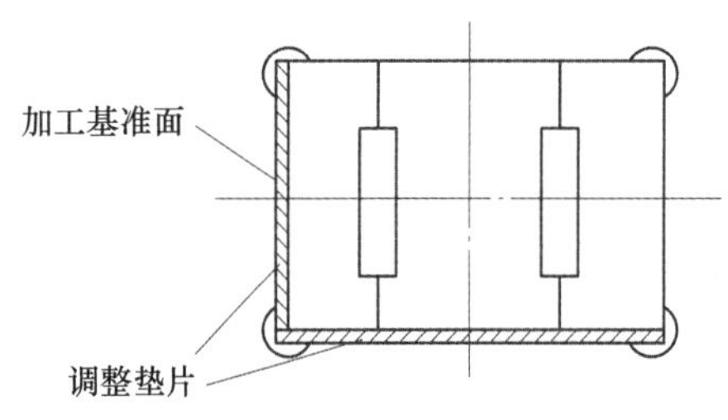

a）嵌入部件利用调整垫片的组装

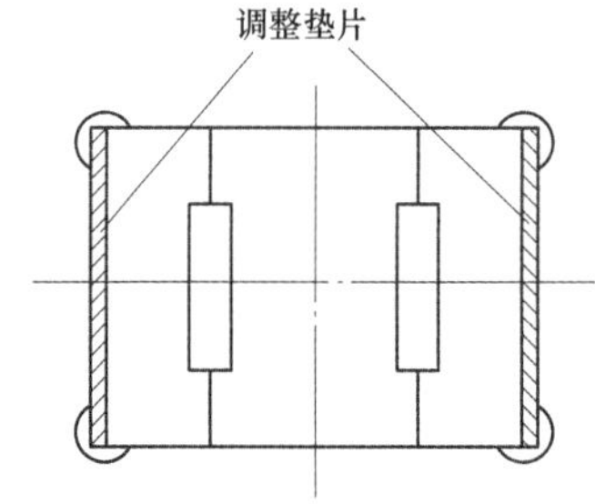

b）基准面不统一，分解整备的再组装困难

图4-6 调整垫片的利用和基准面

为便于组装嵌入部件，可在插入端加工导入部，导入部的尺寸可参考图4-7所示。

图4-8为四方形嵌入部件的加工孔（铣床或坐标镗床）。通过加工倒角C，给出嵌入部件的定向，也可避免分解调整后再组装时误将嵌入部件翻转装入。

图4-9为嵌入部件组装、分解用的螺纹孔和嵌入部件拔出用孔。如果缺少这样的考虑和加工，会导致组装时间增加，甚至可能引起部件特别是超硬部件的破损。

冲裁加工模具的冲头加工端的平面形状与加工产品直接相关，因此应受到充分关注。但冲头高度方向的面，即与产品的接触面和嵌入冲头固定板的安装面的平行度有时被忽略，如图4-10所示，平行度的微小误差可能造成安装固定后的冲头与卸料板或凹模的冲突，导致模具破损等重大事故。所以了解模具的构造并进行适当的形状检查是很重要的。

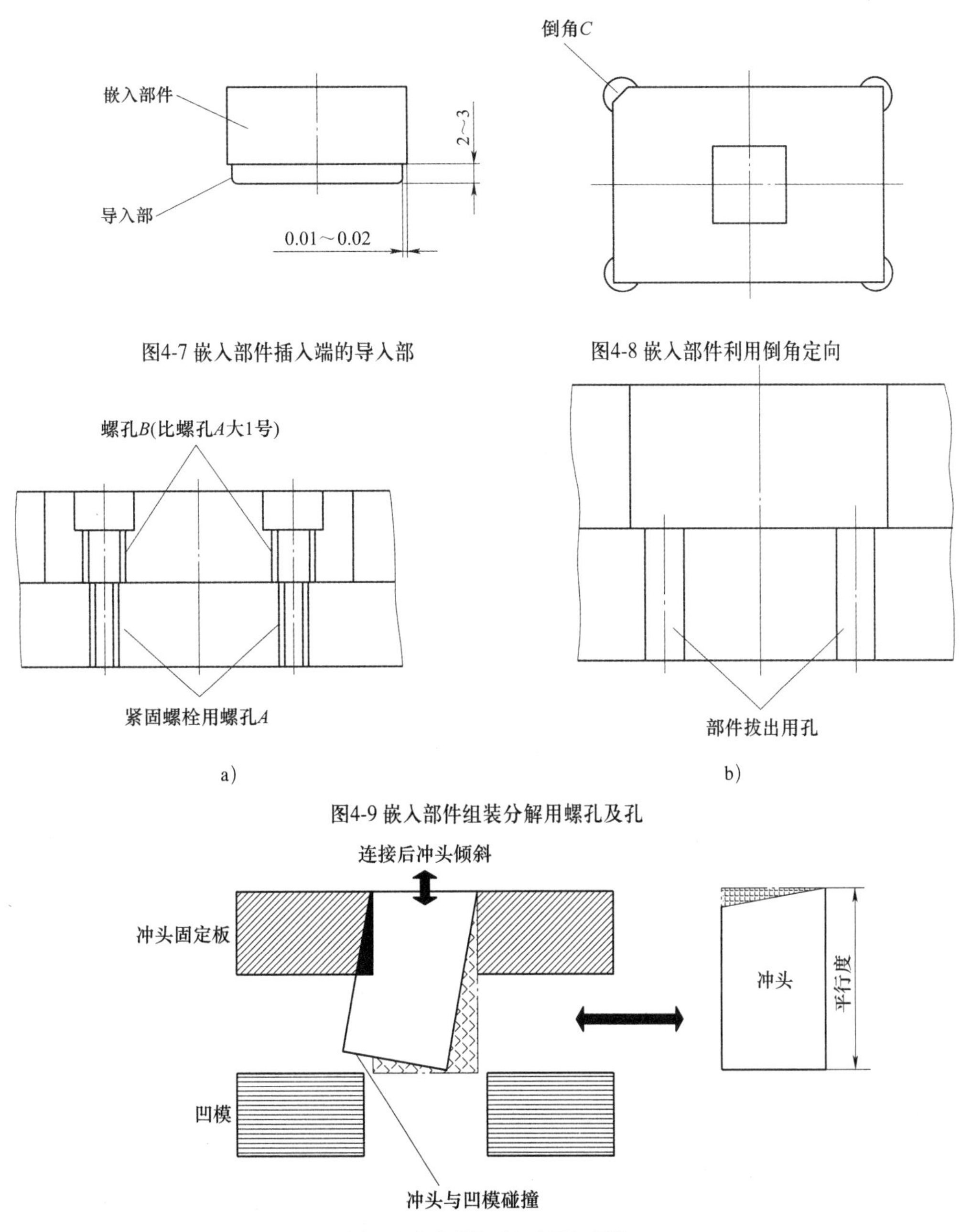

图4-7 嵌入部件插入端的导入部

图4-8 嵌入部件利用倒角定向

图4-9 嵌入部件组装分解用螺孔及孔

图4-10 冲头形状平行度引起故障

如图4-11所示，联接螺栓的紧固，正确的方法是沿着对角线方向顺序拧紧，如图4-11a中的①→②→③→④所示，并且避免图4-11b由于板件重量等加在紧固螺栓上的偏负荷，因此应该采用图4-11c的正确组装方法。

模具调试和维护时，冲头高度的调整是不可避免的。在顺送加工模中，很多情况下折弯、拉深等的冲头混合存在，并通过磨削进行高度的单独调整。如果在组装阶段考虑到冲头高度调整时的磨削量，预先准备各种厚度的调整垫片，并且按照图4-12中的方法进行组装，模具维护时将非常方便。

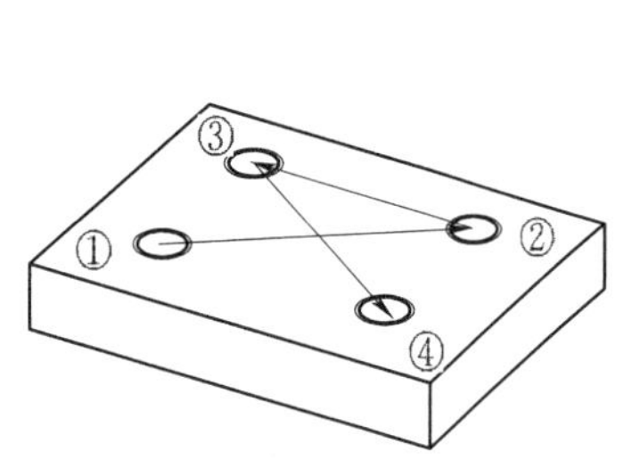

a）沿对角线方向紧固连接螺栓

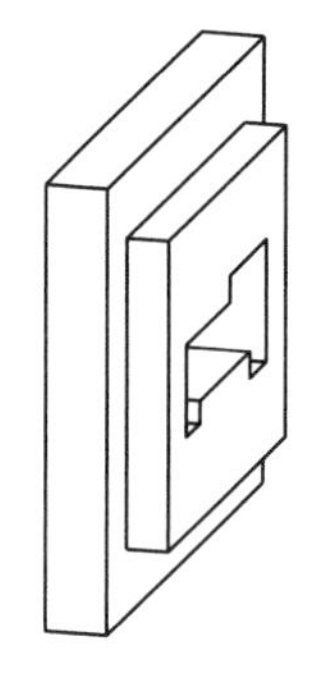

b）避免竖立状态下组装
（板重及加于紧固螺栓上偏负荷的影响）

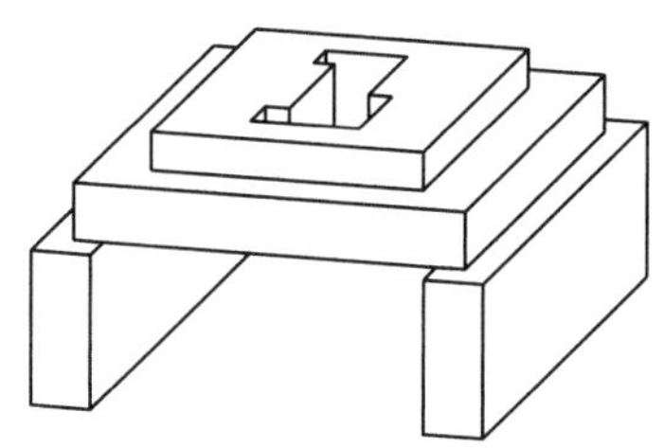

c）正确的组装作业状态

图4-11 螺栓紧固板件的注意事项

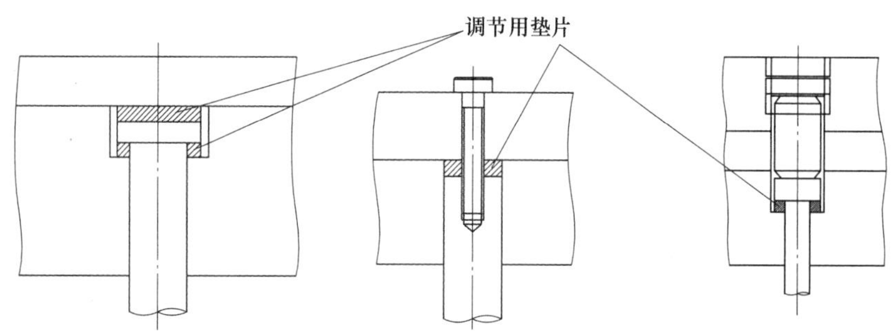

a）通过调整垫片(磨削量)调整冲头高度

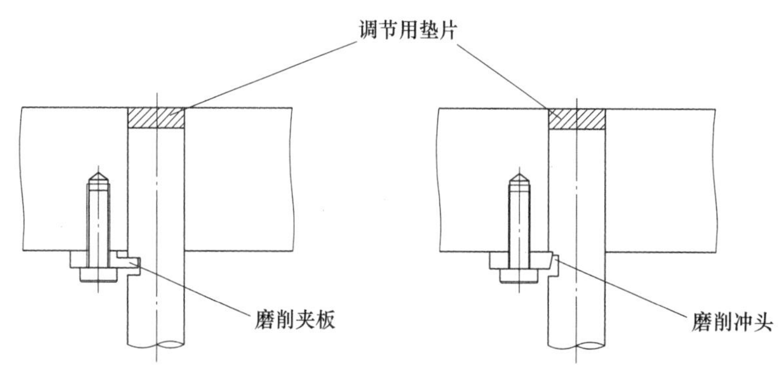

b）利用磨削夹板或冲头调整高度的方法

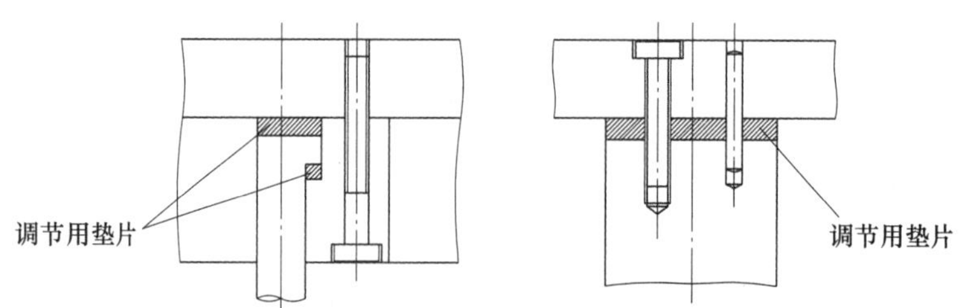

c）并用定位部件等的冲头高度调整方法

图4-12 冲头高度的调整方法

4.2 模具的基本要素与使用要点

作为冲压加工三要素冲压模具、加工材料、冲压机械之一，模具是左右成形产品尺寸精度、形状精度及外观品质的重要因素。本节从冲压机械的机能阐述模具的使用要点。

4.2.1 滑块施力中心和上下模正确位置关系的保持

上模与下模正确合模的导向部件，由导柱和上下模座构成，小型的模架（Die set）已经成为标准化的模具单元。但下述场合则必须设计、制作专用的模架：①大尺寸加工产品的场合。②大负荷冷间锻造的场合。③级进加工等左右尺寸大的场合。

上述加工场合的模具，加工中滑块发生倾斜的可能性大，错位的可能性就大。冲压机械的滑块，因为有高刚性机架和高精度滑块导轨的导向作用，容易误认为冲压加工中绝对不会发生倾斜、错位的情况，但实际上由于冲压机械结构原因产生的力，使得滑块的倾斜、错位经常发生。分析如下。

原因之一，机架、曲轴驱动齿轮、曲轴、连杆及螺丝、滑块施力中心、油压式过负荷保护装置等的变形。油压式过负荷保护装置为滑块施力点与滑块之间设置的油压缸内通过泄油保护冲压机械避免过负荷。此油压缸内的油是弹性体，在高压作用下容易导致滑块的倾斜。特别是双点压力机或者双曲轴压力机，由于偏心负荷重导致油的弹性变形量（一般为数十微米左右）产生差异致使滑块倾斜。

原因之二，滑块施力中心的构造、滑块构造等方面的原因。连杆将曲轴的回转运动转换为滑块的直线运动，曲轴90° 附近倾斜最大，滑块在朝着下死点运动加工的过程中，连杆的倾斜逐渐减小，在下死点成为0° （垂直状态）。

如图4-13所示，在连杆与滑块的结合部，肘销或者球头施力中心（摇动中心）位于滑块底板下

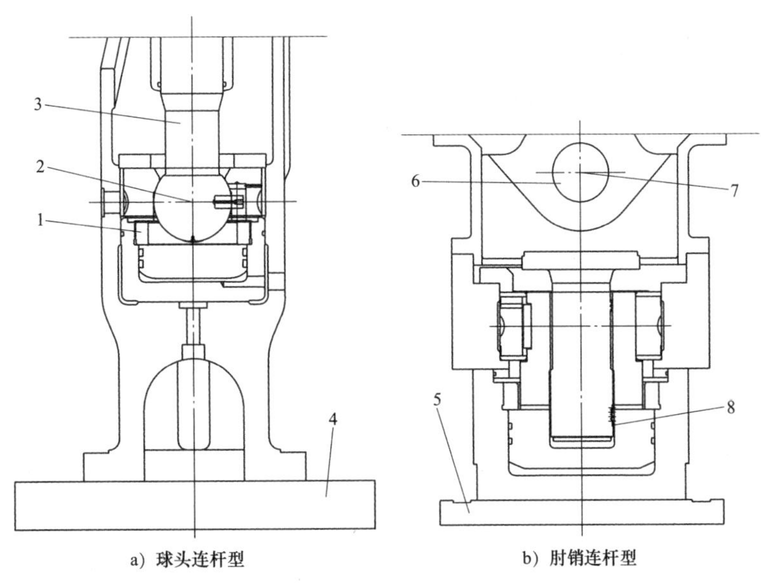

a）球头连杆型　　b）肘销连杆型

图4-13　施力点位置和滑块底板下面位置

1.蜗轮　2.施力中心　3.连杆　4、5.滑块底板　6.轴销　7.轴销中心　8.调整螺丝

面的上方。这个距离，小型压力机约300mm以上，2000～3000kN的中型压力机700mm以上，5000kN以上的大型压力机可能超过1000mm。

根据压力机的大小不同，上模下面位置（压力机加工施力点），位于滑块底面下150～300mm左右。压力机加工施力点和肘销或球头的摇动中心点的间隔，小型压力机450mm左右，中型压力机900mm左右，大型压力机则可能在1300mm左右。

如图4-14所示，从滑块上死点到下死点的运动过程中，连杆是在倾斜状态中通过滑块、上模对产品施加加工力P，连杆中心线方向上的力F即为使滑块倾斜的作用力。

如图4-15所示，为抑制滑块倾斜，滑块四角或端部设置有导轨（6面或8面），但是由于滑块与导轨之间的滑移存在间隙，所以并不能完全消除滑块的倾斜。

在这个使滑块发生倾斜并导致错位的力的作用下，一般模架导柱和导柱衬套很难完全承受，所以必须给予充分的考虑。这就是前述三种场合时，需要设计、制作专用模架的理由。要注意，专用模架并不能成为滑块导轨的替代。模架导柱的中心机能仍然是保证上下模的合模定位。

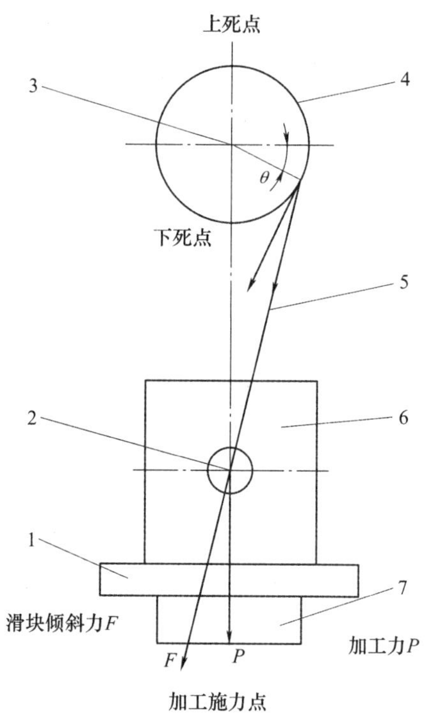

图4-14 滑块倾斜力F与加工力P

1. 滑块底板 2. 摇动中心 3.曲轴中心 4. 曲轴 5. 连杆 6. 滑块 7.上模

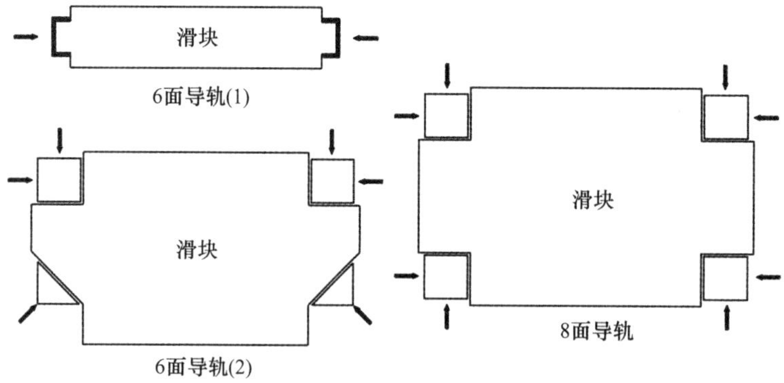

图4-15 滑块导轨配置

4.2.2 下模与模具反顶垫板平行的保持

如图4-16所示，模具反顶装置的模具反顶垫板，拉深加工时用来压住起皱边，起着抑制起皱，使产品平整的重要作用。为发挥此机能，要求模具与模具反顶垫板的上面，在拉深加工时必须保持平行。

一般地，压力机使用的模具缓冲装置，虽然其上作用有与小型压力机同等的压力，但却不具备滑块导轨那样的精度和刚性。因此，异形产品的场合，偏心负荷作用在模具反顶装置上，产生使上面的模具反顶垫板倾斜的负荷，由于垫板及垫板导柱没有与压力机同等的精度和刚性，必然发生倾斜。

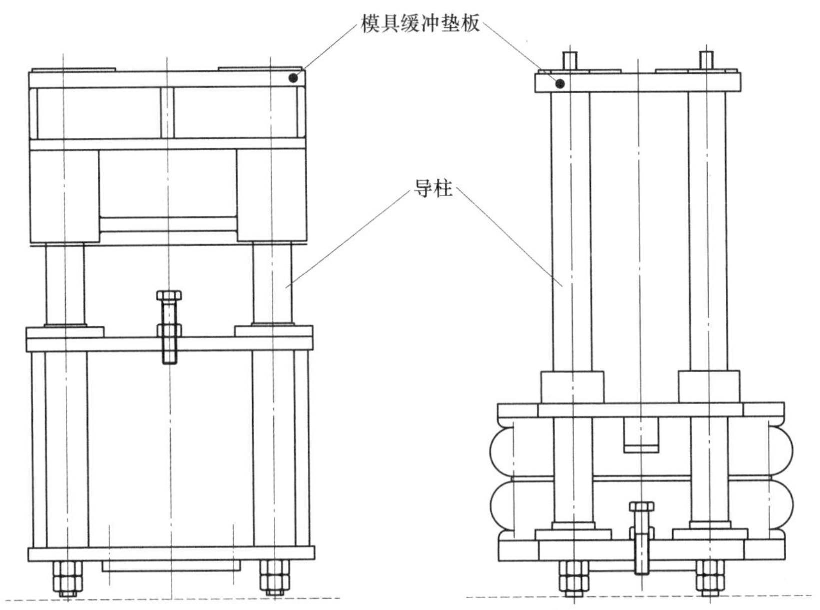

图4-16 模具缓冲装置

4.2.3 多工位自动加工模具导柱的位置

冲压设备的连续运转中，多工位自动加工的送料，必须保证上模和导柱的动作不发生干涉。通常，模具导柱设置在下模，导柱衬套则安装在上模。而多工位自动加工模具的场合，为避免与夹爪的干涉，导柱和导柱衬套的安装则相反，导柱衬套埋设在下模，略微突出下模的上表面，导柱设置在上模。导柱长度，要以滑块上升时能够从导柱衬套中退出，上升的最小必要长度为限。这样，夹爪在下模的上方，上升导柱的正下方，进行二维的送料动作，即夹紧→送进→松开→返回。设计上还必须注意，在松开位置，夹爪与导柱务必要避免干涉。

4.2.4 二维和三维多工位自动送料的夹爪设计

多工位自动送料装置由搬运杆和夹持产品的夹爪构成，动作上分为二维和三维，其夹持产品的夹爪部的设计内容不同。

（1）二维多工位自动送料的夹爪设计　二维多工位自动送料的动作：夹爪夹持产品（夹紧动作）→送至次工位的模具（送进动作）→将产品放置在次工位模具中心→离开（松开动作）→搬运杆返回到原始位置（返回动作），如此周期动作。多工位自动送料装置自身并没有夹持产品上升（上升动作）和卸下（下降动作）的机能。

将产品高速送进至次工位模具（送进动作），放置产品（松开动作）时，产品的位置处于不安定状态，如果在歪斜状态下进行加工可能导致模具损坏，为保证送至下模上面的产品进入正确位置，要设置专用定位部件或者定位销。此定位销和专用定位部件，从下模的上面突出数毫米， 多工位自动送料装置将产品送进，来到下模上面时会被挡住无法送到次工位模具中心，所以有必要夹持着产品进行上升动作。

由于二维多工位自动送料的搬运杆不具备升降机能，所以要在夹爪部设置升降机构。夹爪如果太大，有可能与下模和上模发生干涉，夹爪太小则可能无法稳定地夹持产品。因此，夹爪部的设计必须综合考虑导柱、上模部件、滑块行程及多工位自动送料的时序线路（避免干涉）进行。

（2）三维多工位自动送料的夹爪设计 三维多工位自动送料的动作，已经在二维多工位自动送料的动作上加上将产品夹持着上升的动作（上升动作）和送到次工位模具中心位置时下降的动作（降下动作），因此，不需要在夹爪部设置升降机构。

4.2.5 三维多工位自动送料的拉深深度

因为三维多工位自动送料装置的动作里加进了升降动作，最大拉深深度较二维多工位自动送料减少，此点在模具设计时必须给予注意。

三维的最大拉深深度可按下式计算

三维的最大拉深深度＝二维的最大拉深深度 －升降行程/2

例如，二维送料的最大拉深深度120mm，三维多工位自动送料的升降行程为60mm时，三维的最大拉深深度＝120－60÷2＝90mm。与二维多工位自动送料相比，减少30mm。

4.3 多工位自动加工模具的装模及调试

4.3.1 多工位自动加工模具的装模

多工位自动加工模的安装步骤和注意事项如下：

（1）从压力机上拆下搬运杆。

（2）模具安装面（滑块底面、工作台上面）的清扫，整平。

（3）将工作台内模具反顶垫板或者模具反顶中间销调至所定位置，确认模具反顶装置的高度。

（4）将滑块移至行程上死点，滑块调整上限位置。

（5）将模具推入至工作台面上的所定位置（见图4-17），放下抬模器。

（6）将滑块移至下死点（微速运转或寸动模式运转操作）。

（7）操作滑块调整，将滑块调整至与上模接触后，将上模用夹模器或螺栓固定在滑块上。

（8）操作滑块调整，将滑块提升数毫米后，取下保管用部件。

（9）将闭模高度设置成比所定的闭模高度高数毫米。

（10）用微速或寸动模式空转，确认无异常后将滑块停止在下死点。然后将下模用夹模器或螺栓固定在工作台上。

（11）将滑块返回至上死点。

（12）将闭模高度设定为所定的闭模高度，即模具设计时的闭模高度。

（13）将拆下的搬运杆装回压力机，并将夹爪部安装到搬运杆上后，用寸动模式进行空转，确认有无干涉。

（14）误夹（误送）检出等附属装置的接续。

（15）确认产品取出及废料处理装置。

（16）调整全部动作的时序控制。

（17）设定模具缓冲装置、顶料装置和平衡器的压力。

图4-17　多工位自动加工模和定位销

4.3.2 夹爪部的安装及调整

（1）确认夹爪部使用的全部限位开关、接近开关等的接续和动作。

（2）夹爪的夹持位置的确认，即要求送进终点位置的半成品是否被置于设定位置。进行调整时，请以此位置为原点。

（3）夹爪夹持状况的确认，夹爪放开半成品时，如半成品处于不安定状态，会导致模具的破损事故。

（4）误夹检出使用限位开关的场合，检出销与误夹检出限位开关的推压不可过强。推压过强，不仅导致搬送不安定，还容易导致开关的破损。使用近接开关进行误夹检出的场合，检出销与接近开关的间隙要保持适量。另外，如果检出销保持推压状态的话，即使不能够正确夹持半成品的状态，压力机也不会停止而导致模具的损坏。

（5）夹爪在搬运杆的安装有间隙。调整夹爪时，要在各工位调整后，在全部工位放置半成品的状态下，将全部夹爪的夹紧状态进行再调整，使之成为最适。

（6）先将全部夹爪安装在夹爪板上，再安装在搬运杆上，拆下时要将夹爪连带夹爪板一起拆下。妥善放置于设定位置，防止发生碰撞。

（7）夹爪部的全部限位开关、近接开关等的接线要使用快速接头。

（8）夹爪的固定螺栓要定期点检。

4.3.3 多工位自动加工模的调试

模具生产的最终目的是能制造出尽可能多的合格产品。由于模具设计和制造中各种不确定因素的存在，模具的综合质量与性能不能单纯由零件精度所决定，必须通过在实际应用条件下的试模，对模具和部件进行综合考查与检测，根据出现的问题及产生的缺陷认真进行质量分析，找出产生的原因，并进行适当调整和修理。

（1）调试内容　①确认加工产品的质量（形状，尺寸等）。②确认模具机能（定位，送料，取出产品）。③调整夹爪部的动作。④调整自动搬送装置的送料位置及动作。

（2）调试前检查　①检查螺栓类有无松动。②确认滑动部位的给油。③检查切刃部的状态。④检查误送误夹检出装置。

（3）调试时注意事项　①拆下最初调试时容易破损的部件。②将下死点位置的设定提高数毫米。③最初用空运转，手动或寸动模式逐个工位进行调试。④注意加工中的异常音响。⑤确认加工状态有无异常，逐渐调整至正确的下死点位置。

（4）调试时检查内容　①上模、下模有无干涉（规避动作有无遗漏）。②调整夹爪等，使坯材、半成品能准确送入次工位的定位置（原点）。③调整并记录模具反顶装置压力，顶料装置压力。④产品取出，废料排出是否顺畅。⑤连续加工时的安定性。⑥调整空气喷射器、自动化装置的时序。⑦加工油的量。⑧安全确认。

（5）流动状态的调整　①送料装置（气动供料机、矫平送料机等）的送料长度。②送料途中材料的弯曲。③送料机与材料的接触面上的划伤。

（6）冲裁状态的调整　①间隙的偏移和毛刺。切口面状态的确认和修正。②翘曲，扭曲：材料压板状态的确认和修正。③凹模，脱料板面的凹凸确认和修正。④冲裁后状态的确认和修正。

（7）折弯状态的调整　①折弯角度：折弯条件的点检和修正。②反弹对策内容的调整。③折弯伤痕：折弯部的状态确认和修正。

（8）拉深，成形状态的调整　①起皱，开裂：防皱压板，防皱压板压力的点检和修正。②冲头、凹模端部圆角的点检和修正。③润滑油的种类及量的点检和修正。④拉深高度的平衡的点检和修正。

（9）调试后的模具检查　①打开模具，检查凹模、卸料板面的状态（有无破损、变形、金属粉末附着、粘连等）。②检查螺栓，键的松动情况。③检查弹簧是否有破损，弹性减弱。④再次确认闭模高度、模具反顶装置压力、顶料装置压力、送料间距及夹紧送料装置的夹紧送料时机等，并作记录。

（10）加工产品的检查（尺寸、外观）　多工位自动加工模具的调试，包括逐个工位进行试模和全工位同时加工的调试。由于前后工位的相互影响，某些产品在单工位试模时的精度，与全工位同时作业产品的精度不同，因此需要对全部工位在所定闭模高度下加工的产品进行精度检查。试运转确认无异常后，切换成连续运转模式。连续运转时，最初应该从低速开始，逐渐提高到所定的速度（SPM）。

4.4 级进模的装模及调试

4.4.1 级进模的装模

级进模的安装步骤和注意事项如下：

（1）对模具安装面（滑块底面、工作台上面）进行清扫及整平。

（2）将滑块移动至行程上死点，滑块调整在上限附近，然后将模具插入压力机内的设定位置。确认模具确实顶到了定位销后，放下抬模器。将下模用紧固螺栓或者下模夹紧器固定在工作台面上（见图4-18）。

（3）使用寸动模式将滑块下降至上模上面数毫米处。

（4）使用滑块调整，将滑块再次降下，直至接触到上模，此时用紧固螺栓或者上模夹紧器将上模固定在滑块底板上。

（5）使用滑块调整将滑块升起数毫米后，拆下模具保管用部件。

（6）将闭模高度设置为比所定的闭模高度高数毫米。

（7）在此闭模高度下，用寸动模式进行运转。判断无异常后，将滑块停止在下死点，用紧固螺栓或者下模夹紧器夹紧下模。

（8）将滑块返回至上死点。

（9）将闭模高度重新设置为所定的闭模高度，即模具设计时的闭模高度。

（10）误夹（误送）检出等附属装置的接续。

（11）确认产品取出及废料处理装置。

（12）设定模具缓冲装置、顶料装置和平衡气缸的压力。

（13）调整全部动作的时序控制。

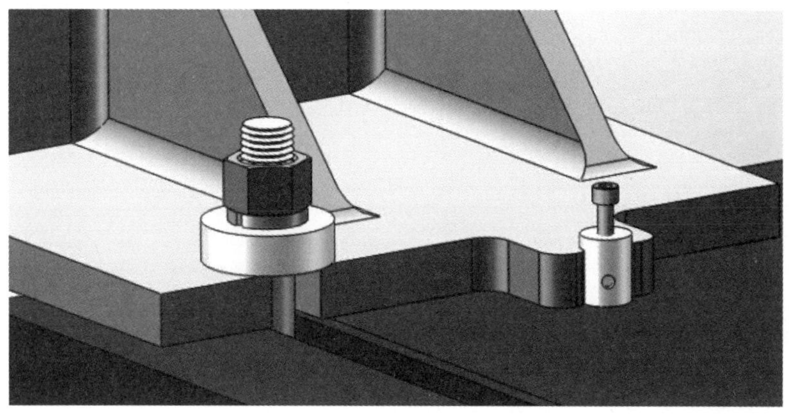

图4-18 级进模的定位销和紧固螺栓

4.4.2 级进模的调试

级进模往往将冲裁、弯曲、拉深等工艺集合，可能发生的问题较多。级进模的调试，需要抓住两个关键：一是模具各部位是否顺畅，料带能否顺利送进，各定位和压料机构是否正常；二是产品是否合格，模具上的问题一定会反映到产品上。需要在多次试模中发现问题和解决问题，根据所产生的问题找出原因，制定正确的修整方法。

（1）调试内容 ①确认加工产品的质量（形状、尺寸等）。②确认模具机能（定位、送料、取出产品）。③确认带料的送料是否安定。

（2）调试前的检查 ①检查螺栓类有无松动。②确认滑动部位的给油。③检查切刃部的状态。④检查错误检出装置。

（3） 调试时的注意事项 ①拆下最初调试时容易破损的部件。②将下死点位置的设定稍高数毫米。③最初用空运转，手动或寸动模式逐个工位进行调试。④注意加工中的异常音响。⑤手动送料直到通过模具。⑥确认加工状态有无异常，逐渐调整至正确的下死点位置。

（4）调试时的检查内容 ①上模、下模的干涉（有无规避动作的遗漏）。②材料的定位，材料通过的确认。③加工形状的确认。④产品取出，废料排出的确认。⑤连续加工时的安定性。⑥空气喷射器和自动化装置的工作状态。⑦加工油的量。⑧安全确认。

（5）流动状态的调整 ①送料装置（气动供料机、矫平送料机等）的送料长度。②夹紧送料装置夹紧状态下送料，根据确认的次工位的导正销（Pilot）或者其他定位装置的错位情况，调整送料长度使之与定位置一致。③调整夹紧送料装置的夹紧送料时机（通常，导正销前端进入导正销孔数毫米后，到导正销从孔内拔出数毫米之前为止）。④全部工位导正销的状态：有无吊起材料，确认和修正导正销的直径及导正销突出部的长短，与升降装置的关系。⑤材料的划伤：升降装置的面。角部的精加工状态，升降装置的弹簧强度，凹模、脱料板面的凹凸状况检查。⑥送料途中材料的弯曲。

（6）冲裁状态的调整 ①间隙的偏移和毛刺：切口面状态的确认和修正。②翘曲，扭曲：材料压板状态确认和修正。③凹模、脱料板面的凹凸确认和修正。④冲裁后状态的确认和修正。

（7）折弯状态的调整 ①折弯角度：折弯条件的点检和修正，反弹对策内容的调整。②折弯伤痕：折弯部圆角的状态确认和修正。

（8）拉深，成形状态的调整 ①起皱、开裂：防皱压板，防皱压板压力的点检和修正。②冲头、凹模端部圆角的点检和修正。③润滑油的种类，量的点检和修正。④拉深高度的平衡的点检和修正。

（9）调试后的模具检查 ①打开模具，检查凹模、脱料板面的状态（有无破损、变形、金属粉末附着、烧结等）。②检查螺栓、键的松动情况。③检查弹簧是否有破损、弹性减弱。④再次确认闭模高度，模具反顶装置压力、顶料装置压力、送料间距及夹紧送料装置的夹紧送料时机等，并作记录。

（10）加工产品的检查（外观、尺寸） 预备运转中确认无异常后，切换成连续运转模式。连续运转时，最初从低速开始逐渐提高到所定速度（SPM）。

4.5 多工位自动加工模和级进模的使用

4.5.1 作业开始时的注意事项

（1）压力机作业开始前的点检（安全装置、操作装置、空压机器等）。

（2）进行模具日常点检：检查固定模具的螺栓、螺母、夹模器是否有松动；检查凸模、凹模的合模间隙；检查模具部件是否有缺口和裂痕；检查滑动部（斜楔模部分、导柱、衬套及其他）的油脂、加工油等。

（3） 缓慢打开模具反顶装置和顶料装置的空气阀逐渐达到所定压力，避免因压缩空气的急速流入对模具产生强烈的冲击而发生故障。

（4）确认闭模高度、模具反顶装置压力、顶料装置压力、送料间距及释放时机等是否处于所定状态。

（5）确认材料是否位于所定位置。

（6）作业开始时，不要立即进入连续运转模式，应先进行数次寸动模式运转，或者安一模式运转确认无异常后，再进入连续运转模式后，从低速开始逐渐提高到所定速度。

4.5.2 运转作业中的注意事项

（1）确认产品取出和废料排出的流动状态。

（2）模具内如有金属屑或异物进入，应随时清除。

（3）定期进行产品检查。

（4）注意模具缓冲装置等压力的调整。

（5）运转中发生故障时，不能仅对故障工位进行处理，有时故障的原因在前工位，故障会影响到后工位。所以故障原因的调查必须包括材料、油、模具反顶装置压力及其他工位的影响。

4.5.3 作业结束时的注意事项

（1）压力机停止位置：模具的导柱和导柱衬套成合模状态时停止滑块。此时滑块应位于越过180° 的位置。

（2）压力机内产品取出，废料排出。

（3）停止加工油，关闭空气喷射器与自动化装置。关闭模具反顶装置。

（4）检查确认模具螺栓有无松动，凸模、凹模、导柱等的合模间隙。

（5）关闭压缩空气入口阀，注意排水（离合器、平衡气缸、模具缓冲装置等排水口）。

（6）关闭压力机电源。

4.6 模具的维修及保养

在冲压设备中，模具维修保养体制的建立，与设备本体的维修保养同样占有极其重要的比重。实际生产中，与设备本体的故障相比，模具的故障损失所占的比例居多。模具发生故障（包括破损型故障和品质不良型故障），达不到预定的生产量，模具拆卸造成时间上的损失难以计算，此外模具与产品质量有直接的关联，模具故障必然导致不良产品的发生。为预防故障的发生，模具和设备一样必须建立维护保养体制，有计划地进行点检整备。

模具的维护和保养，目的是使模具设备能够保持最佳的性能状态和延长使用寿命，应由专业人员或者受过专业培训的人员进行，非专业维护人员或未经专业维护人员允许，不可自行拆模。

制定模具管理规则，建立模具维护与保养档案，建立定期点检制度并切实执行，对点检中发现的不良问题要立即联系专职维护人员及时解决，确保安全生产，决不允许模具带故障生产。

4.6.1 模具的定期点检

模具的定期点检，根据使用期间或生产个数为基准决定。检查项目和内容如下：

（1）成形面的点检　①原材料流入时关键部位的磨耗状态。②确认模具内是否有由于异物、破损挤压造成的凹凸。③是否有拉痕及镀芯层脱落现象。④局部有无强过节。⑤检知部的避让状态是否正常。

（2）切刃部关联　①刃口的磨耗、损坏状态。②间隙是否适正。③切刀周围是否有切粉积存。④切刀落入量是否合适。⑤夹紧面、倒档部是否有变形。

（3）弯曲切刃关联　①弯曲切刀的形状是否良好。②间隙是否适正。弯曲切刀是否有切粉附着。③夹紧面、倒档部是否有变形。

（4）压料板　①压料芯压着面有否变形、龟裂。②侧销是否有变形、漏装。③确认导板的磨耗、拉痕状况。压料芯和切刀、弯曲切刀是否存在干涉。④是否有聚氨酯橡胶、弹簧的折断及破损。

（5）斜楔模关联　①弹簧是否有折断、变形，弹性降低。②吊起机构是否有破损。③上模导板的螺栓是否有折断，松弛。④导板的磨耗，拉痕是否严重。⑤滑动部的涂油是否良好。

（6）托起机构　①螺栓是否有松动脱落，磁石有无脱落。②材料承受面（支承面）是否有变形、折断、开裂的现象。③弹簧是否有折断、变形。④是否能够承受偏心负荷。⑤导料销是否正常动作。⑥滑动部中是否有异物。

（7）废料滑道　①废料滑道中是否有废料残存、卡住。②废料滑道有否变形，焊接处有否脱落。③模具内、模具共用板上是否有散乱废料屑。④废料道的螺栓是否有松弛，脱落。⑤废料滑道的弯折处及保管链的状态。

（8）自动化机构　①软线是否有断线的可能。②金属插线盒有否损伤、短路现象。③压力计与压力调节器有否损坏。④近接开关的感度、组装状态是否良好。⑤检知销作动是否良好。⑥气缸有无松动、松弛，动作是否良好。⑦检查有无空气漏气，配管损伤。

（9）其他　①氮气压力是否在基准范围内。②检知类的变形，螺栓的松动。③材料有否损伤；导料销有无变形。④顶料销的滑动是否良好，弹簧是否有折断。⑤导柱的涂油是否良好。⑥导柱上是否能够承受偏心负荷。⑦中心键槽有无磨耗。⑧模具夹紧U形槽是否有龟裂模具，卡爪的挂放有否变形、损伤。

4.6.2 刃口的再研磨

（1）再研磨的必要性　冲裁加工的场合，因为模具切刃部与材料反复接触，随着加工次数的增多，模具的磨耗加剧，冲裁面会出现各种现象，如：①冲切面的塌角变大。②断面毛刺变大。③切断面的精度降低。④冲裁的储存精度降低。⑤产品发生翘曲。

（2）再研磨的时期　如果任凭切刃部的磨耗继续发展下去的话，将会出现以下情况：①磨耗将越来越快。②加工产品的品质大幅降低。③随着冲裁负荷的增大甚至导致冲头、凹模的破损。

通常冲头、凹模的再研磨时期，根据毛刺（冲切毛刺）的大小来判断。另外，建议定期观察模具的切刃端部（塌角、缺口）的状态，在适当的时期进行再研磨，以保持产品品质。

（3）再研磨后的高度调整　经过再研磨的工位和没有进行再研磨的工位之间，凸模、凹模等的高度必然产生差异。由于此高度上的差异，无法进行正常的加工，所以必须进行高度上的调整。

调整方法，可以在下述两种方法中选择其一：①在进行了再研磨的工位插入相当于研磨量的衬垫。②原本没有再研磨必要的工位也研磨去同样的量。具体采用那一种方法，要根据模具构造，选择适合的方法。特别是包括有底部整形工位的模具和要求高精度产品的模具，各工位的高度管理非常重要，所以必须很好地理解和掌握模具的构造及特征。

再研磨后，务必进行脱磁处理（防止切屑堵塞），并要注意除去再研磨后刃面上产生的毛刺。

4.6.3 异常对策

加工中负荷的急剧变化，很可能起因于模具的一部分发生破损，材料不良、材料误送等。此种情况下高精度的加工已经很困难，应尽快中止压力机的运转，查明原因。此外，发生异常的场合，将生产优良品时的样品或者骨架，与异常发生时的样品或者骨架进行比较、修正。经过对产品和模具状况的仔细检查，并根据状况采取相应的对策解决之后，再按照前述模具的调试内容，进行恢复生产。

4.6.3.1 切刃部件（冲头、凹模）的缺损

（1）细小的冲头非常容易发生缺损　如果缺损仅为缺口小的轻度场合，可以用研磨的方法处理。如果折断的场合就只能更换部件。如果在交换冲头的同一工位内还有其他的切刃，为了统一高度，必须将其他的切刃部件也进行研磨。

（2）大的冲头、凹模上发生大缺口　除更换部件外，还可采用嵌入块或焊接的方法：①利用嵌入块的方法，将破损部周围切去，填充进嵌入块。②利用加厚焊接增加破损部的材料，而后进行精加工，焊接部分的切刃强度与母材相同。③较小缺口的场合，采用与（1）中同样的方法进行再研磨。

4.6.3.2 拉深、变薄、成形工位的烧结

烧结的原因，一般可以考虑是由于加工油不足、异物进入模具内、材料缺陷等造成。具体的原因应该在进行调查后再决定对策。作为烧结的冲头、凹模的修正方法，使用磨床或者车床将全部光洁研磨进行修复。注意，千万不要对烧结部位进行研磨。另外需要特别注意，凹模精加工面必须是镜面精加工。如果烧结处理后，冲头、凹模上残留有伤痕，或者尺寸发生变化等，影响到产品精度，就必须更换部件。

4.6.4 模具存放

下机后的模具要作好模具状况和防锈处理方式的记录，并存放在指定地点。存放时应当在模具外限位安装顶住上、下模具的止动块，将上模悬于下模上，防止因为上模长期压迫下模导致模具的部分弹动系统长期处于压迫状态，而失去正常的弹性。存放时应将模具标签朝外，便于下次查找。模具存放处，应保持干燥通风状态。

长期放置的模具应定期打开模具，检查内部防锈效果，如有异常须重新进行防锈处理，根据情况涂抹黄油。

第5章 模具设计人员必备冲压设备基本知识

优质的冲压加工产品，仅有设计制作良好的模具是不够的，精度与刚性良好的冲压机械及成形性和品质优良的材料也是必不可缺的因素。所以模具设计时，必须根据模具所安装使用的冲压机械进行相应的变更。

冲压加工就是把模具的形状与精度复制在加工材料上，同时把冲压机械的精度与刚性表现出来。冲压材料复制了模具形状和精度，复制了冲压机械的精度和刚性，同时也受到材料性能和品质的影响，这三方面不论哪一方面不好都会造成冲压产品精度低下、品质不良。

因此，对于模具设计者来说必须首先意识到，在模具设计中冲压机械的构造、特征及性能是必须考虑的因素。在进行试模时必须亲临现场，对所使用的冲压机械有充分的了解，否则就不能成为合格的模具设计者。

为让模具设计者们对冲压机械的主要结构和性能有基本的了解，本章简要介绍作为模具设计者必须了解的冲压设备机构等基本知识。

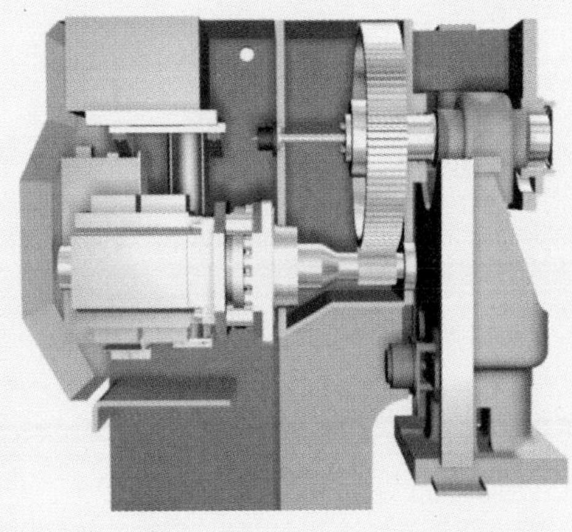

5.1 冲压机械与加压机构

冲压加工，就是被加工材料在强力的作用下正确地复制出上下模造型成的形状的加工方法。因为要求上下模正确地接近，进行精度良好的冲压成形加工，所以必须要有维持将上模往下模的压力，以及模具之间的位置精度与水平精度的机构。

此外，为使材料搬送和取出成形产品，冲压机械还必须具备有使上下模之间能够快速分离的机能。

为向成形产品的高度方向或长度方向持续施加大的冲压加工力，还必须计算加工所需要的能量（加工能量=冲压力×冲压距离）。

即下述的冲压机械构成三要素：①冲压机械承载负荷的要素有机架、滑块导轨、曲轴等。②冲压机械产生负荷的驱动要素有机械式、油压式、电动式及空压式驱动装置（机械式以曲轴式居多）。③产生蓄积必要加工能量的要素有电动机、飞轮、蓄压装置等。

因此，如撞锤（Ram），打桩锤（Drop hammer），高能锻造机等没有支承压力机负荷反作用力的机架的成形机，不能称之为冲压机械。

图5-1为双曲轴机械式压力机。曲轴为左右压力机刚性的部件。曲轴、连杆等安装在压力机的上部，是承受着冲压负荷的重要部件。对压力机的刚性影响很大。滑块和导轨，是影响压力机刚性的重要部件。模具反顶装置安装在压力机的底座里，上面是工作台，工作台上安装模具的下模，这部分是保证压力机刚度的重要部件。

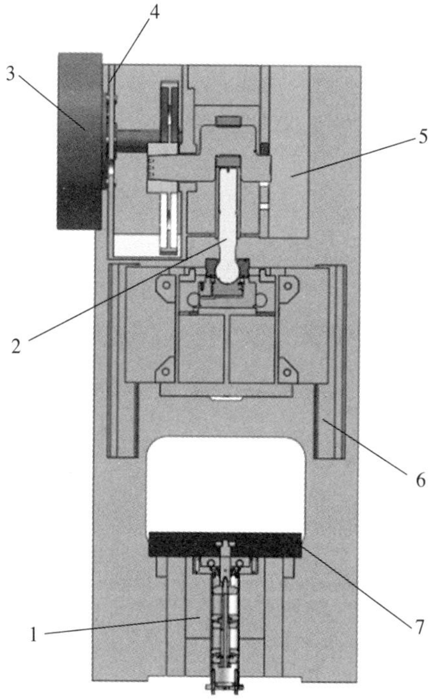

图5-1 机械式压力机

1.模具反顶装置 2.连杆 3.飞轮 4.离合器/制动器 5.曲轴 6.滑块和导轨 7.工作台

机架构造由门型机架部件构成。此种机架无论从前面看还是从侧面看均为直线形箱体构造，所以称之为闭式压力机。还有一种机架形状像“C”，被叫做开式压力机。由于闭式压力机在冲压加工中机架的伸长是垂直方向的，所以上下模的合模精度较好，加工的成形产品精度也就高。因此在加工精度要求较高的产品时多选用闭式压力机。

与闭式压力机相比，“C”形机架的压力机在加工中会产生如“C”形般张开变形，使得上下模合模中心错位，既容易造成模具损伤，冲压产品的加工精度也不如闭式压力机。

基于以上原因，追求高精度加工的场合，有时选用公称压力较实际所需压力大的冲压机械，尽管这不能说是最适合的选择。

只有在理解了上述冲压机械特性的基础上，模具设计者才有可能作出适合于压力机的模具设计，达成适合于冲压机械的加工。也只有充分地理解了冲压机械的构造与机能的模具设计者，才能作出优秀的模具设计，才能成为冲压加工现场满意和认可的技术人员。

5.2 冲压机械的特性

冲压机械并非只是单纯产生冲压力，同时必须要保证有上下模正确、高精度的合模机能。如果压力机性能不能达到要求就必须进行修正，不经过修正的冲压机械，就只能勉强用于对精度要求不高的冲压加工。

选择压力机及其机能，最重要的机能就是压力机能否保持上下模的平行度，也就是说压力机是否具备防止滑块倾斜的机能。

5.2.1 滑块倾斜与偏心负荷

以下阐述产生滑块倾斜的8个要因：

（1）施力点和滑块倾斜。单点曲轴式压力机对发生在前后、左右的偏心力的耐力通常都比较小。虽然有滑块导轨，但是在偏心负荷较大的情况下几乎起不到什么作用。

双点曲轴式压力机，因为两根曲轴是左右并排配置，所以对左右方向的偏心负荷有一定耐力，但对前后方向的偏心负荷与单点曲轴式压力机同样，没有耐力。

（2）滑块导轨与机架安装面（导向面）的间隙。滑块导轨与机架安装面之间的间隙（导轨间隙）越大滑块的倾斜量就越大，因此必须要对压力机经常进行适当的精度检查与修正。

（3）滑块倾斜时，滑块导轨与导向面间形成局部接触（近乎于点接触），由于偏心负荷产生的倾斜负荷集中作用在一两根导轨压紧螺栓上，压紧螺栓产生压缩变形，更加助长滑块倾斜的程度。

（4）偏心负荷较大侧机架的伸长量增大，与机架伸长量较少侧的差，加大了滑块倾斜程度。

（5）偏心负荷较大侧的滑块及底座（包括工作台）的弯曲量增多，加大了滑块倾斜度。

（6）曲轴、连杆、油压式过载安全装置内的油等，也会因为偏心负荷较大一方的变形增多，也加大滑块倾斜程度。

（7）偏心负荷较大侧曲轴轴承关联部件的变形比偏心负荷较小侧大，增大了滑块倾斜程度。

（8）偏心负荷较大侧的曲轴齿轮的弹性变形和轴的扭曲变形等增多，增大滑块倾斜。

5.2.2 偏心负荷的对策

本节介绍常用的降低偏心负荷影响的几种方法：

（1）偏心负荷中心，在压力机加工开始后到下死点止期间，发生前后左右移动的情况居多。

例如，一般异形产品加工，或者多工位自动加工，由一台冲压机械在多个工位进行拉深加工的场合，下死点上50mm时的负荷中心，在下死点上45mm时将移至其他位置，到下死点上40mm时又会移动到另外的位置，如此直到拉深加工结束，到达下死点位置负荷中心的位置都在变动。

像这样的场合，最大偏心负荷时的负荷中心，应该尽可能地设计在冲压机械的中心进行模架的安装。换言之，模具设计要尽量将产生最大负荷的加工工位安排在压力机中心位置，而将负荷较小的其他工位平均分配到压力机中心位置的两边。

（2）利用油压缸或模具反顶装置的作用（所谓虚拟负荷）抵消加工时的偏心负荷。此方法仅适用于影响最大的偏心负荷的场合，当冲压加工的偏心负荷为零，或偏心负荷的位置与大小变动的场合无法对应。

（3）在加工工位之间加入闲置工位，以改变偏心负荷的位置和减轻偏心负荷的大小。此方法常应用于级进加工的偏心负荷对策。但对于没有增加闲置工位的空间的场合，这个方法无法采用。

滑块倾斜在任何一台冲压机械中都不同程度的存在。滑块倾斜达到宽1000mm，对应滑块倾斜量0.2～0.3mm的冲压机械比比皆是。偏心负荷时滑块倾斜量比无偏心负荷时要大。

滑块倾斜，其影响与其说是使成形产品的精度降低，不如说是使产品精度恶化，且导致模具加速损伤，模具维修间隔变短，冲头和凹模的早期更换等。

5.2.3 冲压机械的构造与性能

根据设计方针的不同，冲压机械在结构与性能上会有很大差别。因为一般油压式压力机主要是为拉深加工和折弯加工来设计，与机械式压力机相比，压力机弯曲刚性被设计的较低。

对机械式压力机伺服化的伺服压力机，要求它的冲压加工成形产品的精度比机械加工的精度还要高，所以具有很高的刚性，有的机种达到油压式压力机的10倍以上。

表5-1为各类压力机的主要规格及主要加工内容。

表5-1 压力机种类与特征

	机械式压力机	伺服压力机	油压式压力机	空压式压力机	折弯压力机
公称力/kN	180 000	25 000	2 000 000	1	4 000
能力发生位置	下死点附近	下死点附近	全行程	全行程	全行程
行程长度 /mm	1400	400	2000	200	300
无负荷连续行程数SPM	20～4000	20～400	10～30	10～100	10～30
主要加工内容	冲裁、折弯、拉深、冷挤压、锻压	冲裁、折弯、拉深、冷挤压	折弯、拉深、冷挤压、锻压	冲裁、折弯、拉深、铆接	折弯
驱动方式	曲轴、连杆、肘节、无曲轴	曲轴、连杆、肘节、无曲轴、螺丝、直线电动机	油压汽缸、油压+手柄	空压汽缸	油压缸、螺丝
底座、顶部、滑块的挠度刚性设计基准	1/6000～1/20 000	1/6000～1/20 000（特殊1/60 000）	1/5,000～1/7,000	—	—

5.3 冲压机械的规格

无疑在模具设计中，压力机的规格是必要的，其中除压力机的公称能力（加压能力）以外，还

有以下 几个重要项目。

5.3.1 公称能力发生点

无论是曲轴式、连杆式还是肘节式压力机，都是通过曲轴作为驱动源。连杆式、肘节式也都是将曲轴的驱动利用连杆机构增幅或变换而来的，同样存在着能够发生公称力的下死点上的高度，即所谓的“公称能力发生点”。在压力机的技术规格中均明确表示公称力发生点的位置，即“下死点上多少毫米”。

注：曲轴机构，通过连杆和滑块把曲轴旋转运动转化为滑块直线运动，把曲轴回转力变换成滑块加压力。将回转力转变成直线力的“曲轴机构”随曲轴回转角度的变化，直线力变化也很大，理论上，在下死点位置的直线力是无限大，但由于伴随着直线力的增大压力机机架开始产生变形（伸长、压缩、弯曲等），实际上不可能达到理论上的无限大。

另一方面，在实际生产中，因材料的误送，两张以上的材料被送入模具加工，或者模具破损状态下对模具部件进行了加压的情况，就会产生超过压力机公称能力的直线力作用在压力机上，造成压力机损坏的恶果。为保护压力机不致因上述原因发生过负荷损坏，现在多数压力机都配置有“过载安全保护装置”，但仍不可掉以轻心。

图5-2为行程压力曲线，显示压力机的行程长度和公称能力发生位置、滑块的下死点上位置和压力机能够产生的加压力之间的相互关系。

从曲线图上可以看出最大加压力就是公称能力，公称能力发生的位置就是公称能力发生点。从公称力发生点到下死点之间可以达到公称能力，从能力发生点开始越向上，离下死点的距离越大能够发生的加压力越小。

虽然各种机型多少有些差异，大约行程长度的中间部位加压就只有公称能力的1/2～1/3以下。

因为直线力由曲轴的扭矩而产生，所以“行程压力曲线”也称为“力矩曲线”。

这个力矩曲线的下侧是压力机能够安全使用的范围。例如，在进行拉深加工的工位设定时，必须要检查与此“力矩曲线”的关系，加工中压力机的负荷绝对不可到此“力矩曲线”的上侧，这就要求设计者在工位的分配和拉深深度等方面下功夫。

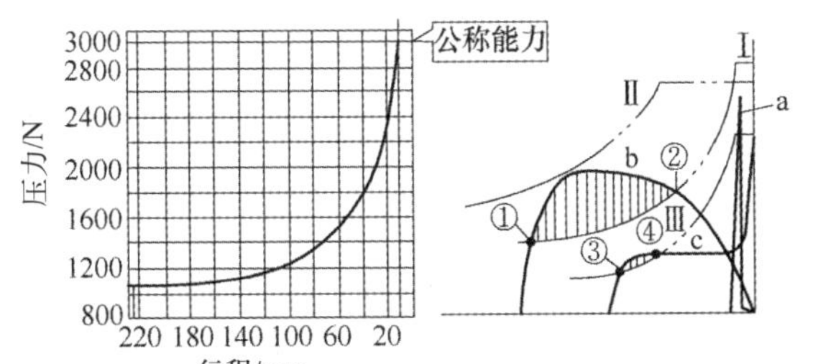

a：冲裁加工，适合使用具有Ⅰ线的压力机；

b：拉深加工，只能使用具有Ⅱ线的压力机；

c：冷挤压加工，适合使用具有Ⅰ线的压力机。

注：具有Ⅲ线的压力机不适合用于a,b,c的冲压加工。

图5-2　行程压力曲线

5.3.2 行程长度

拉深加工、冷挤压加工等，有必要确认成形产品的高度与“滑块行程长度”的关系。

从上死点到下死点，上模下降进行冲压加工后，然后返回到上死点的位置。这个从上死点到下死点的滑块行程即为“行程长度，或行程量”。换言之，在上死点停止时的上模下面与下模上面之间的间隔最大值应该是行程长度，但根据模具构造不同，这个间隔有时只能在行程长度以下。

拉深成形产品的最大拉深深度加上板厚的高度必须小于行程长度的1/2，否则拉深成形产品就无法从模具间取出。

冷挤压加工（Cold extrusion）和镦压加工（Upsetting）等棒材进行成形加工的场合，也有同样的限制。所以说，行程长度是模具设计中的重要参数。

5.3.3 闭模高度

闭模高度这个词有两种含义。

第一种，按字面解释是指加工完时模具高度。如果是拉深模，就是拉深完时的高度，如果是冲裁模，就是冲裁完时的模具高度，即冲模头进入凹模少许状态的高度。

第二种，就是冲压机械规格中定义的闭模高度。即滑块调节放在上位，滑块放在下死点时滑块的下表面到工作台上表面的距离。

冲压机械闭模高度，利用滑块调节装置可以改变滑块下表面到工作台上表面的间隔，调节的最小单位即间隔精度，通用压力机类为0.1mm，江苏中兴西田数控科技有限公司的高精度压力机及伺服压力机由于采用伺服电动机调节，精度可达0.01mm（数字显示）。滑块调节是通过连接螺纹轴和蜗轮蜗杆机构进行。螺纹轴上螺纹的齿高和齿间距都较大，通过电动机或手动转动，实现对闭模高度的调节。

例如：压力机的技术规格，闭模高度500mm、滑块调节60mm，该压力机安装使用的模具在加工中的高度（模具高度）就只能在500～440mm之间。即模具的最大高度＝闭模高度＝500mm，模具的最小高度＝闭模高度－滑块调节量＝500－60＝440（mm）。

如果想节省模具费用减少钢材使用量，就选440mm的模具高度，如果想要获得高精度产品，减少模具损伤则可将模板加厚，增加模具高度，最大至500mm。当然产品精度要求不严格时，也可将模板设计的薄些。

5.3.4 滑块调节量

由于滑块的调节量由连接螺纹杆深入到螺母（蜗轮）的长度来决定，螺杆强度也要根据其长度来设计。因此模具高度绝不能小于最小闭模高度，也不能高于最大闭模高度。

5.3.5 滑块面积与工作台面积

在压力机的技术规格中有滑块和工作台面积的参数，一般是左右尺寸×前后尺寸，这也是可安装上下模具的范围尺寸，模具大小不能超出这个安装范围。

一般滑块与工作台的面积是工作台的左右尺寸较大，滑块的左右尺寸较小。尤其是C形机架压力机工作台的面积就相差很大。

汽车大型覆盖件加工成形就要求压力机具有大面积的工作台，有的还要求移动工作台，在工作台下面还需要有模具反顶装置和模具反顶装置的顶板，这样工作台的面积就会很大。

为了模具安装需要在工作台上表面和滑块底面上设计很多T形槽，T形槽数量多，在模具安装上比较方面，T形槽会降低滑块和工作台的弯曲刚性，如果从刚性考虑，T形槽应该是越少越好。

现在使用油压式快速换模装置来固定模具的方法比较普遍，所以模板的厚度也趋于标准化。

5.3.6 保有能量与释放能量

所有的压力机都必须具有加工所需的能量，压力机的加工能量也叫做作业能量，主要来自于飞轮的回转能量。

飞轮是靠电动机驱动，电动机的动力源是“电力”，飞轮把电动机的回转能量以回转运动的能量储存起来，在每一个加工行程中释放出来。我们把飞轮以一定的速度回转时储存的能量叫做“保有能量”，把飞轮释放出的能量叫做“释放能量”。能量释放后飞轮的回转数就会变慢，保有能量也会降低，为取得连续加工的能量，由电动机（消耗电能）供给能量使飞轮的速度回复到原来的回转数。如果每一次释放的能量过大，飞轮前后加工间隔内不能储备到应有的能量，飞轮的转速就会逐渐减少，造成电动机的过负荷，结果就是电动机烧损。所以设计模具时一定要计算好作业能量、保有能量等参数，防止电动机的过负荷。

能够储存的能量与飞轮的重量为一次方，与飞轮的直径是二次方的关系，所以当需要较大的作业能量时，增加飞轮的直径要比增加重量效果好一些。但是，当飞轮直径增大，飞轮外圆的圆周速度就会加快，离心力也就变大，导致传动皮带产生上浮现象，与飞轮的摩擦力减少，导致驱动力得不到充分的发挥。另外，虽然离心力不会导致飞轮的破损，但是却对飞轮内侧安装的离合器、制动器等影响很大。

特别是对于湿式离合器的影响更大，因为湿式离合式的内部充满了摩擦板油，在离心力的作用下油就会向外周集结，离合制动摩擦板动作不良，离合制动装置的反映性能就会变得低下，因此在设计时必须留出足够的回转余量。

5.4 模具设计上的能量计算

5.4.1 冲压加工必要的能量和压力机能够释放的能量

加工时能够使用能量来自飞轮保有能量，可用下式计算。

$$E_w = [1-(1-\rho)^2] \times E_f \tag{5-1}$$

式中 E_w——可用于加工的能量（N·m或kN·mm）；

E_f——保有能量（N·m或kN·mm）；

ρ——速度减少率（%）。

注：速度减少率为飞轮由空载旋转数与降低后旋转数的百分比。保有能量为飞轮储存的能量。

例如，将下面数值代入式（5-1）进行计算。

$E_f = 12\,000$（N·m），$\rho = 15\%$（使用说明书中记载的数据）

$$E_w = [1-(1-0.15)^2] \times 12000 = 3330\ (\text{N·m})$$

即当飞轮旋转数比加工作业前降低了15%，能够使用的能量成为3,330 kN·mm。那么释放出来的能量能够进行怎样的拉深加工呢？

例如，拉深加工负荷为200kN时，拉深深度＝3330kN·mm÷200kN=16.6mm。

也就是说，可以作拉深深度约17mm的成形加工。

单次断续加工的场合，速度减少率约15%前后是能够使用能量的极限。因此，必须把加工内容所需的作业能量调整在3330kN·mm以内。如果必需的加工作业能量无法控制在3330kN·mm以内时，就必须要选择保有能量更大的压力机。

如果勉强地使用超过3300kN·mm的工作能量，飞轮回转数就会下降15%以上，电动机负担加重温度逐渐升高，最终会导致电动机烧损。

使用通用电动机的一般压力机，一行程运转断续作业的速度减少率最大不应该超过15%。连续运转作业时速度减少率不能超过10%。

式（5-1）中，飞轮速度减少率如果是10%的场合，能够使用的能量为2280kN·mm，即速度减少率仅改变5%，能够使用的能量就减少了31.5%。因此，SPM可调的压力机，SPM过低的运转会造成加工能量不足，必须加以注意。

在冲压机械的使用说明书里都会有根据SPM和运转方式，选择可能使用能量的曲线图，务必按照曲线图中的范围选择使用压力机。

新制作模具试模时，为避免模具卡死及破损，必须慎重地使用该曲线图。

例如，SPM变化时飞轮保有能量的变化量可按照下式计算。

$$E_{f2}=E_{f1}\times(\mathrm{SPM}_2\div\mathrm{SPM}_1)^2 \tag{5-2}$$

式中 SPM_1——变更前的SPM；

SPM_2——变更后的SPM；

E_{f1}——变更前飞轮的保有能量；

E_{f2}——变更后飞轮的保有能量。

假设，SPM_1= 200，SPM_2= 150，E_{f1}= 18,000 kN·mm，

由式（5-2），

$$\begin{aligned}E_{f2}&=E_{f1}\times(\mathrm{SPM}_2\div\mathrm{SPM}_1)^2\\&=18000\times(150\div200)^2\\&=10100\ (\mathrm{kN\cdot mm})\end{aligned}$$

由此可以看出SPM减少25%，飞轮保有能量则减少44%。

反之，SPM上升时，虽然从计算公式上看，能量与SPM成二次方的关系，实际上在电动机容量不变的情况下，飞轮的储存能量依然只能在电动机能够供给的能量范围内。飞轮能量的回复需要时间，即使用提高SPM数的方法来加大飞轮能量，实际上得不到计算公式上的二次方的结果。

5.4.2 飞轮能够储存的能量

电动机能量根据式（5-3）计算，通过皮带传递给飞轮。

$$E_m=102\times60P\eta \tag{5-3}$$

式中 E_m——电动机输出能量（N·m）；

P——电动机的输出功率（kW）；

η——机械效率（一般为0.85）；

102——1 kW的电动机1s能够释放的能量；

（1 kW = 102 kgf·m/s）

60——秒换算成分钟

例如，$P=5.5\text{kW}$，$\eta=0.85$，利用式（5-3）计算下述电动机1s能供给的能量。

$$E_m = 102\times60\times5.5\times0.85$$
$$=280200\ (\text{N}\cdot\text{m/min})$$

即5.5kW电动机每分钟能提供28 0200 N·m能量。

用100SPM运转压力机时，每一行程能使用的能量的理论值E_{wf}为

$$E_{wf}=280200\div100\approx2\ 800\ (\text{N}\cdot\text{m})$$

即压力机每一次加工，最大能完成2800N·m的作业。

但是，电动机也具有各种特性，考虑到电动机性能和飞轮减速率等因素，建议在确定加工能量时低于这个能量。希望遵照压力机的使用说明书中的有关内容。

以上，仅就对模具设计有重要影响的压力机的能量进行了阐述。此外还有与动态精度关联的偏心负载和滑块倾斜等，请参见本书4.2模具的基本要素与使用要点，以及5.2冲压机械的特性等有关内容。

5.5 伺服压力机的简要介绍

长期以来，在CNC数控加工机械中大量伺服电动机和伺服控制技术得到了广泛应用，人们自然会想到，冲压、锻压机械能不能也可以使用伺服控制呢？

但是，锻压机械行业的伺服改进与应用却远远滞后于数控加工机械，这是一个不争的事实。锻压行业设备厂家和用户对伺服压力机的需求呼声越来越强，传统冲压加工面临的壁垒已越来越不适应日新月异的多元化成形的愿望。

为提高金属成形的效率，必须不断改善加工工艺来降低加工成本，再加上汽车工业中的超高强度钢板的需求，以及环保节能的大势所趋，还有人们对现代化冲压车间和冲压工艺的向往，确保操作人员稳定等，都是对改善传统冲压工艺的直接客观需求。正如我在《国内外伺服压力机械发展历程启示录》一文中所概述，伺服压力机是随着下面的八大需求应运而生的：①用户使用多样化的需求。②加工工艺多样化的需求。③加工素材多样化的需求。④模具构造多样化的需求。⑤产品品质多样化的需求。 ⑥冲压产品多样化的需求。⑦开发技术量产化的需求。⑧环保节能智能化的需求。

众所周知，在20世纪90年代初，日本几家主流冲压装备制造厂家率先推出了小型伺服压力机，对传统的机械式冲压方式掀起了旋风般的冲击，被广泛认为是锻压制造业的一场技术大革命，具有划时代的意义与里程碑的作用。这二十年来最早问世的伺服钣金冲压机械已经得到广泛应用，使得各行业的金属冲压成形看到了新方向，然而在热锻、温锻及冷锻的精锻制造行业的应用情况却明显落后，随着伺服压力机的逐步成熟，锻造行业的伺服技术应用也是不言而喻的。

本节从伺服压力机诞生的由来，特点和发展历程的分析与回顾入手，结合钣金伺服冲压积累的成熟经验，再根据热、温、冷精锻的特点，就锻压伺服技术的现状和发展方向作简要介绍。

5.5.1 伺服压力机的基本知识

5.5.1.1 伺服概念

首先，我们了解一下伺服的概念。伺服（Servo）一词，原本来源于希腊语中的奴隶之含义，

中文顾名思义，从伺候，服务而引申，形象地翻译为伺服。而伺服系统就是指根据外部指令进行人们所期望的运动。运动要素包括位置、速度和扭矩。伺服系统经历了从液压、气动到电气的过程，其中电气伺服系统包括伺服电动机，反馈装置及控制器等整个系统。

5.5.1.2 交流伺服电动机的分类

（1）感应异步交流伺服电动机（IM，Induction motor） 这种电动机制造简单，价格低廉，但制约性大，特性和效率都远低于永磁同步电动机。

（2）永磁同步交流伺服电动机（PMSM，Permanent magnet synchronous motor） 这种电动机可以实现低速，高力矩性能，弱磁高速控制，调速范围广，动态特性和效率都较高。

由于压力机往往需要伺服电动机低速度转动，发出高力矩的功能，因此，伺服压力机的电动机只限于使用永磁同步交流伺服电动机。这样才能实现低速回转，定位精度高，动态相当敏感的应答性和非常高的稳定性，满足压力机的许多功能。

5.5.1.3 伺服压力机的定义

伺服压力机是利用伺服技术驱动实现金属冲压成形工艺的一种新型压力机，如图5-3所示。一般简单来说以伺服电动机为动力源，同时具有伺服控制电路系统来驱动的冲压机械被称之为伺服压力机。而伺服冲压也就是包括了这种伺服压力机设备和伺服控制的冲压工艺。

一般机械经常使用的电动机（通用电动机）回转数是由极数（2极、4极等）和电源周波数（50Hz）来确定回转数，变速时就必须通过另外的电气式或机械式的变速装置来实现。如果让这种装有用普通电动机带动的变速装置来改变通用压力机的速度，也就是说压力机飞轮从静止状态到全速运转的增速时间即使是小型压力机也需要数十秒，大型压力机则需要几分钟。如果让回转中的飞轮的回转次数增加到两倍都需要十秒到数十秒，而在冲压加工中需要在1min内增减速度10次，这是不可能的。

但伺服电动机具备从停止状态到全速运转只需要0.1～0.5s的能力，如果电子控制设计的适当，在1min内可以达到数十次。如果速度的变化量比较小，伺服电动机可以使更频繁地变速成为可能，也就是说伺服电动机是由数控电路“忠实”响应的电动机。具有正确的速度控制和角度控制的伺服电动机，都是在回转速度、回转角度、回转方向及回转力（扭矩）的指令下动作，动作的结果与指令值进行演算比较后，再反馈到发出的指令上，然后将这个结果再演算再比较再发出下一个指令，就这样，在指令值和结果比较中回转驱动，并被使用到必要的地方。

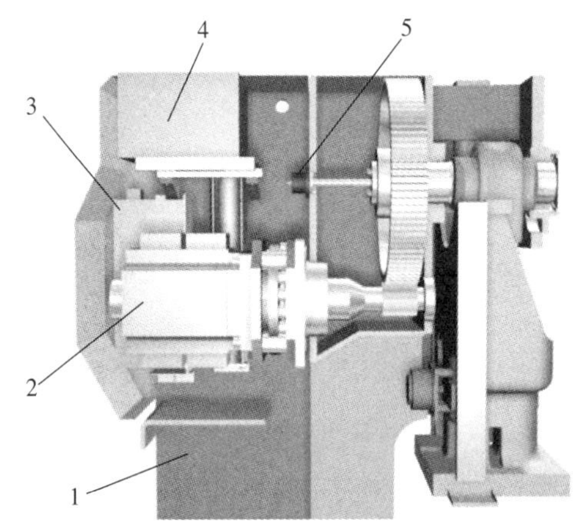

图5-3 伺服压力机的基本构造

1.机架 2.伺服电动机 3.电容器 4.控制盘 5.编码器

在数控伺服压力机上伺服电动机就是用指令和结果的比较来反馈控制的。压力机的数控伺服化就是由高可靠性的伺服电动机和指令值发生装置、传感器（也称编码器）检出的位置和力的数值与指令值的差进行演算的装置，再加上电动机电压、电流或周波数的出力装置以及指令值的增幅装置等构成。

5.5.1.4 伺服压力机的各种驱动方式

各个厂家的驱动方式具有不同的构造，但是，其共同特点都是利用伺服驱动，去掉了传统的飞轮+离合器/制动器装置。如今，机械式伺服压力机，根据伺服电动机力矩大小不同，有直接驱动齿轮和曲轴的方式，也有通过中间齿轮或者同步皮带轮的减速方式，还有肘节式，多连杆式和螺旋式等。在此可以简单的归纳如下：

（1）伺服电动机直接驱动型 ....小型

（2）伺服电动机+齿轮减速 ....一般普及型

（3）伺服电动机+同步皮带+齿轮减速 ....一般型，大、小型

（4）伺服电动机+齿轮减速+肘节 ....特殊型，大、小型

（5）伺服电动机+螺旋+减速+肘节 ....特殊型，大型

（6）多台伺服电动机同步驱动的结构 ....特殊型，超大型

纵观世界上各个厂家不同结构的伺服压力机，各有特色，平分千秋。但是，正由于都必须用伺服电动机驱动，也就特别要求必须实现大型、低速、高扭矩的特殊伺服电动机。这样众多压力机厂家为了摆脱各专业电动机厂家的固定概念和制约，而同专业电动机厂家合作，让他们充分理解冲压原理和金属塑性成形机制，共同开发出了专用于压力机的特殊伺服电动机和伺服控制系统，真正地实现了机电一体化，控制系统和控制方式的完全伺服化。并且，世界上几大成熟的伺服压力机厂商甚至从伺服电动机的设计、制作、测试及驱动器和控制系统软件的开发，也都是完全依靠自己的力量实现了独自的制造配套体系，因而制造出来的伺服压力机就显得更加专业，更加实用和更加稳定。

最近，江苏中兴西田数控科技有限公司就是采用了这种独自开发的研发体系，很快实现了国产化，以经济实用的口碑受到了广大用户的好评。

5.5.2 伺服压力机的发展历程

5.5.2.1 伺服压力机的诞生

20世纪90年代中期，日本率先开发出了伺服压力机，当时，日本两家技术雄厚的冲压设备制造公司几乎同时推出了世界首台两种形式的伺服压力机。欧美企业切入伺服时间稍晚，但是发展速度丝毫不显逊色。以冲压装备老牌厂家称雄的德国舒勒公司，发展达到了惊人的程度，迅速投入汽车市场，取代了汽车冲压线上多年的双动压力机和底部驱动等形式的传统压力机及部分油压机。

接着，一石激起千层浪的波及效果带来了遍地开花的意想不到的局面。德国，西班牙及瑞士的许多压力机制造厂商也都分别对伺服压力机进行了研制，日本后起之秀的几大厂家也都不示弱势，加大了开发力度，纷纷将独自的伺服压力机在短时间内全面推向了市场。

5.5.2.2 伺服压力机的发展现状

如今，在日本冲压行业已经把伺服冲压当作了支撑日本经济发展的国策，在日本制造业中，

机械式压力机的销售额中伺服压力机已达到近50%。

虽然欧洲经济长期不景气，与其相反，实力雄厚的冲压公司购置压力机的希望居然是100%瞄准了伺服压力机和伺服冲压线。尤其是2012年10月底，在汉诺威大型国际机械展的锻压机械展厅内，亮相的30余家锻压设备中，几乎都是清一色不同形式的伺服压力机，让人看得眼花缭乱，深深感受到伺服压力机设备硬件的开发制造和伺服冲压软件工艺的对应开发，已经成为智能装备势不可挡的新潮流。这种伺服压力机和具有丰富软件的智能控制的综合技术，让人们都身临其境地感受到了制造业的智能化时代已经到来。

5.5.2.3 伺服压力机应用的展望

总之，伺服压力机从问世至今经历了20年，在世界各国已经得到了广泛应用。让伺服压力机落户每一个冲压厂房只是一个时间问题，伺服压力机的普及是必然趋势。伺服压力机的出现使传统曲轴压力机的优点和弱点更加清晰明了，可以使人们在冲压工艺、设备和具体冲压过程中，有效地利用好传统压力机和伺服压力机各自的长项，取长补短，改善和提高锻造和冲压的工艺水平。

因此，由于工艺、传统习惯、模具及技术、成本等方面的制约，尤其是成本制约，冲压行业在今后的一段时间会是传统冲压方式和伺服冲压方式的混合并存，这也是非常正常的现象。但是，我们相信在不远的将来，使用伺服压力机的领域、工艺环节和数量等的比重将会越来越多，这是大势所趋。在我国伺服压力机才刚刚起步，生产实例还很少，随着时间流逝，其优势还会不断地被发现，相对而言传统的曲轴压力机也会从伺服压力机的性能中得到启发，在性能上不断改进，因此又会推动伺服压力机向更加智能化的方向发展。

如今伺服压力机还处于发展中，压力机的使用者对伺服压力机的要求和期望是伺服压力机发展进步不可缺少的因素。同时压力机的使用者能够充分地了解压力机，才能使其发挥出应有性能，这也是我们不断研究有关伺服压力机的目的之一。下面通过一些伺服压力机的应用实例，来分析和共享伺服压力机的优越性和普及的必要性。但愿能给我国锻压行业，冲压行业等加工制造业起到抛砖引玉的效果，共同关注和推动我国伺服制造技术的发展。

5.5.3 伺服压力机与传统压力机的对比

5.5.3.1 伺服压力机与传统压力机的特点对比

伺服压力机由于简化了机械传动构造，具有高效性、高精度和高柔性，可以任意设定和改变加工过程中的速度，可以实现位置、速度的闭环控制，获得任意的滑块运动特性，还可以达到节能环保的效果，无论是在金属冲压上，还是在锻造成形上，伺服压力机与传统压力机相比都具有着很大的优势：

（1）大幅提高了成形产品的拉深精度。

（2）减少了加工成品的皱褶、破损等。

（3）减少了模具损伤，也就减少了模具的保养及修理次数，从而提高了模具寿命。

（4）用传统压力机不能做到的板材锻造，用伺服压力机可以实现。

（5）加工中的震动和噪音大幅降低，改善了以往冲压工厂恶劣的工作环境。

（6）降低了电力损耗、节省了能源消耗，提高了经济效益。

（7）没有了传统压力机的离合器制动器的磨损问题，节省了这方面检修所花费的人力、物力、财力。

（8）要得到品质优良的拉深成形零件就需要对模具反顶装置的压力及顶销进行很细微、精确的调节，伺服压力机可以使这些调节变得十分简单、便捷。

（9）传统压力机在每一次换模后都需要进行微调整，费时费力。使用伺服控制的压力机可以在换模后立刻生产出合格产品。

（10）试模或模具更换后，模具调整时使用的“寸动运转模式”需要较高的操作技能，而伺服压力机做模具调整时可以做到每1次0.01mm的微动操作，使模具的调整操作变得简单、方便。

（11）传统压力机的曲轴频繁地改变运转方向是不可能的，伺服压力机则可以简单地实现微动的正反逆转变化。此外还有一些其他的效果。

5.5.3.2 伺服压力机与传统压力机的驱动方式对比

表5-1中，例举了伺服压力机的特征及与传统压力机的对比。这里与伺服压力机进行比较的是指有飞轮的机械式压力机，由于两者在驱动方式上的巨大差异使得伺服压力机表现出非常优良的特征。

从表5-2和表5-3中可以看出伺服压力机有很多优势，在冲压生产中能够达到更好效果。但并不是说伺服压力机是万能的，还需要压力机的使用者详细了解压力机的特性，使其性能得到最好发挥。

5.5.4 伺服压力机的大型化、高扭矩化与高速化

5.5.4.1 伺服压力机技术的发展方向

最近伺服压力机的公称能力已经达到了40 000～50 000kN。由于现在伺服电动机的最大输出功率是400kW，因此伺服压力机不会单纯地向大的方向发展，而是使用几台输出功率为200～400kW的伺服电动机共同驱动一台压力机，这样可使伺服压力机的生产能力加大。

图5-4四台伺服电动机上各装有一个带有驱动轴的小齿轮，再用几个这样带有驱动轴的小齿轮回转一个大齿轮的方式。也有用四根驱动轴（使用四台伺服电动机）来驱动一个主齿轮的方式得以实现。

由于伺服电动机属于同步电动机，不论是同时驱动数台伺服电动机，还是用一台作为主机使其发出指令来控制其它几台电动机，都可以达到同步运转功效。

如图5-4和图5-5所示，都是双点（两个曲轴或者偏心齿轮）压力机的驱动实例，伺服电动机和齿轮的组合方法为实现伺服压力机的大能力和大型化提供了技术条件。大型覆盖件加工成形时模具的前后左右尺寸都很大，需要压力机的滑块前后左右都能够加压，因此大型覆盖件加工成形用的四点伺服压力机应运而生，且已经得到了广泛应用。

5.5.4.2 制约伺服压力机向大能力、大型化发展的因素

虽然伺服压力机向大能力和大型化发展是必然趋势，但所受到的制约也很多。一般汽车覆盖件成形加工使用的压力机行程均在800mm以上，有的可能超过1200mm。在过去很长的一段时间

表5-2　压力机驱动方式和构造特征比较

项目	伺服压力机	飞轮结构压力机
驱动源	AC伺服电动机（回转速度可变）	三相感应电动机（回转速度固定）
锻压加工中能量的储备	通常压力机由工厂电源直接供电。 深拉深和大型冷锻等需要很大加工能量的压力机，需要增设另外的蓄电电容。通过电容的设置可以产生再生能源来积蓄能量。另外，也有用电动机速度的变更达到储蓄电能的方式。	利用飞轮的回转惯性蓄积能量。 锻压加工时，使用相应能量的同时，其感应电动机一直处于工作状态。
电动机运转的电力	伺服电动机只有在压力机运转时才做回转运动，不会有空转，有效地节省了能源。 而压力机停止时，伺服电动机只需要很少的制动电流即可。伺服压力机比飞轮结构压力机节约30%以上的电力。	压力机停止使用时，如果没有停止电动机，电动机仍然会带动飞轮空转。这种情况下空转所消耗的能量造成了很大浪费。
驱动系统	伺服电动机→驱动轴→小齿轮和主齿轮→曲轴	感应电动机→飞轮→离合器（或湿式摩擦片）→小齿轮和主齿轮→曲轴，特别是摩擦离合制动器的空转会消耗很多的电能。冬天由于油温较低，使用电能几乎接近额定电流的50%。
微速寸动运转 超微速运转 瞬间的正反转交互运转	在进行模具安装调试时利用旋转手柄操作，伺服电动机可以实现滑块0.01mm的上下微动。 瞬间的正反转操作都可以，但是要注意这种操作不能进行加工和试模。	只有利用离合器的寸动运转模式。 瞬间的正反转交互运转不能进行。

表5-3　驱动方法和滑块运转模式比较

项目	伺服压力机	飞轮结构压力机
压力机的起动和停止	由伺服电动机实行起动和停止。 注：虽然伺服电动机带有制动装置，但它不是用来停止压力机的，而是为了防止滑块因自重的下落。在改变了SPM后，上死点的位置不会发生改变。	由摩擦离合器起动。 由摩擦制动器停止。 注：改变SPM后，上死点位置会发生轻微改变。
滑块的运转模式	可以预先输入多种标准模式，而且还可以在标准模式之外任意的输入不同数据，使得加工方式更加灵活。 (1)通常的曲轴运转模式。 (2)任意的连杆运转模式。 (3)在下死点附近进行短行程的反复运转模式（可以增加每分钟的行程数）。 (4)在下死点附近低速进行落料加工的运转模式，以减轻加工噪音（降低SPM）。 (5)在下死点附近加压停止的运转模式（在进行精度要求高的弯曲加工和压痕加工时使用）。 (6)容易实现与送料装置的连动（因为压力机本身是使用CNC控制系统的）。 (7)可以通过试冲找到最合适的运转模式。	不能任意设定滑块的运转模式。
落料加工时瞬间释能的控制	可以减缓滑块下降时上下模的冲击。 降低噪音，减少模具的损耗，及模具维修费用。 大幅减轻落料冲压时常见的过冲瞬间失能冲击现象。 可以实现高速下落，低速冲裁不断地往复变化冲压速度。 这样既可以提高压力机机架刚性，同时提高顺送级进模的冲压速度。	连杆式压力机可以适当降低一点加工速度，而曲轴式压力机很难。

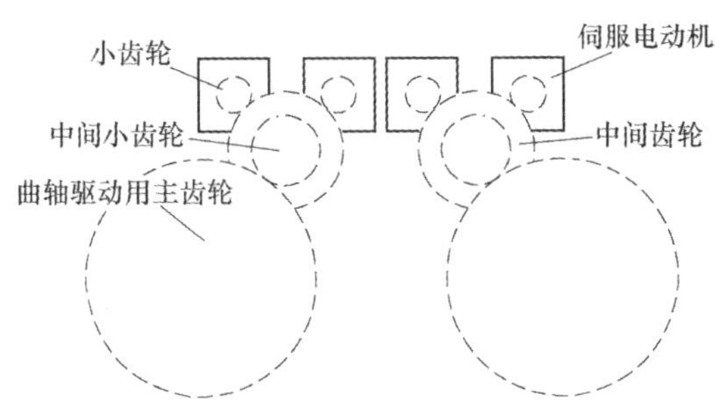

图5-4　双点伺服压力机的驱动齿轮系列

（4个电动机、电气控制得以同步的方式）

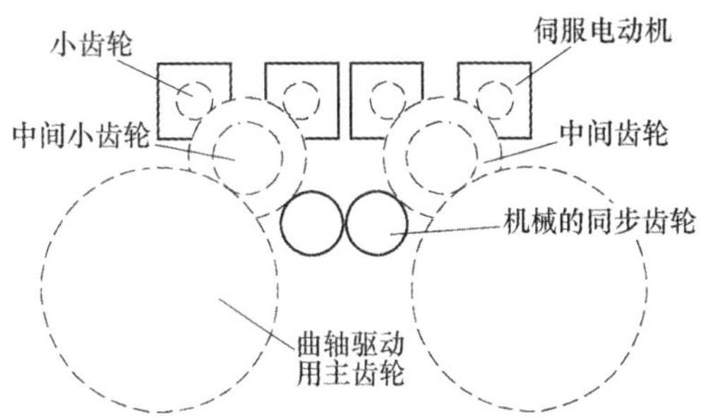

图5-5　双点伺服压力机的驱动齿轮系列

（4个电动机与机械式得以同步的方式）

内，汽车覆盖件成形加工都没有实现自动化，无论是将材料送入模具的作业，还是从模具中取出成形品都是由人工完成的。在非自动化的时代里设定压力机的行程长度时，只要保证行程是拉深长度的两倍以上和模具安装、拆卸方便即可，行程长度一般在500～700mm就足够了。从20世纪90年代初开始，随着技术进步，生产自动化的实现，送料机及中间搬运需要深入到模具里面，为避免送料或搬运装置与模具之间的干涉及滑块运转时间曲线等问题，使得压力机行程长度逐渐变长。过去把材料送入模具中的作业和成形件取出的作业都是压力机停止在上死点的状态下实施的，为在不停机的状态下进行这种送料、取件的作业，就采用了延长行程长度来争取时间的方法，这就是为什么有的压力机的行程长度会达到或超过1200mm的原因。造成行程长度如此大的根本原因就是传统压力机必须以恒定的速度回转。

伺服压力机可以随意地改变速度，滑块可以在上死点附近缓慢回转，为自动化装置的运行争取了时间，也为减少压力机的行程长度创造了条件。而对那些不需要很大拉深长度的零件来说，滑块可以在下死点前后做往复运动，压力机曲轴可以不用每次都通过上死点做圆周运动，可以说自动化装置水平的提高，也对伺服压力机的不断改进和发展起到了促进作用。

综上所述，从伺服压力机的特性可以看到，在选择伺服压力机前，首先要对生产要求、生产方式等有一个清楚的认识，那么伺服压力机就会发挥出应有的性能。在现实中，伺服压力机的性能不能得到发挥的例子也是有的，这是衡量模具技术、生产技术等相关人员综合实力的地方。

5.5.4.3 伺服压力机典型的运转模式和功能

分析一下伺服压力机的使用情况，即使使用了伺服压力机，如果滑块的运转模式仍然和曲轴压力机一样的话，也同样不能得到理想的成功产品。如果能够灵活利用伺服压力机的滑块运转模式可以任意设定的性能，让滑块做如图5-6所示的振动模式的运转，就可以使成形出的零件没有皱褶。也就是说，不需要对模具进行任何改造，只要将滑块运转模式选择为振动模式就可以了。

振动模式就是在拉深加工开始时，先稍稍拉深一点后滑块就少量上升，然后再下降进行短行程的拉深后滑块又少量上升，这样反复多次、一点点地加大拉深深度。滑块少量上升后，压板压力瞬间减小，材料和压板之间、材料和下模之间再次形成了润滑油膜，而且滑块少量上升后再下降的动作可以使滑块减低速度，这样上模与下模的冲击力也因为没有了压板的振动而被消除，这也是抑制零件皱褶发生的另一个原因。

在这里有两个问题必须要理解和注意：

（1）请务必理解并不是所有的成形加工都可以用振动模式来进行。材料是在凹模和冲头的作用下被拉深的，在这个过程中冲头和凹模做上下的相互运动，模具里的材料和模具要有多次摩擦，如果是电镀钢板或涂装钢板，就会有擦痕或表面剥离的现象出现。

（2）请务必理解滑块要在短时间内做小幅的往复运动的同时还要加压、下降，这不是伺服电动机的特性所能轻易做到的，也就是说要受到一些制约。即使是在无负荷的情况下可以进行往复运转，但是曲轴是要在进行几十吨的加压和承受数吨缓冲垫的压力的同时，做反复的往复回转，这对压力机的负担是很大的。

因此，要在确实做好压力机维修保养的条件下，才能使振动模式的优势得到更好的发挥，这一点请切记。

如图5-7所示，除了振动模式，伺服压力机还有其他几种运转模式，它们各自的适用领域和加工优势也不尽相同。下面将通过实例作进一步的说明。

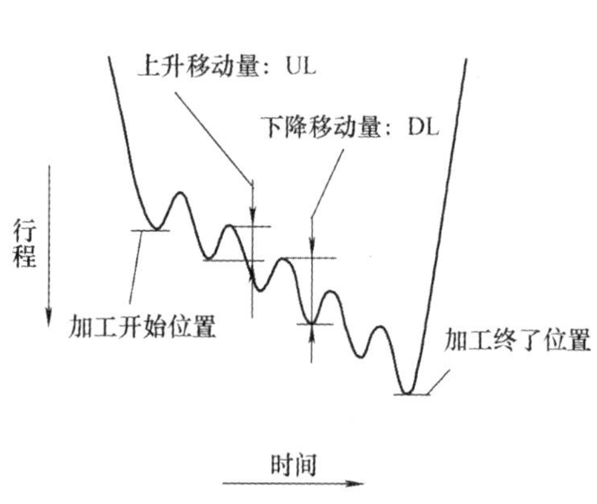

图5-6　伺服压力机的振动模式

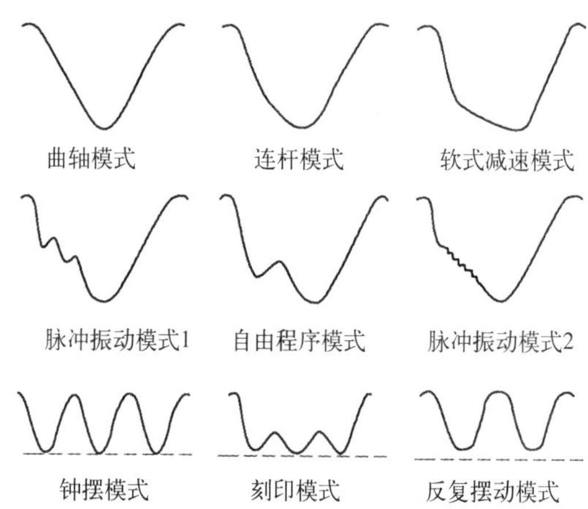

图5-7　伺服压力机的几种典型运转模式

5.5.5 伺服压力机在冲压行业中的应用

5.5.5.1 伺服压力机在拉深部件加工中的应用

伺服压力机滑块的动作和速度虽然有一定的限制，但是因为可以任意设定，所以就可以发挥出比传统的连杆式机械压力机更好的加工性能。当然这并不是说要把传统压力机全部放弃，传统压力机仍然还有很多适合它的冲压加工领域。优秀的冲压生产技术人员要了解伺服压力机和其他的冲压机械各自特点并加以正确使用，是非常重要的，也是生产技术人员水平和能力的重要体现。

下面我们介绍几个使用了伺服压力机加工并取得了很好效果的加工部件的实例，证明伺服压力机具有传统的机械式压力机所不具备的性能，以达到更好地了解使用伺服压力机的效果。在下面文章中提到的“机械式压力机”即指传统的有飞轮及制动离合器的机械式压力机。

案例一，圆筒拉深加工。图5-8为汽车用电动机外壳的拉深工序。我们用这个例子来讲述伺服压力机对圆筒拉深部件的加工效果及其技术特点。被加工材料为镀锌低碳钢板，板厚为1.6mm，可以先用落料冲裁加工成适当大小的圆盘状坯材，也可以直接使用卷材。

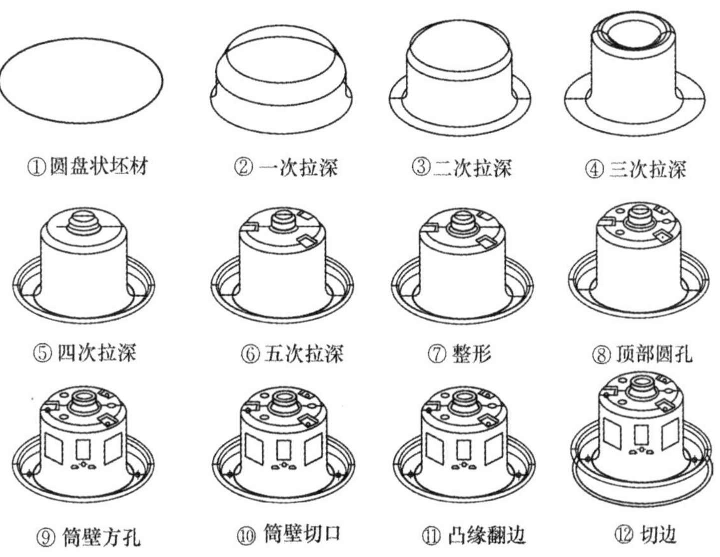

图5-8　圆筒拉深部件的加工工序

图5-9为圆筒拉深部件第一次拉深的情况。第一次拉深的拉深系数R_1选择范围0.45～0.55，第一次拉深直径d_1用下面公式计算

$$d_1 = R_1 D \tag{5-4}$$

第一次拉深高度h_1的确定有几种方法，可以根据拉深部分体积不变的原理来确定，也可以一次达到最终拉深高度，还有逐步增加拉深高度等方法。

图5-8所示的部件经过两次拉深就可基本达到最终高度，第一次拉深的高度是第二次拉深高度70%，约为55mm。这个电动机外壳因为有横向孔必须加工，所以不能用级进加工（在加工过程中各工位部件的材料连在一起的级进模方法）的方法，必须要采用先把材料切断再进行逐个工位加工的方法。除此之外有三种方法：①人工传送，即单冲加工。②在压力机之间使用机械手的自动化加工。③使用多工位搬运装置的自动搬运加工。

众所周知，压力机最小行程长度因加工方法不同而有所不同，手工传递单冲加工方法、顺送加工方法、机械手搬运加工方法、多工位搬运装置是用二维还是用三维等，其最小行程长度都会有所不同。

（1）顺送加工，压力机的最小行程长度需要达到拉深高度的4倍以上。

（2）压力机每运转一周都要停止一次的机械手搬运方法和单冲加工方法，压力机的最小行程长度需要达到拉深高度的2倍以上。

（3）使用二维多工位搬运装置时，压力机的最小行程长度需要达到拉深高度的3倍以上。

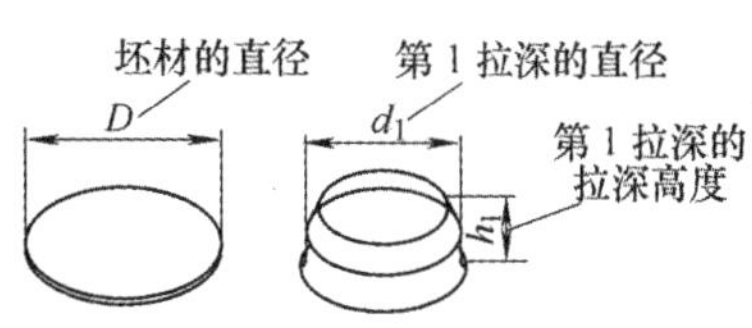

图 5-9　一次拉深的拉深系数与拉深高度

（4）使用三维多工位搬运装置时，压力机最小行程长度

需要达到拉深高度的3.5倍以上。

除上述几点外，还必须要考虑避免搬运装置与行程长度的相互干涉。

在实际生产中，还要考虑每分钟行程次数的影响，拉深开始时滑块的下降速度要在材料的成形极限速度以下，但同时这个速度还要保证中间部件搬运装置必须能够平稳地进行循环往复的搬运作业。

曲轴式机械压力机因为行程长度不能根据加工内容来改变，所以只能依靠改变每分钟的行程次数来进行拉深加工。为防止拉深加工的失败（主要是破裂），每分钟行程次数就要降到很低从而使拉深速度降下来，这样的生产实例是很多的。但即使是降低了每分钟的行程次数，如果拉深的深度很大，那么拉深的开始速度仍然是很快的，这时拉深加工是在上模和下模的冲撞下开始的，所以时常会发生拉深皱褶或材料破裂的情况。

与此相对，伺服压力机不但拉深速度能够任意设定，同时上下模开始时的接触速度也可以很慢，从而实现柔性接触，使得拉深加工能够在无振动条件下开始，所以使用伺服压力机的效果是不言而喻的。

表5-4中列出了在生产图5-8所示产品（最终拉深高度为80mm）时不同的加工方法下压力机的行程长度，可以看出，同样产品因使用的加工方法不同，压力机的行程长度会有所变化，因而每分钟的行程次数也会发生改变。在产品生产过程中开始拉深的速度很可能不是材料最合适的加工速度，但如果使用伺服压力机加工，由于滑块速度可以任意设定，所以不论是哪一种加工方法，都可以用最合适的成形速度来生产，这样不仅能够降低不良产品率，同时还可以减少生产过程中故障的发生。

对材料来说合适的加工速度，对于模具来说也是合适的工作速度，在此速度下加工产品，可降低模具的故障发生率，延长模具维修的间隔时间，这样成本也就随之得以降低。

案例二，不规则形状部件的加工。下面拿两种压力机加工出来的不规则部件做个对比。图5-10

表5-4　不同加工方法对应的压力机行程长度

项目	加工方法				
	单冲加工（断续运转）	顺送加工（连续运转）	机械手加工（断续运转）	二维多工位搬运装置加工（连续运转）	三维多工位搬运装置加工（连续运转）
压力机行程长度/mm	180以上	320以上	180以上	240以上	260以上
每分钟平均行程次数/次·min^{-1}	20（60r/min）	40（40r/min）	25（60r/min）	40（40r/min）	30（40r/min）
在上面每分钟平均行程次数下，下死点上方80mm处滑块的速度/mm·s^{-1}	约562	约580	约562	约473	约502
为把滑块速度控制在300mm·s^{-1}以下，需设定的每分钟行程次数/次·min^{-1}	32	20	32	25	23

是某不规则形状部件的一部分，我们以此为例介绍一下为什么以往的曲轴式压力机不能成形的部件而用伺服压力机可以成功的原因。

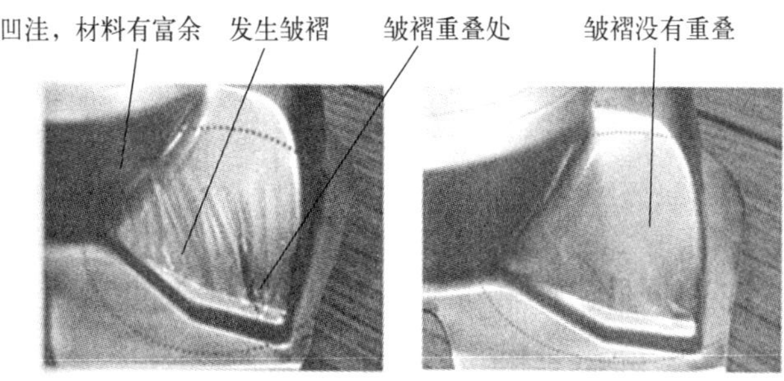

图5-10　不规则形状部件加工

（1）用传统曲轴压力机成形的部件　曲轴式压力机拉深加工的难度在于部件上有凹洼，在加工过程中压板不能起到应有的作用，材料过分地流动，结果就使得有的地方产生了皱褶。

在对有凹洼形状的部件设计模具时，如果只考虑形状来设计模具而没有考虑预想皱褶的发生，很可能会导致产品加工的失败。

在许多情况下，虽然有一些部件的设计者设计出了一些非常苛刻的形状，但我们的生产技术人员都会在模具和压力机的加工条件等方面去想办法、下功夫，努力加工出合格产品。尽管如此，总还是有极限存在的。

在不得不使用传统的曲轴式压力机的情况下，虽然不能彻底消灭皱褶，但可以在减少皱褶上下功夫，最后还可以用手动砂轮或砂纸进行打磨，得到最低限度的合格品。但是这需要耗费大量的人工和时间，不利于降低成本。

（2）用伺服压力机成形的部件　参见5.5.4.3，如果能够灵活利用伺服压力机的滑块运转模式进行任意性能的设定，让滑块做如图5-6所示的振动模式运转，就可以使成形出的部件没有皱褶。也就是说，不需要对模具进行任何改造，只要将滑块运转模式选择为振动模式就可以解决问题。

为帮助大家能更好地理解伺服压力机的各种运转模式，以及各自的适用领域和加工优势，下面将它们的加工类型和运动特性等列于表5-5中。

图5-11所示的部件就很好地展现了伺服压力机振动模式的加工效果，虽然是单纯的圆筒拉深，但由于使用了图5-12所示的振动模式，所以第一次拉深的深度得到了大幅加大。

图5-11　伺服压力机加工的深拉深部件

如前所述，钢板第一次拉深的拉深系数一般在0.45～0.55之间，0.45是成形性非常好的深拉深钢板的拉深系数，一般通用钢板的拉深系数在0.5以下的很少。如果想让一般通用钢板的拉深系数也能达到0.45，那么冲头倒角部分的过渡曲线要比较圆滑，与其配合的凹模倒角部分的过渡曲线也要比较圆滑，压力机的精度要很高，模具的最终精度也要比较高，同时还要有非常合适的润滑油使用等，只有当这些好条件全都具备才有可能达到这样的拉深系数。所以为了保证产品品质的稳定性，一般把拉深系数设定在0.5～0.55之间。

5.5.5.2 从加工部件看伺服压力机的机能

由于伺服压力机是数字控制的冲压机械，所以它在结构上和规格上与传统的曲轴压力机有很大不同。汽车上的很多部件都是伺服压力机成形。如图5-13所示侧面框架相当于汽车的骨骼，它要承受来自前后左右的冲击和负荷，是对司乘人员起安全保护作用的部件。其中，f是侧面框架

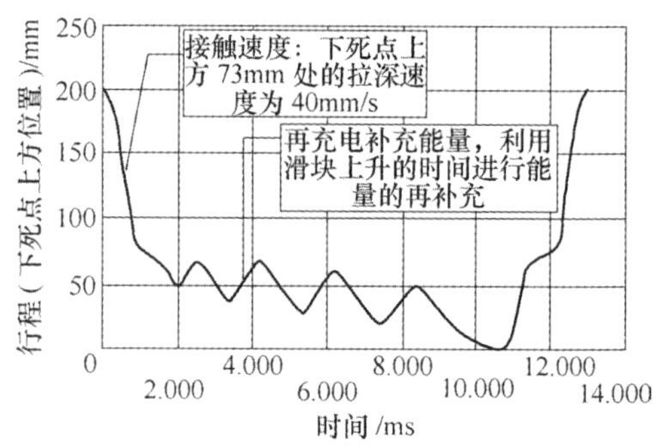

图5-12　圆筒形部件深拉深加工的振动模式

表5-5　滑块的其他几种运转模式

加工类型	滑块运转模式	目的	相关运动特性与精度
落料	低速落料 断裂点	抑制加工发热 提高模具寿命 降低落料噪声 减少振动 提高生产性	实际加工速度 滑块位置精度 综合伸长、综合间隙
	短行程加工 加工点		滑块加速特性、减速特性
深拉深	软接触＋最合适的成形速度 接触 加工部	减轻拉痕 抑制成形发热 提高成形性	实际加工速度 滑块加速特性、减速特性
成形加工（胀形、翻边、其他）	低速成形 成形部 重复加压	提高成形性 提高形状复制性	滑块加速特性、减速特性 机械的静态精度
锻压加工（挤压、底部折弯、其他）	加压成形＋维持负荷 加压成形 维持负荷 加压成形＋反复加压	提高形状复制性 抑制回弹 改善平坦度 保持壁厚的稳定	加压保持能力 锻压时下死点精度 机械刚度 滑块挠度 C形机架开口

的外框，它必须具有很高的强度和刚性，外观的造型也非常重要，材料要使用成形性能好的高轻度钢。g是侧面框架的内侧面板，必须有框架外缘以上的强度和刚性。

在侧面框架的中央部分h称为B形框，必须具有足够的刚性，当遇到事故汽车发生翻滚或倾覆时，车顶不致被压扁。而且，门框在抵抗侧面的冲击时，能够最大程度的减小车体侧面变形，以保护乘坐人员的安全。除从设计上对其曲线形状上有一些要求之外，最重要的是，要从安全的角度考虑，一般都必须使用成形性较差的高强度钢板。

除了图5-13外，还有很多汽车覆盖件部件，详见图5-14。大多数覆盖件都有外侧面板和内侧面板之分，内侧覆盖件主要强调外观的设计和强度，外侧覆盖件还要求高强度和刚度，将内外覆盖件焊接在一起既可增加刚性又可以达到轻量化的目的。以图5-13三箱四门轿车的侧面框架为例，侧面框架有两个很大的像窗子一样的洞，汽车的门就镶嵌在里面。f部分的断面形状非常复杂，在这个部分要装入与车门之间保持高密封性的密封材料用以防止雨水等的浸入，还要具备承受安装车门铰链和门锁的强度。

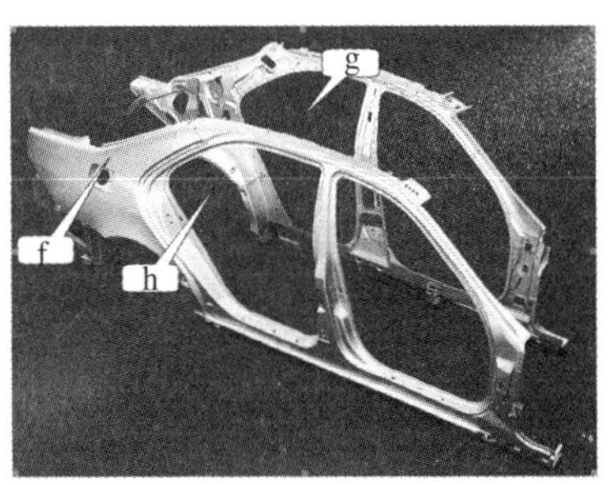

图5-13　三厢四门轿车的侧面框架

B形框部分更加需要使用高强度材料，这部分不仅需要安装车门的铰链和门锁，还要实施防止雨水浸入的密封措施，不但形状复杂而且必须是具有高强度的部件。现在汽车的B形框都不是用单纯的一块板做成的，考虑到与车顶和侧面轨道的结合，B形框的各个部位材质和厚度都不同，所以冲压之前先把不同材质的材料按照需要的形状切好，在平板的状态下进行焊接，加工成B形框的专用异型素材。这种把各种各样形状、不同材质的材料组合衔接在一起的工艺被称作为拼焊工艺。这种复合板材必须满足焊缝在冲压时不会断裂，同时又不能给模

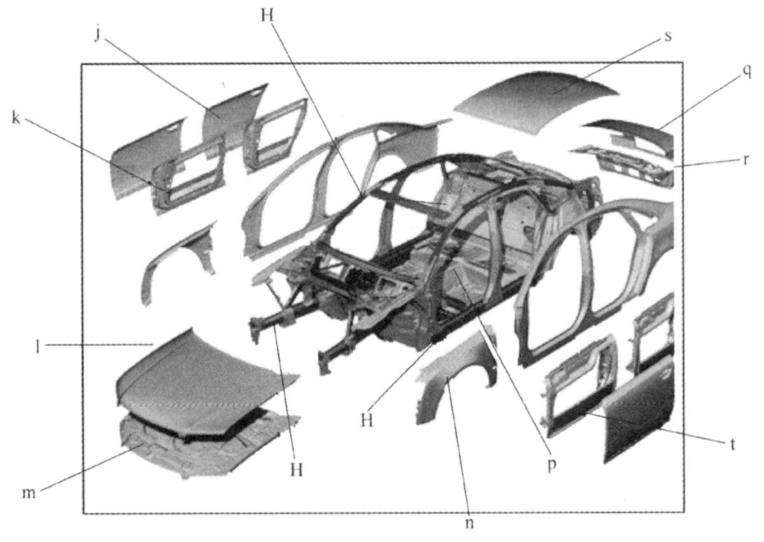

图5-14　汽车覆盖件的构成

j–车门外板　k–车门内板　l–前面外盖板　m–前盖内衬板　n–挡泥板　p–底板　q–后备箱体的外板
r–后备箱体的内衬板　s–顶盖外板　t–车门防撞梁（使用难成形材料）　H–使用高张力钢板的安全保障部件

具带来负担的要求。因此需要采用专业的焊接技术，如激光焊、钨极氩弧焊（钨极惰性气体保护的焊接方法）等的连续焊接方法，近期还出现了一种特殊的摩擦焊接方法。这种复合材料多数也是要由专业厂家制造，再分别提供给汽车生产厂家。

另外，外框还要达到外观的设计要求，覆盖件的表面上有凹面和凸面并存的现象。这样，部件在进行拉深冲压时就会产生材料“富裕”，造成皱褶。覆盖件是容易产生皱褶的部件，这种部件的成形加工是几乎所有的汽车制造厂都要花费很大精力的事情。这种以侧面框架为代表的汽车覆盖件成形加工模具必须使用锁定结构或大能力的缓冲装置（大多数是空压式的，也有用油压式的），在防止皱褶的同时还必须防止板材的断裂，这对模具的制造技术和压力机的运转操作技能也提出了很高的要求。为防止新车设计技术情报向外透漏，这种复合板外框部件都是由汽车生产厂在工厂内进行成形生产的。虽然很多的企业都证明伺服压力机最适合这种部件的成形，但并没有公开过详细的技术数据，现在还属于企业的最高秘密。

从图5-14可以看到大多数的覆盖件都是左右对称的，并且覆盖件在组装时的点焊、连续电弧焊、激光焊等焊接工作基本上实现了机械手的全自动化。以往机械手的焊接轨迹是由车体组装现场的操作人员，用手动的方法引导焊枪或电焊电极，也就是操作人员直接引导的方式。现在，在车体设计时就可以利用设计数据把焊接轨迹数据系统化，也就是利用汽车的设计数据建立一个假象空间正确地计算出焊接时间，也可以将生产流水线上各种装置的动作时间计算、累计出来。这种自动流程设置的虚拟离线教学方式已经成为汽车组装工艺的主流方式。在这种完全自动化操作的情况下，必然要求覆盖件的高冲压加工精度，即使冲压加工精度超出了公差的允许范围，焊接机械手仍然会按照被设定好的焊接路线进行焊接，这样组装出来的汽车车体不但会产生强度不足的问题，车门等的密封性也会受到不好的影响，甚至车体还会发生扭曲。随着完全自动流程设置的虚拟离线教学方式的实施，就必须更加提高冲压加工精度要求。

由上所述，读者可以完全理解到汽车覆盖件的成形精度的重要性和必要性。同时也可以明确地认识到，充分地发挥、利用伺服压力机的机能，配合伺服式模具缓冲装置的运用等实行数控技术的冲压加工时代已经到来。

影响覆盖件成形精度的要素有板材压紧力的适度、拉深时压紧力的正确性、模具要求的压力机动态精度、材料的成形性能，以及冲压时设定的冲压速度等。以往成形品的精度主要靠压力机操作者的技能，普遍认为每一个操作人员制造出来的成形品精度都有所不同是理所当然的，这说明操作人员的技能对成形品的品质提高和品质的安定性影响很大，必须加以改善使其将影响程度降到最低。

此时，伺服压力机就有了用武之地，因为伺服压力机是实行数字控制的冲压机械，操作人员的技能差、材料成形性差、加工条件差、润滑条件差，以及工厂差等都可能在数字化控制下大幅缩小。当然，现在的技术并不是完全没有必要，但伺服压力机的数据和加工实绩将会不断地积累、充实，并向普及化方向发展。也就是说，这些逐步不断积累的数据和实例，都会被很容易地应用在今后的实际冲压加工中，给生产带来很多便利的成熟经验值，为冲压成形加工提供可行的捷径。

5.5.5.3 从伺服压力机本身看伺服压力机的性能

迄今为止，我们反复地讲过冲压加工是通过材料、模具及冲压机械来进行的加工。冲压设备方面是由加压系统、冲压加工的受力负荷、驱动系统、成形的辅助装置、润滑系统等各种各样的要素构成，而这些系统又可以更加细化为各种各样的部件。

（1）加压系统　机械式伺服压力机的加压机构基本有曲轴式、无曲轴式、曲轴+连杆、螺杆式，以曲轴式最多。

图5-15列举了曲轴的几种形式。图5-15a中的可以调整曲轴轴承的间距和曲柄轴的粗细等方式，来减少其弯曲变形。由于公称力不同曲轴的大小有所不同，在曲轴形式上偏心量的大小也各有不同。在受到冲压负荷时弯曲变形较小的是图5-15b，这种形式利用了曲轴轴承可以设置在比较靠近曲柄轴的位置，从而具有减少弯曲变形的优势。图5-15a的形式多用于行程长度在250mm以内，图5-15b多用于行程长度在150mm以内，图5-15c多用于行程长度在50mm以内的压力机，图5-15b和图5-15c的形式多用于高速压力机。

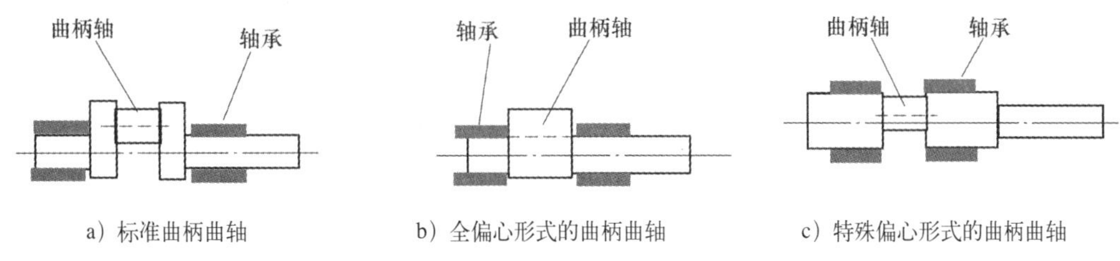

a）标准曲柄曲轴　b）全偏心形式的曲柄曲轴　c）特殊偏心形式的曲柄曲轴

图5-15　曲柄轴的形式和曲轴轴承的配置

（2）冲压加工负荷压力的承受部件机架　压力机机架的伸长量（呼吸量）、底座和滑块的挠度变形量、滑块导轨的变形量、底座上开孔的大小、工作台的厚度等都影响着伺服压力机的性能。伸长量小、挠度变形量小、滑块导轨的刚性高、底座开孔控制在必要的最小限度、尽可能地加大工作台的厚度等对伺服压力机来说是都非常有必要。这些指标优异，其压力机的整个性能就能得以充分发挥。

（3）驱动系统　驱动系统是指电动机扭矩的传动系统，惯性（GD^2）越小性能就越好，回转部和滑动面的间隙、齿轮、接头的间隙越小精度就越好，驱动系统的磨耗和恶化也就越少。制作部件用材料，以及实行适当的热处理工艺、精度良好的机加工、管理严格的组装，也同样决定着伺服压力机的性能。当然这些因素产生的影响不仅仅只限于驱动系统内。

（4）成形的辅助装置系统　有时会出现这种情况，模具缓冲装置（安装了顶销）把压力从缓冲垫转达给模具的压板（压边垫板），在进行小部件的拉深成形时最少要使用四根顶销。单纯圆筒拉深时，作用在四根顶销的负荷（对板的压紧力）都是一样的，实际上由于压力机机械的精度、刚性、机架形式的不同每一根顶销所承受的负荷都有差异，中间的几乎没有受到负荷（负荷为零），也就是说有的情况下有一些顶销是空置的。加载在顶销上的负荷不一样时，每根顶销所受到的压缩变形就会不同，压板的平衡就会发生改变。在冲压过程中，看不出压板的动作有什么异常，但如果在顶板的不同部位安装几个传感器，对实际的冲压作业状况进行测量后，就会发现压板在振动、跳动，几乎没有处在平衡状态的，造成这种现象的最大原因是上模对压板的冲击。

在模具缓冲装置中压力的生成媒体是压缩空气或者是油压，大多数模具的缓冲装置是使用压缩空气式的空气弹簧。汽车在行走时的振动是由缓冲减震器和弹簧共同作用来吸收衰减，但是压力机上的模具缓冲装置上没有减震器。因此，来自上模的冲击而产生的振动在冲压加工中没有被衰减，导致拉深加工是在模具缓冲装置的振动状态下进行。由此很容易就会想到拉深是在没有实施正确的按压下进行的，是不安定的。连这样简单的小圆筒拉深加工都是在上述状态下进行，那么，在对汽车覆盖件这种尺寸大、形状复杂再加上复合材料板厚，以及材料强度也不同的部件，进行拉深加工时，就要使用直径在ϕ50～ϕ70mm、长度在700～1000mm的顶销，且需要20根以上。

综上所述，从伺服压力机本身来看伺服压力机的性能，就要把振动控制在最低，这是伺服压力机系统设计的重要环节。

（5）润滑系统　这是一个所有机械的共通问题，但对采用了NC控制伺服压力机来说，针对适当间隙进行适当的润滑就显得特别重要。要使伺服压力机这样的间隙小、负荷重的机械能够平稳安定地运转，不但需要清洁的给油，充分的冷却机能也是必不可少的。

机械间隙大，可以比较轻快地运转，但不能得到伺服压力机必须达到的优良精度。要使曲轴在承受负荷时也能运转平稳，曲轴之间的间隙也是非常关键，这就给机架的机械加工精度，即机械加工的技术水平提出了很高要求，当然这一点对所有的工作机械都是适用的。在这里必须强调的是，伺服压力机的润滑系统一定要比传统的普通压力机润滑系统要求高许多才行。否则，就会失去伺服压力机的实际功能和方便之处。比如伺服压力机使用时的自由摆动运转功能的使用，就需要对曲轴，齿轮等实行特殊的润滑方式，这些在设计时都必须提前考虑到。

第6章 CPTEK-兴锻品牌冲压设备及周边自动化装置

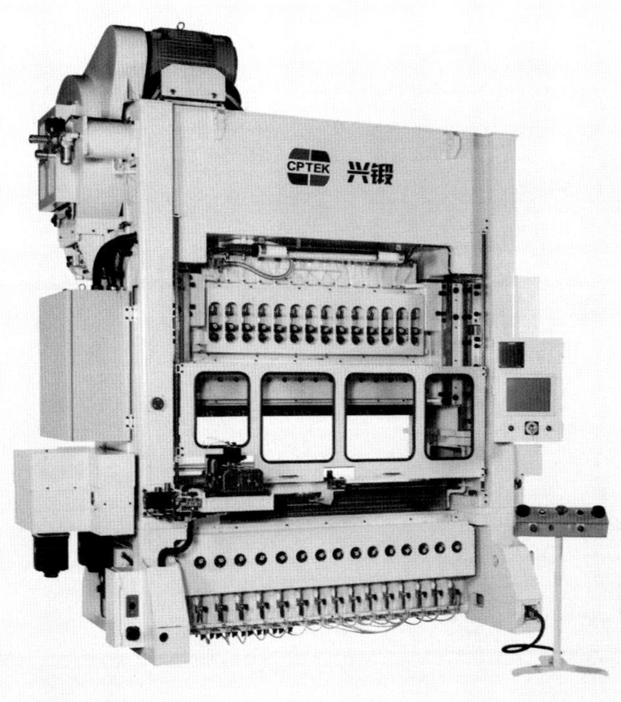

CPTEK-兴锻是由2011年9月成立的江苏中兴西田数控科技有限公司所创立的品牌，公司位于风景秀丽的江苏溧阳天目湖畔，注册资金8000万元，总投资1.6亿元，占地面积135亩。

作为业内知名中日合资企业，公司由一支热爱锻压事业，并在中日锻压行业里工作多年的资深专业技术和管理团队所组成，有新加坡中国精密技术有限公司、日本西田精机株式会社和北京超同步科技有限公司等股东雄厚的资金与技术支持。

公司秉承“日本品质和技术，中国价格和服务”的理念，以用户可以接受的价格将国际上先进伺服、多工位和冷温挤压等新型锻压设备及周边自动化装置等推向市场，为国内汽车、家电、电子等行业的用户量身定制，提供最具性价比的先进金属成形解决方案，并致力于打造具有完全自主知识产权的中高端锻压设备民族品牌。

本公司的全部冲压机械，均以冲压加工的自动化、省力化、高生产效率为目的，进行设计和制作。并可根据用户的需求，为用户的产品进行负责任的选型，分析合理工艺，提供模具方案和制作，达到为用户量身定制的交钥匙工程。

6.1 多工位自动搬送压力机ZXD2/ZXD4系列

多工位自动搬送压力机ZXD2/ZXD4系列的特点主要有以下几个方面，装备如图6-1，图6-2所示，规格如表6-1所示。

（1）经济性 本公司利用掌握的多工位压力机和机械式、伺服式搬运装置的核心技术，将原本依赖进口的中大型多工位压力机在国内生产组装，有效地降低了成本。

（2）同步性 搬运装置的多工位机械手，材料供给部分的叠片机和推料机等的动作，完全由设置在驱动曲轴上的编码器的信号进行控制，系统中所有单元的动作都与压力机滑块的运转模式保持完全同步状态。

（3）灵活性 具有将两台或三台低吨位压力机设计为并机连线的多工位冲压生产线的成熟经验，由此代替大吨位的多工位压力机，从而可以降低设备安装费用并且每台可以独立运转，使设备使用具有灵活性。

（4）高刚性，高力矩，高能量 偏心齿轮驱动，龙门框架结构，八面导轨全行程导向，滑块的运动精度高，耐偏心负荷能力强，强制循环给油方式，综合精度高，可有效保证加工产品的精度。

（5）油压式过载保护装置 应答性好，可瞬间卸载而紧急停止。此外只要滑块回到上死点，其过载保护装置，就自动复位，无需操纵任何安全阀。

（6）多工位搬运装置 二维、三维（5轴）伺服驱动式，或者凸轮杠杆机械式。

（7）快速换模系统和换模台车 模具交换，有前后移动式工作台或移动台车的方式。

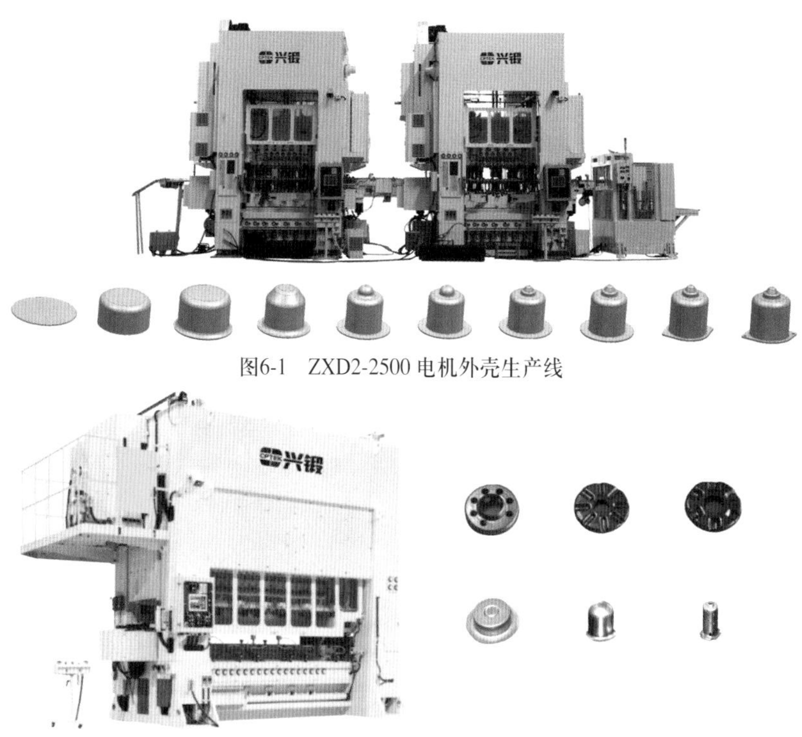

图6-1 ZXD2-2500 电机外壳生产线

图6-2 ZXD2-3000 多工位自动压力机

表6-1 ZXD2 / ZXD4系列规格

名称	闭式精密多工位压力机 ZXD2 / ZXD4						
型号	ZXD2-2500	ZXD2-3000	ZXD2-5000	ZXD2-8000	ZXD4-10000	ZXD4-15000	ZXD4-20000
类型	双点	双点	双点	双点	四点	四点	四点
加压能力 /kN	2500	3000	5000	8000	10000	15000	20000
能力发生位置 /mm	5	13	13	13	13	13	13
行程长度 /mm	300	400	400	460	550	650	800
无负荷连续行程数 SPM	2维20～40	2维20～40	2维15～30	2维15～30	2维10～25	2维20～35	2维15～30
	3维20～35	3维20～35	3维15～28	3维15～25	3维10～20	3维20～30	3维15～25
最大闭模高度 /mm	500	800	800	1100	1100	1200	1300
滑块调整量 /mm	80	100	100	150	200	300	400
滑块尺寸（左右×前后）/mm	1400×650	3000×1000	3500×1000	3800×1400	4400×2000	5000×2200	5500×2300
工作台尺寸（左右×前后）/mm	1400×650	3000×1000	3500×1000	3800×1400	4400×2000	5000×2200	5500×2300
工作台厚度 /mm	200	300	300	400	450	450	500
工位数量（个）	5～10	6～12	6～10	6～12	6～15	5～15	5～15
上模可悬挂最大重量 /t	2	3.5	5	10	15	20	30
地面上总高度 /mm	5100	5500	6000	7600	8500	9500	14000
可移动工作台能力 /kN		80	130	120	140	150	160
主电机功率（kW×P）	30	75	125	175	225	325	375
最大拉深量 /mm	100	140	140	160	200	250	300
空压模垫行程 /mm	80	140	120	160	200	140	150
空压常压顶料装置行程 /mm	80	140	120	160	200	140	150
伺服多工位装置搬运行程 /mm	～180	～500	～350	～600	～700	～900	～1100
多工位搬运送料线高度 /mm	285	500	500	600	800	900	900

注：多工位压力机规格可根据用户要求及模具加工工艺做相应变更。

6.2 伺服闭式精密压力机ZXS1/ZXS2系列

伺服闭式精密压力机ZXS1/ZXS2系列的特点具体有以下几个方面，装备如图6-3所示。

（1）采用自主研发的伺服电动机和CNC控制系统，不仅可以根据用户所特有的要求进行定制开发，而且有效地降低了整机成本。

（2）滑块运动模式可通过数字进行控制，可以用于高难度、高精度加工。

（3）滑块速度可以自由调节，系统中设置多种不同的运动模式可供用户根据加工产品的不同需求进行选择。

（4）可以为每一种产品设定适合的最短行程，生产效率高。

（5）使用不同的运动模式，同一台压力机既可用于冲裁产品的加工，也可用于拉深产品的加工(曲轴模式，钟摆模式)。

（6）在下死点用最大公称压力加压时，可停止0.1～5s进行保压，可大幅提高加工精度。

（7）装有机械式制动装置，系统发生异常时，也能准确制动，确保安全。

（8）对于高精密模具采用柔性接触冲压，不仅可以提高模具寿命，还能保持模具精度。

（9）智能化的操作画面（见图6-4）。

伺服闭式精密压力机ZXS1/ZXS2系列设计及规格，如图6-5及表6-2所示。

伺服闭式精密压力机ZXS2系列设计及规格，如图6-6及表6-3所示。

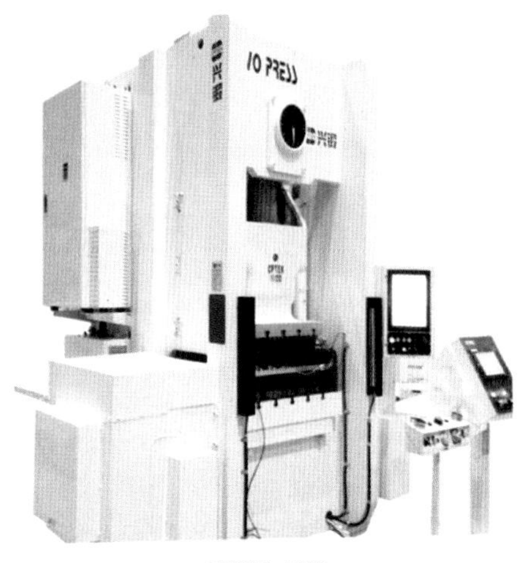

a)ZXS1-1100　　b)ZXSH-1100

图　6-3

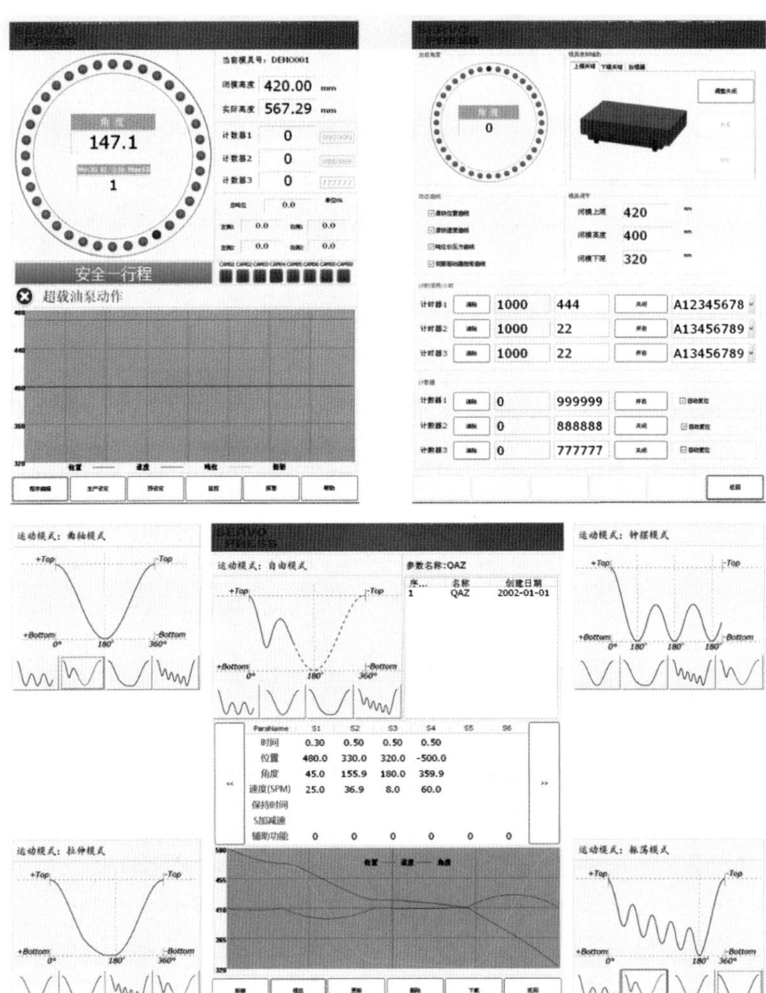

图6-4　智能化操作画面

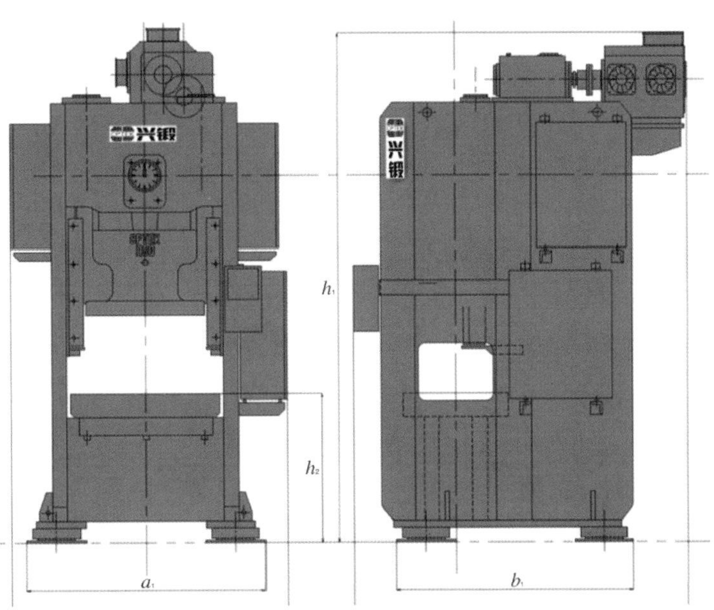

图6-5 ZXS1系列伺服闭式单点精密压力机

表6-2 ZXS1系列规格

		工作台离地高度	安装尺寸	最大尺寸	机器总高度
		h_1/mm	$a_1 \times b_1$ /mmxmm	$a_2 \times b_2$ /mmxmm	h_1/mm
ZXS1	ZXS1-1100	900	1540x1700	2000x2760	3010
	ZXS1-1600	900	1650x1780	2000x2830	3320
	ZXS1-2200	1000	1850x2280	2350x3150	4200
	ZXS1-3000	1100	2000x2570	2500x3400	4880

名 称	ZXS1 伺服闭式单点精密压力机			
型 号	ZXS1-1100	ZXS1-1600	ZXS1-2200*	ZXS1-3000
类 型	(2)	(2)	(2)	(2)
加压能力 /kN	1100	1600	2200	3000
能力发生位置 /mm	6	6	6	7
行程长度 /mm	180	200	250	280
无负荷连续行程数 SPM	~80	~60	~50	~40
最大闭模高度 /mm	350	450	550	650
滑块调整量 /mm	90	100	120	130
滑块尺寸（左右 × 前后）/mm	800×520	900×600	1100×700	1200×850
工作台尺寸（左右 × 前后）/mm	1000×680	1150×800	1250×850	1350×900
工作台厚度 /mm	145	155	165	180
允许上模最大重量 /kg	350	500	1300	1500
侧面开口尺寸（前后 × 高度）/mm	500×390	560×450	620×500	700×550
供给空气压力 /MPa	0.5	0.5	0.5	0.5

注：可根据用户实际要求制作2000kN或2500kN规格要求。

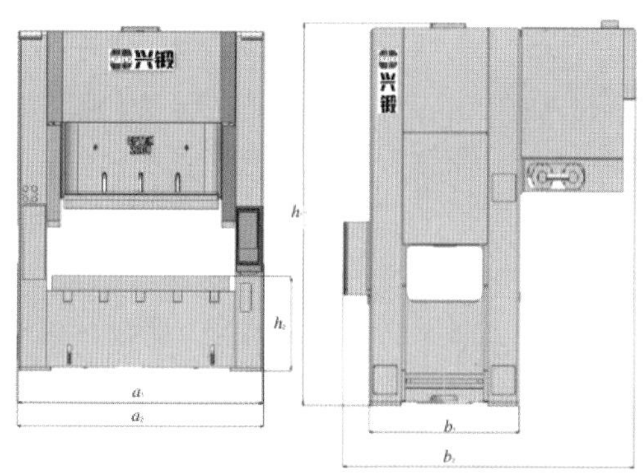

图6-6 ZXS2系列伺服闭式双点精密压力机

表6-3 ZXS2系列规格

		工作台离地高度	安装尺寸	最大尺寸	机器总高度
		h_1/mm	$a_1 \times b_1$ /mmxmm	$a_2 \times b_2$/mmxmm	h_1/mm
ZXS2	ZXS2-1600	900	2755×1650	2720×2850	3290
	ZXS2-2200	1100	3270×1900	3250×3465	3950
	ZXS2-3000	1100	3670×2100	3800×2800	4360
	ZXS2-4000	1100	4200×2400	4230×3000	4700
ZXSH	ZXSH-1100	1100	2150×1710	2530×1900	3650

名称	ZXS2 伺服闭式双点精密压力机				薄板用精密压力机
型号	ZXS2-1600	ZXS2-2200*	ZXS2-3000	ZXS2-4000	ZXSH-1100
类型	(2)	(2)	(2)	(2)	(2)
加压能力 /kN	1600	2200	3000	4000	1100
能力发生位置 /mm	6	7	7	7	3
行程长度 /mm	200	280	300	350	60
无负荷连续行程数 SPM	~60	~50	~40	~40	60~200
最大闭模高度 /mm	450	550	650	650	350
滑块调整量 /mm	100	120	130	130	70
滑块尺寸（左右 × 前后）	1600×650	2000×700	2200×800	2400×1000	1300×600
工作台尺寸（左右 × 前后）/mm	1900×800	2200×900	2400×1000	2600×1200	1300×600
工作台厚度 /mm	165	170	200	220	145
允许上模最大重量 /kg	950	1500	2000	2800	500
侧面开口尺寸（前后 × 高度）/mm	780×600	940×740	1250×900	1500×910	350×450
供给空气压力 /MPa	0.5	0.5	0.5	0.5	0.5

注：可根据用户实际要求制作2000kN或2500kN规格要求。

6.3 伺服肘节式单点/双点精密压力机ZXSN系列

伺服肘节式单点/双点精密压力机ZXSN系列的特点有以下几个方面，装备如图6-7所示。

（1）本系列压力机，滑块的运动利用肘节机构实现，与曲轴式相比，其特点在于滑块的运动模式。滑块在下死点附近的速度缓慢，在工作行程末端附近产生最大压力，并且保持较长的时间。

a）ZXSN2-2200

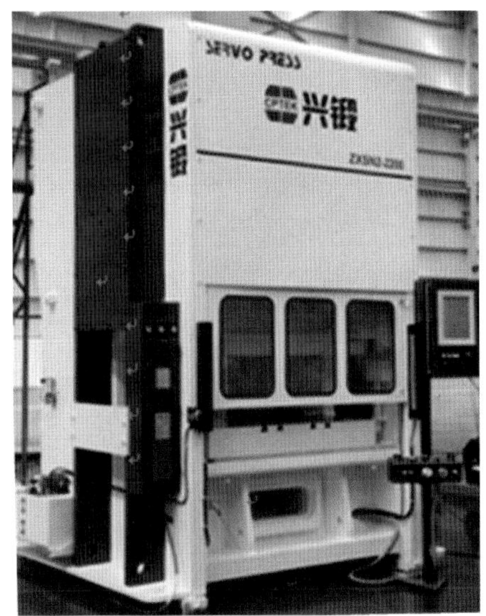

b）ZXSN2-3000

图 6-7

这对于有压缩加工的产品是非常必要的。因此主要用于压印、压花、精整、精密冲裁等加工。

（2）高刚性钢板的一体型机架。精度高，并且能提高模具寿命。

（3）采用湿式离合制动器，高刚性的密闭机架，噪声和振动小。

（4）设备安装无需地坑，移动方便。小型化机身，无突出部位，使压力机的接近性好，安全性高，操作、保养、点检便利。

（5）机架侧面开口大，极易配置自动化装置。

（6）本系列为伺服压力机。伺服压力机的运动模式均可以实现。

（7）如果将伺服电机驱动换成飞轮(离合制动器)和变频电机，则为本系列的姊妹系列肘节式单点/双点精密压力机ZXN系列。

ZXSN系列伺服肘节式单点/双点精密压力机设计及规格，如图6-8及表6-4所示。

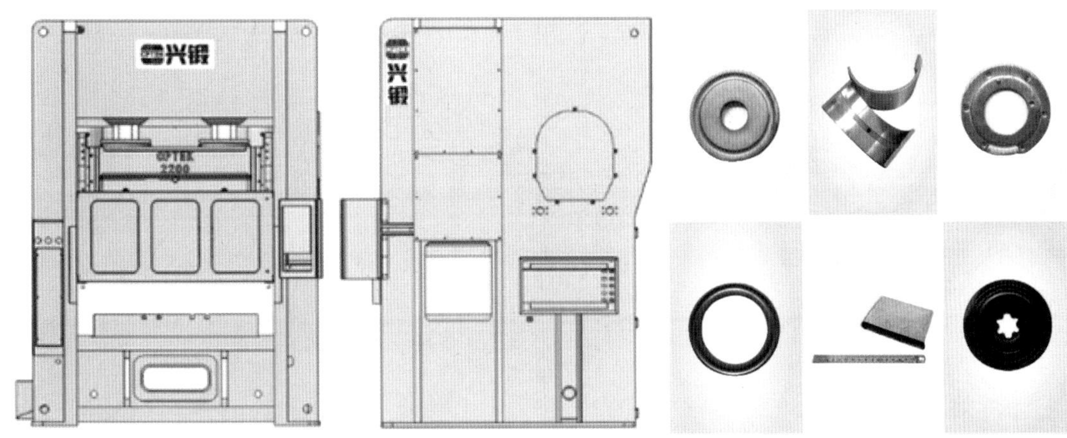

图6-8 ZXSN系列伺服肘节式单点/双点精密压力机

表6-4　ZXSN系列规格

名 称	伺服肘节式单点精密压力机				伺服肘节式双点精密压力机				
型 号	ZXSN1-1600	ZXSN1-2200	ZXSN1-3000	ZXSN1-4000	ZXSN2-2200	ZXSN2-3000	ZXSN2-4000	ZXSN2-6000	ZXSN2-10000
加压能力/kN	1600	2200	3000	4000	2200	3000	4000	6000	10000
能力发生位置/mm	6	7	7	7	7	7	7	10	10
连续作业能量/J	12000	18000	25000	35000	20000	27000	37000	70000	110000
行程长度/mm	100	200	200	250	200	200	250	280	300
无负荷连续行程数 SPM	~120	~110	~100	~90	~120	~110	~90	~80	~60
闭模高度/mm	350	450	550	650	450	550	650	700	700
滑块调整量/mm	90	100	100	100	70	80	100	120	120
滑块尺寸（左右×前后）/mm	700x600	750x650	1000x750	1200x850	1500x800	1800x850	2000x900	2100x1000	2200x1100
工作台尺寸（左右×前后）/mm	700x650	750x700	1000x800	1200x900	1500x1000	1800x1000	2000x1000	2100x1100	2200x1200
工作台厚度/mm	160	180	200	230	200	220	250	280	300
侧面开口（前后x高度）/mm	450x300	500x400	550x530	600x600	600x400	6300x530	680x600	730x650	780x650
上模可使用范围（左右）/mm	700	750	1000	1200	1500	1800	2000	2100	2200
允许上模最大重量/kg	800	1000	1200	1500	1500	2000	2500	3000	4000
地面到工作台上表面高度/mm	1000	1000	1000	1100	1000	1000	1100	1200	1300
主电机额定扭矩/N·m	3600	3600	4400	5500	3600	4400	5500	8200	5500x2

注：此型号肘节式精密压力机也可以选用变频电机。

6.4 变频闭式精密压力机ZXM1/ZXM2系列

此系列为门型单曲轴/双曲轴高通用性压力机。变频闭式精密压力机ZXM1/ZXM2系列的特点主要有以下几个方面，装备如图6-9所示。

（1）采用一体式门型高刚性机架和变频电机，振动及噪声小。

（2）滑块左右尺寸大。比同样能力的开式通用压力机大20%以上。

（3）滑块的导向中心与滑块中心重合，且在滑块的全行程导向，滑块运动精度高，耐偏心负

a)ZXM1-1600

b)ZXM2-3000

图　6-9

荷能力强。

（4）各部的给油，采用强制循环方式，可以抑制热变形，提高加工精度。

（5）特别是ZXM2双曲轴系列，曲轴（连杆）间隔大，结构上加强了承载偏心负荷的能力。

（6）油压式过载保护装置，应答性好，可瞬间卸载而紧急停止。此外，只要滑块回到上死点，其过载保护装置，就自动复位，无需操纵任何安全阀。

（7）左右前后开口尺寸大，可以对应卷材送料线的级进加工，也可以对应采用多工位自动搬送装置（机械式、伺服电机式）的多工位自动加工，以及由多台压力机组成的冲压生产线（中间工序可设置反转工序）等各种自动化。

（8）模具交换装置，利用前侧抬模装置，或左右的模具移动装置缩短模具交换的准备时间。

变频闭式精密压力机ZXM1系列设计及规格，如图6-10及表6-5所示。

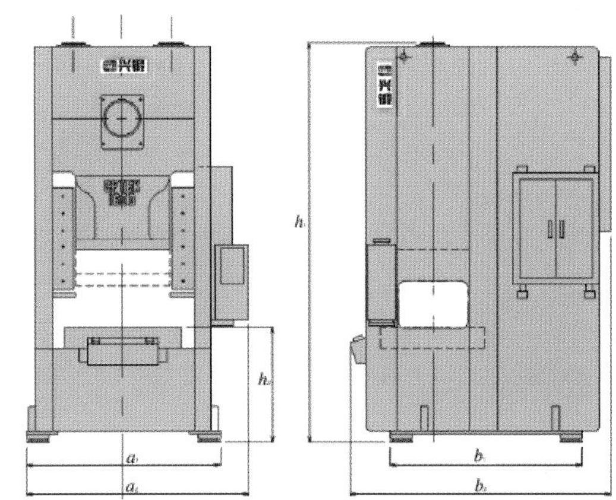

图6-10 ZXM1系列变频闭式单点精密压力机

表6-5 ZXM1系列规格

		工作台离地高度	安装尺寸	最大尺寸	机器总高度
		h_1/mm	$a_1×b_1$/mmxmm	$a_2×b_2$/mmxmm	h_1/mm
ZXM1	ZXM1-1100	900	1350x1690	1530x1900	2910
	ZXM1-1600	900	1650x1670	1760x2264	3165
	ZXM1-2200	1000	1850x2280	1950x2930	3900
	ZXM1-3000	1100	2000x2320	2280x2870	4520

名 称	ZXM1 变频闭式单点精密压力机							
型 号	ZXM1–1100		ZXM1–1600		ZXM1–2200		ZXM1–3000	
类 型	(1)	(2)	(1)	(2)	(1)	(2)	(1)	(2)
加压能力 /kN	1100		1600		2200		3000	
能力发生位置 /mm	6		6		6		7	
行程长度 /mm	110	180	130	200	150	250	180	280
无负荷连续行程数 SPM	55~110	40~80	45~90	30~60	35~70	25~50	30~60	20~40
最大闭模高度 /mm	320	350	400	450	450	550	550	650
滑块调整量 /mm	90		100		120		130	
滑块尺寸（左右 × 前后）/mm	800×520		900×600		1100×700		1200×850	
工作台尺寸（左右 × 前后）/mm	1000×680		1150×800		1250×850		1350×900	
工作台厚度 /mm	145		155		165		180	
允许上模最大重量 /kg	350		500		1300		1500	
侧面开口尺寸（前后 × 高度）/mm	500×390		600×435		620×500		700×550	
主电机功率 (kW×P)	11		15		22		30	
供给空气压力 /MPa	0.5		0.5		0.5		0.5	

注：可根据用户实际要求制作2000kN或2500kN规格要求。

变频闭式精密压力机ZXM2系列规格如图6-11和表6-6所示。

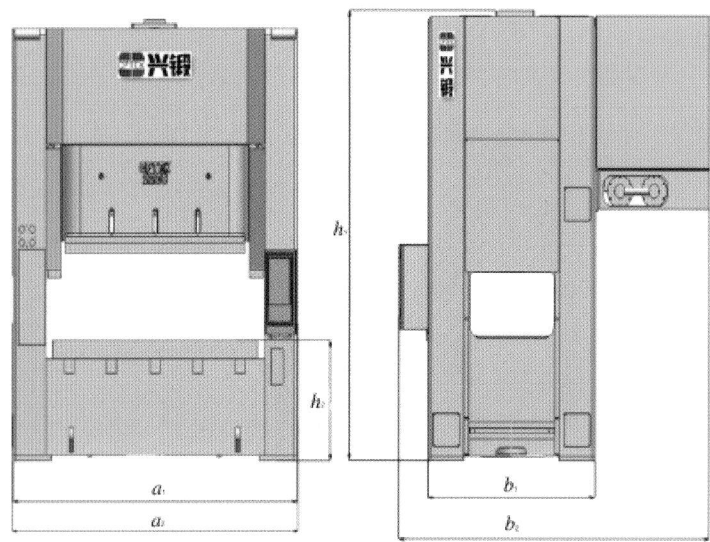

图6-11　ZXM2系列变频闭式双点精密压力机

表6-6　ZXM2系列规格

		工作台离地高度	安装尺寸	最大尺寸	机器总高度
		h_1/mm	$a_1 \times b_1$ /mmxmm	$a_2 \times b_2$/mmxmm	h_1/mm
ZXM2	ZXM2-1600	900	2710×1650	2755×2685	3175
	ZXM2-2200	1000	3230×1850	3350×2905	3885
	ZXM2-3000	1300	3470×2100	3480×3155	4460
	ZXM2-4000	1100	4200×2400	4230×3000	4375

名称	ZXM2 变频闭式双点精密压力机										
型号	ZXM2-1600		ZXM2-2200*			ZXM2-3000			ZXM2-4000		
类型	(1)	(2)	(1)	(2)	W	(1)	(2)	W	(1)	(2)	W
加压能力 /kN	1600		2200			3000			4000		
能力发生位置 /mm	6		7			7			7		
行程长度 /mm	130	200	180	280	280	200	300	300	250	350	400
无负荷连续行程数 SPM	45~90	30~60	35~70	25~50	25~50	30~60	15~35	15~35	15~40	15~30	15~30
最大闭模高度 /mm	400	450	450	550	550	600	650	650	600	650	650
滑块调整量 /mm	100		120		120	130		130	130		130
滑块尺寸（左右 × 前后）/mm	1600×650		2000×700		2100×850	2200×800		2400×1000	2400×1000		2600×1000
工作台尺寸（左右 × 前后）/mm	1900×800		2200×900		2400×1000	2400×1000		2600×1200	2600×1200		2800×1200
工作台厚度 /mm	165		170		170	200		200	200		200
允许上模最大重量 /kg	950		1500		1500	2000		2300	2300		2300
侧面开口尺寸（前后 × 高度）/mm	810×460		940×560		940×660	1220×740		1220×685	1250×900		1250×950
主电机功率 (kW×P)	15		22		22	30		30	37		37
供给空气压力 /MPa	0.5		0.5		0.5	0.5		0.5	0.5		0.5

注：可根据用户实际要求制作2000kN或2500kN规格要求。

6.5 变频开式通用压力机ZXK1/ZXK2系列

C形机架单曲轴/双曲轴的高通用性压力机，变频开式通用压力机ZXK1/ZXK2系列装备如图6-12所示。

ZXK1系列变频开式单点通用压力机设计及规格如图6-13及表6-7所示。

ZXK2系列变频开式单点通用压力机规格如图6-14及表6-8所示。

a)ZXK1-800

b)ZXK2-1100

图　6-12

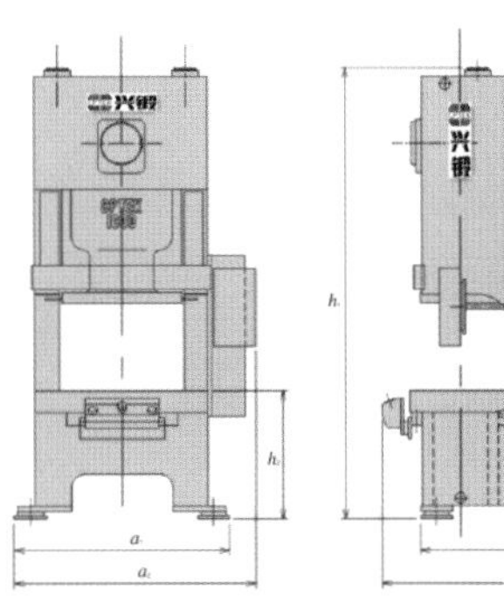

图6-13　ZXK1系列变频开式单点通用压力机

表6-7　ZXK1系列规格

		工作台离地高度	安装尺寸	最大尺寸	机器总高度
		h_1/mm	$a_1 \times b_1$/mmxmm	$a_2 \times b_2$/mmxmm	h_3/mm
ZXK1	ZXK1-800	900	1155×1520	1330×1730	2830
	ZXK1-1100	900	1410×1815	1677×2036	3140
	ZXK1-1600	900	1520×1980	1723×2276	3220
	ZXK1-2200	1000	1760×2260	1982×2477	3810
	ZXK1-3000	1100	2010×2500	2170×2850	4485

名称	ZXM1 变频开式单点通用压力机									
型号	ZXK1-800		ZXK1-1100		ZXK1-1600		ZXK1-2200*		ZXK1-3000	
类型	(1)	(2)	(1)	(2)	(1)	(2)	(1)	(2)	(1)	(2)
加压能力 /kN	800		1100		1600		2200		3000	
能力发生位置 /mm	6		6		6		6		7	
行程长度 /mm	100	150	110	180	130	200	150	220	180	250
无负荷连续行程数 SPM	60~120	40~80	55~110	35~70	40~90	30~60	40~80	25~50	35~70	20~40
最大闭模高度 /mm	320	350	350	400	400	450	450		550	650
滑块调整量 /mm	80		90		100		120		130	
滑块尺寸（左右 × 前后）/mm	560×460		650×520		700×580		950×700		1100×750	
工作台尺寸（左右 × 前后）/mm	1000×600		1150×680		1250×760		1350×840		1600×900	
工作台厚度 /mm	140		145		155		165		180	
允许上模最大重量 /kg	300		350		500		1300		1500	
C形开口尺寸（D）/mm	310		350		390		430		460	
主电机功率 (kW×P)	7.5		11		15		22		30	
供给空气压力 /MPa	0.5		0.5		0.5		0.5		0.5	

注：可根据用户实际要求制作2000kN或2500kN规格要求。

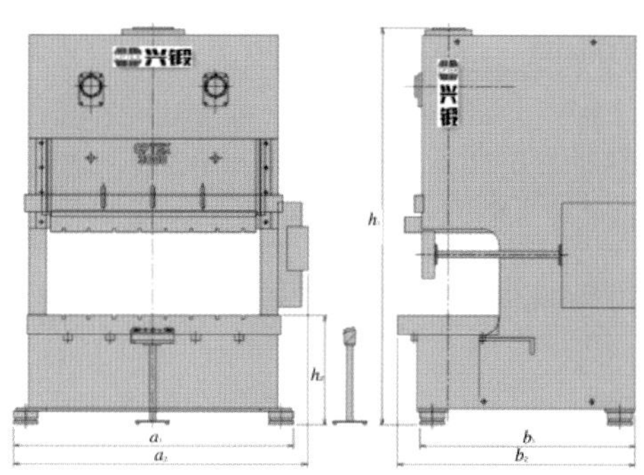

图6-14　ZXK2系列变频开式双点通用压力机

表6-8　ZXK2系列规格

		工作台离地高度	安装尺寸	最大尺寸	机器总高度
		h_2/mm	$a_1 \times b_1$/mmxmm	$a_2 \times b_2$/mmxmm	h_1/mm
ZXK2	ZXK2-1100	900	2000×1762	2213×2007	3035
	ZXK2-1600	900	2310×1950	2483×2326	3250
	ZXK2-2200	1000	2820×2310	2975×2550	3880
	ZXK2-3000	1100	3050×2620	3340×2880	4365

名称	ZXM2 变频闭式双点精密压力机							
型号	ZXK2-1100		ZXK2-1600		ZXK2-2200		ZXK2-3000	
类型	(1)	(2)	(1)	(2)	(1)	(2)	(1)	(2)
加压能力/kN	1100		1600		2200		3000	
能力发生位置/mm	6		6		7		7	
行程长度/mm	110	180	130	200	180	280	200	300
无负荷连续行程数SPM	50~100	30~60	45~90	30~60	35~70	25~50	20~40	15~30
最大闭模高度/mm	350	400	400	450	450	550	550	650
滑块调整量/mm	90		100		120		130	
滑块尺寸（左右×前后）/mm	1400×550		1600×650		2000×700		2200×800	
工作台尺寸（左右×前后）/mm	1900×700		2150×800		2600×900		2750×950	
工作台厚度/mm	155		165		170		200	
允许上模最大重量/mm	700		950		1500		2000	
C形开口尺寸（D）/mm	360		410		460		490	
主电机功率（kW×P）	11		15		22		30	
供给空气压力/MPa	0.5		0.5		0.5		0.5	

注：可以根据用户实际要求制作2000kN或2500kN规格要求。

主要特点有：

（1）机身开口角度小，高刚性机架。

（2）左右偏心负荷时，为抑制机架左右方向的变形，在前面左右方向增加了横梁板。

（3）ZXK2双曲轴系列，两曲轴（连杆）间的间隔大，承载偏心负荷强的构造。

（4）为便于模具的合模操作，在主电机上设置有编码器，可用手动脉冲发生器进行运转操作。

（5）采用6面长导轨，滑块在前后，左右方向移位小，可延长模具寿命。

（6）油压式过载保护装置，应答性好，可瞬间卸载而紧急停止。此外只要滑块回到上死点，其过载保护装置就自动复位，无需操纵任何安全阀。

（7）包括模具反顶装置在内的压力机的安装、维护等，无需地坑，设备的移动方便。

（8）机架底部设置有地脚防振垫，噪声和振动小。

6.6 冷温挤压肘节式和多连杆式压力机ZXFN/ZXFL系列

冷温挤压肘节式和多连杆式压力机ZXFN/ZXFL系列是主要用于冷锻，温锻加工的压力机。其特点主要有以下几个方面，装备如图6-15所示。

ZXFN / ZXFL系列设计及规格，如表6-9所示。

（1）能保持高精度，最适合高刚性，高生产效率的加工要求。

（2）滑块的运动用肘节机构实现，与曲轴式相比，其特点在于滑块在下死点附近的速度非常慢，在工作行程末端附近产生最大压力，且保持较长时间。特别适合于压印、压花、精整等压缩加

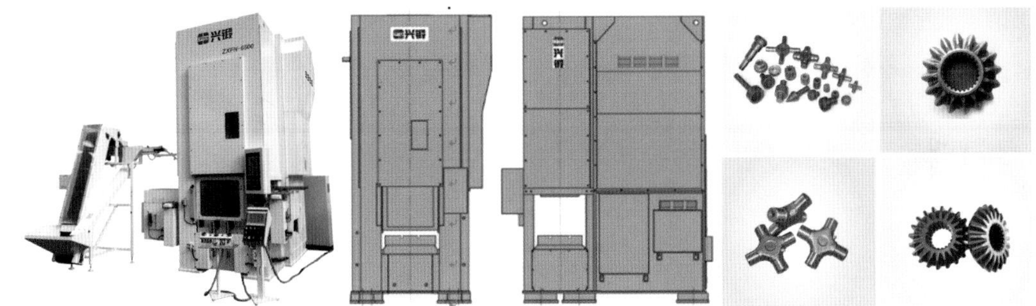

图6-15　ZXFN/ZXFL系列压力机

表6-9　ZXFN / ZXFL系列规格

名称	冷温挤压肘节式压力机				多连杆式压力机					
型号	ZXFN-4000	ZXFN-6500	ZXFN-8000	ZXFN-10000	ZXFL-4000	ZXFL-8000	ZXFL-12000	ZXFD-6500	ZXFD-10000	ZXFD-16000
类型	单点				单点			双点		
加压能力/kN	4000	6500	8000	10000	4000	8000	12000	6500	10000	16000
能力发生位置/mm	7	7	10	13	10	13	15	13	15	15
行程长度/mm	200	220	250	280	400	450	500	400	450	500
无负荷连续行程数 SPM	30～50	25～50	20～40	20～40	20～40	15～30	15～30	15～30	15～30	15～30
闭模高度/mm	450	550	600	650	800	900	900	1000	1100	1100
滑块调整量/mm	50	50	50	50	50	50	50	50	50	50
滑块尺寸（左右×前后）/mm	700×500	800×600	900×700	1000×900	800×800	1000×900	1100×1000	1100×1000	1200×1000	1300×1100
工作台尺寸（左右×前后）/mm	700×600	800×700	900×800	1000×900	800×800	1000×900	1100×1000	1100×1000	1200×1000	1300×1100
工作台厚度/mm	115	120	150	160	200	150	170	180	200	250
底座顶料装置能力/kN	200	350	400	500	350	400	500	350	500	600
底座顶料装置行程/mm	100	110	110	110	150	180	200	180	180	200
工位数	1	1	1	1	3	3	3	3	3	3
主电机功率（kW×P）	37	45	75	110	37	75	110	75	185	200
供给空气压力/MPa	0.5	0.5	0.5	0.5	0.5	0.5	0.5	0.5	0.5	0.5

备注

1）我公司的冷温锻设备含义为既可选作冷挤压设备，又可以选作温锻设备。

2）在初次选作温锻设备使用时，请提前予以说明。我公司可以对加温装置和温锻模具等相应的合理配套对应措施提出指导意见。

3）虽然可以既选为冷锻，又可以选为温锻设备使用，但是请尽量避免在短时期内的更替交换使用。

4）根据产品和客户的不同要求，以上各机型之外的规格可以进行技术评估后，分别按照特殊规格进行具体对应。

工和挤压成形加工。

（3）高刚性钢板制成的闭式机架，加工精度能长期维持，同时能延长模具寿命。

（4）采用湿式离合制动器，高刚性的密闭机架，噪音和振动小。

（5）设备安装无需地坑，移动方便。

（6）小型化机身，无突出部位，使压力机的接近性好，安全性高，操作、保养、点检便利。

（7）机架侧面开口大，极易配置自动化装置。

（8）配有抬模器和夹模装置，可缩短换模时间。

ZXFL系列主要特点有：

（1）长行程连杆式压力机。

（2）机架侧面开口大，可方便配置自动化装置。

（3）滑块驱动采用特殊的连杆机构，行程中点的直动性好，在下死点前较高的位置就能产生很大的压力，特别适用于长的产品的加工。

（4）加工区域内滑块的速度慢，与坯料接触时的冲击小，材料流动良好，产品精度高，模具寿命长。

（5）滑块上面的连杆摆动角度小，滑块受到的侧向推力小，动态精度高，并可长期维持初始精度。

（6）高刚性钢板制作的一体形机架，刚性高，生产稳定。

（7）下模脱料装置行程长，适合长形产品的加工。

（8）配有抬模器和夹模装置，可缩短换模时间。

6.7 闭式曲轴和偏心齿轮精密压力机ZXP2/ZXP4系列

中型、大型串联生产线，以及模具试模用压力机，两点式（P2），四点式（P4）闭式曲轴和偏心齿轮精密压力机。装备如图6-16所示，ZXP2/ZXP4系列规格如表6-10所示，主要特点有以下几个方面。

（1）驱动部分与传动部分的连接，采用导柱导套方式，即使大型压力机也能够维持精度（平行度、垂直度）。

（2）根据用户需要，模具反顶装置，模具反顶调整装置，锁定装置和移动工作台装置（左右

图6-16　ZXP2/ZXP4系列压力机

表6-10 ZXP2 / ZXP4系列规格

名称	ZXP2 系列闭式双点压力机									
型号	ZXP2-4000		ZXP2-5000		ZXP2-6000		ZXP2-8000		ZXP2-10000	
类型	双曲轴		双曲轴		双曲轴	双偏心齿轮	双偏心齿轮		双偏心齿轮	
加压能力/kN	4000		5000		6000		8000		10000	
能力发生位置/mm	7		13		13		13		13	
行程长度/mm	250	400	400	500	400	500	500	600	550	700
无负荷连续行程数 SPM	20～40	15～30	15～30	15～25	15～30	15～25	15～25	12～20	12～20	10～18
闭模高度/mm	600	700	750	900	750	950	900	1100	1000	1200
滑块调整量/mm	150		200		250		300		350	
滑块、工作台尺寸（左右X前后）/mm （1）	2400 X 1200		2500 X 1400		3000 X 1500		3000 X 1500		3200 X 1600	
（2）	2600 X 1200		3000 X 1500		3500 X 1600		3500 X 1600		3600 X 1700	
（3）	3400 X 1400		3500 X 1500		3800 X 1600		3800 X 1600		4000 X 1700	
主电机功率/kW	37		55		75		90		130	

名称	ZXP4 系列闭式双点压力机				
型号	ZXP4-5000	ZXP2-6000	ZXP2-8000	ZXP2-10000	ZXP2-15000
类型	四偏心齿轮				
加压能力/kN	5000	6000	8000	10000	15000
能力发生位置/mm	13	13	13	13	13
行程长度/mm	500	600	600	700	700
无负荷连续行程数 SPM	15～25	12～20	12～20	10～18	10～18
闭模高度/mm	1000	1200	1200	1300	1300
滑块调整量/mm	300	400	400	400	400
滑块、工作台尺寸（左右X前后）/mm （1）	2800 X 1800	2800 X 1800	3000 X 1800	3000 X 2000	3200 X 2100
（2）	3200 X 2000	3200 X 2000	3400 X 2000	3400 X 2100	3600 X 2200
（3）	3600 X 2000	3600 X 2000	4000 X 2000	4000 X 2100	4200 X 2200
主电机功率/kW	75	90	130	150	210

注：其滑块和工作台的尺寸可根据用户要求定制。

式、左交叉式、右交叉式）等可以作为特别附属装置选择。

（3）作为自动化装置，可以设置多轴机械手。

6.8 闭式双点和四点精密落料压力机ZXL2/ZXL4系列

大，中型落料（见图6-17），或者级进加工用压力机，双点（L2），四点（L4）闭式曲轴，或

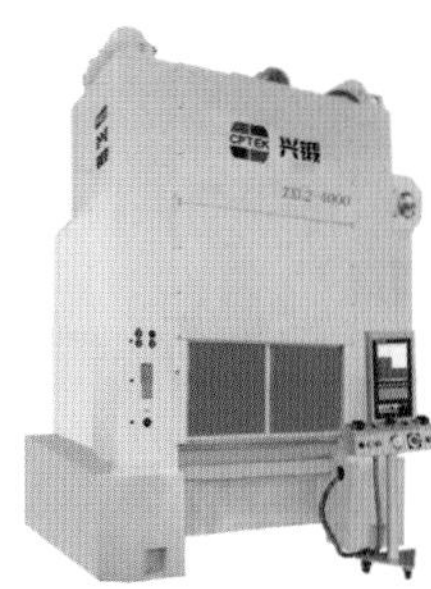

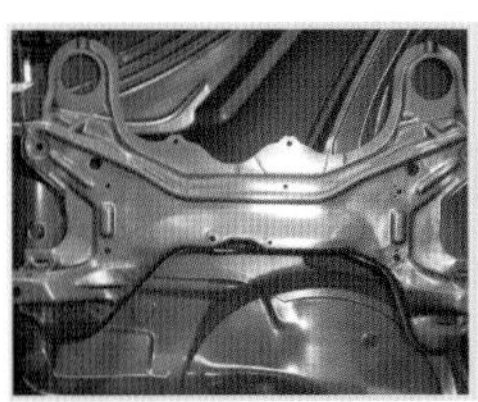

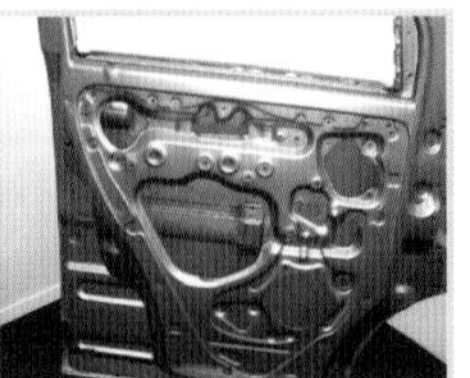

图6-17 大中型落料生产

无曲轴压力机。主要特点有以下几个方面，主要规格如表6-11所示。

（1）连续行程数大，高生产效率。

（2）高刚性机架，高刚性滑块结构。

（3）根据用户需要，作为特别附属装置可配置移动工作台装置(左右式、左交叉式、右交叉式)。

表6-11　ZXL2 / ZXL4系列规格

名 称	闭式精密落料压力机		
型 号	ZXL2-4000	ZXL2-6000	ZXL4-8000
类 型	双点	双点	四点
加压能力 /kN	4000	6000	8000
能力发生位置 /mm	6.5	6.5	7
行程长度 /mm	200	250	350
无负荷连续行程数 SPM	25 ~ 60	20 ~ 50	20 ~ 40
闭模高度 /mm	600	800	900
滑块调整量 /mm	150	200	200
滑块尺（左右 × 前后）/mm	2500 × 1250	3000 × 1600	4000 × 2000
工作台尺寸（左右 × 前后）/mm	2500 × 1250	3000 × 1600	4000 × 2000
工作台厚度 /mm	250	280	300
上模可悬挂最大重量 /kN	50	80	100
地面上总高度 /mm	6000	6700	7000
可移动工作台能力 /kN	100	160	200
主电机功率 (kW × P)	55	75	125
备 注	1）有数控拆垛机，矫平机和堆垛机可供选用。 2）落料线可根据客户要求，进行量身定制。 3）四点式落料压力机可以设计到 8000 kN 左右。 4）两点式落料压力机可以设计到 6000 kN 左右。		

注：其滑块和工作台的尺寸可根据用户要求定制。

6.9 伺服控制式多工位搬送装置ZXFS

此装置是应用最广，使用范围最宽的多工位搬送装置，如图6-18所示。本公司根据用户生产的需求，即产品、模具及所使用的压力机为用户量身定制（送料行程，夹紧行程，升降行程等）。主要特点有以下几个方面：

（1）对应多种压力机，安装调试简单，保养维护简便。

（2）搬送装置为主导，压力机与搬送装置同步运行模式。拉深深度可达压力机行程一半。

（3）二维、三维多工位搬送装置的各轴均为AC伺服电机控制，可平稳高速搬送，生产效率高。在搬运行程较长的大工件生产线上，往往步进搬运方向也可以使用磁悬浮的直线电机进行，这样就可以实现大工件的快速搬运。

（4）设置有误送误夹检测装置，保护模具。

（5）可与各种供料装置及周边装置配合使用。

（6）可进行快速换模，其夹爪也可以使用空气吸盘式和磁性吸顶式的抓件方式，用来对应不同类型产品的搬运。

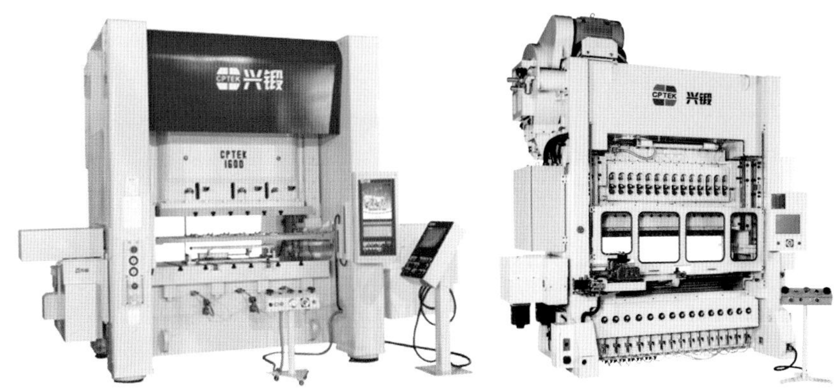

图6-18　伺服控制式多工位搬送装置ZXFS

（7）搬送装置可单独运行，夹爪调整方便。

（8）搬送装置的数据可与模具等数据一起存入压力机数据库。换模后的参数设置简单。

6.10 机械式多工位搬送装置ZXFM

此装置适用于多品种加工的机械式多工位搬送，如图6-19所示。投资少，节省人力，安装调试简便，保养维护简单，安全性好。能够最大限度发挥现有模具的投资效果。可根据用户要求量身定制。主要特点有以下几个方面：

（1）能实现平稳的三维（三维）搬送运动，即使是形状复杂的产品，也能够实现多工位搬送自动化。

（2）平稳的多工位搬送运动模式及升降运动机构，使得模具构造简单化。

（3）送料行程和夹料行程均可简单切换，通用性高，便于选择最适合于产品的工序和模具。

（4）二维、三维搬送的切换可自由选择，便于选择最适宜的加工方法。

（5）夹紧、松开、提升、下降等动作均可手动操作，便于模具调整。

（6）可配置各种材料供给装置。

（7）具有多种联锁性能，保护操作人员安全，避免模具损坏。

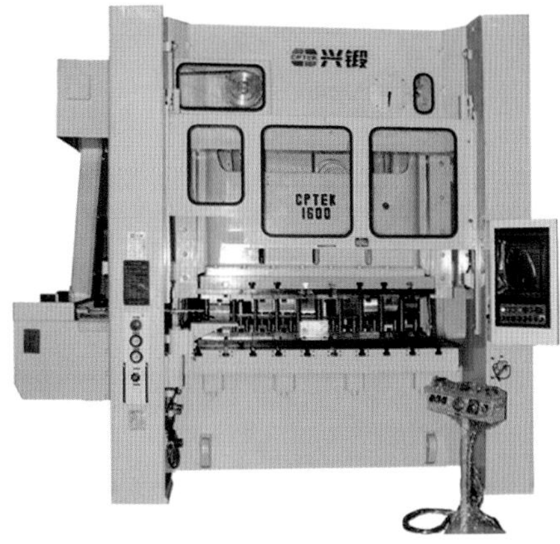

图6-19　ZXM2—1600+ZXFM—15

6.11 多机自动化生产线搬送装置ZXTS

本公司设计制造的多机联线自动化生产线的搬送装置，根据用户需要量身定制，利用现有的压力机和模具将单台压力机的手动操作变成自动化生产线，可省去产品中间工序的库存和搬运，大幅提高生产效率，5台压力机连线的自动化生产线搬运装置如图6-20所示，12台压力机自动化生产连线如图6-21所示。主要特点有以下几个方面：

（1）自动化生产线，可以由不同能力，不同行程高度的压力机构成。

（2）搬送装置可节省工厂作业空间，安装和设置灵活方便。

（3）根据需要，在相邻压力机之间可以设置反转工序。

（4）伺服电机驱动，可以实现高速平稳的工件搬送，且噪声较小。

（5）采用集中操作方式，运转状况的检查方便。

图6-20　5台压力机连线ZXTS-5

图6-21　12台压力机连线ZXTS-12

6.12 厚板精密矫平送料自动化冲压生产系统

如图6-22所示，为由开卷机、集尘机、毛刺清除机、清洗机、伺服滚轮送料机、材料涂油装置、拆垛机、推片机、伺服肘节式压力机及产品取出传送带等构成的车用轴瓦自动生产线。

图6-22　车用轴瓦自动生产线

6.13 片材拆垛机

如图6-23所示，为6料斗回转式片材拆垛机。由上部真空吸盘将片材逐片供给推片机，送至多工位自动加工压力机的第一工位。

图6-23　6料斗回转式片式拆垛机

6.14 精密卷料送进装置系列

卷料送进装置系列分类及主要应用范围如表6-12所示，主要特点有：

（1）设备安装费用低，平面布置自由度好，移动简便。

（2）结构紧凑，节省空间。

（3）准备时间短。送料长度在操作盘上设定简单，卷材开始送进可通过送料机的寸动模式进行。

（4）材料利用率高。

（5）卷材送进调整可由寸动模式操作进行，安全性高。

（6）矫平辊与送料辊的表面材料耐磨性强，加油部位少，维护简单。

表6-12　卷料矫平送料机分类及应用范围

分类	装备图	应用范围
小型精密卷料矫平送料机		板厚：2.3/3.2mm 板幅：~200mm 卷材重：800/1000kg
		板厚：~3.2mm 板幅：300~400mm 卷材重：1250/2000kg

中型精密卷料矫平送料机		板厚：4.5～6.0mm 板幅：400/500/600/700/800mm 卷材重：3000/5000kg
Z字形精密卷料矫平送料机		板厚：Max 6.0mm 板幅：Max 400mm
宽幅精密卷料矫平送料机		板厚：1.6/3.2mm 板幅：1000/1300/1600mm 卷材重：5000/10000kg
厚板用NC卷料矫平送料机		板厚：8/9/10/12mm 板幅：300/400/600mm
全自动卷料矫平送料机		—

6.15 冷间锻造用多工位自动送料装置

具体介绍如表6-13所示。

表6-13　锻造用多工位自动送料装置

分类	装备图	配套压力机	工位	应用范围
冷间锻造用多工位自动送料装置		PTO轴驱动方式和伺服驱动方式	1～3工位	连续：40～100SPM，单侧驱动单元(二维、三维)
锻造用多工位自动送料装置		压力机：2500/4000/6300/10000kN	1～8工位	适用产品：平形，法兰形，棒轴形分开送料系统（二维、三维）

后记

中国的改革开放，使得我有幸在1977年第一次高考制度恢复时考入了北京钢铁学院（现名为北京科技大学），专攻金属材料科学与工程专业，接触到了金属性能、内部组织、塑性成形、压力加工等理论知识，毕业后留校做了大学教师。后又在1987年到日本继续深造，硕士毕业后，就一直在日本企业从事金属冲压工艺、金属冲压模具及金属冲压设备等方面的工作。

三十多年的经历中几乎都是在与金属、冲压、成形、工艺、模具、冲压装备打交道，尤其亲身经历了日本泡沫经济的顶峰时期和衰退时期，亲眼目睹了日本家电，电子和汽车零部件制造业的不断变化，并参与了国内改革开放后制造业引进日本冲压设备和冲压技术的大量技术交流活动，观察和体会到了冲压界具有高竞争力的企业的共同特点就是冲压设备先进和冲压技术高超，具体也就表现在模具工艺和自动化水平都能令人叹为观止和赏心悦目。原来金属成形可以做得这么简单完美；模具工艺可以这么得心应手；金属产品可以冲压到这么高的效率和精度。因此我就在长期工作中，注意留意和钻研了不同模具结构的设计特点，不同金属产品的成形方法和各种冲压工艺方案的制定等，为国内用户零部件制造中的具体技术交流打下了很好的基础，积累了不少经验。在10年前自己也曾亲自主持出版了日企中文版的《冲压手册》，受到了华人圈同行业专业人士的一致好评。

四年前我们中日技术专家团队怀着一起为实现“振兴中国锻压事业，创新智能制造装备”的梦想，成立了江苏中兴西田数控科技有限公司，使得“CPTEK-兴锻”这一民族品牌诞生了。我们提出了“为用户提供集冲压设备，模具工艺和自动化装置三位一体的先进金属成形技术的量身定制方案”的口号，受到了广大用户的热情称赞和极大关注。为此，我和日本的丹野老师一起策划了这本《金属冲压工艺与装备实用案例宝典》，将日本资深专家长期积累的宝贵经验和兴锻品牌的装备特点等毫无保留地披露出来，为中国的家电，电子和汽车零部件制造业的生产突飞猛进打好坚实的基础而做出贡献。我们力求以实用性为主，在着重介绍实际案例的同时，从不同角度对相关冲压基础知识也进行了通俗易懂的介绍，旨在真正满足中国锻压技术人员和全球华人同行对日益增长的模具技术设计和工艺方案制定的实际需求，可以方便查找各种宝典案例，走捷径，做参考，举一反三，起到一定的抛砖引玉作用，也可以为企业，科研机关和大专院校在模具工艺设计，冲压设备选购和专业教学时作为工具书、参考书和教材等来选用。

国务院已正式发布《中国制造2025》，中国版“工业4.0”规划终于落地。正如在《中国制造2025》中提出，制造业是国民经济的主体，是科技创新的主战场，是立国之本、兴国之器、强国之基。众所周知，我国制造型企业面临着利润逐年下降、产业附加值不高、产品质量差、生产效率低而成本高，企业商业模式传统、突破难等普遍问题，因此，在新形势下,有必要重新认识制造的意义，重塑和弘扬“工匠精神”具有非常重要的意义。

我认为，制造强国离不开“工匠精神”支撑，互联网时代仍然需要“工匠精神”，面对“工业4.0”时代的到来，“工匠精神”对制造业的生存发展，乃至建设制造强国都具有现实意义。所以，我们在研究金属冲压成形各种工艺方案时，任何加工方法和工艺都不是一成不变和唯一的，这就需要我们技术人员有勤奋和创新的融合心态，追求极致和精益求精的“工匠精神”，吸收最前沿的技术和成熟经验，不断地精雕细琢和创新完善，在享受产品在我们手里升华的过程中，找出一种更加经济适用，更为适合自己的合理工艺方案。这就是我愿意将这本《金属冲压工艺与装备实用案例宝典》献给读者们的最大愿望所在。

最后，深深感谢为此书编写、校稿做出巨大付出的CPTEK中日团队；并对长期默默无闻支持着我的事业，对此书编辑、出版做出了巨大贡献的我的爱妻王克平表示由衷的感谢；也向为此书的前期策划、编辑发行做了大量工作的仇时雨博士，金属加工杂志社，机械工业出版社一并深表谢意。期待能够得到同行、专家和读者们的批评和指正。

江苏中兴西田数控科技有限公司

董事 总经理 張清林

2015年6月

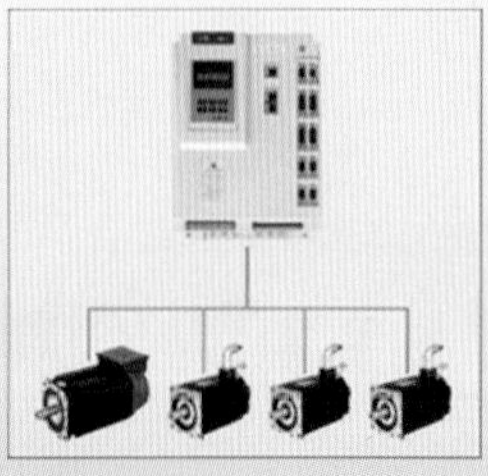